国家科学技术学术著作出版基金资助出版

流化床结构传递理论与工业应用

李洪钟　朱庆山　谢朝晖　邹　正　著

科学出版社
北　京

内 容 简 介

本书可分为基础和应用两部分。其中，基础部分包括第1～9章，回顾流态化科学与技术的发展史，总结流态化家族概况、图谱及其流动结构，并分别介绍快速流化床、鼓泡流化床、湍动流化床、下行流化床的结构与传递关系模型，此外还介绍磁场对流化床结构的影响及操作相图、U型气动排料阀动力学模型、流化床传递-反应耦合模型。应用部分包括第10～13章，介绍难选铁矿磁化焙烧、攀西钛铁矿制备人造金红石、钒钛磁铁矿直接还原、软锰矿低温高效流态化还原这几个应用实例。

本书适合热能、化工、冶金、环境等学科从事流态化科技研究和应用研究的科研人员、工程技术人员以及高等院校相关专业的教师、研究生参考阅读。

图书在版编目(CIP)数据

流化床结构传递理论与工业应用/李洪钟等著.—北京：科学出版社，2020.1

ISBN 978-7-03-064140-3

Ⅰ.①流… Ⅱ.①李… Ⅲ.①流化床-结构-研究 Ⅳ.①TQ051.1

中国版本图书馆CIP数据核字(2020)第016845号

责任编辑：牛宇锋 乔丽维 / 责任校对：王萌萌

责任印制：张 伟 / 封面设计：铭轩堂

科学出版社出版

北京东黄城根北街16号

邮政编码：100717

http://www.sciencep.com

北京盛通数码印刷有限公司 印刷

科学出版社发行 各地新华书店经销

*

2020年1月第 一 版 开本：720×1000 1/16

2024年1月第四次印刷 印张：27 1/2

字数：539 000

定价：228.00元

前　　言

流化床反应器在化工、冶金、能源等工业领域已得到广泛的应用，其优点是床内气固、液固或气液固相间接触良好，床层温度均匀，便于物料有进有出地连续化操作。在许多工业流程中流化床可以用来取代传统的固定床和移动床而达到强化和节能的效果。然而，由于流化床中气固或气液固流动状态复杂多变，其工业放大难度较大，目前处于多步逐级放大的经验或半经验状态。随着多相流理论的进展和计算机技术的快速发展，流化床反应器的计算机模拟成为可能，计算机模拟成为解决流化床工业放大和优化操作的有效途径和发展趋势。

在国家重点基础研究发展计划（973 计划）“大规模化工冶金过程节能的关键科学问题研究”的课题 4“反应器内反应本征过程和传递的匹配及放大规律”（2009CB219904）和“典型化工冶金过程节能的新理论和新方法”的课题 2“流化床反应器结构-传递关系理论及节能新工艺”（2015CB251402）的连续支持下，作者对各类流化床（快速流化床、鼓泡流化床、湍动流化床、下行流化床）及流化床进出料的 U 型气动排料阀的流动、传递和反应行为进行了系统的理论探讨、实验研究和计算机模拟，取得了一系列进展，在国际重要刊物上发表了多篇论文，受到国内外学术界的关注和好评，有些研究结果还在我国四川攀枝花钒钛磁铁矿的氧化与还原湍动流化床和云南贫铁矿的磁化焙烧鼓泡-快速复合流化床以及云南锰矿还原制一氧化锰鼓泡流化床的工业试验中得到应用。

流化床中存在气泡、液滴和颗粒聚团等，其尺寸不等，空间分布不均，运动速度和方向各异，呈现复杂的非线性非均匀内部结构，然而以往的研究却将其拟均匀化，造成计算机模拟结果和实验数据之间的很大偏差，无法对流化床反应器的工业放大和优化操作提供正确的指导。针对这一问题，作者对流化床内的不均匀结构给予充分的重视，首先研究各类流化床不均匀结构的特征及其形成的机理，根据动量守恒、质量守恒、能量守恒等原理，建立不均匀结构的预测模型，然后研究这种不均匀结构对“三传一反”（动量传递、质量传递、热量传递和化学反应）的影响规律。采用研究复杂问题先分解后综合的方法，将不均匀的复杂结构分解为若干简单的均相结构，然后将已知的各均相的“三传一反”行为加以综合，最终得出不均匀结构与“三传一反”的定量关系模型。作者用此模型取代以往的拟均匀化模型，加入到传统 CFD（计算流体力学）的两流体模型中，对各类流化床的流动、传质和化学反应行为进行计算机模拟，再将模拟结果与已有文献中发表的数据和作者的实验数据进行对比，用来检验和修正作者建立的模型，使其达到实用的目标。

本书对作者的这项研究工作进行了系统的归纳和总结，首先回顾流态化科学与技术的发展史和趋势，总结流态化家族概况图谱及其转变速度，指出流化床内流动结构对“三传一反”的决定性影响。然后在各章分别介绍快速流化床、鼓泡流化床、湍动流化床、下行流化床的内部流动结构特征、流动结构的预测模型、结构与传递系数（曳力系数、传质系数、给热系数）的关系模型、传递与反应的平衡模型以及这些模型与两流体模型结合进行的计算机模拟过程，并将模拟结果与实验数据进行对比。此外，还对流化床加料和排料的U型气动排料阀进行实验研究，根据散体力学和流体力学原理提出排料能力的理论预测模型。

本书对作者进行的多项工业应用实践做出了科学的总结，重点对流程中多种类型的流化床结构流动行为和反应效果、多级流态化旋风换热器的结构与换热效果以及用来输送颗粒物料的U型气动排料阀的结构与输料效果进行分析与评价。

除了本书的四位作者以外，朱全红撰写了第7章，孙昊延撰写了第12章，刘文明参与了第9章的撰写，陈洁、闫冬参与了第5章的撰写，侯宝林、刘文明、吕小林、杨帅参与了附录1的撰写。

希望本书能对从事流态化科技研究和应用的读者提供一些流态化理论和计算机模拟的最新成果，为流化床的计算机模拟成功应用于工业流化床的放大和优化操作做出应有的贡献。

由于作者水平有限，书中难免存在不足之处，恳请读者批评指正。

目　　录

第 1 章　流态化科学与技术的发展史

1.1 引　　言

流态化(fluidization)是指固体颗粒被上升的气体或液体所悬浮时，固体颗粒被赋予流体特性的一种物理现象，也称为流化。流态化作为一门具有科学内涵的学科，始于 20 世纪中期，以 Wilhelm 和 Kwauk(郭慕孙)于 1948 年在 *Chemical Engineering Progress* 上发表的题为"Fluidization of solid particles"的文章为代表[1]，随后于 1950 年才初次出现于 Brown 编写的化工教科书中[2]。但是在尚无流态化命题的情况下，应用流态化技术的生活活动(如淘米)和生产活动(如扬谷)早已存在，且无法追溯其创始人或创始时代。西方学者经常引用 1556 年德国学者 Agricolae 的专著*De Re Metallica Libri*(图 1.1)中的一张手工跳汰选矿图(图 1.2)，作为最早应用流态化技术的证据[3]。在我国，明代的宋应星把科技生产作为自己著

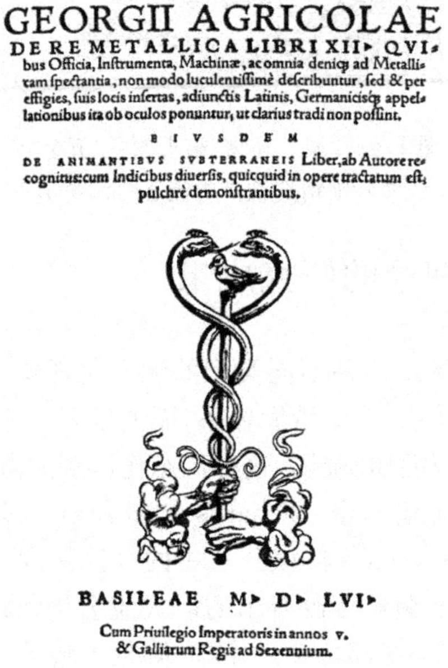
GEORGII AGRICOLAE
DE RE METALLICA LIBRI XII▸ QVI▸
bus Officia, Instrumenta, Machinæ, ac omnia deniq; ad Metalli▸
cam spectantia, non modo luculentissimè describuntur, sed & per
effigies, suis locis insertas, adiunctis Latinis, Germanicisq; appel▸
lationibus ita ob oculos ponuntur, ut clarius tradi non possint.
EIVSDEM
DE ANIMANTIBVS SVBTERRANEIS Liber, ab Autore re▸
cognitus: cum Indicibus diuersis, quicquid in opere tractatum est,
pulchrè demonstrantibus.
BASILEAE M▸ D▸ LVI▸
Cum Priuilegio Imperatoris in annos v.
& Galliarum Regis ad Sexennium.

图 1.1　*De Re Metallica Libri* 拉丁文的封面

图 1.2　手工跳汰选矿图[3]

A. 细筛；B. 木制刮板；C. 更细筛；D. 最细筛

作的内容，于 1637 年写成了我国传世名著《天工开物》[4]。他在该名著的第四卷描述了农民用风力将谷秕、麦秕和稻秕吹走，留下米粒、麦粒和稻粒的流态化分选过程，称为“扬簸”(图 1.3)，在第十四卷描述了工人用水淘洗铁砂，将较轻的脉石洗掉，留下精铁矿的流态化分选过程，称为“淘洗”(图 1.4)，这是我国最早应用流态化技术的证据。

图 1.3 《天工开物》第四卷“粹精”中谷物除秕的流态化风选法[4]

图 1.4 《天工开物》第十四卷“五金”中从铁砂中精选铁矿的流态化淘洗法[4]

1.2 近代流态化理论的研究成果

Wilhelm 和 Kwauk[1]首次提出散式和聚式两种不同类型的流态化现象，散式流态化指颗粒在流体中分散均匀的流态化体系，多为液固体系，而大量应用的气固流化床气体和颗粒分布不均，普遍存在气泡和颗粒聚团，这种流态化体系称为聚式流态化。早期的流态化理论以研究散式流态化为主，Richardson 和 Zaki[5]提出了著名的散式流态化床层膨胀的公式，随后 Kwauk[6]将该公式中的气体速度(简称气速)用气固相对滑移速度取代，使其适用于颗粒有进有出的散式流态化体系，从而形成“广义流态化理论”。由于气泡的存在，气固接触效率差，降低了传质、传热及反应速率。西方学者将重点放在研究气泡的形成与长大规律上，建立了各种鼓泡流化床(简称鼓泡床)数学模型[7,8]，并根据不同粒度与密度的颗粒所表现出来的不同流态化行为，将颗粒划分为A、B、C、D四类，即著名的Geldart分类[9]。我国Kwauk[10]则着重寻求无气泡的流型，在稀相流态化、快速流态化、浅床流态化三种条件下实现了无气泡气固接触，提出了著名的Li-Kwauk快速流化床(简称快速床)模型。然而，快速流化床中虽无气泡，但仍有大量颗粒絮团存在[11-13]，鼓泡流化床中的气泡依然存在。后来，人们发现在鼓泡流态化与快速流态化之间还存在一个过渡状态，称为湍动流态化。湍动流态化处于相转移的状态，此时颗粒絮团即将形成，气泡即将消失，絮团和气泡的尺寸都较小，是一种较理想的气固两相接触状态[14]。在流态化学科的发展史上，出现了许多有影响力的著作，其中最具代表性的著作，在理论方面有Davidson和Harrison的*Fluidization*[7]、Kwauk的*Fluidization: Idealized and Bubbleless, with Applications*[10]，在工程应用方面有Kunii和Levenspiel的*Fluidization Engineering*[8]、Jin等的*Fluidization Engineering Principles*[15]。

1.3　流态化理论的研究现状

20世纪末至今，国内外流态化理论的研究继续活跃，主要集中在流化床流动结构的预测和优化调控、流化床的计算机模拟与放大等方面。

流化床中气液固三相物质运动相互作用的结果通常形成以气泡、液滴、聚团的尺寸大小与空间分布不均匀为特征的不均匀结构。一般而言，气泡、液滴、聚团的尺寸越小，在连续介质中分散越均匀，则相间接触界面越大，越有利于传质、传热和化学反应。影响结构的最主要因素是操作条件(包括温度、压力、气液固三相各自的流速与流向、稳态操作与动态操作等)与系统或设备条件(包括颗粒、流体的性质，设备与内构件的结构与形状，外力场的影响等)。为了抑制气泡与聚团的生成与长大，使聚式流态化向散式流态化转变，Li等[16,17]提出了气固流态化的散式化理论与方法的研究课题，发表了一系列论文。散式化理论与方法包括颗粒与添加组分设计(粒度、粒度分布、形状、表面状态、密度、添加组分)[18-21]、流体设计(密度、黏度)[22,23]、床型与内构件设计(快速床、下行床、多层浅床、锥形床、多孔挡板、百叶窗挡板、波纹式挡板、孔桨式挡板、环形挡体、锥形挡体等)[24-31]、外力场设计(磁场、声场、振动场、超重力场等)[32-37]。

正确预测流化床的内部结构对正确预测其中的流动、传递和反应速率，实现过程的放大与调控具有极其重要的意义。Li和Kwauk[38]在研究快速流化床的局部结构时，提出了能量最小多尺度作用(energy-minimization multi-scale，EMMS)模型。该模型提出流体控制、颗粒控制、流体-颗粒相互协调的概念，认为在快速床中流体用于颗粒的悬浮输送能最小，并以此作为系统的稳定性条件，与气体、固体各自的动量守恒方程、质量守恒方程一起求解，成功预测了反映快速流化床局部结构的稀相空隙率、密相空隙率、稀相与密相体积分数、稀相气速、密相气速、稀相颗粒速度、密相颗粒速度、聚团平均尺寸等 8 个参数，成为预测流化床结构的一种有效方法。

不言而喻，结构对“三传一反”具有直接的影响，但由于结构的时空变化复杂，预测十分困难，以往的研究不得不采取平均的方法而躲开结构的时空不均匀变化，但预测的结果偏差很大。随着计算技术的迅速发展以及流化床结构预测和调控理论与方法的研究进展，预测结构与“三传一反”之间的关系成为可能。李静海领导的科研组率先开展了结构与“三传一反”关系的研究[39-44]。Yang 等[39,40]首先研究了快速流化床流动结构与气固作用曳力系数之间的关系。计算结果表明，在相同的操作条件下，气固两相流中气体和颗粒之间的相互作用即曳力系数，按照平均方法与按照考虑不均匀结构的多尺度结构方法计算所得结果之间存在数量级的差别。例如，平均方法计算的曳力系数为 18.6，而考虑不均匀结构的多尺度方法的计算结果为 2.86，因此采用两种曳力系数进行计算流体力学(computational fluid dynamics，CFD)模拟所得的流动形态大相径庭，而多尺度结构方法的计算结果更接近实际。可见传统的化学工程将不均匀结构拟均匀化是引起预测偏差和工程放大失败的根源之一，我们必须对结构问题予以足够重视。结构不仅对动量传递有决定性影响，而且对质量传递、热量传递和化学反应同样会有决定性影响。Hou 等[45,46]采用对复杂系统进行分解与合成的研究方法，将快速流化床分解为连续相、分散相和相间相三个拟均匀相，分别研究三相的传质和传热系数，然后将三相的传质和传热系数加权合成，获得整体不均匀结构的热质传递系数，从而建立了局部结构-传递关系(local structure-transfer relation，LSTR)模型，将其引入计算流体力学模拟，较准确地预测了快速流化床中的传热与传质行为。此类模型引入计算流体力学模拟有望进一步完善流化床工业装置设计、放大和调控的科学理论。

20 世纪后期至今，由于基础实验积累和计算机技术的迅速发展，计算机模拟成为化学工程领域的研究热点，它将化学工程从经验规则提高到模拟和量化分析的新水平。计算机模拟被认为是介于实验和理论之间的一种虚拟实验。借助于计算机和计算流体力学软件，流态化技术的研究也进入了一个快速发展的阶段，由实验为主的研究方法转变为实验、理论和计算机模拟三者并重的研究方法，它们之间相互促进、相互补充。

由于流态化过程是在流体的主导下进行的，流体的流动与“三传一反”是紧密耦合的，因此“三传一反”问题通常可在流体力学的框架下联合求解。近 20 年，计算流体力学及其相关学科的发展使得对复杂多相流动比较准确的量化描述成为可能。许多学者采用计算流体力学软件进行了数值模拟，结合各种新型测量技术对流化床内的流动细节(如颗粒浓度及颗粒与流体的速度分布等参数)进行研究，进而进行过程的分析、模拟、优化等。Gidaspow[47] 及 Kuipers 和 van Swaaij[48] 等的工作最具代表性。用于气固流化床数值模拟的数学模型主要有两流体模型(two-fluid model,TFM)、离散颗粒模型和流体拟颗粒模型。离散颗粒模型和流体拟颗粒模型的计算量巨大,目前还不能用来模拟大规模的工业流化床。两流体模型将颗粒也视为流体来处理,在微观足够大和宏观足够小的尺度上进行平均化,计算量较少,最具应用前景,但需解决将微元的非均匀结构拟均匀化所带来的计算偏差大的问题。解决上述难题的有效途径应是将可预测的局部构效关系模型嵌入两流体模型之中,由局部构效关系模型得到反映结构影响的微元动力学参数,用于两流体模型的计算之中。当前两流体模型已有一整套计算方程和相应的计算软件,而局部构效关系模型刚刚起步,急需发展与完善。流化床中的多相反应过程是一个流动、传递(动量、热量与质量传递)、反应多个过程耦合,流体、颗粒、气泡、液滴、聚团、内构件、设备多尺度物体相互作用的复杂过程。该过程的计算机模拟面临许多挑战,需要付出艰苦的努力,攻克一个又一个的难题。已有两流体模型与 EMMS 模型相结合、离散颗粒模型与 EMMS 模型相结合以及两流体模型与 LSTR 模型相结合的研究工作取得了可喜进展[39,40,45,46,49,50]。

采用计算流体力学方法研究过程工业设备内的多相流体力学行为被认为是解决过程放大效应问题的有力手段[51],当然也是解决流态化过程放大效应问题的有效途径。流化床结构的预测、优化调控以及规模放大等问题的最终解决,无疑应当寄希望于计算机数值模拟和仿真。

1.4　近代流态化科技的工业应用

关于近代流态化科技的工业应用,郭慕孙在他主编的《流态化手册》的开头“发展历史”一节中已有详细的总结[52],现做如下概述。

将流态化技术引进现代过程工业、举足轻重的发展莫如煤的气化和石油的催化裂化。最早的粉煤流态化气化炉由德国 Winkler 于 20 世纪 20 年代初期发明。第一台试生产炉于 1925 年由德国 Ludwigshafen 的 BASF 公司建造,其内径 2m,高 13m,产气约 $2000m^3/h$。在第二次世界大战时期,德国用 Winkler 炉气化活性高的劣质褐煤(Braunkohle),用所产的合成气制造液体燃料。1944 年,这种“人造油”年产 500 万 t[52]。Nowacki[53] 统计了自其出现到 80 年代初,共有 63 台 Winkler 气化炉建于世界各国的 22 个工厂中。80 年代,美国研究出煤的灰熔聚(U-GAS)流态化气化炉工艺后,90 年代,我国上海焦化厂进口了 8 台U-GAS 气化炉,但操作一直不正常。中国科学院山西煤炭化学研究所长期从事煤的气化研究,所采用的方案类似 U-GAS;80 年代我国山东引进了喷入水煤浆并在高压高温下部分氧化煤的 Texaco 工艺,作为合成氨的气头[52]。

流态化在石油催化裂化中的应用主要基于美国石油公司的科技开发工作。陈俊武和曹汉昌[54]、Jahnig 等[55]、Squires 等[56-59]对其历史发展都有论述。原油蒸馏能回收的汽油不到原油的 20%。20 世纪初，法国工程师 Houdry 从多种催化剂中筛选出酸性白土用于石油的催化裂化，并用空气烧掉催化反应时在催化剂上沉积的焦炭，使之再生，重复使用，并于 1936 年在 Paulsboro 建造了工厂。1938 年，八家公司(Jersey、Kellogg、I. G. Farben、Standard of Indiana、Anglo-Iranian、Texas、UOP 和 Dutch/Shell)联合组建了 CRA(Catalytic Research Associates) 公司，汇集了近千名专业人员，进行粉料流化催化裂化(fluid catalytic cracking，FCC)工艺的试验研究。第一个流化催化裂化装置(SOD Ⅰ型)建于 Baton Rouge，其气速并不高，在 0.4m/s 左右，因此该装置为鼓泡床操作。该装置于 1942 年投产，产量为 13000 桶/d。随后又有改进的 SODⅡ型、SODⅢ型和 SODⅣ型。这些改进在很大程度上基于降低高度、简化催化剂输送的原则，均属于鼓泡流态化[52]。我国于 60 年代初在抚顺建立了第一套流化催化裂化装置，随后发展迅速，特别是再生器设计[54,60]。流化催化裂化是巨型流态化工艺和工程的标志，许多采用流态化技术的其他工艺在很大程度上参考了石油的催化裂化。

20 世纪 60 年代末、70 年代初，催化剂改用活性高很多的沸石，Kellogg 公司首先将再生后催化剂的提升管用作催化裂化反应器，将石油引入其下端，实现了提升和反应的一体化。提升管中的气固流动属不具气泡的快速流态化。这种提升管催化裂化设计一直沿用至今，而且催化剂的再生也逐步采用了快速流态化。我国的洛阳石化公司在这方面开发了多种设计[54]。

与鼓泡液态化比较，快速流态化具有以下优点：由于气速高，设备的断面积小，占地少；由于气速高又无气泡，气固接触良好，适用于化学反应快、传质控制为主的工艺。由于快速流态化要求不断从下部与气体一起加入固体以达到提高床内固体浓度的目的，一般需要一个外循环系统，称为循环流态化系统。

流态化技术还成功地应用于其他工业过程：固相加工工艺过程，例如，德国的 Reh[61]先后开发了将氢氧化铝煅烧成氧化铝的循环流态化工艺；煅烧水泥上游的循环床预分解工艺；加热融盐工艺中的循环流态化燃烧；电解铝工艺中的循环流态化除氟等。我国 Kwauk[62]成功将流态化技术应用于贫铁矿的磁化焙烧，在流态化焙烧炉中将三氧化二铁焙烧成磁性的四氧化三铁，进一步经磁选技术将贫铁矿富集。我国 Wang(王尊孝)[63]也成功将流态化技术应用于萘氧化制苯酐。他提出“三高(高气速、高床层、高萘氧比)一挡(多层横向挡板)两循环(颗粒的内循环和外循环)”的流化床设计与操作理念，大大强化了流化床反应器的操作，生产能力大幅提高。

1.5 我国流态化科技的发展现状

根据《2009—2010 颗粒学学科发展报告》[64]，由于催化裂化原料的不断重质化和劣质化，再加上日益严格的环保要求，这就要求催化裂化装置以更差的原料生产出更加清洁的轻质油品。催化裂化的另一个发展方向是走炼油与化工一体化路线，生产以低碳烯烃为主的石油化工原料。这些新的发展方向给催化裂化技术提出了新的挑战，不仅要求开发出与之适应的新型催化剂和工艺技术，而且需要开发出配套的流态化工程技术。围绕上述发展方向，我国广大科研人员努力创新，以流态化技术为基础，在催化裂化工艺技术和装备技术两方面取得了重大进展，形成了一系列具有自主知识产权的新技术，如两段提升管催化裂化(two-stage-riser FCC，TSRFCC)技术[65,66]、辅助反应器汽油改质降烯烃技术[67]、多产异构烷烃的催化裂化工艺(maximizing iso-paraffins，MIP)技术[66,68]、灵活多效催化裂化(flexible double FCC，FDFCC)技术等[69]。另外，下行床炼油技术也于2003年在国际上第一次成功通过了年生产能力15万t原油的工业示范[70,71]。

在化工领域，流态化技术广泛应用于众多化学合成反应过程。在这一领域，清华大学做出了卓有成效的工作，提出了分区流态化控制返混的概念，利用流化床分布器结构、分布器层数及多级内构件等手段分区调控流化床反应器内的返混，使流化床内气体轴向返混得到抑制，而径向传热、传质能力得到增强，并可实现段间的气固级间逆流、并流、顺流接触及级间变温、变压操作，从而使反应器的效率大大提高[72,73]；提出并进行工业化或工业中试的反应器技术20余项，如10万t/a湍动构件流化床苯胺合成反应器技术[72]、10万t/a流化床氯乙烯反应器技术[73]、7万t/a丙烯腈流化床反应器技术[74]、3万t/a流化床甲醇制丙烯(FMTP)工业试验装置技术[75]、30kg/h纳米聚团流化床碳纳米管生产装置技术[76,77]等。

流态化技术还被广泛应用于矿物加工过程，攀枝花-西昌(简称攀西)地区的近100亿t钒钛磁铁矿因钙镁含量高而无法采用先进的氯化工艺生产钛白和金属钛，中国科学院过程工程研究所与攀钢集团有限公司(简称攀钢)合作，建立了富钛料双流化床焙烧中试装置，对攀西钒钛磁铁矿进行高效氧化/还原焙烧，继以盐酸浸出除钙镁、回收铁，制备出氯化工艺所需的高品质富态料，突破攀西钒钛磁铁矿利用的重大瓶颈，为攀钢正在建设的10万t/a氯化钛白及未来攀西钒钛磁铁矿利用提供了科学基础及技术支撑。中国科学院过程工程研究所还研究了难选贫铁矿的磁化焙烧，发现通过强化传递，可在500～550℃的低温条件下实现难选铁矿的快速还原，据此选择鼓泡-快速复合流化床进行磁化焙烧。中国科学院过程工程研究所还与云南曲靖越钢集团有限公司合作建成了10万t/a难选铁矿鼓泡-快速复合流化床磁化焙烧-磁选成套示范装置，整个系统于2008年4月全部安装完毕，进入冷、热态调试，经过半年多的调试，实现了该示范工程的全流程联动运行，并转入试生产，至2015年已处理6000多吨难选铁矿，生产结果表明，通过本示范工程焙烧-磁选，可从品位为33%～38%的原矿得到品位为52%～57%的精铁矿，铁回收率达到82%～88%，达到了设计的指标。值得一提的是，本示范工程的实际粉矿处理能力达到了30t/h(24万t/a)，即具备20万t/a以上的处理能力。

流化床燃烧与气化是气固流态化技术的另一个典型应用。流化床燃烧技术由于可以燃用各种燃料尤其是劣质燃料，加上其低污染物排放特性，20 世纪 60 年代以来得到了迅速的发展。根据《2009—2010 颗粒学学科发展报告》[64]，进入 21 世纪以来，我国研究人员在流化床燃烧与气化领域进行了积极的探索，使流化床技术在这一领域的应用取得了重大的进展。

21 世纪初，循环流化床(简称循环床)锅炉技术快速地往大型化和高参数方向发展[78,79]。我国大容量循环流化床锅炉的自主研发也得到快速发展，东方锅炉股份有限公司自主研发的 300MWe* 燃煤循环流化床锅炉率先于 2008 年底在广东梅州市梅县区荷树园电厂投入运行，而哈尔滨锅炉厂有限责任公司与西安热工研究院有限公司合作开发的 330MWe 循环流化床锅炉也于 2009 年在江西分宜发电厂投入运行[80]。

超临界循环流化床锅炉将是循环流化床燃烧技术的下一步发展方向[81-83]。超临界循环流化床锅炉结合超临界锅炉和循环流化床锅炉两者的技术优势，具有运行效率高、煤耗低、污染物排放少等优点。结合我国以煤为主的能源结构和复杂多变的煤质特性，超临界循环流化床锅炉在我国将有较大的应用前景。Foster Wheeler 公司在波兰 Lagisza 电厂建设的当时世界上容量最大的 460MWe 超临界循环流化床锅炉于 2009 年投入商业运行[84]。浙江大学在 2002 年就率先开展了 600MWe 超临界循环流化床锅炉的方案研究[81]。我国的研究机构和锅炉厂家在科技部和国家发展改革委的组织下合作进行了 600MWe 超临界循环流化床锅炉的研究与开发。

煤是由水分、挥发分、灰分及固定碳等多种物质构成的混合体。煤经过各种化学反应(如气化、液化、热解和燃烧等)可以得到热能、电能或化学品。煤炭不仅是重要的能源，还是重要的资源。直接燃烧的利用方式将燃料中的碳和氢全部氧化释放热能，生产电能，造成极大的资源浪费。煤的循环流化床热电气多联产技术的目标即在煤燃烧之前，将煤中富氢的挥发分(煤气和可进一步加工生产燃料油的焦油)提取出来，称为“煤拔头”，用作优质燃料或高附加值化工原料；剩下的低品质半焦通过燃烧产生热量，用于供热和发电或通过气化后合成油品和化学品。该技术可实现煤的分级转化和利用，大幅提高煤的利用价值[85]。

煤的热电气多联产技术是国内外研究和开发的热点之一，众多的研究机构开发了各自的煤炭热电气多联产技术。浙江大学提出的循环流化床热电气焦油多联产技术是将循环流化床锅炉和热解炉紧密结合，在一套系统中实现热、电、气和焦油的联合生产。

浙江大学和淮南矿业集团在完成了 1MWe 循环流化床热电气焦油多联产试

---

* MWe 即兆瓦电力，电功率单位。

验装置的基础上，共同合作将1台75t/h循环流化床锅炉改造为12MWe循环流化床热电气焦油多联产示范装置。该工业装置于2007年实现了以淮南烟煤为原料的12MWe循环流化床热电气焦油多联产技术（15t/h给煤量）的示范运行[64]。浙江大学与淮南矿业集团还合作进行了以淮南烟煤为原料的135MWe循环流化床热电气多联产装置的开发，同时与国电小龙潭电厂和小龙潭矿务局合作开发以褐煤为原料的300MWe褐煤循环流化床热电气多联产技术[64]。中国科学院过程工程研究所也进行了多年"煤拔头"工艺的研究与技术开发，建立了下行床煤热解拔头，提升管部分半焦燃烧加热煤灰供热的30kg/h试验装置，并在河北藁城建立了5t/h的工业试验装置。

从20世纪80年代初开始，中国科学院山西煤炭化学研究所针对我国煤的特点进行了灰熔聚流化床煤气化过程的一系列研究和开发工作，常压灰熔聚流化床粉煤气化工业示范装置已于2002年投入运行。为了提高气化炉处理能力，该所在90年代就开始了加压灰熔聚流化床气化技术的研究开发[86,87]，2005年该所与山西晋城无烟煤矿业集团有限责任公司（简称晋煤集团）合作成立了山西省粉煤气化工程研究中心，重点开展低压和高压大型加压灰熔聚流化床气化装置的开发和应用。2008年9月，该所研发的第一套加压灰熔聚流化床粉煤气化工业示范装置（0.6MPa）在石家庄金石化肥有限公司投入运行，随后2009年8月在晋煤集团10万t/a合成油示范工程项目中，该所研发的6套煤处理量300t/d的灰熔聚流化床粉煤气化工业装置实现了高灰、高灰熔点、高硫"三高"无烟煤的连续气化。为了提高气化装置的煤处理能力，该所于2007年、2008年和2009年分别完成了1.0MPa、1.5MPa和2.5MPa的气化试验研究，处理量达到了50t/d、85t/d和100t/d，碳转化率为87%左右，有效气体含量为68%～70%。加压灰熔聚流化床气化技术的研究开发为我国复杂多变的煤炭资源利用提供了一条有效的途径[64]。此外，生物质气化技术作为低碳技术也已越来越受到重视[88,89]。

针对我国广泛的煤种特点和区域性经济需求，各种煤的综合利用技术蓬勃发展，并形成了一些新的煤化工概念。煤化工的发展给流态化技术提供了新的大发展契机。煤化工产业链下游技术发展同样与流态化技术相连，清华大学化学工程系在多年的浆态床研究基础上，开发了万吨级浆态床合成气制甲醇技术、一步法合成气制二甲醚技术。他们自行开发了催化剂，使用多层湍动流化床（简称湍动床）技术实现了甲醇制（低碳）烯烃（methanol to olefins，MTO）和甲醇制丙烯（methanol to propylene，MTP），已成功通过了3万t级的MTP过程的开发。中国科学院大连化学物理研究所经过长期研究，成功研发出甲醇制低碳烯烃的SAPO-34分子筛催化剂与工艺技术（DMTO），甲醇转化率为100%，乙烯+丙烯+C4选择性90%，具有自主知识产权。随后他们与中国石化洛阳工程公司合作，借鉴FCC的流态化反应与再生工艺，开发出MTO技术，再与陕西省新兴煤化工有限责任公司合作进行 MTO 工业试验。该乙烯生产试验装置的规模为 50t/d(相当于 3440t/a),2005 年投入试验运行[71]。2005 年,中国石油和化学工业协会组织专家在现场进行了 72h 连续运行考核。专家评价,该技术和装置是当时世界上第一套万吨级甲醇制烯烃工业化试验装置,是具有自主知识产权的创新技术,装置规模和技术指标处于国际领先水平。

关于流态化科学与技术的国内外发展史,李洪钟和郭慕孙曾经做过详细的回顾和展望,详见文献[90]。

参考文献

[1] Wilhelm R H, Kwauk M. Fluidization of solid particles. Chemical Engineering Progress, 1948, 44(3): 201-218.

[2] Brown G. Fluidization of Solids. New York: John Wiley & Sons, 1950: 269-274.

[3] Agricola G. De Re Metallica. Translated by Hoover H C and Hoover L H. New York: Dover Publications, 1950.

[4] 宋应星. 天工开物//夏于全,郭超. 传世名著百部:第 60 卷. 北京:蓝天出版社,1998.

[5] Richardson J F, Zaki W N. Sedimentation and fluidization. Transactions of the Institution of Chemical Engineers, 1954, 32: 35-53.

[6] Kwauk M. Generalized fluidization: I. Steady-state motion. Scientia Sinica, 1963, 12(4): 587-612.

[7] Davidson J F, Harrison D. Fluidization. New York: Academic Press, 1971.

[8] Kunii D, Levenspiel O. Fluidization Engineering. New York: John Wiley & Sons, 1969.

[9] Geldart D. Types of gas fluidization. Powder Technology, 1973, 7: 285-292.

[10] Kwauk M. Fluidization: Idealized and Bubbleless, with Applications. Beijing: Science Press, 1992.

[11] Li Y, Kwauk M. The dynamics of fast fluidization//Grace J R, Matsen J M. Fluidization. Boston: Plenum, 1980: 537-544.

[12] Li H Z, Xia Y S, Tung Y, et al. Micro-visualization of clusters in a fast fluidized bed. Powder Technology, 1991, 66(3): 231-235.

[13] Li H Z, Zhu Q S, Liu H, et al. The cluster size distribution and motion behaviors in a fast fluidized bed. Powder Technology, 1995, 84(3): 241-246.

[14] Jin Y, Wei F. Multi-Phase Chemical Reaction Engineering and Technology (Part 1). Beijing: Tsinghua University Press, 2006: 394-426.

[15] Jin Y, Zhu J X, Wang Z W, et al. Fluidization Engineering Principles. Beijing: Tsinghua University Press, 2001.

[16] Li H Z, Lu X S, Kwauk M. Particulatization of gas-solids fluidization. Powder Technology, 2003, 137(1-2): 54-62.

[17] Li H Z, Kwauk M. Particularization of Gas Solids Fluidization. Beijing: Chemical Industry Press, 2002.

[18] Wang Z L, Kwauk M, Li H Z. Fluidization of fine particles. Chemical Engineering Science, 1998, 53(3): 377-395.

[19] Zhou T, Li H Z. Fluidization behavior of agglomerates of SiC cohesive particles. Journal of Chemical Industry and Engineering (China), 1998, 49(5): 528-533.

[20] Zhou T, Li H Z. Effects of adding different size particles on fluidization of cohesive particles. Powder Technology, 1999, 102(3): 215-220.

[21] Wang Z L, Li H Z. A new criterion for prejudging the fluidization behavior of powders. Powder Technology, 1995, 84(2): 191-195.

[22] Liu D J, Kwauk M, Li H Z. Aggregative and particulate fluidization: The two extremes of a continuous spectrum. Chemical Engineering Science, 1996, 51(17): 4045-4063.

[23] Qiu O, Li H Z, Tong H. Effect of fluid viscosity on liquid-solid fluidization. Industrial & Engineering Chemistry Research, 2004, 43(15): 4434-4437.

[24] Zheng C G, Li H Z, Kwauk M. Characteristics of fast fluidization with internals//Potter O E, Nicklin D J. Fluidization Ⅶ. New York: Engineering Foundation, 1992: 275-283.

[25] Liu Q, Lu X S, Li H Z. Comparative studies on three different type internals for fluidizing cohesive particles//Proceedings of the 10th International Conference on Fluidization, Engineering Foundation, New York, 2001: 739-746.

[26] Tong H, Li H Z. Floating internals in fast bed of cohesive particles. Powder Technology, 2009, 190(3): 401-409.

[27] Li H Z, Hong R Y, Wang Z L. Fluidizing ultrafine powder with circulating fluidized bed. Chemical Engineering Science, 1999, 54(22): 5609-5615.

[28] Li H Z, Tong H. Multi-scale fluidization of ultrafine powders in a fast-bed-riser/conical-dipleg CFB loop. Chemical Engineering Science, 2004, 59(8-9): 1897-1904.

[29] Tong H, Qiu O, Li H Z. Fluidization characteristics of ultrafine particles in conical bed//Arena U, Chirone R, Miccio M, et al. Fluidization Ⅺ. New York: Engineering Foundation, 2004: 715-721.

[30] Chen H Z, Li H Z. Hydrodynamic feature of high-density downer reactor. Journal of Chemical Industry and Engineering(China), 2005, 56(3): 455-461.

[31] Chen H Z, Li H Z. Analysis for phase structure of high-density gas-solids downflow. Journal of Chemical Industry and Engineering(China), 2005, 56(8): 1456-1461.

[32] Zhu Q S, Li H Z. Magnetic fluidization of group C powder (Ⅰ) mechanism. Journal of Chemical Industry and Engineering(China), 1996, 47(1): 53-58.

[33] Zhu Q S, Li H Z. Magnetic fluidization of group C powder (Ⅱ) experimental study. Journal of Chemical Industry and Engineering(China), 1996, 47(1): 59-64.

[34] Lu X S, Zhao Y, Li H Z. Iron-particle chain formation and rotation in fluidized bed under transverse rotating magnetic field. Journal of Chemical Industry and Engineering(China), 1999, 50(5): 692-699.

[35] Lu X S, Li H Z. Improvement of fluidization quality of cohesive particles using transverse

rotating magnetic field. Journal of Chemical Industry and Engineering (China), 2000, 51(s1):223-226.

[36] Zhu Q S, Li H Z. Study on magnetic fluidization of group C powders. Powder Technology, 1996, 86(2):179-185.

[37] Lu X S, Li H Z. Fluidization of $CaCO_3$ and Fe_2O_3 particles mixtures in transverse rotating magnetic field. Powder Technology, 2000, 107(1-2):66-78.

[38] Li J H, Kwauk M. Particle-Fluid Two-Phase Flow: The Energy-Minimization Multi-Scale Method. Beijing: Metallurgical Industry Press, 1994.

[39] Yang N, Wang W, Ge W, et al. CFD simulation of concurrent-up gas-solid flow in circulating fluidized beds with structure-dependent drag coefficient. Chemical Engineering Journal, 2003, 96(1-3):71-80.

[40] Yang N, Wang W, Ge W, et al. Computer simulation of heterogeneous structure in circulating fluidized beds by combining the two-fluid model with the EMMS approach. Industrial & Engineering Chemistry Research, 2004, 43(18):5548-5561.

[41] Li J H, Zhang X P, Zhu J, et al. Effects of cluster behavior on gas-solid mass transfer in circulating fluidized bed//Proceeding of the 9th International Conference on Fluidization, Engineering Foundation, New York, 1998:405-412.

[42] Wang L N, Li J H. Multi-scale mass transfer model and experiments for circulating fluidized beds//Kwauk M, Li J, Yang W C. Fluidization Ⅹ. New York: Engineering Foundation, 2001:533-540.

[43] Dong W G, Wang W, Li J H. A multiscale mass transfer model for gas-solid riser flows: Part Ⅱ: Sub-grid simulation of ozone decomposition. Chemical Engineering Science, 2008, 63(10):2811-2823.

[44] Dong W G, Wang W, Li J H. A multiscale mass transfer model for gas-solid riser flows: Part Ⅰ: Sub-grid model and simple tests. Chemical Engineering Science, 2008, 63 (10): 2798-2810.

[45] Hou B L, Li H Z. Relationship between flow structure and transfer coefficients in fast fluidized beds. Chemical Engineering Journal, 2010, 157(2-3):509-519.

[46] Hou B L, Li H Z, Zhu Q S. Relationship between flow structure and mass transfer in fast fluidized bed. Chemical Engineering Journal, 2010, 163(1):108-118.

[47] Gidaspow D. Multiphase Flow and Fluidization: Continuum and Kinetic Theory Descriptions. San Diego: Academic Press, 1994.

[48] Kuipers J A M, van Swaaij W P M. Application of computational fluid dynamics to chemical reaction engineering. Reviews in Chemical Engineering, 1997, 13(3):1-118.

[49] Ouyang J, Li J H. Particle-motion-resolved discrete model for simulating gas-solid fluidization. Chemical Engineering Science, 1999, 54(13-14):2077-2083.

[50] Ouyang J, Li J H. Discrete simulations of heterogeneous structure and dynamic behavior in gas-solid fluidization. Chemical Engineering Science, 1999, 54(22):5427-5440.

[51] U. S. Department of Energy. Vision 2020: Technology Roadmap for Computational Fluid Dynamics. Office of Industrial Technology, 1999.

[52] 郭慕孙,李洪钟. 流态化手册. 北京:化学工业出版社,2008:1-3.

[53] Nowacki P. Coal Gasification Processes. New Jersey: Noyes Data Corporation, 1981: 200-209.

[54] 陈俊武,曹汉昌. 催化裂化工艺与工程. 北京:中国石化出版社,2008.

[55] Jahnig C E, Campbell D L, Martin H Z. History of fluidized solids development at Exxon//Grace J R, Matsen J M. Fluidization. Boston: Plenum Press, 1980: 3-24.

[56] Squires A M. Contribution toward a history of fluidization//Joint Meeting of Chemical Engineering, Chemical Industry & Engineering Society, Beijing, 1982: 322-353.

[57] Squires A M, Kwauk M, Avidan A A. Fluid beds: At last challenging two entrenched practices. Science, 1985, 230(4732): 1329-1337.

[58] Squires A M. The story of fluid catalytic cracking: The first circulating fluid bed//Basu P. Circulating Fluidized Bed Technology. Oxford: Pergamon Press, 1986: 1-19.

[59] Squires A M. Origins of the fast fluid bed. Advances in Chemical Engineering, 1994, 20: 1-37.

[60] Chen J W, Cao H C, Liu T J. Catalyst regeneration in fluid catalytic cracking. Advances in Chemical Engineering, 1994, 20: 389-419.

[61] Reh L. The circulating fluid bed reactor: A key to efficient gas/solid processing//Basu P. Circulating Fluidized Bed Technology. Oxford: Pergamon Press, 1986: 105-118.

[62] Kwauk M. Fluidized roasting of oxidic Chinese iron ores. Scientia Sinica, 1979, 22(11): 1265-1291.

[63] Wang Z X. Section 20 Fluidization//Davis D E. Handbook of Chemical Engineering. Beijing: Chemical Industry Press, 1987: 160-167.

[64] 中国科学技术协会. 2009—2010 颗粒学学科发展报告. 北京:中国科学技术出版社,2010: 99-114.

[65] Yang C H, Shan H H, Zhang J F. Two-stage riser FCC technologies. Petroleum Refinery Engineering, 2005, 35(3): 28-33.

[66] Xu Y H, Zhang J S, Long J. A modified FCC process MIP for maximizing iso-paraffins in cracked naphtha. Petroleum Processing and Petrochemicals, 2001, 32(8): 1-5.

[67] Gao J S, Xu C M, Ma A, et al. A lower alkene gasoline FCC technology with auxiliary reactor and its application//Proceedings of the Chinese Society of Petroleum 5th Annual Meeting on Petroleum Refinery. Beijing: China Petrochemical Press, 2005: 454-461.

[68] Xu Y H, Zhang J S. Development and commercial application of FCC process for maximizing iso-paraffins (MIP) in cracked naphtha. Engineering Science, 2003, 5(5): 55-58.

[69] Wang L Y, Wang G L, Wei J L. New FCC process minimizes gasoline olefin, increases propylene. Oil & Gas Journal, 2003, 101(6): 52-58.

[70] Liu F, Wei F, Li G L, et al. Study on the FCC process of a novel riser-downer coupling reac-

tor (Ⅲ): Industrial trial and CFD modeling. Industrial & Engineering Chemistry Research, 2008, 129(7): 617-623.

[71] Cheng Y, Wu C N, Zhu J X, et al. Downer reactor: From fundamental study to industrial application. Powder Technology, 2008, 183(3): 364-384.

[72] Diao S G, Qian W Z, Luo G H, et al. Gaseous catalytic hydrogenation of nitrobenzene to aniline in a two-stage fluidized bed reactor. Applied Catalysis A: General, 2005, 286(1): 30-35.

[73] Wei X B, Shi H B, Qian W Z, et al. Gas-phase catalytic hydrochlorination of acetylene in a two-stage fluidized-bed reactor. Industrial & Engineering Chemistry Research, 2009, 48(1): 128-133.

[74] Hu Y Q, Zhao F Y, Wei F, et al. Ammoxidation of propylene to acrylonitrile in a bench-scale circulating fluidized bed reactor. Chemical Engineering and Processing, 2007, 46 (10): 918-923.

[75] Zhou H Q, Wang Y, Wei F, et al. Kinetics of the reactions of the light alkenes over SAPO-34. Applied Catalysis A: General, 2008, 348(1): 135-141.

[76] Wei F, Zhang Q, Qian W Z, et al. The mass production of carbon nanotubes using a nano-agglomerate fluidized bed reactor: A multiscale space-time analysis. Powder Technology, 2008, 183(1): 10-20.

[77] Wang Y, Wei F, Luo G H, et al. The large scale production of carbon nanotubes in a nano-agglomerate fluidized bed reactor. Chemical Physics Letter, 2002, 364(5-6): 568-572.

[78] Luo Z Y, He H Z, Wang Q H, et al. Status quo-technology of circulating fluidized bed boiler and its prospects of development. Power Engineering, 2004, 24(6): 761-767.

[79] Yue G X, Yang H R, Lu J F, et al. Latest development of CFB boilers in China//Proceedings of the 20th International Conference on Fluidized Bed Combustion, Xi'an, 2009: 3-12.

[80] Sun X B, Jiang M H. Research and development of large capacity CFB boilers in TPRI//Proceedings of the 20th International Conference on Fluidized Bed Combustion, Xi'an, 2009: 107-112.

[81] Liu J, Wang Q H, Luo Z Y, et al. Design and research on a 600MWe supercritical circulating fluidized bed boiler. Power Engineering, 2003, 23(1): 2179-2184.

[82] Yang H R, Lv J F, Zhang H, et al. Update progress of supercritical circulating fluidized bed boiler. Boiler Technology, 2005, 36(5): 1-6.

[83] Sun X B. Analysis on the development of supercritical CFB boiler technology. Journal of Electric Power, 2008, 24(4): 303-305.

[84] Hotta A. Foster Wheeler's solutions for large scale CFB boiler technology: Features and operational performance of Lagisza 460MWe CFB boiler//Proceedings of the 20th International Conference on Fluidized Bed Combustion, Xi'an, 2009: 59-70.

[85] Luo Z Y, Wang Q H, Fang M X, et al. Heat-electricity-gas Polygeneration Technology with Coal and Its Engineering Practice. Beijing: Chemical Industry Press, 2004.

[86] Wang Y, Wu J H. Ash agglomerating fluidized bed gasification on Chinese coal with high

ash, high sulfur and high ash fusion temperature. Coal Chemical Industry, 2005, (4): 3-5.

[87] Fang Q T, Wang Y, Ma X Y, et al. New progress in development of pressurized ash agglomerating fluidized bed coal gasification technology. Coal Chemical Industry, 2007, (1): 11-17.

[88] Wu C Z, Ma L L, Chen Y. Present development status of biomass gasification-electricity generation technologies. China Energy Science & Technology, 2006: 76-79.

[89] Chen G Y, Gao X W, Yan B B, et al. Present research status and development of biomass gasification technologies. Gas & Heat, 2006, 26(7): 20-26.

[90] Li H Z, Kwauk M. Review and prospect of fluidization science and technology. Journal of Chemical Industry and Engineering (China), 2013, 64(1): 52-62.

第 2 章　流态化家族及其流动结构

2.1　经典流态化

流态化是指颗粒状的堆积物料在流体(含气体和液体)曳力作用下克服重力而处于悬浮状态，呈现出流体的基本属性。例如，

(1) 像液体一样，有一个清晰的上界料面，且料面保持水平状态。

(2) 像液体一样，能从一个高位容器自动流入另一个低位容器，直至两容器料面相平。

(3) 像液体一样，流化床中的静压与床层的高度和密度成正比。

经典流态化是指流化床中的颗粒状物料在流态化时没有加入和排出的情况。流化床通常由一个圆柱形的容器和一个倒锥形分布室组成，其间安装一个可允许流体通过的多孔分布板，圆柱形容器中装有颗粒状的物料。在床层底部和床层上方空室的侧壁上分别安有 U 型压力计和差压变送器以测量床层压降；用光导纤维探头从侧壁插入床层以测量床层的颗粒浓度分布。操作时通过压缩机向流化床下端的分布室通入一定量的流体(气体或液体)，该流体将穿过分布板向上流过固体颗粒料层，通过床层顶部出口排出床外。

实验观察发现，随着流体流率的增大，床层的流动压降相应增加，当流体流率达到某一值时，床层压降等于单位断面床层中颗粒物料的净重而不再随流体流率的增大而增加，此时，静止不动的颗粒开始振动，然后床层有微小膨胀，床层压降略有下降；随着流体流率逐渐增大，床中固体颗粒可以自由移动，直至做不规则的随机运动；随着流速的进一步增加，床层颗粒间距离扩大，床层进一步膨胀，整个床层显示出流体的特征，故称为流态化。将初始发生的流态化称为初始流态化，将对应初始出现该流动状态的流体速度称为初始流化速度或最小流化速度，又称为临界流化速度。图 2.1 表示的是颗粒均匀分散在流体之中的流动特征，在对数坐标中床层压降和空隙率与流速表现为线性的依赖关系，是一种理想的流动状态，故称为理想流态化[1]。

临界流化速度可根据其定义而求得。当床层压降等于单位截面床层中颗粒物料的重量时，颗粒则会出现临界流化状态。临界流化时颗粒物料处于固定床与流化床的临界点，其流体压降可以由 Ergun 方程[2]较准确求得，令其等于单位截面床层中颗粒物料重量即可求得临界流化速度。

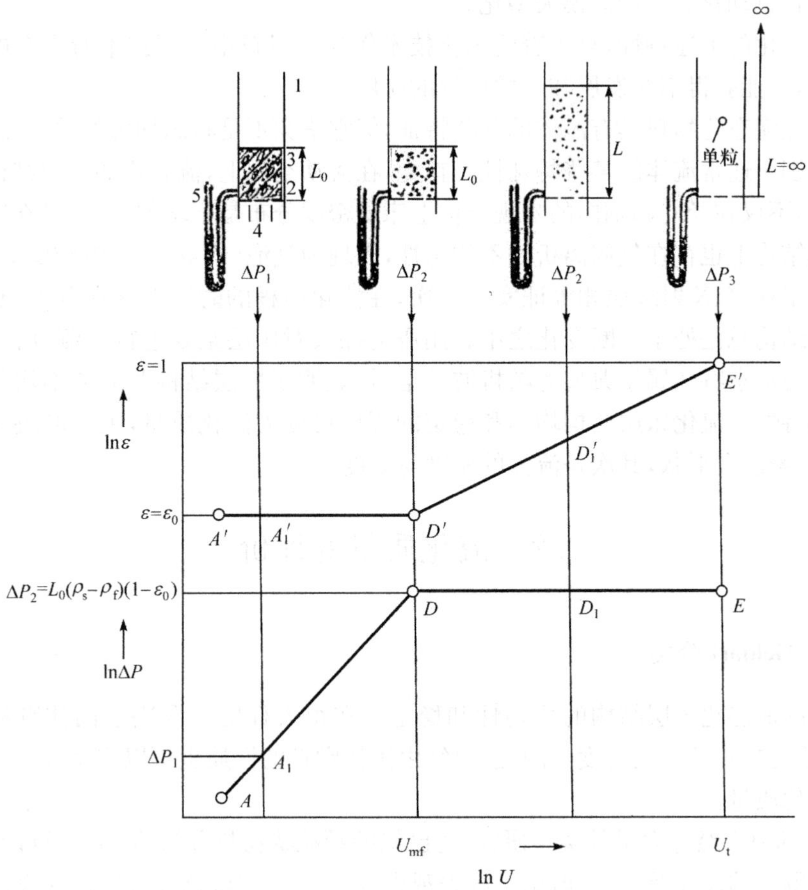

图 2.1　理想流态化及其特性[1]

$$150\frac{(1-\varepsilon_{mf})^2}{\varepsilon_{mf}^3}\frac{U_f U_{mf}}{d_p^2}+1.75\frac{1-\varepsilon_{mf}}{\varepsilon_{mf}^3}\frac{\rho_f U_{mf}^2}{d_p}=(1-\varepsilon_{mf})(\rho_s-\rho_f)g \tag{2.1}$$

式中，U_{mf}为临界流化速度。

流态化是强化颗粒与流体之间的动量传递、质量传递和热量传递的有效手段，具体表现在以下方面：

(1) 与传统固定床接触方式相比，流态化的固体颗粒通常尺寸较小，比表面积较大，而且处于悬浮状态，颗粒表面得以充分暴露，大大提高了两相间的接触面积。

(2) 流态化颗粒处于强烈的湍动状态，两相接触界面不断更新，两相间速度差较大，强化了两相间的热、质传递。

(3) 传递过程的强化，使其所进行的物理化学过程更为快速且充分，大大提高了生产效率。

(4) 流态化的流动特性便于加工过程中物料的运输和转移，进行连续化操作，实现过程自动化和生产规模大型化。

流态化的上述特性，显示着流态化技术作为一门新型工程技术所具有的强大生命力，并能获得不断发展和日益广泛的应用。

虽然流态化物料具有流体的某些特征，但它毕竟不是状态均匀的单一流体，存在着有别于通常流体的某些特殊性。首先，在流动空间上，流态化的床层结构是不均匀的，不仅在径向和轴向的宏观结构上床层密度分布是不均匀的，而且在床层局部微观结构上也存在气固离析的不均匀性，表现为气泡（或空穴）和颗粒团聚体，这已被肉眼观察、X射线照相等证实。其次，在流化历程的时序上存在着不稳定性，即床层结构总是处于不断变化之中。用压力探头对床层某处进行探测，所得到的床层压力动态特性属于典型的随机波动信号，表明了床层结构明显的不均匀和不稳定的特性。流化床层结构均匀和稳定的程度可称为流化质量，主要取决于颗粒的粒度、密度和形状，其次是流体的密度与黏度。

2.2 流化质量的评价

2.2.1 Geldart 分类

气固流态化床层结构的均匀性和稳定性在很大程度上取决于固体颗粒的性质，主要是颗粒粒径及密度。因此，单纯由固体颗粒的性质也可以粗略地预知气固体系流化质量。

Geldart[3]经过大量的实验研究，将已知的颗粒状物料分为A、B、C、D四大类，并根据颗粒的尺寸及密度，做出了以表观密度$(\rho_s-\rho_f)$为纵坐标、颗粒的表面平均直径d_{sv}为横坐标的相图，如图2.2所示。

图2.2中，A-B类的边界方程为

$$(\rho_s-\rho_f)d_p=225 \tag{2.2}$$

B-D类的边界方程为

$$(\rho_s-\rho_f)d_p^2=10^6 \tag{2.3}$$

式中，ρ_s与ρ_f的单位为g/cm^3，d_p的单位为μm。

1) A类物料的流态化特征

A类物料一般为小尺寸、低密度（小于$1.4g/cm^3$）的颗粒，如某些流化催化裂化(FCC)催化剂。此类物料流化时，在气泡产生之前已有较大膨胀，当供气突然中断时，床层塌落速度较慢，相当于浓相中的表观气速，说明颗粒之间滞留着较多的非气泡形式的气体。在加大气速时，即使出现少量气泡也会产生明显的颗粒循环与混合，气泡的破裂与并聚频繁。气泡上升速度大于颗粒间的气速，浓相中的气体明显返混，浓相和气泡之间的气体交换通量较大，可见A类颗粒的流化质量较好。

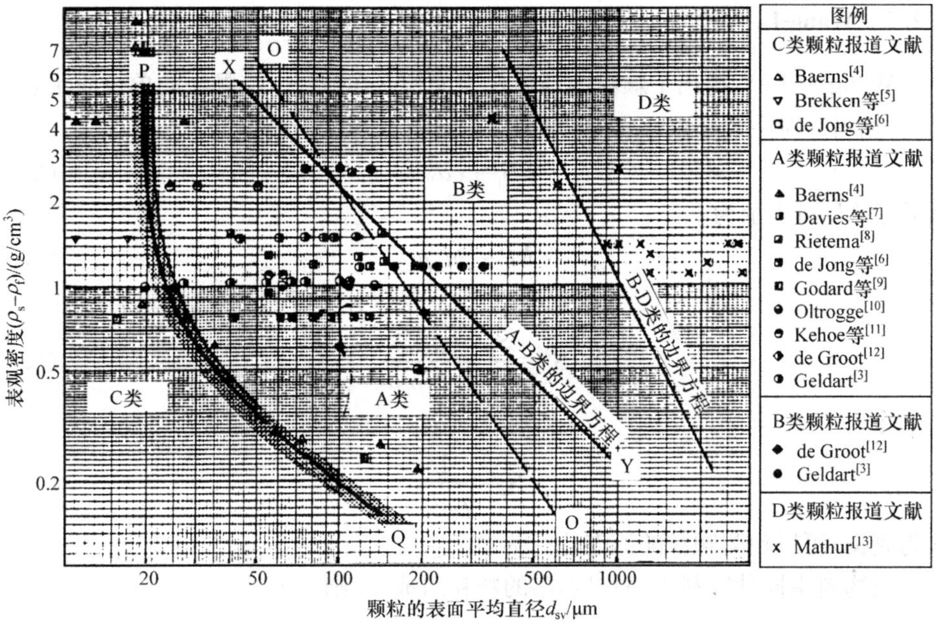

图 2.2　Geldart 的颗粒物料流态化分类图(常温、常压、空气)[3]

2) B 类物料的流态化特征

B 类物料的平均直径为 40～500μm,颗粒密度范围为 4～1.4g/cm³,如砂子。当气速稍高于初始流化速度时就有气泡产生;床层膨胀很小;当气源突然切断时,床层迅速塌落;气泡上升速度大于颗粒间气速;气泡尺寸随床层高度与气速呈线性增加;气泡只是并聚而很少破裂。浓相气体的返混较少,气泡与浓相间的气体交换也少。

3) C 类物料的流态化特征

C 类物料的主要特征是具有明显的黏性,难以形成正常流态化状态,常产生节涌和沟流,其原因为颗粒间的黏性力大于流体施加于颗粒的曳力。黏性力的产生一般归因于非常小的颗粒尺寸、强的静电力、非常潮湿或黏的物料。颗粒的混合以及床层与表面的热传递非常差,远不如 A 类和 B 类物料。

4) D 类物料的流态化特征

D 类物料一般为尺寸大或非常重的颗粒。与 A 类、B 类颗粒不同,气泡上升速度小于颗粒间气速,因而有气流从气泡底部进入,从气泡顶部穿出。固体颗粒的混合较弱,浓相气体的返混也较少,颗粒周围的气体流型应属于湍流,从而引起颗粒的磨损与产生的细颗粒的带出。由于颗粒的动量大,颗粒间接触较少,不能形成颗粒的团聚,即使相对黏性较大的物料也可以实现流态化。当气体从床底中心孔口进入时,会形成喷泉床。

2.2.2 Wang-Li 判据

Wang 和 Li[14] 提出了颗粒的当量比表面积 S_e 的概念，与颗粒的单位质量表面积 S_t 相当。对一个任意形成的颗粒，其表面积 S_p 可表示为

$$S_p = \alpha d_p^2 \tag{2.4}$$

其质量 M_p 可表示为

$$M_p = \beta d_p^3 \rho_p \tag{2.5}$$

故

$$S_t = \frac{S_p}{M_p} = \frac{\alpha}{\beta}\frac{1}{\rho_p d_p} \tag{2.6}$$

令

$$S_e = \frac{1}{\rho_p d_p} \tag{2.7}$$

作为判据，可以预测颗粒的流态化行为。

当物料由同种物料不同粒度 d_{pi} 的颗粒组成时，则

$$S_e = \frac{1}{\rho_p \bar{d}_p} \tag{2.8}$$

式中，

$$\bar{d}_p = \frac{1}{\sum_{i=1}^{n} \frac{x_i}{d_{pi}}} \tag{2.9}$$

其中，x_i 为颗粒直径为 d_{pi} 组分的质量分数。

在大量实验数据归纳的基础上，Wang 和 Li 提出如下判据：

A 类：　$5 < S_e \leqslant 25$　(2.10)

B 类：　$1 < S_e \leqslant 5$　(2.11)

C 类：　$S_e > 25$　(2.12)

D 类：　$S_e \leqslant 1$　(2.13)

上述判据适用于非黏性物料，对黏性物料则预测性较差。

2.2.3 Dn 准数判别法

Liu 等[15] 提出的流化质量判别准数 Dn(discrimination number)具有良好的预测结果。

$$\mathrm{Dn} = \frac{Ar}{Re_{mf}}\frac{\rho_p - \rho_f}{\rho_f} \tag{2.14}$$

经大量实验数据的归纳，给出如下判据：

散式流态化：　$0 \leqslant Dn \leqslant 10^4$　(2.15)

过渡流态化：　$10^4 < Dn < 10^6$　(2.16)

聚式流态化：　$Dn \geqslant 10^6$　(2.17)

2.2.4　床层局部空隙率波形分析法与局部不均匀指数

气固流化床空隙率在时间与空间上的分布直接反映流化质量的优劣。空隙率分布不均匀是聚式流态化的特征，而空隙率分布均匀是散式流态化的特征。

根据入射光的反射强度与床层中颗粒浓度成正比的原理，中国科学院过程工程研究所秦绍宗等研制了光导纤维粉体浓度测量仪(参见图 2.3)。该仪器激光由光源、光导纤维探头、光电转换系统、计算机数据采集与处理系统等组成。入射光由光源出发，经入射光纤射入流化床中，经床中颗粒群的反射后，反射光经光纤导入光电转换系统，所得电信号则由计算机采集与处理。若设床层空隙率为 ε，则床层颗粒浓度为$(1-\varepsilon)$(体积分数)，因此床层浓度信号也可改变为床层空隙率信号。Liu 等[15]提出了床层局部空隙率波形分析法及局部不均匀指数 δ 判据。图 2.4 为流化床空隙率脉动曲线，通常为波动曲线。脉动幅度大而慢者为聚式流态化，脉动幅度小而快者则趋向于散式流态化。对这种脉动的特征如果用数值表示，该数值可反映流化床的不均匀程度。已知气泡的空隙率最大为 1，而聚团的空隙率最小为 ε_{mf}，因此计算机采集到的光纤信号 ε_i 应为$[\varepsilon_{mf},1]$中的离散型随机系列，通过对信号进行统计分析，可得到脉动的标准偏差 σ：

$$\sigma = \sqrt{\frac{1}{n}\sum_{i=1}^{n}(\varepsilon_i - \bar{\varepsilon})^2} \tag{2.18}$$

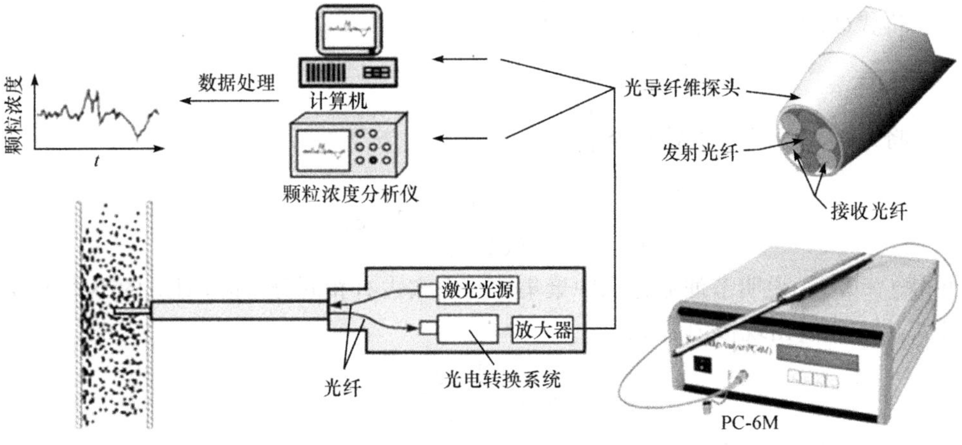

图 2.3　光导纤维粉体浓度测量仪

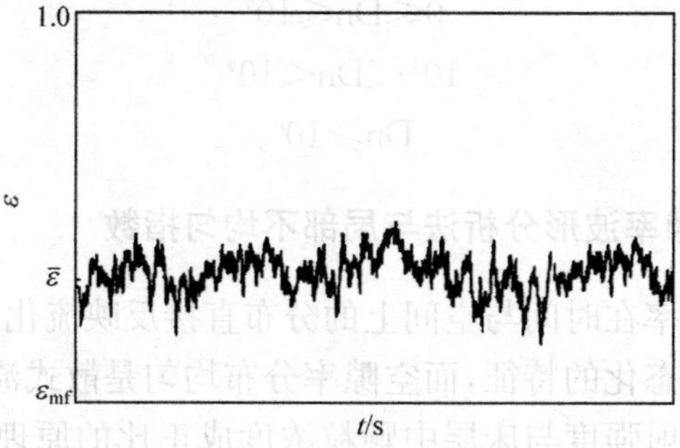

图 2.4 流化床空隙率脉动曲线[15]

流化床中两相混合的程度不同将形成不同的微观结构，对应着不同的 σ 值。而已知的节涌流态化为最不均匀的状态，它由大的颗粒聚集体与流体空穴组成，可以作为聚式流态化的基态。光纤采集到的空隙率仅在 1 和 ε_{mf} 两个数之间振荡，其标准差为最大标准偏差：

$$\sigma=\sigma_{slugging}=\sqrt{\frac{1}{n}\left[n_1\ (1-\bar{\varepsilon})^2+n_0\ (\varepsilon_{mf}-\bar{\varepsilon})^2\right]} \tag{2.19}$$

式中，n_0、n_1 分别为床层中颗粒聚集体与流体空隙的数目；n 为总数，$n=n_0+n_1$，若设 $\frac{n_1}{n}=f$，$\frac{n_0}{n}=1-f$，则有

$$\sigma_{slugging}=\sqrt{f\ (1-\bar{\varepsilon})^2+(1-f)\,(\varepsilon_{mf}-\bar{\varepsilon})^2} \tag{2.20}$$

而

$$\bar{\varepsilon}=f+(1-f)\varepsilon_{mf} \tag{2.21}$$

将式(2.21)代入式(2.20)，可得

$$\sigma_{slugging}=\sqrt{f(1-f)}\,(1-\varepsilon_{mf}) \tag{2.22}$$

将式(2.22)对 f 求导并令 $\frac{d\sigma}{df}=0$，即

$$\frac{d\sigma_{slugging}}{df}=\frac{1-2f}{2\sqrt{f(1-f)}}(1-\varepsilon_{mf})=0$$

可得 $f=0.5$。说明节涌流化床中聚集体与空穴占有相同分量时，对应的不均匀度最大，即 $\sigma_{slugging}$ 出现极值 σ_{max}：

$$\sigma_{max}=\frac{1-\varepsilon_{mf}}{2} \tag{2.23}$$

现在可以定义局部不均匀指数 δ 为

$$\delta=\frac{\sigma}{\sigma_{max}}=\frac{2\sigma}{1-\varepsilon_{mf}} \tag{2.24}$$

当 $\delta=0$ 时，表示局部完全均匀；当 $\delta=1$ 时，表示局部完全不均匀。

经大量实验数据对比与归纳得出如下判据：

$$\delta \leqslant 0.1,\quad \text{散式流态化} \tag{2.25}$$

$$\delta \geqslant 0.5,\quad \text{聚式流态化} \tag{2.26}$$

$$0.1<\delta<0.5,\quad \text{过渡流态化} \tag{2.27}$$

2.3 流态化家族

2.3.1 流态化家族图谱

对于 Geldart 分类的 A 类颗粒，随着气速的增加，气体-颗粒两相床层将经过固定床、临界流态化、散式膨胀、最小鼓泡点、鼓泡流态化、湍动流态化、快速流态化（当向系统补充固体物料时），而至颗粒团的气力输送状态，如图 2.5 所示[16]。但对于 Geldart 分类的 B 类、C 类颗粒，上述过程并不完全。另外，从广义流态化的观点出发，实践中固体颗粒可以顺重力流动，也可以逆重力流动，气固两相既可并流，也可逆流，因此形成了多种流态化床型，成为流态化床家族，如图 2.6 所示[17]。常用的流态化床有鼓泡床、湍动床、快速（循环）床、提升管（稀相输送）、下行床、多室床、多层床、喷动床、锥形床、二器床等，可分别应用于不同要求的场合。

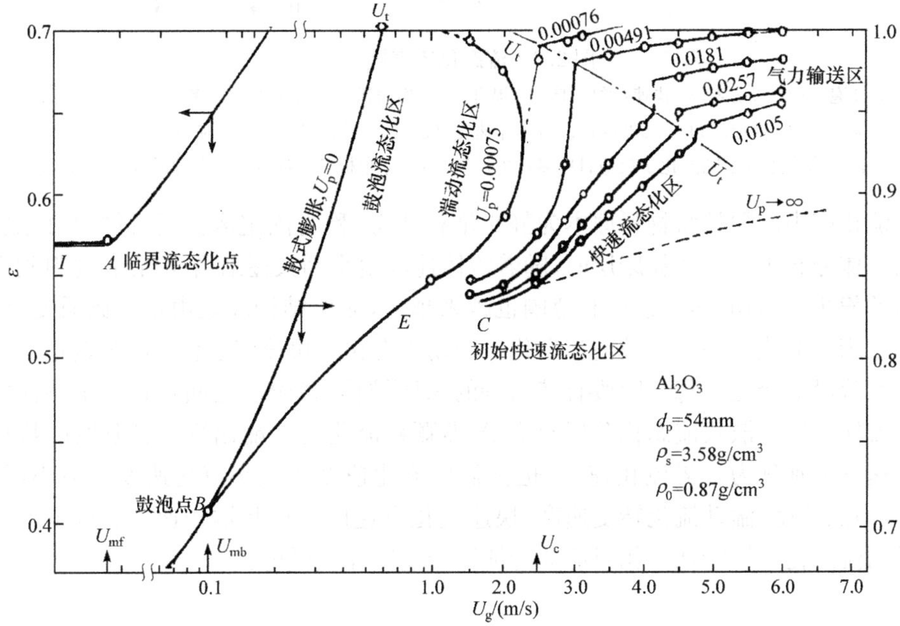

图 2.5　流态化操作相图[16]

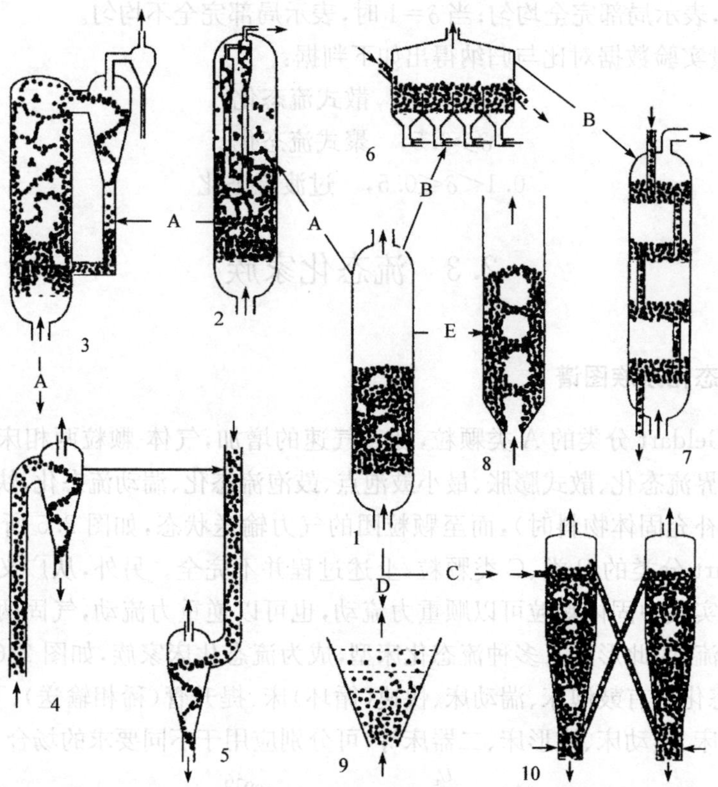

图 2.6 流态化床家族[17]

1. 鼓泡床；2. 湍动床；3. 快速(循环)床；4. 提升管(稀相输送)；5. 下行床；6. 多室床；7. 多层床；8. 喷动床；9. 锥形床；10. 二器床；A. 高气体速度/较短的气体停留时间；B. 逆(错)向气固接触；C. 在流化床中进行不同的化学反应；D. 多粉尘环境，不设分布板；E. 对粗颗粒床、低气量的气固接触

流化床中的颗粒状物料原本为静止堆积状态，称为固定床。当流体通过床底部的流体分布板进入颗粒床层时，随着流体速度由小到大逐渐增加，颗粒物料则由原本的静止到运动，运动速度和范围也越来越大，床层结构随之由量变到质变，沿着固定床—散式流态化—鼓泡流态化—湍动流态化—快速流态化—稀相输送的路径发生阶段性变化。每一阶段有其独特的床层结构，各阶段之间存在一个特征的转变流体速度。散式流态化阶段只有 A 类颗粒流化时才能出现。各阶段的特征转变速度分别称为临界流化速度(也称初始流化速度或最小流化速度)、最小(初始)鼓泡点速度、湍动流化转变速度、快速流化点速度和稀相输送速度。以下就各阶段的流态化结构特征与相对应的特征转变速度加以讨论。

2.3.2　固定床

颗粒在床中静止不动，每个颗粒均与其周围的颗粒相接触，在重力场的作用下，颗粒之间以及颗粒与器壁之间存在接触应力和剪切应力，流体从颗粒间的空隙穿过时，流体对颗粒产生曳力，当此曳力等于床中颗粒的重力和颗粒与器壁的摩擦力（此力通常可忽略）时，颗粒将进入流化状态，此时的流体速度称为临界流化速度，由式(2.1)求解。

2.3.3　散式流态化

散式流态化的特点是无气泡，而颗粒在流体中均匀分散，是一种理想的流化状态。随着流体速度的增加，床层逐渐膨胀，其膨胀规律服从 R-Z 方程[18]：

$$\varepsilon^n = \frac{U_f}{U_t} \tag{2.28}$$

式中，U_f 为流体表观速度(m/s)；U_t 为颗粒的终端速度(m/s)，可由实验或计算求得；n 为空隙率指数，可由 Kwauk 算图[19]查图 2.7 得到，或由 Garside 和 Al-Dibouni[20]的关系式计算：

$$n = \frac{5.1 + 0.28Re_t^{0.9}}{1 + 0.10Re_t^{0.9}} \tag{2.29}$$

或由以下公式计算：

$$\varepsilon_{mf}^n = \frac{U_{mf}}{U_t} \tag{2.30}$$

$$n = \frac{\ln \dfrac{U_{mf}}{U_t}}{\ln \varepsilon_{mf}} \tag{2.31}$$

2.3.4　鼓泡流态化

当流化床中开始出现气泡时，流态化进入鼓泡流态化阶段，此时相对应的流速称为初始鼓泡点速度或最小鼓泡点速度 U_{mb}。根据实验观测，Abrahmsen 和 Geldart[21,22]提出以下预测最小鼓泡点速度的公式：

$$U_{mb} = 2.07e^{0.716F}\frac{d_p \rho_f^{0.06}}{\mu_f^{0.347}} \tag{2.32}$$

式中，F 为床料中小于 45μm 的物料的质量分数。

对于粗粒气固流态化，即 Geldart 分类的 B 类和 D 类物料，几乎观察不到散式膨胀区，即临界流化点与最小鼓泡点是接近的，最小鼓泡点速度近乎临界流化速度。鼓泡流化床可分为气泡相和乳化相，气泡相几乎无颗粒，仅在底部尾涡处有被

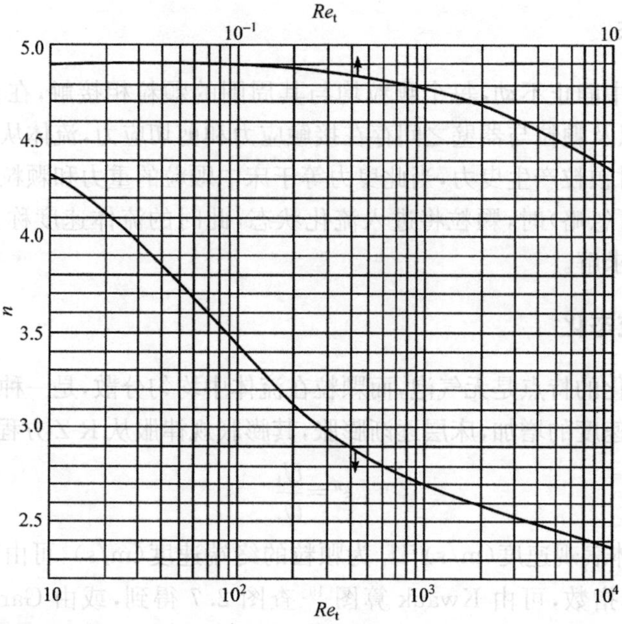

图 2.7　空隙率指数 n 与终端雷诺数 Re_t 的关系[19]

气流夹带的颗粒随气泡上升，乳化相则具有较高的颗粒浓度，且颗粒均匀分散于气流之中。气泡在上升过程中合并长大，速度加快。

2.3.5　湍动流态化

在气固流化床中，由鼓泡流态化向湍动流态化的转变与气泡的聚并和破碎紧密相关。随着气速的增加，气泡聚并加剧将导致气泡长大，而气泡长大则导致床层压力脉动增大。当气速进一步增大时，气泡将达到其最大稳定直径（D_{Bmax}）进而导致气泡的破碎加剧。当气泡的破碎趋势超过气泡的聚并趋势时，气泡平均尺寸将随气速的增大而变小，引起床层压力脉动相应减小。气泡在不断聚并和破碎中不规则地在床中上升，倾向于相互连接，由原本的分散相向连续相转变，称为气穴。进入湍动流态化区域后，气泡的破碎占据了主导地位，有规则的压力脉动或空隙率脉动逐渐消失。与此同时，随着气速的继续增大，鼓泡床中的乳化相被高速流体所撕裂，由原本的连续相向分散相转变，称为絮团。絮团和气穴相互交织在一起，相间接触良好，热质传递速率快。

Yerushalmi 和 Cankurt[23]将压力脉动标准差达到最大值时所对应的气速定义为鼓泡流态化向湍动流态化的转变速度（U_c），而脉动幅值开始呈基本恒定状态时的气速为向湍动流态化转变的终止转变速度（U_k），如图 2.8 所示。

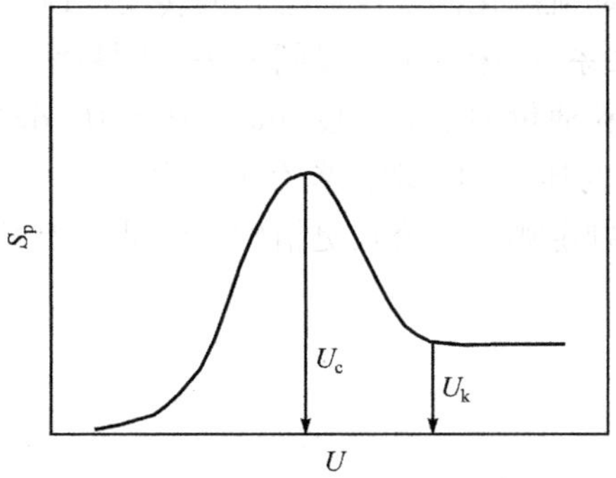

图 2.8　压力脉动标准方差(S_p)与气速的关系及 U_c 和 U_k 的判别[23]

U_c 的预测模型与采用压力脉动方法和压差脉动方法有关。建议采用 Bi 和 Grace[24] 的如下两种预测模型。

压差脉动预测模型：

$$Re_c = 1.243Ar^{0.447} \tag{2.33}$$

压力脉动预测模型：

$$Re_c = 0.565Ar^{0.461} \tag{2.34}$$

实验发现，U_k 与床层结构和颗粒返回系统有很大关系[24-26]。在具有高效颗粒分离和返回系统的湍动床中，U_k 值要比颗粒返回系统效率较低的床中测到的 U_k 值高，说明 U_k 值与床层颗粒浓度有直接对应关系，因此 U_k 不能很好地表征由鼓泡流态化向湍动流态化的流型转变。

2.3.6　快速流态化

湍动流态化向快速流态化的流型转变可从床层的轴向颗粒浓度分布和颗粒的夹带来进行判别。在快速流化床中，颗粒夹带将显著增加，而底部浓相区和顶部稀相段之间的界面变得很模糊，从而使得快速流化床既可以操作在稀相输送状态，也可以操作在浓相输送状态。总体上，它们可以归为两大类：一类是从床层轴向颗粒浓度分布进行判别；另一类则是基于床层的颗粒夹带特征的变化。快速流化点速度(或称最小输送速度)U_{tr}可用于判别湍动流态化向快速流态化的转变。

Yerushalmi 和 Cankurt[23] 将床层某一段的压差与颗粒循环速率(通量)作图得到如图 2.9 所示的一系列等气速线系。在低气速时，随着颗粒通量的增加，床层压差将发生突变，床层随之从稀相输送状态突变进入密相流化状态。颗粒通量当床层操作在稀相输送状态时的变化范围很窄，因此床层在此低气速下难以稳定地操作在输送区域。随着气速的增加，床层可操作在稀相输送的范围变宽，当气速增加到一定值(U_{tr})时，压差随颗粒通量的阶跃式变化将消失，此气速称为快速流化

点速度，可用于判别湍动流态化向快速流态化的转变。Bi[27]发现床层压差与床层颗粒浓度呈直接对应关系，而床层某一段间的平均颗粒浓度又与颗粒的轴向分布有关，对床层压差与颗粒通量的最大梯度（$\max[\partial(-dP/dz)/\partial G_s|_U]$）的模拟计算和实验结果均表明，$U_{tr}$与压差的测取位置有关。由于$U_{tr}$与测量位置、床径和床高等因素均有关系，很难判定哪一个公式更精确。但是对于FCC类颗粒，U_{tr}值一般在1～2m/s。

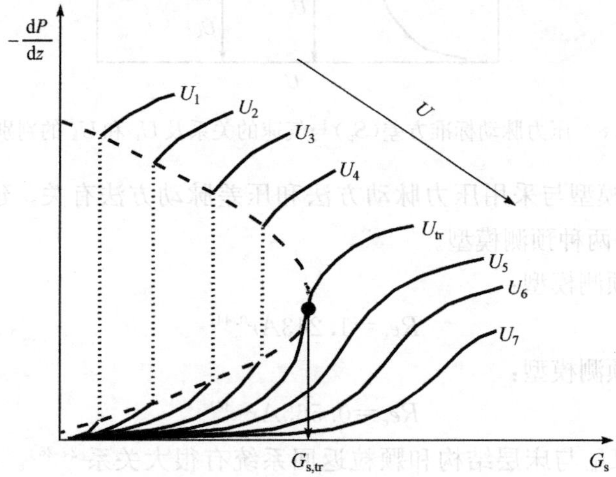

图 2.9 平均压差（$-dP/dz$）与气速（U）和颗粒循环速率（G_s）的关系及U_{tr}的判别[22]

建议采用 Lee 和 Kim[28]的关系式：

$$Re_{tr}=2.916Ar^{0.354} \tag{2.35}$$

或 Bi 和 Fan[29]的关系式：

$$Re_{tr}=2.28Ar^{0.419} \tag{2.36}$$

Li[30]认为，快速流化点速度下的最小固体循环量G_{sm}是保证形成快速流态化的又一重要条件或另一特征参数，根据实验结果得到如下关系式：

$$Re_m=6.08Ar^{0.78} \tag{2.37}$$

式中，

$$Re_m=\frac{d_p\rho_p U_d}{\mu_f}=\frac{d_p G_{sm}}{\mu_f} \tag{2.38}$$

快速流态化是介于湍动流态化与气力输送之间的一种流动状态，由离散的颗粒絮团相和连续的低颗粒浓度的稀相组成，气泡已消失。床中的颗粒浓度分布呈现轴向上稀下浓的S形分布和径向中间稀边壁浓的环核形分布的特征。快速流态化既具有相邻两种流动状态各自的优点，同时又避免了它们各自的缺点，其特点表现如下：

(1) 无气泡气固接触，大大强化了气固间的接触。

(2) 高气速、高固体通量和高固体浓度操作，大大提高了反应器的效率和能力。

(3) 高气固滑移速度，强化了相际之间的传递；高固体浓度床层，强化了器壁间的热量传递。

(4) 低气体轴向返混，有利于提高化学反应的选择性和转化率，对快速而复杂的气相加工过程尤为有利。

(5) 固体的快速混合，造成整个床层均一的温度分布，从而可实现化学反应的最佳化操作。

(6) 高气速操作和床层的强烈二次混合，气体分布板的均匀布气要求可以降低，可采用大孔率分布板，降低分布阻力，节约鼓风动能消耗。

快速流态化也有不足之处，如固相颗粒的完全混合，对于固相颗粒的加工过程，其反应器的综合转化率和反应器效率会有所下降；高气固通量操作，气固分离难度增加，微粉带出对环境的影响，颗粒间的磨蚀和器壁的磨耗将增大等，对这些问题应该给予充分关注和有效防止。

2.3.7 稀相流态化输送

观测快速流态化向稀相流态化输送状态转变应采用没有进、出口效应的循环流化床。从概念上说，快速流态化向稀相流态化输送状态转变的速度也是聚式流态化体系中的一个特征速度。其定义是，在由快速流化点速度与其相应的最小固体循环量条件下初始形成了快速流态化状态（即在提升管底部形成可见的无气泡浓相床层），此时逐步增加系统的存料量至整个快速管形成完全浓相的快速流态化状态，然后慢慢地增加气体速度至该浓相的快速流化床层消失，整个提升管转变成均匀全稀的气力输送状态，此时的气体速度称为快速流态化向气力输送转变的速度或最小气力输送速度（U_{pt}）。不同的颗粒物料，其最小气力输送速度各有不同。大量实验发现，在各种不同固体循环量下，其向气力输送转化的气体速度也各有不同，但都随固体循环量的增加而增大。Li[30] 提出在 Re_m 条件下快速流态化状态向气力输送状态跃迁转变的速度计算式为

$$18Re_{pt}+2.7Re_{pt}^{1.687}-13.32Ar=0 \tag{2.39}$$

式中，

$$Re_{pt}=\frac{d_p\rho_f U_{pt}}{\mu_f}-24\frac{\rho_f}{\rho_p}Re_m \tag{2.40}$$

由此计算出的实际状态转变速度 U_{pt} 与实验观测值较吻合。

稀相流态化是相对于浓相(密相)流态化而言的,二者之间无确切分界,一般来讲,稀相流态化是指其床层空隙率 $\varepsilon > 0.99$。稀相流态化具有如下特征:

(1) 床层空隙率 $\varepsilon > 0.99$,即床中颗粒体积分数较低,颗粒之间的距离较大,相互作用较小。

(2) 流体与固体接触充分,有较大的流体与颗粒之间的热质传递速率。

(3) 床层压降较低,可降低工艺过程中所需的能量,并可降低建造设备时对密封的要求。

(4) 床层中无气泡形成,颗粒以单粒或絮状物状态存在。

2.4 流化床的流动结构效应

大到浩瀚的宇宙,小到超微的原子,整个物质世界都是以某种结构存在的。物质的结构又与其性能密切相关。流化床中存在局部不均匀结构,该结构的主要特征是气液连续介质中存在颗粒、气泡、液滴、聚团,其尺寸不同、速度大小和方向不同、空间分布不均匀。该结构必然与流化床的"三传一反"行为密切相关。然而,传统的化学工程理论忽视结构问题,采取平均的方法将本来的多尺度不均匀结构拟均匀化,从而偏离了事物的本质。最近几年的研究已经证明,忽视结构的传统平均方法造成了对"三传一反"行为预测的偏差,是化学工程设计放大失败的主要根源。因此,结构问题必须引起化学工程学界的高度重视。

2.4.1 结构的时空多尺度特征

结构具有多尺度和随时空变化的特征。例如,太阳系由太阳、地球、月亮等不同尺度的星体构成,它们在万有引力的相互作用下处于有序而不停的运动之中。化学工程同样具有多层次、多尺度并随时空变化的结构,一般可分为从分子到颗粒的小尺度区、从颗粒到单元设备的中尺度区和从单元设备到系统流程的大尺度区,各区中均有各自不同的结构。小尺度区中的结构如超分子和离子液体结构[31](图 2.10)、烃分子在 Y 分子筛超笼中的裂化[32](图 2.11)等;中尺度区中的结构如单元设备内部多相物质流动形成的结构[33-36](图 2.12～图 2.15)、反应器和分离塔内部构件及填料的形状和整体结构[37,38](图 2.16 和图 2.17)等;大尺度区中的结构如由各单元设备组成的流程系统的组织排列结构(图 2.18)、工业园区的物质循环组合结构等。本节重点研究中尺度区的结构,即流化床中由颗粒、颗粒聚团、液滴、连续介质气体及液体运动所形成的局部流动结构。研究结构参数的预测模型,研究结构参数与"三传一反"的关系模型,研究基于结构参数的流化床 CFD 模拟,为工业流化床的优化调控和工程放大提供理论和方法。

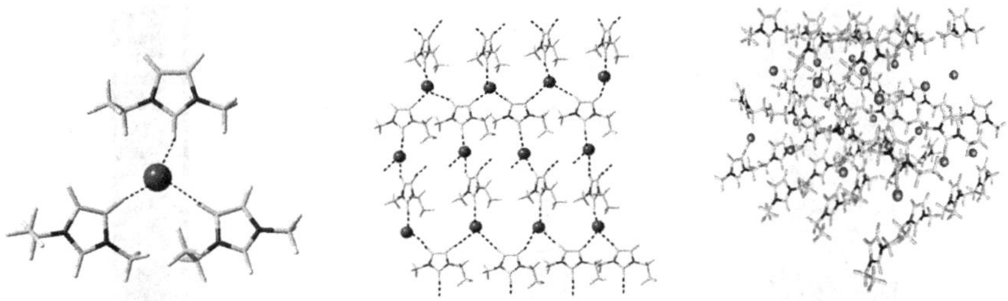

(a) 离子对　(b) 二维网络结构　(c) 三维网络结构

图 2.10　离子液体中的氢键网络结构及其三维扩展性[31]

该图所示为氯代 1-乙基-3-甲基咪唑[Emim]氯离子液体

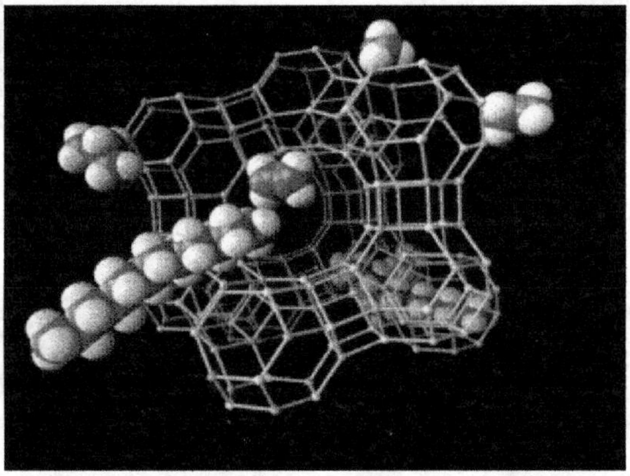

图 2.11　烃分子在 Y 分子筛超笼(内径 0.74nm)中的裂化[32]

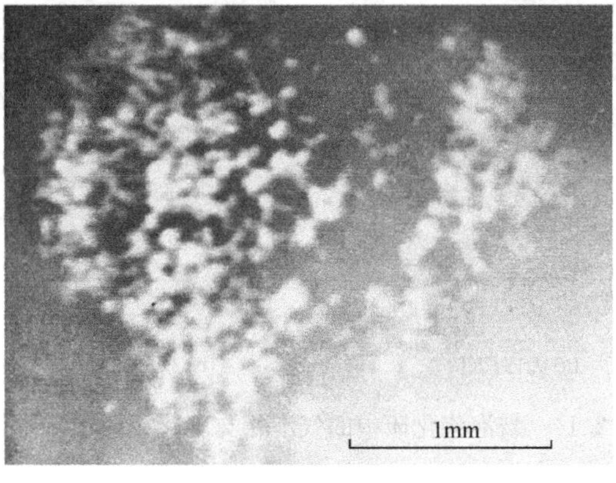

图 2.12　快速流化床中的聚集相和分散相两相结构[33]

圆形视野中的白色代表固体颗粒

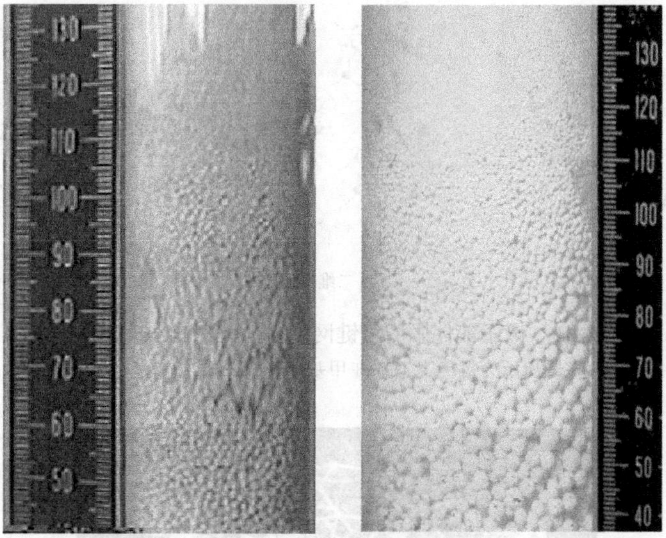

(a) 流化状态　(b) 塌落后的状态

图 2.13　$CaCO_3$ 纳微颗粒聚团流化床的状态[34]

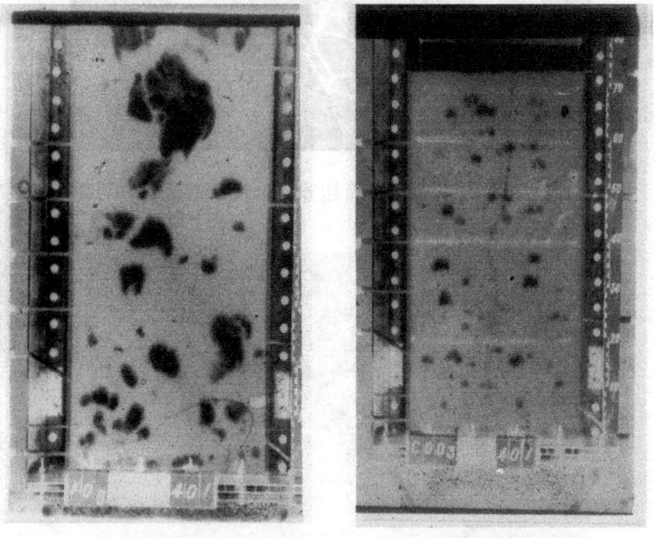

(a) 无内构件　(b) 有百叶窗式内构件

图 2.14　鼓泡流化床中的气泡相与乳化相两相结构[35]

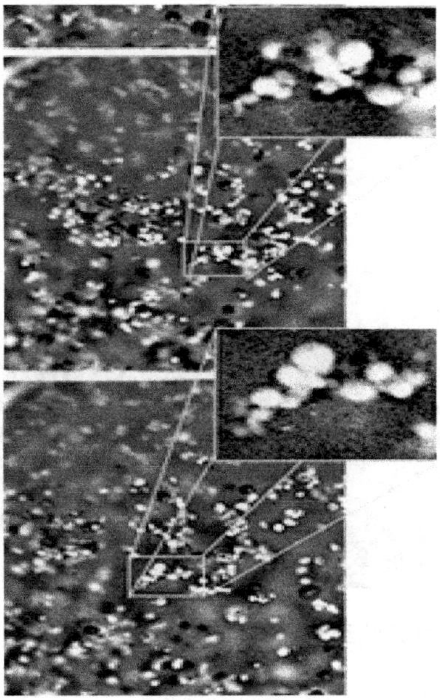

图 2.15　湍动流化床中颗粒聚团和气穴相互交织的两相结构[36]

图 2.16　流化床中的组合式横向斜片挡板[37]

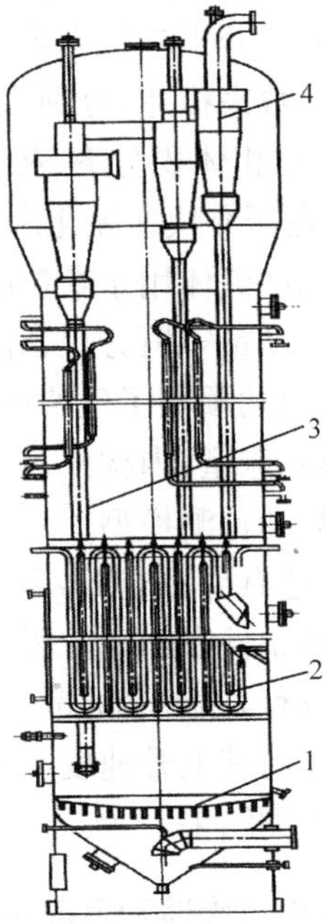

图 2.17　工业萘氧化制苯酐流化床反应器[38]

1. 气体分布板；2. 垂直管束热交换管内构件；
3. 旋风分离器料腿；4. 旋风分离器

图 2.18　百万吨级清洁汽油流态化催化裂化装置(MIP)

2.4.2　流化床中局部流动结构的预测

流化床中尺度区介于颗粒和设备尺度之间,其中的局部结构也称介尺度结构。此类结构需要若干参数来定量表达,以工业快速流化床提升管中的流动结构为例,需要 8 个参数来描述,分别为密相表观气速、密相颗粒表观速度、聚团平均直径、密相空隙率、密相体积分率、稀相表观气速、稀相颗粒表观速度、稀相空隙率。Li 和 Kwauk[39]在研究快速流化床的局部结构时,提出了 EMMS 模型。该模型认为在快速流化床中流体用于颗粒的悬浮输送能最小,并以此作为系统的稳定性条件,与稀密两相的动量守恒方程、等压降方程、气固两相的质量守恒方程、聚团尺寸方程联立求解,成功预测了反映快速流化床局部结构的 8 个参数。借鉴 EMMS 模型方法,结合不同床型、内构件、外力场对多相流动的影响规律,可望建立各种类型流化床结构参数的预测模型[40]。在求解流化床结构参数的模型中,除了上述的 EMMS 模型之外,还有许多非 EMMS 模型,其特点是不以流体用于颗粒的悬浮输送能最小为稳定性条件来封闭方程组,而是在没有足够多的理论方程时,选取可靠的经验或半经验方程,如著名的散式流化床空隙率与气速关系的 R-Z 方程[40]、鼓泡流化床气泡直径与其上升速度的关系式[41]等,作为补充方程来封闭方程组,同样得到了满意的预测结果[42-44]。

2.4.3　结构与传递和反应性能的关系

众所周知,物质的分子结构与其热力学特性密切相关;材料的微观结构、介观结构与其宏观的物化和力学性能密切相关,如金刚石与石墨同样都是由碳元素组成的物质，由于碳原子排列的方式不同，金刚石坚硬无比，石墨则非常柔软。同理，因尺寸不同，空间分布不均的气泡、液滴、颗粒、聚团组成的流化床局部流动结构与其传递、反应行为密切相关。

图 2.10 为离子液体的结构图，各离子之间通过氢键形成网络结构，因此具有较高的黏度。图 2.11 为烃分子在 Y 分子筛超笼中的裂化示意图，虽然其尺度微小，但结构复杂，其微孔与介孔结构可有效调控裂解的目标产品。图 2.12 是由微观摄像探头(镜头直径 3mm)拍摄到的快速循环流化床中的局部结构照片，从中可见快速流化床中存在颗粒的聚集相(聚团)和颗粒的分散相(稀相)两相结构，聚团的形状不规则，大小不相同，这种结构对快速流化床中的传递与反应具有直接的影响。图 2.13 是纳微颗粒鼓泡流化床层流化时和断气塌落后的照片，纳微颗粒表面过剩的自由能使其具有聚集成团的特性，床下部是大尺度聚团，床中部是中等尺度聚团，床上部是小尺度聚团，颗粒聚团内部的颗粒与气流接触很差，严重影响传递和反应速率。图 2.14 为气固鼓泡流化床的照片，图(a)的床中无内构件，床层由气泡相和乳化相组成，气泡尺寸较大；图(b)的床中有多块百叶窗式横向挡板，床层由气泡相和乳化相组成，但气泡尺寸较小且均匀。气泡会形成气体短路，严重降低气固接触效率。图 2.15 为湍动流化床内部结构的照片，可见颗粒形成的聚团和稀相形成的气穴相互交织成网状结构。图 2.16 为工业流化床中设置的组合式横向斜片挡板，可以有效破碎气泡和颗粒聚团，斜片导向还可进一步强化气固接触。图 2.17 为工业萘氧化制苯酐流化床反应器的内部结构图，床底的气体分布板可使气流均匀分布，床中的垂直换热管内构件可强化气固接触，减小放大效应。

由于这种多相流动结构的难以预测性和构效关系的复杂性，传统的化学工程采取平均的方法，必然造成预测的偏差，成为化学工程放大的瓶颈问题[45]。Li 等[46]、Yang 等[47]的研究发现，在计算快速流化床中气固相互作用的曳力系数时，如果按照传统的平均方法，即 Wen-Yu/Ergun 平均曳力系数模型[2,48]计算所得的曳力系数为 18.6；但如果考虑颗粒在实际空间的不均匀分布，曳力系数为多个结构参数的函数，EMMS 结构曳力系数模型计算所得的曳力系数为 2.86。两者有数量级的差别。据各自的曳力系数，对快速流化床的出口颗粒流率进行预测，结果表明，运用考虑结构的多尺度方法预测的结果与实验数据吻合，而运用传统平均方法预测的结果与实验数据相差甚远(图 2.19)。可见，将不均匀结构拟均匀化是引起预测偏差和工程放大失败的根源之一，必须对结构问题予以足够的重视。

前面已经谈到，结构具有非均匀、多尺度的特征。结构不仅对动量传递有决定性影响，而且对质量传递、热量传递和化学反应同样会有决定性影响。以往的气固相互作用的曳力系数、气体与颗粒之间的传质系数以及传热系数的表达式均是以气固的浓度和速度在空间均匀分布为前提，预测误差很大。因此，建立气固两相流不均匀结构与质量和热量传递之间的定量关系势在必行，也是当代化学工程学科

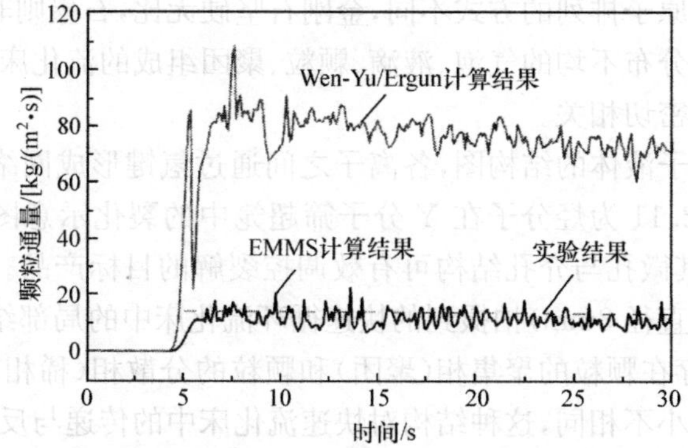

图 2.19　EMMS结构曳力系数模型与 Wen-Yu/Ergun 平均曳力系数模型计算结果对比[47]

的前沿问题之一。关于流化床的结构问题，李洪钟曾做过详细的阐述[49]。

2.4.4　流化床流动结构的调控——散式化方法

流化床局部流动结构由气泡、液滴、颗粒和聚团等尺度不同的分散相和气、液介质连续相组成。这种分散相的尺寸越小，它们在连续相介质中分散得越均匀，相间接触界面就越大，越有利于传质、传热和化学反应；同时如果相间的滑移速度越大，则相间界面越薄，界面的更新速度越快，同样有利于传质、传热和化学反应。影响结构的最主要因素是系统或设备条件（包括颗粒和流体的性质、设备与内构件的结构与形状、外力场的影响等）和操作条件（包括温度、压力、气液固三相各自的流速与流向、稳态操作与动态操作等）。Kwauk[50]从流域过渡的概念出发，进行了稀相流态化、浅床流态化和快速流态化等气固流态化体系的研究，实现了无气泡气固接触。然而，大量应用的普通气固鼓泡流化床中则既存在气泡又存在聚团，亟待改进。十余年来，随着纳米材料和超细催化剂的迅速发展，用于超细颗粒加工与反应的超细颗粒流化床反应器的研究与开发又成为新的研究热点。如何消除这类流化床中存在的严重颗粒聚团现象，实现“散式”流态化，成为研究的关键。

为了抑制气固流化床中的气泡和颗粒聚团的生成，尽可能减小气泡与聚团的尺寸，实现颗粒在流体中的均匀分散，李洪钟与郭慕孙在总结前人工作的基础上，提出了散式化方法[51,52]。该方法包括颗粒与添加组分设计（粒度、粒度分布、形状、表面状态、密度、添加组分）、流体设计（密度、黏度）、床型与内构件设计（快速床、下行床、锥形床、多层浅床、多孔挡板、百叶窗挡板、孔桨式挡板、环形挡体、锥形挡体等）、外力场设计（磁场、声场、振动场、超重力场等）等，其构思如图 2.20 所示。颗粒设计和流体设计属内因调控方法，操作条件、床型与内构件设计、外力场设计属外因调控方法。内因是促进流态化由聚式向散式转化的根据，外因则是转化的条件，并通过内因起作用。该方法可有效优化调控流化床中的结构，实现高效的气固接触，已成功地应用于过程工业。

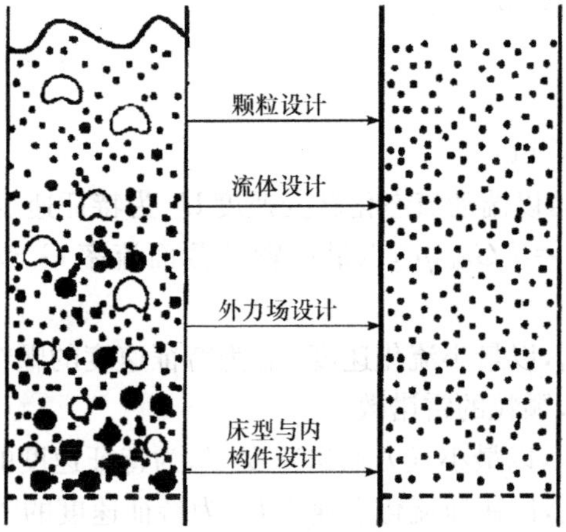

图 2.20　气固聚式流态化的散式化方法示意图[52]

2.4.5　小结

流化床中存在局部不均匀结构。该结构的主要特征是气液连续介质中存在颗粒、气泡、液滴、聚团，其尺寸不同、速度大小和方向不同、空间分布不均匀。该局部不均匀结构与流动、传递、反应行为密切相关。传统的化学工程忽视局部多尺度不均匀结构而采取平均的方法，造成对“三传一反”行为预测的偏差，成为化学工程放大的瓶颈问题，应引起学术界的关注。近年来，在结构参数的预测理论研究、结构与传递和反应的关系理论研究、结构的优化调控理论与方法研究以及结构参数与两流体模型相结合的多相流计算机模拟研究等方面已经取得一定进展，但面对复杂的流化床多尺度结构问题，需要开展进一步的研究。

符 号 说 明

Ar	$=d_p^3\rho_f(\rho_p-\rho_f)g/\mu_f^2$，阿基米德数
D	直径，m
Dn	流化质量判别准数
d_b	气泡直径，m
d_p, d_s	颗粒直径，m
d_{sv}	颗粒的表面平均直径，m
G_s	颗粒循环速率(通量)，kg/(m^2 · s)
g	重力加速度，m/s^2

L	床层高度,m
L_0	初始床层高度,m
M_p	颗粒质量,kg
n	空隙率指数
P	流体压力,N/m^2
Re_c	$=d_p U_c \rho_f / \mu_f$,以湍动流态化转变速度 U_c 为特征速度的颗粒雷诺数
Re_m	$=d_p u_d \rho_p / \mu_f = d_p G_{sm} / \mu_f$,以最小颗粒截面流率 G_{sm} 为特征流率的颗粒雷诺数
Re_{mf}	$=d_p u_{mf} \rho_f / \mu_f$,以最小流化速度 U_{mf} 为特征速度的颗粒雷诺数
Re_p	$=d_p u_f \rho_f / \mu_f$,颗粒的雷诺数
Re_{pt}	$=d_p U_{pt} \rho_f / \mu_f$,以最小气力输送速度 U_{pt} 为特征速度的颗粒雷诺数
Re_{tr}	$=d_p U_{tr} \rho_f / \mu_f$,以快速流化点速度 U_{tr} 为特征速度的颗粒雷诺数
S_e	颗粒的当量比表面积,m^2/kg
S_p	颗粒的表面积,m^2
S_t	颗粒的单位质量表面积,m^2/kg
t	时间,s
U	气体速度,m/s
U_f	流体表观速度,m/s
U_{mb}	最小(初始)鼓泡点速度,m/s
U_{mf}	临界流化速度,m/s
U_t	颗粒的终端速度,m/s
α,β	非球形系数
δ	床层局部不均匀指数
ε	床层空隙率
$\bar{\varepsilon}$	床层平均空隙率
$\varepsilon_{mf},\varepsilon_0$	临界流态化空隙率
ρ_f	流体密度,g/m^3
ρ_p	颗粒密度,g/m^3
ρ_s	固体密度,g/m^3
σ	标准偏差
σ_{max}	最大标准偏差

参考文献

[1] 郭慕孙,李洪钟.流态化手册.北京:化学工业出版社,2008:150-157.

[2] Ergun S. Fluid flow through packed columns. Chemical Engineering Progress,1952,48(2):

89-94.

[3] Geldart D. Types of gas fluidization. Powder Technology,1973,7(5):285-292.

[4] Baerns M. Proceedings of International Symposium on Fluidization. Amsterdam: Netherlands University Press,1967:403.

[5] Brekken R A,Lancaster E B,Wheelock T D. Fluidization of flour in a stirred,aerated bed: Part Ⅰ:General fluidization characteristics. Chemical Engineering Progress Symposium Series,1970,66(101):81-90.

[6] de Jong J A H,Nomden J F. Homogeneous gas-solid fluidization. Powder Technology,1974, 9(2-3):91-97.

[7] Davies L, Richardson J F. Gasaustausch zwischen blasen und umgebender phase in einem fliessbett. Transactions of the Institution of Chemical Engineers,1966,44(8):T293.

[8] Rietema K. Proceedings of International Symposium on Fluidization. Amsterdam:Netherlands University Press,1967:154.

[9] Godard K,Richardson J F. Bubble velocities and bed expansions in freely bubbling fluidized beds. Chemical Engineering Science,1969,24(4):663-670.

[10] Oltrogge R D. Gas fluidized bed of fine particles. Ann Arbor:University of Michigan,1972.

[11] Kehoe P W K,Davidson J F. Continuously slugging fluidized beds//Chemeca'70,Institution of Chemical Engineers Symposium Series,Butterworths,1970:97-116.

[12] de Groot J H. Proceedings of International Symposium on Fluidization. Amsterdam:Netherlands University Press,1967:348.

[13] Mathur K B. Fluidization. New York:Academic Press,1972.

[14] Wang Z L,Li H Z. A new criterion for prejudging the fluidization on behavior of powders. Powder Technology,1995,84(2):191-195.

[15] Liu D J,Kwauk M,Li H Z. Aggregative and particulate fluidization:The two extremes of a continuous spectrum. Chemical Engineering Science,1996,51(17):4045-4063.

[16] Li Y,Kwauk M. The Dynamics of fast fluidization//Proceedings of the 3th International Conference on Fluidization,Engineering Foundation,New York,1980:537-544.

[17] Kuipers J A M,Hoomans B P B,van Swaaij W P M. Hydrodynamic models of gas-fluidized beds and their role for design and operation of fluidized bed chemical reactors//Proceedings of the 9th International Conference on Fluidization, Engineering Foundation, New York, 1998:15-30.

[18] Richardson J F,Zaki W N. Sedimentation and fluidization. Transactions of the Institution of Chemical Engineers,1954,32:35-53.

[19] Kwauk M. Generalized fluidization: Ⅰ. Steady-state motion. Scientia Sinica, 1963, 12(4): 587-612.

[20] Garside J,Al-Dibouni M R. Velocity-voidage relationships for fluidization and sedimentation in solid-liquid systems. Industrial & Engineering Chemistry Process Design and Development,1977,16(2):206-214.

[21] Abrahmsen A R, Geldart D. Behaviour of gas-fluidized beds of fine powders part Ⅰ. Homogeneous expansion. Powder Technology, 1980, 26(1): 35-46.
[22] Abrahmsen A R, Geldart D. Behaviour of gas-fluidized beds of fine powders part Ⅱ. Voidage of the dense phase in bubbling beds. Powder Technology, 1980, 26(1): 47-56.
[23] Yerushalmi J, Cankurt N T. Further studies of the regimes of fluidization. Powder Technology, 1979, 24(2): 187-205.
[24] Bi H T, Grace J R. Effect of measurement method on the velocities used to demarcate the onset of turbulent fluidization. The Chemical Engineering Journal and the Biochemical Engineering Journal, 1995, 57(3): 261-271.
[25] Rhodes M J, Geldart D. The hydrodynamics of re-circulating fluidized beds//Graf R. Circulating Fluidized Bed Technology. Oxford: Pergamon Press, 1986: 193-200.
[26] Schnitzlein M G, Weinstein H. Flow characterization in high-velocity fluidized beds using pressure fluctuations. Chemical Engineering Science, 1988, 43(10): 2605-2614.
[27] Bi H T. Transition from turbulent to fast fluidization. Chemical Engineering Communications, 2002, 189(7): 942-958.
[28] Lee G S, Kim S D. Bed expansion characteristics and transition velocity in turbulent fluidized beds. Powder Technology, 1990, 62(3): 207-215.
[29] Bi H T, Fan L S. Existence of turbulent regime in gas-solid fluidization. AIChE Journal, 1992, 38(2): 297-301.
[30] Li Y. Chapter 3 Hydrodynamics//Kwauk M. Advances in Chemical Engineering Volume 20: Fast Fluidization. San Diego: Academic Press, 1994: 85-146.
[31] 李洪钟. 过程工程：物质·能源·智慧. 北京：科学出版社，2010：233.
[32] 何鸣元. 催化剂与沸石分子筛//过程工程论坛. 北京：中国科学院过程工程研究所，2008.
[33] Zhou B, Li H Z, Xia Y S, et al. Cluster structure in a circulating fluidized bed. Powder Technology, 1994, 78(2): 173-178.
[34] Li H Z, Tong H. Multi-scale fluidization of ultrafine powders in a fast-bed-riser/conical-dipleg CFB loop. Chemical Engineering Science, 2004, 59(8-9): 1897-1904.
[35] Jin Y, Wei F, Wang Y. Internals, vertical tubes, and baffles//Yang W C. Handbook of Fluidization and Fluid-particle Systems. New York: Marcel Dekker, 2003: 171-199.
[36] McMillan J, Shaffer F, Gopalan B, et al. Particle cluster dynamics during fluidization. Chemical Engineering Science, 2013, 100(2): 39-51.
[37] Chinese Society of Particuology. 2009-2010 Report on Advances in Particuology. Beijing: China Science and Technology Press, 2010: 105.
[38] 郭慕孙，李洪钟. 流态化手册. 北京：化学工业出版社，2008：1286-1293.
[39] Li J H, Kwauk M. Particle-fluid Two-phase Flow: The Energy-minimization Multi-scale Method. Beijing: Metallurgical Industry Press, 1994: 23-40.
[40] Shi Z, Wang W, Li J. A bubble-based EMMS model for gas-solid bubbling fluidization. Chemical Engineering Science, 2011, 66(22): 5541-5555.

[41] Davidson J F, Harrison D. Fluidization. New York: Academic Press, 1971.

[42] Lv X L, Li H Z, Zhu Q S. Simulation of gas-solid flow in 2D/3D bubbling fluidized beds by combining the two-fluid model with structure-based drag model. Chemical Engineering Journal, 2014, 236(1): 149-157.

[43] Wang Y C, Zou Z, Li H Z, et al. A new drag model for TFM simulation of gas-solid bubbling fluidized beds with Geldart-B particles. Particuology, 2014, 15(4): 151-159.

[44] Chen J, Li H, Lv X, et al. A structure-based drag model for the simulation of Geldart A and B particles in turbulent fluidized beds. Powder Technology, 2015, 274: 112-122.

[45] 李静海，葛蔚. 复杂系统与多尺度方法//李静海，胡英，袁权，等. 展望 21 世纪的化学工程. 北京：化学工业出版社，2004：172-187.

[46] Li J H, Zhang J Y, Ge W, et al. Multi-scale methodology for complex systems. Chemical Engineering Science, 2004, 59(8-9): 1687-1700.

[47] Yang N, Wang W, Ge W, et al. CFD simulation of concurrent-up gas-solid flow in circulating fluidized beds with structure-dependent drag coefficient. Chemical Engineering Journal, 2003, 96(1-3): 71-80.

[48] Wen C Y, Yu Y H. Mechanics of fluidization. Chemical Engineering Process Symposium Series, 1966, 62: 100-111.

[49] 李洪钟. 化学工程中的结构问题. 工程研究：跨学科视野中的工程，2013，5(1)：12-22.

[50] Kwauk M. Fluidization: Idealized and Bubbleless, with Applications. Beijing: Science Press, 1992.

[51] Li H Z, Lu X S, Kwauk M. Particularization of gas-solids fluidization. Powder Technology, 2003, 137(1-2): 54-62.

[52] 李洪钟，郭慕孙. 气固流态化的散式化. 北京：化学工业出版社，2002：38-104.

第3章 快速流化床结构-传递关系模型及应用

3.1 引 言

快速流态化是介于湍动流态化与稀相气力输送流态化之间的一种流态，如图3.1所示[1]，由离散的颗粒絮团相和连续的稀相组成。颗粒浓度的分布则呈现轴向的上稀下浓的S形分布和径向的中间稀边壁浓的环核形分布。以高气速、高颗粒流率、高气固滑移速度为主要特征，对“三传一反”的化工过程非常有利，因此在工业中得到广泛的应用。然而，由于其局部及整体结构的复杂多变性，工业放大困难，采用传统平均方法的计算机模拟偏差很大。本章集中研究快速流化床的结构以及结构与传递和反应的关系，建立相应的模型以取代传统的平均方法进行计算机模拟，试图解决快速流化床的优化操作和模拟放大的问题。

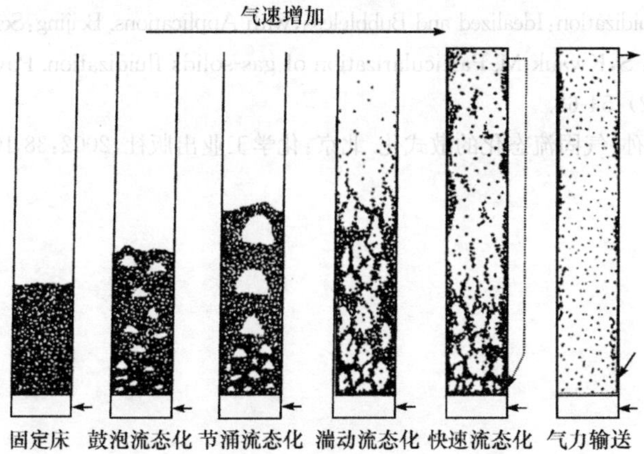

图3.1 气固流态化流型[1]

3.2 流化床局部结构与传递关系的意义

传递和反应是化学工程乃至过程工程的两大主题。化学反应的速度取决于本征反应动力学和催化剂(一般属于化学家的研究范畴)，但它一般不是过程的控制步骤，而传递过程则往往成为过程进行的瓶颈。

前面已经谈到，流化床的局部结构具有非均匀、多尺度的特征，此种局部结构的不均匀性必然导致局部传递系数的不均匀性。结构不仅对动量传递有决定性影响，而且对质量传递、热量传递和化学反应同样会有决定性影响。气固两相流，如在鼓泡流化床和快速流化床中，气体与固体颗粒的空间分布是不均匀的，鼓泡流化床中有气泡存在，快速流化床中则有颗粒聚团物存在，它们的形状与尺寸又不相同，而气体与颗粒速度的空间分布也是不均匀的。这种不均匀的结构在传统的化工原理中并未予以考虑。以往的气固相互作用的曳力系数，气体与颗粒之间的传质系数以及传热系数的表达式均是以气固的浓度和速度在空间均匀分布的假设为前提，先以单颗粒与气流的传递关系为重点研究对象，然后推广应用到颗粒群与流体的相互作用与热质传递场合时，则简单对空隙率加以修正，与实际的不均匀分布结构不相适应，预测误差很大。因此，建立气固两相流不均匀结构与动量、质量和热量传递之间的定量关系势在必行，这也是当代化学工程学科的前沿问题之一。

Yang 等[2]、Hou 等[3-7]以及 Liu 等[8]对快速流化床中局部不均匀结构的参数与曳力系数、传质和传热系数之间的定量关系进行了理论分析并建立了计算模型，对模型计算结果与文献报道的实验数据以及各自的实验数据进行了对比，模型预测结果与实验数据基本符合，而采用传统平均方法的预测结果与实验数据相差甚远。

3.3　快速流化床局部结构参数

快速流化床是目前工业应用最多的床型之一，通常由快速流态化提升管、旋风气固分离器、返回料腿和排料阀(机械或气动)组成，如图 3.2 所示。快速流态化提升管中的颗粒在高速气流的作用下向上流动，颗粒浓度呈现上稀下浓的 S 形分布以及中心稀边壁浓的环核形分布。气体以无气泡的形式穿过床层，颗粒在气流的作用下时而团聚时而分散，因此快速流化床的局部结构由聚团相(密相)和分散相(稀相)组成，聚团是颗粒的瞬时聚集体，其周围是单颗粒稀疏地分散在流体中形成的稀相。图 2.12 为微观摄像探头拍摄到的快速流化床内局部聚团相和分散相两相结构的照片[9]。

众所周知，流化床的流动结构对床层的传递和反应行为具有直接的影响，因此要预测流化床的传递和反应效果，必须预知流化床层的结构。图 3.3 为快速流化床局部结构的示意图。由于聚团表层颗粒所处的环境有别于稀相和聚团内部的颗粒，即此处颗粒的内侧与聚团内部的低速气流接触，外侧则与稀相的高速气流接触，为体现这种区别，除了稀相和聚团相以外，特增设聚团表面颗粒层为相间相。图的右侧三个方框内的符号分别表示稀相、相间相和聚团相的结构参数，这些参数是计算动量传递、质量传递和热量传递所必需的。其中，U_{fd}为稀相中的气体表观

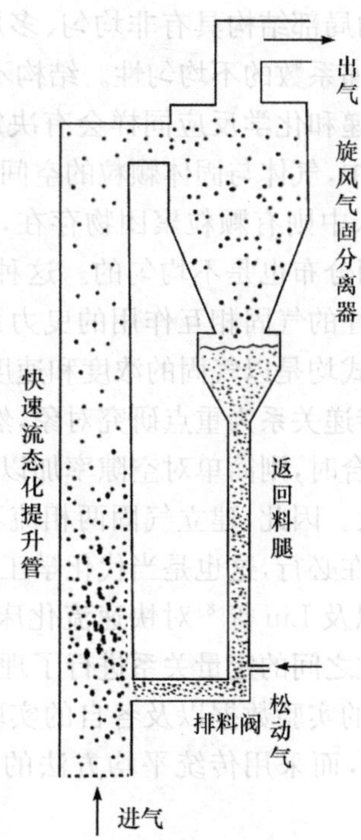

图 3.2 快速流化床组成示意图

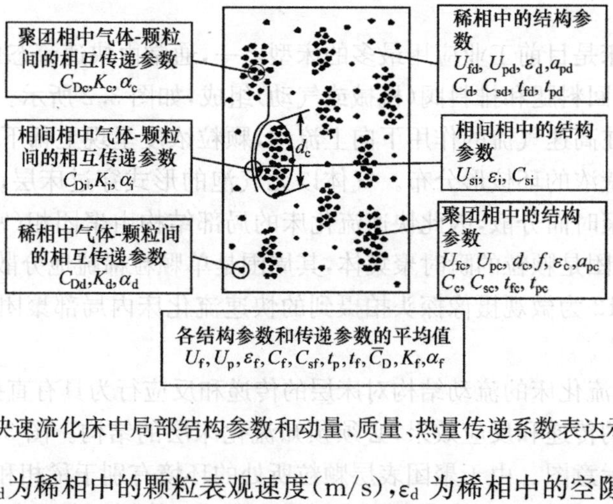

图 3.3 快速流化床中局部结构参数和动量、质量、热量传递系数表达示意图[3,4]

速度(m/s)，U_{pd}为稀相中的颗粒表观速度(m/s)，ε_d 为稀相中的空隙率，C_d 为稀相中的气体目标组分浓度(kg/m^3)，C_{sd}为稀相中的颗粒表面目标组分浓度(kg/m^3)，t_{fd}为稀相中的气体温度(K)，t_{pd}为稀相中的颗粒温度(K)；U_{fc}为聚团相中的气体表观速度(m/s)，U_{pc}为聚团相中的颗粒表观速度(m/s)，d_c 为聚团直径(m)，f 为聚团相体积分数，ε_c 为聚团相中的空隙率，C_c 为聚团相中的气体目标组分浓度（kg/m^3），C_{sc}为聚团相中的颗粒表面目标组分浓度（kg/m^3），t_{fc}为聚团相中的气体温度（K），t_{pc}为聚团相中的颗粒温度（K）；U_{si}为相间相的表观滑移速度（m/s），ε_i 为相间相中的空隙率，C_{si}为相间相的颗粒表面目标组分浓度（kg/m^3）。图的左边三个方框内的符号分别表示聚团相、相间相和稀相的传递参数，体现结构的效果。其中，C_{Dc}、K_c、α_c 分别表示聚团相的曳力系数、传质系数（m/s）、给热系数（$J/(m^2 \cdot s \cdot K)$）；C_{Di}、K_i、α_i 分别表示相间相的曳力系数、传质系数（m/s）、给热系数（$J/(m^2 \cdot s \cdot K)$）；C_{Dd}、K_d、α_d 分别表示稀相的曳力系数、传质系数（m/s）、给热系数（$J/(m^2 \cdot s \cdot K)$）。图下边方框内的符号表示各结构参数和传递参数的平均值，其中，U_f 为平均气体表观速度（m/s），U_p 为平均颗粒表观速度（m/s），ε_f 为平均空隙率，C_f 为平均气体目标组分浓度（kg/m^3），C_{sf}为平均颗粒表面目标组分浓度（kg/m^3），t_p 为平均颗粒温度（K），t_f 为平均气体温度（K），$\overline{C}_D$为平均曳力系数，K_f 为平均传质系数（m/s），α_f 为平均给热系数（$J/(m^2 \cdot s \cdot K)$）。此外，已知颗粒直径 d_p（m）、颗粒密度 ρ_p（kg/m^3）、气体密度 ρ_f（kg/m^3）、气体黏度 μ_f（$kg/(m \cdot s)$）、颗粒截面流率 G_p（$kg/(m^2 \cdot s)$）。

3.4　快速流化床局部流动结构参数预测模型

就局部结构与动量传递的关系而论，快速流化床中的气固流动局部结构可以由 10 个参数来描述（参见图 3.3）。其中，描述聚团相（密相）的参数有 6 个，分别为 U_{fc}、U_{pc}、d_c、ε_c、f、a_{pc}；描述稀相的参数有 4 个，分别为 U_{fd}、U_{pd}、ε_d、a_{pd}。

给定的参数如下。

气体性质：μ_f、ρ_f；

颗粒性质：d_p、ρ_p；

设备尺寸：D_t；

操作条件：G_p、U_p、U_f、ε_f。

这 10 个局部结构参数为未知参数，需要建立 10 个独立的方程，通过联立求解来确定。

本节试图建立 10 个独立的方程，联立求解包含密相和稀相加速度在内的 10 个快速床介尺度结构参数。快速流化床为一种流体-颗粒系统，其流动必然遵守能量守恒定律和质量守恒定律，为此可以分别对密相（聚团相）颗粒群、稀相颗粒群建立力平衡方程（动量守恒方程），再分别建立颗粒与流体的质量守恒方程，然后再根据系统特征建立稀密两相等压降梯度方程、稀相空隙率方程、密相空隙率方程、聚团尺寸（或空隙率）方程。这些方程可以是理论方程，也可以是可靠的经验或半经验方程。现分别就各方程的建立进行讨论。

1. 聚团相的力平衡方程

聚团受到的力有单个聚团内颗粒与聚团内流体间的曳力 F_{Dcp}、聚团外稀相流体对单个聚团的曳力 F_{Dcf}、聚团外稀相颗粒对单个聚团的撞击力 F_{pdc}，以及聚团表观重力 F_{cg}。

1) F_{Dcp} 表达式

F_{Dcp} 为聚团中单个颗粒所受曳力 F_{Dc} 与聚团内有效颗粒数 n_{p} 的乘积。

(1) F_{Dc} 的求定。

$$F_{\mathrm{Dc}}=C_{\mathrm{Dc}}\rho_{\mathrm{f}}\frac{1}{2}U_{\mathrm{sc}}^{2}\frac{\pi}{4}d_{\mathrm{p}}^{2} \tag{3.1}$$

式中，C_{Dc} 为聚团相的曳力系数；U_{sc} 为密相中的气固表观滑移速度，m/s；

$$U_{\mathrm{sc}}=U_{\mathrm{fc}}-U_{\mathrm{pc}}\frac{\varepsilon_{\mathrm{c}}}{1-\varepsilon_{\mathrm{c}}} \tag{3.2}$$

C_{Dc} 可由 Ergun 方程给出[10]：

$$C_{\mathrm{Dc}}=200\frac{(1-\varepsilon_{\mathrm{c}})\mu_{\mathrm{f}}}{\varepsilon_{\mathrm{c}}^{3}\rho_{\mathrm{f}}d_{\mathrm{p}}U_{\mathrm{sc}}}+\frac{7}{3\varepsilon_{\mathrm{c}}^{3}} \tag{3.3}$$

(2) n_{p} 的求定。

聚团外层颗粒的环境不同于内部颗粒的环境，外层颗粒的外侧面受稀相高速气流的作用，内侧面受密相低速气流的作用，相当于只有 1/2 的外层颗粒数为有效聚团颗粒，因此受密相低速气流作用的有效颗粒数 n_{p} 等于聚团的总颗粒数 n_{c} 减去 1/2 的外层颗粒数 n_{s}，即

$$n_{\mathrm{p}}=n_{\mathrm{c}}-\frac{1}{2}n_{\mathrm{s}}=\frac{\frac{\pi}{6}d_{\mathrm{c}}^{3}(1-\varepsilon_{\mathrm{c}})}{\frac{\pi}{6}d_{\mathrm{p}}^{3}}-\frac{1}{2}\frac{\pi d_{\mathrm{c}}^{2}(1-\varepsilon_{\mathrm{c}})}{\frac{\pi}{4}d_{\mathrm{p}}^{2}}=(1-\varepsilon_{\mathrm{c}})\left(\frac{d_{\mathrm{c}}}{d_{\mathrm{p}}}\right)^{3}\left(1-2\frac{d_{\mathrm{p}}}{d_{\mathrm{c}}}\right) \tag{3.4}$$

(3) F_{Dcp} 的求定。

$$F_{\mathrm{Dcp}}=F_{\mathrm{Dc}}n_{\mathrm{p}}=\frac{\pi}{8}C_{\mathrm{Dc}}\rho_{\mathrm{f}}d_{\mathrm{p}}^{2}U_{\mathrm{sc}}^{2}(1-\varepsilon_{\mathrm{c}})\left(\frac{d_{\mathrm{c}}}{d_{\mathrm{p}}}\right)^{3}\left(1-2\frac{d_{\mathrm{p}}}{d_{\mathrm{c}}}\right) \tag{3.5}$$

2) F_{Dcf} 表达式

$$F_{\mathrm{Dcf}}=C_{\mathrm{Di}}\rho_{\mathrm{f}}\frac{1}{2}U_{\mathrm{si}}^{2}\frac{\pi}{4}d_{\mathrm{c}}^{2} \tag{3.6}$$

(注：聚团外稀相气流对聚团的曳力同时作用于聚团中的颗粒和气体，作用于颗粒的比例 $r_{\mathrm{p}}=(1-\varepsilon_{\mathrm{c}})\rho_{\mathrm{p}}/[(1-\varepsilon_{\mathrm{c}})\rho_{\mathrm{p}}+\varepsilon_{\mathrm{c}}\rho_{\mathrm{f}}]$，式(3.6)右边需乘以 r_{p} 加以修正，但由于气固密度相差悬殊，$r_{\mathrm{p}}\approx1$，故未作修正。)

式中，C_{Di} 为相间相的曳力系数；U_{si} 为相间相中的气固表观滑移速度，m/s，且根据 Wen-Yu 方程[11]有

$$C_{Di}=\begin{cases} C_{D0}\varepsilon_d^{-4.7}(1-f)^{-4.7}, & \varepsilon_i=\varepsilon_d(1-f)>0.8 \\ 200\dfrac{(1-\varepsilon_i)\mu_f}{\varepsilon_i^3\rho_f d_c U_{si}}+\dfrac{7}{3\varepsilon_i^3}, & \varepsilon_i=\varepsilon_d(1-f)\leqslant 0.8 \end{cases} \tag{3.7}$$

$$U_{si}=\left(U_{fd}-U_{pc}\frac{\varepsilon_d}{1-\varepsilon_c}\right)(1-f)=\left(\frac{U_{fd}}{\varepsilon_d}-\frac{U_{pc}}{1-\varepsilon_c}\right)\varepsilon_d(1-f) \tag{3.8}$$

式(3.7)中 C_{D0} 为单个聚团与无限流体的曳力系数，且有

$$C_{D0}=\begin{cases} 0.44, & Re_c>1000 \\ \dfrac{24}{Re_c}(1+0.15Re_c^{0.687}), & Re_c\leqslant 1000 \end{cases} \tag{3.9}$$

其中，

$$Re_c=\frac{\rho_f d_c U_{sc}}{\mu_f}\text{（颗粒雷诺数）} \tag{3.10}$$

3) F_{pdc} 表达式

聚团以速度 $u_{pc}=\dfrac{U_{pc}}{1-\varepsilon_c}$ 向上运动时，其周围稀相中的单个颗粒则以速度 $u_{pd}=\dfrac{U_{pd}}{1-\varepsilon_d}$ 向上运动，因为 $d_p\ll d_c$，所以 $u_{pc}\ll u_{pd}$，聚团下方的单个颗粒不停地尾追撞击聚团的下部，而稀相中的单个颗粒撞击后速度由 u_{pd} 减小至 u_{pc}，聚团上方及两侧的颗粒则不与聚团发生同向撞击。

(1) 聚团下方稀相颗粒相对于聚团的质量流率 G_{pdc}。

$$G_{pdc}=(U_{pd}-U_{pc})\rho_p(1-\varepsilon_d)\frac{\pi}{4}d_c^2 \tag{3.11}$$

(2) F_{pdc} 的求定。

根据动量守恒定律，有

$$\begin{aligned} F_{pdc}&=G_{pdc}(U_{pd}-U_{pc})=\rho_p(1-\varepsilon_d)\frac{\pi}{4}d_c^2(U_{pd}-U_{pc})^2 \\ &=\rho_p(1-\varepsilon_d)\frac{\pi}{4}d_c^2\left(\frac{U_{pd}}{1-\varepsilon_d}-\frac{U_{pc}}{1-\varepsilon_c}\right)^2 \end{aligned} \tag{3.12}$$

4) F_{cg} 表达式

$$F_{cg}=\frac{\pi}{6}d_c^3(1-\varepsilon_c)(\rho_p-\rho_f)g \tag{3.13}$$

因此，聚团的力平衡方程为

$$F_{Dcp}+F_{Dcf}+F_{pdc}-F_{cg}=\frac{\pi}{6}d_c^3(1-\varepsilon_c)(\rho_p-\rho_f)a_{pc} \tag{3.14}$$

将式(3.5)、式(3.6)、式(3.12)、式(3.13)代入方程(3.14)，可得

$$\frac{\pi}{8}C_{\mathrm{Dc}}\rho_{\mathrm{f}}d_{\mathrm{p}}^{2}U_{\mathrm{sc}}^{2}(1-\varepsilon_{\mathrm{c}})\left(\frac{d_{\mathrm{c}}}{d_{\mathrm{p}}}\right)^{3}\left(1-2\frac{d_{\mathrm{p}}}{d_{\mathrm{c}}}\right)+C_{\mathrm{Di}}\rho_{\mathrm{f}}\frac{\pi}{4}U_{\mathrm{si}}^{2}d_{\mathrm{c}}^{2}$$
$$+\rho_{\mathrm{p}}(1-\varepsilon_{\mathrm{d}})\frac{\pi}{4}d_{\mathrm{c}}^{2}\left(\frac{U_{\mathrm{pd}}}{1-\varepsilon_{\mathrm{d}}}-\frac{U_{\mathrm{pc}}}{1-\varepsilon_{\mathrm{c}}}\right)^{2}=\frac{\pi}{6}d_{\mathrm{c}}^{3}(1-\varepsilon_{\mathrm{c}})(\rho_{\mathrm{p}}-\rho_{\mathrm{f}})(g+a_{\mathrm{pc}}) \tag{3.15}$$

2. 稀相颗粒群的力平衡方程

取单位体积床层为研究对象，该床层含稀密两相，稀相中的颗粒群受到稀相气流的曳力 F_{Ddn}、颗粒群与聚团的撞击力 F_{pdcn} 以及颗粒群的表观重力 F_{dg} 的作用。

1) F_{Ddn} 表达式

(1) 稀相中单颗粒与气流体之间的曳力 F_{Dd}。

$$F_{\mathrm{Dd}}=C_{\mathrm{Dd}}\rho_{\mathrm{f}}\frac{1}{2}U_{\mathrm{sd}}^{2}\frac{\pi}{4}d_{\mathrm{p}}^{2} \tag{3.16}$$

式中，C_{Dd} 为稀相的曳力系数；U_{sd} 为稀相中的气固表观滑移速度，m/s。

$$U_{\mathrm{sd}}=U_{\mathrm{fd}}-U_{\mathrm{pd}}\frac{\varepsilon_{\mathrm{d}}}{1-\varepsilon_{\mathrm{d}}} \tag{3.17}$$

根据 Wen-Yu 方程[11]，当稀相空隙率 $\varepsilon_{\mathrm{d}}>0.8$ 时，考虑周围颗粒群的影响，需要对曳力系数进行修正：

$$C_{\mathrm{Dd}}=C_{\mathrm{D0}}\varepsilon_{\mathrm{d}}^{-4.7} \tag{3.18}$$

式中，C_{D0} 为单个颗粒与无限流体中的曳力系数，且有

$$C_{\mathrm{D0}}=\begin{cases}0.44, & Re_{\mathrm{p}}>1000\\ \dfrac{24}{Re_{\mathrm{p}}}(1+0.15Re_{\mathrm{p}}^{0.687}), & Re_{\mathrm{p}}\leqslant 1000\end{cases} \tag{3.19}$$

其中，

$$Re_{\mathrm{p}}=\frac{\rho_{\mathrm{f}}d_{\mathrm{p}}U_{\mathrm{sd}}}{\mu_{\mathrm{f}}}\text{(颗粒雷诺数)} \tag{3.20}$$

(2) F_{Ddn} 的求定。

$$F_{\mathrm{Ddn}}=F_{\mathrm{Dd}}\frac{(1-f)(1-\varepsilon_{\mathrm{d}})}{\dfrac{\pi}{6}d_{\mathrm{p}}^{3}}=\frac{3}{4}C_{\mathrm{Dd}}\rho_{\mathrm{f}}U_{\mathrm{sd}}^{2}\frac{(1-f)(1-\varepsilon_{\mathrm{d}})}{d_{\mathrm{p}}} \tag{3.21}$$

2) F_{pdcn} 表达式

$$F_{\mathrm{pdcn}}=F_{\mathrm{pdc}}\frac{f}{\dfrac{\pi}{6}d_{\mathrm{c}}^{3}}=\frac{3}{2}\frac{f}{d_{\mathrm{c}}}\rho_{\mathrm{p}}(1-\varepsilon_{\mathrm{d}})\left(\frac{U_{\mathrm{pd}}}{1-\varepsilon_{\mathrm{d}}}-\frac{U_{\mathrm{pc}}}{1-\varepsilon_{\mathrm{c}}}\right)^{2} \tag{3.22}$$

3) F_{dg}表达式

$$F_{dg}=(1-f)(1-\varepsilon_d)(\rho_p-\rho_f)g \tag{3.23}$$

因此，稀相颗粒群的受力平衡方程为

$$F_{Ddn}-F_{pdcn}-F_{dg}=(1-f)(1-\varepsilon_d)(\rho_p-\rho_f)a_{pd} \tag{3.24}$$

将式(3.21)～式(3.23)代入方程(3.24)，可得

$$\frac{3}{4}C_{Dd}\rho_f U_{sd}^2\frac{(1-f)(1-\varepsilon_d)}{d_p}-\frac{3}{2}\frac{f}{d_c}\rho_p(1-\varepsilon_d)\left(\frac{U_{pd}}{1-\varepsilon_d}-\frac{U_{pc}}{1-\varepsilon_c}\right)^2$$
$$=(1-f)(1-\varepsilon_d)(\rho_p-\rho_f)(g+a_{pd}) \tag{3.25}$$

3. 流体质量守恒方程

平均气体表观速度由聚团相与稀相中的气体表观速度组成，即

$$U_f=fU_{fc}+(1-f)U_{fd} \tag{3.26}$$

4. 颗粒质量守恒方程

平均颗粒表观速度由聚团相与稀相中的颗粒表观速度组成，即

$$U_p=\frac{G_p}{\rho_p}=fU_{pc}+(1-f)U_{pd} \tag{3.27}$$

5. 平均空隙率方程

平均空隙率由聚团相与稀相中的空隙率组成，即

$$\varepsilon_f=f\varepsilon_c+(1-f)\varepsilon_d \tag{3.28}$$

6. 稀密两相等压降梯度方程

根据床层各水平截面上各点气体压力相等的原则，判定气体流过稀相的压降与流过密相的压降相等，故可依次建立等压降梯度方程。

(1) 稀相的压降梯度$\left(\frac{dP}{dz}\right)_d$。

稀相的压降梯度等于单位体积稀相中气固间的曳力，故有

$$\left(\frac{dP}{dz}\right)_d=\frac{1-\varepsilon_d}{\frac{\pi}{6}d_p^3}C_{Dd}\frac{\pi}{4}d_p^2\frac{1}{2}\rho_f U_{sd}^2=\frac{3}{4}C_{Dd}\frac{\rho_f}{d_p}(1-\varepsilon_d)U_{sd}^2 \tag{3.29}$$

(2) 密相的压降梯度$\left(\frac{dP}{dz}\right)_c$。

密相的压降梯度等于单位体积密相中气固间的曳力，故有

$$\left(\frac{dP}{dz}\right)_c=\frac{1-\varepsilon_c}{\frac{\pi}{6}d_p^3}C_{Dc}\frac{\pi}{4}d_p^2\ \frac{1}{2}\rho_f U_{sc}^2=\frac{3}{4}C_{Dc}\frac{\rho_f}{d_p}(1-\varepsilon_c)U_{sc}^2 \tag{3.30}$$

(3) 相间相的压降梯度$\left(\frac{dP}{dz}\right)_i$。

相间相的压降梯度是由于稀相气流与聚团表面作用力所产生的稀相气体的压降梯度。

$$\left(\frac{dP}{dz}\right)_i=\frac{f}{\frac{\pi}{6}d_c^3}C_{Di}\frac{\pi}{4}d_c^2\ \frac{1}{2}\rho_f U_{si}^2\frac{1}{1-f}=\frac{3}{4}C_{Di}\frac{\rho_f}{d_c}\frac{f}{1-f}U_{si}^2 \tag{3.31}$$

因此，稀密两相等压降梯度方程为

$$\left(\frac{dP}{dz}\right)_d+\left(\frac{dP}{dz}\right)_i=\left(\frac{dP}{dz}\right)_c \tag{3.32}$$

将式(3.29)～式(3.31)代入式(3.32)，可得

$$\frac{3}{4}C_{Dd}\frac{\rho_f}{d_p}(1-\varepsilon_d)U_{sd}^2+\frac{3}{4}C_{Di}\frac{\rho_f f}{d_c(1-f)}U_{si}^2=\frac{3}{4}C_{Dc}\frac{\rho_f}{d_p}(1-\varepsilon_c)U_{sc}^2$$

化简得

$$C_{Dd}\frac{1-\varepsilon_d}{d_p}U_{sd}^2+C_{Di}\frac{f}{d_c(1-f)}U_{si}^2=C_{Dc}\frac{1-\varepsilon_c}{d_p}U_{sc}^2 \tag{3.33}$$

7. 密相空隙率方程

密相中的空隙率 ε_c 接近最小流化空隙率 ε_{mf}，其随密相中气固间滑移速度的变化基本呈线性变化，可依据 Leung 和 Jones[12] 的方程计算：

$$\varepsilon_c=\varepsilon_{min}+(\varepsilon_{mf}-\varepsilon_{min})\frac{U_{sc}/\varepsilon_c}{U_{mf}/\varepsilon_{mf}}=\varepsilon_{min}+(\varepsilon_{mf}-\varepsilon_{min})\frac{U_{sc}\varepsilon_{mf}}{U_{mf}\varepsilon_c} \tag{3.34}$$

式中，ε_{min} 为颗粒物料的最小空隙率；ε_{mf} 为初始流化空隙率；U_{mf} 为初始流化速度，m/s。

或采用 R-Z 方程[13]

$$\varepsilon_c^n=\frac{U_{sc}}{U_t} \tag{3.35}$$

式中，U_t 为颗粒的终端速度，m/s；n 为空隙率指数，可由 Kwauk 算图[14]（参见图 2.7）查得，或由 Garside 和 Al-Dibouni[15] 的关系式计算：

$$n=\frac{5.1+0.28Re_t^{0.9}}{1+0.10Re_t^{0.9}} \tag{3.35a}$$

Wang 等[16]发现，聚团的空隙率与床层局部平均空隙率相关，根据实验数据归

纳出如下经验关系式：

$$\varepsilon_c = \varepsilon_f - m\sigma_\varepsilon \tag{3.36}$$

式中，m 为可调参数，其取值对最终曳力计算结果的影响不大，一般取 1 即可。

$$\sigma_\varepsilon = \varepsilon_s \sqrt{S(\varepsilon_s, 0)} \tag{3.37}$$

式中，ε_s 为固含率；

$$S(\varepsilon_s, 0) = \frac{(1-\varepsilon_s)^4}{1+4\varepsilon_s+4\varepsilon_s^2-4\varepsilon_s^3+\varepsilon_s^4} \tag{3.38}$$

式中，

$$\varepsilon_s = 1 - \varepsilon_f \tag{3.39}$$

Harris 等[17]对来自实验室和工业装置不同规模的提升管中的颗粒聚团尺寸数据进行了归纳，得到如下经验关系式：

$$\varepsilon_c = 1 - \frac{0.58\varepsilon_s^{1.48}}{0.013+\varepsilon_s^{1.48}} \tag{3.40}$$

8. 稀相空隙率方程

根据 Matsen[18]的研究，颗粒在流体中均匀分散，没有颗粒聚集现象的临界空隙率为 0.9997。因此，可以假设稀相的空隙率为 0.9997，即

$$\varepsilon_d = 0.9997 \tag{3.41}$$

可认为稀相中颗粒在流体中均匀分散，符合散式流态化的特征，因此可采用 R-Z 方程[13]来表达稀相空隙率 ε_d 与气固表观滑移速度 U_{sd}之间的关系：

$$\varepsilon_d^n = \frac{U_{sd}}{U_t} \tag{3.42}$$

由气固表观滑移速度 U_{sd}来预测稀相空隙率 ε_d 或反之由 ε_d 来预测气固表观滑移速度 U_{sd}。式中，n 为空隙率指数，由 Kwauk 算图[14]（参见图 2.7）查得或由式(3.35a)计算；U_t 为颗粒的终端速度，m/s，可由如下公式求得：

$$Ar = \frac{3}{4} C_{D0} Re_t^2 \tag{3.43}$$

式中，

$$Ar = \frac{d_p^3 g \rho_p \rho_f}{\mu_f^2} \quad \text{（阿基米德数）} \tag{3.44}$$

$$Re_t = \frac{U_t d_p \rho_f}{\mu_f} \quad \text{（颗粒终端雷诺数）} \tag{3.45}$$

当 $Ar \leqslant 18$ 时，

$$C_{D0} = \frac{24}{Re_t}, \quad Re_t = \frac{Ar}{18} \tag{3.46}$$

当 $18<Ar<82500$ 时，

$$C_{D0}=\frac{10}{Re_t^{0.5}},\quad Re_t=\left(\frac{Ar}{7.5}\right)^{\frac{1}{1.5}} \tag{3.47}$$

当 $Ar\geqslant 82500$ 时，

$$C_{D0}=0.44,\quad Re_t=1.74Ar^{0.5} \tag{3.48}$$

$$U_t=\frac{Re_t\mu_f}{d_p\rho_f} \tag{3.49}$$

9. 聚团空隙率方程

在快速流化床的局部区域，可以认为聚团在稀相气流中是均匀分布的，则聚团-稀相气流体系符合散式流态化的特征，因此聚团的空隙率 $(1-f)\varepsilon_d$ 也可采用 R-Z 方程[13]来预测。

$$[(1-f)\varepsilon_d]^n=\frac{U_{si}}{U_{tc}} \tag{3.50}$$

式中，U_{tc} 为单个聚团的终端速度，m/s，且

$$Ar=\frac{d_c^3 g\rho_c\rho_f}{\mu_f^2} \tag{3.51a}$$

式中，ρ_c 为聚团的表观密度，kg/m^3。

$$U_{tc}=\frac{Re_t\mu_f}{d_c\rho_f} \tag{3.52}$$

U_{tc} 的求解方法与前面 U_t 的解法相同，关键是求解聚团的表观密度 ρ_c，聚团除了受团外稀相气流的曳力外，还受到团底部稀相颗粒的撞击力 F_{pdc} 和团内气流的曳力 F_{Dcn}，因此有

$$\rho_c=\frac{\frac{\pi}{6}d_c^3\rho_p(1-\varepsilon_c)g-F_{Dcn}-F_{pdc}}{\frac{\pi}{6}d_c^3 g}$$

$$=\rho_p(1-\varepsilon_c)-\frac{3}{4}C_{Dc}\rho_f\frac{(1-\varepsilon_c)U_{sc}^2}{d_p g}\left(1-2\frac{d_p}{d_c}\right)-\frac{3}{2}\frac{\rho_p(1-\varepsilon_d)}{d_c g}\left(\frac{U_{pd}}{1-\varepsilon_d}-\frac{U_{pc}}{1-\varepsilon_c}\right)^2 \tag{3.51b}$$

10. 聚团尺寸方程

对于 A 类颗粒物料，Harris 等[17]对来自实验室和工业装置不同规模的提升管中的颗粒聚团尺寸数据进行了归纳，得到如下经验关系式：

$$d_c=\frac{\varepsilon_s}{40.8-94.5\varepsilon_s} \tag{3.53}$$

Gu 和 Chen[19]根据实验数据，归纳出如下关系式：

$$d_c = d_p + (0.027 - 10d_p)\varepsilon_s + 32\varepsilon_s^6 \tag{3.54}$$

对于 B 类颗粒物料，Subbarao[20]提出如下关系式：

$$d_c = \left(\frac{1-\varepsilon_f}{\varepsilon_f - \varepsilon_c}\right)^{\frac{1}{3}} \frac{2U_t^2}{g\left(1+\dfrac{U_t^2}{0.35^2 g D_t}\right)} + d_p \tag{3.55}$$

11. 结构参数的求解

上述的 10 个结构参数可以通过以上建立的方程(3.15)，方程(3.25)～方程(3.28)，方程(3.33)，方程(3.34)或方程(3.35)或方程(3.36)或方程(3.40)，方程(3.41)或方程(3.42)，方程(3.50)，方程(3.53)或方程(3.54)或方程(3.55)等 10 个独立方程联立求解而得。

在稀相空隙率 $\varepsilon_d = 0.9997$ 的条件下，其余 9 个结构参数的求解步骤可简化如下：

(1) 稀相空隙率 $\varepsilon_d = 0.9997$。

(2) 由方程(3.36)或方程(3.40)求得密相空隙率 ε_c。

(3) 由方程(3.35)求得密相表观滑移速度 U_{sc}。

(4) 由方程(3.42)求得稀相表观滑移速度 U_{sd}。

(5) 由方程(3.28)求得密相体积分数 f。

(6) 由方程(3.26)、方程(3.27)、方程(3.2)、方程(3.17)联立求解密相中的气体表观速度 U_{fc}、密相中的颗粒表观速度 U_{pc}、稀相中的气体表观速度 U_{fd}、稀相中的颗粒表观速度 U_{pd}。

(7) 由方程(3.8)求得相间相中的气固表观滑移速度 U_{si}。

(8) 由等压降梯度方程(3.33)或聚团尺寸方程(3.53)或方程(3.54)或方程(3.55)求得聚团直径 d_c。

(9) 由方程(3.15)求得聚团相中的颗粒加速度 a_{pc} 并由方程(3.25)求得稀相中的颗粒加速度 a_{pd}。

3.5　快速流化床局部传质结构参数预测模型

计算流化床传质，除了以上的流动结构参数外，还需求解如下 7 个浓度参数：C_f、C_d、C_c、C_{sd}、C_{sc}、C_{si}、C_{sf}，需建立 7 个方程联立求解。李洪钟[21]提出如下快速流化床传质结构参数预测模型。

在快速流化床设备中取一个微分单元薄层，设备的截面积为 A，薄层厚度为

dz。设气流为活塞流，dz 间距中的结构变化忽略不计，过程为稳态，气体中目标组分浓度经 dz 间距后会发生一定变化，如图 3.4 所示。

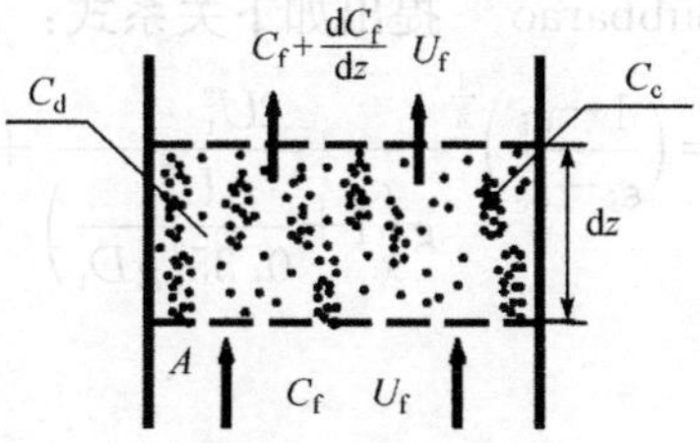

图 3.4 快速流化床传质微分单元薄层[21]

(1) 稀相传质方程。

对单元薄层稀相中的目标组分建立质量平衡可得如下稀相传质方程：

$$U_{fd}(1-f)\frac{dC_d}{dz}=K_d a_p(1-\varepsilon_d)(1-f)(C_{sd}-C_d)+K_i a_c(1-\varepsilon_c)f(C_{si}-C_d)+K_{cd}a_c f\varepsilon_c(C_c-C_d) \tag{3.56}$$

(2) 密相传质方程。

对单元薄层密(聚团)相中的目标组分建立质量平衡可得如下密相传质方程：

$$U_{fc}f\frac{dC_c}{dz}=K_c(a_p-a_c)(1-\varepsilon_c)f(C_{sc}-C_c)-K_{cd}a_c f\varepsilon_c(C_c-C_d) \tag{3.57}$$

(3) 平均浓度方程。

$$C_f\varepsilon_f=C_d\varepsilon_d(1-f)+C_c f\varepsilon_c \tag{3.58}$$

此外，颗粒表面的浓度则应由颗粒表面的传质与反应或吸收(吸附)的平衡所决定。为此又可建立如下 4 个方程。

(4) 稀相传质与反应平衡方程。

$$k_r(1-\varepsilon_d)(1-f)C_{sd}\eta=K_d(1-\varepsilon_d)(1-f)a_p(C_d-C_{sd}) \tag{3.59}$$

(5) 密相传质与反应平衡方程。

$$k_r\left[(1-\varepsilon_c)f-2(1-\varepsilon_c)f\frac{d_p}{d_c}\right]C_{sc}\eta=K_c\left[(1-\varepsilon_c)fa_p-(1-\varepsilon_c)fa_c\right](C_c-C_{sc}) \tag{3.60}$$

(6) 相间相传质与反应平衡方程。

$$k_r 2(1-\varepsilon_c)f\frac{d_p}{d_c}C_{si}\eta=K_i(1-\varepsilon_c)fa_c(C_d-C_{si}) \tag{3.61}$$

(7) 总传质与反应平衡方程。

$$(1-\varepsilon_f)C_{sf}=(1-\varepsilon_d)(1-f)C_{sd}+\left[(1-\varepsilon_c)f-2(1-\varepsilon_c)f\frac{d_p}{d_c}\right]C_{sc}+2(1-\varepsilon_c)f\frac{d_p}{d_c}C_{si} \tag{3.62}$$

上述 7 个方程中，K_{cd}为密相与稀相流体之间的传质系数(m/s)，由 Higbie[22]的渗透公式给出：

$$K_{cd}=2.0\frac{D\varepsilon_c}{d_c}+\sqrt{\frac{4D\varepsilon_c}{\pi t_1}} \tag{3.63}$$

式中，

$$t_1=\frac{d_c}{\left|\frac{U_{fc}}{\varepsilon_c}-\frac{U_{pc}}{1-\varepsilon_c}\right|} \tag{3.64}$$

K_d、K_c、K_i 分别为稀相、密相和相间相的传质系数(m/s)，建议采用 La Nauze-Jung 公式[23,24]：

$$K_d=2\varepsilon_d\frac{D}{d_p}+0.69\frac{D}{d_p}\left(\frac{U_{sd}d_p\rho_f}{\varepsilon_d\mu_f}\right)^{\frac{1}{2}}\left(\frac{\mu_f}{\rho_f D}\right)^{\frac{1}{3}} \tag{3.65}$$

$$K_c=2\varepsilon_c\frac{D}{d_p}+0.69\frac{D}{d_p}\left(\frac{U_{sc}d_p\rho_f}{\varepsilon_c\mu_f}\right)^{\frac{1}{2}}\left(\frac{\mu_f}{\rho_f D}\right)^{\frac{1}{3}} \tag{3.66}$$

$$K_i=2\varepsilon_d(1-f)\frac{D}{d_c}+0.69\frac{D}{d_c}\left[\frac{U_{si}d_c\rho_f}{\varepsilon_d(1-f)\mu_f}\right]^{\frac{1}{2}}\left(\frac{\mu_f}{\rho_f D}\right)^{\frac{1}{3}} \tag{3.67}$$

a_p、a_c 分别为颗粒和聚团的比表面积，m^{-1}；k_r 为反应或吸收(吸附)速度常数，s^{-1}；η 为颗粒体积有效因子。

需要说明的是，当过程为传质控制时，颗粒表面浓度为零，即 $C_{sc}=C_{sd}=C_{si}=C_{sf}=0$，此时仅需联立方程(3.56)、方程(3.57)、方程(3.58)求解 C_c、C_d、C_f 即可。当过程为反应控制时，颗粒表面浓度等于其周边流体浓度，即 $C_d=C_{sd}$，$C_c=C_{sc}$，$C_{si}=C_d$，此时仅需联立方程(3.56)、方程(3.57)、方程(3.58)、方程(3.62)求解 C_c、C_d、C_f、C_{sf}即可。

3.6　快速流化床局部传热结构参数预测模型

计算流化床传热，除了以上的流动结构参数外，还需求解 t_f、t_p、t_{fc}、t_{pc}、t_{fd}、t_{pd} 6 个温度参数，为此需要进一步建立 6 个各相中气、固之间的传热方程，然后联立求解。李洪钟[21]提出如下快速流化床传质结构参数预测模型。

在快速流化床设备中取一个微分单元薄层，设备的截面积为 A，薄层厚度为 dz。设气流为活塞流，dz 间距中的结构变化忽略不计，过程为稳态，各相温度经 dz 间距后会发生一定变化，如图 3.5 所示。

(1) 稀相区气体的传热微分方程。

对单元薄层稀相气体建立热量平衡可得如下稀相气体传热方程：

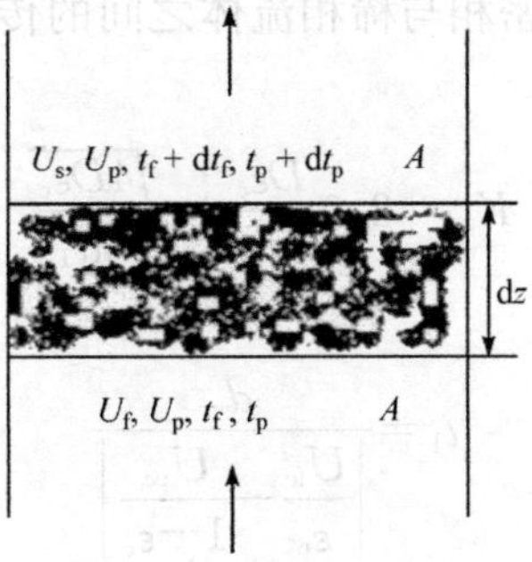

图 3.5　快速流化床传热微分单元薄层[21]

$$\rho_f C_p U_{fd}(1-f)\frac{dt_{fd}}{dz}=\alpha_d a_p(1-\varepsilon_d)(1-f)(t_{pd}-t_{fd})+\alpha_i a_c(1-\varepsilon_c)f(t_{pc}-t_{fd})+\alpha_{cd}a_c f\varepsilon_c(t_{fc}-t_{fd}) \tag{3.68}$$

(2) 密相区气体的传热微分方程。

对单元薄层密(聚团)相气体建立热量平衡可得如下密相气体传热方程：

$$\rho_f c_p U_{fc} f\frac{dt_{fc}}{dz}=\alpha_c(a_p-a_c)f(1-\varepsilon_c)(t_{pc}-t_{fc})-\alpha_{cd}a_c\varepsilon_c f(t_{fc}-t_{fd}) \tag{3.69}$$

(3) 稀相区固体颗粒的传热微分方程。

对单元薄层稀相固体颗粒建立热量平衡可得如下稀相固体颗粒传热方程：

$$\rho_p c_s U_{pd}(1-f)\frac{dt_{pd}}{dz}=-\alpha_d a_p(1-\varepsilon_d)(1-f)(t_{pd}-t_{fd}) \tag{3.70}$$

(4) 密相区固体颗粒的传热微分方程。

对单元薄层密(聚团)相固体建立热量平衡可得如下密相固体颗粒传热方程：

$$\rho_p c_s U_{pc} f\frac{dt_{pc}}{dz}=-\alpha_c(a_p-a_c)f(1-\varepsilon_c)(t_{pc}-t_{fc})-\alpha_i a_c(1-\varepsilon_c)f(t_{pc}-t_{fd}) \tag{3.71}$$

(5) 固相颗粒平均温度。

$$(1-\varepsilon_f)t_p=(1-f)(1-\varepsilon_d)t_{pd}+f(1-\varepsilon_c)t_{pc} \tag{3.72}$$

(6) 气相平均温度。

$$\varepsilon_f t_f=(1-f)\varepsilon_d t_{fd}+f\varepsilon_c t_{fc} \tag{3.73}$$

上述 6 个方程中，α_{cd} 为密相与稀相流体之间的热量变换系数，J/(m^2·s·K)，由 Higbie[22] 的渗透公式类推给出：

$$\alpha_{cd}=2.0\frac{\lambda\varepsilon_c}{d_c}+2\rho_f c_p\sqrt{\frac{a\varepsilon_c}{\pi t_1}} \tag{3.74}$$

式中，$a=\dfrac{\lambda}{c_p\rho_f}$ 为热扩散系数，m^2/s；λ 为流体导热系数，J/(m·s·K)；c_p 为流体定

压比热容，J/(kg · K)；t_1 为交换时间，s。

$$t_1=\frac{d_c}{\left|\frac{U_{fc}}{\varepsilon_c}-\frac{U_{pc}}{1-\varepsilon_c}\right|} \tag{3.75}$$

α_d、α_c、α_i 分别为稀相、密相和相间相的给热系数，J/(m^2 · s · K)，根据 Rowe 等[25]的建议，可由 La Nauze-Jung[23,24]的传质公式类推而得：

$$\alpha_d=2\varepsilon_d\frac{\lambda}{d_p}+0.69\frac{\lambda}{d_p}\left(\frac{U_{sd}d_p\rho_f}{\varepsilon_d\mu_f}\right)^{\frac{1}{2}}\left(\frac{c_p\mu_f}{\lambda}\right)^{\frac{1}{3}} \tag{3.76}$$

$$\alpha_c=2\varepsilon_c\frac{\lambda}{d_p}+0.69\frac{\lambda}{d_p}\left(\frac{U_{sc}d_p\rho_f}{\varepsilon_c\mu_f}\right)^{\frac{1}{2}}\left(\frac{c_p\mu_f}{\lambda}\right)^{\frac{1}{3}} \tag{3.77}$$

$$\alpha_i=2\varepsilon_d(1-f)\frac{\lambda}{d_c}+0.69\frac{\lambda}{d_c}\left[\frac{U_{si}d_c\rho_f}{\varepsilon_d(1-f)\mu_f}\right]^{\frac{1}{2}}\left(\frac{c_p\mu_f}{\lambda}\right)^{\frac{1}{3}} \tag{3.78}$$

式中，c_p 为气体定压比热容，J/(kg · K)。

3.7　快速流化床局部流动结构-传递关系模型

3.7.1　快速流化床不均匀结构的分解与合成

借鉴 Li 和 Kwauk[26]提出的多尺度方法，李洪钟等[27]采用分解与合成的方法研究复杂不均匀流体-颗粒系统的结构与传递性能的关系问题。首先用分解的方法将气固快速流化床的局部多相不均匀结构分解为三个均匀分散相结构，如图 3.6 所示，分别为稀相、密相(聚团相)和相间相，三相均可近似为均匀分散相。稀相中的颗粒在流体中均匀分布，密相中的颗粒也在气流中均匀分布，相间相是指聚团表面的单颗粒层，也可视为在局部流场中均匀分布。对于均匀分散相中气固间的曳力、传质速率和传热速率，都有可靠的理论或经验计算公式可选。在分别计算了各相的曳力、传质速率和传热速率后，根据同方向的力以及质量和热量均具有的简单加和特性，可将各相的曳力、传质速率和传热速率进行简单加和，可获得不均匀结构整体的曳力、传质速率和传热速率，进而求得平均的曳力系数、传质系数和给热系数。以下将分别建立快速流化床局部流动结构与曳力系数、传质系数、给热系数的关系模型。

3.7.2　快速流化床动量传递的曳力系数模型

(1) 单位体积微元中的稀相所含颗粒与稀相内流体间的曳力 F_{Ddn}(N/m^3)。

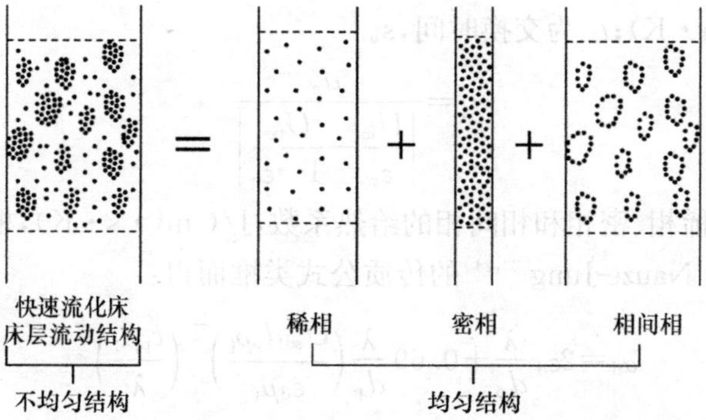

图 3.6 快速流化床局部结构的分解与合成示意图[27]

$$F_{\mathrm{Ddn}}=\frac{(1-f)(1-\varepsilon_{\mathrm{d}})}{\frac{\pi}{6}d_{\mathrm{p}}^{3}}C_{\mathrm{Dd}}\frac{1}{2}\rho_{\mathrm{f}}U_{\mathrm{sd}}^{2}\frac{\pi}{4}d_{\mathrm{p}}^{2} \tag{3.79}$$

式中，C_{Dd}为稀相的曳力系数[11]：

$$C_{\mathrm{Dd}}=C_{\mathrm{D0}}\varepsilon_{\mathrm{d}}^{-4.7} \tag{3.80}$$

$$C_{\mathrm{D0}}=\begin{cases}0.44, & Re_{\mathrm{p}}>1000\\ \frac{24}{Re_{\mathrm{p}}}(1+0.15Re_{\mathrm{p}}^{0.687}), & Re_{\mathrm{p}}\leqslant 1000\end{cases} \tag{3.81}$$

其中，

$$Re_{\mathrm{p}}=\frac{\rho_{\mathrm{f}}d_{\mathrm{p}}(U_{\mathrm{fd}}-U_{\mathrm{pd}})}{\mu_{\mathrm{f}}}\quad（颗粒雷诺数） \tag{3.82}$$

式中，μ_{f} 为流体黏度，kg/(m·s)。

(2) 单位体积微元的密相所含颗粒与密相内流体间的曳力 F_{Dcn}（N/m^3）。

$$F_{\mathrm{Dcn}}=\left(1-2\frac{d_{\mathrm{p}}}{d_{\mathrm{c}}}\right)\frac{f(1-\varepsilon_{\mathrm{c}})}{\frac{\pi}{6}d_{\mathrm{p}}^{3}}C_{\mathrm{Dc}}\frac{1}{2}\rho_{\mathrm{f}}U_{\mathrm{sc}}^{2}\frac{\pi}{4}d_{\mathrm{p}}^{2} \tag{3.83}$$

式中，C_{Dc}为密相的曳力系数[10]：

$$C_{\mathrm{Dc}}=200\frac{(1-\varepsilon_{\mathrm{c}})\mu_{\mathrm{f}}}{\varepsilon_{\mathrm{c}}^{3}\rho_{\mathrm{f}}d_{\mathrm{p}}U_{\mathrm{sc}}}+\frac{7}{3\varepsilon_{\mathrm{c}}^{3}} \tag{3.84}$$

通常密相空隙率 $\varepsilon_{\mathrm{c}}<0.8$，此时应采用 Ergun 方程[10]计算曳力，$C_{\mathrm{Dc}}$则通过改写 Ergun 方程而得

$$\begin{aligned}F_{\mathrm{Dcn}}&=150\frac{(1-\varepsilon_{\mathrm{c}})^{2}\mu_{\mathrm{f}}}{\varepsilon_{\mathrm{c}}^{3}d_{\mathrm{p}}^{2}}U_{\mathrm{sc}}+1.75\frac{(1-\varepsilon_{\mathrm{c}})\rho_{\mathrm{f}}}{\varepsilon_{\mathrm{c}}^{3}d_{\mathrm{p}}}U_{\mathrm{sc}}^{2}\\&=\left[200\frac{(1-\varepsilon_{\mathrm{c}})\mu_{\mathrm{f}}}{\varepsilon_{\mathrm{c}}^{3}\rho_{\mathrm{f}}d_{\mathrm{p}}U_{\mathrm{sc}}}+\frac{7}{3\varepsilon_{\mathrm{c}}^{3}}\right]\frac{1}{2}\rho_{\mathrm{f}}U_{\mathrm{sc}}^{2}\frac{\pi}{4}d_{\mathrm{p}}^{2}\frac{1-\varepsilon_{\mathrm{c}}}{\frac{\pi}{6}d_{\mathrm{p}}^{3}}\end{aligned} \tag{3.85}$$

显然，$C_{Dc}=200\dfrac{(1-\varepsilon_c)\mu_f}{\varepsilon_c^3\rho_f d_p U_{sc}}+\dfrac{7}{3\varepsilon_c^3}$。

(3) 单位体积微元中所有聚团与稀相中流体间的曳力 F_{Din}(N/m^3)。

$$F_{Din}=\frac{f}{\frac{\pi}{6}d_c^3}C_{Di}\frac{1}{2}\rho_f U_{si}^2\frac{\pi}{4}d_c^2 \tag{3.86}$$

式中，C_{Di}为相间相的曳力系数：

$$C_{Di}=\begin{cases}C_{D0}\varepsilon_d^{-4.7}(1-f)^{-4.7}, & \varepsilon_i=\varepsilon_d(1-f)>0.8\\ 200\dfrac{(1-\varepsilon_i)\mu_f}{\varepsilon_i^3\rho_f d_c U_{si}}+\dfrac{7}{3\varepsilon_i^3}, & \varepsilon_i=\varepsilon_d(1-f)\leqslant 0.8\end{cases} \tag{3.87}$$

(4) 单位体积微元中气相与固相之间的总曳力 F_D。

$$F_D=F_{Ddn}+F_{Dcn}+F_{Din}=\frac{(1-f)(1-\varepsilon_d)}{\frac{\pi}{6}d_p^3}C_{Dd}\frac{1}{2}\rho_f U_{sd}^2\frac{\pi}{4}d_p^2$$

$$+\left(1-2\frac{d_p}{d_c}\right)\frac{f(1-\varepsilon_c)}{\frac{\pi}{6}d_p^3}C_{Dc}\frac{1}{2}\rho_f U_{sc}^2\frac{\pi}{4}d_p^2+\frac{f}{\frac{\pi}{6}d_c^3}C_{Di}\frac{1}{2}\rho_f U_{si}^2\frac{\pi}{4}d_c^2 \tag{3.88}$$

若已知平均空隙率 ε_f、气固平均表观滑移速度 U_s 和平均曳力系数$\bar{C}_D$，则 F_D 又可表示为

$$F_D=\frac{1-\varepsilon_f}{\frac{\pi}{6}d_p^3}\bar{C}_D\frac{1}{2}\rho_f U_s^2\frac{\pi}{4}d_p^2 \tag{3.89}$$

(5) 快速流化床中气固相互作用曳力系数的表达式。

对比式(3.88)与式(3.89)可知

$$\bar{C}_D=\frac{f(1-\varepsilon_c)\left(1-2\dfrac{d_p}{d_c}\right)C_{Dc}U_{sc}^2+(1-f)(1-\varepsilon_d)C_{Dd}U_{sd}^2+f\left(\dfrac{d_p}{d_c}\right)C_{Di}U_{si}^2}{(1-\varepsilon_f)U_s^2} \tag{3.90}$$

式(3.90)则为曳力系数与气固局部不均匀结构参数之间的定量关系。

3.7.3　快速流化床质量传递的传质系数模型

(1) 单位体积微元中稀相颗粒传入稀相气体中目标组分的质量 M_d(kg/s)。

$$M_d=K_d a_p(1-\varepsilon_d)(1-f)(C_{sd}-C_d) \tag{3.91}$$

式中，a_p 为颗粒比表面积，m^{-1}，对于球体，$a_p=\dfrac{6}{d_p}$。

(2) 单位体积微元中密相颗粒传入密相气体中目标组分的质量 M_c。

$$\begin{aligned}M_c &= K_c[a_p(1-\varepsilon_c)f-a_c(1-\varepsilon_c)f](C_{sc}-C_c)\\ &= K_c(a_p-a_c)(1-\varepsilon_c)f(C_{sc}-C_c)\end{aligned} \tag{3.92}$$

(3) 单位体积微元中聚团表面颗粒传入稀相气体中目标组分的质量 M_i。

$$M_i=K_ia_c(1-\varepsilon_c)f(C_{si}-C_d) \tag{3.93}$$

式中,a_c 为聚团比表面积,m^{-1},对于球体,$a_c=\dfrac{6}{d_c}$。

(4) 单位体积微元中颗粒传入气体中目标组分的总质量 M_o(kg/s)。

$$\begin{aligned}M_o &= M_d+M_c+M_i\\ &= K_da_p(1-\varepsilon_d)(1-f)(C_{sd}-C_d)+K_c(a_p-a_c)(1-\varepsilon_c)f(C_{sc}-C_c)\\ &\quad +K_ia_c(1-\varepsilon_c)f(C_{si}-C_d)\end{aligned} \tag{3.94}$$

另外,M_o 也可由整体平均传质系数 K_f、平均空隙率 ε_f 和平均浓度 C_f 来表示,即

$$M_o=K_fa_p(1-\varepsilon_f)(C_{sf}-C_f) \tag{3.95}$$

对比式(3.94)与式(3.95)可知

$$K_f=\frac{K_da_p(1-\varepsilon_d)(1-f)(C_{sd}-C_d)+K_c(a_p-a_c)(1-\varepsilon_c)f(C_{sc}-C_c)+K_ia_c(1-\varepsilon_c)f(C_{si}-C_d)}{a_p(1-\varepsilon_f)(C_{sf}-C_f)} \tag{3.96}$$

式(3.96)即为快速流化床局部平均传质系数与结构参数的定量关系。

3.7.4 快速流化床热量传递的给热系数模型

(1) 单位体积微元中稀相颗粒传给稀相气体的热量 H_d。

$$H_d=\alpha_da_p(1-\varepsilon_d)(1-f)(t_{pd}-t_{fd}) \tag{3.97}$$

(2) 单位体积微元中密相颗粒传给密相气体的热量 H_c。

$$H_c=\alpha_c(a_p-a_c)(1-\varepsilon_c)f(t_{pc}-t_{fc}) \tag{3.98}$$

(3) 单位体积微元中聚团表面颗粒传给稀相气体的热量 H_i。

$$H_i=\alpha_ia_c(1-\varepsilon_c)f(t_{pc}-t_{fd}) \tag{3.99}$$

(4) 单位体积微元中颗粒传给气体的总热量 H_o。

$$\begin{aligned}H_o &= H_d+H_c+H_i\\ &= \alpha_da_p(1-\varepsilon_d)(1-f)(t_{pd}-t_{fd})+\alpha_c(a_p-a_c)(1-\varepsilon_c)f(t_{pc}-t_{fc})\\ &\quad +\alpha_ia_c(1-\varepsilon_c)f(t_{pc}-t_{fd})\end{aligned} \tag{3.100}$$

但若设 α_f 为整体平均给热系数,ε_f 为整体平均空隙率,则有

$$H_o=\alpha_fa_p(1-\varepsilon_f)(t_p-t_f) \tag{3.101}$$

对比式(3.100)与式(3.101)可知整体平均给热系数可表达为

$$\alpha_f=\frac{\alpha_d a_p(1-\varepsilon_d)(1-f)(t_{pd}-t_{fd})+\alpha_c(a_p-a_c)(1-\varepsilon_c)f(t_{pc}-t_{fc})+\alpha_i a_c(1-\varepsilon_c)f(t_{pc}-t_{fd})}{a_p(1-\varepsilon_f)(t_p-t_f)} \tag{3.102}$$

式(3.102)即为快速流化床整体平均给热系数与结构参数的定量关系。

3.8　快速流化床结构-传递关系模型的实验验证

3.8.1　计算机模拟和文献实验数据的对比

为了验证上述快速流化床结构-传递关系模型，本节采取计算机模拟与实验数据相对比的方法。计算机模拟采用商用 CFD 软件 Fluent 6.2.16 中的 TFM，将本章基于结构的曳力系数通过 Fluent 的用户定义函数(user defined functions)取代原模型中的曳力系数，从而将结构-传递关系模型与两流体模型相结合。模拟时首先由大到小选择网格，直至模拟结果与网格无关，然后选择模拟时间，为保证模拟结果的稳定性，模拟真实实验运行时间 30s，以最后 15s 的统计平均值为模拟结果，模拟的时间步长为 0.00005～0.00025s，气体设为无滑移边壁条件，固体设为镜像系数为 0.6 的部分滑移边壁条件。Hou 等[3,4]首先应用 EMMS 模型[26]求解快速流化床的结构参数，然后采用上述传质模型和给热模型对下述文献报道的传质和传热实验进行计算机模拟，并将模拟结果与实验数据进行对比。

Subbarao 和 Gambhir[28]在直径 2.5cm、高 105cm 的玻璃流化床中用萘饱和空气流化粒径 196～390μm 的砂子，并测量了常温常压下萘被流态化砂子吸附过程中的传质系数。采用上述传质理论对 Subbarao 和 Gambhir 的实验结果进行了预测并与实验数据对比，如图 3.7 所示。由图可见，该理论的预测结果与实验数据相当吻合，而传统的颗粒拟均匀分布平均方法的预测结果与实验数据相差甚远，预测的传质系数远高于实验数据。这一预测结果也意味着，如果颗粒在流化床中能实现均匀分散，无气泡和颗粒聚团，形成所谓的“散式流态化”，则可大大提高气固间的传质系数，强化气固间传质。

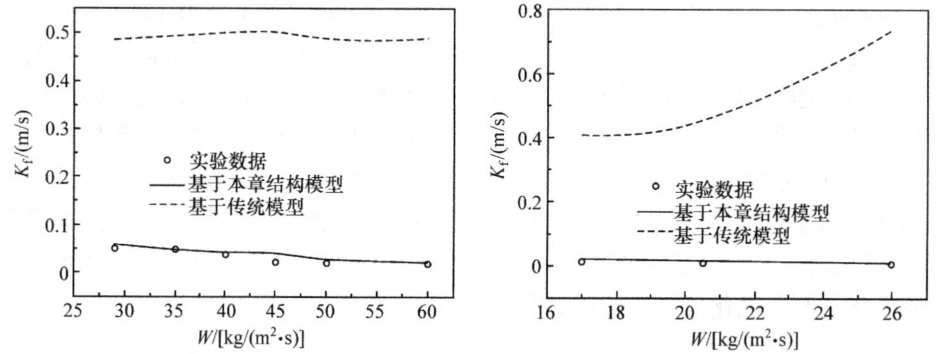

(a) d_p=196μm, U_f=6m/s　(b) d_p=390μm, U_f=4m/s

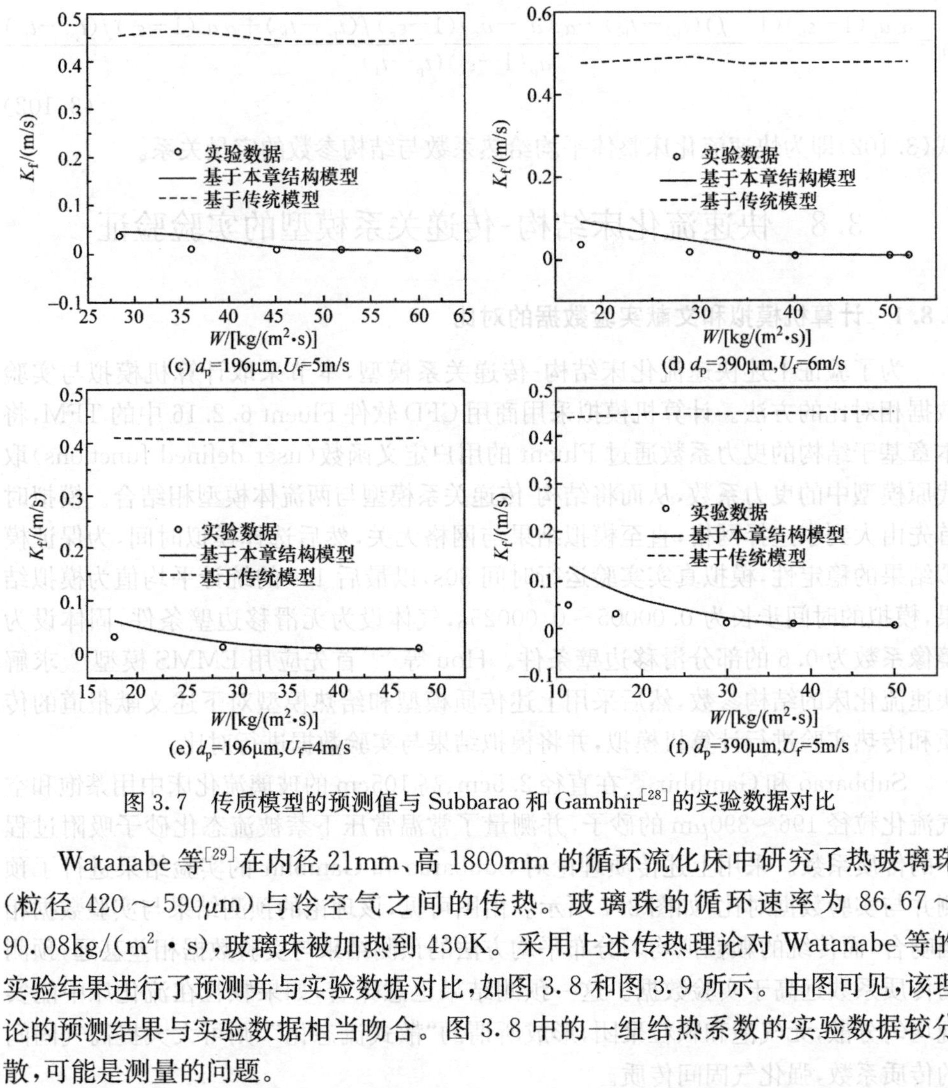

图 3.7 传质模型的预测值与 Subbarao 和 Gambhir[28] 的实验数据对比

Watanabe 等[29] 在内径 21mm、高 1800mm 的循环流化床中研究了热玻璃珠(粒径 420～590μm)与冷空气之间的传热。玻璃珠的循环速率为 86.67～90.08kg/(m² · s),玻璃珠被加热到 430K。采用上述传热理论对 Watanabe 等的实验结果进行了预测并与实验数据对比,如图 3.8 和图 3.9 所示。由图可见,该理论的预测结果与实验数据相当吻合。图 3.8 中的一组给热系数的实验数据较分散,可能是测量的问题。

Ouyang 等[30] 使用 FCC 催化剂在空气为介质的循环流化床中研究了臭氧的分解过程,测量了臭氧浓度的轴向和径向分布,这是一个传质与反应同时进行的过程。应用上述的传质和反应同时发生的模型对该过程进行了模拟,模拟结果与实验数据的对比如图 3.10 和图 3.11 所示。由图可见,模拟结果与实验数据符合良好,只有在床底部的径向浓度分布的模拟结果与实验数据有较大偏差。而采用传统的气固两相拟均匀分布的两流体模型的模拟结果与实验数据相差甚远,预测的臭氧浓度远低于实验值,意味着臭氧有更高的转化率,再次表明气固分布均匀的散式流态化有利于强化气固间传质和化学反应。

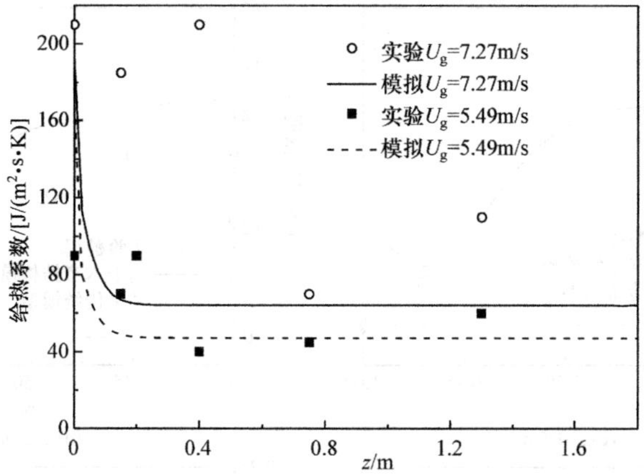

图 3.8　给热系数的模拟结果与 Watanabe 等[29]的实验数据对比

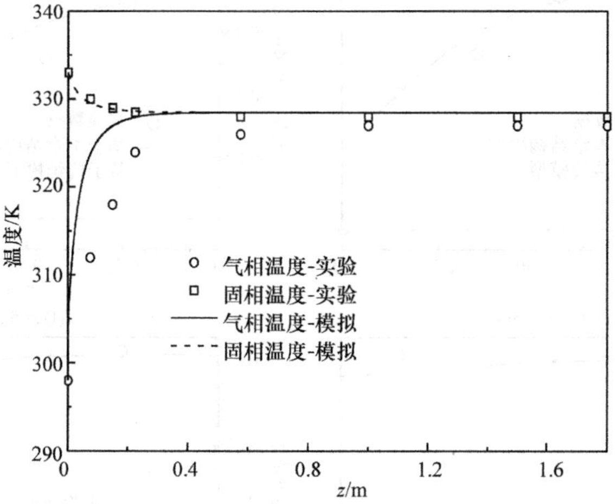

图 3.9　沿床高轴向温度分布的模拟结果与 Watanabe 等[29]的实验数据对比

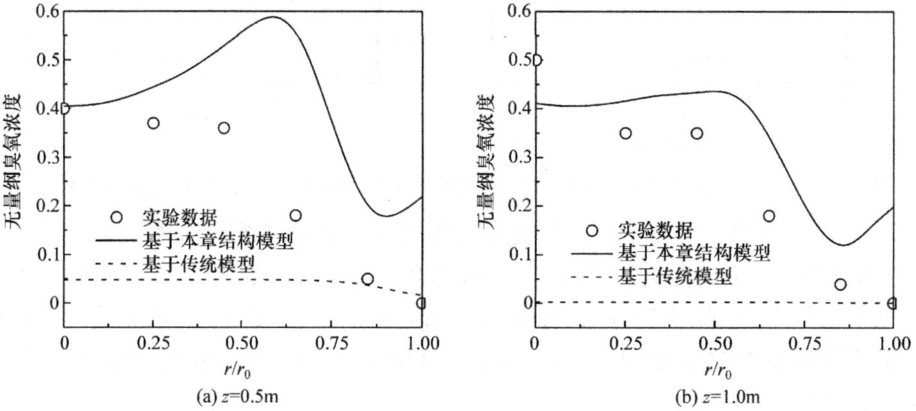

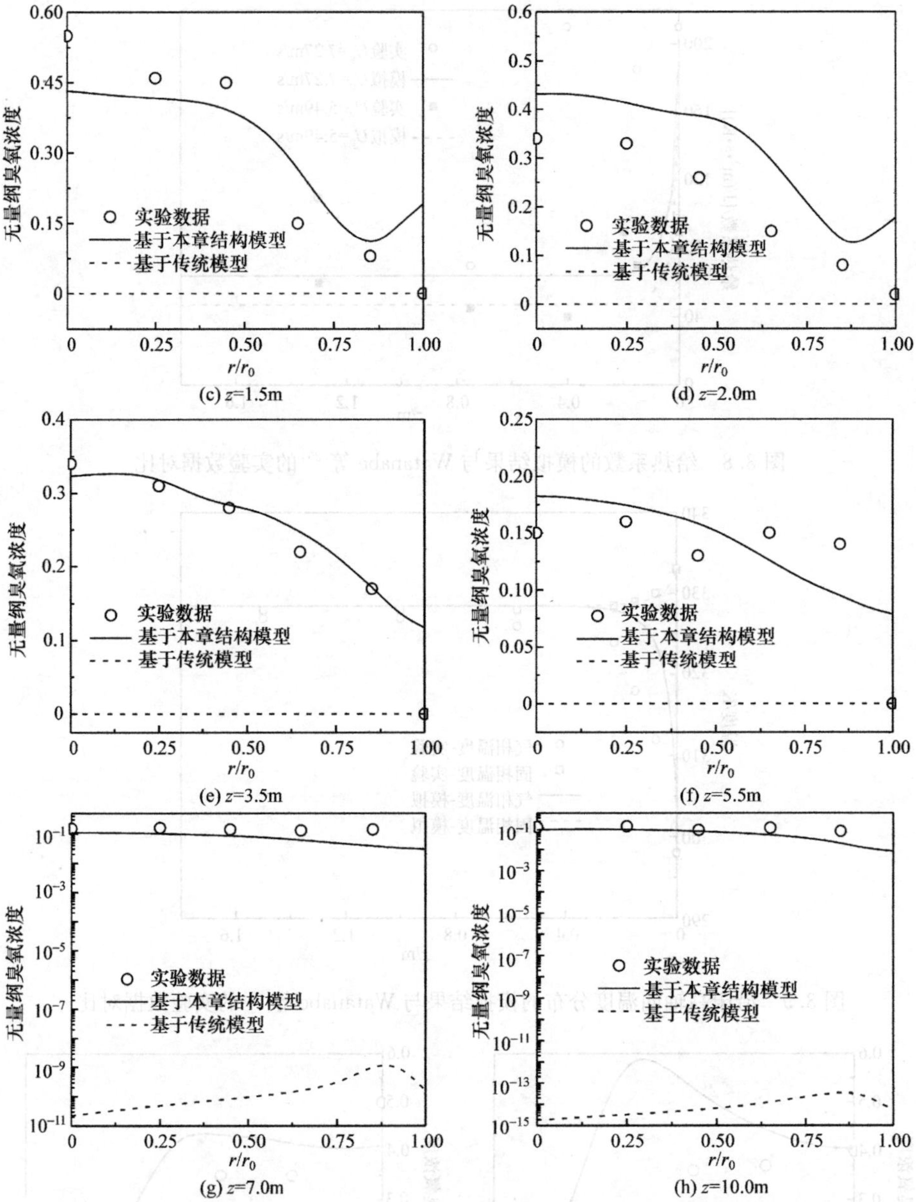

图 3.10 不同床高的臭氧浓度径向分布的模拟结果与 Ouyang 等[30]的实验数据对比

Liu 等[8]采用上述基于结构的曳力系数模型并结合传统两流体模型对文献报道的 A 类物料(FCC 催化剂,粒径 54μm,密度 930kg/m^3)的实验数据[31]和 B 类物料(聚氯乙烯颗粒,粒径 180μm,密度 1420kg/m^3)的实验数据[32]进行了计算机模拟,分别预测了颗粒浓度(或空隙率)的轴向和径向分布以及颗粒的质量流率,并与实验数据进行对比。

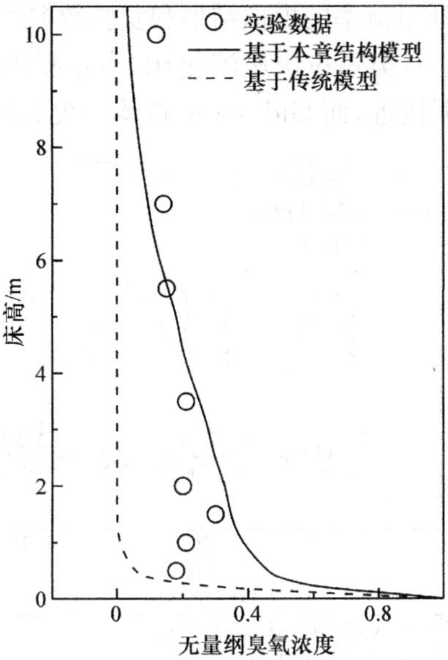

图 3.11　臭氧浓度轴向分布的模拟结果与 Ouyang 等[30]的实验数据对比

图 3.12 给出了 Liu 等模拟的快速流化床尺寸[8]，A 类颗粒流化床内径 0.09m，高度 10.5m，初始颗粒静床高度 H_0=1.855m，气体表观速度为 1.52m/s；B 类颗粒流化床内径 0.30m，高度 16.5m，初始颗粒静床高度 H_0=2.64m，气体表观速度为 4.78m/s。

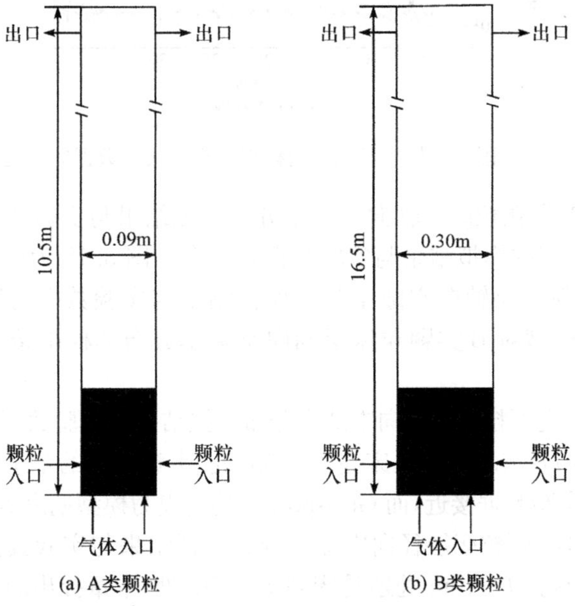

图 3.12　Liu 等模拟的快速流化床尺寸[8]

图 3.13 为固体颗粒质量流率的模拟结果和实验数据的对比。由图可见，无论是 A 类颗粒快速流化床还是 B 类颗粒快速流化床，本章提出的基于结构的曳力模型的模拟结果均与实验数据接近，而 Gidaspow 拟均匀曳力模型偏离实验数据较远。

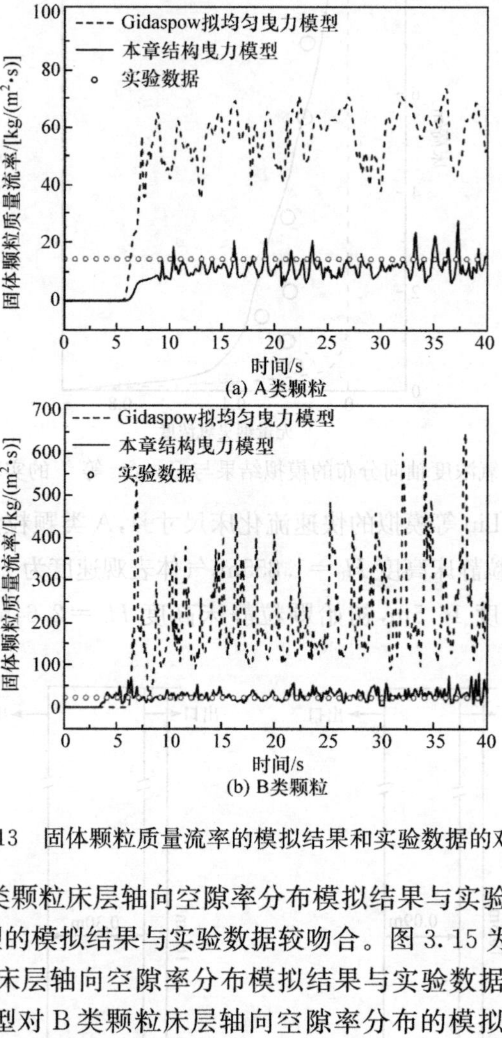

图 3.13　固体颗粒质量流率的模拟结果和实验数据的对比[8]

图 3.14 为 A 类颗粒床层轴向空隙率分布模拟结果与实验数据的对比。由图可见，结构曳力模型的模拟结果与实验数据较吻合。图 3.15 为采用基于结构的曳力模型对 B 类颗粒床层轴向空隙率分布模拟结果与实验数据的比较，由图可见，基于结构的曳力模型对 B 类颗粒床层轴向空隙率分布的模拟结果与实验数据较符合。

图 3.16 为 A 类颗粒床层径向空隙率分布模拟结果与实验数据的对比。由图可见，无论是在床高 $H=8\text{m}$ 处还是床高 $H=5\text{m}$ 处，本章提出的基于结构的曳力模型的模拟结果均与实验数据接近，而 Gidaspow 拟均匀曳力模型偏离实验数据较远。

图 3.17 为 B 类颗粒床层径向空隙率分布模拟结果与实验数据的对比。由图可见，无论是在床高 $H=10\text{m}$ 处还是床高 $H=5\text{m}$ 处，本章提出的基于结构的曳力模型的模拟结果均与实验数据接近。

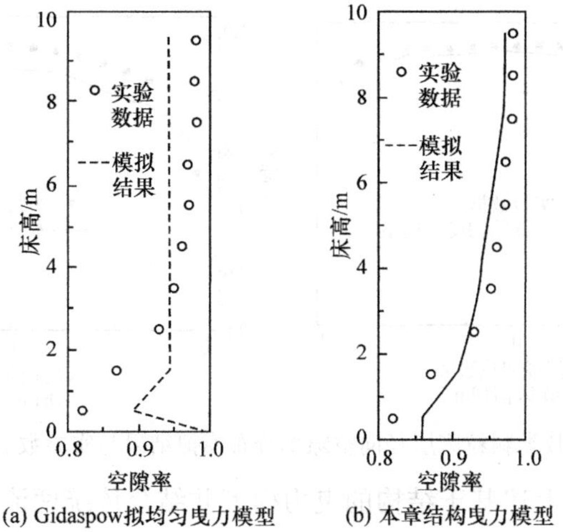

图 3.14　A 类颗粒床层轴向空隙率分布模拟结果与实验数据的对比[8]

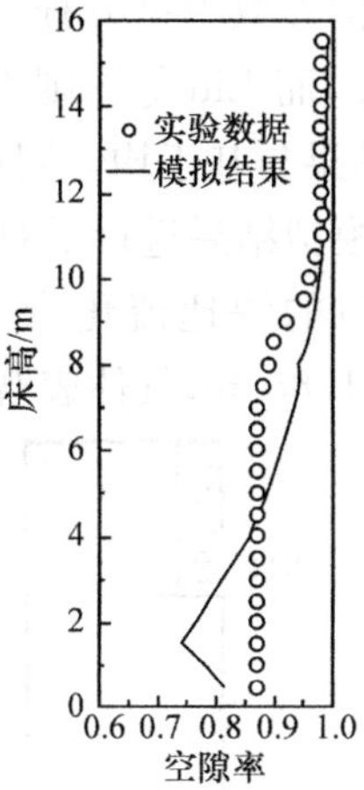

图 3.15　B 类颗粒床层轴向空隙率分布模拟结果与实验数据的对比[8]

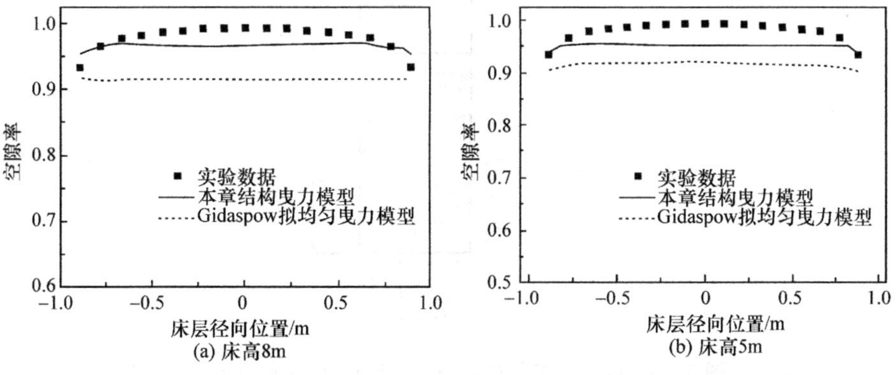

图 3.16　A 类颗粒床层径向空隙率分布模拟结果与实验数据的对比[8]

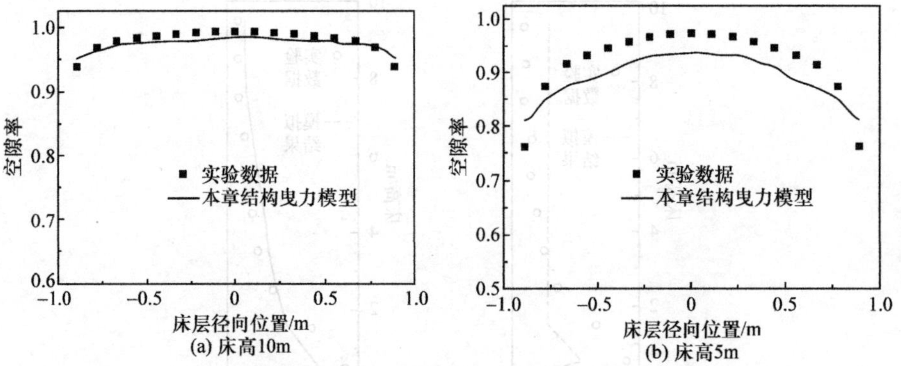

图 3.17　B类颗粒床层径向空隙率分布模拟结果与实验数据的对比[8]

Hou 等[6]采用上述基于结构的曳力模型并结合传统两流体模型对文献报道的 A 类物料(FCC 催化剂,粒径 54μm,密度 930kg/m^3)的实验数据[31]进行了模拟,但他们在模拟时所选用的结构参数模型方程与 Liu 等[8]有所不同。他们选用理论的等压降方程计算聚团尺寸,而 Liu 等[8]则直接选用经验的聚团尺寸方程来计算聚团尺寸。Hou 等将模拟结果与基于均匀假设的传统 Gidaspow 模型以及基于非均匀结构的 EMMS 模型的模拟结果进行了对比。

图 3.18 给出了 Hou 等模拟的快速流化床尺寸,流化床内径 0.09m,高度 10.5m,初始颗粒静床高度 H_0=1.855m,气体表观速度 1.52m/s。

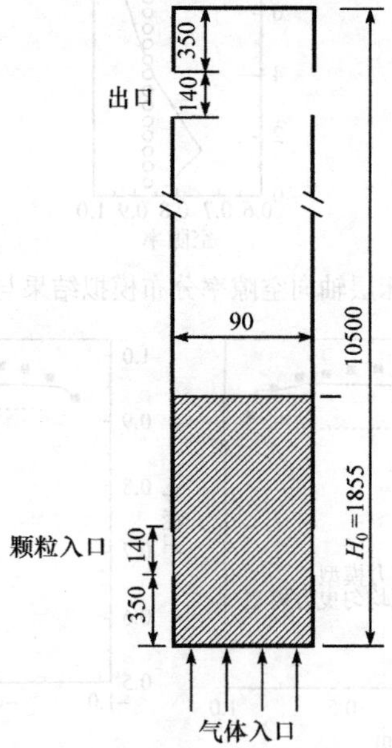

图 3.18　Hou 等模拟的快速流化床尺寸(单位:mm)[6]

图 3.19 为固体颗粒质量流率的模拟结果和实验数据的对比。由图可见，文献[6]中的曳力模型和 EMMS 模型的模拟结果均与实验数据接近，而 Gidaspow 拟均匀曳力模型偏离实验数据较远。

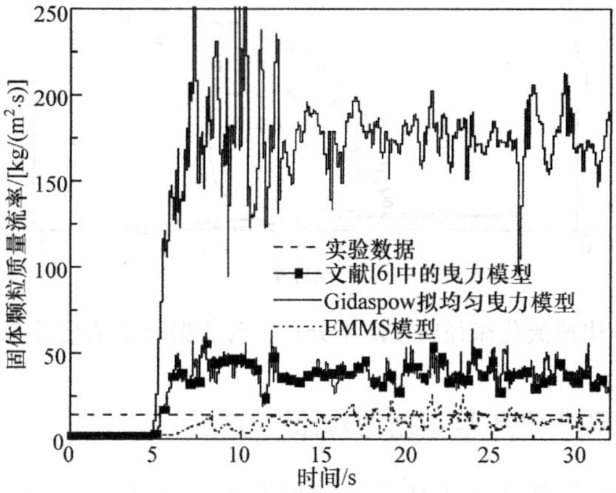

图 3.19　固体颗粒质量流率的模拟结果和实验数据的对比[6]

图 3.20 为快速流化床轴向空隙率分布实验数据与模拟结果的对比。由图可见，文献[6]中的曳力模型的模拟结果比 EMMS 模型的模拟结果更接近实验数据，而 Gidaspow 拟均匀曳力模型的模拟结果偏离实验数据较远。

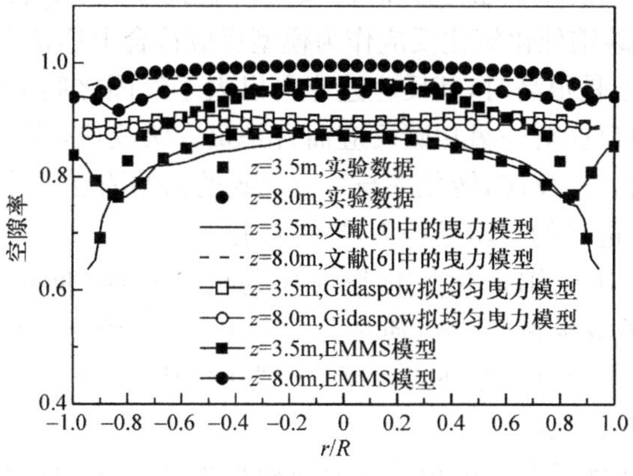

图 3.20　快速流化床轴向空隙率分布实验数据与模拟结果的对比[6]

图 3.21 为快速流化床径向空隙率分布实验数据与模拟结果的对比。由图可见，文献[6]中的曳力模型的模拟结果和 EMMS 模型的模拟结果均接近实验数据，而 Gidaspow 拟均匀曳力模型的模拟结果偏离实验数据较远。

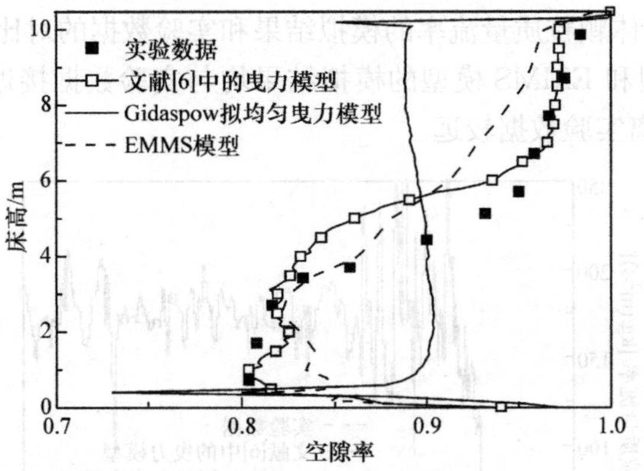

图 3.21 快速流化床径向空隙率分布实验数据与模拟结果的对比[6]

3.8.2 计算机模拟和本章实验数据的对比

为了进一步验证本章建立的基于流动结构的曳力模型和传质模型的正确性，侯宝林[7]和 Liu 等[8]进行了快速流化床流动和传质的实验研究，同时进行了计算机模拟并将模拟结果与实验数据进行对比。

实验以验证流动与传质模型为目的。作为循环流化床传质测量的模型反应必须具有以下特征：①反应速率快，在一定条件下反应速率必须高于循环流化床气固之间的传质；②反应简单，机理明确；③反应产物简单，易于表征。Venderbosch 等[33]指出，一氧化碳铂催化氧化反应作为模型反应符合上述特点，在温度 300℃左右，一氧化碳浓度不是很高时，其反应速率可以大于气固之间的传质速率。另外，其最大的特点是该反应对一氧化碳反应而言是负一级反应，当反应转向传质控制时反应级数转化为一级反应，转化率与一氧化碳的初始浓度无关，这种特有的特征可以明确地表征所进行的实验是否为传质控制。

本章使用一氧化碳铂催化氧化反应作为模型反应，催化剂为自制的以 γ-Al_2O_3 为载体、铂负载量为 0.3%（质量分数）、平均粒径为 65μm 的颗粒。在直径 50mm、高 4m 的不锈钢热态循环流化床反应器中测试流动与传质行为，并将模拟结果与实验结果进行对比。

图 3.22 给出了实验装置的设计剖面图和实物图。为了使反应温度均匀，将反应器的提升管和料腿均放到加热炉中，采用两级旋风分离系统收集气体从提升管带出的催化剂颗粒。反应器中活性催化剂与惰性颗粒的质量比为 2.8/10000。γ-Al_2O_3 载体的密度为 1326kg/m^3。实验过程中所使用的一氧化碳浓度为 0.5%～2.5%，氧气浓度为 4.7%～5.0%，操作气速为 0.9～1.5m/s。

图 3.23 给出了在温度 400℃时不同操作气速下一氧化碳出口转化率随一氧化碳入口浓度的变化[7,8]。可以看出，当一氧化碳入口浓度比较低时，出口转化率

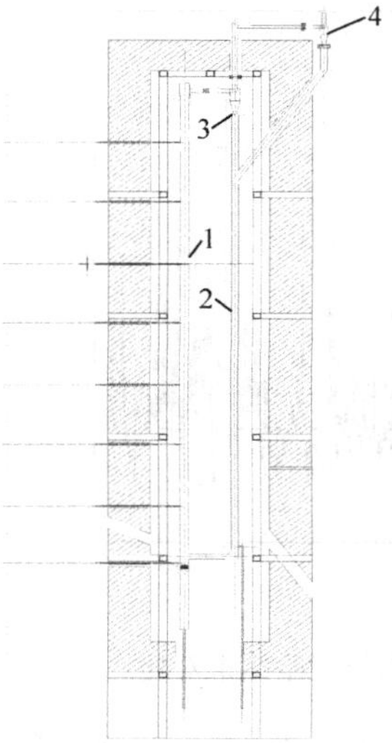

(a) 剖面图

(b) 实物图

图 3.22 快速流化床传质实验装置[8]

1. 快速床;2. 料腿;3. 一级旋风分离器;4. 二级旋风分离器

随着浓度的增加并没有明显降低,这意味着该反应进入完全的扩散控制区。但随着操作气速的增加,这种扩散控制区的浓度范围越来越小。综合考虑床层和扩散控制的影响,在实验过程中选择反应温度为400℃,操作气速为1.3m/s。

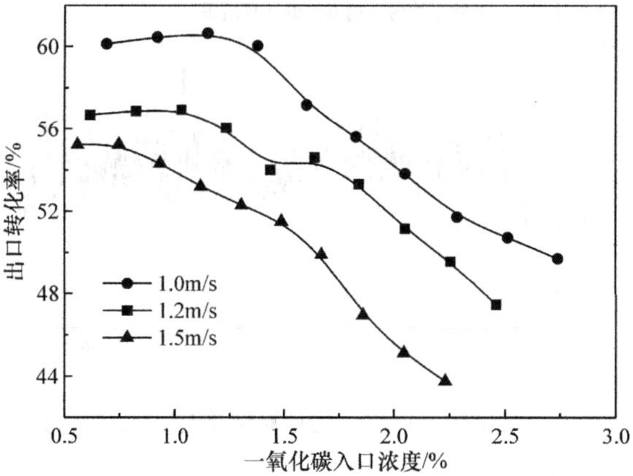

图 3.23 400℃下一氧化碳出口转化率随一氧化碳入口浓度的变化[7,8]

图3.24给出了快速流化床中颗粒质量流率的模拟结果与实验结果的对比[7,8]。从图中可以看出,基于结构参数的曳力系数模型的模拟结果稍高于实验结果。

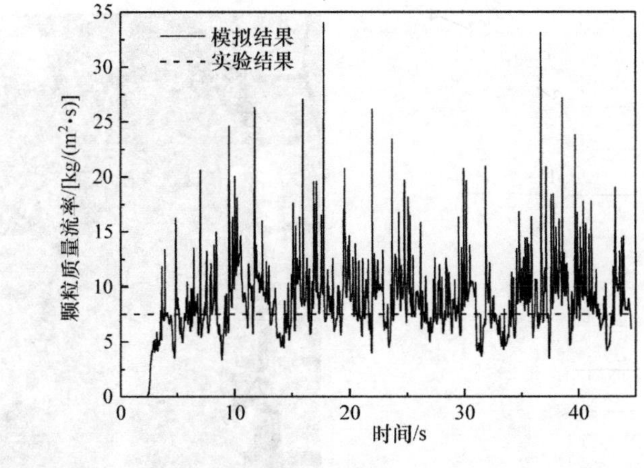

图 3.24 颗粒质量流率的模拟结果与实验结果对比[7,8]

图 3.25 给出了一氧化碳出口浓度的计算结果与实验结果对比[7,8]。从图中可以看出,采用本章基于不均匀结构方法的计算结果明显好于基于均匀结构方法的计算结果。但即使采用本章的计算模型,其计算结果仍过高估计了反应器的转化率,出现这种现象的原因可能是目前所发展的传质计算模型仍然不能十分准确地预测稀密相之间的气体质量交换。

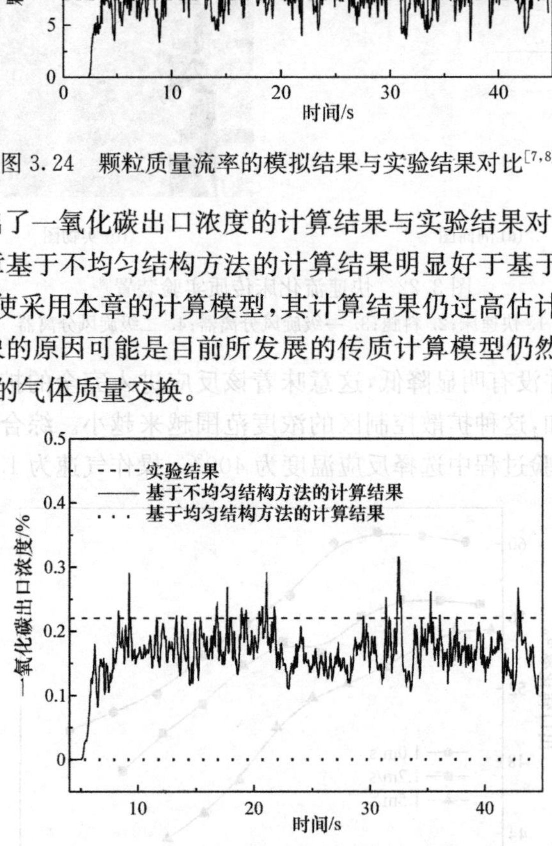

图 3.25 一氧化碳出口浓度的计算结果与实验结果对比[7,8]

图 3.26 给出了不同一氧化碳入口浓度下气体浓度的轴向分布[7,8]。从图中可以看出,循环床上稀下浓的 S 形结构导致大部分一氧化碳在床层底部即被转化。如图 3.26(a)所示,随着一氧化碳入口浓度的增加,该反应从完全传质控制转化为传质-反应混合控制。图 3.26(b)显示,本章基于循环流化床中结构参数的传质计算模型可以较为准确地预测循环流化床中的传质行为。

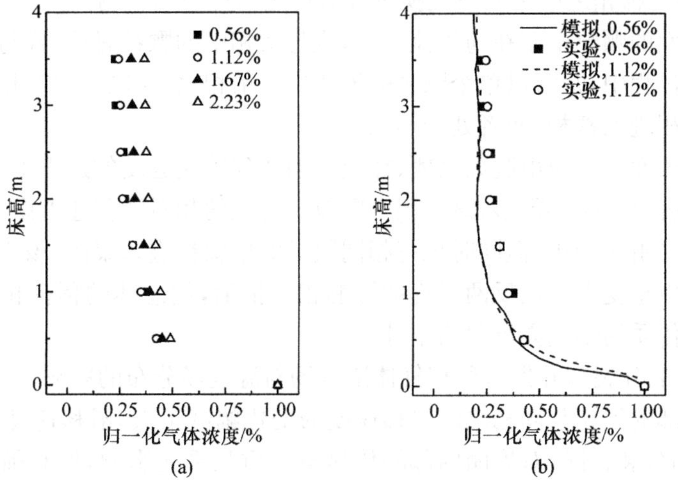

图 3.26　一氧化碳浓度轴向分布实验数据与模拟结果的对比[7,8]

3.9　关于聚团的分裂与并聚对传质、传热影响的理论分析与讨论

在气固两相快速流态化过程中，颗粒聚团的密相与单颗粒分散的稀相之间不断地进行着物质交换，处于动态平衡之中。聚团体本身也存在分裂与并聚的动态平衡，即大聚团分裂为小聚团，同时小聚团并聚为大聚团，大小聚团处于动态平衡，存在一个聚团尺寸的平衡分布。

影响传热与传质速率系数的本质因素是颗粒周围气膜的薄厚程度和气膜被撕破更新的程度，而影响气膜厚度与更新速度的本质因素是气固运动的相对滑移速度(u_f-u_p)。该相对滑移速度越高，气膜越薄，气膜的撕裂更新越快。依此原理分析聚团的分裂与并聚过程以及聚团与稀相的质量交换过程可得知其如何影响传质与传热。

1) 聚团的分裂与并聚过程对传质与传热的影响

聚团的分裂与并聚过程在流动体系中保持动态平衡，决定着聚团尺寸的分布。当大聚团分裂为小聚团时，因小聚团的终端速度较小，即小聚团由从大聚团脱离加速到等速运动的过程中，其与气流的滑移速度也由大变小，聚团表面颗粒与稀相气流之间的热质传递系数也随之由大变小；但与此同时，小聚团合并为大聚团的逆过程同时存在，该过程又使热质传递系数由小变大。分裂与并聚两者平衡，影响相互抵消，使总体的分裂与并聚对传质与传热的影响忽略不计。

2）聚团与稀相之间的质量交换过程对传热与传质的影响

聚团表面的颗粒由于在与气流摩擦，或与稀相中的颗粒碰撞，或与其他聚团的摩擦与碰撞过程中，常常以单个颗粒的形式进入稀相之中，同时也有相等数量的单个颗粒由稀相进入密相，两者处于动态平衡。

在聚团表面的颗粒由脱离聚团、加速运动达到等速运动的过程中，由于单个颗粒的终端速度比聚团小得多，该过程中颗粒与气流的相对滑移速度由大变小，热质传递系数随之由大变小；但同时也有相同数量的单颗粒进入聚团，该逆过程又使热质传递系数由小变大。正反两过程的影响相互抵消，使总体的稀密相之间物质交换对传热与传质的影响亦可忽略不计。

3）聚团的分裂与并聚对稀相气体浓度场与温度场分布的影响

聚团内部的气相与固相之间滑移速度的变化幅度不大，滑移速度接近于U_{mf}。因此，聚团的分裂、并聚对聚团内部的传热与传质几乎无影响，但对稀相中的气体浓度和温度有均匀化的作用，使稀密两相的气体温度差与浓度差趋于稳定均匀。

符号说明

a　热扩散系数$\left(a=\dfrac{\lambda}{c_p\rho_f}\right)$，$m^2/s$

a_c　聚团相颗粒加速度，m/s^2；聚团比表面积$\left(a_c=\dfrac{6}{d_c}\right)$，$m^{-1}$

a_p　颗粒比表面积$\left(a_p=\dfrac{6}{d_p}\right)$，$m^{-1}$

a_{pc}　聚团相中的颗粒加速度，m/s^2

a_{pd}　稀相中的颗粒加速度，m/s^2

A　床层横截面面积，m^2

A_0　床底部气体分布板小孔的面积，m^2

C_c　聚团相中的气体目标组分浓度，kg/m^3

C_d　稀相中的气体目标组分浓度，kg/m^3

C_f　平均气体目标组分浓度，kg/m^3

C_{sc}　聚团相中的颗粒表面目标组分浓度，kg/m^3

C_{sd}　稀相中的颗粒表面目标组分浓度，kg/m^3

C_{sf}　平均的颗粒表面目标组分浓度，kg/m^3

C_{si}　相间相中的颗粒表面目标组分浓度，kg/m^3

$\overline{C}_D$　平均曳力系数

C_{Dc}　聚团相的曳力系数

C_{Dd}　稀相的曳力系数

C_{Di}　相间相的曳力系数
c_p　气体(流体)定压比热容,J/(kg·K)
c_s　固体定压比热容,J/(kg·K)
d_c　聚团直径,m
d_p　颗粒直径,m
D　气体的扩散系数,m^2/s
D_t　流化床内部直径,m
f　聚团相体积分数
F_{cg}　聚团表观重力,N
F_D　单位体积微元中气相与固相之间的总曳力,N/m^3
F_{Dc}　聚团中单个颗粒所受曳力,N
F_{Dcf}　聚团外稀相流体对单个聚团的曳力,N
F_{Dcn}　单位体积微元中聚团内颗粒与聚团内流体间的曳力,N/m^3
F_{Dcp}　单个聚团内颗粒与聚团内流体间的曳力,N
F_{Ddn}　单位体积微元中稀相颗粒与流体间的曳力,N/m^3
F_{Din}　单位体积微元中所有聚团与稀相中流体间的曳力,N/m^3
F_{pdc}　稀相颗粒对单个聚团的撞击力,N
F_{pdcn}　单位体积微元中颗粒群与聚团的撞击力,N/m^3
g　重力加速度($g=9.81m/s^2$)
G_p　颗粒截面流率,$kg/(m^2·s)$
G_{pdc}　聚团下方稀相颗粒相对于聚团的质量流率,$kg/(m^2·s)$
H_o　单位体积微元中颗粒传给气体的总热量,$J/(m^3·s)$
H_c　单位体积微元中聚团相(密相)颗粒传给密相气体的热量,$J/(m^3·s)$
H_d　单位体积微元中稀相颗粒传给稀相气体的热量,$J/(m^3·s)$
H_i　单位体积微元中聚团表面颗粒传给稀相气体的热量,$J/(m^3·s)$
H_0　静床高度,m
k_r　反应或吸收(吸附)速度常数,s^{-1}
K_c　聚团相(密相)的传质系数,m/s
K_d　稀相的传质系数,m/s
K_{cd}　稀密两相气体之间的传质系数,m/s
K_f　平均传质系数,m/s
K_i　相间相的传质系数,m/s
M_o　单位体积微元中颗粒传入气体中目标组分的总质量,$kg/(m^3·s)$
M_c　单位体积微元中聚团相颗粒传入聚团相气体中目标组分的质量,$kg/(m^3·s)$
M_d　单位体积微元中稀相中颗粒传入稀相气体中目标组分的质量,$kg/(m^3·s)$

M_i 单位体积微元中聚团表面颗粒传入稀相气体中目标组分的质量,kg/(m³ · s)
n_p 聚团内有效颗粒数
Nu 努塞特数$\left(Nu=\frac{\alpha d_p}{\lambda}\right)$
Pr 普朗特数$\left(Pr=\frac{c_p\mu_g}{\lambda}\right)$
Re 雷诺数$\left(Re=\frac{U_s d_p \rho_g}{\mu_g}\right)$
t_1 交换时间$\left(t_1=\frac{d_c}{\left|\frac{U_{fc}}{\varepsilon_c}-\frac{U_{pc}}{1-\varepsilon_c}\right|}\right)$,s
t_f 平均气体温度,K
t_{fc} 聚团相中的气体温度,K
t_{fd} 稀相中的气体温度,K
t_p 颗粒的平均温度,K
t_{pc} 聚团相中的颗粒温度,K
t_{pd} 稀相中的颗粒温度,K
T 热力学温度,K
U_t 颗粒的终端速度,m/s
U_f 平均气体表观速度,m/s
U_{fc} 聚团相中的气体表观速度,m/s
U_{fd} 稀相中的气体表观速度,m/s
U_{mf} 初始流化速度,m/s
U_p 平均颗粒表观速度,m/s
U_{pc} 聚团相中的颗粒表观速度,m/s
U_{pd} 稀相中的颗粒表观速度,m/s
U_s 床层气固平均表观滑移速度,m/s
U_{sc} 密相中的气固表观滑移速度,m/s
U_{sd} 稀相中的气固表观滑移速度,m/s
U_{si} 相间相中的气固表观滑移速度,m/s
U_{tc} 聚团的终端速度,m/s
α_c 聚团相的给热系数,J/(m² · s · K)
α_{cd} 密相与稀相流体之间的热量变换系数,J/(m² · s · K)
α_d 稀相的给热系数,J/(m² · s · K)
α_f 平均给热系数,J/(m² · s · K)

α_i　相间相的给热系数，J/(m^2 · s · K)
ε_c　聚团相(密相)中的空隙率
ε_d　稀相空隙率
ε_f　平均空隙率
ε_i　相间相中的空隙率
ε_s　固含率
ε_{mf}　颗粒物料的最小(初始)流化空隙率
ε_{min}　颗粒物料的最小空隙率
η　颗粒体积有效因子
λ　流体导热系数，J/(m · s · K)
ρ_c　聚团的表观密度，kg/m^3
ρ_p　颗粒密度，kg/m^3
ρ_f　气体密度，kg/m^3
μ_f　气体(流体)黏度，kg/(m · s)

上下标

c　聚团相(密相)
d　稀相
f　气体或平均
i　相间相
p　颗粒相
s　固相

参 考 文 献

[1] Ellis N. Hydrodynamics of gas-solid turbulent fluidization beds. Vancouver: University of British Columbia, 2003.

[2] Yang N, Wang W, Ge W, et al. CFD simulation of concurrent-up gas-solid flow in circulating fluidized beds with structure-dependent drag coefficient. Chemical Engineering Journal, 2003, 96(1-3): 71-80.

[3] Hou B L, Li H Z. Relationship between flow structure and transfer coefficients in fast fluidized beds. Chemical Engineering Journal, 2010, 157(2-3): 509-519.

[4] Hou B L, Li H Z, Zhu Q S. Relationship between flow structure and mass transfer in fast fluidized bed. Chemical Engineering Journal, 2010, 163(1-2): 108-118.

[5] Hou B L, Wang X D, Zhang T, et al. Eulerian simulation of a circulating fluidized bed with a new flow structure-based drag model. Chemical Engineering Journal, 2016, 284: 1224-1232.

[6] Hou B L, Tang H L, Zhang H Y, et al. Experimental and theoretical investigation of mass transfer in circulating fluidized bed. Chemical Engineering Science, 2013, 102(15): 354-364.

[7] 侯宝林. 循环流化床中结构与"三传一反"的关系研究. 北京:中国科学院过程工程研究所博士学位论文,2011.

[8] Liu W M, Li H Z, Zhu Q S, et al. A new structural parameters model based on drag coefficient for simulation of circulating fluidized beds. Powder Technology, 2015, 286: 516-526.

[9] Zou B, Li H Z, Xia Y S, et al. Cluster structure in a circulating fluidized bed. Powder Technology, 1994, 78(2): 173-178.

[10] Ergun S. Fluid flow through packed columns. Chemical Engineering Process, 1952, 48(2): 89-94.

[11] Wen C Y, Yu Y H. Mechanics of fluidization. Chemical Engineering Process Symposium Series, 1966, 62: 100-111.

[12] Leung L S, Jones P J. Flow of gas-solid mixtures in standpipes: A review. Powder Technology, 1978, 20(2): 145-160.

[13] Richardson J F, Zaki W N. Sedimentation and fluidization. Transactions of the Institution of Chemical Engineers, 1954, 32: 35-53.

[14] Kwauk M. Generalized fluidization: Ⅰ. Steady-state motion. Scientia Sinica, 1963, 12(4): 587-612.

[15] Garside J, Al-Dibouni M R. Velocity-voidage relationships for fluidization and sedimentation in solid-liquid systems. Industrial & Engineering Chemistry Process Design and Development, 1977, 16(2): 206-214.

[16] Wang J W, Ge W, Li J H. Eulerian simulation of heterogeneous gas-solid flows in CFB risers: EMMS-based sub-grid scale model with a revised cluster description. Chemical Engineering Science, 2008, 63(6): 1553-1571.

[17] Harris A, Davidson J, Thorpe R. The prediction of particle cluster properties in the near wall region of a vertical riser(200157). Powder Technology, 2002, 127(2): 128-143.

[18] Matsen J M. Mechanisms of choking and entrainment. Powder Technology, 1982, 32(1): 21-33.

[19] Gu W, Chen J. A model for solid concentration in circulating fluidized beds //Fan L S, Knowlton T M. Fluidization Ⅸ. New York: Engineering Foundation, 1998: 501-508.

[20] Subbarao D. A model for cluster size in risers. Powder Technology, 2010, 199(1): 48-54.

[21] 李洪钟. 过程工程:物质·能源·智慧. 北京:科学出版社,2010:87-128.

[22] Higbie R. The rate of absorption of a pure gas into a still liquid during short period of exposure. Transactions of the American Institute of Chemical Engineers, 1935, 31(1): 365-389.

[23] La Nauze R D, Jung K. Mass transfer of oxygen to a burning particle in a fluidized bed// Proceedings of the 8th Australasian Fluid Mechanics Conference, Newcastle, 1983: 1-15.

[24] Jung K, La Nauze R D. Sherwood numbers for burning particles in fluidized beds//Proceedings of the 4th International Conference on Fluidization, Engineering Foundation, New

York,1983:427-434.

[25] Rowe P N,Clayton K T,Lewis J B. Heat and mass transfer from a single sphere in an extensive flowing fluid. Transactions of the Institution of Chemical Engineers, 1965, 43: 14-31.

[26] Li J H, Kwauk M. Particle-fluid Two-phase Flow: The Energy-Minimization Multi-Scale Method. Beijing:Metallurgical Industry Press,1994:23-40.

[27] 李洪钟,朱庆山,邹正. 流化床结构-传递关系理论及过程强化//张锁江. 介质创新与过程节能. 北京:科学出版社,2013:144-185.

[28] Subbarao D,Gambhir Y S. Gas particle mass transfer in risers//Proceedings of the 7th International Conference on Circulating Fluidized Beds,Ottawa,2002:97-104.

[29] Watanabe T,Hasatani M Y C,Xie Y S,et al. Gas-solid heat transfer in fast fluidized bed//Proceedings of the 3th International Conference on Circulating Fluidized Beds. Oxford: Pergamon Press,1991:283-288.

[30] Ouyang S, Li X G, Potter O. Circulating fluidized bed as a catalytic reactor: Experimental study. AIChE Journal,1995,41(6):1534-1542.

[31] Tung Y,Li J,Kwauk M. Radial voidage profiles in a fast fluidized bed//Kwauk M,Kunii D. Fluidization'88:Science and Technology. Beijing:Science Press,1988:139-145.

[32] Sharma A,Matsen J,Tuzla K,et al. A correlation for solid fraction in clusters in fast-fluidized beds //Kwauk M,Li J H, Yang W C. Fluidization Ⅹ. New York: United Engineering Foundation,2001:301.

[33] Venderbosch R,Prins W,van Swaaij W. Platinum catalyzed oxidation of carbon monoxide as a model reaction in mass transfer measurements. Chemical Engineering Science, 1998, 53(19):3355-3366.

第4章 鼓泡流化床结构-传递关系模型及实验验证

4.1 引 言

在研究快速流化床结构及构效关系理论的基础上，李洪钟等进一步研究并建立了鼓泡流化床的局部结构预测以及结构-传递关系理论，采取将结构-传递关系模型与两流体模型相结合的方法，用基于结构参数的曳力系数、传质系数和给热系数取代传统两流体模型中的曳力系数、传质系数和给热系数，对流化床进行计算机模拟，同时进行实验研究，用实验数据验证模拟结果，完善结构-传递关系理论和模拟方法，进一步用其指导过程强化的实验研究与工业放大[1-4]。本章讨论气固鼓泡流化床的结构-传递关系理论的建立及其在计算流体力学模拟中的应用。

4.2 气固鼓泡流化床结构预测模型

气固鼓泡流化床是最经典的流化床，在工业中的应用也最为广泛。当气体通过床底气体分布板以超过最小流化速度穿过颗粒床层时，部分气体进入颗粒间隙用于悬浮流化颗粒，其余气体则以气泡的形式通过床层，气泡上升过程中不断并聚长大，少量颗粒随气泡底部的尾涡上升，因此鼓泡流化床由乳化相和气泡相组成，如图4.1所示[5]。前人对气泡的行为进行了广泛的研究，建立了各种鼓泡流化床数学模型，具有代表性的工作是两相模型与气泡模型[6,7]，重点关注气泡的形状与并聚行为、气泡的大小与运动速度、两相间的质量交换等，但对床中流动结构的形成规律及其对传递与反应的影响鲜有研究[8]。随着测量技术与计算机技术的快速发展，流化床中结构参数的测量及流动、传递与反应的计算机模拟已成为可行的方式。流化床反应器的计算机模拟放大与调控成为人们追逐的目标，于是流化床结构的理论预测及其与传递反应的关系研究成为研究的前沿与热点。

4.2.1 鼓泡流化床流动结构参数

图4.2是鼓泡流化床结构示意图，为研究方便，将气泡近似为球形。流动结构需用如下参数定量描述，其中有的是已知的物性参数和操作参数，有的是未知参数，需要建立模型加以预测。

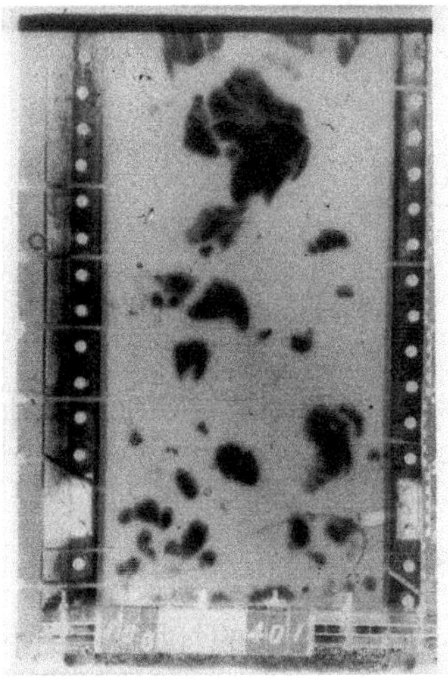

图 4.1　二维鼓泡流化床照片[5]

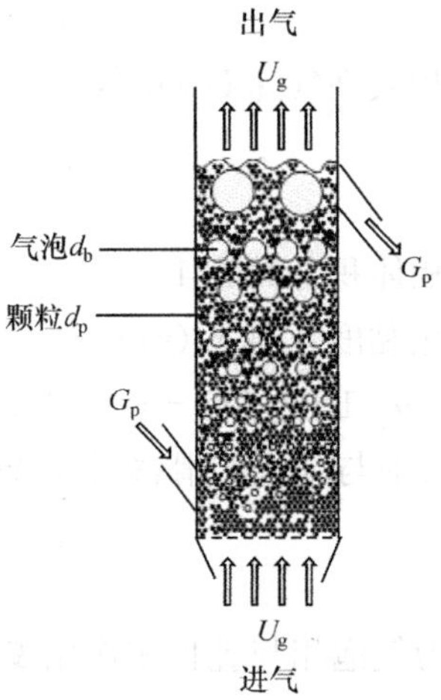

图 4.2　鼓泡流化床结构示意图[1-4]

1）乳化相(emulsion phase)

已知参数：颗粒直径 d_p(m)、颗粒密度 ρ_p(kg/m^3)；

未知参数：空隙率 ε_e、颗粒表观速度 U_{pe}(m/s)、气体表观速度 U_{ge}(m/s)。

2）气泡相(bubble phase)

已知参数：气体密度 ρ_g(kg/m^3)、气体黏度 μ_g(kg/(m · s))、气体压力 P_g(Pa)、气体温度 t_g(K)；

未知参数：气泡运动速度 U_b(m/s)(假设气体中无颗粒，空隙率 $\varepsilon_b=1$)、气泡相体积分数 f_b、气泡相中气体流动表观速度 U_{gb}(m/s)(因 $\varepsilon_b=1$，故表观速度等于真实速度)、气泡直径 d_b(m)、气泡加速度 a_{gb}(m/s^2)。

3）整体

已知参数：颗粒流率 G_p(kg/(m^2 · s))、气体表观速度 U_g(m/s)。

总计 8 个未知参数需模型求解。

4.2.2　鼓泡流化床流动结构参数的求解

要求解 8 个未知参数，通常需建立 8 个独立的方程。首先建立各相的动量守恒方程和质量守恒方程，然后建立必要的补充方程，以封闭求解。

1）气泡受力平衡方程

气泡在乳化相包围中上升。受力情况为：气泡与乳化相滑移运动产生的摩擦曳力 F_{Db}、气泡受到乳化相的浮力 F_{fb}、气泡本身的重力 F_{wb}，气流穿过气泡(U_{gb})产生的作用力暂不考虑。此时需将乳化相作为拟流体来处理。

乳化相密度 ρ_e(kg/m^3)可以表述为

$$\rho_e=\rho_p(1-\varepsilon_e)+\rho_g\varepsilon_e \tag{4.1}$$

乳化相表观气速 U_e(m/s)为

$$U_e=\frac{\rho_p U_{pe}+\rho_g U_{ge}}{\rho_p(1-\varepsilon_e)+\rho_g\varepsilon_e} \tag{4.2}$$

乳化相体积分数为 $1-f_b$。

乳化相黏度 μ_e(kg/(m·s))可表达为[9]

$$\mu_e=\mu_g\{1+2.5(1-\varepsilon_e)+10.5(1-\varepsilon_e)^2+0.00273\exp[16.6(1-\varepsilon_e)]\} \tag{4.3}$$

(1) 气泡与乳化相滑移运动产生的摩擦曳力 F_{Db} 为

$$F_{Db}=C_{Db}\frac{1}{2}\rho_e\frac{\pi}{4}d_b^2U_{sb}^2 \tag{4.4}$$

式中,C_{Db} 为气泡相与乳化相作用曳力系数;U_{sb} 为气泡相中的气固表观滑移速度,m/s。

依据定义,有

$$U_{sb}=(U_b-U_e)(1-f_b) \tag{4.5}$$

式中,U_b、U_e 分别为气泡与乳化相的真实速度(说明:此时的真实速度等于表观速度,因各自的体积分数均为 1)。

C_{Db0} 为单气泡与乳化相作用曳力系数,根据文献[10],有

$$C_{Db0}=\begin{cases}38Re^{-1.5}, & 0<Re\leqslant 1.8\\ 2.7+\dfrac{24}{Re}, & Re>1.8\end{cases},\quad Re=\frac{\rho_e d_b U_{sb}}{\mu_e} \tag{4.6}$$

$$C_{Db}=C_{Db0}(1-f_b)^{-0.5} \tag{4.7}$$

(2) 气泡受到乳化相的浮力 F_{fb} 为

$$F_{fb}=\frac{\pi}{6}d_b^3\rho_e g \tag{4.8}$$

式中,g 为重力加速度,$g=9.81\text{m/s}^2$。

(3) 气泡本身的重力 F_{wb} 为

$$F_{wb}=\frac{\pi}{6}d_b^3\rho_g g \tag{4.9}$$

因此,气泡受力平衡方程为

$$F_{Db}=F_{fb}-F_{wb}-\frac{\pi}{6}d_b^3\rho_g a_{gb}$$

即

$$C_{Db}\frac{1}{2}\rho_e\frac{\pi}{4}d_b^2U_{sb}^2=\frac{\pi}{6}d_b^3(\rho_e g-\rho_g g-\rho_g a_{gb}) \tag{4.10}$$

2）乳化相颗粒群的力平衡方程

（1）乳化相中单个颗粒受到气流的曳力 F_{De} 为

$$F_{De}=C_{De}\frac{1}{2}\rho_g\frac{\pi}{4}d_p^2U_{se}^2 \tag{4.11}$$

式中，C_{De} 为乳化相颗粒与气体作用曳力系数；U_{se} 为乳化相中的气固表观滑移速度（m/s）。

乳化相的空隙率 ε_e 通常小于 0.8，可用 Ergun 方程[11]推导出颗粒与气流之间的曳力系数为

$$C_{De}=200\frac{(1-\varepsilon_e)\mu_g}{\varepsilon_e^3\rho_g d_p U_{se}}+\frac{7}{3\varepsilon_e^3} \tag{4.12}$$

依据定义，有

$$U_{se}=\left(\frac{U_{ge}}{\varepsilon_e}-\frac{U_{pe}}{1-\varepsilon_e}\right)\varepsilon_e=U_{ge}-U_{pe}\frac{\varepsilon_e}{1-\varepsilon_e} \tag{4.13}$$

（2）单位体积床层中乳化相气体对乳化相颗粒的曳力 F_{Den} 为

$$\begin{aligned}F_{Den}&=\frac{(1-f_b)(1-\varepsilon_e)}{\frac{\pi}{6}d_p^3}F_{De}\\&=\frac{(1-f_b)(1-\varepsilon_e)}{\frac{\pi}{6}d_p^3}C_{De}\frac{1}{2}\rho_g\frac{\pi}{4}d_p^2U_{se}^2\\&=\frac{3}{4}C_{De}\frac{\rho_g}{d_p}(1-f_b)(1-\varepsilon_e)U_{se}^2\end{aligned} \tag{4.14}$$

（3）单位体积床层中气泡对乳化相中颗粒的曳力 F_{Db}，可分解成两个力。

单个气泡上升作用于乳化相的力 F_{Db} 可以分解为两个力：一个是气泡作用在乳化相颗粒上的力 F_{Dbp}，另一个是气泡作用在乳化相气体上的力 F_{Dbg}。即

$$F_{Db}=F_{Dbp}+F_{Dbg} \tag{4.15}$$

$$F_{Dbp}=\frac{\rho_p(1-\varepsilon_e)}{\rho_e}F_{Db} \tag{4.16}$$

$$\begin{aligned}F_{Dbg}&=\frac{f_b}{\frac{\pi}{6}d_b^3}F_{Dbp}=\frac{f_b}{\frac{\pi}{6}d_b^3}F_{Db}(1-\varepsilon_e)\frac{\rho_p}{\rho_e}\\&=\frac{f_b(1-\varepsilon_e)}{\frac{\pi}{6}d_b^3}\frac{\rho_p}{\rho_e}C_{Db}\frac{1}{2}d_b^2\frac{\pi}{4}\rho_e U_{sb}^2\\&=\frac{3}{4}f_b(1-\varepsilon_e)C_{Db}\frac{\rho_p}{d_b}U_{sb}^2\end{aligned} \tag{4.17}$$

(4) 单位体积床层中乳化相颗粒的表观重力 F_{eg} 为

$$F_{eg}=(1-f_b)(1-\varepsilon_e)(\rho_p-\rho_g)g \tag{4.18}$$

因此,乳化相颗粒群的力平衡方程为

$$F_{Den}+F_{Dbn}=F_{eg}$$

即

$$\frac{3}{4}C_{De}\frac{\rho_g}{d_p}(1-f_b)(1-\varepsilon_e)U_{se}^2+\frac{3}{4}f_b(1-\varepsilon_e)C_{Db}\frac{\rho_p}{d_b}U_{sb}^2=(1-f_b)(1-\varepsilon_e)(\rho_p-\rho_g)g \tag{4.19}$$

3) 气泡相中气流速度方程

气泡相中气流表观速度 U_{gb} 往往难以估算,根据对气泡的实验观测[12]可分为以下两种情况:

(1) 当气泡运动速度 U_b 小于乳化相中气流的真实速度 $\frac{U_{ge}}{\varepsilon_e}\left(U_b<\frac{U_{ge}}{\varepsilon_e}\right)$ 时,乳化相中的气流会从气泡底部进入气泡,并从气泡顶部穿出再进入乳化相,此时进入气泡的气流表观速度(或真实速度)因气泡内的空隙率为 1 也为 U_{ge},即

$$U_{gb}=U_{ge} \tag{4.20a}$$

(2) 当气泡运动速度 U_b 大于等于乳化相中气流的真实速度 $\frac{U_{ge}}{\varepsilon_e}\left(U_b\geqslant\frac{U_{ge}}{\varepsilon_e}\right)$ 时,乳化相中的气流不会进入气泡,但气泡周围会出现气泡云,气流从气泡顶部沿气泡云下流到达气泡底部时被吸入气泡,再从顶部进入气泡云,形成气流环,但净流率为零。此时

$$U_{gb}=0 \tag{4.20b}$$

4) 气体质量守恒方程

$$U_g=U_{ge}(1-f_b)+U_bf_b+U_{gb}f_b=U_{ge}(1-f_b)+(U_b+U_{gb})f_b \tag{4.21}$$

(注:气泡以速度 U_b 向上运动时,其中的气体以速度 U_{gb} 向上穿过气泡,总气量应为两者的和)。U_g 为已知操作条件下气体的表观速度。

5) 固体质量守恒方程

$$U_p=U_{pe}(1-f_b) \tag{4.22}$$

式中,U_p 为颗粒表观速度,m/s,$U_p=\frac{G_p}{\rho_p}$,G_p 为颗粒流率,kg/(m^2 · s)。鼓泡床有时无进料与出料,即 $G_p=0$,当 $G_p=0$ 时,$U_p=U_{pe}=0$。

6) 平均空隙率方程

$$\varepsilon=\varepsilon_e(1-f_b)+f_b \tag{4.23}$$

7) 气泡相与乳化相两相等压降梯度方程

根据床层水平截面上各点气体压力相等的原则,判定气体流过气泡相的压降

与流过乳化相的压降相等，故可依次建立等压降梯度方程。

(1) 乳化相的压降梯度为

$$\left(\frac{\mathrm{d}P}{\mathrm{d}z}\right)_{\mathrm{e}}=\frac{1-\varepsilon_{\mathrm{e}}}{\frac{\pi}{6}d_{\mathrm{p}}^{3}}C_{\mathrm{De}}\frac{\pi}{4}d_{\mathrm{p}}^{2}\ \frac{1}{2}\rho_{\mathrm{g}}U_{\mathrm{se}}^{2}=\frac{3}{4}C_{\mathrm{De}}\frac{\rho_{\mathrm{g}}}{d_{\mathrm{p}}}(1-\varepsilon_{\mathrm{e}})U_{\mathrm{se}}^{2} \tag{4.24}$$

(2) 气泡相压降梯度$\left(\frac{\mathrm{d}P}{\mathrm{d}z}\right)_{\mathrm{b}}$是由于气泡相气流与乳化相表面作用力所产生的气泡相气体的压降梯度。

$$\left(\frac{\mathrm{d}P}{\mathrm{d}z}\right)_{\mathrm{b}}=\frac{f_{\mathrm{b}}}{\frac{\pi}{6}d_{\mathrm{b}}^{3}}C_{\mathrm{Db}}\frac{\pi}{4}d_{\mathrm{b}}^{2}\ \frac{1}{2}\rho_{\mathrm{e}}U_{\mathrm{sb}}^{2}=\frac{1}{f_{\mathrm{b}}}=\frac{3}{4}C_{\mathrm{Db}}\frac{\rho_{\mathrm{e}}}{d_{\mathrm{b}}}U_{\mathrm{sb}}^{2} \tag{4.25}$$

(3) 气泡相和乳化相两相等压降梯度方程为

$$\left(\frac{\mathrm{d}P}{\mathrm{d}z}\right)_{\mathrm{e}}=\left(\frac{\mathrm{d}P}{\mathrm{d}z}\right)_{\mathrm{b}}$$

即

$$C_{\mathrm{De}}\frac{\rho_{\mathrm{g}}}{d_{\mathrm{p}}}(1-\varepsilon_{\mathrm{e}})U_{\mathrm{se}}^{2}=C_{\mathrm{Db}}\frac{\rho_{\mathrm{e}}}{d_{\mathrm{p}}}U_{\mathrm{sb}}^{2} \tag{4.26}$$

8) 气泡速度与气泡直径关系的经验方程

Davidson 和 Harrison[6]提出了气泡速度与气泡直径关系的经验方程：

$$U_{\mathrm{b}}=(U_{\mathrm{g}}-U_{\mathrm{mf}})+0.71\ (gd_{\mathrm{b}})^{0.5} \tag{4.27}$$

式中，U_{mf}为表观临界流化速度，m/s，是颗粒与流体性质的函数，有许多经验方程可供选择[7]，如：

$$U_{\mathrm{mf}}=\frac{0.00923d_{\mathrm{p}}^{1.82}\ (\rho_{\mathrm{p}}-\rho_{\mathrm{g}})^{0.94}}{\mu_{\mathrm{g}}^{0.88}\ \rho_{\mathrm{g}}^{0.06}} \tag{4.27a}$$

气泡速度方程(4.27)虽为经验方程，但其本质是反映气泡的力平衡，故与方程(4.10)相互不独立，仅可从中选择一个。

Mori 和 Wen[12]提出了气泡直径 d_{b}(cm)与床高 h(cm)之间的经验关系式：

$$d_{\mathrm{b}}(h)=d_{\mathrm{bm}}-(d_{\mathrm{bm}}-d_{\mathrm{b0}})\mathrm{e}^{-0.3h/D} \tag{4.28}$$

式中，D 为流化床直径，cm；d_{bm}为最大气泡直径，cm；d_{b0}为起始气泡直径，cm。分别采用如下关系式计算：

$$d_{\mathrm{bm}}=0.65\ [A(U_{\mathrm{g}}-U_{\mathrm{mf}})]^{0.4} \tag{4.28a}$$

$$d_{\mathrm{b0}}=0.0038\ (U_{\mathrm{g}}-U_{\mathrm{mf}})^{2} \tag{4.28b}$$

或

$$d_{\mathrm{b0}}=0.347[A(U_{\mathrm{g}}-U_{\mathrm{mf}})/n_{\mathrm{d}}]^{0.4} \tag{4.28c}$$

式中，A 为流化床横截面积，cm^2；U_{g} 为气体表观速度，cm/s；U_{mf}为表观临界流化速度，cm/s；n_{d} 为气体分布板的开孔数。式(4.28b)适用于密孔分布板，式(4.28c)

适用于多孔分布板。

需注意，上述经验方程(4.28)、方程(4.28a)、方程(4.28b)、方程(4.28c)采用的单位制为 cm-g-s 制，当采用 m-kg-s 制时其系数需重新换算。

9）乳化相空隙率经验方程

Leung 和 Jones[13] 曾提出移动床中空隙率随气固表观滑移速度而变化的方程，可以延伸至超过初始流化速度不多的乳化相中空隙率的计算。

$$\varepsilon_e=\varepsilon_{min}+(\varepsilon_{mf}-\varepsilon_{min})\frac{U_{se}\varepsilon_{mf}}{U_{mf}\varepsilon_e} \tag{4.29}$$

式中，ε_{min}为颗粒物料的最小空隙率；ε_{mf}为颗粒物料的最小流化空隙率，属物性参数，均需由实验测定。

Richardson 和 Zaki[14] 提出了无气泡的散式流化床中空隙率与气固表观滑移速度间的关系式：

$$\varepsilon_e^n=\frac{U_{ge}}{U_t} \tag{4.29a}$$

式中，空隙率指数 n 可对式(4.29b)取对数计算：

$$\varepsilon_{mf}^n=\frac{U_{mf}}{U_t} \tag{4.29b}$$

$$n=\frac{\ln\dfrac{U_{mf}}{U_t}}{\ln\varepsilon_{mf}} \tag{4.29c}$$

式中，U_t 为颗粒的终端速度，m/s，可计算或实验测定。可在式(4.29)与式(4.29a)中选一个作为乳化相空隙率方程。

以上 8 个方程可联立求解 8 个未知参数，其中方程(4.27)与方程(4.28)、方程(4.29)也可由其他经验方程代替。

4.3 气固鼓泡流化床局部流动结构-传递关系模型

4.3.1 鼓泡流化床不均匀结构的分解-合成方法

分解-合成方法是研究复杂体系的有效方法。李洪钟等[1-4] 采用分解-合成方法建立了气固鼓泡流化床局部流动结构-传递关系模型。

首先用分解的方法将气固鼓泡流化床的多相不均匀结构分解为三个均匀分散相结构，如图 4.3 所示，分别为乳化相、气泡相和相间相，三相均可近似为均匀分散相。乳化相中颗粒在流体中均匀分布，气泡相中无颗粒，相间相是指气泡表面的气体-颗粒层，也可视为在局部流场中均匀分布。对于均匀分散相中气固间的曳力、传质速率和传热速率，都有可靠的理论或经验计算公式可选。在分别计算了各相的曳力、传质速率和传热速率后，根据同方向的力以及质量和热量具有的简单加和性，将各相的曳力、传质速率和传热速率进行简单加和，则可获得不均匀结构整体的曳力、传质速率和传热速率，进而求得平均的曳力系数、传质系数和给热系数。

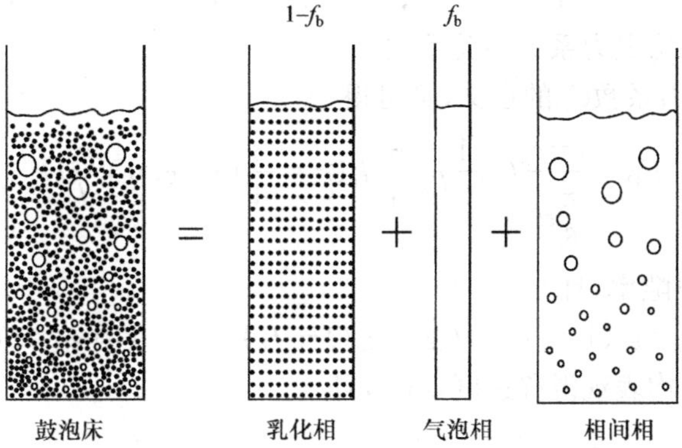

图 4.3　鼓泡流化床三相分解示意图[1-4]

4.3.2　鼓泡流化床动量传递的曳力系数模型

1）单位体积床层中乳化相气体对乳化相颗粒的曳力 F_{Den}

$$F_{\mathrm{Den}}=\frac{(1-f_{\mathrm{b}})(1-\varepsilon_{\mathrm{e}})}{\frac{\pi}{6}d_{\mathrm{p}}^{3}}F_{\mathrm{De}}=\frac{(1-f_{\mathrm{b}})(1-\varepsilon_{\mathrm{e}})}{\frac{\pi}{6}d_{\mathrm{p}}^{3}}C_{\mathrm{De}}\frac{1}{2}\rho_{\mathrm{g}}\frac{\pi}{4}d_{\mathrm{p}}^{2}U_{\mathrm{se}}^{2}=\frac{3}{4}C_{\mathrm{De}}\frac{\rho_{\mathrm{g}}}{d_{\mathrm{p}}}(1-f_{\mathrm{b}})(1-\varepsilon_{\mathrm{e}})U_{\mathrm{se}}^{2}\tag{4.14}$$

2）单位体积床层中气泡对乳化相颗粒的曳力 F_{Dbn}

$$F_{\mathrm{Dbn}}=\frac{f_{\mathrm{b}}}{\frac{\pi}{6}d_{\mathrm{b}}^{3}}F_{\mathrm{Db}}(1-\varepsilon_{\mathrm{e}})\frac{\rho_{\mathrm{p}}}{\rho_{\mathrm{e}}}=\frac{f_{\mathrm{b}}(1-\varepsilon_{\mathrm{e}})}{\frac{\pi}{6}d_{\mathrm{b}}^{3}}\frac{\rho_{\mathrm{p}}}{\rho_{\mathrm{e}}}C_{\mathrm{Db}}\frac{1}{2}d_{\mathrm{b}}^{2}\frac{\pi}{4}\rho_{\mathrm{e}}U_{\mathrm{sb}}^{2}=\frac{3}{4}f_{\mathrm{b}}(1-\varepsilon_{\mathrm{e}})C_{\mathrm{Db}}\frac{\rho_{\mathrm{p}}}{d_{\mathrm{b}}}U_{\mathrm{sb}}^{2}\tag{4.17}$$

3) 单位体积床层中气固之间的总曳力 F_D

$$F_D = F_{Den} + F_{Dbn}$$
$$= \frac{3}{4} C_{De} \frac{\rho_g}{d_p} (1 - f_b)(1 - \varepsilon_e) U_{se}^2 + \frac{3}{4} f_b (1 - \varepsilon_e) C_{Db} \frac{\rho_p}{d_b} U_{sb}^2 \quad (4.30)$$

4) 结构与平均曳力系数的关系式

依据平均曳力系数$\overline{C}_D$的定义，又可得

$$F_D = \frac{1 - \varepsilon_g}{\frac{\pi}{6} d_p^3} \overline{C}_D \frac{1}{2} \rho_g \frac{\pi}{4} d_p^2 U_s^2 = \frac{3}{4} (1 - \varepsilon_g) \overline{C}_D \frac{\rho_g}{d_p} U_s^2 \quad (4.31)$$

式中，ε_g 为平均空隙率，且

$$\varepsilon_g = \varepsilon_e (1 - f_b) + f_b \varepsilon_b = \varepsilon_e (1 - f_b) + f_b \quad (因\ \varepsilon_b = 1) \quad (4.32)$$

U_s 为床层气固平均表观滑移速度，m/s，且

$$U_s = \left(\frac{U_g}{\varepsilon_g} - \frac{U_p}{1 - \varepsilon_g} \right) \varepsilon_g = U_g - U_p \frac{\varepsilon_g}{1 - \varepsilon_g} \quad (4.33)$$

对比式(4.30)和式(4.31)可得

$$\overline{C}_D = C_{De} (1 - f_b) \frac{1 - \varepsilon_e}{1 - \varepsilon_g} \left(\frac{U_{se}}{U_s} \right)^2 + C_{Db} f_b \frac{1 - \varepsilon_e}{1 - \varepsilon_g} \frac{\rho_p}{\rho_g} \frac{d_p}{d_b} \left(\frac{U_{sb}}{U_s} \right)^2 \quad (4.34)$$

式(4.34)即为鼓泡流化床结构与平均曳力系数的关系式。

4.3.3 鼓泡流化床质量传递的传质系数模型

1) 各相传质系数的表达式

对于均匀分布的颗粒-流体系统，气固之间的传质系数可采用 La Nauze-Jung 公式[15,16]：

$$K = 2\varepsilon \frac{D}{d_p} + 0.69 \frac{D}{d_p} \left(\frac{U_s d_p \rho_g}{\varepsilon \mu_g} \right)^{\frac{1}{2}} \left(\frac{\mu_g}{\rho_g D} \right)^{\frac{1}{3}} \quad (4.35)$$

式中，K 为传质系数，m/s；D 为气体的扩散系数，m^2/s。

乳化相中气体与颗粒之间的传质系数 K_e(m/s)可表达为

$$K_e = 2\varepsilon_e \frac{D}{d_p} + 0.69 \frac{D}{d_p} \left(\frac{U_{se} d_p \rho_g}{\varepsilon_e \mu_g} \right)^{\frac{1}{2}} \left(\frac{\mu_g}{\rho_g D} \right)^{\frac{1}{3}} \quad (4.36)$$

气泡中气体与气泡表面颗粒之间的传质系数 K_i(m/s)可表达为

$$K_i = 2 \frac{D}{d_p} + 0.69 \frac{D}{d_p} \left(\frac{U_{si} d_p \rho_g}{\mu_g} \right)^{\frac{1}{2}} \left(\frac{\mu_g}{\rho_g D} \right)^{\frac{1}{3}} \quad (4.37)$$

式中，U_{si} 为相间气泡与颗粒间的表观滑移速度，可表达为

$$U_{si} = \left(\frac{U_b}{\varepsilon_b} - \frac{U_{pe}}{1 - \varepsilon_e} \right) \varepsilon_b f_b = \left(U_b - \frac{U_{pe}}{1 - \varepsilon_e} \right) f_b \quad (\varepsilon_b \approx 1) \quad (4.37a)$$

2）单位体积床层中乳化相颗粒与乳化相气体间的传质速率 M_e

$$M_e=K_e[a_p(1-f_b)(1-\varepsilon_e)-a_b f_b(1-\varepsilon_e)](C_{se}-C_e) \tag{4.38}$$

式中，a_p 为颗粒比表面积，m^{-1}，$a_p=\dfrac{6}{d_p}$；a_b 为气泡比表面积，m^{-1}，$a_b=\dfrac{6}{d_b}$；C_{se} 为乳化相颗粒表面目标组分浓度，kg/m^3；C_e 为乳化相气体中目标组分浓度，kg/m^3。

3）单位体积床层中气泡内气体与其周边表面颗粒层之间的传质速率 M_i

$$M_i=K_i[a_b f_b(1-\varepsilon_e)](C_{si}-C_b) \tag{4.39}$$

式中，C_{si} 为气泡周边颗粒层中颗粒表面目标组分浓度，kg/m^3；C_b 为气泡中气体的目标组分浓度，kg/m^3。

4）单位体积床层中气固之间总传质速率 M

$$\begin{aligned}M&=M_e+M_i\\&=K_e[a_p(1-f_b)(1-\varepsilon_e)-a_b f_b(1-\varepsilon_e)](C_{se}-C_e)+K_i[a_b f_b(1-\varepsilon_e)](C_{si}-C_b)\end{aligned} \tag{4.40}$$

5）结构与平均传质系数的关系式

依据平均传质系数 $\overline{K}$ 的定义，可得

$$M=\overline{K}a_p(1-\varepsilon_g)(C_{sg}-C_g) \tag{4.41}$$

式中，ε_g 为床层平均空隙率；C_{sg} 为床层平均颗粒表面目标组分浓度，kg/m^3；C_g 为床层平均气相中目标组分浓度，kg/m^3。

对比式(4.40)和式(4.41)可得

$$\overline{K}=K_e\frac{[a_p(1-f_b)(1-\varepsilon_e)-a_b f_b(1-\varepsilon_e)](C_{se}-C_e)}{a_p(1-\varepsilon_g)(C_{sg}-C_g)}+K_i\frac{a_b f_b(1-\varepsilon_e)(C_{si}-C_b)}{a_p(1-\varepsilon_g)(C_{sg}-C_g)} \tag{4.42}$$

式(4.42)即为结构与平均传质系数的关系式。

6）各浓度参数的求定

式(4.42)中的 C_{se}、C_e、C_{si}、C_b、C_{sg}、C_g 为 6 个未知浓度参数，属于和传质有关的结构参数，需建立相应的传质方程来求解。

(1) 根据平均浓度的定义，有

$$C_g\varepsilon_g=C_e\varepsilon_e(1-f_b)+f_b C_b \tag{4.43}$$

(2) 根据颗粒表面平均浓度的定义，有

$$C_{sg}(1-\varepsilon_g)=\left[(1-f_b)(1-\varepsilon_e)-2(1-\varepsilon_e)f_b\frac{d_p}{d_b}\right]C_{se}+2(1-\varepsilon_e)f_b\frac{d_p}{d_b}C_{si} \tag{4.44}$$

式中，$2(1-\varepsilon_e)f_b\dfrac{d_p}{d_b}=\dfrac{f_b}{\frac{\pi}{6}d_b^3}\dfrac{\pi d_b^2(1-\varepsilon_e)}{\frac{\pi}{4}d_p^2}\dfrac{1}{2}\dfrac{\pi}{6}d_p^3$，表示气泡表面颗粒数的 1/2 的表面

积,因为每个颗粒的一半表面属乳化相,另一半表面属相间相。

(3) 乳化相传质方程。

图 4.4 表示鼓泡流化床内的一个传质微分单元床层,各相的目标组分浓度值通过该单元床层后均有一定量的变化。

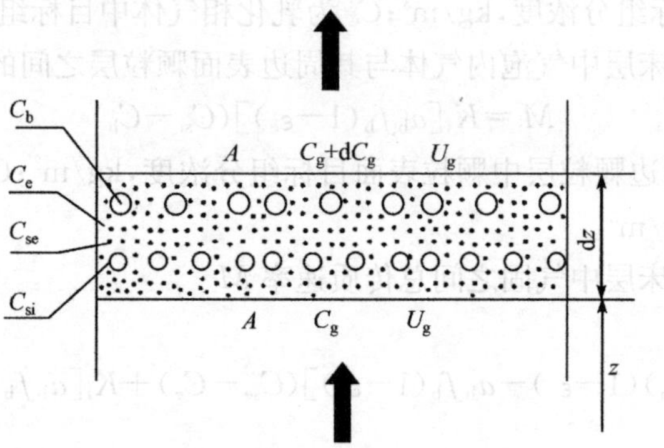

图 4.4　鼓泡流化床传质微分单元床层

① 进入微分单元乳化相气流中目标组分质量 M_{ine}。

$$M_{ine}=A(1-f_b)C_eU_{ge} \tag{4.45}$$

② 流出微分单元乳化相气流中目标组分质量 M_{oute}。

$$M_{oute}=A(1-f_b)U_{ge}(C_e+dC_e) \tag{4.46}$$

③ 乳化相中颗粒表面目标组分进入乳化相气流中的质量 M_{pge}。

$$M_{pge}=A\mathrm{d}zK_e[a_p(1-f_b)(1-\varepsilon_e)-a_bf_b(1-\varepsilon_e)](C_{se}-C_e) \tag{4.47}$$

④ 乳化相气流中高浓度组分向气泡相中低浓度组分的扩散质量 M_{eb}。

$$M_{eb}=A\mathrm{d}zK_{eb}a_bf_b\varepsilon_e(C_e-C_b) \tag{4.48}$$

式中,K_{eb} 为气泡相气体与乳化相气体之间的传质系数,m/s,可采用 Sit 和 Grace[17]给出的公式计算:

$$K_{eb}=\frac{U_{mf}}{3}+\left(\frac{4D\varepsilon_{mf}U_b}{\pi d_b}\right)^{0.5} \tag{4.49}$$

由目标组分的质量守恒知:$M_{oute}-M_{ine}=M_{pge}-M_{eb}$,即

$$(1-f_b)U_{ge}\frac{\mathrm{d}C_e}{\mathrm{d}z}$$
$$=K_e[a_p(1-f_b)(1-\varepsilon_e)-a_bf_b(1-\varepsilon_e)](C_{se}-C_e)-K_{eb}a_bf_b\varepsilon_e(C_e-C_b) \tag{4.50}$$

式(4.50)即为乳化相传质方程。

(4) 气泡相传质方程。

① 进入微分单元气泡相气体中目标组分质量 M_{inb}。

$$M_{inb}=Af_b(U_{gb}+U_b)C_b \tag{4.51}$$

② 流出微分单元气泡相气体中目标组分质量 M_{outb}。

$$M_{outb}=Af_b(U_{gb}+U_b)(C_b+dC_b) \tag{4.52}$$

③ 乳化相中高浓度气体组分向气泡相中低浓度气体组分的扩散质量 M_{eb}。

$$M_{eb}=AdzK_{eb}a_bf_b\varepsilon_e(C_e-C_b) \tag{4.53}$$

④ 气泡表面的颗粒表面目标组分向气泡中气体传递的质量 M_{pgi}。

$$M_{pgi}=AdzK_ia_bf_b(1-\varepsilon_e)(C_{si}-C_b) \tag{4.54}$$

由目标组分的质量守恒知：$M_{outb}-M_{inb}=M_{pgi}+M_{eb}$，即

$$f_b(U_{gb}+U_b)\frac{dC_b}{dz}=K_{eb}a_bf_b\varepsilon_e(C_e-C_b)+K_ia_bf_b(1-\varepsilon_e)(C_{si}-C_b) \tag{4.55}$$

式(4.55)即为气泡相传质方程。

(5) 乳化相传质与反应(吸附)平衡方程。

$$k_r\left[(1-f_b)(1-\varepsilon_e)-2\frac{d_p}{d_b}f_b(1-\varepsilon_e)\right]C_{se}\eta$$
$$=K_e[a_p(1-f_b)(1-\varepsilon_e)-a_bf_b(1-\varepsilon_e)](C_{se}-C_e) \tag{4.56}$$

式中，k_r 为反应或吸收(吸附)速率常数，s^{-1}；η 为颗粒体积有效因子。

(6) 相间传质与反应平衡方程。

$$2k_r\frac{d_p}{d_b}f_b(1-\varepsilon_e)C_{si}\eta=K_ia_bf_b(1-\varepsilon_e)(C_{si}-C_b) \tag{4.57}$$

上述方程(4.43)、方程(4.44)、方程(4.50)、方程(4.55)、方程(4.56)、方程(4.57)共 6 个方程组成的方程组，可以求解 C_{se}、C_e、C_{si}、C_b、C_{sg}、C_g 共 6 个未知的浓度参数。

以 $z=0$ 时，$C_e=C_b=C_0$ 及 $C_{se}=C_{si}=C_{s0}$ 为初值，联立求解，可求得 6 个浓度参数的一维分布。

4.3.4　鼓泡流化床热量传递的给热系数模型

1) 各相给热系数的表达式

根据 Rowe 等[18]的建议，对于均匀分布的颗粒-流体系统，气固之间的给热系数可由 La Nauze-Jung 的传质公式经相似转化而得：$Nu=2\varepsilon+0.69\left(\frac{Re}{\varepsilon}\right)^{\frac{1}{2}}Pr^{\frac{1}{3}}$，即

$$\alpha=2\varepsilon\frac{\lambda}{d_p}+0.69\frac{\lambda}{d_p}\left(\frac{U_sd_p\rho_g}{\varepsilon\mu_g}\right)^{\frac{1}{2}}\left(\frac{c_p\mu_g}{\lambda}\right)^{\frac{1}{3}} \tag{4.58}$$

式中，λ 为气体的导热系数，J/(m · s · K)；c_p 为气体的定压比热容，J/(kg · K)；α 为给热系数，J/(m² · s · K)；$Nu=\frac{\alpha d_p}{\lambda}$ 为努塞特数；$Re=\frac{U_sd_p\rho_g}{\mu_g}$ 为雷诺数，U_s 为床

层气固平均表观滑移速度，m/s；$Pr=\frac{c_p\mu_g}{\lambda}$为普朗特数。

乳化相可视为拟均相，其中气体与颗粒间的给热系数 α_e 可表示为

$$\alpha_e=2\varepsilon_e\frac{\lambda}{d_p}+0.69\frac{\lambda}{d_p}\left(\frac{U_{se}d_p\rho_g}{\varepsilon_e\mu_g}\right)^{\frac{1}{2}}\left(\frac{c_p\mu_g}{\lambda}\right)^{\frac{1}{3}} \tag{4.59}$$

气泡相气体与气泡表面颗粒之间的给热系数 α_i 则可表示为

$$\alpha_i=2\frac{\lambda}{d_p}+0.69\frac{\lambda}{d_p}\left(\frac{U_{si}d_p\rho_g}{\mu_g}\right)^{\frac{1}{2}}\left(\frac{c_p\mu_g}{\lambda}\right)^{\frac{1}{3}} \tag{4.60}$$

2）单位体积床层中乳化相颗粒与乳化相中气体之间的传热速率 H_e

$$H_e=\alpha_e[a_p(1-f_b)(1-\varepsilon_e)-a_bf_b(1-\varepsilon_e)](t_{pe}-t_{ge}) \tag{4.61}$$

式中，t_{pe}为乳化相颗粒温度，K；t_{ge}为乳化相气体温度，K。

3）单位体积床层中气泡中气体与其周边颗粒之间的传热速率 H_i

$$H_i=\alpha_ia_bf_b(1-\varepsilon_e)(t_{pe}-t_{gb}) \tag{4.62}$$

式中，t_{gb}为气泡中气体温度，K。

4）单位体积床层中气固之间的总传热速率 H

$$\begin{aligned}H&=H_e+H_i\\&=\alpha_e[a_p(1-f_b)(1-\varepsilon_e)-a_bf_b(1-\varepsilon_e)](t_{pe}-t_{ge})+\alpha_ia_bf_b(1-\varepsilon_e)(t_{pe}-t_{gb})\end{aligned} \tag{4.63}$$

5）结构与平均给热系数的关系式

依据平均给热系数 $\bar{\alpha}$ 的定义

$$H=\bar{\alpha}a_p(1-\varepsilon_g)(t_p-t_g) \tag{4.64}$$

式中，t_p 为颗粒平均温度，K；t_g 为气体平均温度，K。

对比式(4.63)与式(4.64)可得

$$\bar{\alpha}=\alpha_e\frac{[a_p(1-f_b)(1-\varepsilon_e)-a_bf_b(1-\varepsilon_e)](t_{pe}-t_{ge})}{a_p(1-\varepsilon_g)(t_p-t_g)}+\alpha_i\frac{a_bf_b(1-\varepsilon_e)(t_{pe}-t_{gb})}{a_p(1-\varepsilon_g)(t_p-t_g)} \tag{4.65}$$

式(4.65)即为鼓泡流化床平均给热系数与床层结构参数之间的关系式。

6）各温度参数的求定

式(4.65)中的 t_{pe}、t_{ge}、t_{gb}、t_p、t_g 共 5 个未知温度参数，属于和传热相关的结构参数，需要列出 5 个对应的方程式联立求解。

(1) 根据气体平均温度定义，有

$$t_g\varepsilon_g=t_{gb}f_b+t_{ge}\varepsilon_e(1-f_b) \tag{4.66}$$

(2) 根据固相平均温度定义，有

$$t_p(1-\varepsilon_g)=t_{pe}(1-\varepsilon_e)(1-f_b) \tag{4.67}$$

(3) 乳化相气体传热方程。

图 4.5 表示鼓泡流化床内的一个传热微分单元床层，各相的温度值通过该单元床层后均有一定量的变化。

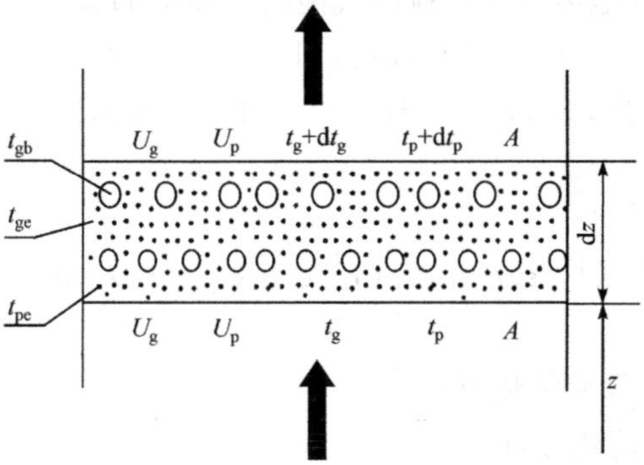

图 4.5　鼓泡流化床传热微分单元床层

① 进入微分单元乳化相气体的热量 H_{inge}。

$$H_{inge}=\rho_g c_p U_{ge} A(1-f_b)t_{ge} \tag{4.68}$$

② 流出微分单元乳化相气体的热量 H_{outge}。

$$H_{outge}=\rho_g c_p U_{ge} A(1-f_b)(t_{ge}+\mathrm{d}t_{ge}) \tag{4.69}$$

③ 微分单元乳化相中颗粒向气体的传热量 H_{pge}。

$$H_{pge}=A\mathrm{d}z\alpha_e[a_p(1-f_b)(1-\varepsilon_e)-a_b f_b(1-\varepsilon_e)](t_{pe}-t_{ge}) \tag{4.70}$$

④ 微分单元乳化相中高温气体向气泡相中低温气体的热扩散量 H_{ebg}。

$$H_{ebg}=A\mathrm{d}z\alpha_{eb}a_b f_b\varepsilon_e(t_{pe}-t_{ge}) \tag{4.71}$$

式中，α_{eb} 为气泡相与乳化相间热量交换系数（J/(m^2 · s · K)），可采用 Sit 和 Grace[17] 给出的公式计算：

$$\alpha_{eb}=\frac{\rho_g c_p U_{mf}}{3}+\left(\frac{4\rho_g c_p\lambda\varepsilon_{mf}U_b}{\pi d_b}\right)^{0.5} \tag{4.72}$$

依据热量守恒原理，有 $H_{outge}-H_{inge}=H_{pge}-H_{egb}$，即

$$\rho_g c_p U_{ge}(1-f_b)\frac{\mathrm{d}t_{ge}}{\mathrm{d}z}$$
$$=\alpha_e[a_p(1-f_b)(1-\varepsilon_e)-a_b f_b(1-\varepsilon_e)](t_{pe}-t_{ge})-\alpha_{eb}a_b f_b\varepsilon_e(t_{pe}-t_{ge}) \tag{4.73}$$

式(4.73)即为乳化相气体传热方程。

(4) 乳化相颗粒传热方程。

① 进入微分单元乳化相颗粒的热量 H_{inpe}。

$$H_{inpe}=\rho_p c_s U_{pe} A(1-f_b)t_{pe} \tag{4.74}$$

② 流出微分单元乳化相颗粒的热量 H_{outpe}。

$$H_{outpe}=\rho_p c_s U_{pe} A(1-f_b)(t_{pe}+\mathrm{d}t_{pe}) \tag{4.75}$$

③ 微分单元乳化相中颗粒向气体的传热量 H_{pge}（同式(4.70)）

$$H_{pge}=A\mathrm{d}z\alpha_e[a_p(1-f_b)(1-\varepsilon_e)-a_b f_b(1-\varepsilon_e)](t_{pe}-t_{ge})$$

④ 微分单元中气泡边界处颗粒向气泡的传热量 H_{pgi}。

$$H_{pgi}=A\mathrm{d}z\alpha_i a_b f_b(1-\varepsilon_e)(t_{pe}-t_{gb}) \tag{4.76}$$

依据热量守恒原理，有 $H_{outpe}-H_{inpe}=-H_{pge}-H_{pgi}$，即

$$\rho_p c_s U_{pe}(1-f_b)\frac{\mathrm{d}t_{pe}}{\mathrm{d}z}$$
$$=-\alpha_e[a_p(1-f_b)(1-\varepsilon_e)-a_b f_b(1-\varepsilon_e)](t_{pe}-t_{ge})-\alpha_i a_b f_b(1-\varepsilon_e)(t_{pe}-t_{gb}) \tag{4.77}$$

式(4.77)即为乳化相颗粒传热方程。

(5) 气泡相气体传热方程。

① 进入微分单元气泡气体的热量 H_{ingb}

$$H_{ingb}=\rho_g c_p(U_{gb}+U_b)Af_b t_{gb} \tag{4.78}$$

② 流出微分单元气泡气体的热量 H_{outgb}

$$H_{outgb}=\rho_g c_p(U_{gb}+U_b)Af_b(t_{gb}+\mathrm{d}t_{gb}) \tag{4.79}$$

③ 微分单元中气泡边界处颗粒向气泡的传热量 H_{pgi}（同式(4.76)）

$$H_{pgi}=A\mathrm{d}z\alpha_i a_b f_b(1-\varepsilon_e)(t_{pe}-t_{gb})$$

④ 微分单元乳化相中高温气体向气泡相中低温气体的传热量 H_{ebg}（同式(4.71)）

$$H_{ebg}=A\mathrm{d}z\alpha_{eb}a_b f_b\varepsilon_e(t_{ge}-t_{gb})$$

依据热量守恒原理，有 $H_{outgb}-H_{ingb}=H_{pgi}+H_{ebg}$，即

$$\rho_g c_p(U_{gb}+U_b)f_b\frac{\mathrm{d}t_{gb}}{\mathrm{d}z}$$
$$=\alpha_i a_b f_b(1-\varepsilon_e)(t_{pe}-t_{gb})+\alpha_{eb}a_b f_b\varepsilon_e(t_{ge}-t_{gb}) \tag{4.80}$$

式(4.80)即为气泡相气体传热方程。

至此已经列出方程(4.66)、方程(4.67)、方程(4.73)、方程(4.77)、方程(4.80)共5个方程，可联立求解出5个未知温度参数 t_{pe}、t_{ge}、t_{gb}、t_p、t_g，得到5个温度参数的一维分布。

7) 补充说明

当过程中有反应热（吸热或放热）或吸附（解析）热生成时，各传热方程右边需相应增加热源相(+)或热汇相(−)。

例如，气泡相中气体发生放热反应，气泡相气体传热方程(4.78)的右边需增加热源相：

$$h_{rgb}=f_b k_{rgb}\Delta H_{rgb} \tag{4.81}$$

式中，h_{rgb} 为气泡相中气体反应放出的热量，$\mathrm{J/(m^3\cdot s)}$；k_{rgb} 为气泡相中气体的反应速率，$\mathrm{kg/(m^3\cdot s)}$；ΔH_{rgb} 为反应热，J/kg。

4.4　鼓泡流化床结构-传递关系模型的实验验证

4.4.1　计算机模拟和实验的方法

为了验证上述鼓泡流化床结构-传递关系模型，本节采取计算机模拟与实验数据相对比的方法。计算机模拟采用将结构-传递关系模型与两流体模型相结合的模式，在模拟动量传递时，用基于结构参数的曳力系数取代传统两流体模型中的曳力系数。为了计算每一个计算机网格内气固之间的曳力系数，首先必须基于该网格内的气固表观滑移速度和固相的浓度来求解其非均匀结构参数，这样在计算过程中每一个计算机网格内都需要求解非均匀结构参数，其计算量相当庞大。为了避免上述计算量较大的过程，进行欧拉方程求解前，在雷诺数的范围为$\frac{U_{mf}d_p\rho}{\mu}\leqslant Re\leqslant 1000$和空隙率的范围为$\varepsilon_{min}\leqslant\varepsilon_f\leqslant 0.9997$的一定步长内求解其基于非均匀结构参数的曳力系数，进一步将该曳力系数与原曳力系数的比值称为非均匀因子，将所得的非均匀因子数据按照一定的格式存储为矩阵或者拟合为非线性二元系数等式。这样在进行欧拉两相流方程求解时已知一个网格内平均的 Re 和 ε_f 后，采用数值插值或者代数表达式的方法即可得到非均匀因子的数值，将其与原动量传递系数相乘来计算相应的修正后的基于非均匀结构的曳力系数。上述目标可通过商业软件 Fluent 中的 User Define Function 功能来实现，从而得到修正后的两流体模型。

用修正后的两流体模型对实验进行模拟后，将模拟结果与实验数据相对比，借以验证模型的正确性。冷模实验分别采用了 Geldart[21] 分类的 A、B、C 类颗粒物料。B 类和 C 类物料的流态化实验在一个高度为 1000mm、内径为 140mm 的圆柱形有机玻璃流化床中进行，流化介质为室温常压下的干燥空气，如图 4.6 所示。采用光导纤维颗粒浓度测量仪(图 2.3)测量在各种操作条件下流化床不同高度的径向及轴向颗粒浓度分布。径向由床中心到边壁每隔 10mm 设置一个测量点，同时测定相离 90°的两个径向的颗粒浓度分布。采用双光纤探针测量床中气泡的尺寸，用摄像机记录床中气泡与颗粒的运动状况。在小型的热态流化床中用一氧化碳氧化的模型反应进行传质的实验研究。

4.4.2　B 类物料的实验结果与模拟结果对比

Wang 等[4] 以 Geldart B 类颗粒为物料进行了实验研究和计算机模拟。所用物料为石英砂，颗粒密度 ρ_p 为 2640kg/m^3，平均颗粒直径 d_p 为 0.3096mm，静床高度 H_0 为 0.232m。拟合的非均匀因子代数表达式如表 4.1 所示。

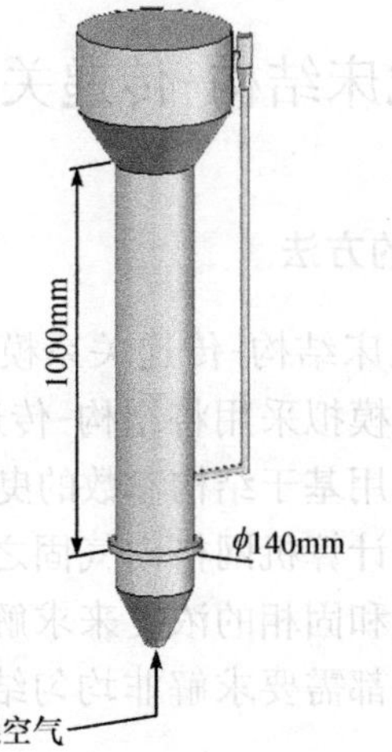

图 4.6 冷模实验装置示意图[2,4]

表 4.1 拟合的非均匀因子代数表达式(Geldart B 类颗粒物料)

气体表观速度/(m/s)	非均匀因子表达式(H_d)
0.1804(1.94U_{mf})	$H_d=\begin{cases}1.0, & \varepsilon_g\leqslant\varepsilon_{mf}\\ 0.008972\exp(9.86\varepsilon_g)+4.682\times10^{-11}\exp(31.8\varepsilon_g), & \varepsilon_{mf}<\varepsilon_g<0.8\\ 1.0, & \varepsilon_g\geqslant0.8\end{cases}$
0.2346(2.53U_{mf})	$H_d=\begin{cases}1.0, & \varepsilon_g\leqslant\varepsilon_{mf}\\ 0.007186\exp(9.761\varepsilon_g)+6.138\times10^{-11}\exp(31.03\varepsilon_g), & \varepsilon_{mf}<\varepsilon_g<0.8\\ 1.0, & \varepsilon_g\geqslant0.8\end{cases}$
0.2887(3.11U_{mf})	$H_d=\begin{cases}1.0, & \varepsilon_g\leqslant\varepsilon_{mf}\\ 0.005942\exp(9.702\varepsilon_g)+2.773\times10^{-11}\exp(31.64\varepsilon_g), & \varepsilon_{mf}<\varepsilon_g<0.8\\ 1.0, & \varepsilon_g\geqslant0.8\end{cases}$

鼓泡流化床内不同气体表观速度下轴向和径向颗粒浓度的模拟结果与实验数据的对比如图 4.7～图 4.10 所示。

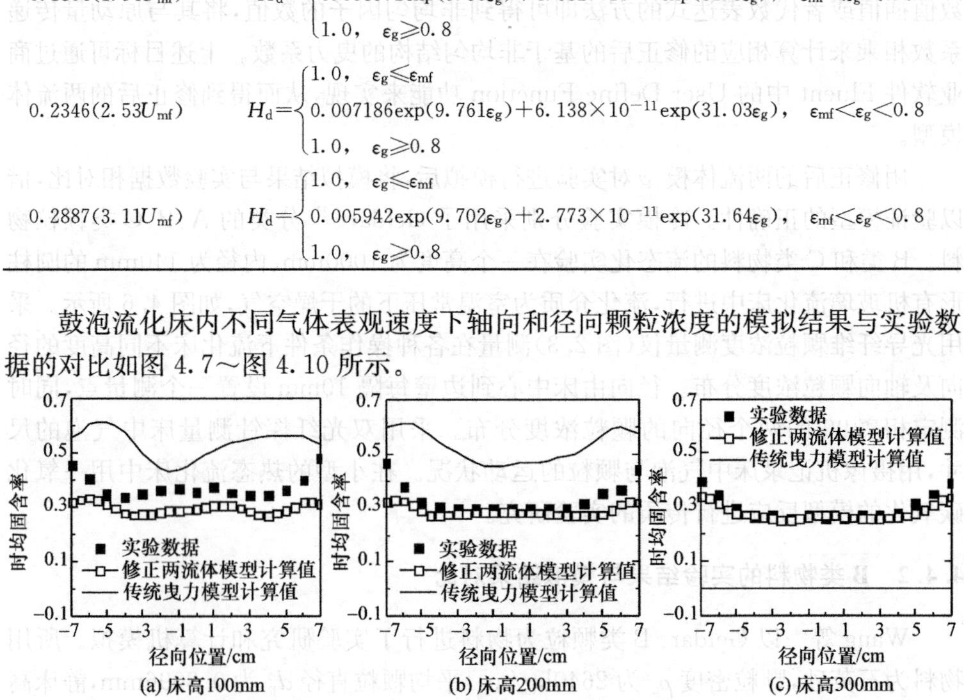

图 4.7 不同床高处颗粒浓度径向分布的实验数据与二维模拟结果的对比一($U_g=0.1804$m/s)

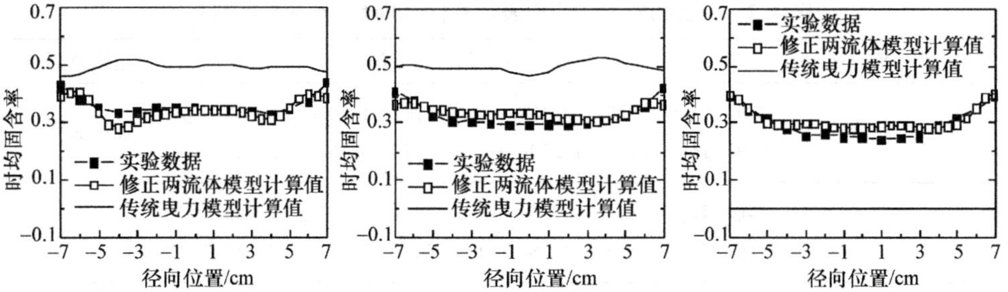

(a) 床高100mm　(b) 床高200mm　(c) 床高300mm

图 4.8　不同床高处颗粒浓度径向分布的实验数据与二维模拟结果的对比二(U_g=0.2346m/s)

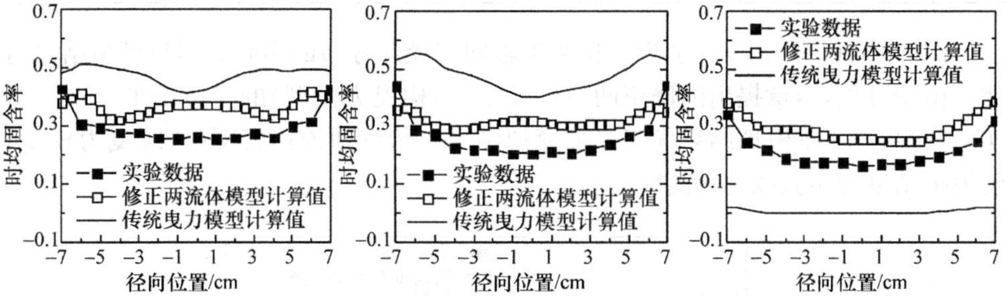

(a) 床高100mm　(b) 床高200mm　(c) 床高300mm

图 4.9　不同床高处颗粒浓度径向分布的实验数据与二维模拟结果的对比三(U_g=0.2887m/s)

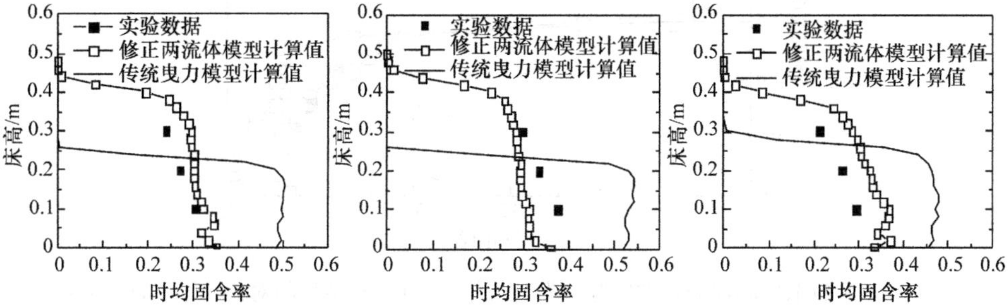

(a) U_g=0.1804m/s　(b) U_g=0.234m/s　(c) U_g=0.2887m/s

图 4.10　不同气体表观速度下颗粒浓度轴向分布的实验数据与二维模拟结果的对比

由图可见,本章提出的修正两流体模型的模拟结果基本接近于实验数据,而传统两流体模型(传统曳力模型)的模拟结果多远离实验数据。

4.4.3　A 类物料的实验结果与模拟结果对比

Lv 等[3]对 Geldart A 类物料的鼓泡流化床进行了模拟。采用了文献[20]中提供的实验条件和数据。该文献采用 FCC 催化剂为实验颗粒物料,流化床为高度 2464mm、内径 267mm 的圆柱形,流化介质为室温常压干燥空气。FCC 催化剂的颗粒密度 ρ_p 为 1780kg/m^3,平均颗粒直径 d_p 为 0.065mm,静床高度 H_0 为 1.2m。拟合的非均匀因子代数表达式如表 4.2 所示。

表 4.2 拟合的非均匀因子表达式(Geldart A 类颗粒物料)

气体表观速度/(m/s)		非均匀因子表达式(H_d)	适用范围(ε_g)
0.06	二维	$H_d=2.885-12.48\varepsilon_g+0.02587H+14.05\varepsilon_g^2-0.05371\varepsilon_g h$	$\varepsilon_{mf}<\varepsilon_g<0.7$
	三维	$H_d=3.166-13.59\varepsilon_g+0.0265H+15.13\varepsilon_g^2-0.05476\varepsilon_g h$	
0.1	二维	$H_d=2.342-9.701\varepsilon_g+0.03423H+10.41\varepsilon_g^2-0.06973\varepsilon_g h$	$\varepsilon_{mf}<\varepsilon_g<0.78$
	三维	$H_d=2.603-10.68\varepsilon_g+0.03571H+11.34\varepsilon_g^2-0.07233\varepsilon_g h$	
0.2	二维	$H_d=1.543-6.177\varepsilon_g+0.03816H+6.383\varepsilon_g^2-0.07642\varepsilon_g h$	$\varepsilon_{mf}<\varepsilon_g<0.88$
	三维	$H_d=1.831-7.191\varepsilon_g+0.04385H+7.272\varepsilon_g^2-0.08672\varepsilon_g h$	$\varepsilon_{mf}<\varepsilon_g<0.9$

图 4.11 和图 4.12 分别为颗粒浓度轴向与径向分布的实验数据与模拟结果对比。由图可见,本章提出的修正两流体模型(结构曳力模型)的模拟结果基本接近实验数据,且三维模拟结果优于二维模拟结果。传统两流体模型(传统曳力模型)的模拟结果与实验数据偏离较大。

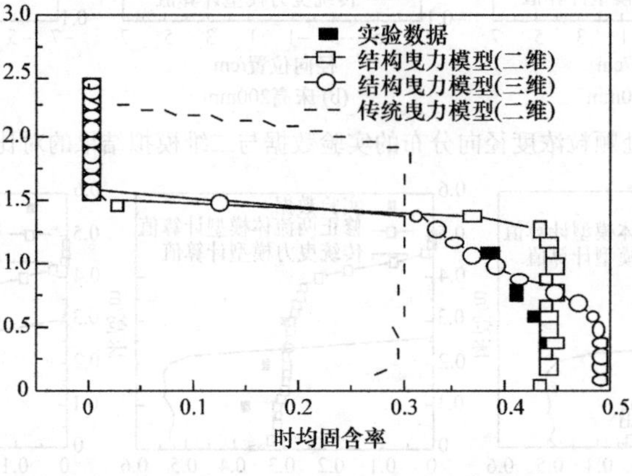

图 4.11 颗粒浓度轴向分布的实验数据与二维、三维模拟结果的对比($U_g=0.06$m/s)

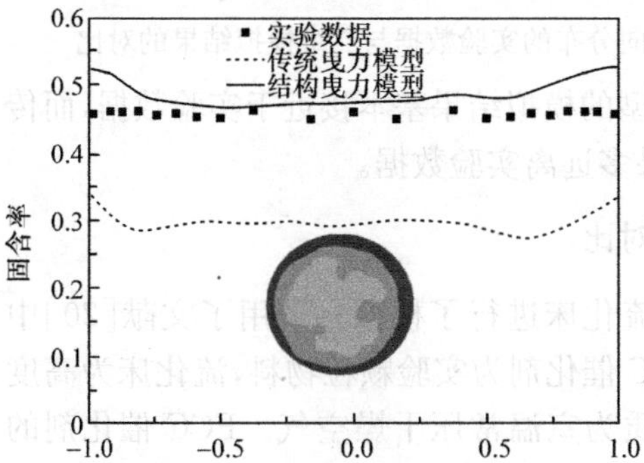

(a) 床高0.4m

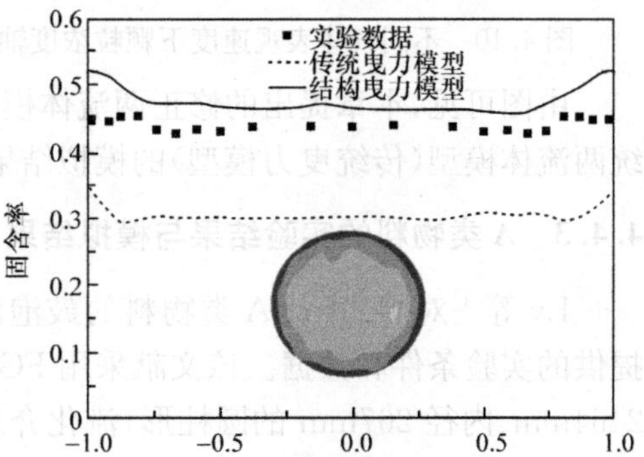

(b) 床高0.6m

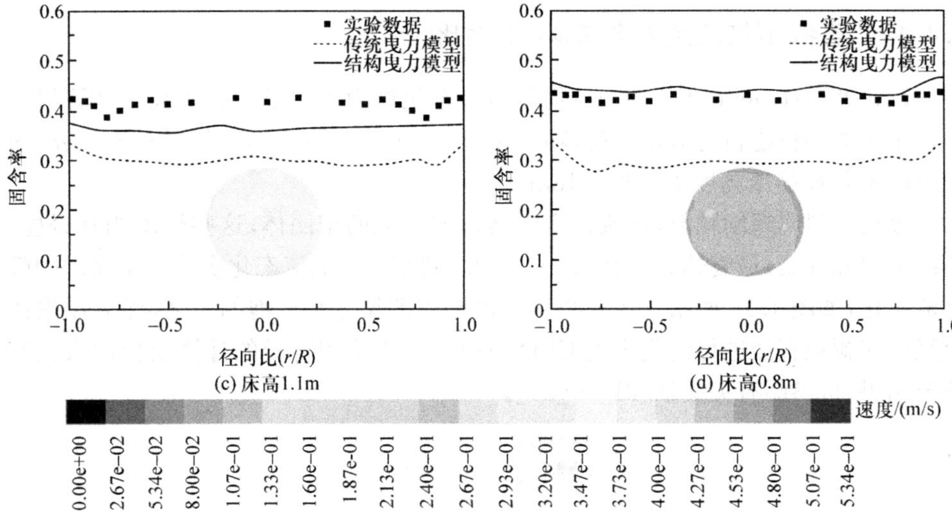

图 4.12　不同床高处颗粒浓度径向分布的实验数据与三维模拟结果的对比(U_g=0.06m/s)

图 4.13 是用本章提出的修正两流体模型模拟得到的流化床下部颗粒速度矢量图,由图可见,颗粒在床的中心上升,在床的边壁处下降,这与实验观测到的现象完全相符。

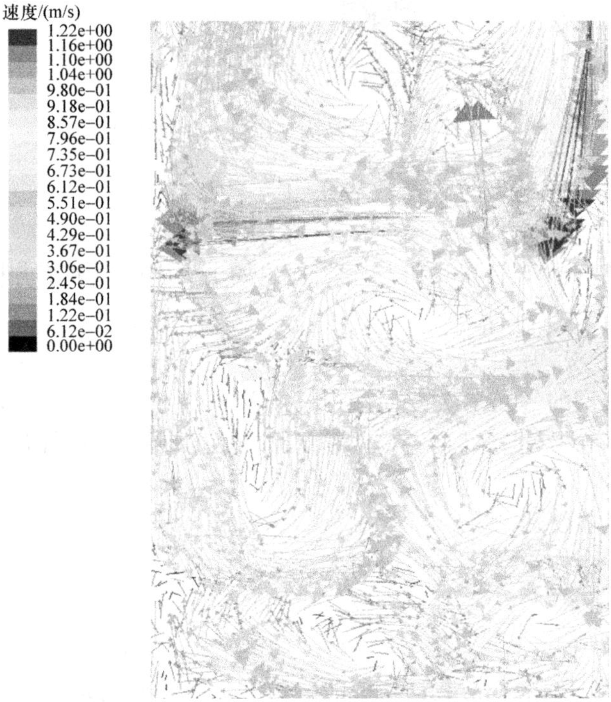

图 4.13　模拟得到的流化床下部颗粒速度矢量图(U_g=0.06m/s)

4.4.4 C 类物料的实验结果与模拟结果对比

Zou 等[2]对 Geldart C 类颗粒物料的流态化行为进行了实验研究和计算机模拟。采用的颗粒物料为氧化铝粉，颗粒密度 ρ_p 为 3940kg/m^3，平均颗粒直径 d_p 为 0.01mm，初始静床高度 H_0 为 0.18m。

该类物料属超细颗粒，在流化床中会形成颗粒的聚团体，这些聚团相互碰撞，不断碰碎和并聚，最终达到平衡尺寸。因此，超细颗粒的流态化实质上是聚团的鼓泡流态化，如图 4.14 所示。首先必须求得聚团的尺寸和气泡的尺寸，然后用聚团直径取代颗粒直径进行流化床的 CFD 模拟。关于聚团直径的计算模型前人已有研究结果，可参阅有关文献[21]～[24]。

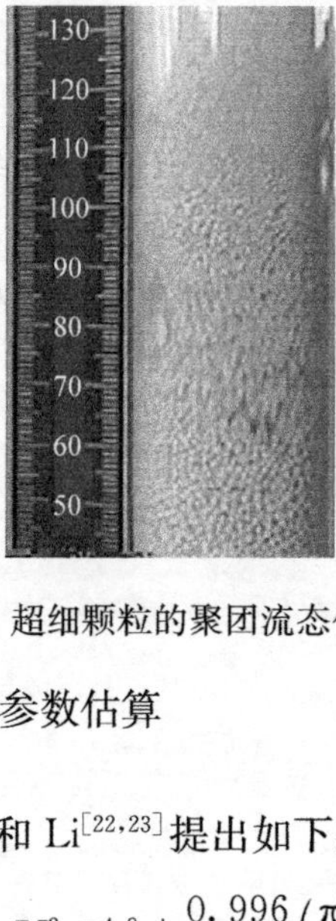

图 4.14　超细颗粒的聚团流态化照片[24]

1) 聚团力平衡方程及方程参数估算

(1) 聚团的力平衡方程。

李洪钟和郭慕孙[21]、Zhou 和 Li[22,23]提出如下聚团的力平衡方程：

$$(\rho_c-\rho_g)gd_c^2-\left[0.33\rho_g U_g^2\varepsilon_g^{-4.8}+\frac{0.996}{\pi}\left(\frac{\pi V_a^6\rho_c^3}{k^2}\right)^{\frac{1}{5}}\right]d_c+\frac{H}{4\pi\delta^2}=0 \quad (4.82)$$

方程(4.82)为典型的一元二次方程，解此方程，可得方程的解 d_c。d_c 即为所求的流态化聚团的平衡尺寸。然而，在求解方程之前必须正确估算出方程中的各参数值。

(2) 哈马克常数 A。

哈马克(Hamaker)常数 A 可以由如下公式计算[25]：

$$A=\frac{3}{4}BT\left(\frac{\varepsilon_1-\varepsilon_0}{\varepsilon_1+\varepsilon_0}\right)^2+\frac{3h\mathrm{Ve}}{16\sqrt{2}}\frac{(N_1^2-n_0^2)^2}{(N_1^2+n_0^2)^{\frac{3}{2}}} \quad (4.83)$$

式中，h 为普朗克(Planck)常数，$h=6.626\times10^{-34}$J · s；B 为玻尔兹曼(Boltzmann)常数，$B=1.381\times10^{-23}$J/K；T 为热力学温度，K；Ve 为 UV 吸附频率，Ve$=3.0\times$

$10^{-5}\,s^{-1}$；N_1 为颗粒的折射率；ε_1 为颗粒的介电常数；n_0 为介质的折射率，真空时 $n_0=1$；ε_0 为介质的介电常数，真空时 $\varepsilon_0=1$。N_1、ε_1、n_0、ε_0 可以在有关的手册中查找[26]。

(3) 颗粒或聚团之间的黏附距离 z_0。

Krupp[27]建议 z_0 的取值范围为 $1.5\times10^{-10}\sim4.0\times10^{-10}$m。对于流化床中两聚团碰撞的情况，可取 $z_0=4.0\times10^{-10}$m。

(4) 床层空隙率 ε 及聚团密度 ρ_c。

鼓泡密相流化床的空隙率 ε 为 0.5～0.7，可由式(4.84)计算：

$$\varepsilon=1-\frac{\rho_{bed}}{\rho_c} \tag{4.84}$$

式中，ρ_{bed}为流化床的平均密度，kg/m^3。

聚团的密度 ρ_c 可以从床中取样测定。Zhou 和 Li[22]经过大量的实验测定证明，聚团的密度 ρ_c 与其尺寸大小无关，仅与物料的性质有关。聚团的密度一般大于黏性颗粒的松堆密度 ρ_{ba}，而小于黏性颗粒的敲紧密度 ρ_{bt}，即 $\rho_{ba}<\rho_c<\rho_{bt}$。Zhou 和 Li[22]建议对于颗粒结合较紧密的聚团，可用式(4.85)估算其密度：

$$\rho_c=1.15\rho_{ba} \tag{4.85}$$

对于颗粒结合较疏松的聚团，可由式(4.86)估算其密度：

$$\rho_c=0.85\rho_{bt} \tag{4.86}$$

(5) 弹性因数 k。

Horio 和 Iwadate[28]提出，对于聚团流化床，可近似地取 $k=3.0\times10^{-6}\,Pa^{-1}$。

(6) 聚团间的相对速度 V。

两聚团之间的相对速度 V 可采用如下方程计算[28]：

$$V=(1.5\bar{P}_{s,n}d_b g\varepsilon)^{0.5} \tag{4.87}$$

式中，$\bar{P}_{s,n}$为非黏性系统平均颗粒无量纲压力，据文献[28]报道，可取 $\bar{P}_{s,n}=0.077$；d_b 为流化床中气泡直径，可由 Zou 等[29]提出的 C 类颗粒流化床气泡公式计算：

$$d_b=0.21(U_g-U_{mb})^{0.49}(h+4\sqrt{A_0})^{0.48}/g^{0.2} \tag{4.88}$$

式中，A_0 为床底部气体分布板小孔的面积，m^2；U_g 为气体表观速度(m/s)；U_{mb}为初始鼓泡速度(m/s)，可通过式(4.89)计算[30]：

$$U_{mb}=\frac{0.00923d_c^{1.82}(\rho_c-\rho_f)^{0.94}}{\mu_f^{0.88}\rho_f^{0.06}} \tag{4.89}$$

2) 实验数据与模拟结果对比

图 4.15 表示在两个不同气体表观速度的操作条件下，所测得的不同床高 h 处颗粒浓度径向分布的实验数据与模拟结果的对比。图中 P1 和 L1 分别表示径向 1 的实验数据和模拟结果，P2 和 L2 分别表示与径向 1 相隔 90°的径向 2 的实验数据和模拟结果。由图可见，床底部和中部的模拟结果与实验数据基本相符，而床上部的模拟结果稍低于实验数据，原因在于模型中没有考虑部分带出颗粒从顶部扩大

段返回的情况。

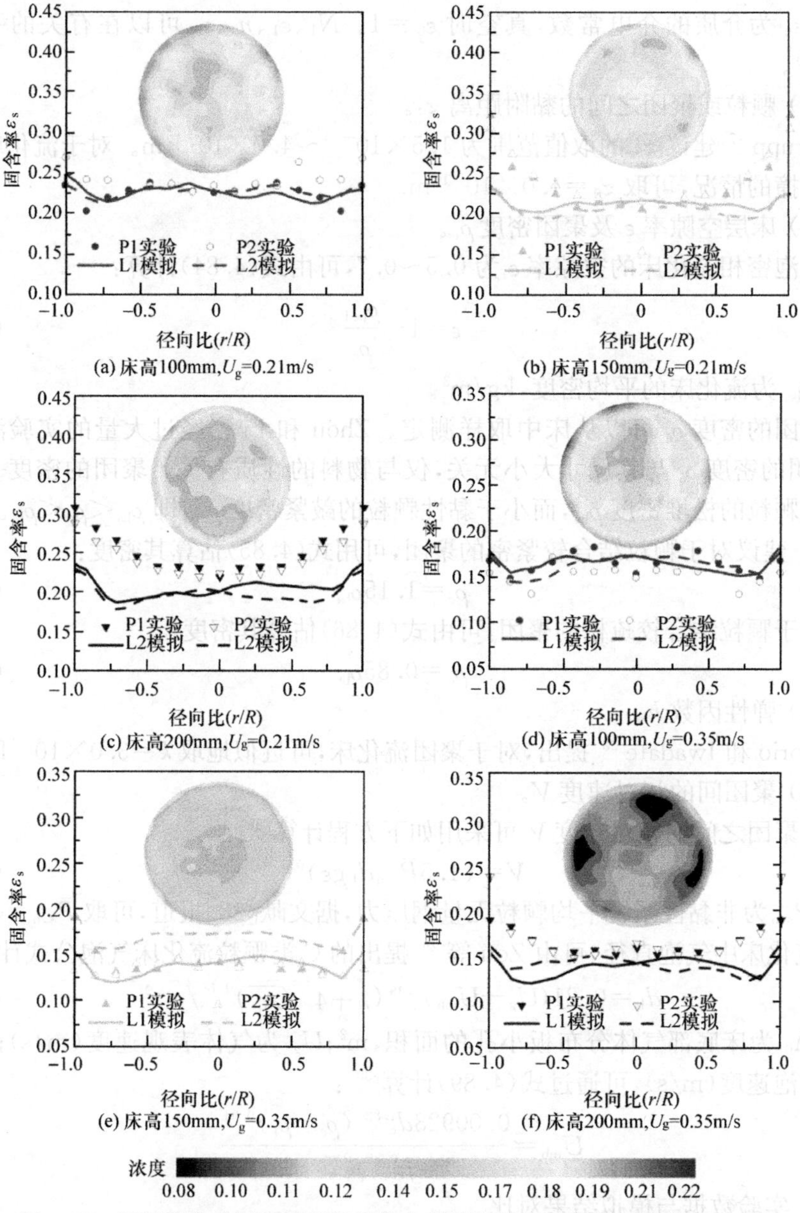

图 4.15　不同床高处颗粒浓度径向分布(插图)的实验数据与模拟结果对比

图 4.16 表示不同床高处颗粒垂直速度的径向分布模拟结果。图中 P1 和 P2 分别代表相隔 90°的两个径向位置。模拟曲线显示出双峰分布的特征。床的边壁附近颗粒速度为负值,表明颗粒向下运动;处于半径中点的两点颗粒速度为正值且最高,表明颗粒在该两处以较高速度向上运动;床的中心部位颗粒速度近乎为零。

可见床的两边各存在一个颗粒的循环运动，颗粒沿半径的中点上升，沿边壁和中轴落下。图 4.17 为模拟得到的颗粒速度矢量图与实验观测照片的对比，该图进一步阐明了图 4.16 表明的结果。图 4.16 与图 4.17 的模拟结果与观测到的实验现象完全一致。

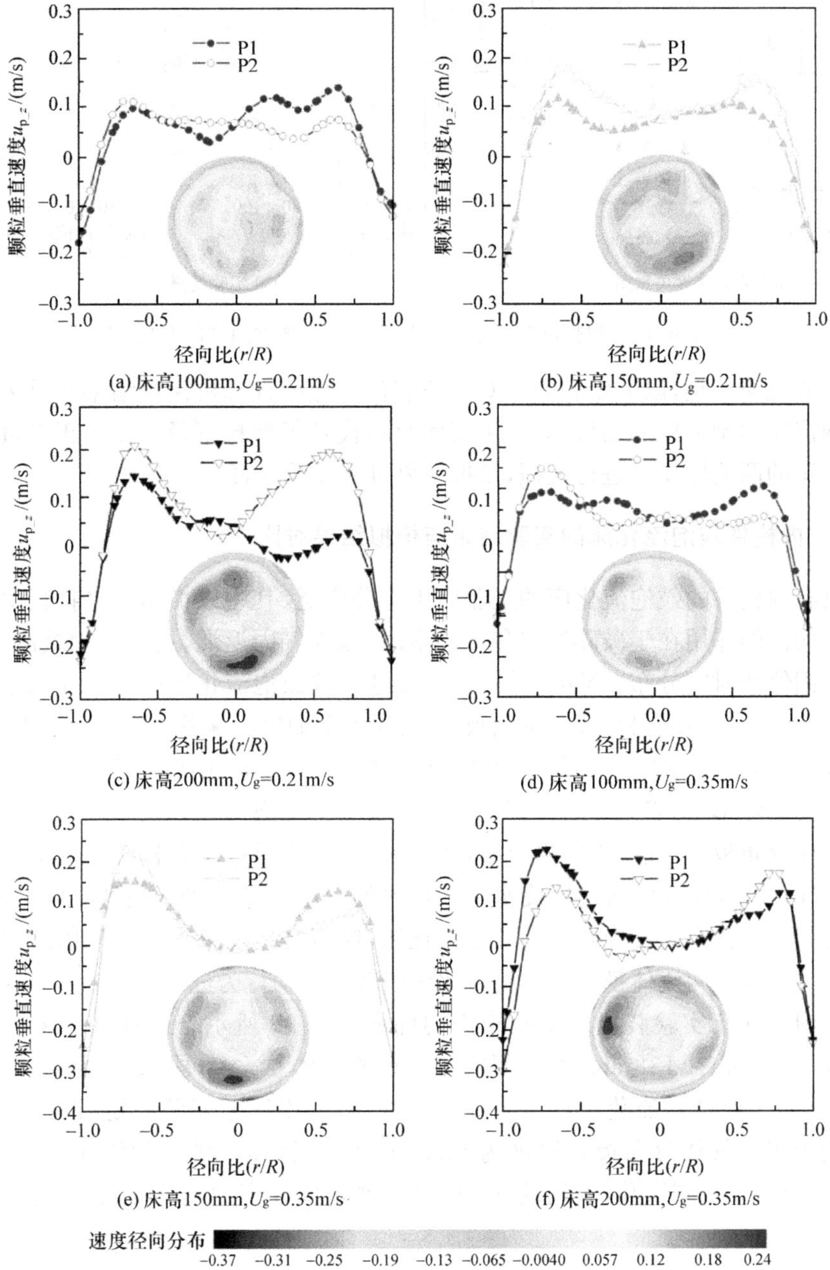

图 4.16　不同床高处颗粒垂直速度径向分布(插图)模拟结果

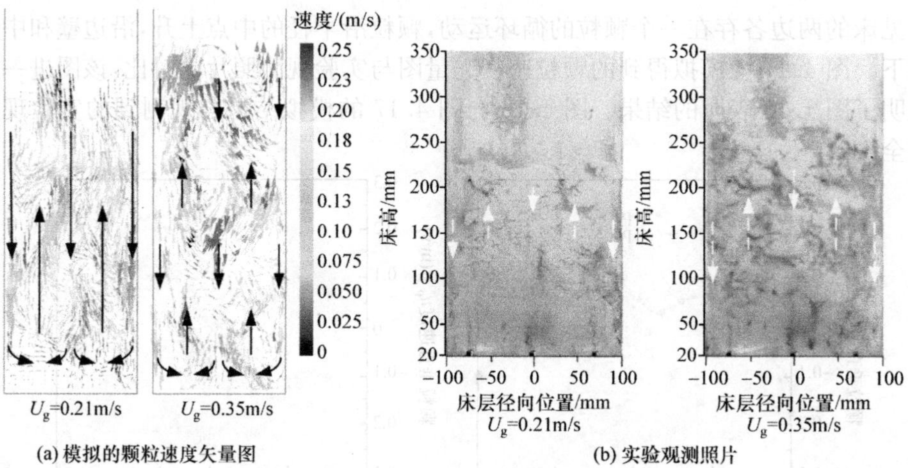

图 4.17　模拟的颗粒速度矢量图与实验观测照片的对比

需要说明的是，以上发表的对 C 类物料流态化的计算机模拟结果还是采用传统的两流体模型模拟的结果，只是用聚团直径代替了颗粒直径。目前正在进一步采用修正的两流体模型进行模拟，模拟结果将在以后发表。

4.4.5　内构件鼓泡流化床的实验结果与模拟结果对比

具有内构件的鼓泡流化床的工业应用十分广泛，其中以横向水平挡板最为常用。内构件的作用在于破碎气泡和颗粒聚团，减少气固返混，提高气固接触效率，改善气固停留时间分布。Yang 等[31,32]在上述实验鼓泡流化床中分别加入了多孔板式水平挡板和单旋斜片式水平挡板，进行了实验研究。采用 Geldart A 类物料，平均粒径为 53μm 的玻璃珠颗粒，颗粒密度为 2450kg/m。用单光纤探针测定了床层各点的空隙率，用双光纤探针测定了床层各点的气泡尺寸。模拟时将水平挡板视为气体分布板，对气流进行再分布，实验表明，气体通过多孔板时的气泡直径由式(4.28c)计算，而气体通过单旋水平挡板时的气泡直径约等于斜片之间的距离。挡板之间的流化床则视为普通的鼓泡流化床，模拟时按本章提出的气固鼓泡流化床曳力模型耦合两流体模型对鼓泡流化床的气固流动行为进行模拟。

鼓泡流化床实验装置及多孔板内构件如图 4.18 所示。三维鼓泡床流化段尺寸为 1000mm×138mm(高×内径)，底部气体预分布段尺寸为 300mm×138mm(高×内径)，流化段顶部装有多层纱网，并用法兰安装固定，以减少固体颗粒的带出。气体分布板是厚度为 6mm 的烧结板，在三维床的流化段，管壁轴向单列设有 15 个测压孔，双列设有 15×2 个测量固含率的光纤探头孔，孔中心间距为 50mm。

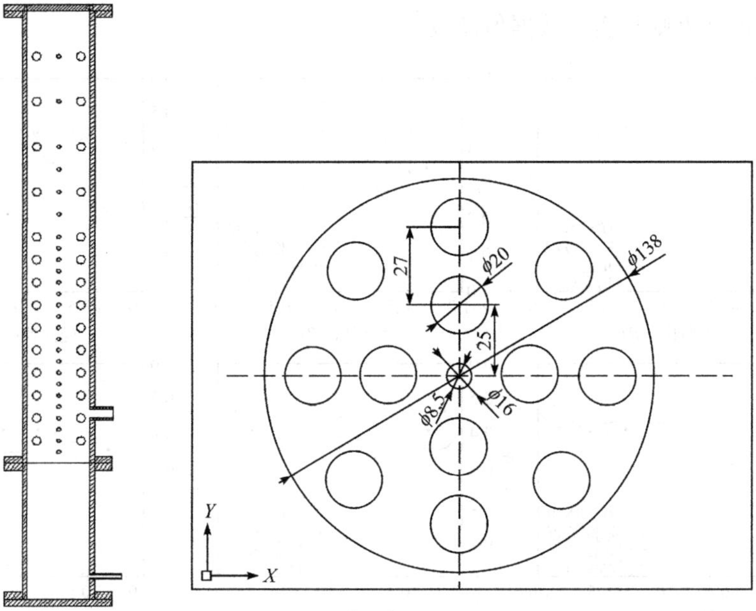

(a) 鼓泡流化床实验装置　　(b) 多孔板内构件(单位: mm)

图 4.18　鼓泡流化床实验装置及多孔板内构件

多孔板鼓泡床是在三维鼓泡床的流化段添加两块多孔板内构件，两块多孔板分别安装在距分布板 135mm 和 235mm 处。多孔板内构件开孔孔径为 20mm，共开孔 12 个，开孔率为 25.2%。

拟合得到的不同气体表观速度下的非均匀因子代数表达式如表 4.3 所示。

表 4.3　拟合所得的非均匀因子代数表达式(A 类玻璃珠)

气体表观速度/(m/s)	非均匀因子表达式(H_d)	适用范围(ε_g)
0.032	$H_d=4.98713-20.64522\varepsilon_g+0.1266H+21.97405\varepsilon_g^2+0.04017H^2-0.30102\varepsilon_g H$	$0.528<\varepsilon_g<0.671$
0.054	$H_d=2.4776-9.75456\varepsilon_g+8.11546\varepsilon_g^2+3.59748\varepsilon_g^3+0.30612H-0.37504H^2-0.21318H^3+1.25884\varepsilon_g H^2-1.42037\varepsilon_g^2 H$	$0.528<\varepsilon_g<0.737$
0.072	$H_d=2.41808-10.04927\varepsilon_g+0.10002H+10.77887\varepsilon_g^2+0.16089H^2-0.49156\varepsilon_g H$	$0.528<\varepsilon_g<0.783$

图 4.19 为内构件流化床不同床高处径向固含率分布的实验数据与模拟结果对比。由图可见，在 3 个不同气体表观速度下测得的 3 个床层高度处的径向固含率数据与本章提出的基于结构的曳力模型(Drag S)的耦合两流体模型的模拟结果

符合度良好，而传统的基于均匀假定的 Gidaspow 模型(Drag G)的耦合两流体模型的模拟结果则与实验数据偏离较远。

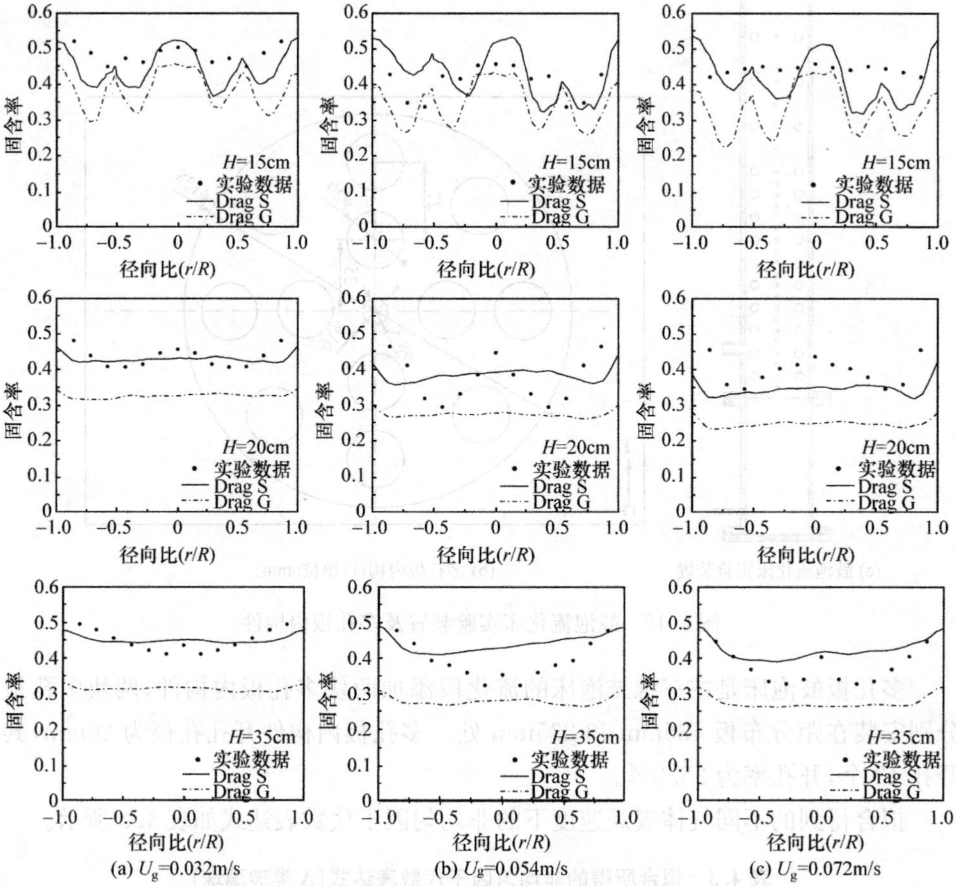

图 4.19 不同气体表观速度下内构件流化床不同床高处径向固含率分布的实验数据与模拟结果对比

图 4.20 给出了一组内构件鼓泡流化床轴向固含率分布的实验数据与模拟结果对比。由图可见，在同一气体表观速度下测得的床层轴向固含率数据与本章提出的基于结构的曳力模型(Drag S)的耦合两流体模型的模拟结果符合度良好，而传统的基于均匀假定的 Gidaspow 模型(Drag G)的耦合两流体模型的模拟结果则与实验数据偏离较远。

图 4.21 给出了具有 4 个多孔挡板的鼓泡流化床全床固含率分布和颗粒速度分布的模拟结果。由图可见，挡板上方为密相区，下方为稀相区，与实验观测到的现象吻合；颗粒在挡板下方受阻形成涡流，这也与实验观测相符。

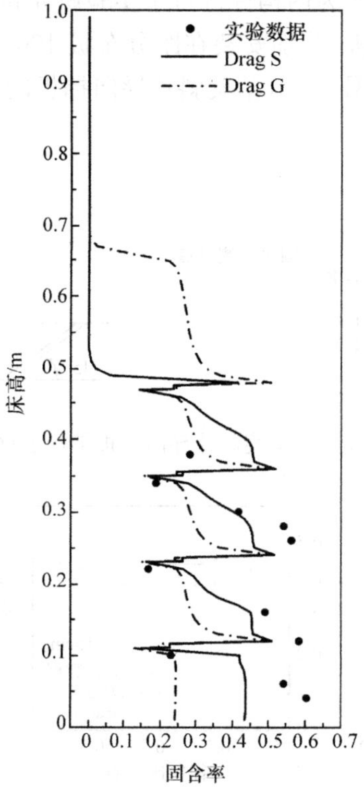

图 4.20　内构件鼓泡流化床轴向固含率分布的实验数据与模拟结果对比(U_g=0.054m/s)

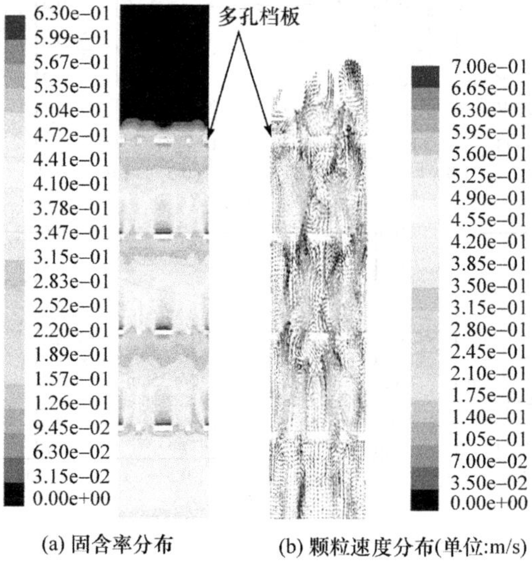

图 4.21　具有 4 个多孔挡板的鼓泡流化床全床固含率分布和颗粒速度分布的模拟结果

对单旋斜片导向挡板作为内构件进行了实验研究和模拟。在鼓泡床的流化段添加两块单旋斜片导向挡板，分别安装在距分布板 100mm 和 214mm 处。单旋斜片导向挡板结构示意图如图 4.22，单旋斜片导向挡板的实验数据和模拟结果对比如图 4.23～图 4.25 所示。

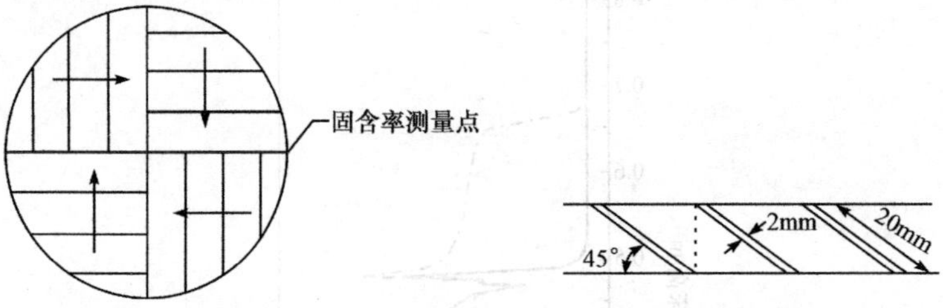

图 4.22　单旋斜片导向挡板结构示意图

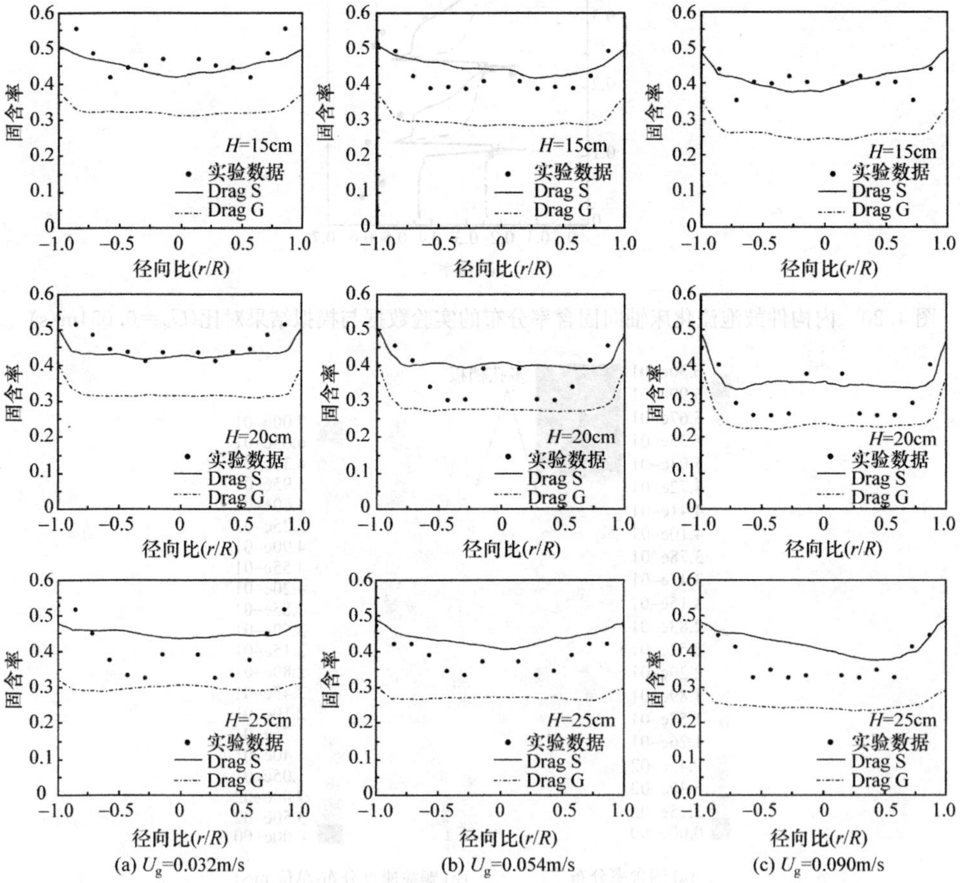

图 4.23　不同气体表观速度下单旋斜片导向挡板流化床不同床高处床层径向固含率分布的实验数据与模拟结果对比

图 4.23 为单旋斜片导向挡板流化床不同床高处床层径向固含率的实验数据与模拟结果对比。由图可见,在 3 个不同气体表观速度下测得的 3 个床层高度处的径向固含率数据与本章提出的基于结构的曳力模型(Drag S)的耦合两流体模型的模拟结果符合度良好,而传统的基于均匀假定的 Gidaspow 模型(Drag G)的耦合两流体模型的模拟结果与实验数据偏离较远。

图 4.24 给出了 3 组单旋斜片导向挡板鼓泡流化床床层轴向固含率分布的实验数据与模拟结果对比。由图可见,在 3 个不同气体表观速度下测得的床层轴向固含率数据与本章提出的基于结构的曳力模型(Drag S)的耦合两流体模型的模拟结果符合度良好,而传统的基于均匀假定的 Gidaspow 模型(Drag G)的耦合两流体模型的模拟结果与实验数据偏离较远。

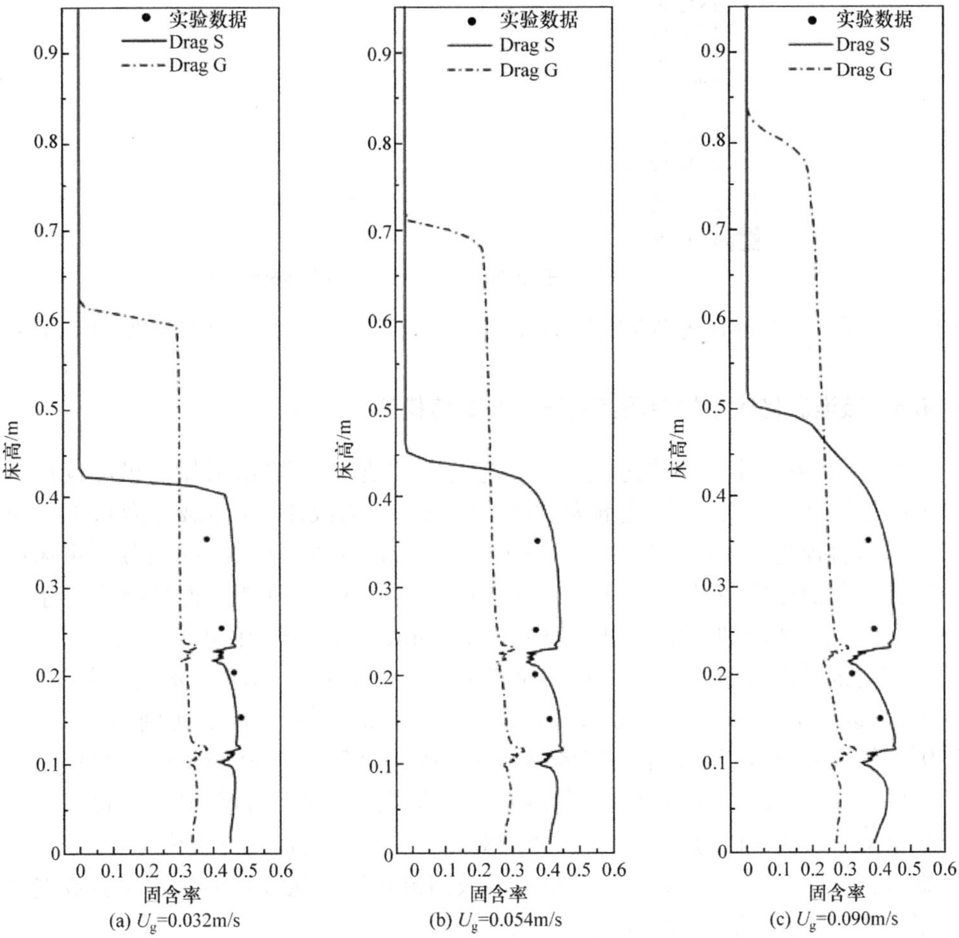

图 4.24　不同气体表观速度下单旋斜片导向挡板流化床床层轴向固含率分布的实验数据与模拟结果对比

图 4.25 给出了具有 2 个单旋斜片导向挡板的鼓泡流化床的全床颗粒速度分布和气体速度分布的模拟结果。颗粒与气流在挡板下方受阻形成涡流，这与实验观测符合。

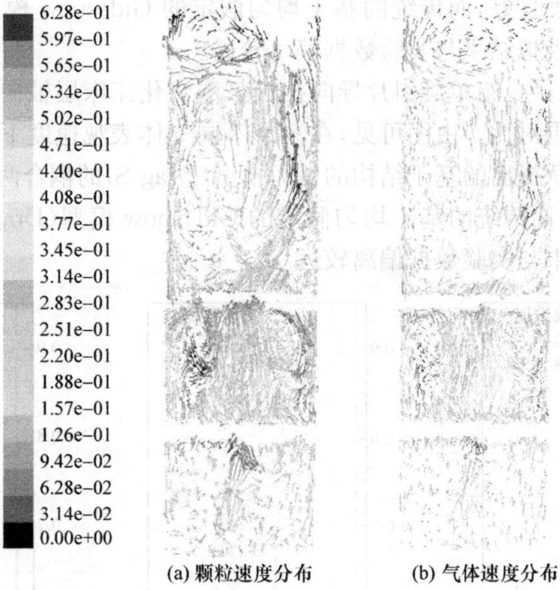

图 4.25　单旋斜片导向挡板流化床全床颗粒速度分布和气体速度分布的模拟结果(单位：m/s)

4.4.6　鼓泡流化床中的传质实验研究与数值模拟

Lv 等[33]在一个小型热态流化床中进行了传质实验研究，采用的模型反应为 CO 氧化为 CO_2 的反应，催化剂为自制的以 Al_2O_3 为载体，Pt 负载量为 0.3%(质量分数)，直径为 54μm 的颗粒。在一个高 0.26m、内径 0.012m 的微分固定床中测定该催化剂作用下的表观反应速率和反应速率常数(只消除外扩散影响条件下)。在一个用电炉加热的流化床(内径 0.033m、高 0.26m)中进行传质实验。实验时催化剂被同等粒径的 Al_2O_3 颗粒所稀释(Pt/Al_2O_3 ∶ Al_2O_3 体积比为 2.8 ∶ 10000)，进气中 CO_2 的比例为 0.5% 和 2.5%(体积分数)，O_2 的比例为 4.7%～5.0%(体积分数)，其余为惰性气体 Ar，进气速率为 500～1000mL/min，反应温度为 623～723K。出口气体及床中各点 CO 的浓度由过程质谱仪测定，获得了实验条件下 CO 浓度的轴向分布数据。然后对此传质实验进行计算机模拟，并与实验数据进行对比。Lv 等还对文献中报道的鼓泡流化床臭氧分解的传质实验数据进行了模拟，并与文献的实验数据做了比较。

图 4.26 给出了鼓泡流化床臭氧分解的床层轴向臭氧浓度分布数据与本章提出的基于结构的传质模型耦合两流体模型(TFM)的模拟结果和基于平均假设的

传统模型模拟结果。由图可见，本章模型的模拟结果与实验数据吻合良好，而传统模型偏离实验数据较远。

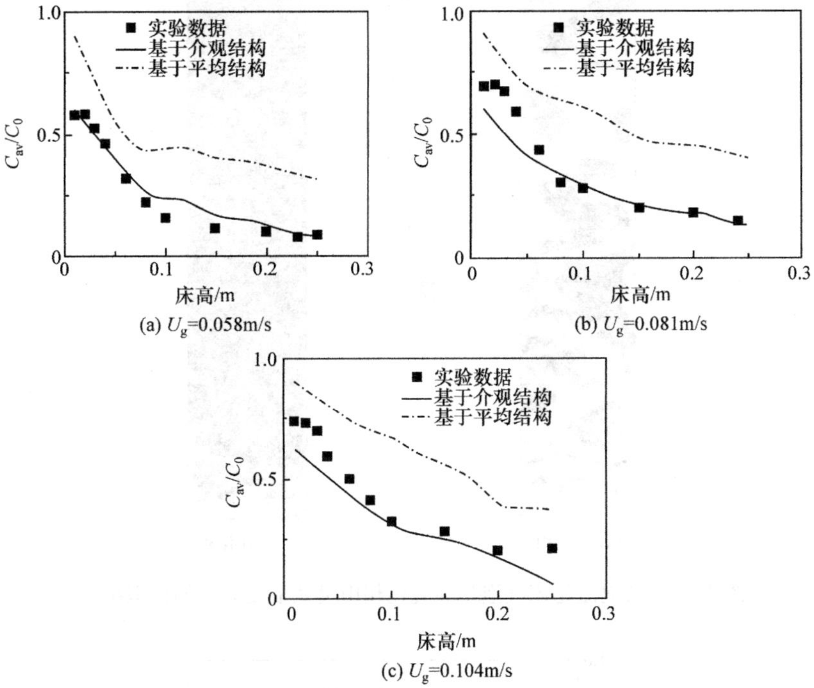

图 4.26　鼓泡流化床臭氧分解实验数据与模拟结果的对比

图 4.27 给出了鼓泡流化床气泡相与乳化相中臭氧浓度分布的模拟结果。由图可见，气泡相中臭氧浓度为下浓上稀的分布，而乳化相中仅在床的底部含有臭氧，床中上部的乳化相中臭氧已全部分解，因为乳化相中的催化剂浓度远高于气泡相。

图 4.28 给出了鼓泡流化床 CO 催化氧化不同气速下 CO 浓度轴向分布的实验数据与模拟结果。由该图可见，本章提出的基于结构的传质模型耦合两流体模型(TFM)的模拟结果与实验数据吻合良好。

图 4.29 给出了鼓泡流化床 CO 催化氧化不同静止床高下 CO 浓度轴向分布的实验数据与模拟结果。由该图可见，本章提出的基于结构的传质模型耦合两流体模型(TFM)的模拟结果与实验数据吻合良好。

图 4.30 给出了鼓泡流化床 CO 催化氧化出口气体中 CO 浓度的实验数据与模拟结果。由图可见，本章提出的基于结构的传质模型耦合两流体模型(TFM)的模拟结果与实验数据吻合良好，而传统均匀假设模型偏离实验数据较远。

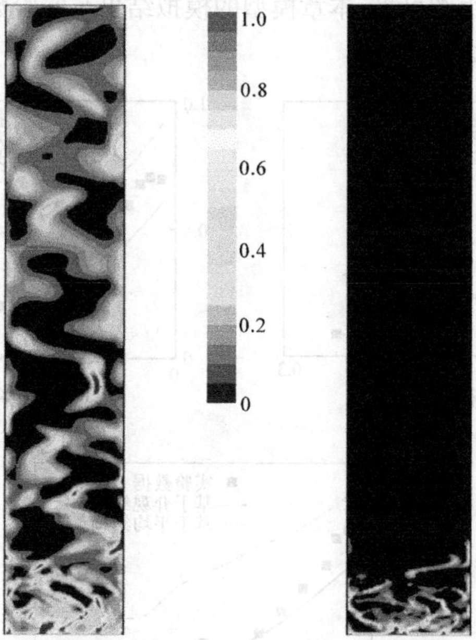

图 4.27 鼓泡流化床气泡相与乳化相中臭氧浓度分布的模拟结果

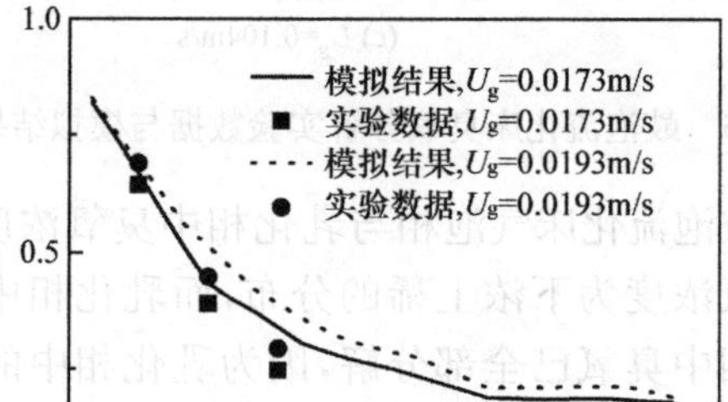

图 4.28 鼓泡流化床 CO 催化氧化不同气速下 CO 浓度轴向分布的实验数据与模拟结果

4.4.7 基于鼓泡流化床结构曳力系数表达式的结构参数模型与数值模拟

Liu 等[34]在模拟气固鼓泡流化床的动量传递和流动行为时,提出根据鼓泡流化床结构曳力系数的表达式来建立结构参数模型,模型只需求出曳力系数表达式中的结构未知参数即可,不需要求出表示完整结构的所有未知参数。这样可以有效减少结构参数模型的方程个数,大大简化结构参数模型,提高求解速度。

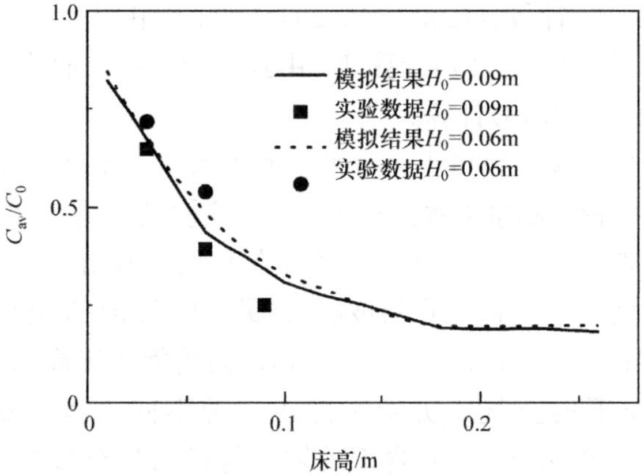

图 4.29　鼓泡流化床 CO 催化氧化不同静止床高下 CO 浓度轴向分布的实验数据与模拟结果

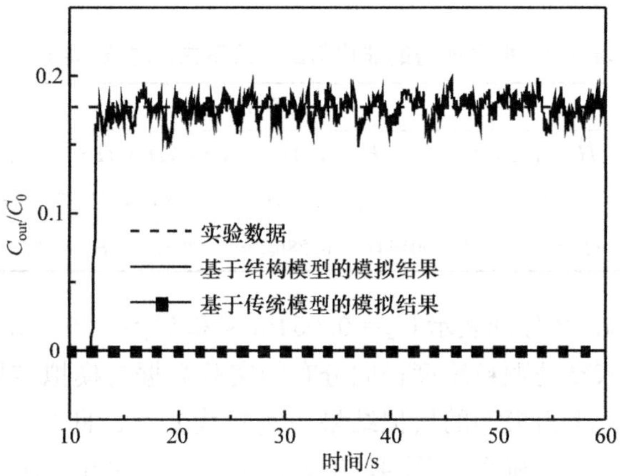

图 4.30　鼓泡流化床 CO 催化氧化出口气体中 CO 浓度的实验数据与模拟结果

由基于结构的气固鼓泡流化床的曳力系数公式(4.34)可见,式中只有 5 个未知的结构参数需要求解,即 ε_e、f_b、U_{se}、U_{sb}、d_b,需要建立 5 个方程来求解。

(1) 乳化相空隙率 ε_e 可采用 Werther 和 Wein[35] 提出的乳化相空隙率的关系式:

$$\varepsilon_e = 1-(1-0.14Re^{0.4}Ar^{-0.13})(1-\varepsilon_{mf}) \tag{4.90}$$

式中,

$$Re=\frac{\rho_g d_p |U_s - U_{mf}|}{\mu_g} \tag{4.91}$$

$$Ar=\frac{\rho_g d_p^3 (\rho_p-\rho_g) g}{\mu_g^2} \tag{4.92}$$

其中,U_{mf}、ε_{mf}是颗粒的物性参数,可以测定或用经验关系式预测。

(2) f_b 由式(4.23)计算;U_{se} 由式(4.29)计算;d_b 由式(4.28)计算;U_{sb} 由式(4.5)计算,式中的 U_b 由式(4.27)计算,U_e 由式(4.2)计算,而式(4.2)中的 U_{pe} 由式(4.22)计算,U_{ge} 由式(4.13)计算。

为了验证该简化结构参数曳力系数模型的正确性,Liu 等[34]采用如图 4.6 和图 4.7 所示的实验装置和测量装置进行了实验。实验装置为内径 140mm、有效高度 1000mm 的有机玻璃圆筒,底部为多孔气体分布板。所用的颗粒物料为平均粒径为 53μm、颗粒密度为 2450kg/m^3 的玻璃珠,属于 Geldart A 类物料,测得颗粒物料的 $U_{mf}=0.0051\text{m/s}$,$\varepsilon_{mf}=0.528$,$\varepsilon_{min}=0.431$,初始静止床高为 355mm,流化气体介质为常温常压下的空气。实验测得在 3 种不同气体表观速度下($U_g=0.032\text{m/s}$、0.054m/s、0.072m/s)固含率的轴向与径向分布数据。然后用基于该简化的结构参数曳力模型对该实验进行 CFD 模拟,事先经计算归纳的非均匀因子关系式如表 4.4 所示。

表 4.4 拟合所得的非均匀因子关系式(A 类玻璃珠)

气体表观速度/(m/s)	非均匀因子(H_d)	适用范围(ε_g)
0.032	$H_d=1.3+0.0001894H-6.241\varepsilon_g-0.0003442\varepsilon_g H+7.915\varepsilon_g^2$	$\varepsilon_{mf}<\varepsilon_g<0.75$
0.054	$H_d=1.931+0.000194H-7.494\varepsilon_g-0.0003316\varepsilon_g H+7.767\varepsilon_g^2$	$\varepsilon_{mf}<\varepsilon_g<0.82$
0.072	$H_d=1.661+0.000164H-6.286\varepsilon_g-0.0002755\varepsilon_g H+6.336\varepsilon_g^2$	$\varepsilon_{mf}<\varepsilon_g<0.88$

图 4.31 和图 4.32 分别表示 $U_g=0.054\text{m/s}$ 和 $U_g=0.072\text{m/s}$ 两个不同气体表观速度下,不同床高处颗粒浓度径向分布的实验数据与模拟结果对比[34]。由图可见,该简化的结构曳力模型的模拟结果与实验数据吻合良好,与 EMMS 模型的模拟结果具有同样的准确度。图 4.33 表示 $U_g=0.032\text{m/s}$、$U_g=0.054\text{m/s}$ 和 $U_g=0.072\text{m/s}$ 三个不同气体表观速度下颗粒浓度轴向分布的实验数据与模拟结果。由图可见,该简化的结构曳力模型的模拟结果与实验数据吻合良好,EMMS 模型的模拟结果也具有同样的准确度。

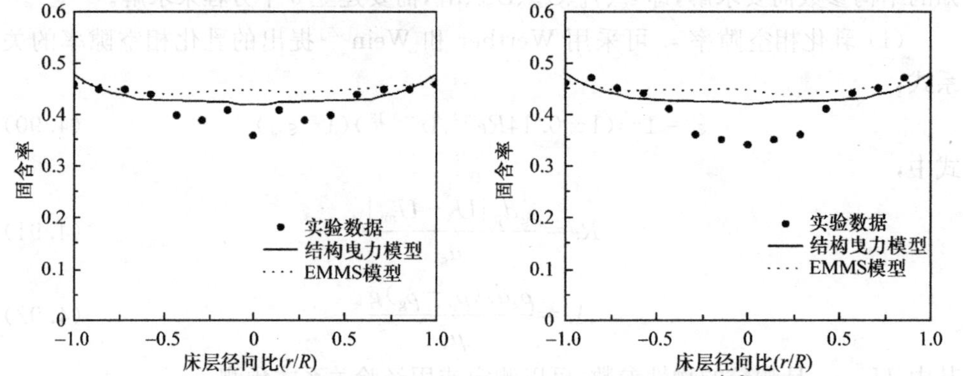

(a) 床高0.15m　　(b) 床高0.20m

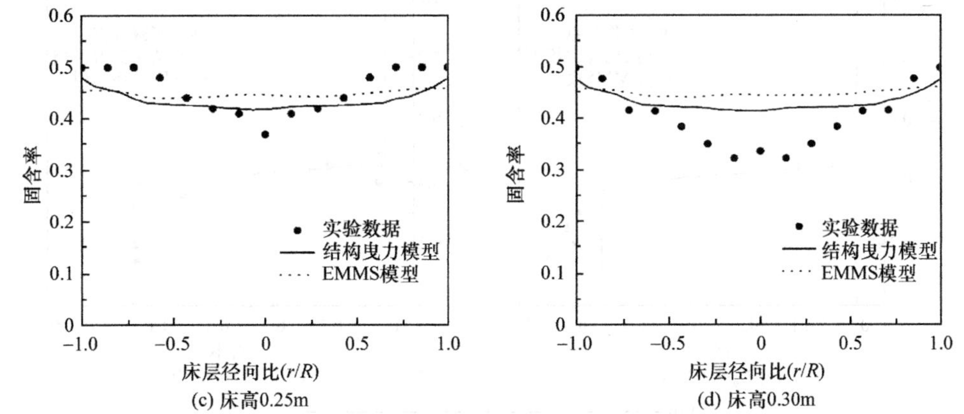

图 4.31　不同床高处颗粒浓度径向分布的实验数据与模拟结果对比[34](U_g=0.054m/s)

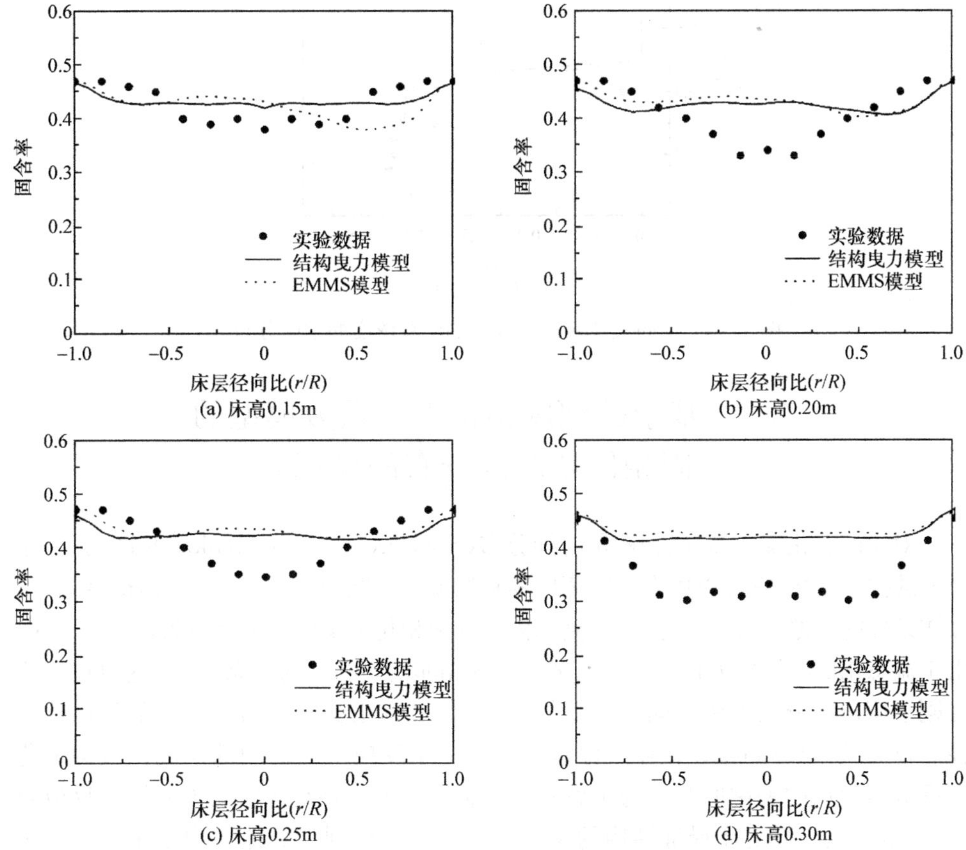

图 4.32　不同床高处颗粒浓度径向分布的实验数据与模拟结果对比[34](U_g=0.072m/s)

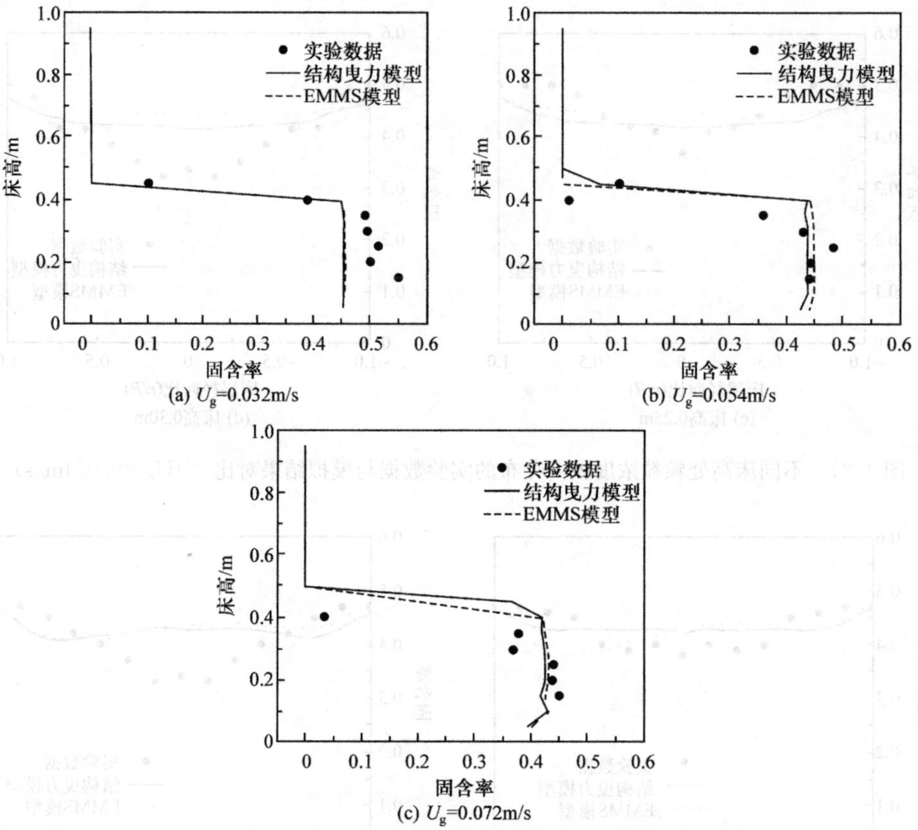

图 4.33　不同气体表观速度下的颗粒浓度的轴向分布[34]

4.5　基于鼓泡床结构曳力系数模型的固相停留时间分布的模拟

对于流态化反应器，固相停留时间分布(residence time distribution，RTD)是一个重要的技术参数，它可以用来研究床内物料的流动状况，并且作为流化床床层结构和操作条件的关键参数，将直接影响到床内气固两相化学反应和传递行为过程。同时，由于流态化反应物多为粒度分布较宽或多固相非均匀物性的繁杂体系，这也进一步加剧了床内组分间停留时间分布的复杂性，加之流化反应多为气固间的扩散传递控制行为，所以不同粒径颗粒的停留时间与完全反应所需时间的匹配性成为流化床反应器设计的关键所在。为了解决上述问题，进一步提高流化床的综合反应效率，本节将基于鼓泡床局部结构的构效关系模型耦合到计算流体力学中分别对单一粒径及双粒径颗粒的流化停留时间分布进行模拟研究，以实现对床内气固分布及流动行为的全面统计分析，进而充分研究床层流化结构对颗粒停留时间的影响。

4.5.1　单一粒径颗粒停留时间分布的模拟与验证

Zou 等[36]首先对单一粒径的 Geldart B 类颗粒物料的流态化停留时间分布[37]进行了计算机模拟。采用的物料为氧化锌颗粒，颗粒密度 $\rho_p=4000\text{kg/m}^3$，平均颗粒直径 $d_p=0.128\text{mm}$，静床高度 $H_0=0.15\text{m}$。关于非均匀结构参数模型的建立与求解方法详见 4.2 节和 4.3 节。该单一粒径颗粒系统曳力系数模型及非均匀因子代数表达式如表 4.5 所示。

表 4.5　单一粒径颗粒曳力系数模型及非均匀因子代数表达式

$$\beta=\begin{cases}\dfrac{3}{4}C_D\dfrac{\rho_g\varepsilon_g\varepsilon_s|U_s-U_g|}{d_p}\varepsilon_g^{-2.65}, & \varepsilon_g\geqslant 0.62\\ \dfrac{3}{4}C_D\dfrac{\rho_g\varepsilon_g\varepsilon_s|U_s-U_g|}{d_p}\varepsilon_g^{-2.65}H_d, & 0.62>\varepsilon_g>0.52\\ 150\dfrac{\varepsilon_s^2\mu_g}{\varepsilon_g d_p^2}+1.75\dfrac{\varepsilon_s\rho_g|U_s-U_g|}{d_p}, & \varepsilon_g\leqslant 0.52\end{cases}$$

$$C_D=\begin{cases}\dfrac{24}{Re}(1+0.15Re^{0.687}), & Re\leqslant 1000\\ 0.44, & Re>1000\end{cases}$$

$$Re=\frac{\varepsilon_g\rho_g d_p|U_g-U_s|}{\mu_g}$$

$$H_d=23.03-64.89\varepsilon_g-480.7h+38.18\varepsilon_g^2+1118\varepsilon_g h+2823h^2+19.85\varepsilon_g^3-714\varepsilon_g^2h-2730\varepsilon_g h^2-7197h^3$$

对于流态化反应器，固相停留时间是指颗粒从系统的进口至出口所耗费的时间，然而，由于流体在系统中流动的非均匀性，以及其在床层中所形成的返混、沟流和死区等流化结构，不同颗粒在系统中所具有的停留时间存在差异，从而使整体固相体系形成了停留时间分布。

停留时间分布的定量测量一般采用示踪响应技术，即当固相流体在达到定态流动的情况下，于某一时刻（记为 $t=0$）极快地向反应器入口加进一定量的示踪剂，并同时在系统出口处记下不同时间间隔内流出的示踪剂浓度 $c(t)\left(c(t)=\dfrac{m_{示踪剂}}{m_{颗粒}+m_{示踪剂}}=\dfrac{\varepsilon_{示踪剂}}{\varepsilon_{颗粒}+\varepsilon_{示踪剂}}\right)$，随后根据固定时间间隔内出口中的示踪剂浓度与时间的对应关系，即可得到该流动体系的停留时间分布数据 $E(t)=\dfrac{c(t)}{\int_0^\infty c(t)\mathrm{d}t}\approx\dfrac{c(t_i)}{\sum\limits_{i=0}^{\infty}c(t_i)\Delta t_i}$。此外，停留时间分布积分函数 $F(t)$ 也用来描述系统颗粒的停留时间特性,其定义为经过流化床反应器的颗粒中停留时间小于 t 的颗粒(或停留时间介于 $0\sim t$ 的颗粒)的分布函数,即 $F(t)=\int_0^t E(t)\mathrm{d}t$。当 $t=0$ 时,$F(t)=0$;当 t 趋于无穷大时,$F(t)$ 趋于 1。

对于计算流体力学模拟固相停留时间的方法主要是借助于 Fluent 软件中的组分输运模型来进行,即在借助监测床层流化压降波动曲线判定系统进出料量达到稳定的情况下,通过改变固相入口边界条件向床中加入一定量物性与流化固相完全一致的示踪剂(一般小于床层持料量的 5%),然后通过连续监测床层出口示踪剂浓度 $c(t)$ 随流化时间的数据变化,汇总计算得出停留时间的分布数据 $E(t)$。

图 4.34 为非均匀因子(H_d)随空隙率与床高的变化趋势,可以看出,H_d 值随着空隙率的增加或床高的降低而更趋近于 1。这主要是由于鼓泡床中气泡随着床高的增加而逐步变大,其结果加剧了床层自身的非均匀程度。而与传统的基于床层均匀结构的 Wen-Yu 曳力系数模型相比较,一般在床层固相浓度较低或者床层结构较为均匀的情况下,基于局部结构的曳力系数模型所得结果与传统模型更趋吻合,即 H_d 更趋近于 1。

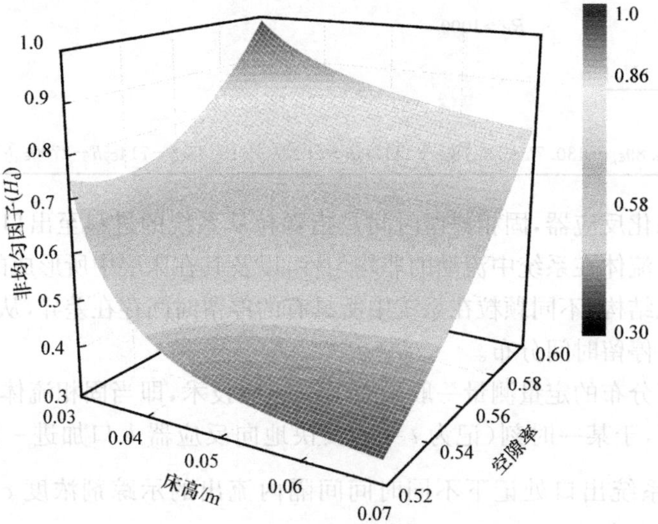

图 4.34　非均匀因子(H_d)随空隙率与床高的变化关系

Yagi 和 Kunii[37] 早期将全混流的停留时间分布模型公式:$E(t)=(1/\tau)\exp(-t/\tau)$ 应用于鼓泡流化床中,其中平均停留时间(mean residence time, MRT) $\tau=W/G_{in}$,并对该模型的适用性进行了一系列的实验验证,这里主要基于该验证实验进行模拟。图 4.35 为平均停留时间分别为 7.4min、8.8min 和 19.8min 三种情况下 $E(t)\tau$ 模拟计算值与全混流理论值的比较,从图中可以发现,基于局部结构模型的模拟值(实心点)比 Wen-Yu 模型(空心点)更趋近于理论曲线。这主要是由于 Wen-Yu 模型高估了气固间曳力,致使床层膨胀率偏高,颗粒更易流出床层,进而 $E(t)$的 τ 值更小。另外,可以发现,在平均停留时间较大的情况下,基于局部结构模型的模拟值后期与理论值的偏差增大,这可归结于理论曲线是完全基于全混流的假设而建立的,但对于模拟流动的实际过程会有平推流趋势的影响而致使部分示踪剂过早地流出床层,但这种误差一般仅在 4～6 倍平均停留时间段内表现出来且影响极小,进而对现实流化床反应器的模拟预测而言是可以接受的。

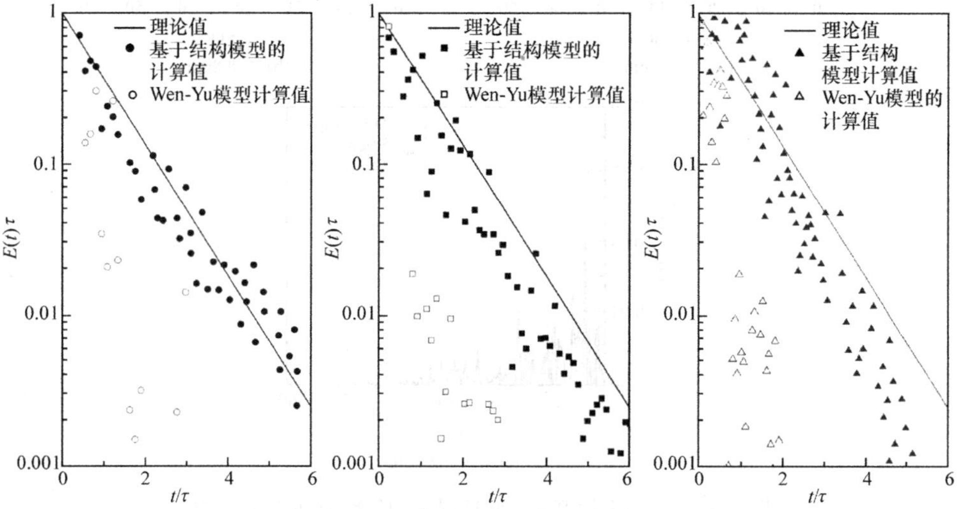

(a) τ=7.4min　(b) τ=8.8min　(c) τ=19.8min

图 4.35　$E(t)$的 τ 模拟计算值与理论值的比较

图 4.36 为不同平均停留时间情况下的停留时间 $E(t)$曲线。可以看出,随着平均停留时间的增加,$E(t)$峰值强度下降同时后期拖尾曲线延长,并且由于颗粒返混,停留时间曲线分布更宽且曲线后部有大量小峰相继出现。

图 4.37 为不同平均停留时间情况下的停留时间积分 $F(t)$曲线。可以看出,50%和 90%示踪剂流出反应器的时间分别为 $t_{50}=(0.25\sim0.51)\tau$ 和 $t_{90}=(1.35\sim1.85)\tau$。可以发现,$t_{50}$值较低将导致气固间的接触效果变差,直接影响反应质量,而流态化反应器内部固相返混或死区的存在致使 t_{90}值较高,所以应尽可能通过在床中设置挡板或改造为多级床等措施使流化结构更趋近于平推流以提高反应器的效能。

图 4.38 为固含率的时均径向分布。可以看出,颗粒与示踪剂均在床层边壁处的固含率较高而中心偏低,而恰恰是这种非均匀流化结构导致固相停留时间的非均匀分布,即边壁高固含率处颗粒整体需要较长的停留时间流出床层,而中心较低固含率处颗粒由于返混程度小而停留时间短。

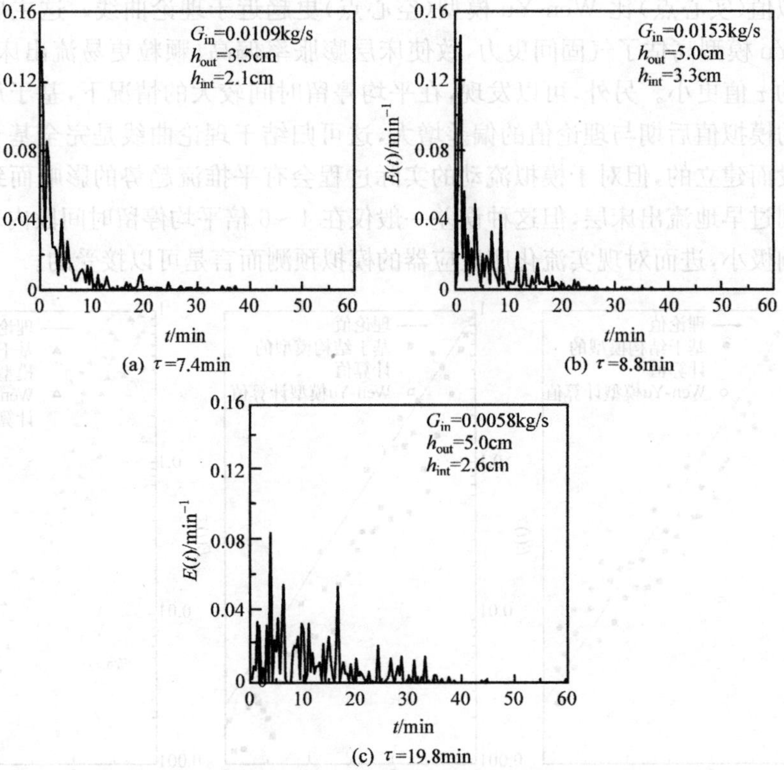

图 4.36　不同平均停留时间情况下的停留时间 $E(t)$ 曲线

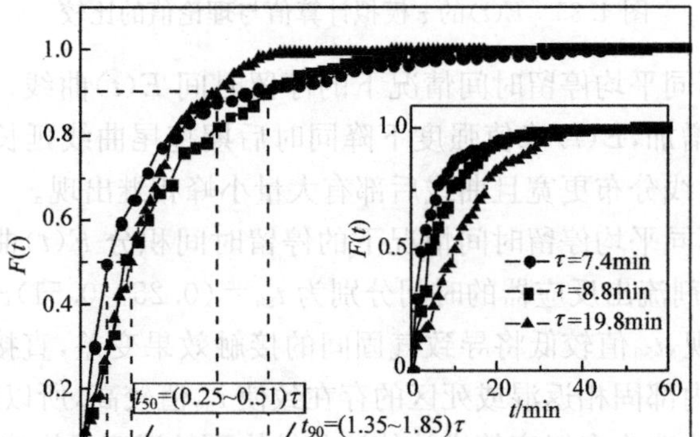

图 4.37　不同平均停留时间情况下的停留时间积分 $F(t)$ 曲线

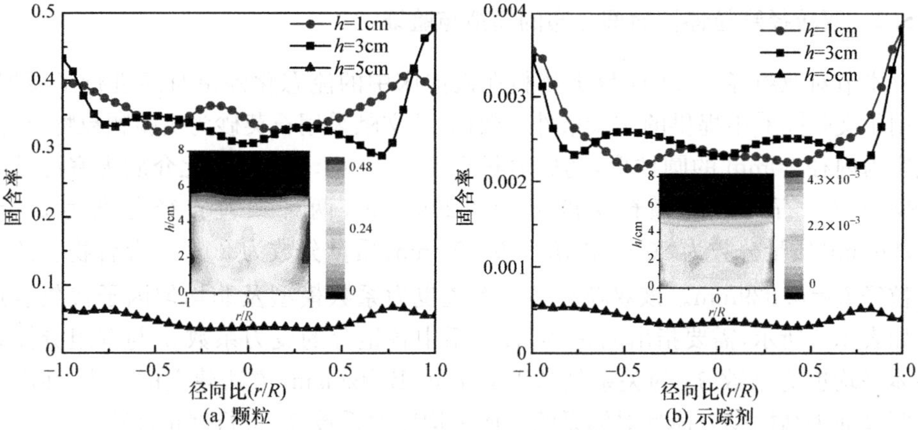

图 4.38　固含率(颗粒与示踪剂)的时均径向分布(τ=8.8min)

图 4.39 为固相颗粒与示踪剂的运动矢量分布。可以看出,固相颗粒与示踪剂均体现出从床中心上升、边壁下落的流化结构。众所周知,固相停留时间主要取决于床内颗粒的流动形态,而颗粒在床层边壁处从顶部返降至底部的过程以及颗粒在床层不同高度处的环-核交换过程最终促使鼓泡床停留时间的宽分布特性。

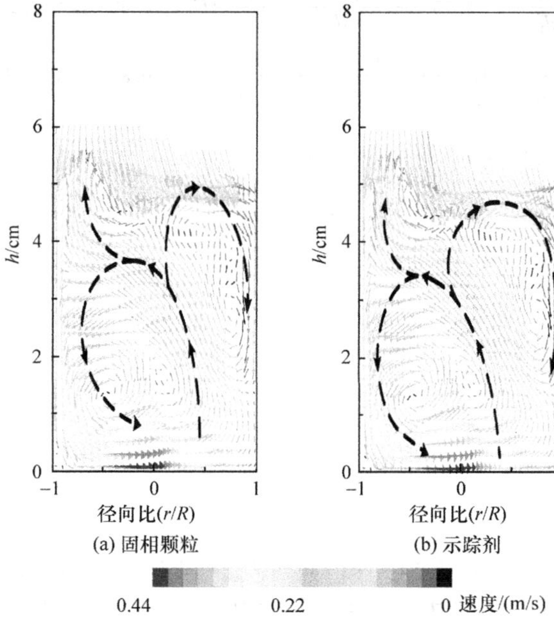

图 4.39　固相颗粒与示踪剂的运动矢量分布图(τ=8.8min)

4.5.2 双粒径颗粒停留时间分布的模拟与验证

本节对双粒径 Geldart D 类物料在鼓泡床中的流态化停留时间进行了模拟。采用了文献[38]中提供的实验条件和数据，该文献采用石英砂为实验颗粒物料，流化床为内径 80mm 的圆柱形，初始填料高度 $H_0=47.5$mm，流化介质为室温常压干燥空气。石英砂的颗粒密度 $\rho_p=2620\text{kg/m}^3$，两种颗粒直径分别为 $d_{p1}=0.796$mm（质量分数为 80%）和 $d_{p2}=0.995$mm（质量分数为 20%），混合物料的平均粒径$\bar{d}_p=0.829$mm。该双粒径颗粒系统曳力系数模型及非均匀因子代数表达式如表 4.6 所示，需要指出的是，混合体系中各组分的曳力系数 β_{si} 与双组分体系整体平均曳力系数 β_M 的关系是基于 Lattice-Boltzmann 方法建立的[39-42]，而本节主要借助于结构曳力模型对体系的整体平均曳力系数 β_M 进行修正计算。

表 4.6 双粒径颗粒曳力系数模型及非均匀因子代数表达式

$$\beta_{si}=\frac{\varepsilon_{si}d_{pave}}{(1-\varepsilon_g)d_{pi}}\beta_M \text{[43]}$$

$$\beta_M=\begin{cases}\dfrac{3}{4}C_D\dfrac{\rho_g\varepsilon_g(1-\varepsilon_g)\left|U_{ave}-U_g\right|}{d_{pave}}\varepsilon_g^{-2.65}, & \varepsilon_g\geqslant 0.8\\ \left[150\dfrac{(1-\varepsilon_g)^2\mu_g}{\varepsilon_g d_{pave}^2}+1.75\dfrac{(1-\varepsilon_g)\rho_g\left|U_{ave}-U_g\right|}{d_{pave}}\right]H_d, & 0.62>\varepsilon_g>0.52\\ 150\dfrac{(1-\varepsilon_g)^2\mu_g}{\varepsilon_g d_{pave}^2}+1.75\dfrac{(1-\varepsilon_g)\rho_g\left|U_{ave}-U_g\right|}{d_{pave}}, & 0.8>\varepsilon_g\geqslant 0.62 \text{ 和 } \varepsilon_g\leqslant 0.52\end{cases}$$

$$C_D=\begin{cases}\dfrac{24}{Re_{pave}}(1+0.15Re_{pave}^{0.687}), & Re_{pave}\leqslant 1000\\ 0.44, & Re_{pave}>1000\end{cases}$$

$$Re_{pave}=\frac{\varepsilon_g\rho_g d_{pave}\left|U_{ave}-U_g\right|}{\mu_g}$$

$$d_{pave}=\left[\sum_{i=1}^{N}\frac{\varepsilon_{si}/(1-\varepsilon_g)}{d_{pi}}\right]^{-1}$$

$$U_{ave}=\frac{\sum\limits_{i=1}^{N}\varepsilon_{si}\rho_{si}U_{si}}{\sum\limits_{i=1}^{N}\varepsilon_{si}\rho_{si}}$$

$$H_d=\begin{cases}2.42-11.84\varepsilon_g-4.17H+15.14\varepsilon_g^2+10.9\varepsilon_g H-15.23H^2, & 796\mu\text{m}\leqslant d_{pave}<846\mu\text{m}\\ 2.50-12.31\varepsilon_g-4.19H+15.96\varepsilon_g^2+11.10\varepsilon_g H-15.82H^2, & 846\mu\text{m}\leqslant d_{pave}<896\mu\text{m}\\ 2.57-12.76\varepsilon_g-4.18H+16.77\varepsilon_g^2+11.25\varepsilon_g H-16.32H^2, & 896\mu\text{m}\leqslant d_{pave}<946\mu\text{m}\\ 2.63-13.19\varepsilon_g-4.15H+17.57\varepsilon_g^2+11.34\varepsilon_g H-16.71H^2, & 946\mu\text{m}\leqslant d_{pave}<995\mu\text{m}\end{cases}$$

图 4.40 为不同粒径颗粒的非均匀因子变化关系。可以清楚地看出，H_d 值随着颗粒尺寸的增加而变大，这主要是由于相对于同样的流化气速而言，颗粒起始流化速度随其尺寸的增加而变大，所以相应床中气泡尺寸也将随着过量气体的减少而缩小，进而床层结构更趋均匀使得 H_d 值更接近于 1。

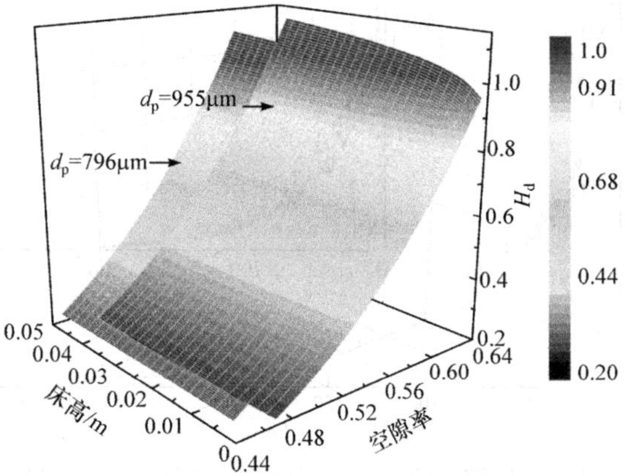

图 4.40　不同粒径颗粒的非均匀因子(H_d)变化关系

从表 4.7 中所列双粒径颗粒系统停留时间模拟计算值可以看出，粗细颗粒均具有其各自的计算平均停留时间，并且系统的整体平均停留时间主要由组分所占比例较大的颗粒相所决定。

表 4.7　基于不同曳力系数模型的双粒径颗粒系统停留时间模拟计算值

H_0/mm	u_g/(m/s)	G_{in}/(kg/s)	τ/s	$\hat{t}_{796}$/s	$\hat{t}_{995}$/s	$\hat{t}_{mix}$/s	δ_t/%	曳力系数模型
47.5	1.47	0.0034	86	52	57	54	−35.94	基于 Gidaspow 模型
				67	73	69	−16.87	基于局部结构模型

图 4.41 的外图为粗细各组分的停留时间分布曲线，内图为混合体系的整体停留时间分布曲线。结合图 4.41 与表 4.7 所示双粒径颗粒系统停留时间分布模拟计算值可以看出，与实验测得的系统整体 MRT＝86s 相比，基于局部结构曳力模型计算得到的系统 MRT＝69s，比基于传统 Gidaspow 模型得到的 MRT＝54s 更为准确，这说明基于局部结构曳力模型同样可以成功预测双粒径颗粒系统的流化行为。从图 4.42 中还可发现，在流化早期，细颗粒(d_p＝796μm)较粗颗粒(d_p＝995μm)更容易从床中流出，进而仍有更大比例的粗颗粒在后期缓慢从床中流出，这主要是因为相对于同样的流化气速，粗颗粒相对于细颗粒在床中的运动速度较小，以致其具有相对较长的平均停留时间。

图 4.42 为粗细颗粒时均固含率及其比值的轴向分布图。可以发现，即使在气体表观速度(U_g＝1.47m/s)大于粗颗粒起始流化速率(U_{mf}＝0.55m/s)的情况下，

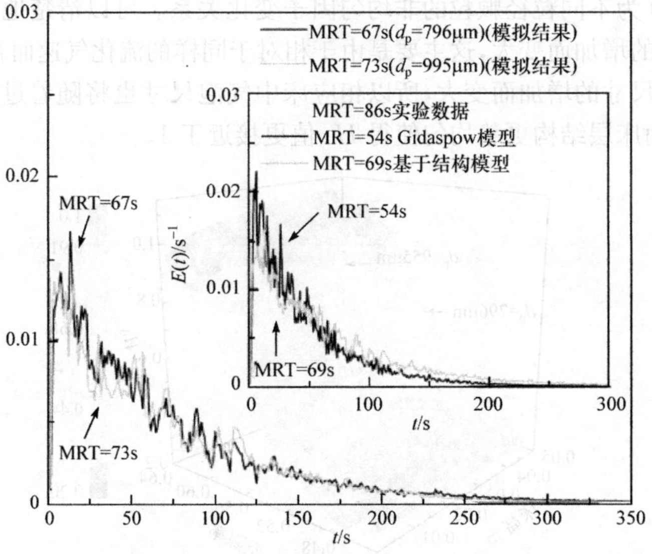

图 4.41 基于结构模型的双粒径颗粒系统停留时间分布模拟计算值

粗细颗粒仍会在床中出现分级结构，即大部分粗颗粒聚集于床层底部而细颗粒更易于分布于床顶部。该种现象可解释为虽然粗颗粒受气固间曳力作用而被运输于床层上部，但一旦拖拽其向上运动的气泡在床层顶部破碎，粗颗粒便会很快落回至床底，这也从另一方面解释了粗颗粒更难以从床中流出的原因。

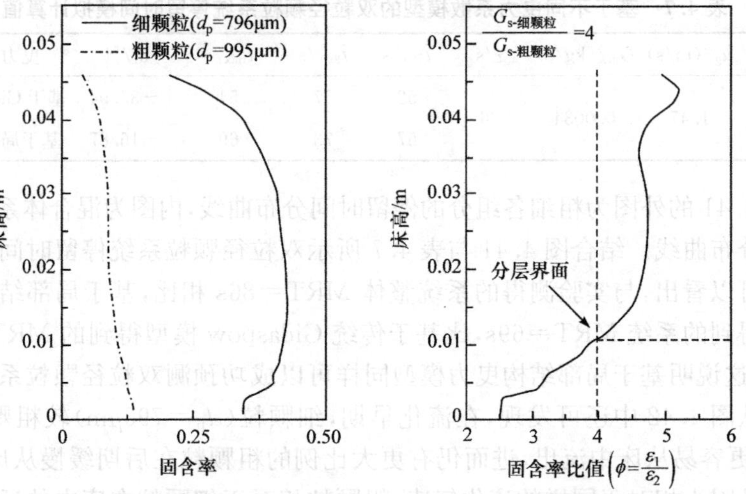

图 4.42 粗细颗粒时均固含率及其比值的轴向分布图

此外，除了从传统的固含率方面解释粗细颗粒分级现象外，通过图 4.43 三维模拟得到的固相时均运动速率轴向分布图也可以发现，粗细颗粒在 x、y 和 z 三个方向的运动速率中，两者在 z 向上的速率差值最大且平均值为 $\Delta V_z=0.0022\text{m/s}$，这同样解释了前面所讨论的粗颗粒较细颗粒在床中的运动速度小进而导致其平均停留时间相对较长的原因。此外，通过 x 和 y 两个径向平面内固相运动速率分布还可发现，颗粒在该两平面内的运动速率表现出正负分布，这说明颗粒在床中整体体现出垂直方向向上、水平方向循环流动的复杂结构。并且由于床层在 x 方向进出料，所以固相在 y 方向的扩散运动趋势较弱，进而导致该方向上的固相运动速率分布较窄的结果。

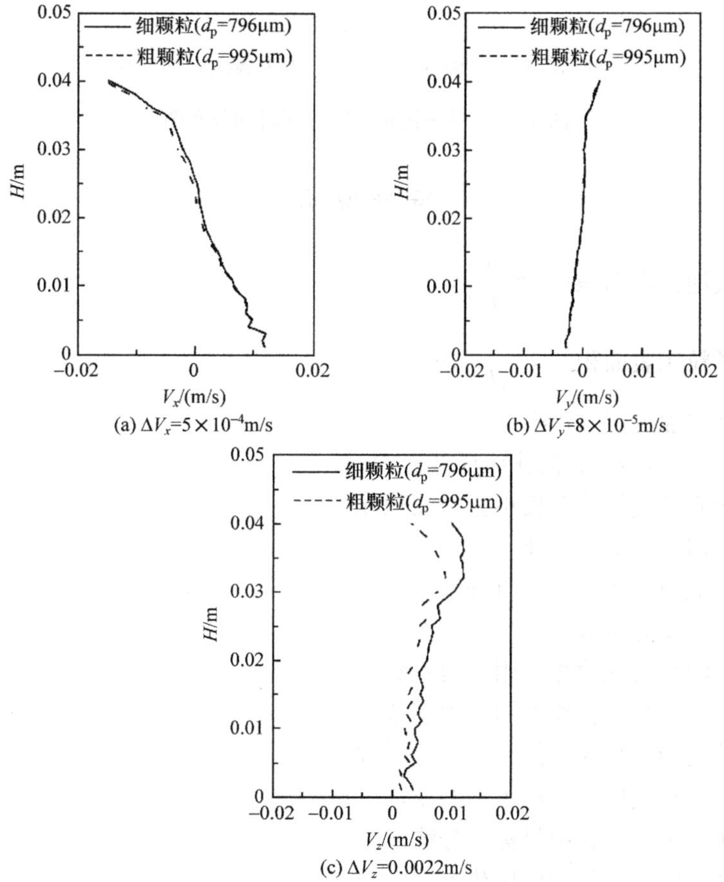

图 4.43　粗细颗粒时均运动速率在 x、y 和 z 方向的分布图

最后，通过图 4.44 中粗细颗粒的固含率时均分布再次确认床层的分级现象，此外，由于分布于边壁高固含率处的颗粒往往难以流出床层，鼓泡床的停留时间分布曲线一般表现出较长的拖尾曲线。

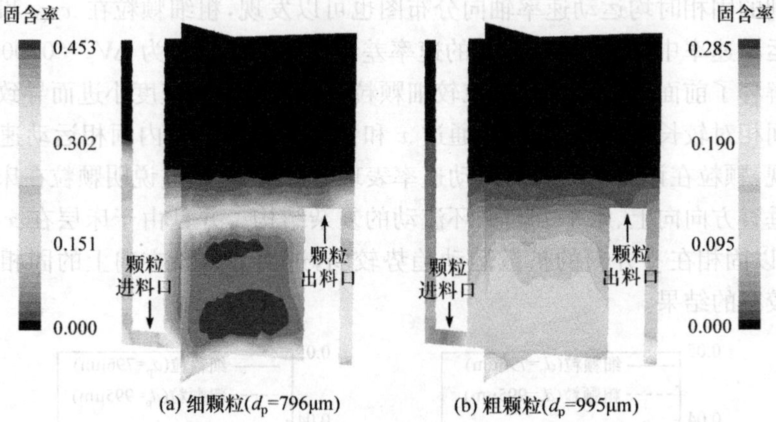

图 4.44 粗细颗粒的固含率时均分布图

符号说明

a_b	气泡比表面积$\left(a_b=\dfrac{6}{d_b}\right)$,$m^{-1}$
a_p	颗粒比表面积$\left(a_p=\dfrac{6}{d_p}\right)$,$m^{-1}$
a_{gb}	气泡加速度,m/s^2
A	哈马克常数,J;流化床横截面积,m^2
A_0	床底部气体分布板小孔的面积,m^2
B	玻尔兹曼常数,J/K
C_b	气泡中气体的目标组分浓度,kg/m^3
$\overline{C}_D$	平均曳力系数
C_{Db}	气泡相与乳化相作用曳力系数
C_{Db0}	单气泡与乳化相作用曳力系数
C_{De}	乳化相颗粒与气体作用曳力系数
C_e	乳化相气体中目标组分浓度,kg/m^3
C_g	床层平均气相中目标组分浓度,kg/m^3
c_p	气体(流体)的定压比热容,J/(kg·K)
c_s	固体的定压比热容,J/(kg·K)
C_{se}	乳化相颗粒表面目标组分浓度,kg/m^3
C_{si}	气泡周边颗粒层中颗粒表面目标组分浓度,kg/m^3
C_{sg}	床层平均颗粒表面目标组分浓度,kg/m^3
d_c	细颗粒聚团直径,m

d_b　气泡直径,m
d_p　颗粒直径,m
D　气体的扩散系数,m^2/s;流化床直径,m
f_b　气泡相体积分数
F_D　单位体积床层中气固之间的总曳力,N/m^3
F_{Db}　气泡与乳化相滑移运动产生的摩擦曳力,N
F_{Dbg}　气泡作用在乳化相气体上的力,N
F_{Dcn}　单位体积微元的密相所含颗粒与相内流体间的相互作用曳力,N/m^3
F_{Dbn}　单位体积床层中气泡对乳化相颗粒的曳力,N/m^3
F_{Dbp}　气泡作用在乳化相颗粒上的力,N
F_{De}　乳化相中单个颗粒受到气流的曳力,N
F_{Den}　单位体积床层中乳化相气体对乳化相颗粒的曳力,N/m^3
F_{eg}　单位体积床层中乳化相颗粒的表观重力,N/m^3
F_{fb}　气泡受到乳化相的浮力,N
F_{wb}　气泡本身的重力,N
g　重力加速度,$g=9.81m/s^2$
G_p　颗粒流率,$kg/(m^2 \cdot s)$
h　普朗克常数,$J \cdot s$;床高,cm
h_{rgb}　气泡相中气体反应放出的热量,$J/(m^3 \cdot s)$
H　单位体积床层中气固之间的总传热速率,$J/(m^3 \cdot s)$
H_e　单位体积床层中乳化相颗粒与乳化相中气体之间的传热速率,$J/(m^3 \cdot s)$
H_{ebg}　微分单元乳化相中高温气体向气泡相中低温气体的传热量,J/s
H_i　单位体积床层中气泡中气体与其周边颗粒之间的传热速率,$J/(m^3 \cdot s)$
H_{ingb}　进入微分单元气泡气体的热量,J/s
H_{inge}　进入微分单元乳化相气体的热量,J/s
H_{inpe}　进入微分单元乳化相颗粒的热量,J/s
H_0　静床高度,m
H_{outge}　流出微分单元乳化相气体的热量,J/s
H_{outgb}　流出微分单元气泡气体的热量,J/s
H_{outpe}　流出微分单元乳化相颗粒的热量,J/s
H_{pge}　微分单元乳化相中颗粒向气体的传热量,J/s
H_{pgi}　微分单元中气泡边界处颗粒向气泡的传热量,J/s
ΔH_{rgb}　气泡相中气体的反应热,J/kg
k　弹性因数,即泊松比 ν 与弹性模量 E 的函数($k=3.0\times10^{-6}$),Pa^{-1}
k_r　反应或吸收(吸附)速率常数,s^{-1}

k_{rgb} 气泡相中气体的反应速率,kg/(m^3 · s)
K 传质系数,m/s
K_{e} 乳化相中气体与颗粒之间的传质系数,m/s
K_{eb} 气泡相气体与乳化相气体之间的传质系数,m/s
$\overline{K}$ 平均传质系数,m/s
K_{i} 相间相的传质系数,m/s;气泡中气体与气泡表面颗粒之间的传质系数,m/s
M 单位体积床层中气固之间的总传质速率,kg/(m^3 · s)
M_0 微元体中颗粒传入气体中目标组分的总质量,kg/s
M_{e} 单位体积床层中乳化相颗粒与乳化相气体间的传质速率,kg/(m^3 · s)
M_{eb} 乳化相气流中高浓度组分向气泡相中低浓度组分的扩散质量,kg/s
M_{i} 单位体积床层中气泡内气体与周边表面颗粒层之间的传质速率,kg/(m^3 · s)
M_{inb} 进入微分单元气泡相气体中目标组分质量,kg/s
M_{ine} 进入微分单元乳化相气流中目标组分质量,kg/s
M_{outb} 流出微分单元气泡相气体中目标组分质量,kg/s
M_{oute} 流出微分单元乳化相气流中目标组分的质量,kg/s
M_{pge} 乳化相中颗粒表面目标组分进入乳化相气流中的质量,kg/s
M_{pgi} 气泡表面的颗粒表面目标组分向气泡中气体传递的质量,kg/s
N_1 颗粒的折射率
n_0 介质的折射率(真空时 $n_0=1$)
Nu 努塞特数$\left(Nu=\dfrac{\alpha d_{\mathrm{p}}}{\lambda}\right)$
P_{g} 气体压力,Pa
$\overline{P}_{\mathrm{s,n}}$ 非黏性系统平均颗粒无量纲压力($\overline{P}_{\mathrm{s,n}}=0.077$)
Pr 普朗特数$\left(Pr=\dfrac{c_{\mathrm{p}}\mu_{\mathrm{g}}}{\lambda}\right)$
Re 雷诺数$\left(Re=\dfrac{U_{\mathrm{s}}d_{\mathrm{p}}\rho_{\mathrm{g}}}{\mu_{\mathrm{g}}}\right)$
t_{g} 气体平均温度,K
t_{gb} 气泡中的气体温度,K
t_{ge} 乳化相的气体温度,K
t_{p} 颗粒平均温度,K
t_{pe} 乳化相颗粒温度,K
T 热力学温度,K

u　真实速度，m/s
u_g　气体真实速度，m/s
u_{p_z}　颗粒 z 向垂直运动真实速度，m/s
U_{mb}　初始鼓泡速度，m/s
U_t　颗粒的终端速度，m/s
U_b　气泡运动速度，m/s
U_e　乳化相表观气速，m/s
U_g　气体表观速度，m/s
U_{gb}　气泡相中气体流动表观速度，m/s
U_{ge}　乳化相中气体表观速度，m/s
U_f　平均气体表观速度，m/s
U_{mf}　表观临界流化速度，m/s
U_p　颗粒表观速度，m/s
U_{pe}　乳化相中的颗粒表观速度，m/s
U_s　床层气固平均表观滑移速度，m/s
U_{sb}　气泡相中的气固表观滑移速度，m/s
U_{se}　乳化相中的气固表观滑移速度，m/s
U_{si}　相间气泡与颗粒间的表观滑移速度，m/s
V　聚团间的相对速度，m/s
Ve　UV 吸附频率（$\mathrm{Ve}=3.0\times10^{-5}$），$s^{-1}$
z_0　颗粒或聚团之间的黏附距离，m
α　给热系数，$J/(m^2 \cdot s \cdot K)$
$\bar{\alpha}$，α_f　平均给热系数，$J/(m^2 \cdot s \cdot K)$
α_e　乳化相气体与颗粒间的给热系数，$J/(m^2 \cdot s \cdot K)$
α_{eb}　气泡相与乳化相间热量交换系数，$J/(m^2 \cdot s \cdot K)$
α_i　气泡相气体与气泡表面颗粒之间的给热系数，$J/(m^2 \cdot s \cdot K)$
　或者，气泡相气体与气泡表面颗粒之间的给热系数，$J/(m^2 \cdot s \cdot K)$
ε_0　介质的介电常数（真空时 $\varepsilon_0=1$）
ε_1　颗粒的介电常数（真空时 $\varepsilon_1=1$）
ε_b　气泡相的空隙率
ε_e　乳化相的空隙率
$\varepsilon_f(\varepsilon_g)$　平均空隙率
ε_i　相间相的空隙率
ε_s　固含率
ε_{mf}　颗粒物料的最小流化空隙率

ε_{min}　颗粒物料的最小空隙率
η　颗粒体积有效因子
λ　气体的导热系数,J/(m·s·K)
ρ_c　聚团密度,kg/m^3
ρ_{ba}　黏性颗粒的松堆密度,kg/m^3
ρ_{bed}　床层平均密度,kg/m^3
ρ_{bt}　黏性颗粒的敲紧密度,kg/m^3
ρ_p　颗粒密度,kg/m^3
ρ_g　气体密度,kg/m^3
μ_e　乳化相黏度,kg/(m·s)
μ_g　气体黏度,kg/(m·s)
δ_t　时间偏差

上下标

b　气泡相
c　聚团相
e　乳化相
g　气体
i　相间相
p　颗粒相
s　固相
t　示踪剂

参考文献

[1] 李洪钟,朱庆山,侯宝林,等.流化床结构-传递关系理论及过程强化//张锁江.绿色介质与过程节能.北京:科学出版社,2013:144-185.

[2] Zou Z,Li H Z,Zhu Q S,et al. Experimental study and numerical simulation of bubbling fluidized beds with fine particles in two and three dimensions. Industrial & Engineering Chemistry Research,2013,52(33):11302-11312.

[3] Lv X L,Li H Z,Zhu Q S. Simulation of gas-solid flow in 2D/3D bubbling fluidized beds by combining the two-fluid model with structure-based drag model. Chemical Engineering Journal,2014,236(1):149-157.

[4] Wang Y C,Zou Z,Li H Z,et al. A new drag model for TFM simulation of gas-solid bubbling fluidized beds with Geldart-B particles. Particuology,2014,15(4):151-159.

[5] Jin Y,Wei F,Wang Y. Internals,vertical tubes,and baffles//Yang W C. Handbook of Fluidization and Fluid-particle Systems. New York:Marcel Dekker,2003:171-199.

[6] Davidson J F,Harrison D. Fluidization. New York:Academic Press,1971.

[7] Kunii D, Levenspiel O. Fluidization Engineering. 2nd ed. Oxford: Butterworth-Heinemann, 1991.
[8] Shi Z, Wang W, Li J. A bubble-based EMMS model for gas-solid bubbling fluidization. Chemical Engineering Science, 2011, 66(22): 5541-5555.
[9] Thomas D G. Transport characteristics of suspension Ⅷ: A note on the viscosity of newtonian suspensions of uniform spherical particles. Journal of Colloid Science, 1965, 20(3): 267-277.
[10] Ishii M, Zuber N. Drag coefficient and relative velocity in bubbly, droplet or particulate flows. AIChE Journal, 1979, 25(5): 843-855.
[11] Ergun S. Fluid flow through packed columns. Chemical Engineering Progress, 1952, 48(2): 89-94.
[12] Mori S, Wen C Y. Estimation of bubble diameter in gaseous fluidized beds. AIChE Journal, 1975, 21(1): 109-115.
[13] Leung L S, Jones P J. Flow of gas-solid mixtures in standpipes: A review. Powder Technology, 1978, 20(2): 145-160.
[14] Richardson J F, Zaki W N. Sedimentation and fluidization. Transactions of the Institution of Chemical Engineers, 1954, 32: 35-53.
[15] La Nauze R D, Jung K. Mass transfer of oxygen to a burning particle in a fluidized bed// Proceedings of the 8th Australasian Fluid Mechanics Conference, Newcastle, 1983: 1-15.
[16] Jung K, La Nauze R D. Sherwood numbers for burning particles in fluidized beds//Proceedings of the 4th International Conference on Fluidization, Engineering Foundation, New York, 1983: 427-434.
[17] Sit S, Grace J. Effect of bubble interaction on interphase mass transfer in gas fluidized beds. Chemical Engineering Science, 1981, 36(2): 327-335.
[18] Rowe P N, Clayton K T, Lewis J B. Heat and mass transfer from a single sphere in an extensive flowing fluid. Transactions of the Institution of Chemical Engineers, 1965, 43: 14-31.
[19] Geldart D. Types of gas fluidization. Powder Technology, 1973, 7(5): 285-292.
[20] Zhu H Y, Zhu J, Li G Z, et al. Detailed measurements of flow structure inside a dense gas-solids fluidized bed. Powder Technology, 2008, 180(3): 339-349.
[21] 李洪钟，郭慕孙. 气固流态化的散式化. 北京：化学工业出版社，2002.
[22] Zhou T, Li H Z. Estimation of agglomerate size for cohesive particles during fluidization. Powder Technology, 1999, 101(1): 57-62.
[23] Zhou T, Li H Z. Force balance modelling for agglomerating fluidization of cohesive particles. Powder Technology, 2000, 111(1): 60-65.
[24] Li H Z, Tong H. Multi-scale fluidization of ultrafine powders in a fast-bed-riser/conical-dipleg CFB loop. Chemical Engineering Science, 2004, 59(8-9): 1897-1904.
[25] Israelachvili J N. Intermolecular and Surface Forces. Ohlando FL: Academic Press, 1985.
[26] Perry R H, Green D W, Maloney J O. Perry's Chemical Engineers' Handbook. 6th ed. New York: McGraw-Hill, 1984.
[27] Krupp H. Particle adhesion theory and experiment. Advances in Colloid and Interface Sci-

ence,1967,1(2):111-239.

[28] Horio M,Iwadate Y. The prediction of sizes of agglomerates formed in fluidized beds//Proceedings of the 5th World Congress of Chemical Engineering,San Diego,1996:571.

[29] Zou Z,Li H Z,Zhu Q S. The bubbling behavior of cohesive particles in the 2D fluidized beds. Powder Technology,2011,212(1):258-266.

[30] Leva M. Fluidization. New York:McGraw-Hill,1959.

[31] Yang S,Li H Z,Zhu Q S. Experimental study and numerical simulation of baffled bubbling fluidized beds with Geldart A particles in three dimensions. Chemical Engineering Journal, 2015,259:338-347.

[32] Yang S,Peng L,Liu W M,et al. Simulation of hydrodynamics in gas-solids bubbling fluidized bed with louver baffles in three dimensions. Powder Technology,2016,296:37-44.

[33] Lv X L,Li H Z,Zhu Q S,et al. The experiment and simulation of mass transfer in bubbling fluidized beds. Powder Technology,2016,292:323-330.

[34] Liu W M,Yang S,Li H Z,et al. A transfer coefficient-based structure parameters method for CFD simulation of bubbling fluidized beds. Powder Technology,2016,295:122-132.

[35] Werther J,Wein J. Expansion behavior of gas fluidized beds in the turbulent regime. AIChE Symposium Series,1994,90:31-44.

[36] Zou Z,Zhao Y L,Zhao H,et al. Numerical analysis of solids residence time distribution for bubbling fluidized beds based on the modified structure-based drag model. Particuology, 2016,32(3):30-38.

[37] Yagi S,Kunii D. Fluidized-solids reactors with continuous solids feed Ⅰ:Residence time of particles in fluidized beds. Chemical Engineering Science,1961,16(3-4):364-371.

[38] Babu M P,Setty Y P. Residence time distribution of solids in a fluidized bed. The Canadian Journal of Chemical Engineering,2003,81(1):118-123.

[39] Zhou Q, Wang J W. CFD study of mixing and segregation in CFB risers: Extension of EMMS drag model to binary gas-solid flow. Chemical Engineering Science, 2015, 122: 637-651.

[40] Beetstra R,van der Hoef M A ,Kuipers J A M. Drag force of intermediate Reynolds number flow past mono-and bidisperse arrays of spheres. AIChE Journal,2007,53(2):489-501.

[41] Beetstra R,van der Hoef M A ,Kuipers J A M. Erratum for:Drag force of intermediate Reynolds number flow past mono- and bidisperse arrays of spheres. AIChE Journal,2007, 53(11):3020.

[42] van der Hoef M A,Beetstra R,Kuipers J A M. Lattice-Boltzmann simulations of low-Reynolds-number flow past mono-and bidisperse arrays of spheres:Results for the permeability and drag force. Journal of Fluid Mechanics,2005,528(1):233-254.

[43] Zou Z,Zhao Y L,Zhao H,et al. Hydrodynamic and solids residence time distribution in a binary bubbling fluidized bed:3D computational study coupled with the structure-based drag model. Chemical Engineering Journal,2017,321:184-194.

第 5 章　湍动流化床结构-传递关系模型及 CFD 模拟

5.1　引　　言

气固湍动流态化是介于鼓泡流态化与快速流态化之间的过渡状态。在气固鼓泡流化床中，乳化相为连续相，气泡相为分散相，而在快速流化床中气泡消失，转变为连续的稀相，乳化相则由连续相转化为分散的密相聚团。从鼓泡流态化到快速流态化过程中发生了相的转变，湍动流态化则处于相转化过程临界过渡区，此时气泡变小进而变为含有少量颗粒的气穴（稀相），乳化相被切割分化，进而变为小尺度的颗粒聚团体（密相），如图 5.1 所示。湍动流化床的气速变化范围较小，在最初转变速度 U_c 和最终转变速度 U_k 之间，其中的稀相“气穴”与密相“聚团”的尺度较小，相互混合交织，时而连续，时而分散，表现为床层压力脉动幅度很小。此状态气固接触非常良好，有利于传递与反应的进行，目前许多工业流化床均采用湍动流态化操作。然而，目前对湍动流化床的流动与传递行为的计算机模拟鲜有研究，从而给其设计与放大带来困难。需要研究与建立湍动流化床介尺度结构的预测模型和结构-传递关系模型，即曳力模型、传质模型与给热模型，然后将上述模型耦合到两流体模型之中，进行湍动流化床的计算机模拟。

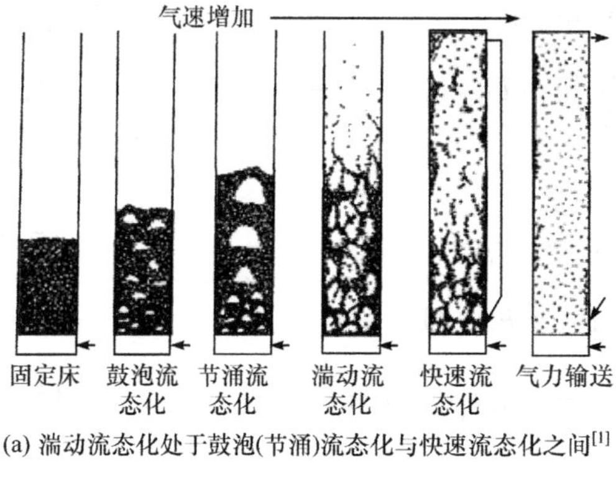

(a) 湍动流态化处于鼓泡(节涌)流态化与快速流态化之间[1]

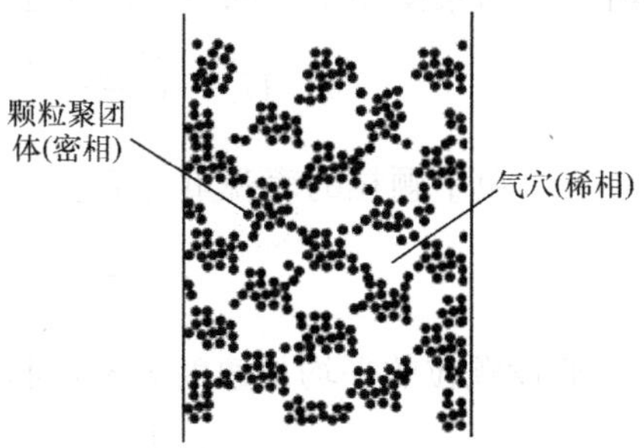

(b) 湍动流态化结构示意图

图 5.1　湍动流态化在流态化家族中的位置及其结构示意图

5.2 湍动流化床介尺度结构预测模型

5.2.1 结构参数

已知参数：颗粒直径 d_p(m)、颗粒密度 ρ_p(kg/m^3)、颗粒表观速度 U_p(m/s)、气体密度 ρ_f(kg/m^3)、气体黏度 μ_f(kg/(m·s))、气体表观速度 U_f(m/s)。

未知参数：聚团相中的气体表观速度 U_{fc}(m/s)、聚团相中的颗粒表观速度 U_{pc}(m/s)、聚团相空隙率 ε_c、聚团的平均直径 d_c(体积当量直径)(m)、气穴相中的气体表观速度 U_{fd}(m/s)、气穴相中的颗粒表观速度 U_{pd}(m/s)、气穴相空隙率 ε_d、气穴的平均尺度 d_d(体积当量直径)(m)、聚团的体积分数 f_c。

总计 9 个未知参数，需建立 9 个独立方程联立求解。

5.2.2 动力学方程组的建立

1) 聚团相单颗粒的力平衡方程

(1) 流体对聚团内单颗粒的曳力 F_{Dc}。

$$F_{Dc}=C_{Dc}\frac{1}{2}\rho_f\frac{\pi}{4}d_p^2U_{sc}^2 \tag{5.1}$$

聚团的空隙率 ε_c 一般小于 0.8，因此可采用 Ergun 公式[2]计算聚团相的曳力系数 C_{Dc}：

$$C_{Dc}=200\frac{(1-\varepsilon_c)\mu_f}{\varepsilon_c^3\rho_f d_p U_{sc}}+\frac{7}{3\varepsilon_c^3} \tag{5.2}$$

其中，U_{sc}为聚团相中气固表观滑移速度，m/s：

$$U_{sc}=\left(\frac{U_{fc}}{\varepsilon_c}-\frac{U_{pc}}{1-\varepsilon_c}\right)\varepsilon_c=U_{fc}-U_{pc}\frac{\varepsilon_c}{1-\varepsilon_c} \tag{5.3}$$

(2) 单个颗粒的表观重力 F_{pg}。

$$F_{pg}=\frac{\pi}{6}d_p^3(\rho_p-\rho_f)g \tag{5.4}$$

假设颗粒的平均加速度为零，则有 $F_{Dc}=F_{pg}$，即

$$C_{Dc}\frac{1}{2}\rho_f\frac{\pi}{4}d_p^2U_{sc}^2=\frac{\pi}{6}d_p^3(\rho_p-\rho_f)g \tag{5.5}$$

2) 气穴相单颗粒的力平衡方程

(1) 流体对气穴相内单颗粒的曳力 F_{Dd}。

$$F_{Dd}=C_{Dd}\frac{1}{2}\rho_f\frac{\pi}{4}d_p^2U_{sd}^2 \tag{5.6}$$

气穴中空隙率 $\varepsilon_d>0.8$，因此可采用 Wen-Yu 方程[3]计算气穴相的曳力系数 C_{Dd}：

$$C_{Dd}=C_{D0}\varepsilon_d^{-4.7} \tag{5.7}$$

$$C_{D0}=\begin{cases}0.44, & Re_p>1000\\ \dfrac{24}{Re_p}(1+0.15Re_p^{0.687}), & Re_p\leqslant 1000\end{cases} \tag{5.8}$$

式中，Re_p 为颗粒雷诺数：

$$Re_p=\frac{\rho_f d_p U_{sd}}{\mu_f} \tag{5.9}$$

其中，U_{sd} 为气穴相中气固表观滑移速度，m/s：

$$U_{sd}=\left(\frac{U_{fd}}{\varepsilon_d}-\frac{U_{pd}}{1-\varepsilon_d}\right)\varepsilon_d=U_{fd}-U_{pd}\frac{\varepsilon_d}{1-\varepsilon_d} \tag{5.10}$$

(2) 单个颗粒的表观重力 F_{pg}。

$$F_{pg}=\frac{\pi}{6}d_p^3(\rho_p-\rho_f)g$$

假设平均颗粒加速度为零，则有 $F_{Dd}=F_{pg}$，即

$$C_{Dd}\frac{1}{2}\rho_f\frac{\pi}{4}d_p^2U_{sd}^2=\frac{\pi}{6}d_p^3(\rho_p-\rho_f)g \tag{5.11}$$

由于聚团与气穴的相互作用以及聚团内和气穴内颗粒的相互碰撞，聚团中单颗粒的力平衡方程(5.5)及气穴中单颗粒的力平衡方程(5.11)并不严格成立，仅近似成立。因此，追求较准确计算时，应该以聚团相中颗粒群的力平衡方程和气穴相中颗粒群的力平衡方程来取代，详细见 5.7 节的论述。

3) 固体质量守恒方程

$$U_p=U_{pc}f_c+U_{pd}(1-f_c)=\frac{G_p}{\rho_p} \tag{5.12}$$

4) 气体质量守恒方程

$$U_f=U_{fc}f_c+U_{fd}(1-f_c) \tag{5.13}$$

5) 平均空隙率方程

$$\varepsilon_f=f_c\varepsilon_c+(1-f_c)\varepsilon_d \tag{5.14}$$

6) 聚团内部空隙率方程

假设聚团内部颗粒均匀分布，则可采用 R-Z 方程[4]：

$$\varepsilon_c^n=\frac{U_{sc}}{U_t} \tag{5.15}$$

式中，U_t 为颗粒的终端速度，m/s，可实验或计算求得；n 为空隙率指数，可由 Kwauk 算图[5]查图得到，或由 Garside 和 Al-Dibouni[6]的关系式计算得到：

$$n=\frac{5.1+0.28Re_t^{0.9}}{1+0.10Re_t^{0.9}} \tag{5.16}$$

或由如下公式计算得到：

$$\varepsilon_{mf}^n=\frac{U_{mf}}{U_t} \tag{5.17}$$

$$n=\frac{\ln\dfrac{U_{mf}}{U_t}}{\ln\varepsilon_{mf}} \tag{5.18}$$

7）气穴内空隙率方程

假设气穴内均匀分布，可用 R-Z 方程[4]计算：

$$\varepsilon_d^n=\frac{U_{sd}}{U_t} \tag{5.19}$$

8）两相界面积相等方程

$$\frac{f_c}{\dfrac{\pi}{6}d_c^3}\frac{\pi d_c^2}{\phi_c}=\frac{1-f_c}{\dfrac{\pi}{6}d_d^3}\frac{\pi d_d^2}{\phi_d}$$

即

$$f_c d_d \phi_d=(1-f_c)d_c\phi_c \tag{5.20}$$

式中，ϕ_c 为聚团的形状因子，由聚团的实际表面积公式 $A_c=\pi d_c^2/\phi_c$ 定义；ϕ_d 为气穴的形状因子，由气穴的实际表面积公式 $A_d=\pi d_d^2/\phi_d$ 定义。

因形状因子由两相界面形状决定，故可认为

$$\phi_c=\phi_d \tag{5.20a}$$

9）两相等压降梯度方程

依床层各水平截面压力相等的原则，可判定气体流过聚团相与气穴相的压降相等。

(1) 聚团相的压降梯度 $\left(\dfrac{dP}{dz}\right)_c$。

压降梯度等同于单位体积聚团相中气固之间的曳力，故有

$$\left(\frac{dP}{dz}\right)_c=\frac{1-\varepsilon_c}{\dfrac{\pi}{6}d_p^3}C_{Dc}\frac{\pi}{4}d_p^2\,\frac{1}{2}\rho_f U_{sc}^2=\frac{3}{4}C_{Dc}\frac{\rho_f}{d_p}(1-\varepsilon_c)U_{sc}^2 \tag{5.21}$$

(2) 气穴相的压降梯度 $\left(\dfrac{dP}{dz}\right)_d$。

$$\left(\frac{dP}{dz}\right)_d=\frac{1-\varepsilon_d}{\dfrac{\pi}{6}d_p^3}C_{Dd}\frac{\pi}{4}d_p^2\,\frac{1}{2}\rho_f U_{sd}^2=\frac{3}{4}C_{Dd}\frac{\rho_f}{d_p}(1-\varepsilon_d)U_{sd}^2 \tag{5.22}$$

(3) 相间相的压降梯度$\left(\frac{\mathrm{d}P}{\mathrm{d}z}\right)_{\mathrm{i}}$。

相间相的压降梯度是气穴中快速流动的气体与边界处颗粒相互作用产生的压降梯度。设每单位体积的气穴所接触的边界上的颗粒数为 n_{i}，因边界上的颗粒一侧与聚团相中慢速气体接触，另一侧与气穴相中快速气体接触，可认为有 50%的颗粒属于气穴相颗粒，另 50%的颗粒属于聚团相颗粒。

$$n_{\mathrm{i}}=\frac{f_{\mathrm{c}}}{\frac{\pi}{6}d_{\mathrm{c}}^{3}}\frac{\pi}{6}[d_{\mathrm{c}}^{3}-(d_{\mathrm{c}}-2d_{\mathrm{p}})^{3}](1-\varepsilon_{\mathrm{c}})\frac{1}{\frac{\pi}{6}d_{\mathrm{p}}^{3}}\frac{1}{2}=3f_{\mathrm{c}}(1-\varepsilon_{\mathrm{c}})\left[1-\left(1-2\frac{d_{\mathrm{p}}}{d_{\mathrm{c}}}\right)^{3}\right]\frac{1}{\pi d_{\mathrm{p}}^{3}} \tag{5.23}$$

故

$$\left(\frac{\mathrm{d}P}{\mathrm{d}z}\right)_{\mathrm{i}}=n_{\mathrm{i}}C_{\mathrm{cd}}\frac{\pi}{4}d_{\mathrm{p}}^{2}\ \frac{1}{2}\rho_{\mathrm{f}}U_{\mathrm{sd}}^{2}\frac{1}{1-f_{\mathrm{c}}} \tag{5.24}$$

因此，两相等压降梯度方程为

$$\left(\frac{\mathrm{d}P}{\mathrm{d}z}\right)_{\mathrm{d}}+\left(\frac{\mathrm{d}P}{\mathrm{d}z}\right)_{\mathrm{i}}=\left(\frac{\mathrm{d}P}{\mathrm{d}z}\right)_{\mathrm{c}}$$

即

$$\left(\frac{1-\varepsilon_{\mathrm{d}}}{\frac{\pi}{6}d_{\mathrm{p}}^{3}}+\frac{n_{\mathrm{i}}}{1-f_{\mathrm{c}}}\right)C_{\mathrm{Dd}}\frac{\pi}{4}d_{\mathrm{p}}^{2}\ \frac{1}{2}\rho_{\mathrm{f}}U_{\mathrm{sd}}^{2}=\frac{1-\varepsilon_{\mathrm{c}}}{\frac{\pi}{6}d_{\mathrm{p}}^{3}}C_{\mathrm{Dc}}\frac{\pi}{4}d_{\mathrm{p}}^{2}\ \frac{1}{2}\rho_{\mathrm{f}}U_{\mathrm{sc}}^{2} \tag{5.25}$$

以上 9 个独立方程可求解 9 个未知结构参数。

5.3 湍动流化床结构与动量传递关系模型

本节主要研究介尺度不均匀结构与气固两相间平均曳力系数的关系。可采用分解-合成的方法研究该类问题：首先将湍动床分为聚团相、气穴相和相间相三相；颗粒在聚团相和气穴相中均匀分布；相间相是指稀密两相界面上的单层颗粒群，其中 50%可按聚团相颗粒处理，另 50%可按气穴相颗粒处理。

1) 单位体积床层中聚团相中气体对颗粒的曳力 F_{Dcn}

$$F_{\mathrm{Dcn}}=\left[\frac{f_{\mathrm{c}}(1-\varepsilon_{\mathrm{c}})}{\frac{\pi}{6}d_{\mathrm{p}}^{3}}-n_{\mathrm{i}}\right]C_{\mathrm{Dc}}\frac{1}{2}\rho_{\mathrm{f}}\ \frac{\pi}{4}d_{\mathrm{p}}^{2}U_{\mathrm{sc}}^{2} \tag{5.26}$$

2) 单位体积床层中气穴相中气体对颗粒的曳力 F_{Ddn}

$$F_{\mathrm{Ddn}}=\left[\frac{(1-f_{\mathrm{c}})(1-\varepsilon_{\mathrm{d}})}{\frac{\pi}{6}d_{\mathrm{p}}^{3}}+n_{\mathrm{i}}\right]C_{\mathrm{Dd}}\frac{1}{2}\rho_{\mathrm{f}}\ \frac{\pi}{4}d_{\mathrm{p}}^{2}U_{\mathrm{sd}}^{2} \tag{5.27}$$

3) 单位体积床层中气体对颗粒的总曳力 F_D

$$F_D = F_{Dc} + F_{Dd} \tag{5.28}$$

4) 平均曳力系数$\overline{C}_D$的定义

$$F_D = \frac{1-\varepsilon_f}{\frac{\pi}{6}d_p^3}\overline{C}_D \frac{1}{2}\rho_f \frac{\pi}{4}d_p^2 U_s^2 \tag{5.29}$$

式中，

$$U_s = \left(\frac{U_f}{\varepsilon_f} - \frac{U_p}{1-\varepsilon_f}\right)\varepsilon_f = U_f - U_p \frac{\varepsilon_f}{1-\varepsilon_f} \tag{5.30}$$

5) 平均曳力系数与结构参数的关系

对比式(5.28)与式(5.29)可得

$$\overline{C}_D = \frac{F_{Dd} + F_{Dc}}{\frac{1-\varepsilon_f}{\frac{\pi}{6}d_p^3}\frac{1}{2}\rho_f \frac{\pi}{4}d_p^2 U_s^2} \tag{5.31}$$

将式(5.26)、式(5.27)代入式(5.31)，化简可得

$$\overline{C}_D = \frac{\left[\frac{f_c(1-\varepsilon_c)}{\frac{\pi}{6}d_p^3} - n_i\right]C_{Dc}U_{sc}^2 + \left[\frac{(1-f_c)(1-\varepsilon_d)}{\frac{\pi}{6}d_p^3} + n_i\right]C_{Dd}U_{sd}^2}{\frac{1-\varepsilon_f}{\frac{\pi}{6}d_p^3}U_s^2} \tag{5.32}$$

5.4 湍动流化床结构与质量传递关系模型

将床层介尺度非均匀结构分解为三相：聚团相、气穴相和相间相。聚团相中颗粒在流体中均匀分布，气穴相中颗粒在流体中也均匀分布，相间相指两相之间的界面上聚团相边沿的单层颗粒。其中50%的颗粒可依聚团相颗粒处理，另外50%的颗粒可依气穴相颗粒处理。

1) 单位体积微元中聚团相颗粒传入聚团相气体中目标组分的质量 M_c

$$M_c = K_c[a_p(1-\varepsilon_c)f_c - 2a_c(1-\varepsilon_c)f_c](C_{sc} - C_c) \tag{5.33}$$

式中，a_p 为颗粒比表面积，$a_p = 6/d_p$，m^{-1}；a_c 为聚团比表面积，$a_c = 6/d_c$，m^{-1}；C_{sc} 为聚团相中的颗粒表面目标组分浓度，kg/m^3；C_c 为聚团相中的气体目标组分浓度，kg/m^3；K_c 为聚团相传质系数，m/s，可由 Jung-La Nauze 公式[7]计算：

$$K_c = 2\varepsilon_c \frac{D}{d_p} + 0.69\frac{D}{d_p}\left(\frac{U_{sc}d_p\rho_f}{\varepsilon_c\mu_f}\right)^{\frac{1}{2}}\left(\frac{\mu_f}{\rho_f D}\right)^{\frac{1}{3}} \tag{5.34}$$

式中，D 为气体的扩散系数，m^2/s。

2）单位体积微元中气穴相颗粒传入气穴相气体中目标组分的质量 M_d

$$M_d = K_d [a_p(1-\varepsilon_d)(1-f_c) + 2a_c(1-\varepsilon_c)f_c](C_{sd}-C_d) \tag{5.35}$$

式中，C_{sd}为气穴相中的颗粒表面目标组分浓度，kg/m^3；C_d 为气穴相中的气体目标组分浓度，kg/m^3；K_d 为气穴相传质系数，m/s，可由 Jung-La Nauze 公式[7]计算：

$$K_d = 2\varepsilon_d \frac{D}{d_p} + 0.69 \frac{D}{d_p}\left(\frac{U_{sd} d_p \rho_f}{\varepsilon_d \mu_f}\right)^{\frac{1}{2}} \left(\frac{\mu_f}{\rho_f D}\right)^{\frac{1}{3}} \tag{5.36}$$

式中，D 为气体的扩散系数，m^2/s。

3）单位体积微元中颗粒传入气体中目标组分的总质量 M_o

$$M_o = M_c + M_d \tag{5.37}$$

4）平均传质系数的定义

$$M_o = K_f a_p (1-\varepsilon_f)(C_{sf}-C_f) \tag{5.38}$$

式中，K_f 为平均传质系数；ε_f 为平均空隙率；C_{sf}为平均的颗粒表面目标组分浓度，kg/m^3；C_f 为平均的气体目标组分浓度，kg/m^3。

5）结构与平均传质系数关系公式

对比式(5.37)与式(5.38)，并将式(5.33)和式(5.35)代入式(5.37)，可得

$$K_f = \frac{K_c(1-\varepsilon_c)f_c(a_p-2a_c)(C_{sc}-C_c) + K_d[a_p(1-\varepsilon_d)(1-f_c)+2a_c(1-\varepsilon_c)f_c](C_{sd}-C_d)}{a_p(1-\varepsilon_f)(C_{sf}-C_f)} \tag{5.39}$$

式中 C_{sc}、C_c、C_{sd}、C_d、C_{sf}、C_f 共 6 个浓度需要求解。

6）C_{sc}、C_c、C_{sd}、C_d、C_{sf}、C_f 的求解

6 个浓度需要建立 6 个方程联立求解，如下文所述。参见图 5.2。

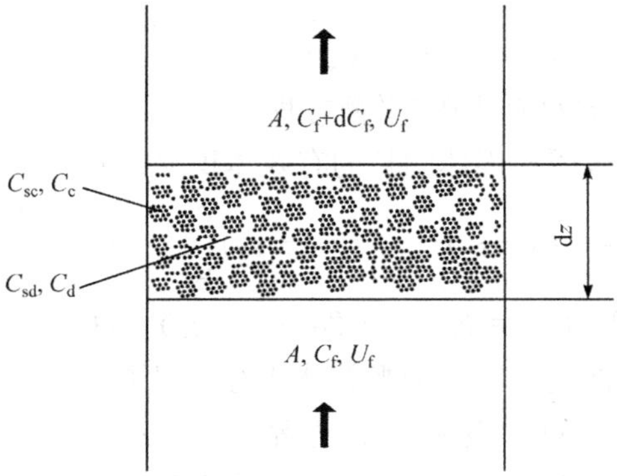

图 5.2　气固湍动流化床传质微分单元薄层

(1) 聚团相传质方程。

① 进入微分单元聚团相气流中的组分质量 M_{inc}。

$$M_{inc}=U_{fc}Af_cC_c \tag{5.40}$$

② 流出微分单元聚团相气流中的组分质量 M_{outc}。

$$M_{outc}=U_{fc}Af_c(C_c+dC_c) \tag{5.41}$$

③ 聚团相中颗粒传入气流中的组分质量 M_{pfc}。

$$M_{pfc}=AdzK_c[(a_p-2a_c)(1-\varepsilon_c)f_c](C_{sc}-C_c) \tag{5.42}$$

④ 聚团相气体传入气穴相气体中的组分质量 M_{cd}。

$$M_{cd}=AdzK_{cd}a_cf_c\varepsilon_c(C_c-C_d) \tag{5.43}$$

式中，K_{cd}为聚团相与气穴相间气体质量交换系数，m/s。

由质量守恒可知：$M_{outc}-M_{inc}=M_{pfc}-M_{cd}$，即

$$U_{fc}f_c\frac{dC_c}{dz}=K_c(a_p-2a_c)(1-\varepsilon_c)(C_{sc}-C_c)f_c-K_{cd}a_c\varepsilon_c(C_c-C_d)f_c \tag{5.44}$$

(2) 气穴相传质方程。

① 进入微分单元气穴相气流中的组分质量 M_{ind}。

$$M_{ind}=U_{fd}A(1-f_c)C_d \tag{5.45}$$

② 流出微分单元聚团相气流中的组分质量 M_{outd}。

$$M_{outd}=U_{fd}A(1-f_c)(C_d+dC_d) \tag{5.46}$$

③ 气穴相中颗粒传入气流中的组分质量 M_{pfd}。

$$M_{pfd}=AdzK_d[a_p(1-\varepsilon_d)(1-f_c)+2a_c(1-\varepsilon_c)f_c](C_{sd}-C_d) \tag{5.47}$$

④ 聚团相气体传入气穴相气体中的组分质量 M_{cd}。

$$M_{cd}=AdzK_{cd}a_cf_c\varepsilon_c(C_c-C_d)$$

由质量守恒可知：$M_{outd}-M_{ind}=M_{pfd}+M_{cd}$，即

$$U_{fd}(1-f_c)\frac{dC_d}{dz}=K_d[a_p(1-\varepsilon_d)(1-f_c)+2a_c(1-\varepsilon_c)f_c](C_{sd}-C_d)+K_{cd}a_c\varepsilon_c(C_c-C_d)f_c \tag{5.48}$$

(3) 聚团相传质与反应(吸附)平衡方程。

单位体积床层中聚团相固体颗粒的有效体积 V_{pc} 为

$$V_{pc}=f_c(1-\varepsilon_c)-\frac{1}{2}f_c(1-\varepsilon_c)\left[1-\left(1-2\frac{d_p}{d_c}\right)^3\right] \tag{5.49}$$

$$K_vV_{pc}C_{sc}\eta=K_c(a_p-2a_c)(1-\varepsilon_c)f_c(C_{sc}-C_c) \tag{5.50}$$

式中，K_v 为反应速率常数，s^{-1}；η 为颗粒体积有效因子。

(4) 气穴相传质与反应(吸附)平衡方程。

单位体积床层中气穴相固体颗粒的有效体积 V_{pd} 为

$$V_{pd}=(1-f_c)(1-\varepsilon_d)+\frac{1}{2}f_c(1-\varepsilon_c)\left[1-\left(1-2\frac{d_p}{d_c}\right)^3\right] \tag{5.51}$$

$$K_vV_{pd}C_{sd}\eta=K_d[a_p(1-\varepsilon_d)(1-f_c)+2a_c(1-\varepsilon_c)f_c](C_{sd}-C_d) \tag{5.52}$$

(5) 平均颗粒表面组分浓度方程。

$$(1-\varepsilon_f)C_{sf}=V_{pc}C_{sc}+V_{pd}C_{sd} \tag{5.53}$$

(6) 平均气体组分浓度方程。

$$C_f\varepsilon_f=C_c\varepsilon_c f_c+C_d\varepsilon_d(1-f_c) \tag{5.54}$$

联立方程(5.44)、方程(5.48)、方程(5.50)、方程(5.52)、方程(5.53)和方程(5.54)即可求得六个未知组分浓度值,并且以 $z=0$ 时,$C_d=C_c=C_0$ 及 $C_{sc}=C_{sd}=C_{s0}$ 为初值。

需要说明,当过程为传质控制时,颗粒表面浓度为零,即 $C_{sc}=C_{sd}=C_{sf}=0$,此时仅需联立方程(5.53)、方程(5.54)、方程(5.44)或方程(5.48)求解 C_c、C_d、C_f 即可。

当过程为反应控制时,颗粒表面浓度等于其周边流体浓度,即 $C_d=C_{sd}$,$C_c=C_{sc}$,此时仅需联立方程(5.53)、方程(5.54)、方程(5.44)、方程(5.48)求解 C_c、C_d、C_f、C_{sf}即可。

5.5　湍动流化床结构与热量传递关系模型

1) 单位体积微元中聚团相颗粒传给聚团相气体的热量 H_c

$$H_c=\alpha_c[a_p(1-\varepsilon_c)f_c-2a_c(1-\varepsilon_c)f_c](t_{pc}-t_c) \tag{5.55}$$

式中,t_{pc}为聚团相中的颗粒温度,K;t_c 为聚团相中的气体温度,K;α_c 为聚团相中气固之间的给热系数,J/(m^2 · s · K),依据热、质传递相似性,根据 Rowe 等[8]的建议,可由 Jung-La Nauze 传质公式[7]类推而得:

$$\alpha_c=2\varepsilon_c\frac{\lambda}{d_p}+0.69\frac{\lambda}{d_p}\left(\frac{U_{sc}d_p\rho_f}{\varepsilon_c\mu_f}\right)^{\frac{1}{2}}\left(\frac{c_p\mu_f}{\lambda}\right)^{\frac{1}{3}} \tag{5.56}$$

式中,λ 为气体导热系数,J/(m · s · K);c_p 为气体定压比热容,J/(kg · K)。

2) 单位体积微元中气穴相颗粒传给气穴相气体的热量 H_d

$$H_d=\alpha_d[a_p(1-\varepsilon_d)(1-f_c)+2a_c(1-\varepsilon_c)f_c](t_{pd}-t_d) \tag{5.57}$$

式中,t_{pd}为气穴相中的颗粒温度,K;t_d 为气穴相中的气体温度,K;α_d 为气穴相中气固之间的给热系数,J/(m^2 · s · K):

$$\alpha_d=2\varepsilon_d\frac{\lambda}{d_p}+0.69\frac{\lambda}{d_p}\left(\frac{U_{sd}d_p\rho_f}{\varepsilon_d\mu_f}\right)^{\frac{1}{2}}\left(\frac{c_p\mu_f}{\lambda}\right)^{\frac{1}{3}} \tag{5.58}$$

3) 单位体积微元中颗粒传给气体的总热量 H_o

$$H_o=H_c+H_d \tag{5.59}$$

4) 平均给热系数 α_f 的定义

$$H_o=\alpha_f a_p(1-\varepsilon_f)(t_p-t_f) \tag{5.60}$$

式中,t_p 为颗粒平均温度,K;t_f 为气体平均温度,K。

5) 结构与平均给热系数的关系

对比式(5.59)与式(5.60),并将式(5.55)、式(5.57)代入式(5.59),可得

$$\alpha_f=\frac{\alpha_c[a_p(1-\varepsilon_c)f_c-2a_c(1-\varepsilon_c)f_c](t_{pc}-t_c)+\alpha_d[a_p(1-\varepsilon_d)(1-f_c)+2a_c(1-\varepsilon_c)f_c](t_{pd}-t_d)}{a_p(1-\varepsilon_f)(t_p-t_f)}\tag{5.61}$$

式中有 t_{pc}、t_c、t_{pd}、t_d、t_p 和 t_f 共 6 个温度需要求解。

6) t_{pc}、t_c、t_{pd}、t_d、t_p、t_f 的求解

6 个温度需要建立 6 个方程联立求解，如下文所述。参见图 5.3。

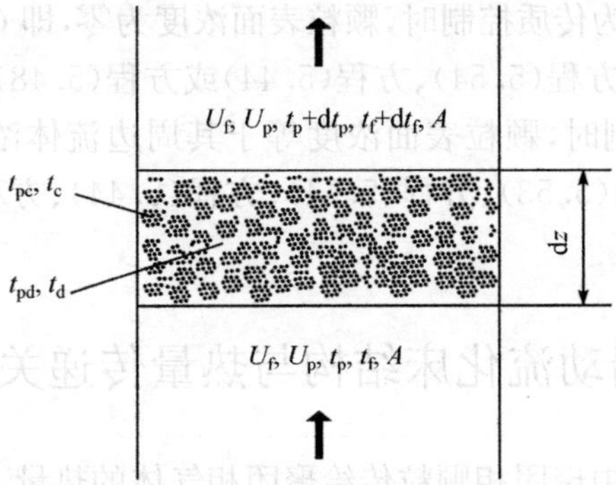

图 5.3　气固湍动流化床传热微分单元薄层

(1) 聚团相气体传热方程。

① 进入微分单元聚团相气流中的热量 H_{infc}。

$$H_{infc}=U_{fc}Af_c\rho_f c_p t_c\tag{5.62}$$

② 流出微分单元聚团相气流中的热量 H_{outfc}。

$$H_{outfc}=U_{fc}Af_c\rho_f c_p(t_c+dt_c)\tag{5.63}$$

③ 聚团相中颗粒传给气体的热量 H_{pfc}。

$$H_{pfc}=Adz\alpha_c[a_p(1-\varepsilon_c)f_c-2a_c(1-\varepsilon_c)f_c](t_{pc}-t_c)\tag{5.64}$$

④ 聚团相高温气体向气穴相低温气体的传热量 H_{fcd}。

$$H_{fcd}=Adz\alpha_{cd}a_c f_c\varepsilon_c(t_c-t_d)\tag{5.65}$$

式中，α_{cd} 为聚团相与气穴相间气体热量交换系数，J/(m² · s · K)。

依热量平衡原理，有 $H_{outfc}-H_{infc}=H_{pfc}-H_{fcd}$，即

$$\rho_f c_p U_{fc} f_c\frac{dt_c}{dz}=\alpha_c[a_p(1-\varepsilon_c)f_c-2a_c(1-\varepsilon_c)f_c](t_{pc}-t_c)-\alpha_{cd}a_c f_c\varepsilon_c(t_c-t_d)\tag{5.66}$$

(2) 聚团相颗粒传热方程。

① 进入微分单元聚团相颗粒的热量 H_{inpc}。

$$H_{inpc}=\rho_p c_s U_{pc}Af_c t_{pc}\tag{5.67}$$

式中，c_s 为固体的定压比热容，J/(kg · K)。

② 流出微分单元聚团相颗粒的热量 H_{outpc}。

$$H_{\mathrm{outpc}}=\rho_{\mathrm{p}}c_{\mathrm{s}}U_{\mathrm{pc}}Af_{\mathrm{c}}(t_{\mathrm{pc}}+\mathrm{d}t_{\mathrm{pc}}) \tag{5.68}$$

③ 聚团相颗粒传给气体的热量 H_{pfc}(同式(5.64))。

$$H_{\mathrm{pfc}}=A\mathrm{d}z\alpha_{\mathrm{c}}[a_{\mathrm{p}}(1-\varepsilon_{\mathrm{c}})f_{\mathrm{c}}-2a_{\mathrm{c}}(1-\varepsilon_{\mathrm{c}})f_{\mathrm{c}}](t_{\mathrm{pc}}-t_{\mathrm{c}})$$

依热量守恒原理,有 $H_{\mathrm{outpc}}-H_{\mathrm{inpc}}=-H_{\mathrm{pfc}}$,即

$$\rho_{\mathrm{p}}c_{\mathrm{s}}U_{\mathrm{pc}}f_{\mathrm{c}}\frac{\mathrm{d}t_{\mathrm{pc}}}{\mathrm{d}t}=-\alpha_{\mathrm{c}}[a_{\mathrm{p}}(1-\varepsilon_{\mathrm{c}})f_{\mathrm{c}}-2a_{\mathrm{c}}(1-\varepsilon_{\mathrm{c}})f_{\mathrm{c}}](t_{\mathrm{pc}}-t_{\mathrm{c}}) \tag{5.69}$$

(3) 气穴相气体传热方程。

① 进入微分单元气穴相气流中的热量 H_{infd}。

$$H_{\mathrm{infd}}=U_{\mathrm{fd}}A(1-f_{\mathrm{c}})\rho_{\mathrm{f}}c_{\mathrm{p}}t_{\mathrm{d}} \tag{5.70}$$

② 流出微分单元气穴相气流中的热量 H_{outfd}。

$$H_{\mathrm{outfd}}=U_{\mathrm{fd}}A(1-f_{\mathrm{c}})\rho_{\mathrm{f}}c_{\mathrm{p}}(t_{\mathrm{d}}+\mathrm{d}t_{\mathrm{d}}) \tag{5.71}$$

(注:温度变化会引起气体的体积与密度的改变,但质量流率不变,即 $U_{\mathrm{fd}}\rho_{\mathrm{f}}$ 为定值。)

③ 气穴相中颗粒传给气体的热量 H_{pfd}。

$$H_{\mathrm{pfd}}=A\mathrm{d}z\alpha_{\mathrm{d}}[a_{\mathrm{p}}(1-\varepsilon_{\mathrm{d}})(1-f_{\mathrm{c}})+2a_{\mathrm{c}}(1-\varepsilon_{\mathrm{c}})f_{\mathrm{c}}](t_{\mathrm{pd}}-t_{\mathrm{d}}) \tag{5.72}$$

④ 聚团相高温气体传递给气穴相低温气体的热量 H_{fcd}(同式(5.65))。

$$H_{\mathrm{fcd}}=A\mathrm{d}z\alpha_{\mathrm{cd}}a_{\mathrm{c}}f_{\mathrm{c}}\varepsilon_{\mathrm{c}}(t_{\mathrm{c}}-t_{\mathrm{d}})$$

依热量守恒原理,有 $H_{\mathrm{outfd}}-H_{\mathrm{infd}}=H_{\mathrm{pfd}}+H_{\mathrm{fcd}}$,即

$$\rho_{\mathrm{f}}c_{\mathrm{p}}U_{\mathrm{fd}}(1-f_{\mathrm{c}})\frac{\mathrm{d}t_{\mathrm{d}}}{\mathrm{d}t}=\alpha_{\mathrm{d}}[a_{\mathrm{p}}(1-\varepsilon_{\mathrm{d}})(1-f_{\mathrm{c}})+2a_{\mathrm{c}}(1-\varepsilon_{\mathrm{c}})f_{\mathrm{c}}](t_{\mathrm{pd}}-t_{\mathrm{d}})$$
$$+\alpha_{\mathrm{cd}}a_{\mathrm{c}}f_{\mathrm{c}}\varepsilon_{\mathrm{c}}(t_{\mathrm{c}}-t_{\mathrm{d}}) \tag{5.73}$$

(4) 气穴相颗粒传热方程。

① 进入微分单元气穴相颗粒的热量 H_{inpd}。

$$H_{\mathrm{inpd}}=U_{\mathrm{pd}}A(1-f_{\mathrm{c}})\rho_{\mathrm{p}}c_{\mathrm{s}}t_{\mathrm{pd}} \tag{5.74}$$

② 流出微分单元气穴相颗粒的热量 H_{outpd}。

$$H_{\mathrm{outpd}}=U_{\mathrm{pd}}A(1-f_{\mathrm{c}})\rho_{\mathrm{p}}c_{\mathrm{s}}(t_{\mathrm{pd}}+\mathrm{d}t_{\mathrm{pd}}) \tag{5.75}$$

③ 气穴相中颗粒传给气体的热量 H_{pfd}(同式(5.72))。

$$H_{\mathrm{pfd}}=A\mathrm{d}z\alpha_{\mathrm{d}}[a_{\mathrm{p}}(1-\varepsilon_{\mathrm{d}})(1-f_{\mathrm{c}})+2a_{\mathrm{c}}(1-\varepsilon_{\mathrm{c}})f_{\mathrm{c}}](t_{\mathrm{pd}}-t_{\mathrm{d}})$$

④ 气穴相与聚团相之间的颗粒的热量交换 H_{pcd}暂时忽略不计。因平衡态时,单位时间由稀相到密相的颗粒数与由密相到稀相的颗粒数相等,由于两相颗粒温度不同,会产生一定的热量交换。

依热量守恒原理,有 $H_{\mathrm{outpd}}-H_{\mathrm{inpd}}=-H_{\mathrm{pfd}}$,即

$$\rho_{\mathrm{p}}c_{\mathrm{s}}U_{\mathrm{pd}}(1-f_{\mathrm{c}})\frac{\mathrm{d}t_{\mathrm{pd}}}{\mathrm{d}t}=-\alpha_{\mathrm{d}}[a_{\mathrm{p}}(1-\varepsilon_{\mathrm{d}})(1-f_{\mathrm{c}})+2a_{\mathrm{c}}(1-\varepsilon_{\mathrm{c}})f_{\mathrm{c}}](t_{\mathrm{pd}}-t_{\mathrm{d}}) \tag{5.76}$$

(5) 颗粒平均温度方程。

$$(1-\varepsilon_f)t_p=(1-f_c)(1-\varepsilon_d)t_{pd}+f_c(1-\varepsilon_c)t_{pc} \tag{5.77}$$

(6) 气体平均温度方程。

$$\varepsilon_f t_f=(1-f_c)\varepsilon_d t_d+f_c\varepsilon_c t_c \tag{5.78}$$

联立方程(5.66)、方程(5.69)、方程(5.73)、方程(5.76)、方程(5.77)和方程(5.78)可求解6个温度参数,初始条件为:$z=0, t_p=t_{pd}=t_{pc}=t_{p0}$, $t_f=t_c=t_d=t_0$。

5.6 关于两相气体之间的质量交换系数 K_{cd} 及热量交换系数 α_{cd} 的计算

建议采用 Sit 和 Grace[9] 推导的在鼓泡流化床中推出的交换系数方程:

$$K_{cd}=\frac{U_{mf}}{3}+\left(\frac{4D\varepsilon_{mf}U_{fd}}{\pi d_d}\right)^{0.5} \tag{5.79}$$

$$\alpha_{cd}=\frac{\rho_f c_p U_{mf}}{3}+\left(\frac{4\rho_f c_p\lambda\varepsilon_{mf}U_{fd}}{\pi d_d}\right)^{0.5} \tag{5.80}$$

5.7 动力学方程组的修正

由于聚团与气穴的相互作用以及聚团内和气穴内颗粒的相互碰撞,原方程组中关于聚团中单颗粒的力平衡方程(5.5)及气穴中单颗粒的力平衡方程(5.11)并不严格成立。因此,要求较准确计算时,应该以聚团中颗粒群的力平衡方程和气穴中颗粒群的力平衡方程来取代。进而5.2.2节的9个方程后需补充如下两个方程:聚团中颗粒群的力平衡方程[式(5.85)]和气穴中颗粒群的力平衡方程[式(5.90)]。

1) 聚团中颗粒群的力平衡方程

(1) 流体对聚团内单颗粒的曳力 F_{Dc}。

$$F_{Dc}=C_{Dc}\frac{1}{2}\rho_f\frac{\pi}{4}d_p^2U_{sc}^2$$

(2) 单个聚团中的颗粒数 n_c。

$$\begin{aligned}n_c&=\frac{(1-\varepsilon_c)\frac{\pi}{6}d_c^3}{\frac{\pi}{6}d_p^3}-\frac{1}{2}\frac{\pi}{6}\left[d_c^3-(d_c-2d_p)^3\right](1-\varepsilon_c)\frac{1}{\frac{\pi}{6}d_p^3}\\&=(1-\varepsilon_c)\left(\frac{d_c}{d_p}\right)^3-\frac{1}{2}(1-\varepsilon_c)\left[\left(\frac{d_c}{d_p}\right)^3-\left(\frac{d_c}{d_p}-2\right)^3\right]\end{aligned} \tag{5.81}$$

(3) 单个聚团内颗粒与聚团内流体间的曳力 F_{Dcn}。

$$F_{Dcn}=n_cF_{Dc} \tag{5.82}$$

(4) 单个聚团中颗粒受到周围稀相气穴的浮力 F_{cd}。

$$F_{cd}=\frac{\pi}{6}d_c^3[(1-\varepsilon_d)\rho_p+\varepsilon_d\rho_f]g\frac{n_c\dfrac{\pi}{6}d_p^3\rho_p}{n_c\dfrac{\pi}{6}d_p^3\rho_p+\varepsilon_c\dfrac{\pi}{6}d_c^3\rho_f} \tag{5.83}$$

(5) 单个聚团中颗粒的表观重力 F_{cg}。

$$F_{cg}=n_c\frac{\pi}{6}d_p^3(\rho_p-\rho_f)g \tag{5.84}$$

因此，聚团中颗粒群的力平衡方程为

$$F_{Dcn}+F_{cd}=F_{cg}$$

即

$$n_cC_{Dc}\frac{1}{2}\rho_f\frac{\pi}{4}d_p^2U_{sc}^2+\frac{\pi}{6}d_c^3[(1-\varepsilon_d)\rho_p+\varepsilon_d\rho_f]g\frac{n_c\dfrac{\pi}{6}d_p^3\rho_p}{n_c\dfrac{\pi}{6}d_p^3\rho_p+\varepsilon_c\dfrac{\pi}{6}d_c^3\rho_f}=n_c\frac{\pi}{6}d_p^3(\rho_p-\rho_f)g \tag{5.85}$$

2) 气穴中颗粒群的力平衡方程

(1) 流体对气穴中单个颗粒的曳力 F_{Dd}。

$$F_{Dd}=C_{Dd}\frac{1}{2}\rho_f\frac{\pi}{4}d_p^2U_{sd}^2$$

(2) 单个气穴中的颗粒数 n_d。

$$\begin{aligned}n_d&=\frac{(1-\varepsilon_d)\dfrac{\pi}{6}d_d^3}{\dfrac{\pi}{6}d_p^3}+\frac{1}{2}\frac{\pi}{6}[(d_d+2d_p)^3-d_d^3](1-\varepsilon_c)\frac{1}{\dfrac{\pi}{6}d_p^3}\\&=(1-\varepsilon_d)\left(\frac{d_d}{d_p}\right)^3+\frac{1}{2}(1-\varepsilon_c)\left[\left(\frac{d_d}{d_p}+2\right)^3-\left(\frac{d_d}{d_p}\right)^3\right]\end{aligned} \tag{5.86}$$

(3) 单个气穴中颗粒与流体间的曳力 F_{Ddn}。

$$F_{Ddn}=n_dF_{Dd} \tag{5.87}$$

(4) 单个气穴中颗粒受到周围密相聚团的浮力 F_{dc}。

$$F_{dc}=\frac{\pi}{6}d_d^3[(1-\varepsilon_c)\rho_p+\varepsilon_c\rho_f]g\frac{n_d\dfrac{\pi}{6}d_p^3\rho_p}{n_d\dfrac{\pi}{6}d_p^3\rho_p+\varepsilon_d\dfrac{\pi}{6}d_d^3\rho_f} \tag{5.88}$$

(5) 单个气穴中颗粒的表观重力 F_{dg}。

$$F_{dg}=n_d\frac{\pi}{6}d_p^3(\rho_p-\rho_f)g \tag{5.89}$$

因此，气穴中颗粒群的力平衡方程为

$$F_{\mathrm{Ddn}}+F_{\mathrm{dc}}=F_{\mathrm{dg}}$$

即

$$n_{\mathrm{d}}C_{\mathrm{Dd}}\frac{1}{2}\rho_{\mathrm{f}}\ \frac{\pi}{4}d_{\mathrm{p}}^{2}U_{\mathrm{sd}}^{2}+\frac{\pi}{6}d_{\mathrm{d}}^{3}[(1-\varepsilon_{\mathrm{c}})\rho_{\mathrm{p}}+\varepsilon_{\mathrm{c}}\rho_{\mathrm{f}}]g\ \frac{n_{\mathrm{d}}\ \frac{\pi}{6}d_{\mathrm{p}}^{3}\rho_{\mathrm{p}}}{n_{\mathrm{d}}\ \frac{\pi}{6}d_{\mathrm{p}}^{3}\rho_{\mathrm{p}}+\varepsilon_{\mathrm{d}}\ \frac{\pi}{6}d_{\mathrm{d}}^{3}\rho_{\mathrm{f}}}=n_{\mathrm{d}}\ \frac{\pi}{6}d_{\mathrm{p}}^{3}(\rho_{\mathrm{p}}-\rho_{\mathrm{f}})g \tag{5.90}$$

5.8 湍动流化床模型的实验验证

5.8.1 动量传递模型的实验验证

为了验证上述动量传递模型及其曳力系数的正确性，Chen 等[10]对文献中报道的四例湍动流化床实验进行了计算机模拟，即采用两流体模型并用本章基于结构参数的曳力系数取代原两流体模型中基于平均方法的曳力系数。四例实验设备的尺寸示意图如图 5.4 所示，各实验的操作参数如表 5.1 所示，分别属于 Geldart A 类和 B 类物料[11]，拟合所得各算例的非均匀因子代数表达式列于表 5.2 中。

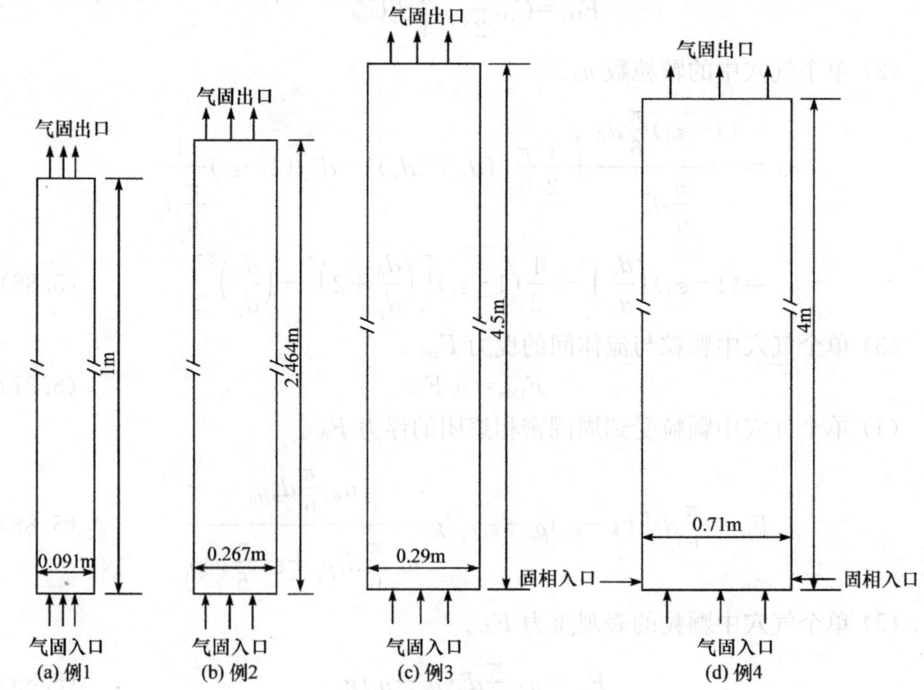

图 5.4 四例实验设备的尺寸示意图[12-16]

表 5.1　各算例的操作参数

参数	例 1[12]	例 2[14]	例 3[15]	例 4[13,16]
颗粒直径/μm	139	65	78	75
颗粒类型	Geldart B	Geldart A	Geldart A	Geldart A
颗粒密度/(kg/m^3)	2400	1780	1560	1503
进口气速/(m/s)	0.94 1.10 1.25	0.9	0.5	0.945
床高/m	1	2.464	4.5	4
床直径/m	0.091 0.096	0.267	0.29	0.71
初始床高/m	0.151 0.204	1.2	0.51	1.33
网格尺寸(径向×轴向)/mm	2.275×5	10×10	2.9×5	10×10

表 5.2　拟合所得各算例的非均匀因子代数表达式

算例	表达式
例 1	$H_d=3.456\varepsilon_f^3-3.592U_f\varepsilon_f^2-0.7463\varepsilon_f^2+1.618U_f^2\varepsilon_f+0.206U_f\varepsilon_f$ $+0.2163\varepsilon_f-0.8494U_f^2+0.836U_f-0.3193$
例 2	$H_d=0.7854\varepsilon_f^3-1.014\varepsilon_f^2+0.4961\varepsilon_f-0.08507$
例 3	$H_d=1.509\varepsilon_f^3-1.861\varepsilon_f^2+1.008\varepsilon_f-0.1907$
例 4	$H_d=0.8371\varepsilon_f^3-1.109\varepsilon_f^2+0.5582\varepsilon_f-0.09896$

模拟过程中假设气穴相的空隙率 ε_d 为 0.9997，与文献中假设的快速流化床稀相空隙率相同；假设聚团相空隙率 ε_c 为初始流态化空隙率 ε_{mf}，与文献中假设的鼓泡流化床乳化相空隙率相同。同时将曳力系数公式中的参数组合 $C_{Dc}U_{sc}^2$ 与 $C_{Dd}U_{sd}^2$ 各视为一个参数，这样原来设定的 9 个未知结构参数就减少为 5 个，即 f_c、d_c、d_d、$C_{Dc}U_{sc}^2$、$C_{Dd}U_{sd}^2$。求解这 5 个参数所需的 5 个独立方程为前述的方程(5.12)、方程(5.15)、方程(5.20)、方程(5.25)和方程(5.85)。5 个参数求解后代入曳力系数公式(5.32)即可求得曳力系数值。

图 5.5 给出例 1(Geldart B 类物料，床直径 0.096m)的轴向空隙率分布实验数据与模拟结果的对比。其中图(a)、(b)表示初始静床高度相同而气体表观速度不同的情况；图(c)、(d)、(e)表示气体表观速度相同而静床高度不同的情况。对比显示，本章基于结构的曳力模型的模拟结果与实验数据吻合良好，而传统的基于均匀假设的 Gidaspow 曳力模型[17,18]与实验数据有偏差，且预测出的床层空隙率较高。

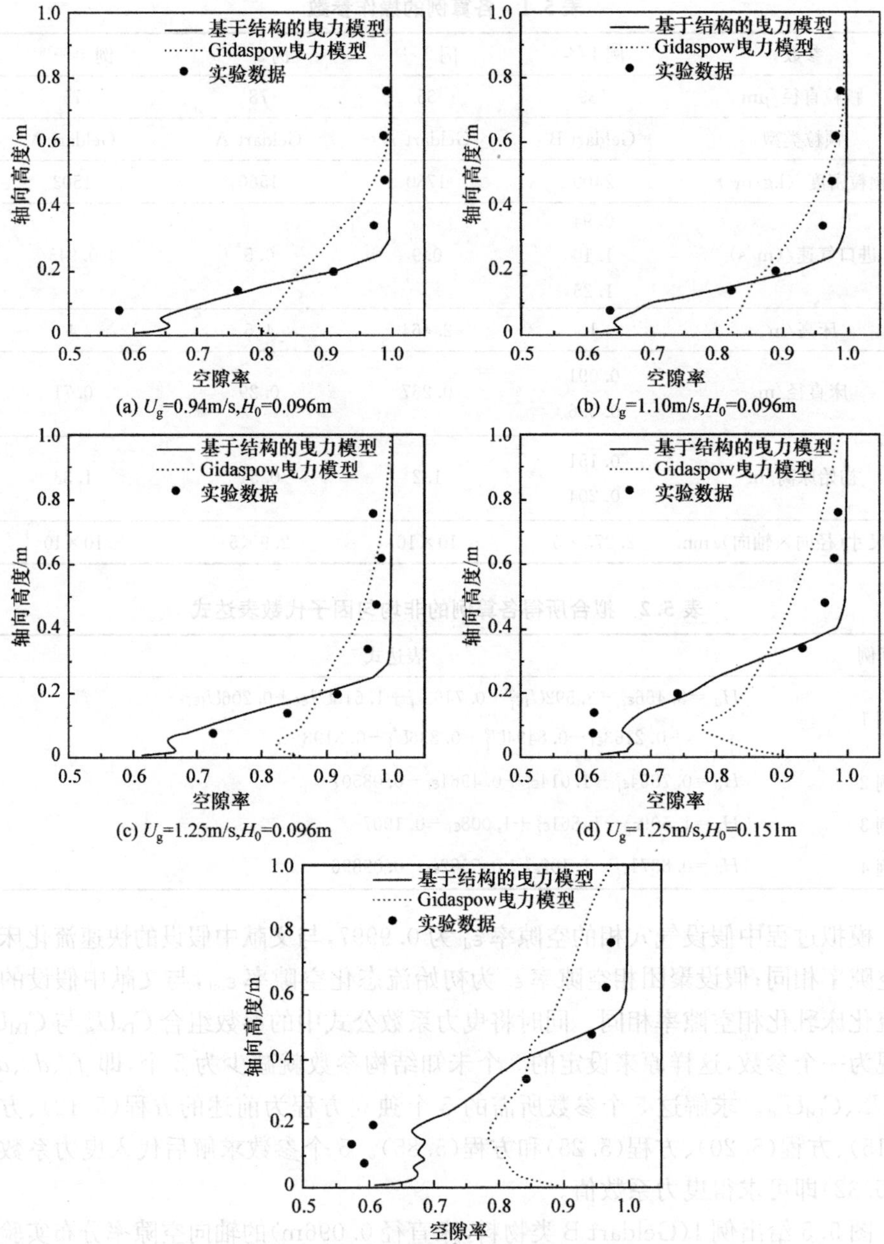

图 5.5 例 1 的轴向空隙率分布实验数据与模拟结果对比

图 5.6(a)、(b)、(c)给出了实验例 1(Geldart B 类物料，床直径 0.096m)在相同静床高度、不同气体表观速度下，在不同床层高度处测得的固含率径向分布的数

据与模拟结果的对比；图 5.6(d)给出了实验例 2(Geldart A 类物料，床直径 0.267m)在静床高度 1.21m、气体表观速度 0.9m/s 的操作条件下 4 个床层高度处测得的固含率径向分布的数据与模拟结果的对比；图 5.6(e)给出了实验例 3(Geldart A 类物料，床直径 0.29m)在静床高度 0.51m、气体表观速度 0.5m/s 的操作条件下 2 个床层高度处测得的固含率径向分布的数据与模拟结果的对比；图 5.6

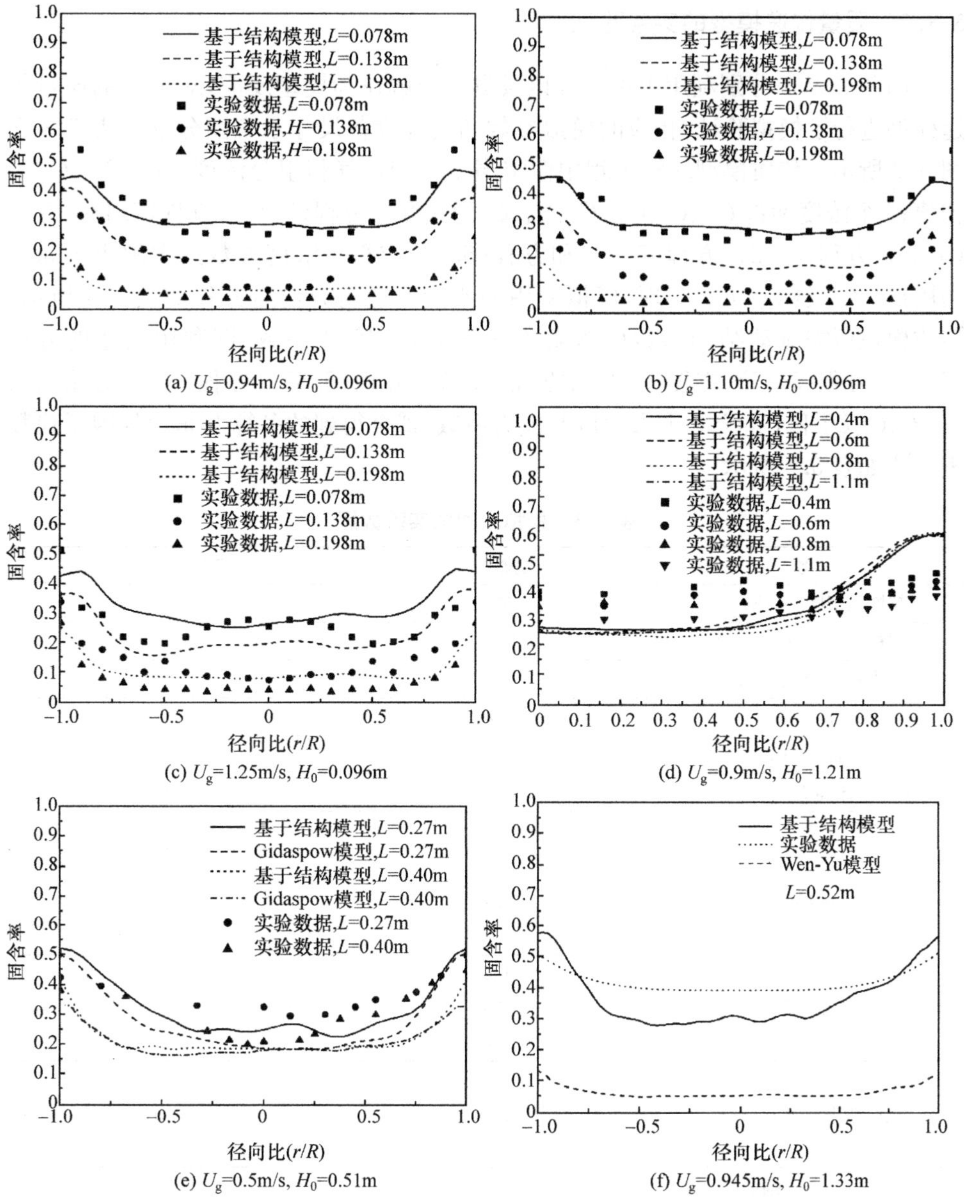

(a) U_g=0.94m/s, H_0=0.096m
(b) U_g=1.10m/s, H_0=0.096m
(c) U_g=1.25m/s, H_0=0.096m
(d) U_g=0.9m/s, H_0=1.21m
(e) U_g=0.5m/s, H_0=0.51m
(f) U_g=0.945m/s, H_0=1.33m

图 5.6 例 1、2、3、4 的径向固含率分布的实验数据与模拟结果对比

(f)给出了实验例 4(Geldart A 类物料,床直径 0.71m)在静床高度 1.33m、气体表观速度 0.945m/s 的操作条件下,在床层高度 0.52m 处测得的固含率径向分布的数据与模拟结果的对比。由图可见,本章提出的基于结构曳力模型的模拟结果与实验数据吻合良好,而传统的 Gidaspow[17,18]模型以及 Wen-Yu[3]模型基于均匀假设的模型偏离了实验数据,且预测出较低的床层固含率。

5.8.2 质量传递模型的实验验证

闫冬等[19,20]分别利用甲烷燃烧以及臭氧分解作为模型反应,对上述的质量传递模型进行了模拟验证,相应的模拟参数和实验设备尺寸示意图分别如表 5.3 和图 5.7 所示。传质模型求解过程中假定当 $z=0$ 时,气相组分浓度 $C_d=C_c=C_0$ 为初值;6 个浓度参数 C_{sc}、C_c、C_{sd}、C_d、C_{sf}、C_f 通过联立方程(5.44)、方程(5.48)、方程(5.50)、方程(5.52)、方程(5.53)和方程(5.54)求得。浓度参数的求解由 Fluent 的用户自定义标量功能实现,模拟所用的质量传递组分输运方程如表 5.4 所示。传质模拟所需流动结构参数的求解方法与 Chen 等[10]一致,即利用前述的方程(5.12)、方程(5.15)、方程(5.20)、方程(5.25)、方程(5.85)、方程(5.32)求得 f_c、d_c、d_d、$C_{Dc}U_{sc}^2$ 和 $C_{Dd}U_{sd}^2$ 5 个参数以及曳力系数,拟合得到的各算例非均匀因子代数表达式如表 5.5 所示。

表 5.3 模拟采用的实验数据

参数	甲烷燃烧[21]	臭氧分解[22]
颗粒堆积密度 ρ_b/(kg/m³)	570	860
颗粒密度 ρ_p/(kg/m³)	1075	1580
颗粒直径 d_p/μm	196	60
最小流化空隙率 ε_{mf}	0.48	0.475
床直径 D/m	0.1	0.1
床高 L/m	1.6	2.0
初始床高 H_0/m	0.2	0.6
进口气速 U_0/(m/s)	1.1	0.75 0.95 1.15
反应温度 T/℃	450 475 500	25
反应速率常数 k_r/s⁻¹	43.46 72.54 117.15	8.95
网格尺寸(径向×轴向)/mm	25×204	20×120

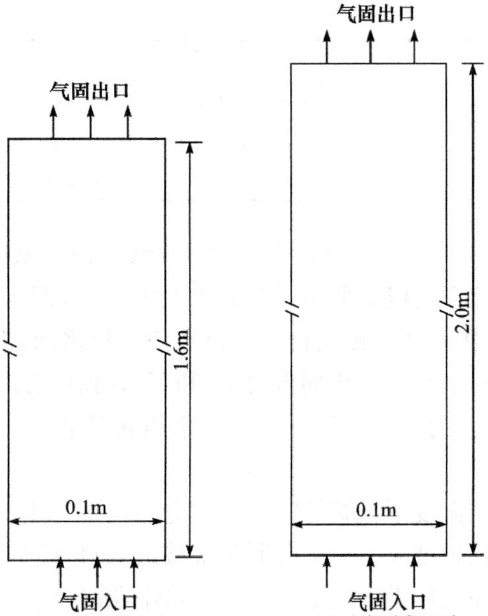

(a) 甲烷燃烧反应　　(b) 臭氧分解反应

图 5.7 实验设备尺寸示意图

表 5.4 模拟所用的质量传递组分输运方程

	聚团相	气穴相
组分输运方程	$\frac{\partial(f_c\varepsilon_c\rho_g x_{a,c})}{\partial t}+\nabla(f_c\varepsilon_c\rho_g x_{a,c}U_{fc}-f_c\varepsilon_c\rho_g D_c\nabla x_{a,c})=S_{a,c}$	$\frac{\partial((1-f_c)\varepsilon_d\rho_g x_{a,d})}{\partial t}+\nabla((1-f_c)\varepsilon_d\rho_g x_{a,d}U_{fd}-(1-f_c)\varepsilon_d\rho_g D_d\nabla x_{a,d})=S_{a,d}$
组分输运方程的源项	$S_{a,c}=K_c(a_p-2a_c)(1-\varepsilon_c)\rho_g(x_{a,sc}-x_{a,c})f_c-K_{cd}a_c\varepsilon_c\rho_g(x_{a,c}-x_{a,d})f_c$	$S_{a,d}=K_d[a_p(1-\varepsilon_d)(1-f_c)+2a_c(1-\varepsilon_c)f_c]\rho_g(x_{a,sd}-x_{a,d})+K_{cd}a_c\varepsilon_c\rho_g(x_{a,c}-x_{a,d})f_c$
颗粒表面浓度	$x_{a,sc}=\frac{K_c(a_p-2a_c)}{\frac{1}{2}K_v\eta\left[1+\left(1-2\frac{d_p}{d_c}\right)^3\right]+K_c(a_p-2a_c)}x_{a,c}$	$x_{a,sd}=\frac{K_d[a_p(1-\varepsilon_d)(1-f_c)+2a_c(1-\varepsilon_c)f_c]}{K_d[a_p(1-\varepsilon_d)(1-f_c)+2a_c(1-\varepsilon_c)f_c]+K_v\eta V_{pd}}x_{a,d}$

表 5.5 拟合所得各算例的非均匀因子代数表达式

燃烧类型	表达式
甲烷燃烧	$H_d=3.124\varepsilon_f^3-5.005\varepsilon_f^2+2.948\varepsilon_f-0.5976$，$T=450℃$
	$H_d=3.07\varepsilon_f^3-4.914\varepsilon_f^2+2.892\varepsilon_f-0.5681$，$T=475℃$
	$H_d=3.101\varepsilon_f^3-5.007\varepsilon_f^2+2.97\varepsilon_f-0.6054$，$T=500℃$

续表

燃烧类型	表达式
臭氧分解	$H_d=0.8519\varepsilon_f^3-1.244\varepsilon_f^2+0.6838\varepsilon_f-0.1314$，$U_f=0.75m/s$
	$H_d=0.6465\varepsilon_f^3-0.9437\varepsilon_f^2+0.5189\varepsilon_f-0.09974$，$U_f=0.95m/s$
	$H_d=0.5153\varepsilon_f^3-0.7523\varepsilon_f^2+0.4136\varepsilon_f-0.0795$，$U_f=1.15m/s$

模拟过程中假设气穴相空隙率 ε_d 为 0.9997，聚团相空隙率 ε_c 为初始流化空隙率 ε_{mf}。Chen 等[10]在计算过程中采用了合并参数的方法，即 $C_{Dc}U_{sc}^2$ 和 $C_{Dd}U_{sd}^2$ 分别作为一个参数进行求解，因此在对传质行为进行数值模拟之前，需要先利用方程(5.2)和方程(5.7)分别求得 C_{Dc} 和 C_{Dd}，进而求得 U_{sc} 和 U_{sd}；再联立方程(5.3)、方程(5.10)、方程(5.12)、方程(5.13)求得 U_{fc} 和 U_{fd}，即可求得传质模拟所需的全部流动结构参数。

图 5.8 给出了不同温度下甲烷的轴向浓度分布情况。由图可知，本章提出的基于结构的传质模型的模拟结果与实验数据非常接近，而将结构参数平均化处理的传质模型模拟结果则存在高估甲烷浓度的现象。此外，随着床层高度的增加，甲烷的浓度先迅速下降，而当床层高度超过 0.4m 时甲烷浓度几乎不随床层高度的增加而变化，这说明甲烷的催化燃烧主要发生在床层底部。值得注意的是，随着反应温度的上升，甲烷燃烧的反应动力学常数显著提高(由 $43.46s^{-1}$ 上升到了 $117.15s^{-1}$)，而甲烷的轴向浓度分布情况无较大差异，说明甲烷的燃烧过程主要受传质控制。

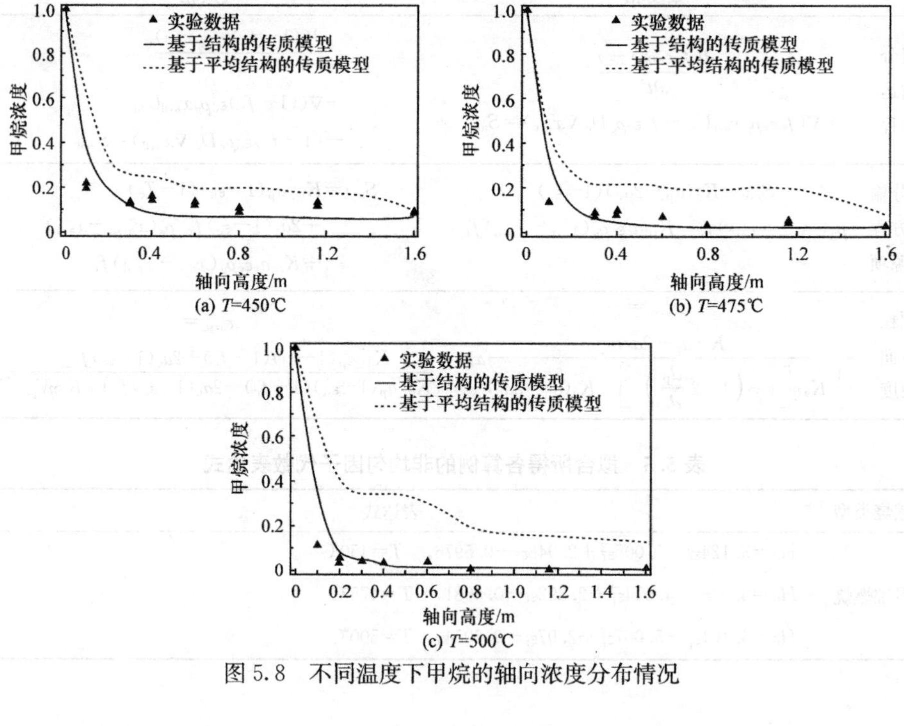

图 5.8　不同温度下甲烷的轴向浓度分布情况

图 5.9 给出了 475℃下甲烷浓度与催化剂颗粒含量的分布情况。由图可知，由于反应的消耗，当催化剂颗粒含量较高时，甲烷浓度一般较低，如 A 处（上部的颗粒含量较低、甲烷浓度较高，下部的颗粒含量较高、甲烷浓度较低）。但是，催化剂颗粒含量与甲烷浓度之间并不存在绝对的高低对应关系，如 B 和 C 处（B 和 C 处的高度非常接近，而 C 处的颗粒含量和甲烷浓度均明显低于 B 处），这是因为除化学反应的消耗外，组分的流动经历以及气体扩散也对甲烷的浓度有非常重要的影响。

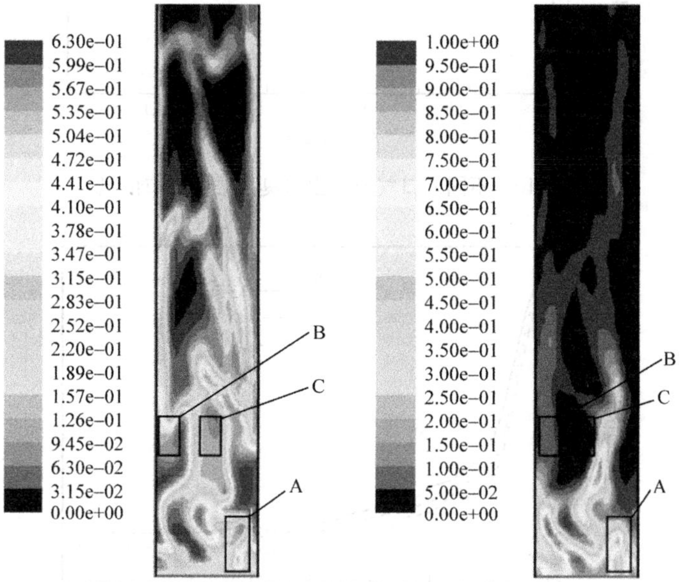

(a) 催化剂颗粒含量分布图　　(b) 甲烷浓度分布图

图 5.9　475℃下甲烷浓度与催化剂颗粒含量的分布情况

臭氧分解的验证结果如图 5.10 和图 5.11 所示。图 5.10 为不同入口气速下出口臭氧浓度分布情况，由图可知，随着入口气速的增加，出口处的臭氧浓度呈线性增加并且增加的趋势相对较为平缓。随着入口气速的增加，一方面，气固接触更加充分，传质行为得到强化，从而使得臭氧的分解速率加快，另一方面，臭氧进入反应器的速率加快，同时组分的停留时间变短，又会导致臭氧浓度上升。模拟结果和实验数据均表明，随着入口气速的增加，出口处的臭氧浓度有所上升，这说明，在气速增加的过程中，传质行为强化的影响要弱于组分流入速率增加以及停留时间变短的影响。图 5.11 为不同入口气速下臭氧的轴向浓度分布情况，与甲烷浓度的分布情况较为相似，并且随着入口气速的增加，臭氧浓度略有上升。

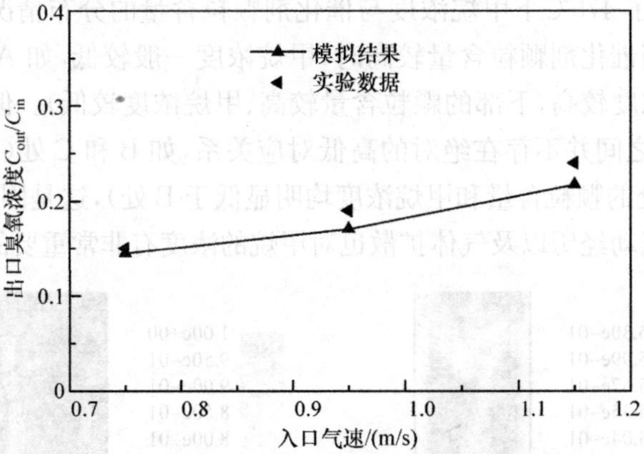

图 5.10　不同入口气速下出口臭氧浓度分布情况

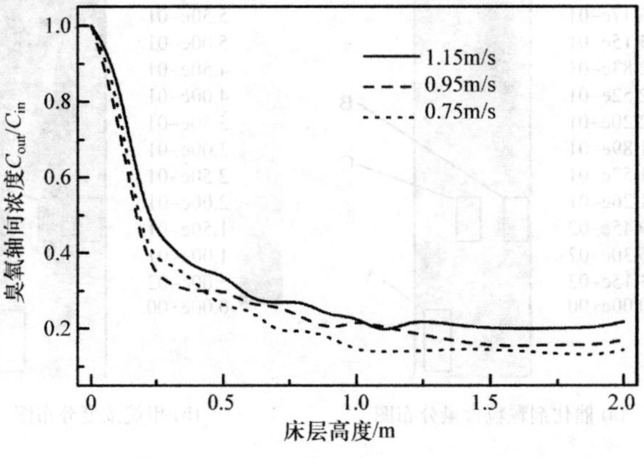

图 5.11　不同入口气速下臭氧的轴向浓度分布情况

图 5.12 给出了臭氧在稀密两相中的分布情况。由图可知，气穴相的臭氧浓度远高于聚团相。由于催化剂颗粒主要存在于聚团相中，而臭氧主要存在于气穴相的气体中，两相臭氧浓度之间的显著差异说明两相间的臭氧传递过程存在较大阻力。尽管臭氧分解主要由本征反应控制，但以上结果说明，就床层整体而言，反应的控制步骤是稀密两相间的质量传递过程。

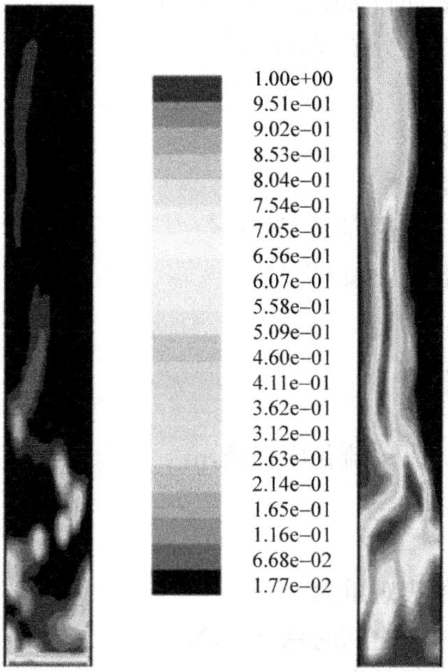

(a) 聚团相　(b) 气穴相

图 5.12　臭氧在稀密两相中的分布情况

符 号 说 明

a_c　聚团比表面积$\left(a_c=\dfrac{6}{d_c}\right)$，$m^{-1}$

a_p　颗粒比表面积$\left(a_p=\dfrac{6}{d_p}\right)$，$m^{-1}$

a_{pc}　聚团相颗粒加速度，m/s^2

a_{pd}　气穴相颗粒加速度，m/s^2

A　床层横截面积，m^2

A_0　床底部气体分布板小孔的面积，m^2

C_0　入口处平均气体目标组分浓度，kg/m^3

C_c　聚团相中的气体目标组分浓度，kg/m^3

C_d　气穴相中的气体目标组分浓度，kg/m^3

C_f　平均气体目标组分浓度，kg/m^3

C_{in}　入口处的气体目标组分浓度，kg/m^3

C_{out}　出口处的目标组分浓度，kg/m^3

C_{sc}　聚团相中的颗粒表面目标组分浓度，kg/m^3

C_{sd} 气穴相中的颗粒表面目标组分浓度,kg/m^3
C_{sf} 平均颗粒表面目标组分浓度,kg/m^3
$\overline{C}_D$ 平均曳力系数
C_{Dc} 聚团相的曳力系数
C_{Dd} 气穴相的曳力系数
c_p 气体(流体)的定压比热容,J/(kg·K)
c_s 固体的定压比热容,J/(kg·K)
d_c 聚团的平均直径,m
d_d 气穴的平均直径,m
d_p 颗粒直径,m
D 气体的扩散系数,m^2/s;流化床直径,m
D_t 流化床内部直径,m
f_c 聚团的体积分数
F_{cg} 单个聚团中颗粒的表观重力,N
F_D 单位体积床层中气固之间的总曳力,N/m^3
F_{Dc} 流体对聚团内单颗粒的曳力,N
F_{Dcn} 单个聚团内颗粒与聚团内流体间的曳力,N
F_{cd} 单个聚团中颗粒受到周围稀相气穴的浮力,N
F_{Dd} 流体对气穴相内单颗粒的曳力,N
F_{Ddn} 单个气穴中颗粒与流体间的曳力,N
F_{dc} 单个气穴中颗粒受到周围密相聚团的浮力,N
F_{dg} 单个气穴中颗粒的表观重力,N
F_{pg} 单个颗粒的表观重力,N
g 重力加速度,$g=9.81$m/s^2
G_p 颗粒流率,kg/(m^2·s)
H_o 单位体积微元中颗粒传给气体的总热量,J/(m^3·s)
H_c 单位体积微元中密相颗粒传给密相气体的热量,J/(m^3·s)
H_d 单位体积微元中气穴相颗粒传给气穴相气体的热量,J/(m^3·s)
H_0 静床高度,m
H_{infc} 进入微分单元聚团相气流的热量,J/(m^3·s)
H_{outfc} 流出微分单元聚团相气流的热量,J/(m^3·s)
H_{pfc} 聚团相中颗粒传给气体的热量,J/(m^3·s)
H_{fcd} 聚团相高温气体向气穴相低温气体的传热量,J/(m^3·s)
H_{inpc} 进入微分单元聚团相颗粒的热量,J/(m^3·s)
H_{outpc} 流出微分单元聚团相颗粒的热量,J/(m^3·s)

H_{infd} 进入微分单元气穴相气流中的热量,J/(m^3 · s)
H_{outfd} 流出微分单元气穴相气流中的热量,J/(m^3 · s)
H_{pfd} 气穴相中颗粒传给气体的热量,J/(m^3 · s)
H_{inpd} 进入微分单元气穴相颗粒的热量,J/(m^3 · s)
H_{outpd} 流出微分单元气穴相颗粒的热量,J/(m^3 · s)
H_{pcd} 气穴相中颗粒传给气体的热量,J/(m^3 · s)
k_r 反应或吸收(吸附)速度常数,s^{-1}
K_c 聚团相的传质系数,m/s
K_d 气穴相的传质系数,m/s
K_{cd} 聚团相与气穴相间气体质量交换系数,m/s
K_f 平均传质系数,m/s
K_v 反应速率常数,s^{-1}
L 床层高度,m
M_o 单位体积微元中颗粒传入气体中目标组分的总质量,kg/(m^3 · s)
M_c 单位体积微元中聚团相颗粒传入聚团相气体中目标组分的质量,kg/(m^3 · s)
M_d 单位体积微元中气穴相颗粒传入气穴相气体中目标组分的质量,kg/(m^3 · s)
M_{inc} 进入微分单元聚团相气流中的组分质量,kg/(m^3 · s)
M_{outc} 流出微分单元聚团相气流中的组分质量,kg/(m^3 · s)
M_{pfc} 聚团相中颗粒传入气流中的组分质量,kg/(m^3 · s)
M_{cd} 聚团相气体传入气穴相气体中的组分质量,kg/(m^3 · s)
M_{ind} 进入微分单元气穴相气流中的组分质量,kg/(m^3 · s)
M_{outd} 流出微分单元聚团相气流中的组分质量,kg/(m^3 · s)
M_{pfd} 气穴相中颗粒传入气流中的组分质量,kg/(m^3 · s)
n_c 单个聚团中的颗粒数
n_d 单个气穴中的颗粒数
Nu 努塞特数$\left(Nu=\dfrac{\alpha d_p}{\lambda}\right)$
Pr 普朗特数$\left(Pr=\dfrac{c_p \mu_g}{\lambda}\right)$
Re 雷诺数$\left(Re=\dfrac{U_s d_p \rho_g}{\mu_g}\right)$
t_c 聚团相中的气体温度,K
t_d 气穴相中的气体温度,K
t_f 气体的平均温度,K
t_{fc} 聚团相中的气体温度,K

t_{fd} 气穴相中的气体温度,K
t_p 颗粒的平均温度,K
t_{pc} 聚团相中的颗粒温度,K
t_{pd} 气穴相中的颗粒温度,K
T 热力学温度,K
U_c 湍动床最初转变气体表观速度,m/s
U_k 湍动床最终转变气体表观速度,m/s
U_f 平均气体表观速度,m/s
U_{fc} 聚团相中的气体表观速度,m/s
U_{fd} 气穴相中的气体表观速度,m/s
U_{mf} 表观临界流化速度,m/s
U_p 颗粒表观速度,m/s
U_{pc} 聚团相中的颗粒表观速度,m/s
U_{pd} 气穴相中的颗粒表观速度,m/s
U_s 床层气固平均表观滑移速度,m/s
U_{sc} 聚团相中的气固表观滑移速度,m/s
U_{sd} 气穴相中的气固表观滑移速度,m/s
U_{si} 相间相的气固表观滑移速度,m/s
U_t 颗粒的终端速度,m/s
V_{pc} 单位体积床层中聚团相固体颗粒的有效体积
V_{pd} 单位体积床层中气穴相固体颗粒的有效体积
α_c 聚团相中气固之间的给热系数,$J/(m^2 \cdot s \cdot K)$
α_{cd} 聚团相与气穴相气体之间的热量变换系数,$J/(m^2 \cdot s \cdot K)$
α_d 气穴相中气固之间的给热系数,$J/(m^2 \cdot s \cdot K)$
α_f 平均给热系数,$J/(m^2 \cdot s \cdot K)$
α_i 相间相的给热系数,$J/(m^2 \cdot s \cdot K)$
ε_c 聚团相空隙率
ε_d 气穴相空隙率
ε_f 平均空隙率
ε_s 固含率
ε_{mf} 颗粒物料的最小(初始)流化空隙率
ε_{min} 颗粒物料的最小空隙率
η 颗粒体积有效因子
λ 气体的导热系数,$J/(m \cdot s \cdot K)$
ρ_b 颗粒堆积密度,kg/m^3

ρ_c　聚团的表观密度，kg/m^3
ρ_p　颗粒密度，kg/m^3
ρ_f　气体密度，kg/m^3
μ_f　气体黏度，$kg/(m \cdot s)$
ϕ_c　聚团的形状因子
ϕ_d　气穴的形状因子

上下标

c　聚团相
d　气穴相
f　气体(或平均)
i　相间相
p　颗粒相
s　固相

参考文献

[1] Ellis N. Hydrodynamics of gas-solid turbulent fluidization beds. Vancouver: University of British Columbia, 2003.

[2] Ergun S. Fluid flow through packed columns. Chemical Engineering Process, 1952, 48(2):89-94.

[3] Wen C Y, Yu Y H. Mechanics of fluidization. Chemical Engineering Process Symposium Series, 1966, 62:100-111.

[4] Richardson J F, Zaki W N. Sedimentation and fluidization. Transactions of the Institution of Chemical Engineers, 1954, 32:35-53.

[5] Kwauk M. Generalized fluidization Ⅰ: Steady-state motion. Scientia Sinica, 1963, 12(4): 587-612.

[6] Garside J, Al-Dibouni M R. Velocity-voidage relationships for fluidization and sedimentation in solid-liquid systems. Industrial & Engineering Chemistry Process Design and Development, 1977, 16(2):206-214.

[7] Jung K, La Nauze R D. Sherwood numbers for burning Particles in fluidized beds//Proceedings of the 4th International Conference on Fluidization, Engineering Foundation, New York, 1983:427-434.

[8] Rowe P N, Clayton K T, Lewis J B. Heat and mass transfer from a single sphere in an extensive flowing fluid. Transactions of the Institution of Chemical Engineers, 1965, 43:14-31.

[9] Sit S P, Grace J R. Effect of bubble interaction on interphase mass transfer in gas fluidized beds. Chemical Engineering Science, 1981, 36(2):327-335.

[10] Chen J, Li H, Lv X, et al. A structure-based drag model for the simulation of Geldart A and

B particles in turbulent fluidized beds. Powder Technology,2015,274:112-122.

[11] Geldart D. Types of gas fluidization. Powder Technology,1973,7(5):285-292.

[12] Gao X,Wu C,Cheng Y W,et al. Experimental and numerical investigation of solid behavior in a gas-solid turbulent fluidized bed. Powder Technology,2012,228(3):1-13.

[13] Wang J W. Flow structures inside a large-scale turbulent fluidized bed of FCC particles:Eulerian simulation with an EMMS-based sub-grid scale model. Particuology, 2010, 8(2): 176-185.

[14] Zhu H Y,Zhu J,Li G Z,et al. Detailed measurements of flow structure inside a dense gas-solids fluidized bed. Powder Technology,2008,180(3):339-349.

[15] Ellis N,Bi H T,Lim C J,et al. Hydrodynamics of turbulent fluidized beds of different diameters. Powder Technology,2004,141(1-2):124-136.

[16] Lu C,Xu Y,Shi M,et al. A Study on the two phase flow in the dense phase region of the turbulent fluidized beds of FCC regenerator. Acta Petrolei Sinica(Petroleum Processing Section),1996,(4):1-8.

[17] Gidaspow D. Multiphase Flow and Fluidization:Continuum and Kinetic Theory Descriptions. San Diego:Academic Press,1994.

[18] Ding J,Gidaspow D. A bubbling fluidization model using kinetic theory of granular flow. AIChE Journal,1990,36(4):523-538.

[19] 闫冬. 湍动流化床气固传质模型及其CFD模拟. 北京:中国科学院大学(过程工程研究所)硕士学位论文,2017.

[20] Yan D,Li H Z,Zou Z,et al. Simulation with a structure-based mass-transfer model for turbulent fluidized beds. Particuology,2018,39:40-47.

[21] Foka M,Chaouki J,Guy C,et al. Natural gas combustion in a catalytic turbulent fluidized bed. Chemical Engineering Science,1994,49(24):4269-4276.

[22] Sun G,Grace J R. Effect of particle size distribution in different fluidization regimes. AIChE Journal,1992,38(5):716-722.

第 6 章　下行流化床结构-传递关系模型及 CFD 模拟

6.1 引　言

气固下行流化床是气体与固体颗粒同时向下运动的顺重力顺流向下的颗粒-流体系统。以颗粒的运动形态变化来区分，可将该过程自上而下分为第一加速段、第二加速段和等速段三个区域。在第一加速段，颗粒受到重力和下流的气体曳力的共同作用，向下加速运动，加速度大于重力加速度 g，当颗粒的速度加速到等于气体向下的流速时，气体的曳力变为零，仅留下重力的作用，颗粒加速度变为 g，此时第一加速段结束，第二加速段开始。在第二加速段，颗粒受到向下的重力和向上的气体曳力的共同作用。因为此段的颗粒向下运动的速度大于气体向下运动的速度，所以气体的曳力作用方向与重力相反，但重力大于曳力，颗粒继续向下做加速运动，但加速度逐渐减小，其数值小于 g。当颗粒向下运动的速度达到一定值，气体对颗粒的向上曳力等于颗粒的重力时，颗粒的加速度变为零，此刻第二加速段完成，进入等速段，如图 6.1 所示[1,2]。气体的压力沿轴向的变化规律为：在第一加速段，压力自上而下由高到低变化，压力梯度为负值；在第二加速段和等速段，压力自上而下由低到高变化，压力梯度为正值，如图 6.2 所示[1,2]。在第一加速段与第二加速段的交点，压力梯度值为零，在等速段压力梯度的二阶导数为零，即压力梯度为常数。祁春明等[1,2]、陈恒志等[3-6]、Cheng 等[7]对下行流化床的流体动力学行为做过较深入的实验研究，发现在下行流化床中颗粒的浓度比快速流化床低得多，且分布不均匀。也如快速流化床一样，可分为稀相和密相，但稀相颗粒浓度与密相颗粒浓度的差别没有快速流化床那样悬殊，无气泡存在。稀相为连续相，密相为分散相，可称为絮团。下行流化床实验装置、径向颗粒浓度概率分布及其与快速流化床的对比分别如图 6.3～图 6.5 所示。第一加速段和第二加速段的运动较为复杂，气体对颗粒的曳力不仅有大小的变化，而且有方向的变化。等速段则为稳态运动，而且占据床体的大部分空间。从广义流态化的观点和气固相对运动的观点分析下行流化床中的气固运动可知，在等速段，尽管气体和颗粒相对于器壁都是向下运动的，但气体相对于颗粒是向上运动的，气体对颗粒的曳力方向向上与颗粒本身方向向下的重力相抗衡，这与气固并流向上的快速流化床相似，因此可以借鉴快速流化床的介尺度结构分析方法。本章着重研究等速段的床层介尺度结构，同时对加速段的流动结构也做初步讨论。

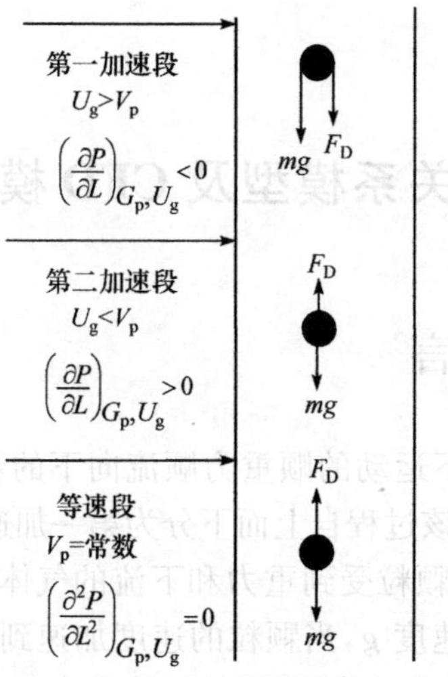

图 6.1　下行流化床三段流动示意图[1,2]

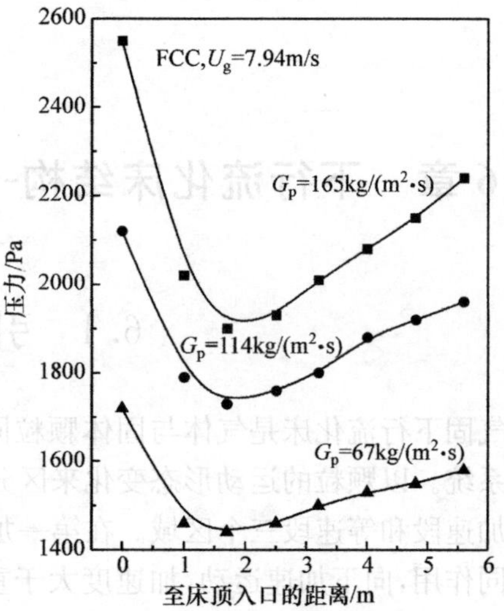

图 6.2　下行流化床轴向压力分布[1,2]

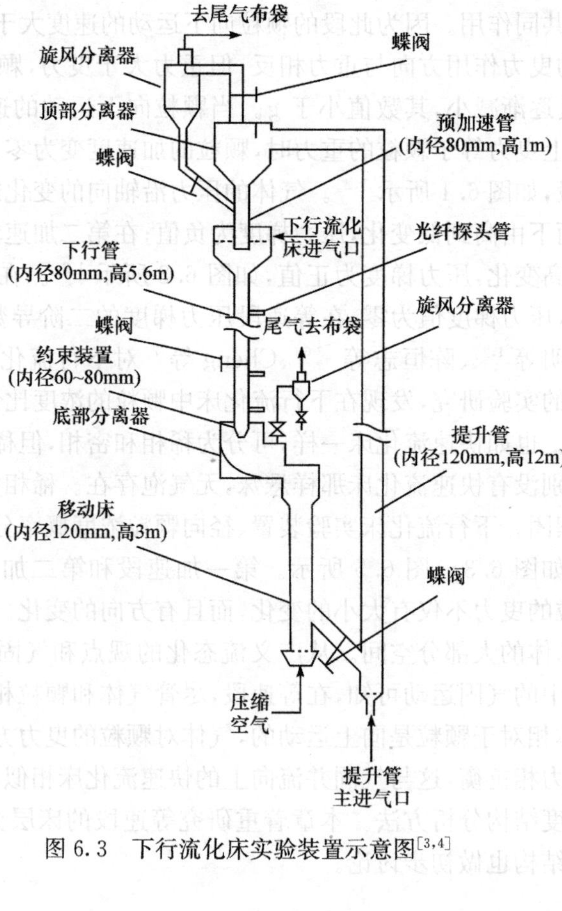

图 6.3　下行流化床实验装置示意图[3,4]

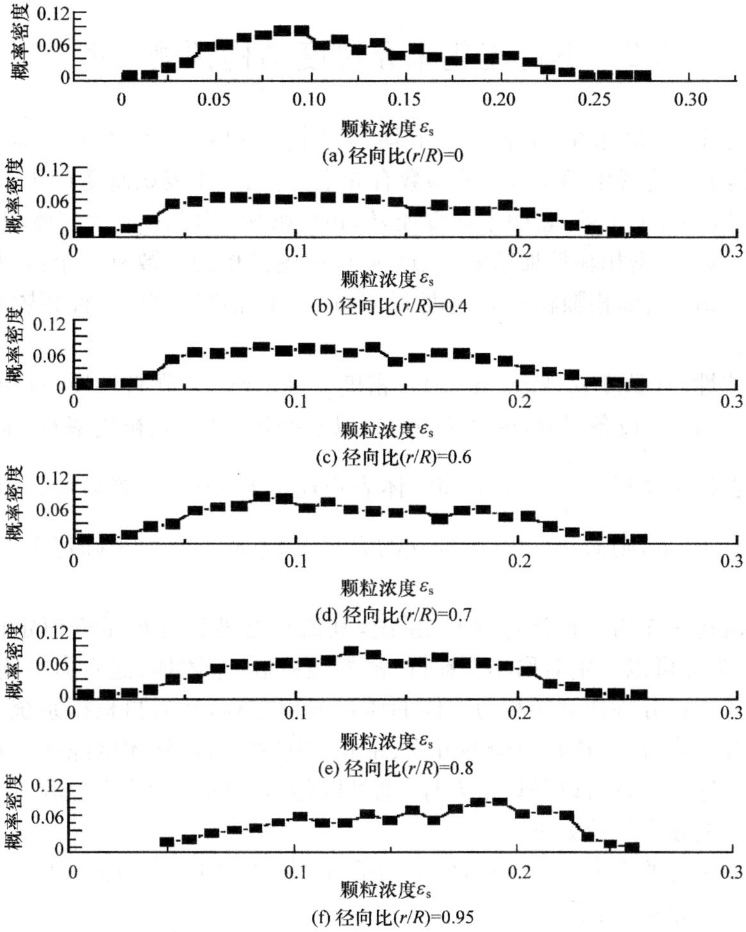

图 6.4　下行流化床沿径向各点颗粒浓度的概率密度分布[3]

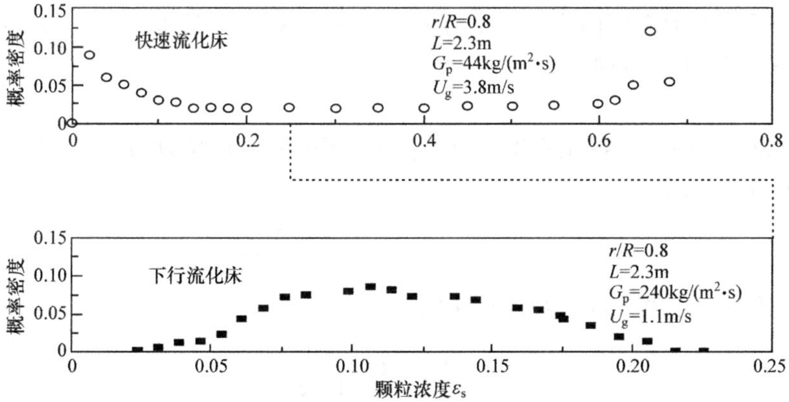

图 6.5　快速流化床与下行流化床颗粒浓度的概率密度分布对比[3,4]

6.2 下行流化床介尺度结构预测模型

气固下行流化床中的介尺度不均匀结构可以由 9 个参数来描述(参见图 3.3),其中描述密相(絮团相)的参数有 6 个:密相气体表观速度 U_{fc}(m/s)、密相颗粒表观速度 U_{pc}(m/s)、絮团平均直径 d_c(m)、密相空隙率(或气体体积分数)ε_c、密相体积分数 f、密相颗粒加速度 a_c(m/s^2);描述稀相的参数有 4 个:稀相气体表观速度 U_{fd}(m/s)、稀相颗粒表观速度 U_{pd}(m/s)、稀相空隙率 ε_d、稀相颗粒加速度 a_d(m/s^2)。

当气体性质(黏度 μ_f(kg/(m·s))、密度 ρ_f(kg/m^3))、颗粒性质(直径 d_p(m)、密度 ρ_p(kg/m^3))、设备尺寸(内径 D(m)),以及操作条件(颗粒流率 G_p(kg/(m^2·s))、颗粒表观速度 $U_p=\dfrac{G_p}{\rho_p}$(m/s)和气体表观速度 U_f(m/s))等确定后,其局部的结构参数有 10 个,则需建立 10 个独立的方程,通过联立求解来确定 10 个结构参数的数值。

下行流化床作为一种流体-颗粒系统,其流动必然遵守能量守恒定律和质量守恒定律,为此可以分别对稀相颗粒群、密相颗粒群(絮团体)建立力平衡方程(动量守恒方程),再分别建立颗粒与流体的质量守恒方程,然后再根据系统特征建立稀密两相等压降方程、稀相空隙率方程、密相空隙率方程、絮团空隙率方程和絮团尺寸方程。这些方程可以是理论方程,也可以是可靠的经验或半经验方程。现分别就各方程的建立讨论如下。

首先设定力的方向向下为正,向上为负;速度的方向向下为正,向上为负;床顶为高度坐标的原点,向下为正。

1. 絮团的力平衡方程

絮团受到的力有团内流体的曳力 F_{Dcn}、团外稀相流体的曳力 F_{Dcf}、团外稀相颗粒的撞击力 F_{pdc} 以及表观重力 F_{cg}。

1) F_{Dcn}的求定

F_{Dcn}为絮团中单个颗粒所受曳力 F_{Dc}与絮团内有效颗粒数 m 的乘积。

(1) F_{Dc}的求定。

$$F_{Dc}=C_{Dc}\rho_f\frac{1}{2}U_{sc}\left|U_{sc}\right|\frac{\pi}{4}d_p^2 \tag{6.1}$$

式中,U_{sc}为密相中的气固表观滑移速度,m/s:

$$U_{sc}=U_{fc}-U_{pc}\frac{\varepsilon_c}{1-\varepsilon_c} \tag{6.2}$$

(注:U_{sc}在第一加速段为正,在第二加速段和等速段为负。)

C_{Dc}为絮团相的曳力系数，当 $\varepsilon_c>0.8$ 时，根据 Wen-Yu 方程[9]有

$$C_{Dc}=C_{D0}\varepsilon_c^{-4.7} \tag{6.3}$$

式中，C_{D0}为单个颗粒与无限流体中的曳力系数，且有

$$C_{D0}=\begin{cases}0.44, & Re_p>1000\\ \dfrac{24}{Re_p}(1+0.15Re_p^{0.687}), & Re_p\leqslant 1000\end{cases} \tag{6.4}$$

依定义有

$$Re_p=\frac{\rho_f d_p U_s}{\mu_f}\quad（颗粒雷诺数） \tag{6.5}$$

式中，U_s 为气固表观滑移速度，m/s。

当 $\varepsilon_c\leqslant 0.8$ 时，C_{Dc}可由 Ergun 方程[10]给出：

$$C_{Dc}=200\frac{(1-\varepsilon_c)\mu_f}{\varepsilon_c^3\rho_f d_p|U_{sc}|}+\frac{7}{3\varepsilon_c^3} \tag{6.6}$$

(2) 絮团内有效颗粒数 m 的求定。

絮团外层颗粒的环境不同于内部颗粒的环境，外层颗粒的外侧面受稀相高速气流的作用，内侧面受密相低速气流的作用，相当于只有 1/2 的外层颗粒数为有效絮团颗粒，因此受密相低速气流作用的有效颗粒数 m 等于絮团的总颗粒数 m_c 减去 1/2 的外层颗粒数 m_s，即

$$m=m_c-\frac{1}{2}m_s=\frac{\dfrac{\pi}{6}d_c^3(1-\varepsilon_c)}{\dfrac{\pi}{6}d_p^3}-\frac{1}{2}\frac{\pi d_c^2(1-\varepsilon_c)}{\dfrac{\pi}{4}d_p^2}=(1-\varepsilon_c)\left(\frac{d_c}{d_p}\right)^3\left(1-2\frac{d_p}{d_c}\right) \tag{6.7}$$

因此有

$$F_{Dcn}=F_{Dc}m=\frac{\pi}{8}C_{Dc}\rho_f d_p^2 U_{sc}|U_{sc}|(1-\varepsilon_c)\left(\frac{d_c}{d_p}\right)^3\left(1-2\frac{d_p}{d_c}\right) \tag{6.8}$$

2) F_{Dcf}的求定

$$F_{Dcf}=C_{Di}\rho_f\frac{1}{2}U_{si}|U_{si}|\frac{\pi}{4}d_c^2 \tag{6.9}$$

式中，C_{Di}为相间相的曳力系数；U_{si}为相间相的气固表观滑移速度，m/s，且

$$C_{Di}=\begin{cases}C_{D0}\varepsilon_d^{-4.7}(1-f)^{-4.7}, & \varepsilon_i=\varepsilon_d(1-f)>0.8\\ 200\dfrac{(1-\varepsilon_i)\mu_f}{\varepsilon_i^3\rho_f d_c|U_{si}|}+\dfrac{7}{3\varepsilon_i^3}, & \varepsilon_i=\varepsilon_d(1-f)\leqslant 0.8\end{cases} \tag{6.10}$$

$$U_{si}=\left(U_{fd}-U_{pc}\frac{\varepsilon_d}{1-\varepsilon_c}\right)(1-f)=\left(\frac{U_{fd}}{\varepsilon_d}-\frac{U_{pc}}{1-\varepsilon_c}\right)\varepsilon_d(1-f) \tag{6.11}$$

3) F_{pdc}的求定

絮团以速度 $u_{pc}=\dfrac{U_{pc}}{1-\varepsilon_c}$向下运动时，其周围稀相中的单个颗粒则以速度 $u_{pd}=\dfrac{U_{pd}}{1-\varepsilon_d}$向下运动，因为 $d_p\ll d_c$，所以 $u_{pc}\gg u_{pd}$，絮团下方的单个颗粒不停地撞击聚团的下部，而稀相中的单颗粒撞击后速度由 u_{pd}增速至 u_{pc}，絮团上方及两侧的颗粒则不与絮团发生同向撞击。

(1) 絮团下方稀相颗粒相对于絮团的质量流率 G_{pdc}。

$$G_{pdc}=(u_{pd}-u_{pc})\rho_p(1-\varepsilon_d)\frac{\pi}{4}d_c^2 \tag{6.12}$$

(2) F_{pdc}的求定。

依动量守恒定律，有

$$\begin{aligned}F_{pdc}&=G_{pdc}(u_{pd}-u_{pc})=\rho_p(1-\varepsilon_d)\frac{\pi}{4}d_c^2(u_{pd}-u_{pc})\left|u_{pd}-u_{pc}\right|\\&=\rho_p(1-\varepsilon_d)\frac{\pi}{4}d_c^2\left(\frac{U_{pd}}{1-\varepsilon_d}-\frac{U_{pc}}{1-\varepsilon_c}\right)\left|\frac{U_{pd}}{1-\varepsilon_d}-\frac{U_{pc}}{1-\varepsilon_c}\right|\end{aligned} \tag{6.13}$$

4) F_{cg}的求定

$$F_{cg}=\frac{\pi}{6}d_c^3(1-\varepsilon_c)(\rho_p-\rho_f)g \tag{6.14}$$

因此，絮团的力平衡方程为

$$F_{Dcn}+F_{Dcf}+F_{pdc}+F_{cg}=\frac{\pi}{6}d_c^3(1-\varepsilon_c)(\rho_p-\rho_f)a_c \tag{6.15}$$

将方程(6.8)、方程(6.9)、方程(6.13)、方程(6.14)代入方程(6.15)得

$$\begin{aligned}&\frac{\pi}{8}C_{Dc}\rho_f d_p^2 U_{sc}\left|U_{sc}\right|(1-\varepsilon_c)\left(\frac{d_c}{d_p}\right)^3\left(1-2\frac{d_p}{d_c}\right)+C_{Di}\rho_f\frac{\pi}{8}d_c^2U_{si}\left|U_{si}\right|\\&+\rho_p(1-\varepsilon_d)\frac{\pi}{4}d_c^2\left(\frac{U_{pd}}{1-\varepsilon_d}-\frac{U_{pc}}{1-\varepsilon_c}\right)\left|\frac{U_{pd}}{1-\varepsilon_d}-\frac{U_{pc}}{1-\varepsilon_c}\right|\\&=\frac{\pi}{6}d_c^3(1-\varepsilon_c)(\rho_p-\rho_f)(a_c-g)\end{aligned} \tag{6.16}$$

若忽略稀密两相颗粒间的碰撞力，则式(6.16)可简化为

$$\begin{aligned}&\frac{\pi}{8}C_{Dc}\rho_f d_p^2 U_{sc}\left|U_{sc}\right|(1-\varepsilon_c)\left(\frac{d_c}{d_p}\right)^3\left(1-2\frac{d_p}{d_c}\right)+C_{Di}\rho_f\frac{\pi}{8}d_c^2U_{si}\left|U_{si}\right|\\&=\frac{\pi}{6}d_c^3(1-\varepsilon_c)(\rho_p-\rho_f)(a_c-g)\end{aligned} \tag{6.17}$$

2. *稀相颗粒群的力平衡方程*

取单位体积床层为研究对象，该床层含稀密两相，稀相中的颗粒群受到稀相气

流的曳力 F_{Ddn}、颗粒群与絮团的撞击力 F_{pdcn} 及颗粒群的表观重力 F_{dg} 的作用。

1) F_{Ddn} 表达式

(1) 稀相中单颗粒与气体之间的曳力 F_{Dd}。

$$F_{Dd}=C_{Dd}\rho_f\frac{1}{2}U_{sd}|U_{sd}|\frac{\pi}{4}d_p^2 \tag{6.18}$$

式中，C_{Dd} 为稀相的曳力系数；U_{sd} 为稀相中的气固表观滑移速度，m/s。

$$U_{sd}=U_{fd}-U_{pd}\frac{\varepsilon_d}{1-\varepsilon_d} \tag{6.19}$$

根据 Wen-Yu 方程[9]，当稀相空隙率 $\varepsilon_d>0.8$ 时，考虑周围颗粒群的影响，曳力系数需修正：

$$C_{Dd}=C_{D0}\varepsilon_d^{-4.7} \tag{6.20}$$

(2) F_{Ddn} 的求定。

$$F_{Ddn}=F_{Dd}\frac{(1-f)(1-\varepsilon_d)}{\frac{\pi}{6}d_p^3}=\frac{3}{4}C_{Dd}\rho_f U_{sd}|U_{sd}|\frac{(1-f)(1-\varepsilon_d)}{d_p} \tag{6.21}$$

2) F_{pdcn} 表达式

$$F_{pdcn}=-F_{pdc}\frac{f}{\frac{\pi}{6}d_c^3}=\frac{3}{2}\frac{f}{d_c}\rho_p(1-\varepsilon_d)\left(\frac{U_{pc}}{1-\varepsilon_c}-\frac{U_{pd}}{1-\varepsilon_d}\right)\left|\frac{U_{pc}}{1-\varepsilon_c}-\frac{U_{pd}}{1-\varepsilon_d}\right| \tag{6.22}$$

3) F_{dg} 表达式

$$F_{dg}=(1-f)(1-\varepsilon_d)(\rho_p-\rho_f)g \tag{6.23}$$

因此，稀相颗粒群的受力平衡方程为

$$F_{Ddn}+F_{pdcn}+F_{dg}=(1-f)(1-\varepsilon_d)(\rho_p-\rho_f)a_d \tag{6.24}$$

将方程(6.21)、方程(6.22)、方程(6.23)代入方程(6.24)得

$$\frac{3}{4}C_{Dd}\rho_f U_{sd}|U_{sd}|\frac{(1-f)(1-\varepsilon_d)}{d_p}+\frac{3}{2}\frac{f}{d_c}\rho_p(1-\varepsilon_d)\left(\frac{U_{pc}}{1-\varepsilon_c}-\frac{U_{pd}}{1-\varepsilon_d}\right)\left|\frac{U_{pc}}{1-\varepsilon_c}-\frac{U_{pd}}{1-\varepsilon_{pd}}\right|$$
$$=(1-f)(1-\varepsilon_d)(\rho_p-\rho_f)(a_d-g) \tag{6.25}$$

若忽略稀密两相颗粒间的碰撞力，则式(6.25)可简化为

$$\frac{3}{4}C_{Dd}\rho_f U_{sd}|U_{sd}|\frac{(1-f)(1-\varepsilon_d)}{d_p}=(1-f)(1-\varepsilon_d)(\rho_p-\rho_f)(a_d-g) \tag{6.25a}$$

3. 流体质量守恒方程

$$U_f=fU_{fc}+(1-f)U_{fd} \tag{6.26}$$

4. 颗粒质量守恒方程

$$U_{\mathrm{p}}=\frac{G_{\mathrm{p}}}{\rho_{\mathrm{p}}}=fU_{\mathrm{pc}}+(1-f)U_{\mathrm{pd}} \tag{6.27}$$

5. 平均空隙率方程

$$\varepsilon_{\mathrm{f}}=f\varepsilon_{\mathrm{c}}+(1-f)\varepsilon_{\mathrm{d}} \tag{6.28}$$

6. 稀密两相等压降梯度方程

根据床层各水平截面上各点气体压力相等的原则，判定气体流过稀相的压降与流过密相的压降相等，故可依次建立等压降梯度方程。

(1) 稀相的压降梯度$\left(\frac{\mathrm{d}P}{\mathrm{d}z}\right)_{\mathrm{d}}$。

压降梯度等于单位体积稀相中气固间的曳力，故有

$$\left(\frac{\mathrm{d}P}{\mathrm{d}z}\right)_{\mathrm{d}}=-\frac{1-\varepsilon_{\mathrm{d}}}{\frac{\pi}{6}d_{\mathrm{p}}^{3}}C_{\mathrm{Dd}}\frac{\pi}{4}d_{\mathrm{p}}^{2}\ \frac{1}{2}\rho_{\mathrm{f}}U_{\mathrm{sd}}\left|U_{\mathrm{sd}}\right|=-\frac{3}{4}C_{\mathrm{Dd}}\frac{\rho_{\mathrm{f}}}{d_{\mathrm{p}}}(1-\varepsilon_{\mathrm{d}})U_{\mathrm{sd}}\left|U_{\mathrm{sd}}\right| \tag{6.29}$$

(2) 密相的压降梯度$\left(\frac{\mathrm{d}P}{\mathrm{d}z}\right)_{\mathrm{c}}$。

$$\left(\frac{\mathrm{d}P}{\mathrm{d}z}\right)_{\mathrm{c}}=-\frac{1-\varepsilon_{\mathrm{c}}}{\frac{\pi}{6}d_{\mathrm{p}}^{3}}C_{\mathrm{Dc}}\frac{\pi}{4}d_{\mathrm{p}}^{2}\ \frac{1}{2}\rho_{\mathrm{f}}U_{\mathrm{sc}}\left|U_{\mathrm{sc}}\right|=-\frac{3}{4}C_{\mathrm{Dc}}\frac{\rho_{\mathrm{f}}}{d_{\mathrm{p}}}(1-\varepsilon_{\mathrm{c}})U_{\mathrm{sc}}\left|U_{\mathrm{sc}}\right| \tag{6.30}$$

(3) 相间相的压降梯度$\left(\frac{\mathrm{d}P}{\mathrm{d}z}\right)_{\mathrm{i}}$。

相间相的压降梯度是由于稀相气流与絮团表面作用力所产生的稀相气体的压降梯度。

$$\left(\frac{\mathrm{d}P}{\mathrm{d}z}\right)_{\mathrm{i}}=-\frac{f}{\frac{\pi}{6}d_{\mathrm{c}}^{3}}C_{\mathrm{Di}}\frac{\pi}{4}d_{\mathrm{c}}^{2}\ \frac{1}{2}\rho_{\mathrm{f}}U_{\mathrm{si}}\left|U_{\mathrm{si}}\right|\frac{1}{1-f}=-\frac{3}{4}C_{\mathrm{Di}}\frac{\rho_{\mathrm{f}}}{d_{\mathrm{c}}}\frac{f}{1-f}U_{\mathrm{si}}\left|U_{\mathrm{si}}\right| \tag{6.31}$$

因此，稀密两相等压降梯度方程为

$$\left(\frac{\mathrm{d}P}{\mathrm{d}z}\right)_{\mathrm{d}}+\left(\frac{\mathrm{d}P}{\mathrm{d}z}\right)_{\mathrm{i}}=\left(\frac{\mathrm{d}P}{\mathrm{d}z}\right)_{\mathrm{c}} \tag{6.32}$$

将方程(6.29)、方程(6.30)、方程(6.31)代入方程(6.32)得

$$\frac{3}{4}C_{\mathrm{Dd}}\frac{\rho_{\mathrm{f}}}{d_{\mathrm{p}}}(1-\varepsilon_{\mathrm{d}})U_{\mathrm{sd}}\left|U_{\mathrm{sd}}\right|+\frac{3}{4}C_{\mathrm{Di}}\frac{\rho_{\mathrm{f}}f}{d_{\mathrm{c}}(1-f)}U_{\mathrm{si}}\left|U_{\mathrm{si}}\right|=\frac{3}{4}C_{\mathrm{Dc}}\frac{\rho_{\mathrm{f}}}{d_{\mathrm{p}}}(1-\varepsilon_{\mathrm{c}})U_{\mathrm{sc}}\left|U_{\mathrm{sc}}\right|$$

化简得

$$C_{\mathrm{Dd}}\frac{1-\varepsilon_{\mathrm{d}}}{d_{\mathrm{p}}}U_{\mathrm{sd}}|U_{\mathrm{sd}}|+C_{\mathrm{Di}}\frac{f}{d_{\mathrm{c}}(1-f)}U_{\mathrm{si}}|U_{\mathrm{si}}|=C_{\mathrm{Dc}}\frac{1-\varepsilon_{\mathrm{c}}}{d_{\mathrm{p}}}U_{\mathrm{sc}}|U_{\mathrm{sc}}| \tag{6.33}$$

7. 稀相内空隙率方程

稀相可认为颗粒在流体中均匀分散，符合散式流态化的特征，因此可采用 R-Z 方程[11]来预测稀相空隙率 ε_{d}（注：在加速段可能有误差）：

$$\varepsilon_{\mathrm{d}}^{n}=\frac{U_{\mathrm{sd}}}{U_{\mathrm{t}}}=\frac{U_{\mathrm{fd}}}{U_{\mathrm{t}}}-\frac{U_{\mathrm{pd}}}{U_{\mathrm{t}}}\left(\frac{\varepsilon_{\mathrm{d}}}{1-\varepsilon_{\mathrm{d}}}\right) \tag{6.34}$$

式中，n 为空隙率指数，可由 Kwauk 算图[12]（参见图 2.7）查得，或由 Garside 和 Al-Dibouni[13]的关系式计算：

$$n=\frac{5.1+0.28Re_{\mathrm{t}}^{0.9}}{1+0.10Re_{\mathrm{t}}^{0.9}} \tag{6.35}$$

U_{t} 为颗粒的终端速度，m/s，可由如下公式求得：

$$Ar=\frac{3}{4}C_{\mathrm{D0}}Re_{\mathrm{t}}^{2} \tag{6.36}$$

式中，

$$Ar=\frac{d_{\mathrm{p}}^{3}g\rho_{\mathrm{p}}\rho_{\mathrm{f}}}{\mu_{\mathrm{f}}^{2}}\quad\text{(阿基米德数)} \tag{6.37}$$

$$Re_{\mathrm{t}}=\frac{U_{\mathrm{t}}d_{\mathrm{p}}\rho_{\mathrm{f}}}{\mu_{\mathrm{f}}}\quad\text{(颗粒终端雷诺数)} \tag{6.38}$$

当 $Ar\leqslant 18$ 时，

$$C_{\mathrm{D0}}=24/Re_{\mathrm{t}},\quad Re_{\mathrm{t}}=Ar/18 \tag{6.39}$$

当 $18<Ar<82500$ 时，

$$C_{\mathrm{D0}}=10/Re_{\mathrm{t}}^{0.5},\quad Re_{\mathrm{t}}=\left(\frac{Ar}{7.5}\right)^{\frac{1}{1.5}} \tag{6.40}$$

当 $Ar\geqslant 82500$ 时，

$$C_{\mathrm{D0}}=0.44,\quad Re_{\mathrm{t}}=1.74Ar^{0.5} \tag{6.41}$$

$$U_{\mathrm{t}}=\frac{Re_{\mathrm{t}}\mu_{\mathrm{f}}}{d_{\mathrm{p}}\rho_{\mathrm{f}}} \tag{6.42}$$

根据 Matson[14]的假设，稀相中不产生颗粒聚团的临界空隙率为 0.9997，故可以假设：

$$\varepsilon_{\mathrm{d}}=0.9997 \tag{6.43}$$

8. 密相内空隙率方程

对于密相，可认为颗粒在流体中均匀分散，符合散式流态化的特征，因此可采

用 R-Z 方程[11]来预测密相空隙率 ε_c(注:在加速段可能有误差):

$$\varepsilon_c^n = \frac{U_{sc}}{U_t} = \frac{U_{fc}}{U_t} - \frac{U_{pc}}{U_t}\frac{\varepsilon_c}{1-\varepsilon_c} \tag{6.44}$$

式中,n 为空隙率指数,可由 Kwauk 算图[12](参见图 2.7)查得,或由式(6.35)计算得出。

Wang 等[15]发现,絮团的空隙率与床层局部平均空隙率相关,根据实验数据归纳出如下经验关系式:

$$\varepsilon_c = \varepsilon_f - n_c\sigma_\varepsilon \tag{6.45}$$

式中,n_c 为可调参数,其取值范围为 1~3,它对最终曳力计算结果影响不大,一般取 1 即可。

$$\sigma_\varepsilon = \varepsilon_s\sqrt{S(\varepsilon_s, 0)} \tag{6.46}$$

其中,

$$S(\varepsilon_s, 0) = \frac{(1-\varepsilon_s)^4}{1+4\varepsilon_s+4\varepsilon_s^2-4\varepsilon_s^3+\varepsilon_s^4} \tag{6.47}$$

式中,

$$\varepsilon_s = 1-\varepsilon_f \tag{6.48}$$

9. 絮团空隙率方程

在下行流化床的局部区域,可以认为絮团在稀相气流中是均匀分布的,则絮团相-稀相气流体系符合散式流态化的特征,因此絮团的空隙率$(1-f)\varepsilon_d$ 也可采用 R-Z 方程[11]来预测。

$$[(1-f)\varepsilon_d]^n = \frac{U_{si}}{U_{tc}} \tag{6.49}$$

式中,U_{si}为相间相的气固表观滑移速度,m/s,且

$$U_{si} = \left(U_{fd} - U_{pc}\frac{\varepsilon_d}{1-\varepsilon_c}\right)(1-f) = \left(\frac{U_{fd}}{\varepsilon_d} - \frac{U_{pc}}{1-\varepsilon_c}\right)\varepsilon_d(1-f) \tag{6.50}$$

U_{tc}为单个聚团的终端速度,m/s,U_{tc}的求解方法同前面,其中

$$Ar = \frac{d_c^3 g\rho_c\rho_f}{\mu_f^2} \tag{6.51}$$

式中,ρ_c 为絮团的表观密度,kg/m³。

$$U_{tc} = \frac{Re_t\mu_f}{d_c\rho_f} \tag{6.52}$$

关键是求解絮团的表观密度 ρ_c,絮团除了受团外稀相气流的曳力外,还受到团底部稀相颗粒的撞击力 F_{pdc}和团内气流的曳力 F_{Dcn},因此

$$\rho_c=\frac{\frac{\pi}{6}d_c^3\rho_p(1-\varepsilon_c)g-F_{Dcn}-F_{pdc}}{\frac{\pi}{6}d_c^3 g}$$

$$=\rho_p(1-\varepsilon_c)-\frac{3}{4}C_{Dc}\rho_f\frac{(1-\varepsilon_c)U_{sc}^2}{d_p g}\left(1-2\frac{d_p}{d_c}\right)-\frac{3}{2}\frac{\rho_p(1-\varepsilon_d)}{d_c g}\left(\frac{U_{pc}}{1-\varepsilon_c}-\frac{U_{pd}}{1-\varepsilon_d}\right)^2 \tag{6.53}$$

10. 絮团尺寸方程

对于 Geldart A 类颗粒物料，Harris 等[16]对来自实验室和工业装置不同规模的提升管中颗粒絮团尺寸数据进行了归纳，得到如下经验关系式：

$$d_c=\frac{\varepsilon_s}{40.8-94.5\varepsilon_s} \tag{6.54}$$

Gu 和 Chen[17]根据实验数据，归纳出如下关系式：

$$d_c=d_p+(0.027-10d_p)\varepsilon_s+32\varepsilon_s^6 \tag{6.55}$$

对于 Geldart B 类颗粒物料，Subbarao[18]提出如下的关系式：

$$d_c=[(1-\varepsilon_f)/(\varepsilon_f-\varepsilon_c)]^{1/3}2U_t^2/g[1+U_t^2/(0.35\sqrt{gD_t})^2]+d_p \tag{6.56}$$

11. 10 个结构参数的求解

在 CFD 计算中，U_f、U_p、ε_f 为已知。

上述 10 个参数可以通过以上建立的方程(6.16)或方程(6.17)、方程(6.25)或方程(6.25a)、方程(6.26)、方程(6.27)、方程(6.28)、方程(6.33)、方程(6.34)或方程(6.43)、方程(6.44)或方程(6.45)、方程(6.49)、方程(6.54)或方程(6.55)或方程(6.56)等 10 个独立方程联立求解而得。建议的求解途径如下：

(1) 令稀相空隙率 $\varepsilon_d=0.9997$。

(2) 由方程(6.45)求解密相空隙率 ε_c。

(3) 由方程(6.28)求解密相体积分数 f。

(4) 联立方程(6.26)、方程(6.27)、方程(6.34)、方程(6.44)进行求解，得稀密两相的气固表观速度 U_{fd}、U_{pd}、U_{fc}、U_{pc}。

(5) 由方程(6.33)求解聚团直径 d_c。

(6) 由方程(6.16)或方程(6.17)求解密相颗粒加速度 a_c。

(7) 由方程(6.25)或方程(6.25a)求解稀相颗粒加速度 a_d。

6.3　气固相互作用曳力系数模型

在求得下行流化床介尺度结构参数的基础上，可以建立基于介尺度结构参数的曳力系数模型，以取代传统的基于拟均匀假设的曳力系数公式，从而使两流体模型对流化床模拟的结果更为准确，接近于实际情况。

(1) 单位体积床层密相(絮团相)中气体对颗粒的曳力 F_{Dc0}。

$$F_{Dc0}=\frac{f}{\frac{\pi}{6}d_c^3}F_{Dcn}=\frac{\pi}{8}C_{Dc}\rho_f d_p^2 U_{sc}\left|U_{sc}\right|(1-\varepsilon_c)\left(\frac{d_c}{d_p}\right)^3\left(1-2\frac{d_p}{d_c}\right)\frac{f}{\frac{\pi}{6}d_c^3} \tag{6.57}$$

(2) 单位体积床层稀相中气体对颗粒的曳力 F_{Ddn}。

$$F_{Ddn}=F_{Dd}\frac{(1-f)(1-\varepsilon_d)}{\frac{\pi}{6}d_p^3}=\frac{3}{4}C_{Dd}\rho_f U_{sd}\left|U_{sd}\right|\frac{(1-f)(1-\varepsilon_d)}{d_p}$$

(3) 单位体积床层中稀相气体对密相絮团的曳力 F_{Din}。

$$F_{Din}=F_{Dcf}\frac{f}{\frac{\pi}{6}d_c^3}=C_{Di}\rho_f\frac{1}{2}U_{si}\left|U_{si}\right|\frac{\pi}{4}d_c^2\frac{f}{\frac{\pi}{6}d_c^3} \tag{6.58}$$

(4) 单位体积床层中气体对颗粒的总曳力 F_D。

$$F_D=F_{Dc0}+F_{Ddn}+F_{Din} \tag{6.59}$$

(5) 平均曳力系数$\overline{C}_D$。

根据平均曳力系数的定义：

$$F_D=\frac{1-\varepsilon_f}{\frac{\pi}{6}d_p^3}\overline{C}_D\frac{1}{2}\rho_f U_s\left|U_s\right|\frac{\pi}{4}d_p^2 \tag{6.60}$$

式中，U_s 为气固表观滑移速度：

$$U_s=U_f-U_p\frac{\varepsilon_f}{1-\varepsilon_f} \tag{6.61}$$

对比式(6.59)和式(6.60)可得$\overline{C}_D$的表达式为

$$\overline{C}_D=C_{Dc}f\frac{1-\varepsilon_c}{1-\varepsilon_f}\left(1-2\frac{d_p}{d_c}\right)\left(\frac{U_{sc}}{U_s}\right)^2+C_{Dd}(1-f)\frac{1-\varepsilon_d}{1-\varepsilon_f}\left(\frac{U_{sd}}{U_s}\right)^2+C_{Di}\frac{f}{1-\varepsilon_f}\frac{d_p}{d_c}\left(\frac{U_{si}}{U_s}\right)^2 \tag{6.62}$$

式(6.62)即为曳力系数与下行流化床不均匀结构参数之间的定量关系。

而传统的计算公式则为 Wen-Yu 关系式[9]，即

$$\overline{C}_D=C_{D0}\varepsilon_f^{-4.7} \tag{6.63}$$

显然式(6.62)与式(6.63)是不同的，式(6.62)考虑了下行流化床不均匀结构参数的影响，而式(6.63)仅仅在单颗粒曳力系数 C_{D0} 的基础上用平均空隙率 ε_f 加以修正，计算误差大。因此，计算下行流化床中气固总相互作用的曳力系数时应采取式(6.62)。

6.4　下行流化床局部传质结构参数预测模型

计算流化床传质，除了以上的流动结构参数外，还需求解如下 7 个浓度参数：C_f、C_d、C_c、C_{sd}、C_{sc}、C_{si}、C_{sf}，需建立 7 个方程联立求解。下行流化床的传质机制与快速流化床完全一样，李洪钟[19]提出如下快速流化床传质结构参数预测模型，可以用来作为下行流化床的传质结构参数预测模型。

在下行流化床设备中取一个微分单元薄层，设备的截面积为 A，薄层厚度为 dz。设气流为活塞流，dz 间距中的结构变化忽略不计，过程为稳态，气体中目标组分浓度经 dz 间距后会发生一定变化，如图 6.6 所示。

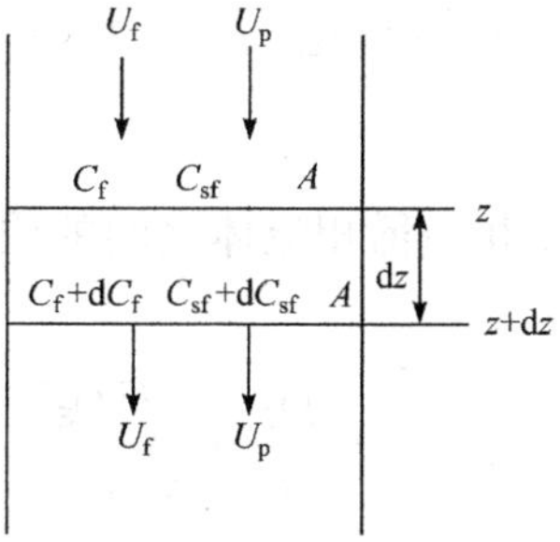

图 6.6　下行流化床传质微分单元薄层

(1) 稀相传质方程。

对单元薄层稀相中的目标组分建立质量平衡关系可得如下稀相传质方程：

$$U_{fd}(1-f)\frac{dC_d}{dz}=K_d a_p(1-\varepsilon_d)(1-f)(C_{sd}-C_d)+K_i a_c(1-\varepsilon_c)f(C_{si}-C_d)+K_{cd}a_c f\varepsilon_c(C_c-C_d) \tag{6.64}$$

(2) 密相传质方程。

对单元薄层密(絮团)相中的目标组分建立质量平衡关系可得如下密相传质方程：

$$U_{fc}f\frac{dC_c}{dz}=K_c(a_p-a_c)(1-\varepsilon_c)f(C_{sc}-C_c)-K_{cd}a_c f\varepsilon_c(C_c-C_d) \tag{6.65}$$

(3) 平均浓度方程。

$$C_f\varepsilon_f=C_d\varepsilon_d(1-f)+C_c f\varepsilon_c \tag{6.66}$$

此外，颗粒表面的浓度应由颗粒表面的传质与反应或吸收(吸附)的平衡关系所决定，因此又可建立如下 4 个方程。

(4) 稀相传质与反应平衡方程。

$$k_r(1-\varepsilon_d)(1-f)C_{sd}\eta=K_d(1-\varepsilon_d)(1-f)a_p(C_d-C_{sd}) \tag{6.67}$$

(5) 密相传质与反应平衡方程。

$$k_r\left[(1-\varepsilon_c)f-2(1-\varepsilon_c)f\frac{d_p}{d_c}\right]C_{sc}\eta=K_c\left[(1-\varepsilon_c)fa_p-(1-\varepsilon_c)fa_c\right](C_c-C_{sc}) \tag{6.68}$$

(6) 相间相传质与反应平衡方程。

$$k_r2(1-\varepsilon_c)f\frac{d_p}{d_c}C_{si}\eta=K_i(1-\varepsilon_c)fa_c(C_d-C_{si}) \tag{6.69}$$

式中，a_p、a_c 分别为颗粒和絮团的比表面积，m^{-1}；k_r 为反应或吸收(吸附)速率常数，s^{-1}；η 为颗粒体积有效因子。

(7) 总传质与反应平衡方程。

$$(1-\varepsilon_f)C_{sf}=(1-\varepsilon_d)(1-f)C_{sd}+\left[(1-\varepsilon_c)f-2(1-\varepsilon_c)f\frac{d_p}{d_c}\right]C_{sc}+2(1-\varepsilon_c)f\frac{d_p}{d_c}C_{si} \tag{6.70}$$

上述 7 个方程中，K_{cd} 为密相与稀相流体之间的质量变换系数(m/s)，由 Higbie[20] 的渗透公式给出：

$$K_{cd}=2.0\frac{D\varepsilon_c}{d_c}+\sqrt{\frac{4D\varepsilon_c}{\pi t_1}} \tag{6.71}$$

式中，

$$t_1=\frac{d_c}{\left|\dfrac{U_{fc}}{\varepsilon_c}-\dfrac{U_{pc}}{1-\varepsilon_c}\right|} \tag{6.72}$$

K_d、K_c、K_i 分别为稀相、密相和相间相气固间的传质系数，m/s，建议采用 La Nauze-Jung 公式[21,22]计算：

$$K_d=2\varepsilon_d\frac{D}{d_p}+0.69\frac{D}{d_p}\left(\frac{U_{sd}d_p\rho_f}{\varepsilon_d\mu_f}\right)^{\frac{1}{2}}\left(\frac{\mu_f}{\rho_f D}\right)^{\frac{1}{3}} \tag{6.73}$$

$$K_c=2\varepsilon_c\frac{D}{d_p}+0.69\frac{D}{d_p}\left(\frac{U_{sc}d_p\rho_f}{\varepsilon_c\mu_f}\right)^{\frac{1}{2}}\left(\frac{\mu_f}{\rho_f D}\right)^{\frac{1}{3}} \tag{6.74}$$

$$K_i=2\varepsilon_d(1-f)\frac{D}{d_c}+0.69\frac{D}{d_c}\left[\frac{U_{si}d_c\rho_f}{\varepsilon_d(1-f)\mu_f}\right]^{\frac{1}{2}}\left(\frac{\mu_f}{\rho_f D}\right)^{\frac{1}{3}} \tag{6.75}$$

需要说明，当过程为传质控制时，颗粒表面浓度为零，即 $C_{sc}=C_{sd}=C_{si}=C_{sf}=0$，此时仅需联立方程(6.64)或方程(6.65)、方程(6.66)、方程(6.70)求解 C_c、C_d、C_f 即可。

当过程为反应控制时，颗粒表面浓度等于其周边流体浓度，即 $C_d=C_{sd}$，$C_c=C_{sc}$，$C_{si}=C_d$，此时仅需联立方程(6.64)、方程(6.65)、方程(6.66)、方程(6.70)求解 C_c、C_d、C_f、C_{sf}即可。

6.5　下行流化床质量传递的传质系数模型

(1) 单位体积微元中稀相颗粒传入稀相气体中目标组分的质量 M_d。

$$M_d=K_d a_p(1-\varepsilon_d)(1-f)(C_{sd}-C_d) \tag{6.76}$$

式中，a_p 为颗粒比表面积，m^{-1}，对于球体，$a_p=\frac{6}{d_p}$。

(2) 单位体积微元中密相颗粒传入密相气体中目标组分的质量 M_c。

$$\begin{aligned}M_c&=K_c[a_p(1-\varepsilon_c)f-a_c(1-\varepsilon_c)f](C_{sc}-C_c)\\&=K_c(a_p-a_c)(1-\varepsilon_c)f(C_{sc}-C_c)\end{aligned} \tag{6.77}$$

(3) 单位体积微元体中絮团表面颗粒传入稀相气体中目标组分的质量 M_i。

$$M_i=K_i a_c(1-\varepsilon_c)f(C_{si}-C_d) \tag{6.78}$$

式中，a_c 为絮团比表面积，m^{-1}，对于球体，$a_c=\frac{6}{d_c}$。

(4) 单位体积微元中颗粒传入气体中目标组分的总质量 M_o。

$$\begin{aligned}M_o&=M_d+M_c+M_i\\&=K_d a_p(1-\varepsilon_d)(1-f)(C_{sd}-C_d)+K_c(a_p-a_c)(1-\varepsilon_c)f(C_{sc}-C_c)\\&\quad+K_i a_c(1-\varepsilon_c)f(C_{si}-C_d)\end{aligned} \tag{6.79}$$

另外，M_o 也可由整体平均传质系数 K_f、平均空隙率 ε_f、平均浓度 C_f 来表示，即

$$M_o=K_f a_p(1-\varepsilon_f)(C_{sf}-C_f) \tag{6.80}$$

对比式(6.79)与式(6.80)可知

$$K_f=\frac{K_d a_p(1-\varepsilon_d)(1-f)(C_{sd}-C_d)+K_c(a_p-a_c)(1-\varepsilon_c)f(C_{sc}-C_c)+K_i a_c(1-\varepsilon_c)f(C_{si}-C_d)}{a_p(1-\varepsilon_f)(C_{sf}-C_f)} \tag{6.81}$$

式(6.81)即为下行流化床局部平均传质系数与结构参数的关系定量表达式。

6.6　下行流化床局部传热结构参数预测模型

计算流化床传热，除了以上流动结构参数外，还需求解 t_f、t_p、t_{fc}、t_{pc}、t_{fd}、t_{pd} 6 个温度参数，为此需要进一步建立 6 个各相中气、固之间的传热方程，然后联立求解。李洪钟[19]提出如下快速流化床传热结构参数预测模型，可用来作为下行流化床传热结构参数预测模型。

在快速流化床设备中取一个微分单元薄层，设备的截面积为 A，薄层厚度为 dz。设气流为活塞流，dz 间距中的结构变化忽略不计，过程为稳态，各相温度经 dz

间距后会发生一定变化，如图 6.7 所示。

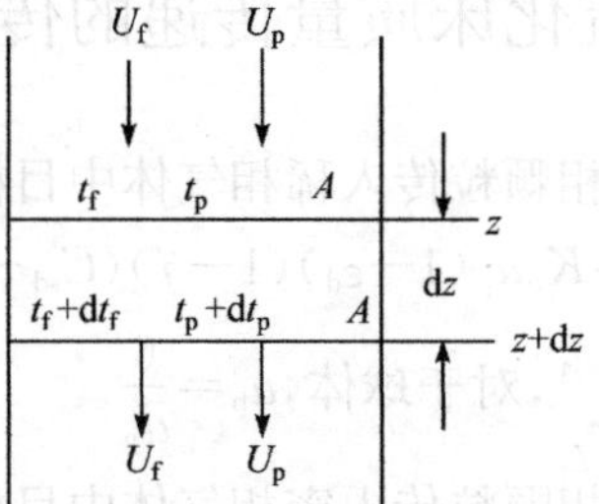

图 6.7　下行流化床传热微分单元薄层

(1) 稀相区气体的传热微分方程。

对单元薄层稀相气体建立热量平衡可得如下稀相气体传热方程：

$$\rho_f C_p U_{fd}(1-f)\frac{dt_{fd}}{dz}=\alpha_d a_p(1-\varepsilon_d)(1-f)(t_{pd}-t_{fd})+\alpha_i a_c(1-\varepsilon_c)f(t_{pc}-t_{fd})+\alpha_{cd}a_c f\varepsilon_c(t_{fc}-t_{fd}) \tag{6.82}$$

(2) 密相区气体的传热微分方程。

对单元薄层密(絮团)相气体建立热量平衡可得如下密相气体传热方程：

$$\rho_f C_p U_{fc} f\frac{dt_{fc}}{dz}=\alpha_c(a_p-a_c)f(1-\varepsilon_c)(t_{pc}-t_{fc})-\alpha_{cd}a_c\varepsilon_c f(t_{fc}-t_{fd}) \tag{6.83}$$

(3) 稀相区固体颗粒的传热微分方程。

对单元薄层稀相固体颗粒建立热量平衡可得如下稀相固体颗粒传热方程：

$$\rho_p C_s U_{pd}(1-f)\frac{dt_{pd}}{dz}=-\alpha_d a_p(1-\varepsilon_d)(1-f)(t_{pd}-t_{fd}) \tag{6.84}$$

(4) 密相区固体颗粒的传热微分方程。

对单元薄层密(絮团)相固体建立热量平衡可得如下密相固体传热方程：

$$\rho_p C_s U_{pc} f\frac{dt_{pc}}{dz}=-\alpha_c(a_p-a_c)f(1-\varepsilon_c)(t_{pc}-t_{fc})-\alpha_i a_c(1-\varepsilon_c)f(t_{pc}-t_{fd}) \tag{6.85}$$

(5) 固相颗粒平均温度。

$$(1-\varepsilon_f)t_p=(1-f)(1-\varepsilon_d)t_{pd}+f(1-\varepsilon_c)t_{pc} \tag{6.86}$$

(6) 气相平均温度。

$$\varepsilon_f t_f=(1-f)\varepsilon_d t_{fd}+f\varepsilon_c t_{fc} \tag{6.87}$$

上述 6 个方程中，α_{cd} 为密相与稀相流体之间的热量变换系数，$J/(m^2\cdot s\cdot K)$，由 Higbie[20] 的渗透公式类推给出：

$$\alpha_{cd}=2.0\frac{\lambda\varepsilon_c}{d_c}+2\rho_f c_p\sqrt{\frac{a\varepsilon_c}{\pi t_1}} \tag{6.88}$$

式中，$a=\frac{\lambda}{c_p\rho_f}$为热扩散系数，$m^2/s$；$\lambda$ 为流体导热系数，$J/(m\cdot s\cdot K)$；c_p 为流体定压比热容，$J/(kg\cdot K)$；t_1 为交换时间，s。

$$t_1=\frac{d_c}{\left|\frac{U_{fc}}{\varepsilon_c}-\frac{U_{pc}}{1-\varepsilon_c}\right|} \tag{6.89}$$

α_d、α_c、α_i 分别为稀相、密相和相间相气固间的给热系数，$J/(m^2\cdot s\cdot K)$，根据 Rowe 等[23]建议，可由 La Nauze-Jung[21,22]的传质公式类推而得：

$$\alpha_d=2\varepsilon_d\frac{\lambda}{d_p}+0.69\frac{\lambda}{d_p}\left(\frac{U_{sd}d_p\rho_f}{\varepsilon_d\mu_f}\right)^{\frac{1}{2}}\left(\frac{c_p\mu_f}{\lambda}\right)^{\frac{1}{3}} \tag{6.90}$$

$$\alpha_c=2\varepsilon_c\frac{\lambda}{d_p}+0.69\frac{\lambda}{d_p}\left(\frac{U_{sc}d_p\rho_f}{\varepsilon_c\mu_f}\right)^{\frac{1}{2}}\left(\frac{c_p\mu_f}{\lambda}\right)^{\frac{1}{3}} \tag{6.91}$$

$$\alpha_i=2\varepsilon_d(1-f)\frac{\lambda}{d_c}+0.69\frac{\lambda}{d_c}\left[\frac{U_{si}d_c\rho_f}{\varepsilon_d(1-f)\mu_f}\right]^{\frac{1}{2}}\left(\frac{c_p\mu_f}{\lambda}\right)^{\frac{1}{3}} \tag{6.92}$$

式中，c_p、c_s 分别为气体定压比热容和固体定压比热容，$J/(kg\cdot K)$。

6.7　下行流化床热量传递的给热系数模型

（1）单位体积微元中稀相颗粒传给稀相气体的热量 H_d。

$$H_d=\alpha_d a_p(1-\varepsilon_d)(1-f)(t_{pd}-t_{fd}) \tag{6.93}$$

（2）单位体积微元中密相颗粒传给密相气体的热量 H_c。

$$H_c=\alpha_c(a_p-a_c)(1-\varepsilon_c)f(t_{pc}-t_{fc}) \tag{6.94}$$

（3）单位体积微元中絮团表面颗粒传给稀相气体的热量 H_i。

$$H_i=\alpha_i a_c(1-\varepsilon_c)f(t_{pc}-t_{fd}) \tag{6.95}$$

（4）单位体积微元中固体颗粒传给气体的总热量 H_o。

$$\begin{aligned}H_o&=H_d+H_c+H_i\\&=\alpha_d a_p(1-\varepsilon_d)(1-f)(t_{pd}-t_{fd})+\alpha_c(a_p-a_c)(1-\varepsilon_c)f(t_{pc}-t_{fc})\\&\quad+\alpha_i a_c(1-\varepsilon_c)f(t_{pc}-t_{fd})\end{aligned} \tag{6.96}$$

但若设 α_f 为整体平均给热系数，ε_f 为整体平均空隙率，则有

$$H_o=\alpha_f a_p(1-\varepsilon_f)(t_p-t_f) \tag{6.97}$$

对比式(6.96)与式(6.97)可知，整体平均给热系数可表达为

$$\alpha_f=\frac{\alpha_d a_p(1-\varepsilon_d)(1-f)(t_{pd}-t_{fd})+\alpha_c(a_p-a_c)(1-\varepsilon_c)f(t_{pc}-t_{fc})+\alpha_i a_c(1-\varepsilon_c)f(t_{pc}-t_{fd})}{a_p(1-\varepsilon_f)(t_p-t_f)} \tag{6.98}$$

式(6.98)即为下行流化床局部平均给热系数与结构参数的关系表达式。

6.8 介尺度结构参数模型和曳力系数模型的实验验证

Liu 等[24]采用上述介尺度结构参数模型和曳力系数模型对文献报道的某下行流化床[25,26]进行了计算机模拟，并与实验数据进行了对比。

1. 模型参数的求解途径

Liu 等[24]根据曳力系数表达式中的未知参数，从介尺度结构参数模型中选取方程和设计求解途径。为了降低求解难度，将求解网格单元中稀相颗粒加速度 a_d 和密相颗粒加速度 a_c 用平均颗粒加速度 a 来取代。已知气体表观速度 U_f、颗粒表观速度 U_p、单元平均空隙率 ε_f，其求解步骤如下：

(1) 令稀相空隙率 $\varepsilon_d = 0.9997$。

(2) 由方程(6.45)求解密相空隙率 ε_c。

(3) 由方程(6.28)求解密相体积分数 f。

(4) 由方程(6.54)求解絮团直径 d_c。

(5) 由方程(6.34)求解稀相中气固表观滑移速度 U_{sd}。

(6) 由方程(6.20)求解稀相曳力系数 C_{Dd}。

(7) 由方程(6.16)和方程(6.25a)求解颗粒平均加速度 a。

(8) 由方程(6.33)和方程(6.17)联立求解 $C_{Dc}U_{sc}^2$ 和 $C_{Di}U_{si}^2$。

2. 曳力系数的计算

各未知结构参数值求解后，代入基于结构的曳力系数方程(6.62)即可得到基于介尺度结构的平均曳力系数$(\overline{C}_D)_s$值，并对原 CFD 计算软件中的平均曳力系数$(\overline{C}_D)_{W\text{-}Y}$进行修正。通常引入修正系数 H_d，即 $(\overline{C}_D)_s = H_d\,(\overline{C}_D)_{W\text{-}Y}$。事先计算出一系列不同平均空隙率 ε_f 下的不同修正系数 H_d 的数值，根据数据建立 H_d 与 ε_f 之间相互关系的经验关系式 $H_d = f(\varepsilon_f)$。

3. 模拟结果与讨论

模拟的下行流化床为圆柱形，气流（常温常压空气）和颗粒物料从顶部输入，顺重力并流下行，从底部排出，如图 6.8 所示[25]。模拟参数和计算条件如表 6.1 所示[25]。共模拟了四组操作条件下的流动状态，对比数据来源于 Zhang 和 Zhu 等[26,27]的实验数据。每组操作条件模拟实际运行时间为 40s，取后段 20～40s 的数据平均值作为模拟结果。

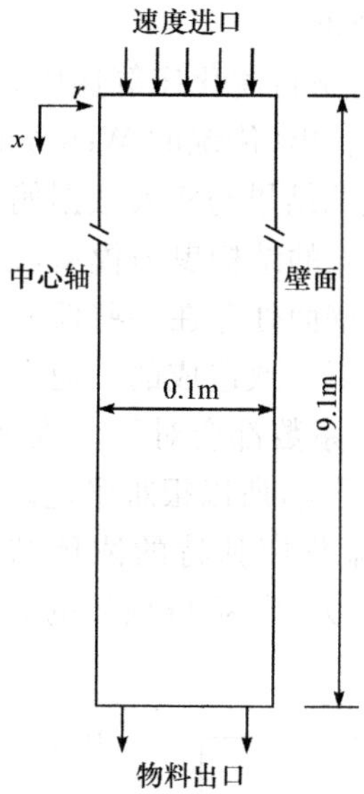

图 6.8　下行流化床结构示意图[25]

表 6.1　模拟参数和计算条件[25]

下行流化床尺寸	长度	9.1m
	直径	0.1m
颗粒物性	密度	1500kg/m^3
	平均粒径	67μm
操作条件	例 1	U_f=3.7m/s,G_p=49kg/(m^2 · s)
	例 2	U_f=7.3m/s,G_p=49kg/(m^2 · s)
	例 3	U_f=7.2m/s,G_p=101kg/(m^2 · s)
	例 4	U_f=10.2m/s,G_p=102kg/(m^2 · s)
模型条件	求解器类型	二维轴对称,非稳定态
	多相流模型	欧拉两流体
	湍动模型	标准 k-ε 模型
网格	径向×轴向	15×1860
KTGF 参数*	颗粒间碰撞恢复系数	0.95
	颗粒-壁面间碰撞恢复系数	0.9
	反射系数	0.5
计算方法	压力速度耦合方式	SIMPLE 算法
	离散格式	二阶迎风
非稳态迭代计算	步长	0.0005s

* KTGF:kinetic theory of granular flow,颗粒动理学。

1）径向颗粒浓度和速度分布

图 6.9 为四组操作条件下，下行流化床等速段颗粒浓度径向分布的模拟结果与实验数据对比。从图中可以看出，传统的 Wen-Yu 曳力模型[9]由于过高估算了曳力，模拟的颗粒浓度偏大，模拟结果与实验数据偏差较大，这点与 Vaishali 等[25]得出的结果一致。对于本章建立的结构曳力模型，在不同的操作条件下模拟结果与实验数据均吻合良好。在近壁面处存在一些偏差，该偏差可能是实验误差或真实的壁面条件和模拟壁面条件不一致造成的。通常在模拟设置的壁面条件中，反射系数和颗粒-壁面间碰撞恢复系数都会对下行流化床径向流动结构的预测产生影响[28]，但是由于其机理并不明确，所以很难确定。固含率在径向上分布均匀，同时在壁面附近可以看出下行流化床独特的浓环结构。浓环的形成机理并不明确，可能是重力、气固之间的曳力、颗粒与颗粒的碰撞力和颗粒与墙壁的碰撞力共同作用形成的[29]。

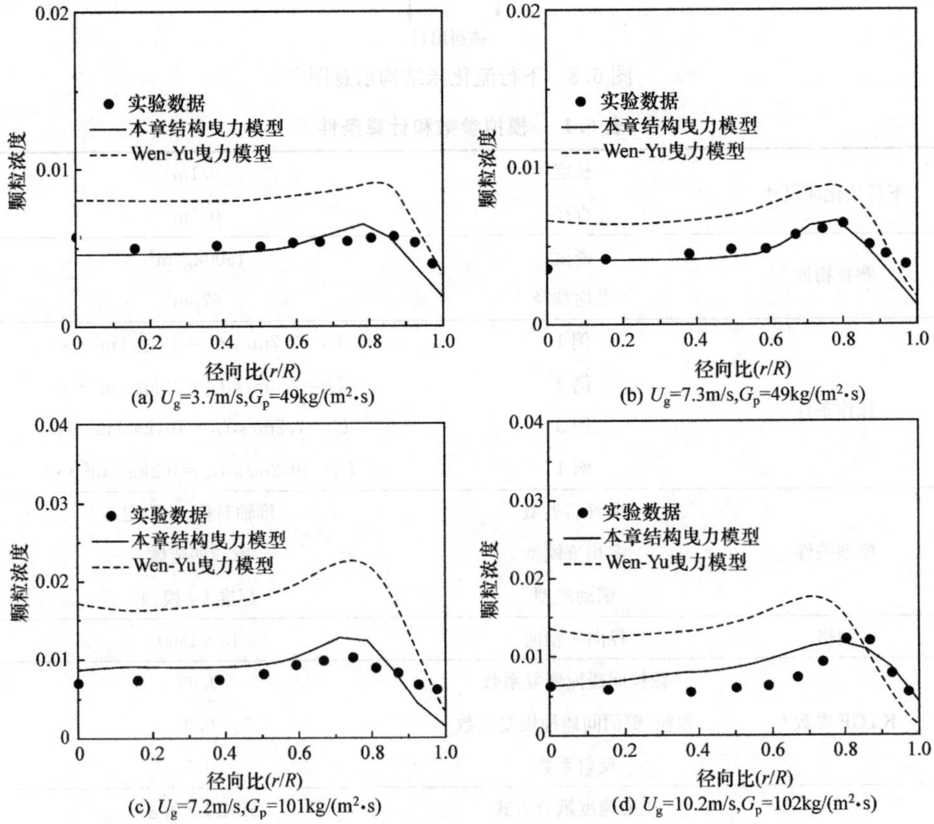

图 6.9　四组操作条件下，下行流化床等速段颗粒浓度径向分布的模拟结果与实验数据对比[24]

图 6.10 给出了四组操作条件下，下行流化床等速段颗粒速度径向分布的模拟

结果和实验数据对比。从图中可以看出，在四种不同的操作条件下，结构曳力模型都能对实验数据给出准确的预测。因此，本章的结构曳力模型可以准确地预测等速段的固相浓度和颗粒速度的径向分布。

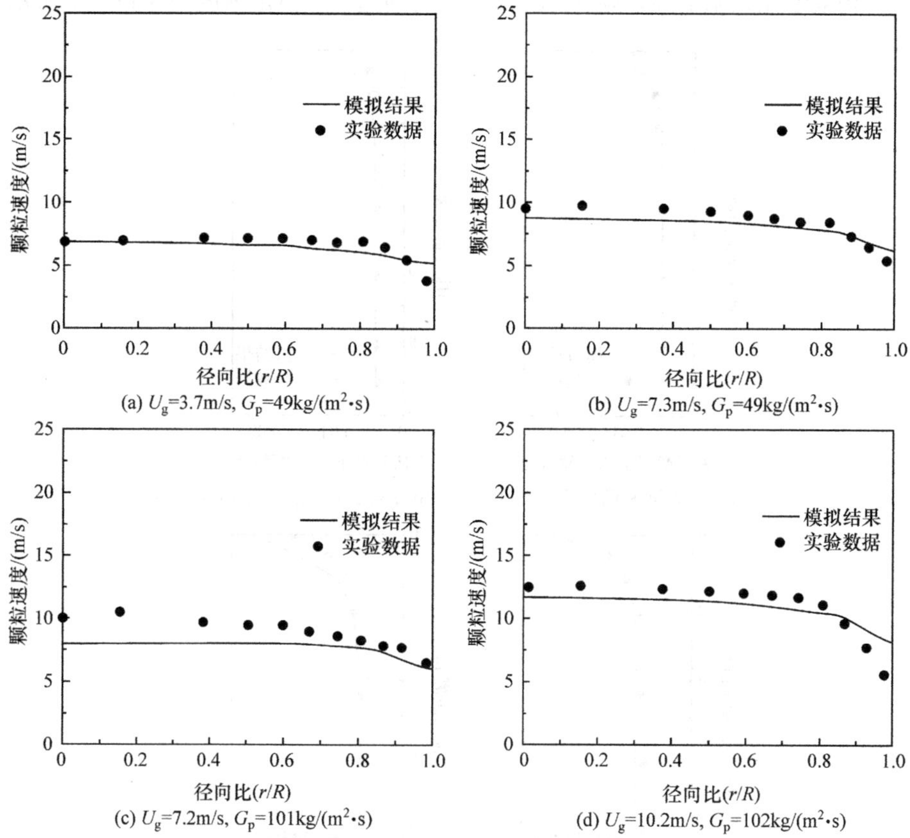

图 6.10　四组操作条件下，下行流化床等速段颗粒速度径向分布的模拟结果与实验数据对比[24]

2）轴向颗粒浓度和速度分布

图 6.11 和图 6.12 分别给出了四组操作条件下，下行流化床颗粒浓度和颗粒速度轴向分布的模拟结果与实验数据对比。从图中可以看出，在四种操作条件下，模拟结果与实验数据吻合较好，同时模拟出了准确的轴向分布趋势。对于图 6.11 所示的颗粒浓度轴向分布，可以看到上浓下稀的分布结构。对于图 6.12 所示的颗粒速度轴向分布，颗粒在气体和重力的作用下向下通过两个加速段，最终进入等速段。

上述流动趋势主要取决于沿下行流化床变化的气固曳力。当气体和颗粒从顶部进入下行流化床时，气体会以较高速度进入入口，但是颗粒的最初速度接近于零。因此，在第一个加速段，巨大的气固滑移速度会产生强大的向下的曳力，会促使颗粒速度快速增加。当颗粒速度超过气体速度时，曳力会改变方向阻碍重力，所以颗粒在第二加速段做加速度减小的加速运动。这两个加速段的趋势可见图 6.12 下行流化床的顶部。最后，当曳力与重力大小相等、方向相反时，重力与曳力达到平衡，颗粒即进入充分发展区域的等速段，如图 6.12 底部所示。上述的流动规律会使颗粒固相浓度先急剧下降，然后缓慢下降，最后到达一个恒定浓度，如图 6.11 所示。

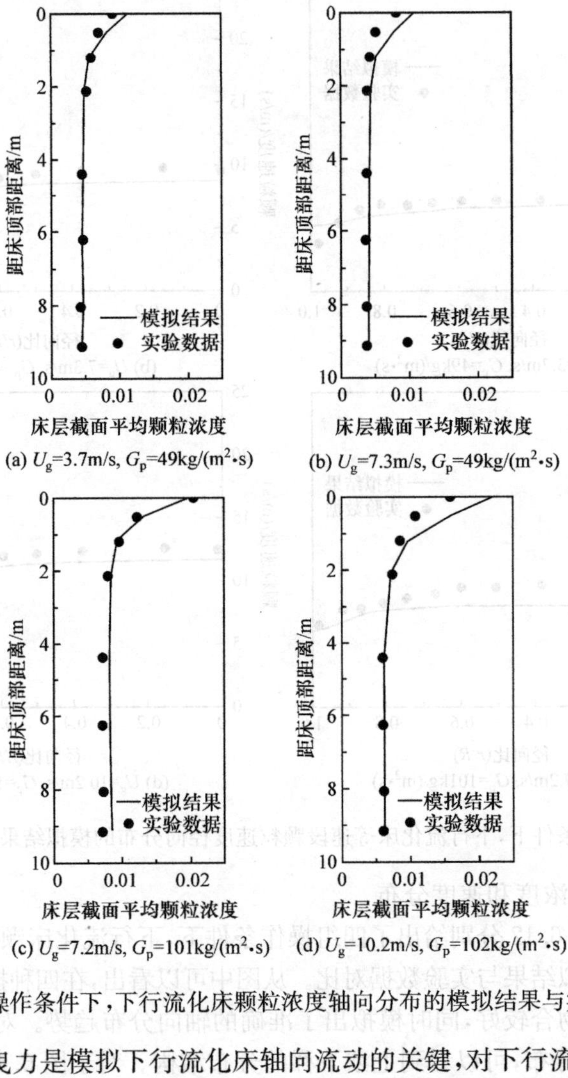

图 6.11　四组操作条件下，下行流化床颗粒浓度轴向分布的模拟结果与实验数据对比[24]

综上所述，曳力是模拟下行流化床轴向流动的关键，对下行流化床的流体力学性能起着决定性作用。之前的模型[29-31]主要都是基于颗粒动理学理论，考虑其他力的作用，而忽略曳力的影响，且没有对固相浓度和颗粒速度的轴向分布进行模拟。但是对于下行流化床的整体流动，曳力和重力的相互作用才是促使颗粒和气体在不同的区域呈现出不同流动状态的根本原因。因此，合适的曳力对下行流化床的模拟是十分重要的。本章建立的结构曳力模型充分考虑了介尺度结构和床层

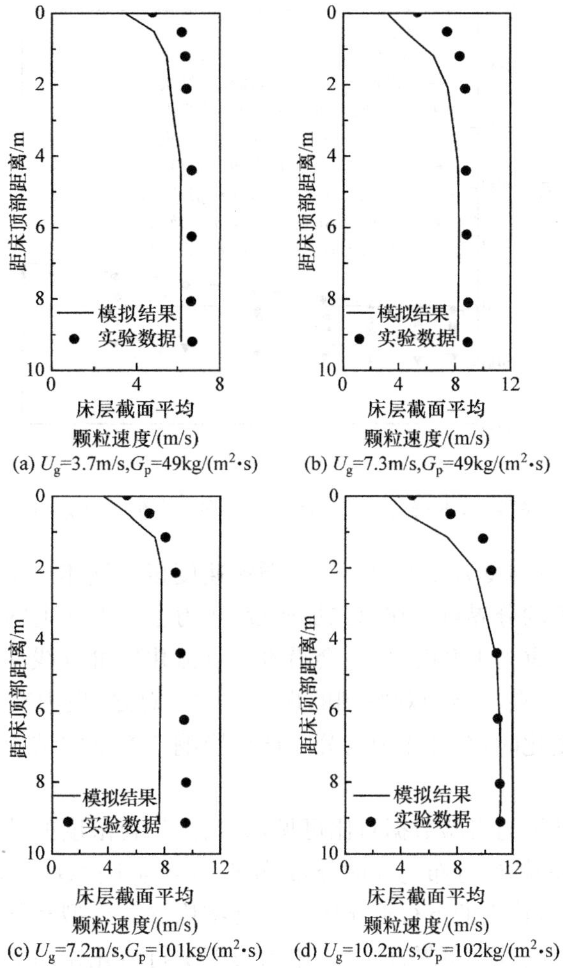

图6.12　四组操作条件下，下行流化床颗粒速度轴向分布的模拟结果与实验数据对比[24]

流动规律的影响，能够准确地模拟下行流化床的轴向流动规律。

3）轴向压降分布

图 6.13 给出了四组操作条件下，下行流化床气体压力轴向分布的模拟结果与实验数据对比。由图可见，模拟结果与实验数据的曲线走势基本一致，都显示压力沿床高自上而下先减后增的拱形变化趋势，但模拟结果与实验数据的偏差较大。模拟的偏差可能是由于入口和出口处二维模拟的简化。Cheng 等[7]通过二维模拟发现，入口和出口的结构会影响下行流化床的流体力学性能。本章模拟采用了广泛使用的二维均匀入口和出口，因此可能会与实际的结构有所不同，造成模拟的偏差。

图中压力沿床层的整体趋势类似于拱形分布。在第一加速段，压力迅速下降，这是因为由重力产生的静压头远小于由曳力和摩擦力所造成的能量损失。随着颗

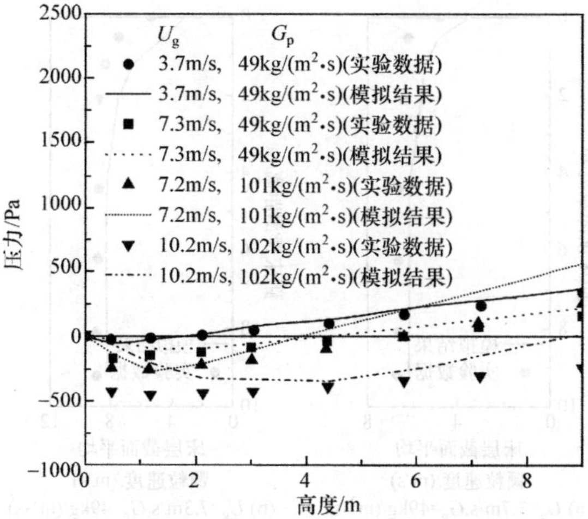

图 6.13　四组操作条件下，下行流化床气体压力轴向分布模拟结果与实验数据的对比[24]

粒速度的增加，向下的曳力逐渐减小。当颗粒速度接近气体速度时，曳力变为零，此时为两段加速度的分界点。在第二加速段，压力会随着向上的曳力的增加而缓慢增加。当曳力与重力平衡时，压力会沿着下行流化床继续线性增加。这种拱形分布与祁春明等[1,2]在实验中观察到的现象一致。总之，曳力在沿下行流化床向下随着颗粒流动变化时，会对压力的分布产生影响。本章的结构曳力模型可以复现压力变化趋势。

由上述模拟结果与实验数据对比可见，无论是颗粒浓度的轴向分布与径向分布，还是颗粒速度的轴向分布与径向分布，模拟结果与实验数据均表现出良好的一致性，说明了本章所建立的下行流化床介尺度结构参数模型和基于介尺度结构的曳力系数模型的正确性和可靠性，可以用来模拟下行流化床的流动行为和指导优化操作与放大设计。

符号说明

a_c　絮团(密相)颗粒加速度，m/s^2；絮团比表面积$\left(a_c=\dfrac{6}{d_c}\right)$，$m^{-1}$

a_d　稀相颗粒加速度，m/s^2

a_p　颗粒比表面积$\left(a_p=\dfrac{6}{d_p}\right)$，$m^{-1}$

A　床层横截面积，m^2

A_0　床底部气体分布板小孔的面积，m^2

C_c　絮团相中的气体目标组分浓度，kg/m^3

C_d 稀相中的气体目标组分浓度，kg/m^3
C_f 平均的气体目标组分浓度，kg/m^3
C_{sc} 絮团相中的颗粒表面目标组分浓度，kg/m^3
C_{sd} 稀相中的颗粒表面目标组分浓度，kg/m^3
C_{sf} 平均颗粒表面目标组分浓度，kg/m^3
C_{si} 相间相中的颗粒表面目标组分浓度，kg/m^3
$\bar{C}_D$ 平均曳力系数
C_{Dc} 絮团相的曳力系数
C_{Dd} 稀相的曳力系数
C_{Di} 相间相的曳力系数
c_p 气体(流体)的定压比热容，J/(kg · K)
c_s 固体的定压比热容，J/(kg · K)
d_c 絮团平均直径，m
d_p 颗粒直径，m
D 气体的扩散系数，m^2/s；内径；m
D_t 流化床内部直径，m
f 絮团体积分数
F_{cg} 絮团表观重力，N
F_{dg} 颗粒群表观重力，N
F_D 单位体积床层中气固之间的总曳力，N/m^3
F_{Dcf} 絮团外稀相流体对单个絮团的曳力，N
F_{Dcn} 单位体积微元中絮团内颗粒与絮团内流体间的曳力，N/m^3
F_{Dcp} 单个絮团内颗粒与絮团内流体间的曳力，N
F_{Ddn} 单位体积微元中稀相颗粒与流体间的曳力，N/m^3
F_{Din} 单位体积微元中所有絮团与稀相中流体间的曳力，N/m^3
F_{pdc} 稀相颗粒对单个絮团的撞击力，N
F_{pdcn} 颗粒群与絮团撞击力，N
g 重力加速度，$g=9.81m/s^2$
G_p 颗粒流率，$kg/(m^2 \cdot s)$
G_{pdc} 絮团下方稀相颗粒相对于絮团的质量流率，kg/s
H_o 单位体积微元中颗粒传给气体的总热量，$J/(m^3 \cdot s)$
H_c 单位体积微元中密相颗粒传给密相气体的热量，$J/(m^3 \cdot s)$
H_d 单位体积微元中稀相颗粒传给稀相气体的热量，$J/(m^3 \cdot s)$
H_i 单位体积微元中絮团表面颗粒传给稀相气体的热量，$J/(m^3 \cdot s)$
H_0 静床高度，m

k_r　反应或吸收(吸附)速率常数,s^{-1}

K_c　絮团相的传质系数,m/s

K_d　稀相的传质系数,m/s

K_{dc}　稀密两相气体之间的传质系数,m/s

K_f　平均传质系数,m/s

K_i　相间相的传质系数,m/s

L　床层高度,m

m　有效颗粒数

M_o　单位体积微元中颗粒传入气体中目标组分的总质量,kg/(m^3·s)

M_c　单位体积微元中絮团相颗粒传入絮团相气体中目标组分的质量,kg/(m^3·s)

M_d　单位体积微元中稀相颗粒传入稀相气体中目标组分的质量,kg/(m^3·s)

M_i　单位体积微元中絮团表面颗粒传入稀相气体中目标组分的质量,kg/(m^3·s)

Nu　努塞特数$\left(Nu=\frac{\alpha d_p}{\lambda}\right)$

Pr　普朗特数$\left(Pr=\frac{c_p\mu_g}{\lambda}\right)$

Re　雷诺数$\left(Re=\frac{U_s d_p \rho_g}{\mu_g}\right)$

t_1　交换时间$\left(t_1=\frac{d_c}{\left|\frac{U_{fc}}{\varepsilon_c}-\frac{U_{pc}}{1-\varepsilon_c}\right|}\right)$,s

t_f　平均气体温度,K

t_{fc}　絮团相气体温度,K

t_{fd}　稀相气体温度,K

t_p　颗粒的平均温度,K

t_{pc}　絮团相颗粒温度,K

t_{pd}　稀相颗粒温度,K

T　热力学温度,K

U_t　颗粒的终端速度,m/s

U_{tc}　单个聚团的终端速度,m/s

U_f　平均气体表观速度,m/s

U_{fc}　絮团相气体表观速度,m/s

U_{fd}　稀相气体表观速度,m/s

U_g　气体表观速度,m/s

U_{mf}　表观临界流化速度,m/s

U_p　颗粒表观速度，m/s
U_{pc}　絮团相颗粒表观速度，m/s
U_{pd}　稀相颗粒表观速度，m/s
U_s　气固表观滑移速度，m/s
U_{sc}　密相气固表观滑移速度，m/s
U_{sd}　稀相气固表观滑移速度，m/s
U_{si}　相间相气固表观滑移速度，m/s
α　热扩散系数$\left(\alpha=\dfrac{\lambda}{c_p\rho_f}\right)$，$m^2/s$
α_c　絮团相的给热系数，$J/(m^2 \cdot s \cdot K)$
α_{cd}　密相与稀相流体之间的热量变换系数，$J/(m^2 \cdot s \cdot K)$
α_d　稀相的给热系数，$J/(m^2 \cdot s \cdot K)$
α_f　平均给热系数，$J/(m^2 \cdot s \cdot K)$
α_i　相间相的给热系数，$J/(m^2 \cdot s \cdot K)$
ε_c　絮团相空隙率
ε_d　稀相空隙率
ε_f　平均空隙率
ε_i　相间相空隙率
ε_s　固含率；颗粒浓度
ε_{mf}　颗粒物料的最小流化空隙率
ε_{min}　颗粒物料的最小空隙率
η　颗粒体积有效因子
λ　气体的导热系数，$J/(m \cdot s \cdot K)$
ρ_c　絮团的表观密度，kg/m^3
ρ_p　颗粒密度，kg/m^3
ρ_f　气体密度，kg/m^3
μ_f　气体黏度，$kg/(m \cdot s)$

上下标

c　絮团相
d　稀相
f　气体（或平均）
i　相间相
p　颗粒相
s　固相

参考文献

[1] 祁春明，金涌，俞芷青，等. 气-固并流下行快速流态化的研究(Ⅰ). 化工学报，1990，41(3)：273-280.

[2] 祁春明，金涌，俞芷青，等. 气-固并流下行快速流态化的研究(Ⅱ). 化工学报，1990，41(3)：281-290.

[3] 陈恒志. 高密度下行床形成机理及流动特性. 北京：中国科学院过程工程研究所博士学位论文，2004.

[4] Chen H，Li H，Kwauk M. Two-phase structure in a high-density downer. Powder Technology，2005，158(1-3)：115-123.

[5] Chen H，Li H，Tan S. Machanism of achieving a dense downer：Modeling and validation. Industrial & Engineering Chemistry Research，2006，45(10)：3488-3495.

[6] Chen H，Yang D，Li H，et al. Study on the overall pressure balance of a downflow circulating fluidized bed system. China Particuology，2006，4(3-4)：153-159.

[7] Cheng Y，Wu C N，Zhu J X，et al. Downer reactor：From fundamental study to industrial application. Powder Technology，2008，183(3)：364-384.

[8] Hou B L，Li H Z，Zhu Q S. Relationship between flow structure and mass transfer in fast fluidized bed. Chemical Engineering Journal，2010，163(1-2)：108-118.

[9] Wen C Y，Yu Y H. Mechanics of fluidization. Chemical Engineering Process Symposium Series，1966，62：100-111.

[10] Ergun S. Fluid flow through packed columns. Chemical Engineering Progress，1952，48(2)：89-94.

[11] Richardson J F，Zaki W N. Sedimentation and fluidization. Transactions of the Institution of Chemical Engineers，1954，32：35-53.

[12] Kwauk M. Generalized fluidization Ⅰ：Steady-state motion. Scientia Sinica，1963，12(4)：587-612.

[13] Garside J，Al-Dibouni M R. Velocity-voidage relationships for fluidization and sedimentation in solid-liquid systems. Industrial & Engineering Chemistry Process Design and Development，1977，16(2)：206-214.

[14] Matsen J M. Mechanisms of choking and entrainment. Powder Technology，1982，32(1)：21-33.

[15] Wang J W，Ge W，Li J H. Eulerian simulation of heterogeneous gas-solid flows in CFB risers：EMMS-based sub-grid scale model with a revised cluster description. Chemical Engineering Science，2008，63(6)：1553-1571.

[16] Harris A，Davidson J，Thorpe R. The prediction of particle cluster properties in the near wall region of a vertical riser(200157). Powder Technology，2002，127(2)：128-143.

[17] Gu W，Chen J. A model for solid concentration in circulating fluidized beds//Fan L S，Knowlton T M. Fluidization Ⅸ. New York：Engineering Foundation，1998：501-508.

[18] Subbarao D. A model for cluster size in risers. Powder Technology, 2010, 199(1): 48-54.
[19] 李洪钟. 过程工程:物质·能源·智慧. 北京:科学出版社, 2010: 87-128.
[20] Higbie R. The rate of absorption of a pure gas into a still liquid during short period of exposure. Transactions of the American Institute of Chemical Engineers, 1935, 31(1): 365-389.
[21] La Nauze R D, Jung K. Mass transfer of oxygen to a burning particle in a fluidized bed//Proceedings of the 8th Australasian Fluid Mechanics Conference, Newcastle, 1983: 1-15.
[22] Jung K, La Nauze R D. Sherwood numbers for burning particles in fluidized beds//Proceedings of the 4th International Conference on Fluidization, Engineering Foundation, New York, 1983: 427-434.
[23] Rowe P N, Clayton K T, Lewis J B. Heat and mass transfer from a single sphere in an extensive flowing fluid. Transactions of the Institution of Chemical Engineers, 1965, 43: 14-31.
[24] Liu W M, Li H Z, Zhu Q S. Modeling the hydrodynamics of downer reactors based on the meso-scale structure. Powder Technology, 2017, 314: 367-376.
[25] Vaishali S, Roy S, Mills P L. Hydrodynamics simulation of gas-solids downflow reactors. Chemical Engineering Science, 2008, 63(21): 5107-5119.
[26] Zhang H, Zhu J, Bergougnou M A. Hydrodynamics in downflow fluidized beds(1): Solids concentration profiles and pressure gradient distributions. Chemical Engineering Science, 1999, 54(22): 5461-5470.
[27] Zhang H, Zhu J. Hydrodynamics in downflow fluidized beds(2): Particle velocity and solids flux profiles. Chemical Engineering Science, 2000, 55(19): 4367-4377.
[28] Chalermsinsuwan B, Chanchuey T, Buakhao W, et al. Computational fluid dynamics of circulating fluidized bed downer: Study of modeling parameters and system hydrodynamic characteristics. Chemical Engineering Journal, 2012, 189-190(5): 314-335.
[29] Kim Y, Wu C, Cheng Y. CFD simulation of hydrodynamics of gas-solid multiphase flow in downer reactors: revisited. Chemical Engineering Science, 2011, 66(21): 5357-5365.
[30] Cheng Y, Guo Y, Wei F, et al. Modeling the hydrodynamics of downer reactors based on kinetic theory. Chemical Engineering Science, 1999, 54(13-14): 2019-2027.
[31] Jian H, Ocone R. Modeling the hydrodynamics of gas-solid suspension in downers. Powder Technology, 2003, 138(2-3): 73-81.

第7章　磁场对流化床结构的影响及操作相图

7.1　引　　言

在用气体流化 Geldart B类颗粒时，当表观气速(U_g)超过无磁场时的最小流化速度(U_{mf0})后，多余的气体(U_g-U_{mf0})并不进入颗粒群去增加颗粒间的距离，而是以气泡的形式穿过床层[1-7]。气泡的形成和运动导致颗粒在流化床中的分布变得不均匀。颗粒在流化床中分布的均匀程度即是流化质量。气泡的形成和运动导致流化质量恶化，进而导致气体和固体颗粒之间的接触状况变差，最终导致气固两相之间的质量传递效率降低，不利于气固非均相反应的进行。

在第2章中，Li 等[8,9]提出了许多减小气泡尺寸、改进颗粒流化质量的方法。施加外力场是其中的一种有效措施，相比于其他改进流化质量的措施，这些外力场可以从流化床反应器外部起作用，从而不受反应器内部苛刻反应条件的影响。对于磁性颗粒，所施加的外力场即是磁场。本章将详细论述磁场对 Geldart B类磁性颗粒以及 Geldart B类磁性颗粒和 Geldart B类非磁性颗粒组成的混合物流化结构的影响[10,11]。

研究表明[4,12-14]，除了纯 Geldart B类磁性颗粒，Geldart B类磁性颗粒和 Geldart B类非磁性颗粒组成的混合物也可作为磁场流化床的物料。为了叙述方便，这里将含有纯 Geldart B类磁性颗粒的床层称为纯磁性物料床层，而将含有 Geldart B类磁性颗粒和非磁性颗粒混合物的床层称为混合物料床层。

7.2　实验装置及测量方法

7.2.1　实验物料

纯磁性物料床层中使用的磁性颗粒为铁粉-Ⅰ，而混合物料床层中使用的混合物为混合物-Ⅰ和混合物-Ⅱ。其中，混合物-Ⅰ由铁粉-Ⅱ和碳酸钙颗粒组成，混合物-Ⅱ由铁粉-Ⅲ和碳酸钙颗粒组成。混合物料床层的组成以其中磁性组分的体积分数(x)表示。四种颗粒的粒度分布如图7.1所示，显然皆为 Geldart B类颗粒。四种颗粒的其他物性参数如表7.1所示。

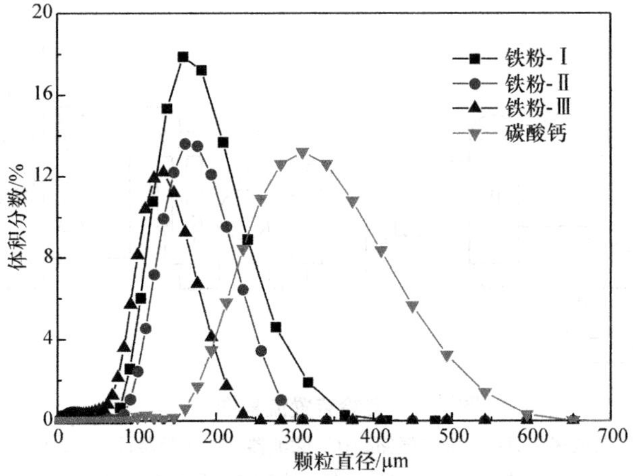

图 7.1　四种颗粒的粒度分布[10,11]

表 7.1　四种颗粒的物性参数[10,11]

物性参数	铁粉-Ⅰ	铁粉-Ⅱ	铁粉-Ⅲ	碳酸钙
平均粒径 d_p/μm	148	174	126	332
颗粒密度 ρ_p/(kg/m^3)	7831	7831	7831	3020
最小流化速度 U_{mf0}/(m/s)	0.059	0.078	0.042	0.084

需要特别说明，本章有关磁场对混合物料床层流化结构影响的研究主要基于混合物-Ⅰ。为了避免颗粒分级的问题，混合物-Ⅰ采用了文献[14]～[17]所述的配料原则，即两种颗粒具有相近的无磁场时的最小流化速度(U_{mf0})，详见表 7.1。这里设置混合物-Ⅱ的目的在于验证我们提出的磁场诱导颗粒分级机理的正确性(详见 7.6.5 节)。

此外，实验中所使用的流化介质为常温常压下的空气。

7.2.2　实验装置

实验装置主要包括气体供给系统、流量控制系统、流化装置和磁场产生装置四部分，具体如图 7.2 所示。气体供给系统主要由罗茨鼓风机、压缩空气储罐、除油除湿和压力调节四部分构成。流量控制通过转子流量计实现。下面重点介绍流化装置和磁场产生装置。

1. 流化装置

流化装置主要由风室、气体分布板、流化床体和出口滤网四部分构成，实物如图 7.3 所示。特别注意，为了避免施加磁场诱导产生二次磁场的干扰，以上四部分均由非磁性材料构成。

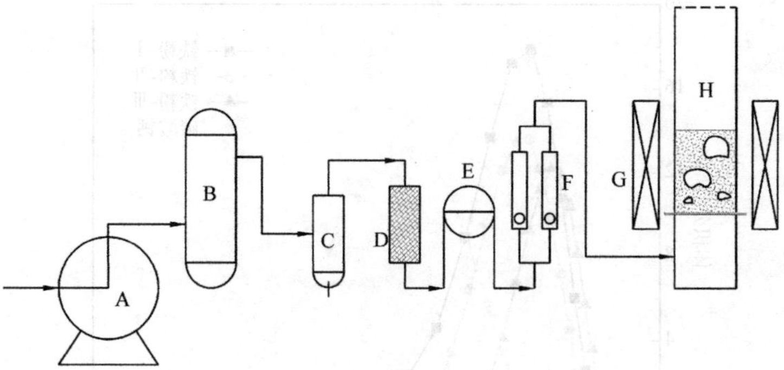

图 7.2　实验装置流程图[10,11]

A. 罗茨鼓风机；B. 压缩空气储罐；C. 除油器；D. 除湿器；E. 压力调节器；
F. 转子流量计；G. 磁场产生装置；H. 流化装置

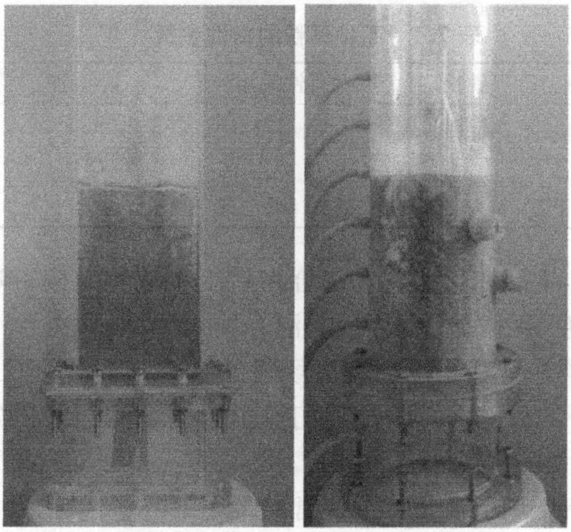

图 7.3　流化装置实物图[10,11]

设置风室的作用在于缓冲进气系统带来的不稳定性。气体分布板材质为 304 无磁不锈钢烧结板，厚度为 4mm。出口滤网可以使床层表面气泡破裂而引起的颗粒弹射返回流化床中。根据实验测量，出口滤网产生的压降小于 0.2kPa，因此其不会对气固流动产生显著干扰。

为了方便观察以及气泡的测量，流化床体采用透明有机玻璃材料。实验中共使用一个二维流化床和一个三维流化床，二维流化床的横截面为 120mm×20mm，三维流化床横截面的直径为 120mm。实验中初始物料的堆积高度（h_0）为 200mm，鼓泡流化床的膨胀高度一般不超过初始料高的 2～3 倍。因此，两个流化床的设计高度均为 600mm。

2. 磁场产生装置

实验需要使用轴向均匀和稳态磁场，这样的磁场由四个赫姆霍兹线圈产生，如图 7.4(b)所示。Hristov[18]称这样的磁场产生系统为 barcker system。线圈的内、外径分别为 200mm 和 255mm，高度为 50mm；相邻线圈的距离如图 7.4(a)所示。

线圈中通过电流的大小决定了产生磁场强度的大小。这里采用可调式直流稳压电源(型号为 SK1700，图 7.4(c))调节线圈中的电流，进而调节产生的磁场强度。作者采用 HT20 特斯拉计(图 7.5)测量了通过线圈的电流 I(A)和产生磁场强度 H(kA/m)的关系，两者之间可以用式(7.1)进行关联。

$$H=2.057I-0.043 \tag{7.1}$$

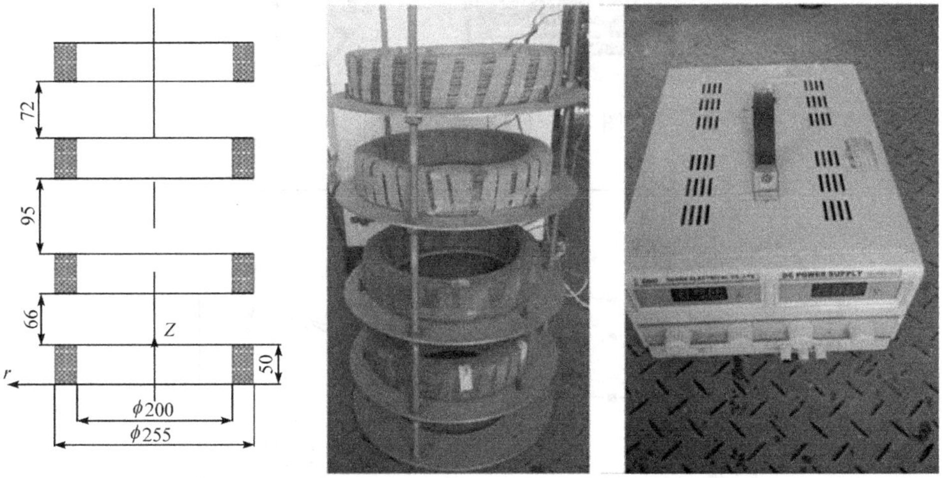

(a)　(b)　(c)

图 7.4　磁场产生装置(单位：mm)[10,11]

此外，作者使用 HT20 特斯拉计测量了线圈内不同位置的磁场强度，结果如图 7.6 所示。可见，在 $Z=50\sim383$mm、$r=0\sim60$mm(柱面坐标系)范围内，磁场强度的变化幅度不超过 10%，可以认为是均匀的。

基于以上测量，在将流化装置放入磁场装置之中时，分布板高度设置为距线圈底面 83mm。考虑到初始物料堆积高度为 200mm，在整个流化过程中，物料始终处于均匀磁场之中。

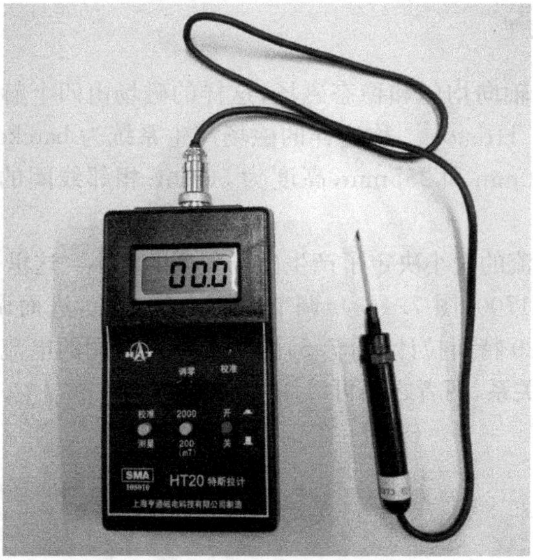

图 7.5　HT20 特斯拉计[10,11]

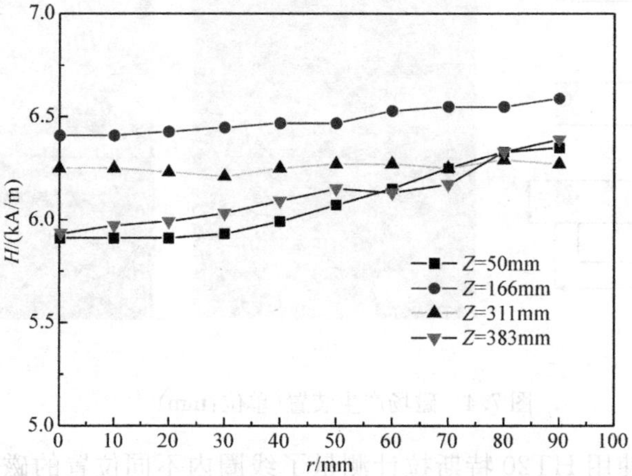

图 7.6　磁场强度的空间分布(柱面坐标)[10,11]

7.2.3　压力的测量

实验中使用压力传感器测量压力，采样频率为 100Hz，采样时间为 10min。流化装置上一共设置了 7 个测压口，每个测压口的位置如图 7.7 所示。自上而下依次用 P_1、P_2、P_3、P_4、P_5、P_6、P_w 表示，则床层压降 ΔP_b 可以按式(7.2)进行计算：

$$\Delta P_b = P_w - (\Delta P_d + \Delta P_f) \tag{7.2}$$

式中，ΔP_d 为流化气体通过气体分布板时的压降；ΔP_f 为流化气体通过床层顶端滤网时的压降。$\Delta P_d+\Delta P_f$ 可以事先在空床中进行测量，空床中测量的 P_w 即为 $\Delta P_d+\Delta P_f$。

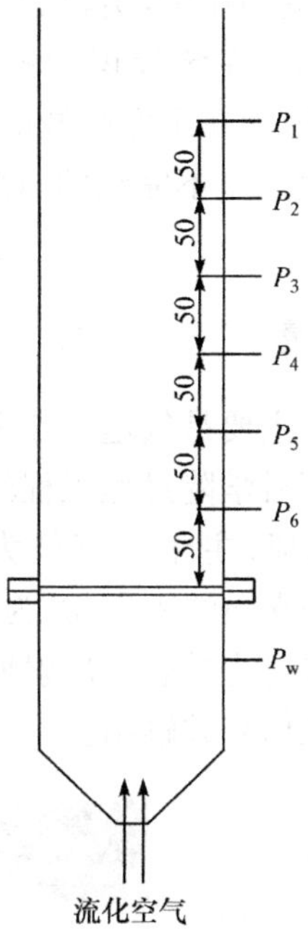

图 7.7　测压口位置图（单位：mm）[10,11]

此外，在定量评估混合物料床层磁场流化时的颗粒分级时会用到两个局部压降：ΔP_{bot} 和 ΔP_{top}，可以分别按式(7.3)和式(7.4)进行计算：

$$\Delta P_{bot}=P_w-\Delta P_d-P_5 \tag{7.3}$$

$$\Delta P_{top}=P_5-P_3 \tag{7.4}$$

7.2.4　二维流化床中气泡的测量

二维流化床中气泡的性质（主要是气泡大小、上升速度和气泡形状）是通过数字图像分析[2,10,19,20]的方法获取的。使用的摄像机型号为 JVC GY-HM100EC，摄像机每秒可以捕捉 30 帧图像（1920×1080 像素）。为了获取足够多的图像，每个工况下的录像时间为 10min，大约可以获取 18000 帧图像，如此大的样本足以保证统计分析的可靠性。

获取的录像首先需要一帧一帧地拆成一系列 RGB 格式的图片，这项工作是通过 MATLAB 实现的，相应的程序代码见附录 7.1。接下来，这些 RGB 图片需要转化成二进制格式的图片。在此二值化过程中会涉及一个重要的参数：阈值，本章中阈值取 0.52。经此转化得到的二进制图片实质上是一个由数字 0 和 1 组成的矩阵。通过 MATLAB 分析这些二进制图片便可以获取一系列的气泡信息，相应的程序代码见附录 7.2。

需要特别说明，由于线圈的遮挡作用，实验中摄像机只能录取 h=83～178mm（即 Z=166～261mm）内的床体。在统计识别的气泡时，我们只统计了质心在 h=120～140mm 的气泡。这是因为在录像区域的上部（h=140～178mm）和下部（h=83～120mm），有些识别的气泡是不完整的，这些气泡的存在将导致统计结果偏小。

7.2.5　三维流化床中气泡的测量

三维流化床中，气泡的性质（主要是气泡大小和上升速度）通过双通道光纤探头进行测量。该光纤探头由中国科学院过程工程研究所开发研制，如图 7.8 所示，光纤探头由主干和两个分支构成；主干的直径为 10mm；两个分支的直径均为 1.6mm，长度均为 15mm；两个分支间的距离（δ）为 6.65mm。这两个分支（亦即通道）可以独立工作，都可向床中发射光并收集反射回来的光。光纤传导来的反射光强信号最终由速度仪转变为电压信号并输出。

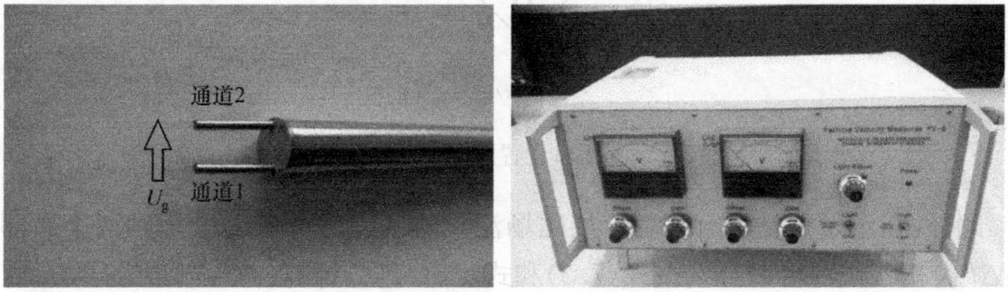

图 7.8　双通道光纤探头测气泡系统[10,11]

图 7.9 为双通道光纤探头测量信号的截取部分，对比两信号的时间差可以根据式(7.5)计算气泡的上升速度（u_B），然后根据式(7.6)计算气泡的轴向尺寸，亦即气泡长度，用 l_B 表示。

$$u_B=\frac{\delta}{t_{2,1}-t_{1,1}} \tag{7.5}$$

$$l_B=u_B(t_{1,2}-t_{1,1}) \tag{7.6}$$

实验中光纤探头插入三维流化床体的深度为 60mm（即床体直径的一半），距离分布板的高度为 145mm。

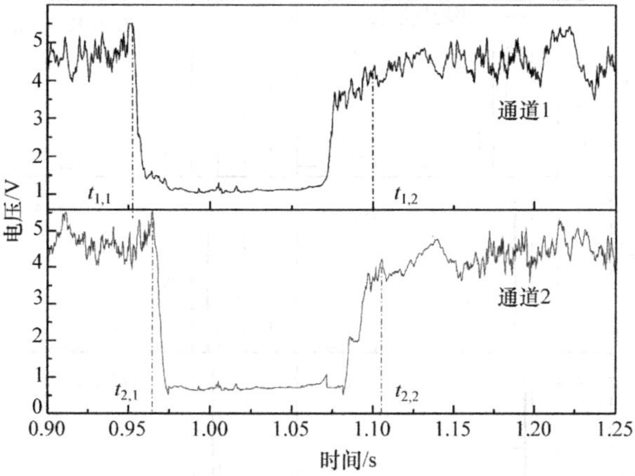

图 7.9　双通道光纤探头测量信号的截取部分[10,11]

7.3　磁场对纯磁性物料床层流化结构的影响

7.3.1　磁场对气泡大小的影响

在三维流化床中，采用双通道光纤探头测量磁场对气泡大小的影响[10]。注意，由于双通道光纤探头测量的实际上不是气泡的直径，而是气泡的轴向长度，此处气泡的大小称为气泡长度。与此同时，用符号 l_B 而不是 d_B 表示气泡大小。不同磁场强度下气泡长度的概率密度分布如图 7.10 所示。虽然在任一磁场强度下气泡长度都有一个很宽的分布，但是平均气泡长度随磁场强度的增加而显著减小。在图示的最高磁场强度下，气泡长度的减小幅度可以达到 30%。

上面论述了磁场对气泡轴向尺寸的影响，下面将讨论磁场对气泡横向尺寸的影响。此处称气泡的横向尺寸为气泡宽度，用 w_B 表示。需要说明，由于测量手段的限制，这里针对气泡横向尺寸的研究是在二维流化床中进行的，采用数字图像分析的方法获取气泡的横向尺寸。图 7.11 为不同气速下磁场对平均气泡宽度的影响。很明显，随着磁场强度的升高，气泡宽度也呈现单调递减的规律。相比于对气泡长度的影响，磁场对气泡宽度的影响更加显著。在图示的最高磁场强度下，平均气泡宽度的减小幅度超过 50%。

综上所述，磁场既可以有效减小气泡的轴向尺寸，也可以显著减小气泡的横向尺寸。在图示的最高磁场强度下，气泡体积的减小幅度将超过 80%，大大降低了走捷径穿过床层的流化气体量，从而提高气固两相之间的接触效率和传质效率。

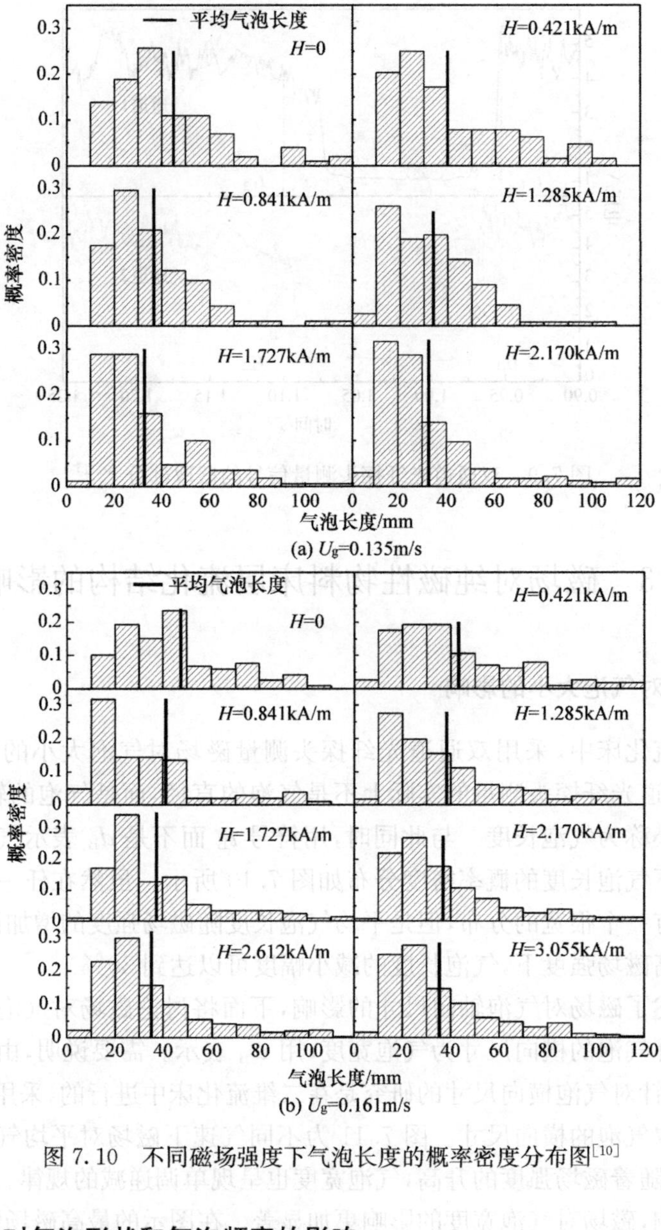

图 7.10　不同磁场强度下气泡长度的概率密度分布图[10]

7.3.2　磁场对气泡形状和气泡频率的影响

磁场对气泡形状影响的研究也是在二维流化床中进行的。这里使用纵横比(a_B)来定量描述气泡的形状，a_B 的定义为

$$a_B=\frac{l_B}{w_B} \tag{7.7}$$

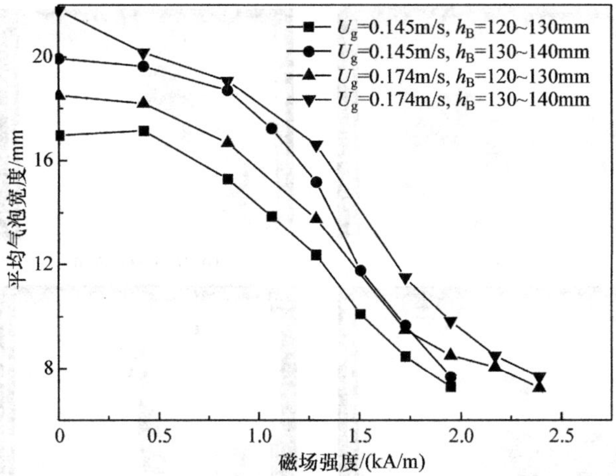

图 7.11　不同气速下磁场强度对平均气泡宽度的影响[10]

h_B 为气泡质心距离分布板的高度

图 7.12 为不同磁场强度下气泡纵横比的概率密度分布情况。与气泡大小相同,同一条件下,气泡纵横比也有一个很宽的分布,说明床中气泡的形状各不相同。没有施加磁场时,平均纵横比约为 1.0,说明气泡近似为球形。随着磁场强度的升高,平均纵横比逐渐增加,说明气泡的形状逐渐演变为椭球形,并且长轴沿磁力线方向。图 7.13 所示的照片也直观地显示了气泡形状的上述变化。

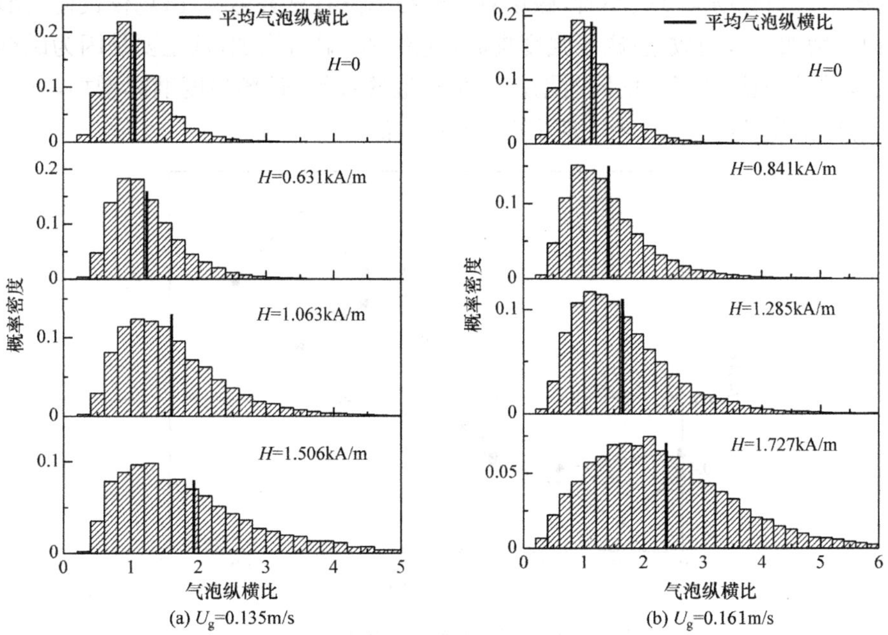

图 7.12　不同磁场强度下气泡纵横比的概率密度分布图[10]

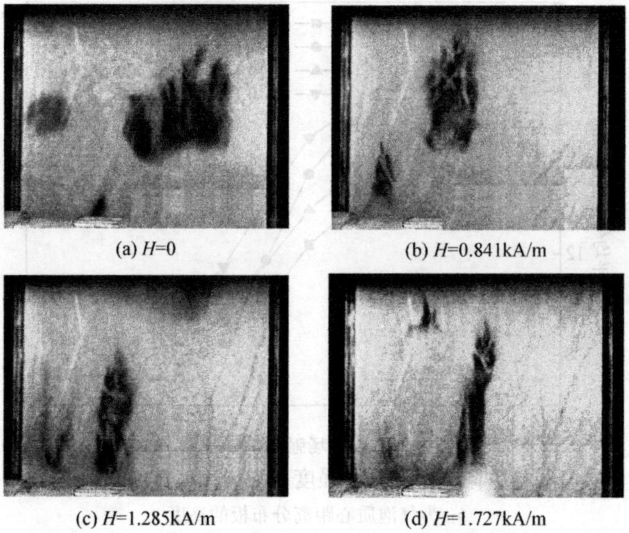

图 7.13　磁场对气泡形状的影响($U_g=0.145$m/s)[10]

与此同时，我们还研究了磁场对气泡频率(f_B)的影响。实验是在三维流化床中进行的，测量仪器为双通道光纤探头。图 7.14 给出了磁场对气泡频率的影响。注意，这里的气泡频率是指气泡通过双光纤探头顶端的频率，而不是全床中气泡出现的频率。当磁场强度较小时，磁场对气泡频率没有显著影响，磁场仅仅使气泡变小，而不增加气泡的数量；磁场强度提高，气泡频率显著增加，这主要是因为磁链破碎气泡，使气泡尺寸减小的同时增加了小气泡的数量；磁场强度继续增加，气泡频率又有所下降，这主要源自气泡开始聚并进而演变为沟流。

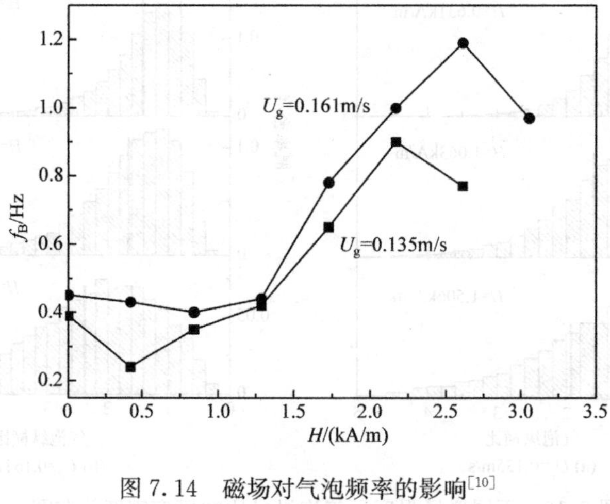

图 7.14　磁场对气泡频率的影响[10]

7.3.3　磁场对气泡上升速度的影响

气泡的另一个重要性质是其上升速度(u_B)。流化床中固体颗粒运动的动力源自气泡的运动,而气泡速度则表征气泡具有的动量属性。三维流化床中,在用双通道光纤探头测量气泡大小的同时还可以获取气泡的上升速度。图 7.15 展示了不同磁场强度下气泡上升速度(u_B)和气泡长度(l_B)的对应关系,图中的实线表示根据式(7.8)[21]计算得到的气泡速度。虽然 u_B-l_B 实验点的分布相当离散,但是气泡的平均上升速度没有明显偏离式(7.8)的计算值,说明磁场对气泡速度并没有显著影响。气泡的上升速度主要取决于表观气速和气泡的大小。

$$u_B=(U_g-U_{mb})+0.711\sqrt{gl_B} \tag{7.8}$$

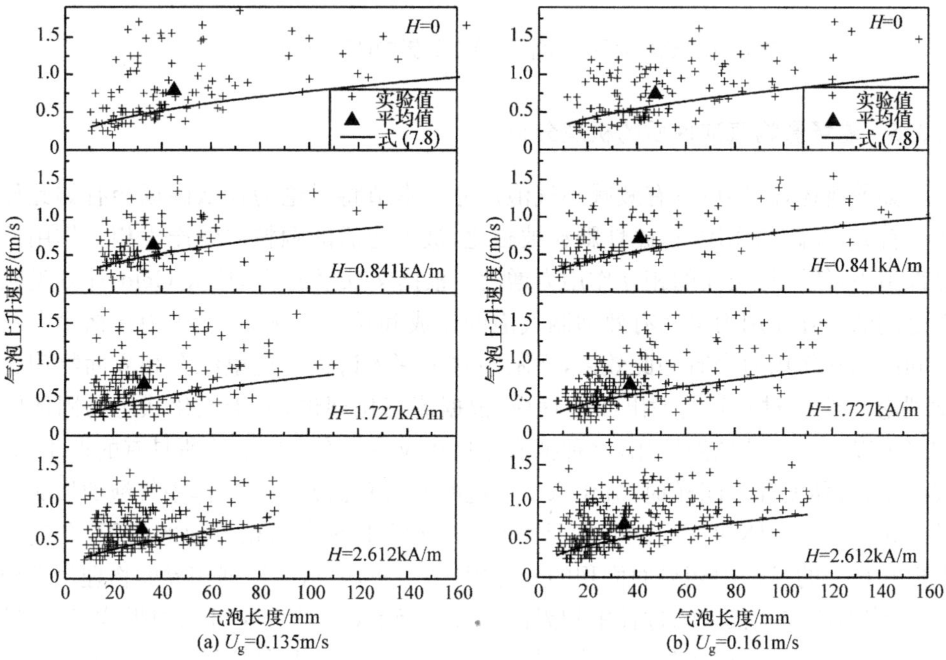

图 7.15　磁场对气泡上升速度的影响[10]

7.3.4　磁场对固含率轴向分布的影响

前面论述了磁场对气泡性质的影响,本节将讨论磁场对固含率轴向分布的影响。某一段高度范围内的平均固含率(ε_s)可以根据气体通过此段时产生的局部压降计算得到。图 7.16 给出了不同磁场强度下固含率的轴向分布情况。随磁场强度的增加,床层下部的平均固含率逐渐减小,而床层上部的平均固含率逐渐增大,说明固体颗粒的轴向分布变得越来越均匀。

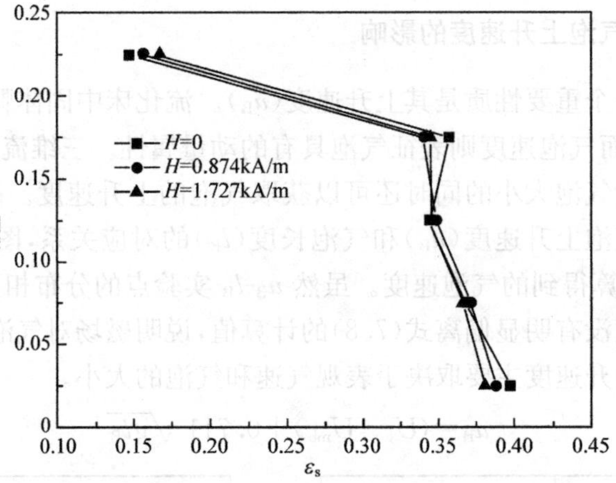

图 7.16　磁场对固含率轴向分布的影响($U_g=0.135$m/s)[10]

7.3.5　磁场影响气泡性质的机理分析

如前所述,磁场可以有效减小气泡尺寸。本节将讨论为什么磁场会有如此作用。首先,在磁场作用下,磁性颗粒被磁化,被磁化后的颗粒之间产生相互作用的磁性引力,使颗粒之间的相互作用力增大。根据文献报道[22],增大 Geldart B 类颗粒之间的相互作用力可以有效抑制气泡的形成和长大。然而,至于为什么增大颗粒间的相互作用力会有如此效果,文献中并未深入讨论。这里结合相界面物理化学理论[23]尝试对此问题做出如下解释:根据流态化理论,处于流化状态的固体颗粒群可以视为一种拟液体相,这种拟液体自然应该具有真实液体所具有的性质,如表面张力、黏度等。同样地,流化床中气泡的形成和长大应与液体中气泡的形成和长大相似。拟液体和气泡之间即是相界面,这里用 S 表示相界面的面积,在气泡形成和长大的过程中相界面面积的变化用 $\Delta S(>0)$表示。根据相界面物理化学理论,气泡形成或者长大的过程中相界面吉布斯函数(G)的变化可以根据式(7.9)进行计算,式中,γ 为表面张力。对于此处的拟液体相,γ 为颗粒间相互作用力的函数,且颗粒间的相互作用力越大,γ 越大。施加磁场后,诱导产生的颗粒间的磁性力使颗粒间的相互作用力增加,相应地,表面张力 γ 越大。实验中可以明显地观察到施加磁场后,颗粒的流动变得黏稠。根据式(7.9),在 $\Delta S(>0)$相同时,γ 越大,ΔG 越大。ΔG 变大意味着过程越难发生,此处即气泡的形成和长大都将变得更加困难。为了使气泡长大,流化气体需要做更多的功。总而言之,磁场的施加强化了颗粒间的相互作用力,进而导致拟液体相(固体颗粒相)的表面张力增大,因此相界面面积的增加(即气泡的形成或长大)将变得更加困难。我们希望上述类比可以解释为什么增加颗粒之间的相互作用力可以抑制气泡的形成和长大。

$$\Delta G=\gamma\Delta S \tag{7.9}$$

其次，在较高磁场强度下，颗粒之间的相互作用力变得很大，以致颗粒之间相互聚集形成磁链[24]。无论是实验观察还是 DEM-CFD[25-27]模拟，都证明了这种磁链结构的存在。磁链强烈地倾向于沿磁力线方向排列，在床中形成一个特殊的“内构件”。当上升的气泡遇到这些磁链后，便会被从上部刺破，进而变为许多尺寸更小的气泡。

此外，磁场对气泡形状的影响同样源自磁链倾向于沿磁力线方向排列。如图 7.17 所示[28]，气泡的形成意味着磁链偏离了其平衡位置，在其试图恢复到平衡位置的自发过程中，磁链势必会挤压气泡，最终导致气泡形状由近似球形转变为椭球形，并且长轴沿磁力线方向。

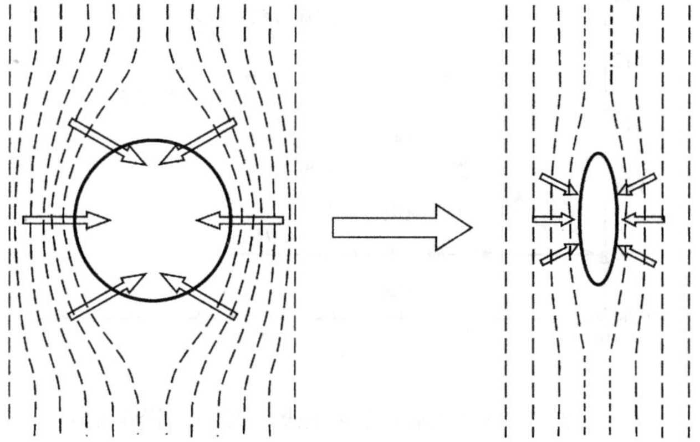

图 7.17　磁链对气泡的挤压作用[28]

7.4　纯磁性物料床层磁场流化时的操作相图

7.4.1　流域转变

7.3 节论证了磁场在减小气泡尺寸、改善 Geldart B 类磁性颗粒流化质量方面的作用，但是必须说明向流化床施加磁场未必一定能够改善流化质量。为了方便确定在哪些范围内磁场可以改善流化质量，我们绘制了如图 7.18 所示的操作相图(operational phase diagram，OPD)。对于图中的磁稳定床(magnetically stabilized bed，MSB)流域，文献[4,12-15,17,29-56]已有大量研究。在此流域，磁场完全抑制了气泡的形成，颗粒保持静止状态。在磁控鼓泡流域，磁场已经不能完全消除气泡的存在，只能减小气泡的尺寸。上面研究的磁场对气泡性质的影响即是该流域内磁场产生的影响。在图 7.10～图 7.12 中，磁场强度不可以继续增加，这是因为如果磁场强度继续提高,床层将进入沟流鼓泡流域。在此流域,由于沟流的形成,床层流化质量恶化,气固接触效率急剧下降。继续提高磁场强度,床层将进入磁凝床(magnetically condensed bed,MCB)流域,在这一流域床层保持沟流结构,颗粒静止,并且这种沟流结构不再随磁场强度的升高而变化。注意,图 7.18 中还存在一个特殊的过渡(transition)流域,此流域内床层的状态不仅取决于 H 和 U_g 的大小,还与它们的施加顺序(即操作模式)密切相关。如果磁场先于流场施加,那么床层处于磁稳定床状态;相反,如果流场先于磁场施加,那么床层处于沟流鼓泡状态。

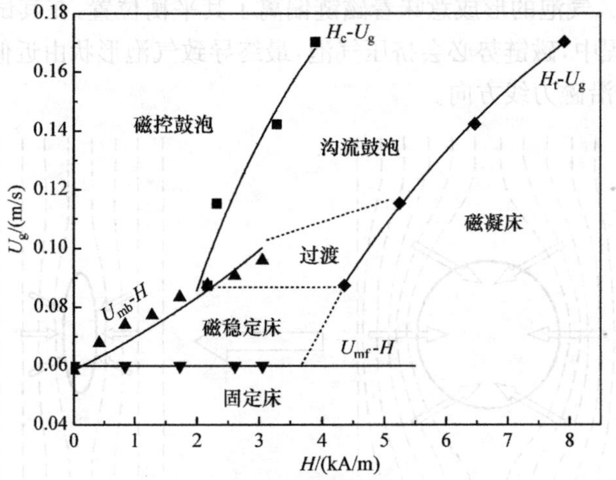

图 7.18　Geldart B类磁性颗粒磁场流化时的操作相图[10]

7.4.2　相邻流域分界线的确定

图 7.18 中,U_{mb}-H 和 U_{mf}-H 曲线划定了磁稳定床流域的操作范围。U_{mf}和 U_{mb}的含义以及给定 H 下 U_{mf}和 U_{mb}的确定方法,有的文献[13,14,16,29,30,38,39,43,50,54,55,57,58]已详细论述,此处不再赘述。

另外,H_c-U_g 和 H_t-U_g 关系均可以根据床层压降曲线确定[10]。图 7.19 为床层压降随磁场强度升高的变化曲线。当磁场强度较小时,床层压降随磁场强度的升高而缓慢减小,这主要是因为磁场的施加导致床层底部少许颗粒聚集而失流化;当磁场强度较大时,由于床中沟流的形成,床层压降随磁场强度的升高急剧减小;继续提高磁场强度,床层压降不再变化,这是因为床层结构不再随磁场强度的升高而变化。基于以上分析,我们定义 H_c 为 ΔP_b 减小至 $0.95W/A_b$ 时对应的磁场强度,同时定义 H_t 为 ΔP_b 开始保持不变时对应的磁场强度。

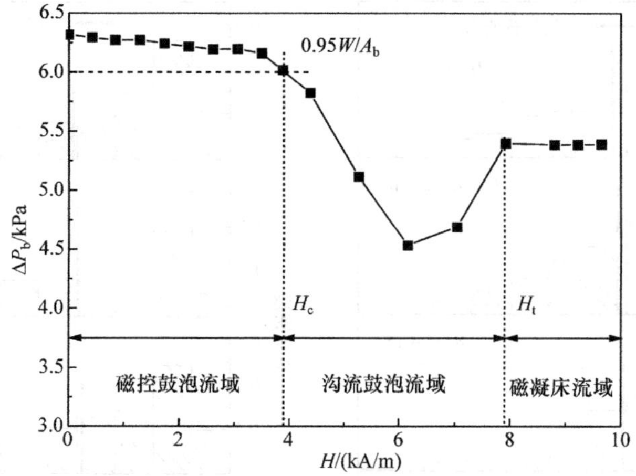

图 7.19　床层压降随磁场强度升高的变化曲线(U_g=0.161m/s)[10]

7.5　磁场对混合物料床层鼓泡行为的影响

7.5.1　磁场对气泡大小的影响

气泡大小的测量是在二维流化床中进行的,采用数字图像分析的方法获取气泡尺寸。需要说明的是,这里的气泡大小指的是气泡的等面积当量直径,用 d_B 表示。不同磁场强度下气泡直径的概率分布如图 7.20 所示。虽然任一条件下,气泡直径都有一个很宽的分布,但是随磁场强度的升高,平均气泡直径逐渐减小。在图示的最高磁场强度下,平均气泡直径的减小幅度达到 10%。很明显,相比于纯磁性物料床层(平均气泡直径的减小幅度超过 30%),混合物料床层中,由于非磁性颗粒的存在,磁场在减小气泡尺寸方面的作用要弱得多。

7.5.2　磁场对气泡上升速度的影响

气泡上升速度(u_B)的测量也在二维流化床中进行,通过追踪气泡质心坐标随时间的变化可以计算得到每个气泡的上升速度。图 7.21 给出了不同磁场强度下测得的 u_B-d_B 数据对的分布情况。图中曲线代表式(7.10)[21]的计算值。虽然 u_B-d_B 数据分布相当离散,但是气泡的平均上升速度并没有显著偏离式(7.10)的计算值,说明磁场对气泡速度并没有显著影响。气泡的上升速度主要取决于气泡的大小和操作气速。

$$u_B=(U_g-U_{mb})+0.48\sqrt{gd_B}\tag{7.10}$$

对于之前的纯磁性物料床层(图 7.15 实验床层),用以表示测量平均值的三角

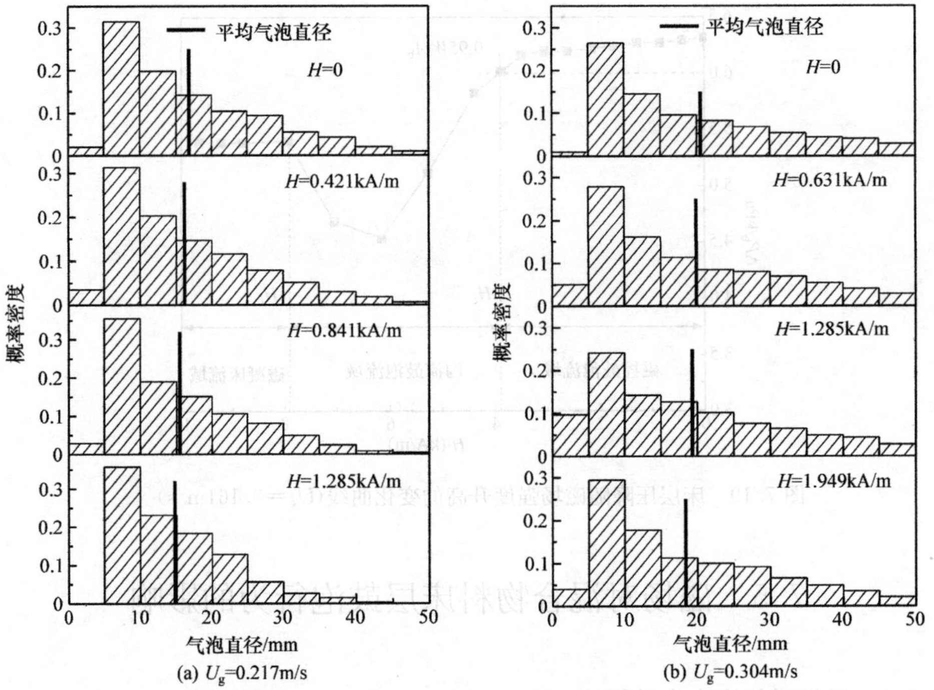

图 7.20 不同磁场强度下气泡直径的概率密度分布图(混合物-Ⅰ,$x=0.3$)[11]

形全部处于计算曲线之上。前面已经提到,这是因为图 7.15 的实验结果是采用双通道光纤探头测量的。该探头测量的只是气泡在竖直方向上的一个弦长,导致测量的气泡大小很可能小于气泡的实际尺寸,最终导致式(7.8)的计算速度小于测量速度(气泡的实际速度)。而对于此处的混合物料床层,图 7.21 中三角形基本上恰好位于计算曲线之中。这同样源自所采用的测量手段,数字图像分析方法获取的等面积当量直径能够更好地反映气泡的实际尺寸。

7.5.3 磁场对床层压降波动和床高波动的影响

图 7.22 为磁场对床层压降波动的影响,评价指标为床层压降波动的标准偏差(σ_P)。在所测量的两个气速下,随磁场强度的升高,σ_P 均逐渐减小。图 7.23 为磁场对床高波动的影响,评价指标亦为标准偏差(σ_h)。在所测量的两个气速下,随磁场强度的升高,σ_h 也逐渐减小。无论是床层压降波动还是床高波动,均由气泡的形成和运动导致。此处,σ_P 和 σ_h 的减小印证了磁场在减小气泡尺寸、改进流化质量方面的作用。流化质量的改进必将提高床中气固两相之间的接触效率和传质效率。

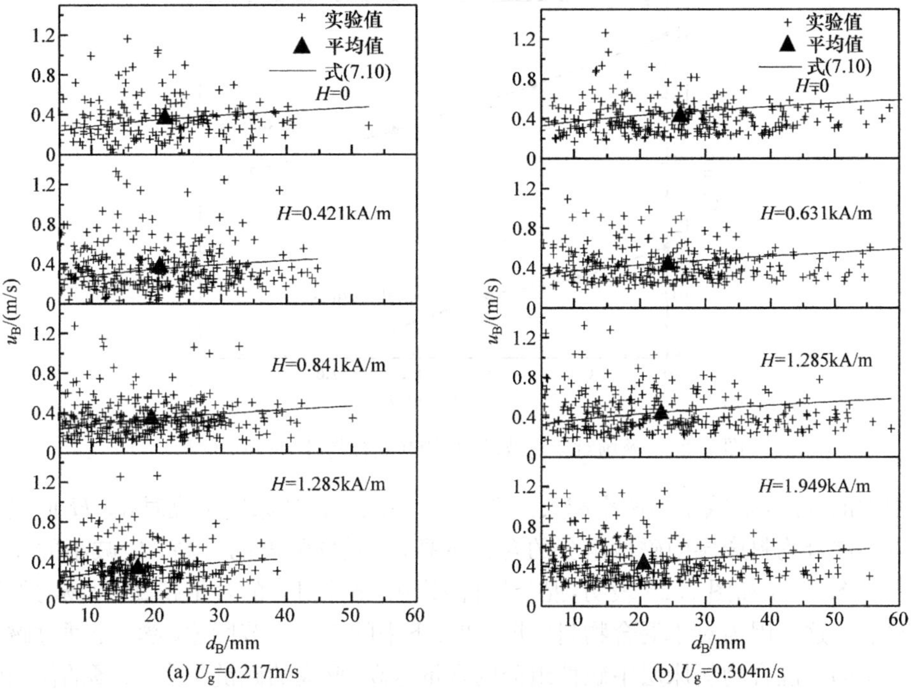

图 7.21　不同磁场强度下 u_B-d_B 数据点的分布情况(混合物-Ⅰ,x=0.3)[11]

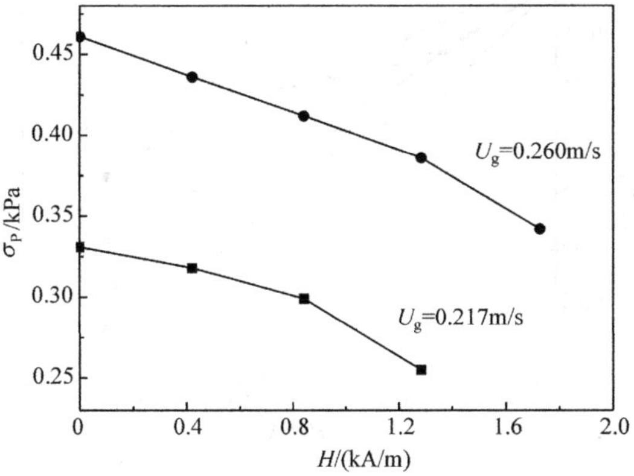

图 7.22　磁场对床层压降波动的影响(混合物-Ⅰ,x=0.3)[11]

7.5.4　床层组成的影响

此处用磁性组分的体积分数(x)表示混合物料床层的组成。图 7.24 为混合物料床层组成对 σ_P-H 曲线的影响。混合物料床层中磁性组分的含量越高,随磁

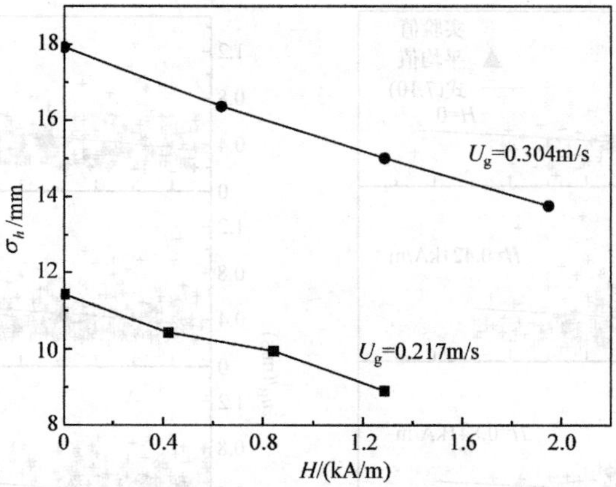

图 7.23 磁场对床高波动的影响(混合物-Ⅰ,x=0.3)[11]

场强度的升高,σ_P 减小的速率越大。图 7.25 为混合物料床层组成对 d_B-H 曲线的影响。混合物料床层中磁性组分的含量越高,随磁场强度的升高,d_B 减小的速率越大。图 7.24 和图 7.25 表明,混合物料床层中磁性组分的含量越高,磁场的作用越显著。这是因为对于混合物料床层,如接下来的 7.5.5 节所述,磁场是通过磁链起作用的。混合物料床层中磁性组分的含量越高,形成的磁链越多,磁场的作用就越显著。

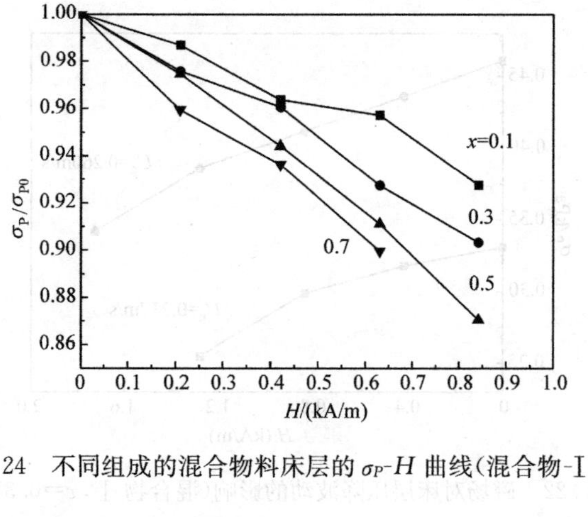

图 7.24 不同组成的混合物料床层的 σ_P-H 曲线(混合物-Ⅰ)[11]

7.5.5 磁场影响气泡性质的机理分析

7.3.5 节讨论了纯磁性物料床层中磁场减小气泡尺寸的机理,即气泡尺寸的减小主要源自磁场强化了磁性颗粒之间的相互作用力,导致气泡的形成和长大都变得更加困难。对于混合物料床层,磁场减小气泡尺寸的机理则有所不同,气泡尺

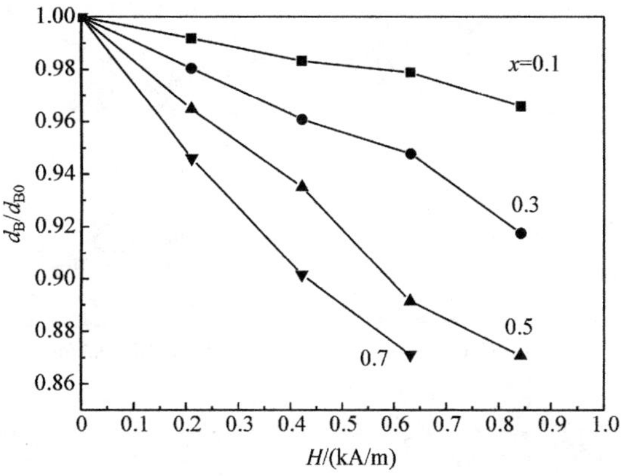

图 7.25　不同组成的混合物料床层的 d_B-H 曲线(混合物-Ⅰ)[11]

寸的减小主要源自磁链对气泡的破碎作用。在磁场作用下,磁性颗粒被磁化进而聚集形成磁链。实验观察[10,24]以及 DEM-CFD 模拟[24-26]都表明,磁链沿着磁力线方向排列。当这些磁链在床中均匀分散(即没有发生颗粒分级)时,它们实际上在床中形成一个特殊的浮游内构件[8,9,59]。这一内构件可以有效地破碎大气泡并阻碍气泡的聚并长大,从而使床中平均气泡直径显著减小。

7.6　混合物料床层磁场诱导颗粒分级的研究

7.6.1　实验现象

7.5 节研究了混合物料床层中磁场对气泡性质的影响,在图 7.20～图 7.25 中磁场强度不可以继续提高,因为如图 7.26 所示,如果继续提高磁场强度,床中将会发生颗粒分级现象,进而导致混合物料床层流化质量的恶化。

这里定义混合物料床层中开始出现颗粒分级时对应的磁场强度为 H_{ms},同时定义床中颗粒分级完成(即达到颗粒完全分级)时对应的磁场强度为 H_{ts}。

7.6.2　H_{ms}和 H_{ts}的确定方法

混合物料磁场流化时,颗粒分级的实质为磁性组分以磁链的形式逐渐迁移至床层下部。由于混合物料中两组分具有较大的密度差异(表 7.1),床层局部压降(ΔP_{bot}和 ΔP_{top})的变化可以恰当反映颗粒分级的递进过程。如图 7.27 所示,ΔP_{bot}最开始的增加以及 ΔP_{top}最开始的减小反映了颗粒分级过程的开始;ΔP_{bot}的逐渐增加以及 ΔP_{top}的逐渐减小代表了分级过程的递进和深入;而 ΔP_{bot}和 ΔP_{top}的最后恒定意味着颗粒分级过程的完成以及完全分级的到来。

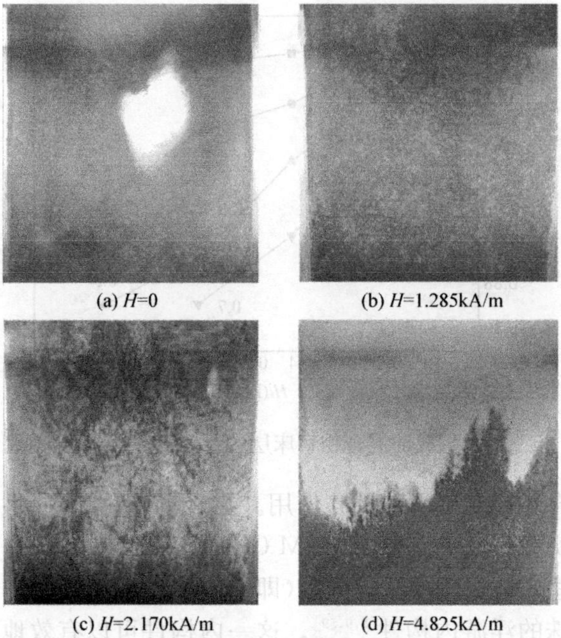

图 7.26　不同磁场强度下混合物料床层的流化状态(混合物-Ⅰ，$x=0.3$，$U_g=0.289$m/s)[11]

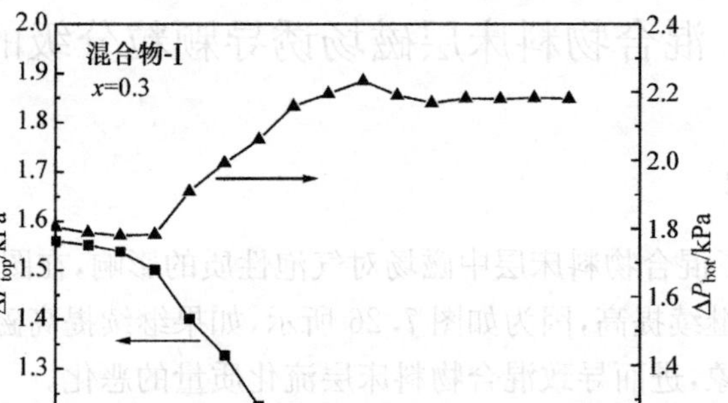

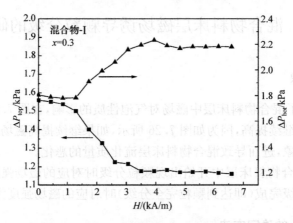

图 7.27　混合物料床层局部压降随磁场强度升高的变化($U_g=0.217$m/s)[11]

H_{ms}标志着混合物料床层开始出现颗粒分级现象，而 H_{ts}表示分级过程的完成，床中达到颗粒的完全分级。基于以上分析，两者皆可以通过分析 ΔP_{bot}-H 曲线或者 ΔP_{top}-H 曲线确定。这里选择使用 ΔP_{top}-H 曲线，具体方法如图 7.28 所示。

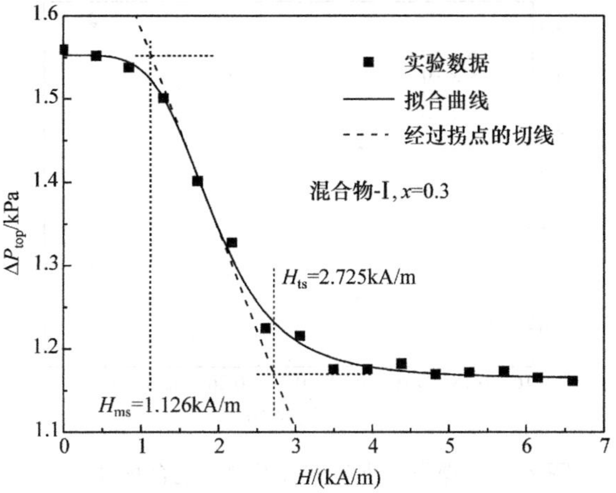

图 7.28　H_{ms}和 H_{ts}的确定方法示例(U_g=0.217m/s)[11]

7.6.3　操作气速对 H_{ms}和 H_{ts}的影响

根据 7.6.2 节所述的方法，我们可以确定不同操作气速下的 H_{ms}和 H_{ts}，测量结果如图 7.29 和图 7.30 所示。对于任意组成的混合物，随着表观气速的增加，H_{ms}和 H_{ts}均呈现增加的趋势，较高的气速意味着床中具有较大的混合推动力。因此，磁链需要长大到更大的尺寸才能沉积至床层下部，相应地，所需的磁场强度也就更高。

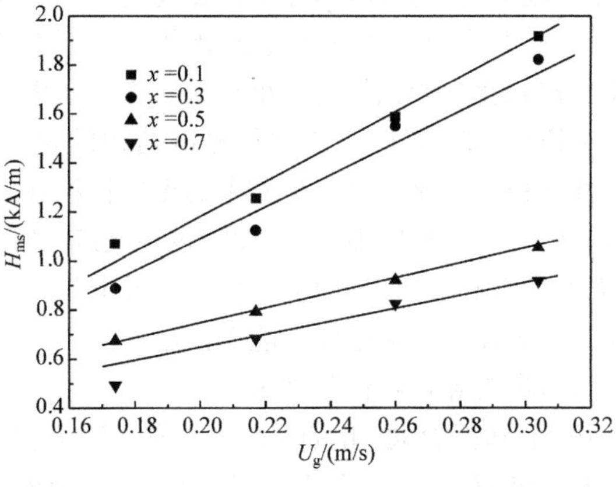

图 7.29　操作气速对 H_{ms}的影响(混合物-Ⅰ)[11]

7.6.4　混合物料床层组成对 H_{ms}和 H_{ts}的影响

图 7.29 和图 7.30 还展示了混合物料床层组成对 H_{ms}和 H_{ts}的影响。混合物

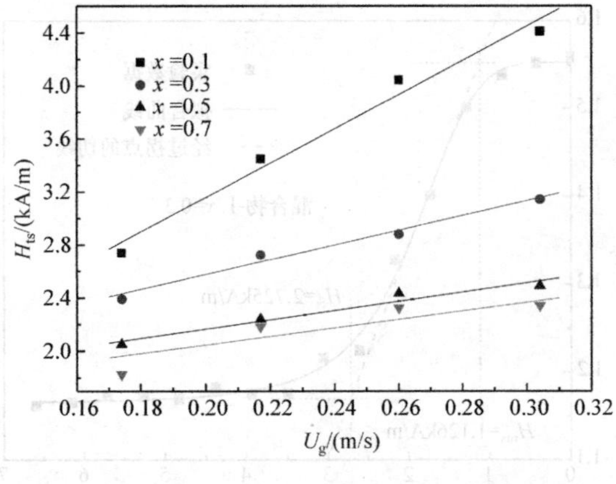

图 7.30　操作气速对 H_{ts} 的影响(混合物-Ⅰ)[11]

料床层组成以其中磁性组分的体积分数(x)表示。给定操作气速下,x 越大,H_{ms} 和 H_{ts} 越小,说明混合物中磁性组分的含量越高,激发颗粒分级所需的磁场强度越小。这是因为 x 越大,磁性颗粒之间碰撞的概率越大,磁链越容易形成和长大,并最终沉积至床层下部。

7.6.5　磁场诱导颗粒分级的机理

如前所述,随磁场强度的增加,混合物料床层将会出现颗粒分级现象。其中磁性颗粒作为沉积组分,而非磁性颗粒作为浮升组分。这里颗粒分级的发生不是因为两种颗粒的粒径差异或者密度差异,而是源自磁场的施加。因此,我们称这类分级为磁场诱导颗粒分级。当向已经处于鼓泡流化状态的混合物料床层施加磁场后,磁性颗粒被磁化。被磁化后的颗粒就像小磁铁一样会聚集形成小磁链,无论是实验观察还是 DEM-CFD 模拟,都证明了这种磁链结构的存在。因此,混合物料磁场流化时,与非磁性颗粒共流化的并不是原来的磁性颗粒,而是磁链。随磁场强度的升高,这些磁链不断长大。相应地,非磁性颗粒和磁链之间流化行为的差异也逐渐增大。当磁场强度增大到一定值(即 H_{ms})后,相对于非磁性颗粒而言,磁链的尺寸变得"过大",最开始施加的气速已经不能提供足够的动力使两者混合良好,磁链开始向床层下部沉积,最终导致颗粒分级的发生。

图 7.31 为混合物-Ⅰ和混合物-Ⅱ的 H_{ms}-U_g 和 H_{ts}-U_g 曲线的比较。给定 U_g 下,混合物-Ⅱ的 H_{ms} 和 H_{ts} 均比混合物-Ⅰ的大。这一现象印证了我们在上面提出的颗粒分级机理的正确性,即磁链的形成和长大是颗粒分级的根本原因。对于给定碳酸钙颗粒和 U_g,磁链能够沉积至床层底部所需的尺寸是一定的。对于混合物-Ⅱ中较小粒径的磁性颗粒(铁粉-Ⅲ),需要更高的磁场强度来使磁链长大到那个尺寸。

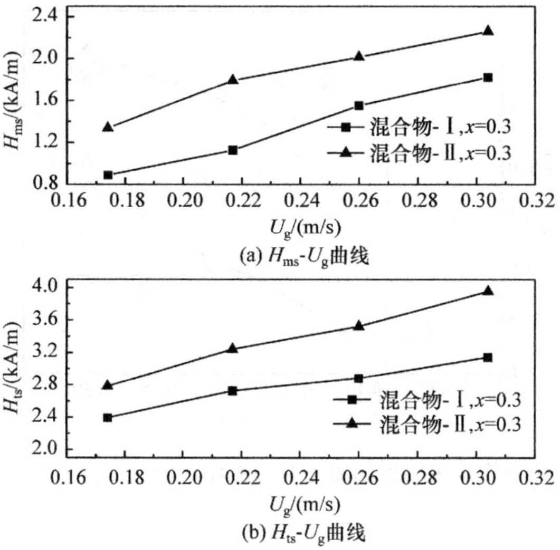

(a) H_{ms}-U_g曲线

(b) H_{ts}-U_g曲线

图 7.31　混合物-Ⅰ和混合物-Ⅱ的 H_{ms}-U_g 和 H_{ts}-U_g 曲线的比较[11]

7.7　混合物料床层磁场流化时的操作相图

对于混合物料床层，施加磁场未必一定能够改善流化质量。为了明确在哪些范围内磁场可以改善流化质量，同时为了明确在哪些范围内磁场会诱导颗粒分级，我们绘制了如图 7.32 所示的操作相图，共划分出四个具有不同流体力学性质的流域：固定床流域、磁控鼓泡流域、部分分级鼓泡流域和完全分级鼓泡流域。磁控鼓泡流域和部分分级鼓泡流域的分界线以 H_{ms}-U_g 曲线表示，而 H_{ts}-U_g 曲线为部分分级鼓泡流域和完全分级鼓泡流域的分界线。给定 U_g 下，H_{ms}和 H_{ts}的确定方法在 7.6.3 节已有论述。

在两个分级鼓泡流域，由于磁链沉积到床层下部，其对床层流化的稳定作用消失，所以流化质量恶化。另外，在磁控鼓泡流域，磁链和非磁性颗粒具有较好的混合，磁链可以有效破碎气泡，稳定床中气体和非磁性颗粒的流化，所以流化质量得到改善。如果施加磁场的初衷是改善混合物的流化质量，那么应该根据图 7.32 所示的操作相图合理控制操作参数，避免进入分级鼓泡流域。

此外，磁场诱导颗粒分级是一个十分有意思的现象，它在固体颗粒流态化连续分离过程方面具有潜在的应用价值。图 7.32 中的 H_{ts}-U_g 曲线可以在选择磁场强度方面提供依据。

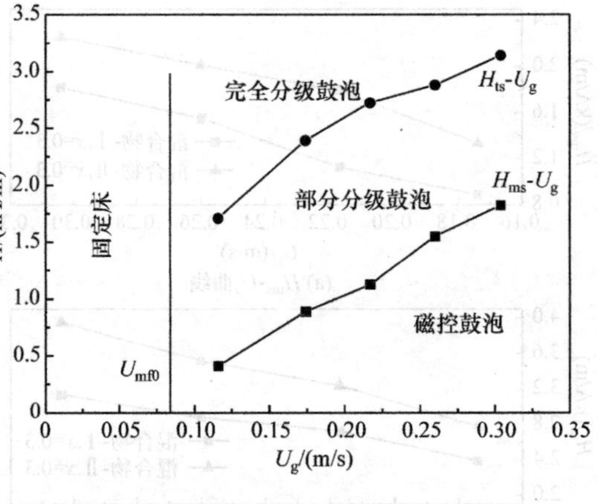

图 7.32 混合物料床层磁场流化时的操作相图(混合物-Ⅰ，$x=0.3$)[11]

7.8 本章小结

本章主要论述了磁场对流化床结构的影响，床层物料为纯磁性颗粒或者磁性和非磁性颗粒组成的混合物。前者称为纯磁性物料床层，后者称为混合物料床层。对于两种床层，磁场都可以有效减小气泡尺寸，改善流化质量。对于纯磁性物料床层，气泡体积的减小幅度最高可以达到80%。对于混合物料床层，由于非磁性颗粒的存在，磁场在减小气泡尺寸方面的作用要弱得多。当 $x=0.3$ 时，气泡体积的减小幅度仅仅可以达到30%。值得注意的是，并非磁场强度越高，磁场对流化质量的改进效果越好。当磁场强度超过一定值后，纯磁性物料床层将进入沟流鼓泡流域，混合物料床层将进入分级鼓泡流域，流化质量都会恶化。为了直观地体现在给定 H 和 U_g 时床层所处的流域以及所具有的流体力学性质，我们针对两种床层分别绘制了操作相图。

对于纯磁性物料床层，磁场能够对气泡性质产生影响主要源自磁场诱导产生的磁性力增大了磁性颗粒之间的相互作用力，进而导致气泡的形成和长大都变得更加困难。当磁场强度较高时，磁性颗粒聚集形成磁链，磁链强烈地倾向于沿磁力线方向排列。磁链在床中形成的结构可以有效破碎气泡、抑制气泡的聚并长大。而对于混合物料床层，磁场对气泡性质以及颗粒分级的影响主要源自磁链的形成。当磁链较小时，其与非磁性颗粒混合良好，在床中的分散性也比较好，它们可以有效破碎气泡、抑制气泡聚并长大。随磁场强度的提高，磁链尺寸逐渐长大。当磁链长大到一定程度时，磁链变得过重，流化气速提供的动力不足以使其与非磁性颗粒混合良好，磁链逐渐向床层底部沉积，最终导致颗粒分级的发生。

符 号 说 明

a_B	气泡纵横比，即气泡长度和宽度的比值
A_b	床层横截面积，m^2
d_B	二维流化床中气泡的等面积当量直径，mm
d_p	颗粒群的平均粒径，μm
f_B	气泡频率，Hz
G	颗粒相和气泡相相界面吉布斯函数，J
g	重力加速度，$9.81 m/s^2$
H	磁场强度，kA/m
H_c	纯磁性物料床层磁控鼓泡流域和沟流鼓泡流域分界点的磁场强度，kA/m
H_{ms}	混合物料床层磁控鼓泡流域和部分分级鼓泡流域分界点的磁场强度，kA/m
H_t	纯磁性物料床层沟流鼓泡流域和磁凝床流域分界点的磁场强度，kA/m
H_{ts}	混合物料床层部分分级鼓泡流域和完全分级鼓泡流域分界点的磁场强度，kA/m
h	距离分布板的高度或者床层料面高度，mm
h_0	床中物料的初始堆积高度，mm
h_B	二维流化床中气泡质心距离分布板的高度，mm
I	通过赫姆霍兹线圈的电流，A
l_B	气泡长度，即气泡的轴向尺寸，mm
P_w	风室表压，kPa
r	距离赫姆霍兹线圈中轴线的横向距离，mm
S	相界面的面积，m^2
u_B	气泡上升速度，m/s
U_g	表观气速，m/s
U_{mb}	最小鼓泡速度，m/s
U_{mf}	最小流化速度，m/s
U_{mf0}	无磁场时的最小流化速度，m/s
W	床层物料的重力，N
W/A_b	流化床的理论压降，Pa
w_B	气泡宽度，即气泡的横向尺寸，mm
x	混合物料床层中磁性组分的体积分数
Z	距离赫姆霍兹线圈底部的高度，mm

ΔG	相界面面积变化过程中的吉布斯函数变化,J
ΔP_b	床层压降,kPa
ΔP_{bot}	床层下半部的压降,kPa
ΔP_d	分布板压降,kPa
ΔP_f	滤网压降,kPa
ΔP_{top}	床层上半部的压降,kPa
ΔS	相界面面积的变化,m^2
δ	双通道光纤探头中两分支间的距离,mm
ε_s	固含率
γ	颗粒相视为拟液体相时的表面张力,N/m
ρ_p	颗粒密度,kg/m^3
σ_h	床层高度波动的标准偏差,mm
σ_{h0}	无磁场时床层高度波动的标准偏差,mm
σ_P	床层压降波动的标准偏差,kPa
σ_{P0}	无磁场时床层压降波动的标准偏差,kPa

参考文献

[1] 郑传根,董元吉. 液-固磁场流态化模型及普遍化相图. 化学反应工程与工艺,1990,6(2):1-8.

[2] Shen L, Johnsson F, Leckner B. Digital image analysis of hydrodynamics two-dimensional bubbling fluidized beds. Chemical Engineering Science, 2004, 59(13): 2607-2617.

[3] 金涌. 流态化工程原理. 北京:清华大学出版社,2001.

[4] Rosensweig R E. Process concepts using field-stabilized two-phase fluidized flow. Journal of Electrostatics, 1995, 34(2-3): 163-187.

[5] Dahikar S, Sonolikar R. Identification of the state of a magneto-fluidized bed by pressure fluctuations. International Journal of Chemical Reactor Engineering, 2006, 4(1): 1-15.

[6] van der Schaaf J, Schouten J C, Johnsson F, et al. Non-intrusive of bubble and slug length scales in fluidized beds by decomposition of the power spectral density of pressure time series. International Journal of Multiphase Flow, 2002, 28(5): 865-880.

[7] 郭慕孙,李洪钟. 流态化手册. 北京:化学工业出版社,2008.

[8] Li H Z, Lu X S, Kwauk M. Particularization of gas-solids fluidization. Powder Technology, 2003, 137(1-2): 54-62.

[9] Lu X S, Li H Z. Fluidization of $CaCO_3$ and Fe_2O_3 particle mixtures in a transverse rotating magnetic field. Powder Technology, 2000, 107(1-2): 66-78.

[10] Zhu Q H, Li H Z, Zhu Q S, et al. Hydrodynamic study on magnetized fluidized beds with Geldart-B magnetizable particles. Powder Technology, 2014, 268(1): 48-58.

[11] Zhu Q H, Li H Z, Zhu Q S, et al. Hydrodynamic behavior of magnetized fluidized beds with

admixtures of Geldart-B magnetizable and nonmagnetizable particles. Particuology, 2016, 29(6): 86-94.

[12] Arnaldos J, Casal J, Lucas A, et al. Magnetically stabilized fluidization: Modelling and application to mixtures. Powder Technology, 1985, 44(1): 57-62.

[13] Wu W Y, Navada A, Saxena S C. Hydrodynamic characteristics of a magnetically stabilized air fluidized bed of an admixture of magnetic and non-magnetic particles. Powder Technology, 1997, 90(1): 39-46.

[14] Thivel P X, Gonthier Y, Boldo P, et al. Magnetically stabilized fluidization of a mixture of magnetic and non-magnetic particles in a transverse magnetic field. Powder Technology, 2004, 139(3): 252-257.

[15] Wu W Y, Smith K L, Saxena S C. Rheology of a magnetically stabilized bed consisting of mixtures of magnetic and non-magnetic particles. Powder Technology, 1997, 91(3): 181-187.

[16] Saxena S C, Wu W Y. Hydrodynamic characteristics of magnetically stabilized fluidized admixture beds of iron and copper particles. The Canadian Journal of Chemical Engineering, 1999, 77(2): 312-318.

[17] Ganzha V L, Saxena S C. Hydrodynamic behavior of magnetically stabilized fluidized beds of magnetic particles. Powder Technology, 2000, 107(1-2): 31-35.

[18] Hristov J. Magnetic field assisted fluidization-a unified approach Part 1. Fundamentals and relevant hydrodynamics of gas-fluidized beds (batch solids mode). Reviews in Chemical Engineering, 2002, 18(4-5): 295-509.

[19] Zou Z, Li H Z, Zhu Q S. The bubbling behavior of cohesive particles in the 2D fluidized beds. Powder Technology, 2011, 212(1): 258-266.

[20] 邹正. 粘性颗粒鼓泡流化床的实验研究与 CFD 模拟. 北京：中国科学院过程工程研究所博士学位论文，2013.

[21] Davidson J F, Harrison D. Fluidized Particles. Cambridge: Cambridge University Press, 1963.

[22] Agbim J A, Nienow A W, Rowe P N. Inter-particle forces that suppress bubbling in gas fluidised beds. Chemical Engineering Science, 1971, 26(8): 1293-1294.

[23] 傅献彩，沈文霞，姚天扬，等. 物理化学. 北京：高等教育出版社，2006.

[24] Zhu Q S, Li H Z. Study on magnetic fluidization of group C powders. Powder Technology, 1996, 86(2): 179-185.

[25] Hao Z, Li X, Li H, et al. Numerical simulation of particle motion in a gradient magnetically assisted fluidized bed. Powder Technology, 2010, 203(3): 555-564.

[26] Wang S, Shen Y, Ma Y, et al. Study of hydrodynamic characteristics of particles in liquid-solid fluidized bed with uniform transverse magnetic field. Powder Technology, 2013, 245: 314-323.

[27] Wang S, Sun Z, Li X, et al. Simulation of flow behavior of particles in liquid-solid fluidized bed with uniform magnetic field. Powder Technology, 2013, 237: 314-325.

[28] Lucchesi P J, Hatch W H, Mayer F X, et al. Magnetically stabilized beds: new gas-solids contacting technology//10th World Petroleum Congress, Bucharest, 1979: 419-426.
[29] Rosensweig R E. Fluidization: Hydrodynamic stabilization with a magnetic field. Science, 1979, 204(4388): 57-60.
[30] Liu Y A, Hamby R K, Colberg R D. Fundamental and practical developments of magnetofluidized beds: A review. Powder Technology, 1991, 64(1-2): 3-41.
[31] Rosensweig R E. Magnetic stabilization of the state of uniform fluidization. Industrial & Engineering Chemistry Fundamentals, 1979, 18(3): 260-269.
[32] 金涌，亓平言. 磁场控制下的流-固相反应装置研究进展. 化工进展，1985，(5)：4-13.
[33] Arnaldos J, Lázaro M, Casal J. The effect of magnetic stabilization on the thermal behaviour of fluidized beds. Chemical Engineering Science, 1987, 42(6): 1501-1506.
[34] Arnaldos J, Casal J. Study and modelling of mass transfer in magnetically stabilized fluidized beds. International Journal of Heat and Mass Transfer, 1987, 30(7): 1525-1529.
[35] Siegell J H. Liquid-fluidized magnetically stabilized beds. Powder Technology, 1987, 52(2): 139-148.
[36] Penchev I P, Hristov J Y. Behaviour of fluidized beds of ferromagnetic particles in an axial magnetic field. Powder Technology, 1990, 61(2): 103-118.
[37] Penchev I P, Hristov J Y. Fluidization of beds of ferromagnetic particles in a transverse magnetic field. Powder Technology, 1990, 62(1): 1-11.
[38] Saxena S C, Shrivastava S. The influence of an external magnetic field on an air-fluidized bed of ferromagnetic particles. Chemical Engineering Science, 1990, 45(4): 1125-1130.
[39] Casal J, Arnaldos J. The structure of magnetized-fluidized beds. Powder Technology, 1991, 64(1-2): 43-48.
[40] Saxena S C, Shrivastava S. Some hydrodynamic investigations of a magnetically stabilized air-fluidized bed of ferromagnetic particles. Powder Technology, 1991, 64(1-2): 57-67.
[41] Siegell J H. A special double issue devoted to magnetized fluidized beds. Powder technology, 1991, 64(1-2): 1.
[42] Saxena S C, Qian R Z. Hydrodynamic and heat transfer characteristics of magnetofluidized beds. Journal of Thermal Science, 1994, 3(3): 211-215.
[43] Hristov J Y. Fluidization of ferromagnetic particles in a magnetic field Part 1: The effect of field line orientation on bed stability. Powder Technology, 1996, 87(1): 59-66.
[44] Hristov J Y. Fluidization of ferromagnetic particles in a magnetic field Part 2: Field effects on preliminarily gas fluidized bed. Powder Technology, 1998, 97(1): 35-44.
[45] Hristov J. Comments on gas-fluidized magnetizable beds in a magnetic field, Part 1: Magnetization FIRST mode. Thermal Science, 1998, 2(2): 3-25.
[46] Ganzha V L, Saxena S C. A model for the calculation of minimum bubbling velocity of magnetically stabilized beds of pure and admixture particles. Powder Technology, 1999, 103(2): 194-197.

[47] Hristov J. Comments on gas-fluidized magnetizable beds in a magnetic field. Part 2:Magnetization-LAST mode and relevant phenomena. Thermal Science,1999,3:15-45.

[48] Al-Qodah Z,Al-Busoul M,Al-Hassan M. Hydro-thermal behavior of magnetically stabilized fluidized beds. Powder Technology,2001,115(1):58-67.

[49] Fan M,Chen Q,Zhao Y,et al. Fine coal(6-1 mm) separation in magnetically stabilized fluidized beds. International Journal of Mineral Processing,2001,63(4):225-232.

[50] Rhodes M J,Wang X S,Forsyth A J,et al. Use of a magnetic fluidized bed in studying Geldart group B to A transition. Chemical Engineering Science,2001,56(18):5429-5436.

[51] 骆振福,樊茂明. 磁场流化床的稳定性研究. 中国矿业大学学报,2001,30(4):350-353.

[52] Fan M,Chen Q,Zhao Y,et al. Magnetically stabilized fluidized beds for fine coal separation. Powder Technology,2002,123(2-3):208-211.

[53] Hristov J,Li H Z. Magnetic particulate systems. China Particuology,2007,5:1-192.

[54] Fan M,Luo Z,Zhao Y,et al. Effects of magnetic field on fluidization properties of magnetic pearls. China Particuology,2007,5:151-155.

[55] Gros F,Baup S,Aurousseau M. Hydrodynamic study of a liquid/solid fluidized bed under transverse electromagnetic field. Powder Technology,2008,183(2):152-160.

[56] 宗保宁. 磁性催化剂与磁稳定床反应器或磁分离集成强化反应过程. 中国科学:化学,2012,42(4):495-501.

[57] Wu W Y,Saxena S C. Hydrodynamic of magnetofluidized admixture beds. Chemical Engineering Communications,2000,182(1):197-212.

[58] Cohen A H,Chi T. Aerosol filtration in a magnetically stabilized fluidized bed. Powder Technology,1991,64(1-2):147-158.

[59] Yu Q,Dave R N,Zhu C,et al. Enhanced fluidization of nanoparticles in an oscillating magnetic field. AIChE Journal,2005,51(7):1971-1979.

附录1 视频拆帧MATLAB程序代码

```
mov=mmreader('D:\filename.avi');                %用mmreader读入avi格式视频文件
for i=1:mov.numberofframes                      %获得总帧数,并依次读取
b=read(mov,i);
imwrite(b,strcat('',int2str(i),'.jpg'),'jpg');  %把第i帧的图片写为'i.jpg'
end
```

附录2 批量处理录像帧获取气泡参数的MATLAB程序代码

```
clear;                                          %清除变量
clc;                                            %清除屏幕
fileFolder='D:\\气泡识别\\';                     %设置图片文件夹路径
fileType='*.jpg';      %指出图片的格式
fprintf(['getting file list within folder :',fileFolder,'(file type:)',fileType,'…\n\n']);
                                                %输出提示信息
picstr=dir([fileFolder,fileType]);              %获取相应文件信息
[row,col]=size(picstr);                         %获取文件数量row
fprintf(['creating gray image folder:',fileFolder,'气泡编号图\\…\n']);
                                                %输出提示信息
system(['mkdir ',fileFolder,'气泡编号图\\']);    %调用系统命令mkdir,创建文件夹
for i=1:row
fprintf(['\nreading,picstr(i).name,'…\n']);    %输出载入信息
H=imread([fileFolder,picstr(i).name]);          %载入图像
I=imrotate(H,0,'bilinear','crop');              %图像旋转
%figure,imshow(I);                              %显示旋转后的图像
J=imcrop(I,[390 180 960 820]);                  %图像裁剪
%figure,imshow(J);                              %显示剪裁后的图像
bw1=im2bw(J,0.52);                              %图像二值化
%figure,imshow(bw1);                            %显示二进制图片,气泡部分显白色
bw2=bwareaopen(bw1,1000);
                                %移除像素数小于1000的对象剔除过小的气泡,降噪
%figure,imshow(bw2);                            %显示剔除小气泡后的二进制图像
bw=imclearborder(bw2);                          %去除边界气泡
```

```
%figure,imshow(bw);
clear H;clear I;clear J;clear bw1;clear bw2;
                                        %即时清除不再用到的变量,释放内存
L=bwlabel(bw);
s=regionprops(L,'all');
centroids=cat(1,s.Centroid);                                    %质心
areas=cat(1,s.Area);                                            %面积
equivdiameters=cat(1,s.EquivDiameter);                          %等面积圆的直径
boundingbox=cat(1,s.BoundingBox);
            %左上顶点坐标,x宽,y高,实际为囊括该气泡的最小竖直矩形的位置和大小
                                  %y/x即为气泡的纵横比,可以粗略描述气泡的形状

BW=bw;
BW=bwareaopen(BW,0);
[B,L,N]=bwboundaries(BW,'noholes');
figure,imshow(BW);
hold on;
colors=['b' 'g' 'r' 'c' 'm' 'y'];

for k=1:length(B),
boundary=B{k};
cidx=mod(k,length(colors))+ 1;
plot(boundary(:,2),boundary(:,1),…
colors(cidx),'LineWidth',2);

                                                        %文字自动安排位置
rndRow=ceil(length(boundary)/(mod(rand* k,7)+ 1));
col=boundary(rndRow,2);row=boundary(rndRow,1);
h=text(col+ 1,row-1,num2str(L(row,col)));
set(h,'Color',colors(cidx),'FontSize',20,'FontWeight','bold');
plot(centroids(:,1),centroids(:,2),'b* ')                       %标记质心
end;
axis on;                                                        %显示图像像素坐标
ea=cat(2,areas,equivdiameters);                                 %合并面积,半径
bounding=cat(1,boundingbox);                                    %合并长短轴
ca=cat(2,centroids,bounding);                                   %合并质心,长短轴
cea=cat(2,ca,ea);                                               %合并质心,长短轴,面积,半径
save('D:\气泡识别\气泡识别结果\bubble result.txt','i','cea','-ASCII','-tabs','-
```

```
append');
                                    %保存 txt 文件-质心,面积,等面积圆的直径结合
fprintf(['saveing ','g',picstr(i).name,'…\n']);                %输出保存信息
saveas(gcf,[fileFolder,'气泡编号图\g',picstr(i).name],'jpg');      %保存图像
close all;                                                   %关闭所有现存图形窗口
end
```

第 8 章　U 型气动排料阀动力学模型

8.1　引　　言

U 型气动排料阀是由一个垂直立管料腿及其底部的排料室组成的一种通过底部松动气流大小来控制排料速率的排料器件。由于其形状像 U，常简称为 U 型排料阀，U 型排料阀常用在循环流化床中，也称循环料封。通常排料速率与进入阀中的气流速率成正比。立管料腿中的物料根据料腿中料面的高度和松动气的大小与位置不同，可能呈现流化床状态，也可能呈现移动床状态。排料室中的物料通常为流化床状态。U 型排料阀虽然已在工业装置中成功应用，但对其流动力学研究甚少[1,2]，其设计处于半经验状态，因此非常有必要研究其动力学行为。

8.2　立管料腿中的气固流动

当为流化床状态时，颗粒向下流动，气体向上流动；当为移动床状态时，颗粒自上而下流动，气体的流动方向则依床层的压差和颗粒的流速而定，可能向上流动，也可能向下流动。其定量计算可参考文献[3]。

8.3　排料模式分析

颗粒状物料在立管料腿-排料室系统管道中流动的快与慢，取决于流动的推动力和阻力的平衡，通常应求出各项推动力（如顺流动的重力、曳力）和各项阻力（如管道摩擦阻力、孔口阻力和逆流动的重力），建立力平衡方程，求解方程中的颗粒速度参数，即可得到排料速率。但是如果知道流动的控制因素，则可简化分析，集中研究控制流动的主要因素，而忽略非控制因素。若料腿和排料室均为流化床状态，连接处孔口较小时则会形成孔口流控制模式，连接处孔口较大时又会形成协调控制模式；若料腿为移动床状态、排料室为流化床状态，料腿底部无侧向水平松动气时，料腿底部会形成死区，死区与管壁之间形成狭窄“瓶颈”流道口，形成瓶颈道口控制模式；若料腿为移动床状态、排料室为流化床状态，连接孔较大，料腿底部和侧向有松动风时，则会形成流态化排料控制模式（参见图 8.1）。以下就上述四种模式分别建立设计计算模型。

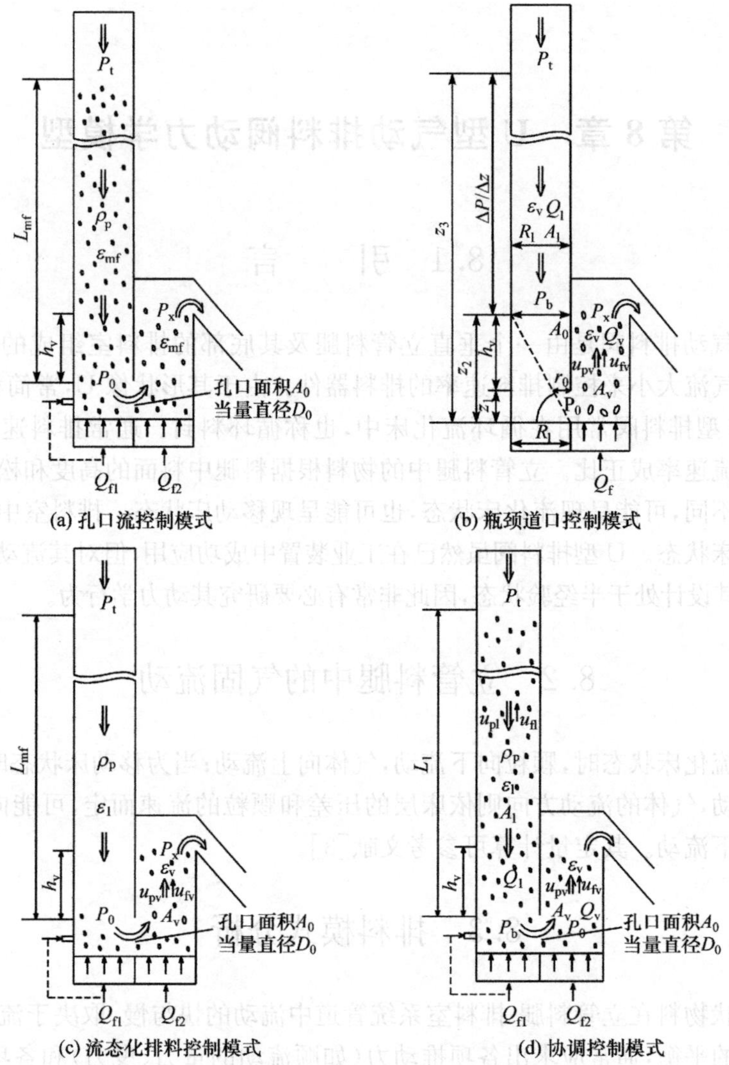

图 8.1　U 型气动排料阀的四种排料模式

8.4　U 型气动排料阀的排料动力学模型

8.4.1　孔口流控制模型

如图 8.1(a)所示，通常松动气 Q_{f1} 和 Q_{f2} 的流量控制使料腿和排料室均处于初始流化状态，此时可以将气固两相流当成拟流体处理。由能量守恒的伯努利方程

可以求得通过孔口的理论拟流体速度 u_{i0}(m/s)，即

$$u_{i0}=\left\{2g\left[L_{mf}-h_v-\frac{P_x-P_t}{\rho_p(1-\varepsilon_{mf})g}\right]\right\}^{0.5} \tag{8.1}$$

式中，ρ_p 为颗粒密度，kg/m^3；h_v 为排料室中流化床层在孔口以上的高度，m；ε_{mf} 为最小流化空隙率；L_{mf} 为料腿中流态化料面的高度，m；P_x 为排料室顶部压力，Pa；P_t 为料腿顶部压力，Pa。

料阀排料速率 G_p(kg/s)可由式(8.2)给出：

$$G_p=C_dA_0\rho_p(1-\varepsilon_{mf})u_{i0}=C_dA_0\rho_p(1-\varepsilon_{mf})\left\{2g\left[L_{mf}-h_v-\frac{P_x-P_t}{\rho_p(1-\varepsilon_{mf})g}\right]\right\}^{0.5} \tag{8.2}$$

式中，C_d 为孔口流速修正系数；A_0 为孔口横截面积，m^2。

显然，

$$L_{mf}=\frac{P_0-P_t}{\rho_p(1-\varepsilon_{mf})g} \tag{8.3}$$

式中，P_0 为料腿和排料室底部孔口处的压力，Pa：

$$P_0=P_x+\rho_p(1-\varepsilon_{mf})gh_v \tag{8.4}$$

黄世民[4]通过实验数据归纳，得出 C_d 的经验关系式为

$$C_d=0.714u_{p0}^{0.575} \tag{8.5}$$

式中，u_{p0} 为通过孔口的实际颗粒速度，m/s，依定义，有

$$u_{p0}=\frac{G_p}{A_0\rho_p(1-\varepsilon_{mf})} \tag{8.6}$$

将式(8.2)、式(8.6)代入式(8.5)，整理可得

$$C_d=0.4527\,(2g)^{0.6765}\left[L_{mf}-h_v-\frac{P_x-P_t}{\rho_p(1-\varepsilon_{mf})g}\right]^{0.6765} \tag{8.7}$$

将式(8.7)代入式(8.2)得

$$G_p=0.4572A_0\rho_p(1-\varepsilon_{mf})(2g)^{1.1765}\left[L_{mf}-h_v-\frac{P_x-P_t}{\rho_p(1-\varepsilon_{mf})g}\right]^{1.1765} \tag{8.8}$$

式(8.8)即为孔口流控制模式的排料速率计算方程。

8.4.2　瓶颈道口控制模型

如图 8.1(b)所示，此时由于移动床底部的孔口较小，颗粒流率由孔口控制，流态化排料室不再起控制作用，只有排料初始阶段流态化排料室的排料速率小于孔口的流率时，孔口才不起控制作用。孔口控制时的排料相当于负压差情况下移动床下部孔口排料，瓶颈流道口即为孔口。当排料室顶部压力 P_x 发生变化，以及当排料斗中的颗粒浓度随气速的变化而变化时，料腿与排料室底部孔口处压力 P_0

将随着发生变化，从而可改变移动床下部孔口的排料速率。料阀排料速率 G_p 的预测，建议采用 Grewdson 等[5]提出的修正 Beverloo 方程：

$$G_p=(0.55\sim0.65)\rho_p(1-\varepsilon_{mf})\sqrt{g+\left(\frac{dP}{dz}\right)_0\frac{1}{\rho_p(1-\varepsilon_{mf})}}(D_0-kd_p)^{2.5} \tag{8.9}$$

式中，D_0 为孔口的当量直径，m；d_p 为颗粒直径，m；k 为修正系数，其取值范围为 1.4～2.9；$\left(\frac{dP}{dz}\right)_0$ 为孔口处的压降梯度，N/m^3。

假设料腿为方柱形，则底部由于有死区，会形成一个方楔形，如图 8.1(b)所示。根据图 8.1(b)所示的几何结构尺寸，设料腿上部方柱形段的平均压降梯度为 $\frac{dP}{dz}$，则可推得

$$\frac{dP}{dz}=\frac{P_0-P_t}{(z_3-z_2)+z_1\ln\frac{R_1}{r_0}} \tag{8.10}$$

式中，P_0 为料腿和排料室底部孔口处压力，N/m^2；P_t 为料腿顶部压力，N/m^2；z_3、z_2、z_1 分别为料腿中料面高度、料腿底部楔形段的高度和排料室底部与料腿连接口的高度，m；R_1 为料腿上段的厚度，m；r_0 为料腿下部楔形段瓶颈口的厚度，m。

由图 8.1 所示的几何结构可知：

$$z_2=R_1\tan\theta_f \tag{8.11}$$

$$r_0=R_1-(z_2-z_1)\mathrm{ctan}\theta_f \tag{8.12}$$

式中，θ_f 为颗粒物料的流动内摩擦角，(°)，且有

$$\theta_f=\frac{\pi}{4}+\delta \tag{8.13}$$

式中，δ 为颗粒物料的有效内摩擦角，(°)，由剪切仪测定。

根据管道中气固移动床流的压降梯度与管道截面积成反比的原理，可知

$$\left(\frac{dP}{dz}\right)_0=\frac{R_1}{r_0}\frac{dP}{dz} \tag{8.14}$$

依当量直径的定义，有

$$D_0=\frac{2r_0R_1}{r_0+R_1} \tag{8.15}$$

料腿与排料室底部孔口处压力 P_0 则取决于排料室内的流化状态，由排料室内流化床压降决定，即

$$P_0=P_x+\rho_p(1-\varepsilon_v)gh_v \tag{8.16}$$

式中，ε_v 为排料室中流化床的空隙率，若假定为散式流态化，ε_v 可由郭慕孙提出的广义流态化的 R-Z 方程[6,7]求得：

$$\varepsilon_{\mathrm{v}}^{n}=\frac{(u_{\mathrm{fv}}-u_{\mathrm{pv}})\varepsilon_{\mathrm{v}}}{U_{\mathrm{t}}} \tag{8.17}$$

式中，n 为空隙率指数，是颗粒终端雷诺数的函数，可由已知的算图方便查得[6]；U_{t} 为颗粒的终端速度，m/s，可根据颗粒性质计算而得或测定而得；u_{fv}、u_{pv} 分别为气体和颗粒的真实速度，m/s，可由如下公式计算：

$$u_{\mathrm{fv}}=\frac{Q_{\mathrm{v}}}{A_{\mathrm{v}}\varepsilon_{\mathrm{v}}} \tag{8.18}$$

$$u_{\mathrm{pv}}=\frac{G_{\mathrm{p}}}{\rho_{\mathrm{p}}A_{\mathrm{v}}(1-\varepsilon_{\mathrm{v}})} \tag{8.19}$$

式中，A_{v} 为排料室的横截面积，m^2；Q_{v} 为排料室中的气体流率，m^3/s，Q_{v} 取决于排料室底部松动气量 Q_{f} 和立管中的气体流率 Q_{l}，即

$$Q_{\mathrm{v}}=Q_{\mathrm{f}}-Q_{\mathrm{l}} \tag{8.20}$$

其中，Q_{f} 为已知量，Q_{l} 取决于移动床料腿的操作状态，主要是 G_{p} 和 $\frac{\mathrm{d}P}{\mathrm{d}z}$。以下讨论 Q_{l} 的求定方法。

由于负压差梯度的存在，气体通过颗粒间空隙向上渗透，称为渗气流率 Q_{s}（m^3/s），可由 Lewis 方程计算[7]：

$$\frac{\mathrm{d}P}{\mathrm{d}z}=154\,\frac{(1-\varepsilon_{\mathrm{l}})^2\mu_{\mathrm{f}}}{\varepsilon_{\mathrm{l}}^3 d_{\mathrm{p}}^2}\frac{Q_{\mathrm{s}}}{R_{\mathrm{l}}^2} \tag{8.21}$$

式中，μ_{f} 为气体黏度，kg/(m · s)；ε_{l} 为立管中的空隙率，且可估计为

$$\varepsilon_{\mathrm{l}}=(\varepsilon_{\mathrm{mf}}+\varepsilon_{\mathrm{min}})/2 \tag{8.22}$$

式中，$\varepsilon_{\mathrm{mf}}$、$\varepsilon_{\mathrm{min}}$ 分别为颗粒物料的最小流化空隙率和最小空隙率。

将式(8.10)代入式(8.21)得

$$Q_{\mathrm{s}}=\frac{d_{\mathrm{p}}^2\varepsilon_{\mathrm{l}}^3(P_0-P_{\mathrm{t}})R_{\mathrm{l}}^2}{154\,(1-\varepsilon_{\mathrm{l}})^2\mu_{\mathrm{f}}\left[(z_3-z_2)+z_1\ln\dfrac{R_1}{r_0}\right]} \tag{8.23}$$

由于颗粒物料在料腿中以堆积态向下运动，夹带其空隙中的气体向下流动而产生带气流率 Q_{c}（m^3/s），且有

$$Q_{\mathrm{c}}=G_{\mathrm{p}}\,\frac{\varepsilon_{\mathrm{l}}}{\rho_{\mathrm{p}}(1-\varepsilon_{\mathrm{l}})} \tag{8.24}$$

故有

$$Q_{\mathrm{l}}=Q_{\mathrm{s}}-Q_{\mathrm{c}}=\frac{d_{\mathrm{p}}^2\varepsilon_{\mathrm{l}}^3(P_0-P_{\mathrm{t}})R_{\mathrm{l}}^2}{154\,(1-\varepsilon_{\mathrm{l}})^2\mu_{\mathrm{f}}\left[(z_3-z_2)+z_1\ln\dfrac{R_1}{r_0}\right]}-\frac{G_{\mathrm{p}}\varepsilon_{\mathrm{l}}}{\rho_{\mathrm{p}}(1-\varepsilon_{\mathrm{l}})} \tag{8.25}$$

当 $Q_{\mathrm{l}}>0$ 时，气流向上；当 $Q_{\mathrm{l}}<0$ 时，气流向下。

8.4.3 流态化排料控制模型

如图 8.1(c)所示，依流态化排料的原理，料阀排料速率 G_p (kg/s)可由式(8.26)给出：

$$G_p = \rho_p (1-\varepsilon_v) u_{pv} A_v \tag{8.26}$$

式中，A_v 为排料室的横截面积，m^2；u_{pv}为排料室中颗粒的真实速度，m/s；ε_v 为排料室中流化床的空隙率，其计算方法见式(8.17)，本节重点讨论 u_{pv}的求解方法。u_{pv}由排料室中颗粒的力平衡方程决定，排料室中颗粒的受力分析如下。

(1) 气体对单颗粒的曳力 F_{D0}。

$$F_{D0} = C_D \rho_f \frac{1}{2} U_s^2 \frac{\pi}{4} d_p^2 \tag{8.27}$$

式中，C_D 为曳力系数；ρ_f 为流体密度，kg/m^3；d_p 为颗粒直径，m；F_{D0}为气体对单颗粒的曳力，N；U_s 为气固表观滑移速度，计算公式为

$$U_s = |u_{fv} - u_{pv}| \varepsilon_v$$

式中，u_{fv}为气体实际速度，m/s；u_{pv}为颗粒实际速度，m/s。

当 $\varepsilon_v > 0.8$ 时，采用 Wen-Yu 方程[8]：

$$C_D = C_{D0} \varepsilon_v^{-4.7} \tag{8.28}$$

$$C_{D0} = \begin{cases} 0.44, & Re_p > 1000 \\ \dfrac{24}{Re_p}(1+0.15 Re_p^{0.687}), & Re_p \leqslant 1000 \end{cases} \tag{8.29}$$

$$Re_p = \frac{\rho_f d_p (u_{fv} - u_{pv}) \varepsilon_v}{\mu_f} \tag{8.30}$$

当 $\varepsilon_v \leqslant 0.8$ 时，采用 Ergun 方程[9,10]：

$$C_D = 200 \frac{(1-\varepsilon_v)\mu_f}{\varepsilon_v^3 \rho_f d_p U_s} + \frac{7}{3\varepsilon_v^3} \tag{8.31}$$

(2) 气体对排料室中全部颗粒的总曳力 F_{Dn}。

$$F_{Dn} = \frac{1}{2} C_D \rho_f \frac{\pi}{4} d_p^2 U_s^2 \frac{A_v h_v (1-\varepsilon_v)}{\dfrac{\pi}{6} d_p^3} = \frac{3}{4} C_D \frac{\rho_f}{d_p} U_s^2 A_v h_v (1-\varepsilon_v) \tag{8.32}$$

(3) 排料室中的颗粒加速度力 F_{Da}。

$$F_{Da} = G_p u_{pv} = \rho_p (1-\varepsilon_v) A_v u_{pv}^2 \tag{8.33}$$

(4) 颗粒与器壁之间的摩擦力 F_{pf}。

$$F_{pf} = \Delta P_{pf} A_v = \frac{1}{2} \lambda_s \frac{h_v}{D_v} \rho_p (1-\varepsilon_v) u_{pv}^2 A_v \tag{8.34}$$

式中，ΔP_{pf}为颗粒与器壁的摩擦压降，Pa；D_v 为排料室的当量直径，m；λ_s 为颗粒与

器壁之间的摩擦系数，依据国井大藏的研究[11]：

$$\lambda_s=\frac{2gD_v(u_{fv}-u_{pv})^2}{U_t^2 u_{pv}^2} \tag{8.35}$$

将式(8.35)代入式(8.34)得

$$F_{pf}=\rho_p(1-\varepsilon_v)gA_v h_v\left(\frac{u_{fv}-u_{pv}}{U_t}\right)^2 \tag{8.36}$$

(5) 排料室中颗粒的重力 F_{pg}。

$$F_{pg}=\rho_p(1-\varepsilon_v)gA_v h_v \tag{8.37}$$

(6) 排料室中颗粒的力平衡方程。

$$F_{Dn}=F_{Da}+F_{pf}+F_{pg} \tag{8.38}$$

将式(8.32)、式(8.33)、式(8.36)、式(8.37)代入式(8.38)，整理可得

$$\frac{3}{4}C_D\frac{\rho_f}{d_p}(u_{fv}-u_{pv})^2\varepsilon_v^2=\frac{\rho_p}{h_v}u_{pv}^2+\rho_p g\left(\frac{u_{fv}-u_{pv}}{U_t}\right)^2+\rho_p g \tag{8.39}$$

(7) ε_v、u_{pv}两参数的求解。

联立方程(8.17)和方程(8.39)，可求得 ε_v 和 u_{pv}两个参数，再代入方程(8.26)即可求得排料阀的排料速率 G_p。

8.4.4　协调控制模型

当料腿和排料室均为流化床状态，孔口面积足够大时，则会形成料腿、排料室和孔口三个部件的阻力协调控制机制。系统的排料速率取决于系统动力与阻力的平衡。

由图 8.1(d)可知，已知参数为 Q_{f1}、Q_{f2}、P_x、P_t、A_1、A_0、A_v、L_1、h_v、ρ_p、d_p、ρ_f、μ_f、U_t、n。

1. 简化的压力平衡模型

(1) 立管的压降 ΔP_1。

立管中气体的压力降主要由气体与颗粒间的曳力克服颗粒重力使颗粒处于悬浮流化状态而形成，其他阻力如壁摩擦力和颗粒加速度力等可以忽略。于是有

$$\Delta P_1=\rho_p(1-\varepsilon_1)gL_1 \tag{8.40}$$

式中，ε_1 为立管中的空隙率，与床中的气固表观滑移速度相关，可由 R-Z 方程给出：

$$\varepsilon_1^{n-1}=(u_{f1}-u_{p1})/U_t \tag{8.41}$$

式中，n 为空隙率指数，与颗粒的终端雷诺数相关，可由 Kwauk 算图查得[6]。

立管中的实际气体速度 u_{f1}和实际颗粒速度 u_{p1}可分别表示为

$$u_{f1}=\frac{Q_1}{A_1\varepsilon_1} \tag{8.42}$$

$$u_{\rm pl}=-\frac{G_{\rm p}}{\rho_{\rm p}(1-\varepsilon_{\rm l})A_{\rm l}} \tag{8.43}$$

式中，$Q_{\rm l}$ 为立管中的气体流率，由式(8.44)计算：

$$Q_{\rm l}=Q_{\rm fl}-Q_0 \tag{8.44}$$

式中，Q_0 为通过孔口的气体流率。

立管底部的压力可由式(8.45)计算：

$$P_{\rm b}=P_{\rm t}+\Delta P_{\rm l}=P_{\rm t}+\rho_{\rm p}(1-\varepsilon_{\rm l})gL_{\rm l} \tag{8.45}$$

(2) 排料室的压降 $\Delta P_{\rm v}$。

$$\Delta P_{\rm v}=\rho_{\rm p}(1-\varepsilon_{\rm v})gh_{\rm v} \tag{8.46}$$

式中，$\varepsilon_{\rm v}$ 为排料室流化床的空隙率，与床中的气固表观滑移速度相关，可由 R-Z 方程给出：

$$\varepsilon_{\rm v}^{n-1}=\frac{u_{\rm fv}-u_{\rm pv}}{U_{\rm t}} \tag{8.47}$$

式中，n 为空隙率指数，与颗粒的终端雷诺数相关，可由 Kwauk 算图查得[6]。

排料室中的气体速度 $u_{\rm fv}$ 以及固体颗粒速度 $u_{\rm pv}$ 可分别表示为

$$u_{\rm fv}=\frac{Q_{\rm v}}{A_{\rm v}\varepsilon_{\rm v}} \tag{8.48}$$

$$u_{\rm pv}=\frac{G_{\rm p}}{\rho_{\rm p}(1-\varepsilon_{\rm v})A_{\rm v}} \tag{8.49}$$

式中，$Q_{\rm v}$ 为排料室中的气体流率，由式(8.50)计算：

$$Q_{\rm v}=Q_{\rm f2}+Q_0 \tag{8.50}$$

而排料室底部的压力可由式(8.51)计算：

$$P_0=P_{\rm x}+\Delta P_{\rm v}=P_{\rm x}+\rho_{\rm p}(1-\varepsilon_{\rm v})gh_{\rm v} \tag{8.51}$$

(3) 孔口两端压降 ΔP_0 及其与颗粒流率 $G_{\rm p}$ 和通过孔口的气体流率 Q_0 的关系。

$$\Delta P_0=P_{\rm b}-P_0 \tag{8.52}$$

假设密度为 $\rho_{\rm p}(1-\varepsilon_{\rm l})$ 的气固混合流为拟流体，在 ΔP_0 的推动下通过孔口，其过孔口的理论流速 $u_{\rm i0}$ 可由料腿底部截面与孔口出口截面间建立能量守恒方程而求得。

$$\frac{P_{\rm b}}{\rho_{\rm p}(1-\varepsilon_{\rm l})g}+\frac{(u_{\rm i0}A_0/A_{\rm l})^2}{2g}=\frac{P_0}{\rho_{\rm p}(1-\varepsilon_{\rm l})g}+\frac{u_{\rm i0}^2}{2g} \tag{8.53}$$

整理可得

$$u_{\rm i0}=\left\{\frac{2\Delta P_0}{\rho_{\rm p}(1-\varepsilon_{\rm l})[1-(A_0/A_{\rm l})^2]}\right\}^{0.5} \tag{8.54}$$

$$G_{\rm p}=C_{\rm d}A_0\rho_{\rm p}(1-\varepsilon_{\rm l})u_{\rm i0} \tag{8.55}$$

式中，C_d 为孔口流速修正系数。根据黄世民[4]的研究，有

$$C_d = 0.714u_{p0}^{0.575} \tag{8.56}$$

式中，u_{p0} 为通过孔口的实际颗粒速度。依定义有

$$u_{p0} = \frac{G_p}{\rho_p(1-\varepsilon_1)A_0} \tag{8.57}$$

将式(8.54)、式(8.56)、式(8.57)与式(8.55)联立，整理得

$$\Delta P_0 = \frac{1}{2}\rho_p(1-\varepsilon_1)\left[1-\left(\frac{A_0}{A_1}\right)^2\right]\left[\frac{2.209G_p}{A_0\rho_p(1-\varepsilon_1)}\right]^{0.85} \tag{8.58}$$

通过孔口的气体流率 Q_0 可由式(8.59)计算：

$$Q_0 = \frac{G_p\varepsilon_1}{\rho_p(1-\varepsilon_1)} \tag{8.59}$$

需要说明的是：式(8.59)假设气体与颗粒的过孔速度相等，其间无滑移，可能与实际不符，仅为近似。需求解的未知参数有如下 18 个：ε_1、ε_v、Q_1、Q_v、Q_0、G_p、u_{f1}、u_{p1}、u_{fv}、u_{pv}、u_{p0}、u_{i0}、P_0、P_b、ΔP_0、ΔP_1、ΔP_v、C_d，需要建立 18 个独立的方程联立求解。已建立的相应 18 个方程为：方程(8.40)～方程(8.53)及方程(8.56)～方程(8.59)，主要考查操作条件 Q_{f1}、Q_{f2}、L_1 的变化对颗粒流率（即排料速率）G_p 的影响。

2. 系统综合力平衡模型

1) 三段阻力协调

当料腿和排料室中的物料均处于流态化时，系统中料阀排料速率 G_p 取决于系统中物料流动的动力和阻力的平衡，由料腿、排料室、孔口三段阻力协调控制。

(1) 料腿中的颗粒受力分析。

在料腿中，颗粒物料所受的动力为重力 F_{g1}、料腿顶部气体压力 F_{fp1}；阻力为颗粒与器壁之间的摩擦力 F_{f1}、底部颗粒速度由 u_{p1} 变为 0 时的减速度力 F_{a1}、气体对全部颗粒的总曳力 F_{D1}。

(2) 排料室中的颗粒受力分析。

动力为排料室中气体对全部颗粒的总曳力 F_{Dv}；阻力为颗粒与器壁之间的摩擦力 F_{fv}、排料室顶部气体压力 F_{fpv}、颗粒速度由 0 加速到 u_{pv} 的加速度力 F_{av}、颗粒重力 F_{gv}。

(3) 孔口流动阻力 F_{f0}、孔口两段压力差 P_b-P_0 为动力。

2) 各种作用力的计算方程

(1) 立管料腿中颗粒的重力 F_{g1}。

$$F_{g1} = \rho_p(1-\varepsilon_1)gA_1L_1 \tag{8.60}$$

式中，ε_1 为立管中的空隙率，取决于料腿中的气固滑移速度 $u_{f1}-u_{p1}$，若假定为散式

流态化，则服从 R-Z 方程：

$$\varepsilon_l^n=\frac{u_{fl}-u_{pl}}{U_t}\varepsilon_l \tag{8.61}$$

或

$$\varepsilon_l^{n-1}=\frac{u_{fl}-u_{pl}}{U_t} \tag{8.62}$$

式中，U_t 为颗粒的终端速度，m/s，由物性决定；u_{fl}、u_{pl} 分别为料腿中气体与颗粒的真实速度，m/s，且有

$$u_{pl}=\frac{G_p}{\rho_p(1-\varepsilon_l)A_l} \tag{8.63}$$

$$u_{fl}=\frac{Q_l}{A_l\varepsilon_l} \tag{8.64}$$

$$Q_{fl}=Q_l+Q_0 \tag{8.65}$$

$$Q_v=Q_{f2}+Q_0 \tag{8.66}$$

(2) 立管料腿中颗粒与器壁之间的摩擦力 F_{fl}。

$$F_{fl}=\Delta P_{fl}A_l=\lambda_s\frac{L_l}{D_l}\rho_p(1-\varepsilon_l)\frac{u_{pl}^2}{2}A_l \tag{8.67}$$

式中，D_l 为料腿的直径或当量直径，m；λ_s 为摩擦系数，根据国井大藏[11]的研究，有

$$\lambda_s=\frac{2gD_l(u_{fl}-u_{pl})^2}{U_t^2u_{pl}^2} \tag{8.68}$$

将式(8.68)代入式(8.67)得

$$F_{fl}=gL_l\rho_p(1-\varepsilon_l)\left(\frac{u_{fl}-u_{pl}}{U_t}\right)^2A_l \tag{8.69}$$

(3) 立管中颗粒减速度力 F_{al}。

$$F_{al}=G_pu_{pl}=\rho_p(1-\varepsilon_l)A_lu_{pl}^2 \tag{8.70}$$

(4) 立管中气体对全部颗粒的总曳力 F_{Dl}。

当 $\varepsilon_l>0.8$ 时，气体对单个颗粒的曳力 F_{D01} 为

$$F_{D01}=C_D\frac{1}{2}\rho_f\frac{\pi}{4}d_p^2(u_{fl}-u_{pl})^2\varepsilon_l^2 \tag{8.71}$$

式中，

$$C_D=C_{D0}\varepsilon_l^{-4.7} \tag{8.72}$$

$$C_{D0}=\begin{cases}0.44, & Re_p>1000\\ \dfrac{24}{Re_p}(1+0.15Re_p^{0.687}), & Re_p\leqslant 1000\end{cases} \tag{8.73}$$

$$Re_p=\frac{\rho_fd_p(u_{fl}-u_{pl})\varepsilon_l}{\mu_f} \tag{8.74}$$

当 $\varepsilon_l \leqslant 0.8$ 时，由 Ergun 方程[9,10]推得

$$C_D = 200\frac{(1-\varepsilon_l)\mu_f}{\varepsilon_l^4\rho_f d_p(u_{fl}-u_{pl})} + \frac{7}{3\varepsilon^3} \tag{8.75}$$

总的曳力为

$$\begin{aligned} F_{Dl} &= F_{D0l}\cdot n = \frac{1}{2}C_D\rho_f\frac{\pi}{4}d_p^2(u_{fl}-u_{pl})^2\varepsilon_l^2\frac{A_lL_l(1-\varepsilon_l)}{\frac{\pi}{6}d_p^3} \\ &= \frac{3}{4}C_D\frac{\rho_f}{d_p}(u_{fl}-u_{pl})^2\varepsilon_l^2(1-\varepsilon_l)A_lL_l \end{aligned} \tag{8.76}$$

式中，n 为料腿中的颗粒总数。

(5) 排料室中的颗粒重力 F_{gv}。

$$F_{gv} = \rho_p(1-\varepsilon_v)gA_vh_v \tag{8.77}$$

式中，ε_v 为排料室中的空隙率，取决于排料室中的气固滑移速度 $u_{fv}-u_{pv}$，若假定为拟散式流态化，则服从 R-Z 方程：

$$\varepsilon_v^{n-1} = \frac{u_{fv}-u_{pv}}{U_t} \tag{8.78}$$

式中，u_{fv}、u_{pv} 分别为料腿中气体与颗粒的真实速度，m/s，且有

$$u_{pv} = \frac{G_p}{\rho_p(1-\varepsilon_v)A_v} \tag{8.79}$$

$$u_{fv} = \frac{Q_v}{A_v\varepsilon_v} \tag{8.80}$$

(6) 排料室中颗粒与器壁之间的摩擦力 F_{fv}。

$$F_{fv} = \Delta P_{fv}A_v = \lambda_s\frac{h_v}{D_v}\rho_p(1-\varepsilon_v)\frac{u_{pv}^2}{2}A_v \tag{8.81}$$

式中，D_v 为排料室的当量直径，m；λ_s 为颗粒与器壁之间的摩擦系数[11]：

$$\lambda_s = \frac{2gD_v(u_{fv}-u_{pv})^2}{U_t^2u_{pv}^2} \tag{8.82}$$

将式(8.82)代入式(8.81)得

$$F_{fv} = gh_v\rho_p(1-\varepsilon_v)\left(\frac{u_{fv}-u_{pv}}{U_t}\right)^2A_v \tag{8.83}$$

(7) 排料室中颗粒加速度力 F_{av}。

$$F_{av} = G_pu_{pv} = \rho_p(1-\varepsilon_v)A_vu_{pv}^2 \tag{8.84}$$

(8) 排料室中气体对颗粒的总曳力 F_{Dv}。

当 $\varepsilon_v > 0.8$ 时，气体对单个颗粒的曳力 F_{D0v} 为

$$F_{D0v} = \frac{1}{2}C_D\rho_f\frac{\pi}{4}d_p^2(u_{fv}-u_{pv})^2\varepsilon_v^2 \tag{8.85}$$

式中，

$$C_{D}=C_{D0}\varepsilon_{v}^{-4.7} \tag{8.86}$$

$$C_{D0}=\begin{cases}0.44, & Re_{p}>1000\\ \dfrac{24}{Re_{p}}(1+0.15Re_{p}^{0.687}), & Re_{p}\leqslant 1000\end{cases} \tag{8.87}$$

$$Re_{p}=\frac{\rho_{f}d_{p}(u_{fv}-u_{pv})\varepsilon_{v}}{\mu_{f}} \tag{8.88}$$

当 $\varepsilon_{l}\leqslant 0.8$ 时，由 Ergun 方程推得

$$C_{D}=200\frac{(1-\varepsilon_{v})\mu_{f}}{\varepsilon_{v}^{4}\rho_{f}d_{p}(u_{fv}-u_{pv})}+\frac{7}{3\varepsilon_{v}^{3}} \tag{8.89}$$

总的曳力为

$$F_{Dv}=F_{D0v}\frac{A_{v}L_{v}(1-\varepsilon_{v})}{\dfrac{\pi}{6}d_{p}^{3}}=\frac{3}{4}\frac{\rho_{f}}{d_{p}}C_{D}(u_{fv}-u_{pv})^{2}\varepsilon_{v}^{2}(1-\varepsilon_{v})A_{v}L_{v} \tag{8.90}$$

(9) 料腿顶部气体压力 F_{fpl}。

$$F_{fpl}=P_{t}A_{l} \tag{8.91}$$

(10) 排料室顶部气体压力 F_{fpv}。

$$F_{fpv}=P_{x}A_{v} \tag{8.92}$$

(11) 颗粒流经底部孔口 A_{0} 时的阻力 F_{f0}。

$$F_{f0}=\Delta P_{0}A_{0} \tag{8.93}$$

式中，

$$\Delta P_{0}=\frac{1}{2}\rho_{p}(1-\varepsilon_{l})\left[1-\left(\frac{A_{0}}{A_{l}}\right)^{2}\right]\left[\frac{2.209G_{p}}{A_{0}\rho_{p}(1-\varepsilon_{l})}\right]^{0.85}$$

3) 各点段压力压降分析

(1) 料腿底部的压力 P_{b}。

P_{b} 由料腿顶部压力 P_{t}、料腿中重力压降 ΔP_{gl}、加速压降 ΔP_{al}、曳力压降 ΔP_{dl}、摩擦压降 ΔP_{fl} 共同决定，此处忽略气体重力压降和摩擦压降。

$$\Delta P_{gl}=\frac{F_{gl}}{A_{l}}=\rho_{p}(1-\varepsilon_{l})gL_{l} \tag{8.94}$$

$$\Delta P_{al}=\frac{F_{al}}{A_{l}}=\rho_{p}(1-\varepsilon_{l})u_{pl}^{2} \tag{8.95}$$

$$\Delta P_{fl}=\frac{F_{fl}}{A_{l}}=\rho_{p}(1-\varepsilon_{l})gL_{l}\left(\frac{u_{fl}-u_{pl}}{U_{t}}\right)^{2} \tag{8.96}$$

$$\Delta P_{dl}=\frac{F_{dl}}{A_{l}}=\frac{3}{4}\frac{\rho_{f}}{d_{p}}C_{D}(u_{fl}-u_{pl})^{2}\varepsilon_{l}^{2}(1-\varepsilon_{l})L_{l}=\Delta P_{l} \tag{8.97}$$

料腿中气体曳力压降，即为料腿的压降 ΔP_l，所以

$$P_b = P_t + \Delta P_l \tag{8.98}$$

(2) 孔口压降。

$$\Delta P_0 = \frac{1}{2}\rho_p(1-\varepsilon_l)\left[1-\left(\frac{A_0}{A_l}\right)^2\right]\left[\frac{2.209G_p}{A_0\rho_p(1-\varepsilon_l)}\right]^{0.85}$$

(3) 排料室底部压力 P_0。

P_0 由排料室顶部压力 P_x、料室中物料重力压降 ΔP_{gv}、加速压降 ΔP_{av}、曳力压降 ΔP_{dv}、摩擦压降 ΔP_{fv} 决定。

$$\Delta P_{gv} = \frac{F_{gv}}{A_v} = \rho_p(1-\varepsilon_v)gh_v \tag{8.99}$$

$$\Delta P_{av} = \frac{F_{av}}{A_v} = \rho_p(1-\varepsilon_v)u_{pv}^2 \tag{8.100}$$

$$\Delta P_{fv} = \frac{F_{fv}}{A_v} = \rho_p(1-\varepsilon_v)gh_v\left(\frac{u_{fv}-u_{pv}}{U_t}\right)^2 \tag{8.101}$$

$$\Delta P_{dv} = \frac{F_{dv}}{A_v} = \frac{3}{4}\frac{\rho_f}{d_p}C_D(u_{fv}-u_{pv})^2\varepsilon_v^2(1-\varepsilon_v)h_v = \Delta P_v \tag{8.102}$$

曳力压降即为排料室压降 ΔP_v，所以

$$P_0 = P_x + \Delta P_v \tag{8.103}$$

(4) 排料室中物料的力平衡方程。

$$F_{dv} = F_{gv} + F_{fv} + F_{av} \quad 或 \quad \Delta P_{dv} = \Delta P_{gv} + \Delta P_{fv} + \Delta P_{av}$$

即

$$\begin{aligned}&\frac{3}{4}\frac{\rho_f}{d_p}C_D(u_{fv}-u_{pv})^2\varepsilon_v^2(1-\varepsilon_v)A_vh_v\\&=\rho_p(1-\varepsilon_v)gA_vh_v+\rho_p(1-\varepsilon_v)gA_vh_vA_v\left(\frac{u_{fv}-u_{pv}}{U_t}\right)^2+\rho_p(1-\varepsilon_v)A_vu_{pv}^2\end{aligned}$$

化简得

$$\frac{3}{4}\frac{\rho_f}{d_p}C_D(u_{fv}-u_{pv})^2\varepsilon_v^2h_v = \rho_pgh_v + \rho_pgh_v\left(\frac{u_{fv}-u_{pv}}{U_t}\right)^2 + \rho_pu_{pv}^2 \tag{8.104}$$

(5) 料腿中物料的力平衡方程。

$$F_{dl} = F_{gl} + F_{fl} + F_{al} \quad 或 \quad \Delta P_{dl} = \Delta P_{gl} + \Delta P_{fl} + \Delta P_{al}$$

即

$$\begin{aligned}&\frac{3}{4}\frac{\rho_f}{d_p}C_D(u_{fl}-u_{pl})^2\varepsilon_l^2(1-\varepsilon_l)A_lL_l\\&=\rho_p(1-\varepsilon_l)gA_lL_l+\rho_p(1-\varepsilon_l)gA_lL_l\left(\frac{u_{fl}-u_{pl}}{U_t}\right)^2+\rho_p(1-\varepsilon_l)A_lu_{pl}^2\end{aligned}$$

化简得

$$\frac{3}{4}\frac{\rho_f}{d_p}C_D\,(u_{f1}-u_{p1})^2\varepsilon_1^2L_1=\rho_pgL_1+\rho_pgL_1\left(\frac{u_{f1}-u_{p1}}{U_t}\right)^2+\rho_pu_{p1}^2 \tag{8.105}$$

综上，方程中已知量和未知量及方程组如下。

已知量：Q_{f1}、Q_{f2}、P_x、P_t、L_1、h_v、A_v、A_0、ρ_p、d_p、ρ_f、μ_f、U_t、n；

未知量：ε_1、ε_v、Q_1、Q_v、G_p、u_{f1}、u_{p1}、u_{fv}、u_{pv}、P_0、P_b、ΔP_0、Q_0；

总共 13 个未知参数，需建立 13 个独立方程。

方程 1：

$$\varepsilon_1^{n-1}=\frac{u_{f1}-u_{p1}}{U_t}\quad\text{（料腿空隙率方程）}$$

方程 2：

$$u_{p1}=-\frac{G_p}{\rho_p(1-\varepsilon_1)A_1}\quad\text{（料腿颗粒速度方程）}$$

方程 3：

$$u_{f1}=\frac{Q_1}{A_1\varepsilon_1}\quad\text{（料腿气体速度方程）}$$

方程 4：

$$Q_{f1}=Q_1+Q_0\quad\text{（料腿气体流率方程）}$$

方程 5：

$$Q_v=Q_{f2}+Q_0\quad\text{（排料室气体流率方程）}$$

方程 6：

$$\varepsilon_v^{n-1}=\frac{u_{fv}-u_{pv}}{U_t}\quad\text{（排料室空隙率方程）}$$

方程 7：

$$u_{pv}=\frac{G_p}{\rho_p(1-\varepsilon_v)A_v}\quad\text{（排料室颗粒速度方程）}$$

方程 8：

$$u_{fv}=\frac{Q_v}{A_v\varepsilon_v}\quad\text{（排料室气体速度方程）}$$

方程 9：

$$P_b-P_0=\frac{1}{2}\rho_p(1-\varepsilon_1)[1-(A_0/A_1)^2]\left[\frac{2.209G_p}{A_0\rho_p(1-\varepsilon_1)}\right]^{0.85}\quad\text{（孔口压降方程）}$$

方程 10：

$$P_b=P_t+\Delta P_{d1}=P_t+\frac{3}{4}\frac{\rho_f}{d_p}C_D\,(u_{f1}-u_{p1})^2\varepsilon_1^2(1-\varepsilon_1)L_1\quad\text{（料腿压降方程）}$$

方程 11：

$$P_0=P_x+\Delta P_{dv}=P_x+\frac{3}{4}\frac{\rho_f}{d_p}C_D\,(u_{fv}-u_{pv})^2\varepsilon_v^2(1-\varepsilon_v)h_v \quad \text{(排料室压降方程)}$$

方程 12：

$$\frac{3}{4}\frac{\rho_f}{d_p}C_D\,(u_{fv}-u_{pv})^2\varepsilon_v^2h_v=\rho_p g h_v+\rho_p g h_v\left(\frac{u_{fv}-u_{pv}}{U_t}\right)^2+\rho_p u_{pv}^2 \quad \text{(排料室力平衡方程)}$$

方程 13：

$$\frac{3}{4}\frac{\rho_f}{d_p}C_D\,(u_{fl}-u_{pl})^2\varepsilon_l^2L_l=\rho_p g L_l+\rho_p g L_l\left(\frac{u_{fl}-u_{pl}}{U_t}\right)^2+\rho_p u_{pl}^2 \quad \text{(料腿力平衡方程)}$$

联立以上 13 个方程可求解 13 个未知数。

8.4.5　移动床料腿的料封能力

当 U 型排料阀的立管料腿为移动床操作时，会存在料封能力的问题。也就是当气流对颗粒物料的曳力等于料腿中物料的重力时，物料会发生松动、膨胀、悬浮、窜气，进而产生气泡或气节，此时料封被破坏，U 型排料阀处于不稳定操作状态，这种现象是必须要避免的。就压降梯度而言，料腿的料封能力等于物料的堆积重度，称为理论料封能力，即

$$-\left(\frac{dP}{dh}\right)_i=\rho_p(1-\varepsilon)g \tag{8.106}$$

然而，根据郭天民和宋瑜[12]的研究结果，对于负压差下移动床存在一个负压差梯度的临界值，该值的绝对值小于颗粒物料的堆积密度，当负压差梯度的绝对值大于等于该临界值的绝对值时，移动床的流动开始变得不稳定。该临界值由如下公式计算：

$$-\left(\frac{dP}{dh}\right)_c=0.65[\rho_p(1-\varepsilon)g-1334] \tag{8.107}$$

8.5　模型的实验验证

Li 等[13-15]对上述模型中的立管为移动床与排料室为流化床的流态化排料控制模型，以及立管与排料室均为流化床的双床协调控制模型进行了实验研究与验证。结果表明，模型的预测结果与实验数据相当吻合，显示了已建立模型的正确性。

8.5.1　实验装置和实验方法

实验装置由立管料腿、U 型排料阀、提升管、一级旋风分离器和二级旋风分离

器组成，由透明有机玻璃制成，如图 8.2 所示。各参数的意义如图 8.3 所示。

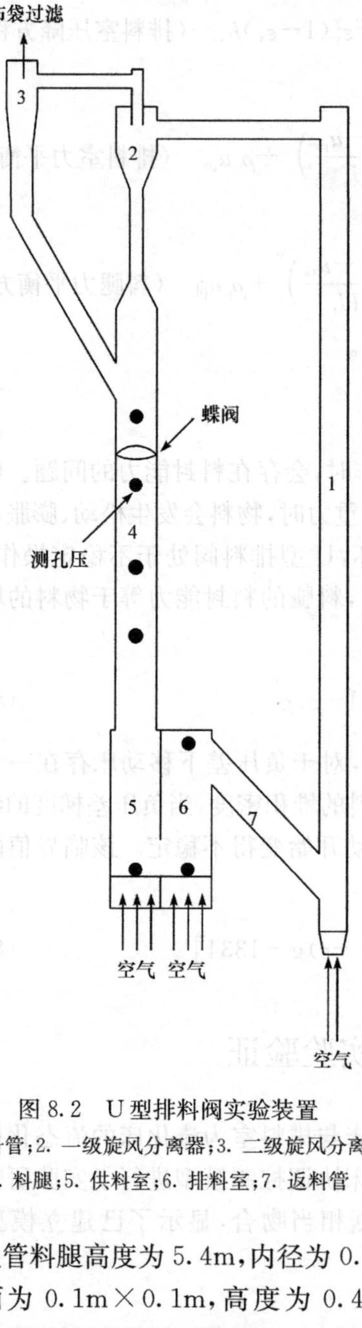

图 8.2　U 型排料阀实验装置

1. 提升管；2. 一级旋风分离器；3. 二级旋风分离器；
4. 料腿；5. 供料室；6. 排料室；7. 返料管

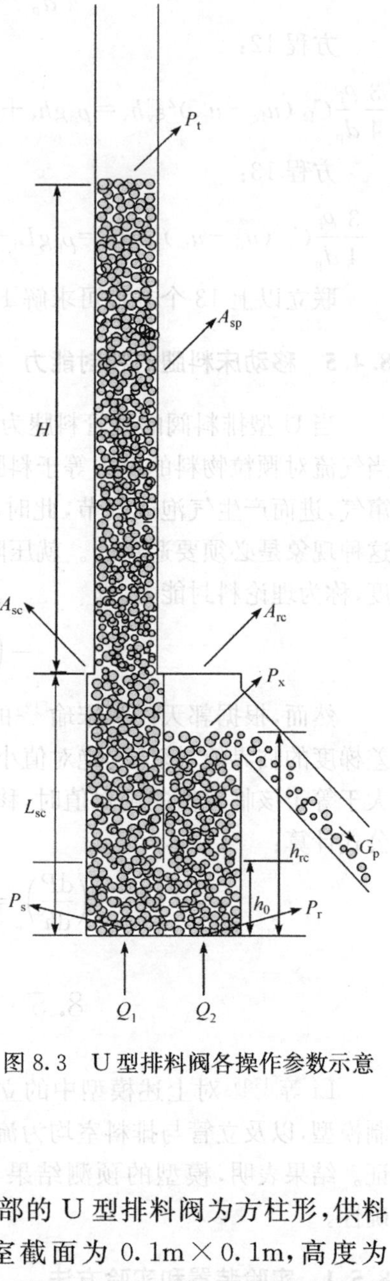

图 8.3　U 型排料阀各操作参数示意

立管料腿高度为 5.4m，内径为 0.09m，其下部的 U 型排料阀为方柱形，供料室截面为 0.1m×0.1m，高度为 0.41m，排料室截面为 0.1m×0.1m，高度为 0.23m，两室间的隔板厚度为 0.01m，隔板下方孔口高度可调，提升管高度为 6.9m，内径为 0.07m，立管料腿上部设有一个透气蝶阀，临时关闭可根据一定时间内阀上的积料量来测定固体颗粒流率，沿程还设有若干压力测量点。供料室底部、排料室底部和提升管底部的气体流率分别由三个转子流量计控制。流体为室温下的空气，实验所用的颗粒物料为球形硅胶，其性质如表 8.1 所示。实验时记录各转子流量计的空气流率、各测点压力、立管料腿的料面高度、颗粒流率。当进行流态化排料控制实验时，立管料腿为移动床向下供料，U 型排料阀供料室底部供气关闭。当进行协调排料控制实验时，U 型排料阀供料室底部供气打开，调节其流量致使立管料腿和供料室中物料呈流化状态，同时排料室中物料也在其底部气流的作用下保持流化状态，提升管的作用则是实现 U 型排料阀的连续供料与排料，并通过改变其气速来改变提升管中的存料量，从而改变立管顶部和 U 型排料阀排料口的压力以及立管料腿中的存料量。

表 8.1　实验物料硅胶颗粒的物理性质

物理性质	数值
平均颗粒直径 $d_p/\mu m$	68
颗粒密度 $\rho_p/(kg/m^3)$	765
颗粒堆积密度 $\rho_b/(kg/m^3)$	410
最小流化速度 $U_{mf}/(m/s)$	0.001
颗粒终端速度 $U_t/(m/s)$	0.067
最小流化空隙率 ε_{mf}	0.489
最小空隙率 ε_{min}	0.431
球形度 ϕ_s	0.617
空隙率指数 n	4.9

8.5.2　流态化排料控制模型的实验验证

图 8.4 给出了不同提升管气速下 U 型排料阀排料室气体流率与排料速率的关系，其中，点为实验数据，曲线为模型预测的结果。由图可见，模型预测结果与实验数据吻合良好。由图可见，排料速率随排料室气体流率的增加而增加，还可看到，随着提升管气速的提高，U 型阀的排料速率增加，这是由于提升管气速提高，其中空隙率增加，压降减小，U 型阀排料阻力减小，同时立管中存料增加，料柱高度增加，推动力增加。

图 8.5 给出了不同排料室气体流率下 U 型排料阀的排料速率与提升管气速的关系，其中，点为实验数据，曲线为模型预测的结果。由图可见，模型预测结果与实验数据吻合良好。由图可见，排料速率随提升管气速的提高而增加，还可看到，随着排料室气体流率的提高，U 型排料阀的排料速率增加，这是由于提升管气速和排料室气体流率提高，其中空隙率增加，压降减小，U 型排料阀排料阻力减少，同时立管中存料增加，料柱高度增加，推动力增加。

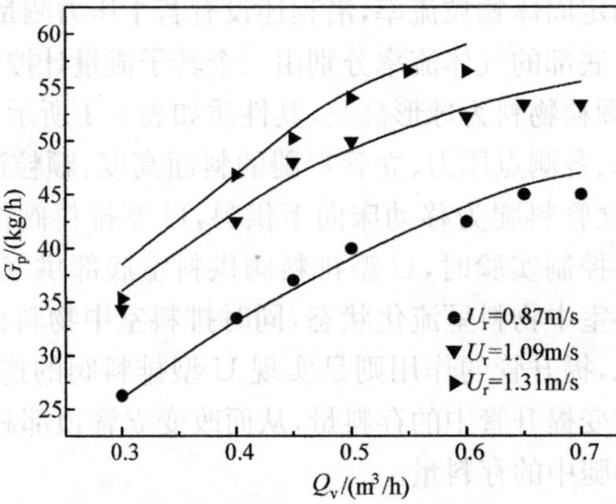

图 8.4　不同提升管气速下排料速率与排料室气体流率的关系

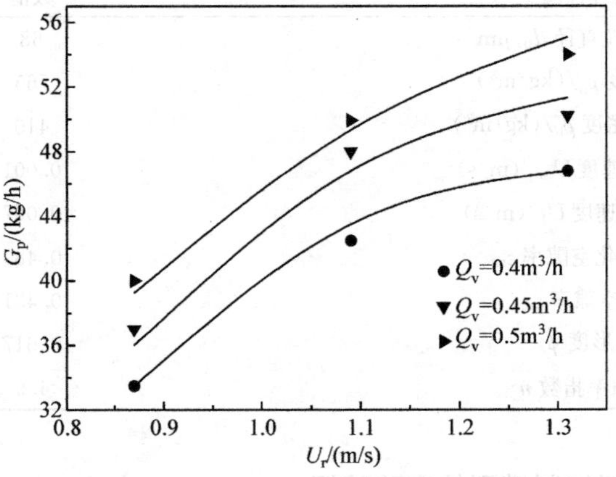

图 8.5　不同排料室气体流率下排料速率与提升管气速的关系

图 8.6 给出了不同系统存料量下 U 型排料阀的排料速率与排料室气体流率的关系,其中,点为实验数据,曲线为模型预测的结果。由图可见,模型预测结果与实验数据吻合良好。由图可见,排料速率随排料室气体流率的提高而增加,还可看到,随着系统存料量的增加,U 型排料阀排料速率增加,这是由于排料室气体流率提高,其中空隙率增加,压降减小,U 型排料阀排料阻力减少,同时立管中存料增加,料柱高度增加,推动力增加。

图 8.7 给出了所有排料速率的实验数据与模型预测结果的对比。由图可见,模型的预测结果与实验数据吻合良好。

8.5.3　协调排料控制模型的实验验证

Li 等[14,15]采用协调排料控制模型中的系统综合力平衡模型对实验结果进行了预测。图 8.8 给出了在协调排料控制模型下,不同提升管气速和供料室底部供

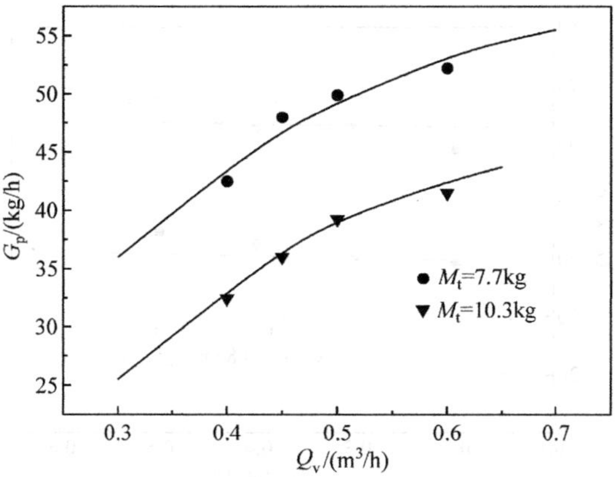

图 8.6　不同系统存料量下排料速率与排料室气体流率的关系

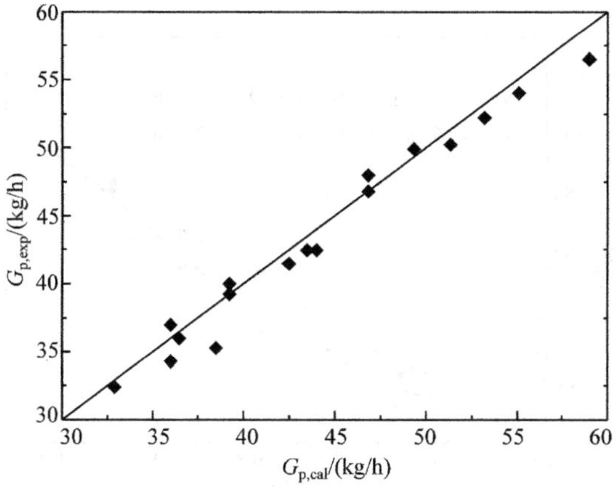

图 8.7　排料速率的实验数据与模型预测结果的对比

气流率下排料速率与排料室底部供气流率的关系，其中，点为实验数据，曲线为模型预测的结果。由图可见，模型预测结果与实验数据吻合良好，排料室底部供气流率对排料速率无明显影响，而排料速率随提升管气速的增加而增加，其原因已在 8.5.2 节中已阐明。

图 8.9 给出了在协调排料控制模式下，不同系统存料量下排料速率与提升管气速的关系，其中，点为实验数据，曲线为模型预测的结果。由图可见，模型预测结果与实验数据吻合良好。由图还可见，排料速率随提升管气速的提高以及系统存料量的增加而增加，其原因也在 8.5.2 节中已阐明。

图 8.10 给出了在协调排料控制模式下，不同立管中料柱高度下排料速率与提升管气速的关系，其中，点为实验数据，曲线为模型预测的结果。由图可见，模型预测结果与实验数据吻合良好。由图还可见，排料速率随提升管气速的提高以及料柱高度的增加而增加，其原因也已在 8.5.2 节中已阐明。

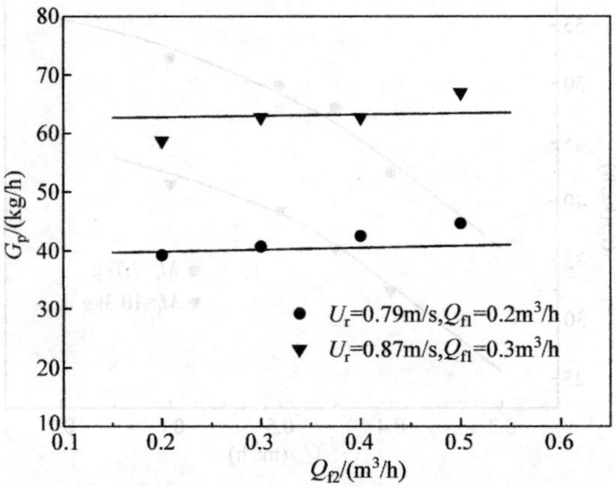

图 8.8　不同提升管气速和供料室底部供气流率下排料速率与排料室底部供气流率的关系

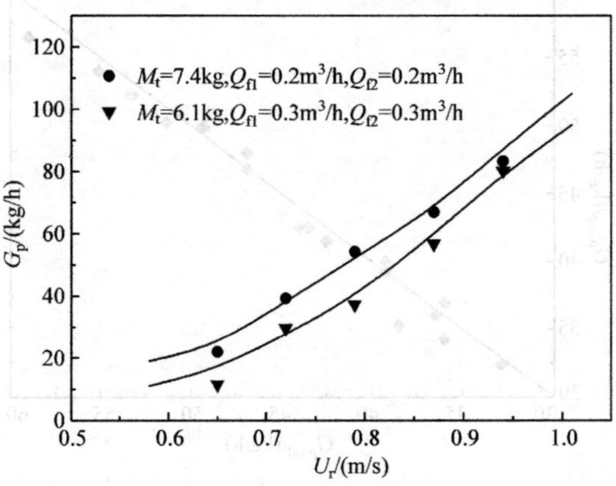

图 8.9　不同系统存料量下排料速率与提升管气速的关系

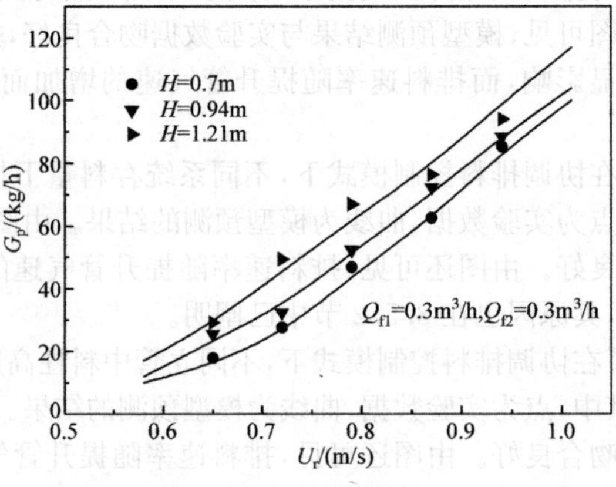

图 8.10　不同立管中料柱高度下排料速率与提升管气速的关系

图 8.11 给出了在协调排料控制模式下，不同 U 型排料阀孔口高度下排料速率与提升管气速的关系，其中，点为实验数据，曲线为模型预测的结果。由图可见，模型预测结果与实验数据吻合良好。由图还可见，排料速率随提升管气速的提高而增加，其原因也已在 8.5.2 节中已阐明，但孔口高度在实验范围内对排料速率几乎没有影响。

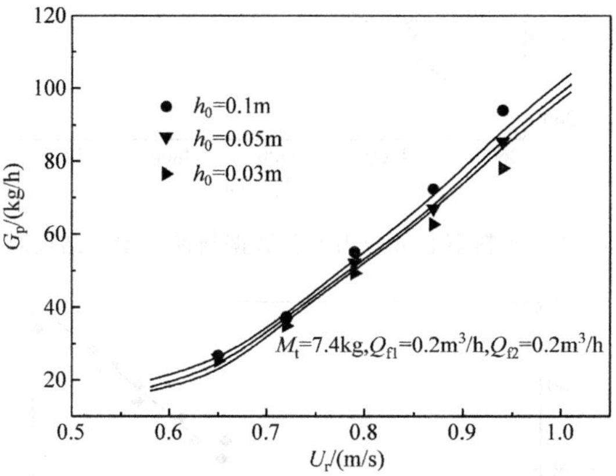

图 8.11　不同 U 型排料阀孔口高度下排料速率与提升管气速的关系

图 8.12 和图 8.13 分别给出了供料室底部压力和排料室底部压力实验数据与模型预测结果的对比。由图可见，实验数据与模型预测结果基本吻合，且模型预测结果略低于实验数据。

图 8.14 给出了协调排料控制模式下 U 型排料阀排料速率的实验数据与模型预测结果对比。由图可见，模型的预测结果与实验数据非常吻合，对 25 组实验数据的预测结果，平均误差仅为 6.2%。

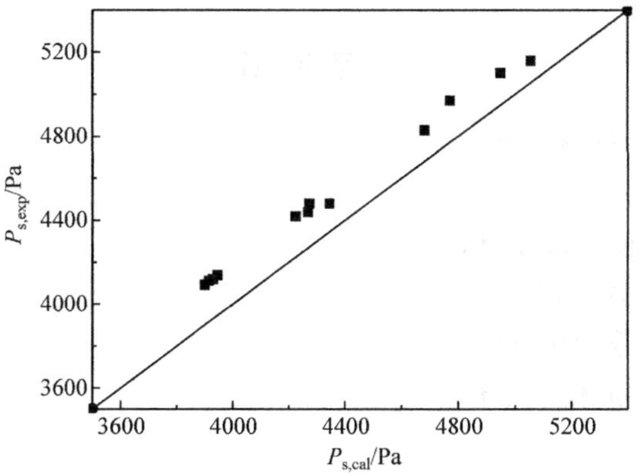

图 8.12　供料室底部压力实验数据与模型预测结果对比

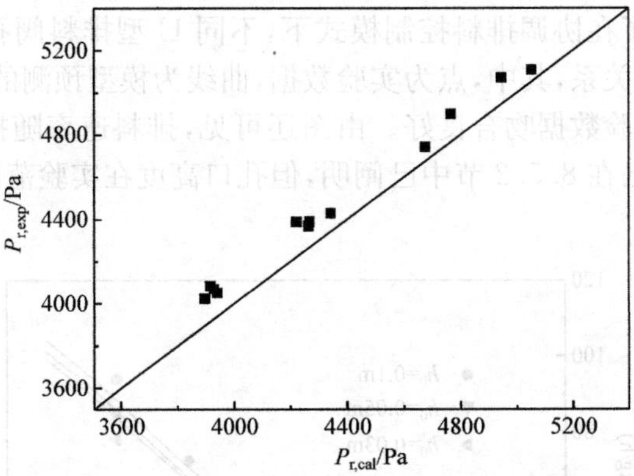

图 8.13　排料室底部压力实验数据与模型预测结果对比

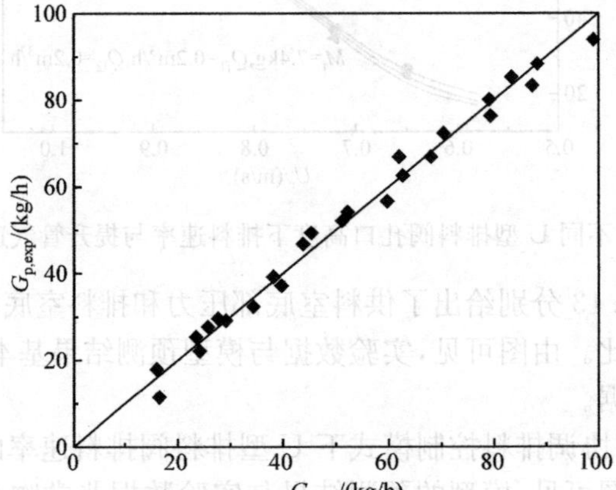

图 8.14　U 型排料阀排料速率的实验数据与模型预测结果对比

符 号 说 明

A_l　　料腿的横截面积，m^2

A_0　　孔口的横截面积，m^2

A_{rc}　　返料室的横截面积，m^2

A_{sc}　　供料室的横截面积，m^2

A_{sp}　　立管的横截面积，m^2

A_v　　排料室的横截面积，m^2

C_D　　曳力系数

C_d　　孔口流速修正系数

D_l　　立管的直径，m

D_v　　排料室的当量直径，m

D_0	孔口的当量直径,m
d_p	颗粒直径,m
F_{D0}	气体对单颗粒的曳力,N
F_{Da},F_{av}	排料室中的颗粒加速度力,N
F_{Dn}	气体对排料室中全部颗粒的总曳力,N
F_{D0l}	立管中气体对单个颗粒的曳力,N
F_{Dl}	立管中气体对全部颗粒的总曳力,N
F_{al}	立管底部颗粒减速度力,N
F_{Dv}	排料室中气体对全部颗粒的总曳力,N
F_{D0v}	排料室中气体对单个颗粒的曳力,N
F_{fl}	立管中颗粒与器壁之间的摩擦力,N
F_{f0}	孔口阻力,N
F_{fpv}	排料室顶部气体压力,N
F_{fv}	排料室中颗粒与器壁之间的摩擦力,N
F_{fpl}	立管顶部气体压力,N
F_{gl}	立管中颗粒的重力,N
F_{gv},F_{pg}	排料室中颗粒的重力,N
F_{pf}	颗粒与器壁之间的摩擦力,N
G_p	料阀排料速率,kg/s
h_0	U 型阀孔口高度,m
h_v	排料室中流化床层在孔口以上的高度,m
H	立管中料柱高度,m
k	修正系数
L_l	立管中料面到孔口的垂直距离,m
L_{mf}	料腿中流态化料面的高度,m
M_t	系统存料量,kg
n	空隙率指数;颗粒总数
P_b	立管底部的压力,Pa
P_0	料腿和排料室底部孔口处的压力,Pa
P_r	排(返)料室底部的压力,Pa
P_s	供料室底部的压力,Pa
P_t	料腿顶部压力,Pa
P_x	排料室顶部压力,Pa
$\dfrac{dP}{dz}$	立管中的平均压降梯度,Pa/m
$\left(\dfrac{dP}{dz}\right)_0$	孔口处的压降梯度,Pa/m

ΔP_{al} 立管颗粒加速引起的压降,Pa
ΔP_{av} 排料室中颗粒加速引起的压降,Pa
ΔP_{dl} 立管气固曳力引起的压降,Pa
ΔP_{dv} 排料室气固曳力引起的压降,Pa
ΔP_{fl} 立管中摩擦力引起的压降,Pa
ΔP_{fv} 排料室中摩擦力引起的压降,Pa
ΔP_{gl} 立管重力压降,Pa
ΔP_{gv} 排料室重力压降,Pa
ΔP_{l} 立管的压降,Pa
ΔP_{pf} 颗粒与器壁的摩擦压降,Pa
ΔP_{v} 排料室的压降,Pa
ΔP_{0} 孔口两端的压降,Pa
ΔP_{fl} 立管中摩擦力引起的压降,Pa
Q_{f1} 供料室底部供气流率,m^3/s
Q_{f2} 排料室底部供气流率,m^3/s
Q_{f} 排料室底部松动气量,m^3/s
Q_{0} 通过孔口的气体流率,m^3/s
Q_{v} 排料室中的气体流率,m^3/s
Q_{l} 立管中的气体流率,m^3/s
Q_{s} 立管移动床因负压差形成向上的渗气流率,m^3/s
Q_{c} 立管移动床因颗粒夹带形成向下的带气流率,m^3/s
R_{l} 料腿上段的厚度,m
r_{0} 料腿下部楔形段瓶颈口的厚度,m
U_{mf} 颗粒的最小流化速度,m/s
U_{r} 提升管气速,m/s
U_{s} 排料室中的气固表观滑移速度,m/s
U_{t} 颗粒的终端速度,m/s
u_{fv} 排料室中的实际气体速度,m/s
u_{pv} 排料室中的实际颗粒速度,m/s
u_{fl} 立管中的实际气体速度,m/s
u_{pl} 立管中的实际颗粒速度,m/s
u_{i0} 通过孔口的理论拟流体速度,m/s
u_{p0} 通过孔口的实际颗粒速度,m/s
ε_{mf} 最小流化空隙率
ε_{min} 最小空隙率
ε_{v} 排料室中流化床的空隙率

ε_l　　立管中的空隙率

μ_f　　气体(流体)黏度,kg/(m·s)

ρ_f　　气体(流体)密度,kg/m^3

ρ_p　　颗粒密度,kg/m^3

λ_s　　颗粒与器壁之间的摩擦系数

δ　　颗粒物料的有效内摩擦角,(°)

θ_f　　颗粒物料的流动内摩擦角,(°)

ϕ_s　　球形度

参考文献

[1] Basu P,Cheng L. An analysis of loop seal operations in a circulating fluidized bed. Chemical Engineering Research and Design,2000,78(7):991-998.

[2] Kim S W,Namkung W,Kim S D. Solids flow characteristics in loop-seal of a circulating fluidized bed. Korean Journal of Chemical Engineering,1999,16(1):82-88.

[3] 李洪钟,郭慕孙. 非流态化气固两相流:理论及应用. 北京:北京大学出版社,2001.

[4] 黄世民. 并联双锥斗气控输料锁气立管的研究. 北京:中国科学院化工冶金研究所硕士学位论文,1990.

[5] Grewdson B J,Ormond A L,Nedderman R M. Air impeded discharge of fine particles from a hopper. Powder Technology,1997,16(2):197-203.

[6] Kwauk M. Generalized fluidization Ⅰ: Steady-state motion. Scientia Sinica, 1963, 12(4): 587-612.

[7] Richardson J F,Zaki W N. Sedimentation and fluidization. Transactions of the Institution of Chemical Engineers,1954,32:35-53.

[8] Wen C Y,Yu Y H. Mechanics of fluidization. Chemical Engineering Process Symposium Series,1966,62:100-111.

[9] Ergun S. Fluid flow through packed columns. Chemical Engineering Process,1952,48(2):89-94.

[10] Hou B L,Li H Z. Relationship between flow structure and transfer coefficients in fast fluidized beds. Chemical Engineering Journal,2010,157(2-3):509-519.

[11] 国井大藏. 流动化法. 东京:日刊工业新闻社,1962.

[12] 郭天民,宋瑜. 颗粒物料通过孔口流落的基本性质. 化工学报,1960,(2):97-113.

[13] Li C J,Li H Z,Zhu Q S. A hydrodynamic model for loop-seal in a circulating fluidized bed. Powder Technology,2014,252(1):14-19.

[14] 李昌进. 循环流化床 U 阀(Loop Seal)动力学研究. 北京:中国科学院过程工程研究所博士学位论文,2014.

[15] Li C J,Zou Z,Li H Z,et al. A hydrodynamic model of loop seal with a fluidized standpipe for a circulating fluidized bed. Particuology,2017,36(1):50-58.

第 9 章　流化床传递-反应耦合模型和简化的曳力模型

9.1　引　　言

气固流化床反应器中存在着传递与反应两个过程，传递过程包括动量传递、热量传递和质量传递，简称“三传”，它们和反应一起统称“三传一反”。各反应物质依靠传递过程才有可能相互接触而发生反应。如果传递速率远小于反应速率，则过程由传递控制；如果反应速率远小于传递速率，则过程由反应控制；如果两者速率相近则过程为协调控制。多数情况为传递控制。流化床反应器中存在“三传一反”的多过程相互作用、相互耦合的复杂现象。当反应为增分子或减分子反应，同时伴随颗粒密度和粒径的变化以及放热和吸热时，过程更为复杂，给 CFD 模拟带来更多的困难，急需加强该方面的研究。由于流化床的优点之一是床层温度易达到均匀，在流化床反应器中的放热或吸热与床中换热器的取热或供热达到平衡的操作状态下，床层温度均匀而且稳定，故床层的温度变化可以不予考虑。现以快速流化床中的传质与反应的耦合为例加以讨论。

(1) 当无反应介入或者反应物被惰性气体与惰性颗粒大量稀释时，流体的分子数不会发生太大变化，颗粒数也不会发生太大变化。在恒温条件下，气体速度不会改变，气固流动状态也不会改变，以前提出的模型可以适用。

(2) 当有反应介入而且是气固催化反应时，催化剂的尺寸一般不会改变，密度也因结碳发生会稍有改变，但可忽略不计。但是反应前后分子数有增有减，必然引起气体速度的增加或减小，从而引起气固流动状态的变化对传递与反应产生进一步影响。因此，必须计及反应分子数的变化引起的流体速度的改变。

(3)当有反应介入而且为气固非催化反应时，不仅气体分子数会发生增减，引起气速的增减；而且颗粒的密度(如灰层不脱落)会发生变化，或颗粒的粒径(如灰层脱落)会变小，同样会引起气固流态的改变，对传递与反应产生进一步的影响。因此，必须同时计及气速和颗粒密度或粒径的改变。这时需要建立固体反应转化率与密度或粒径的关系式。

结构参数模型和曳力模型是描述气固流化床流动结构和模拟气固运动行为的基础模型。完整描述一个流化床的结构需要许多参数，但计算曳力系数进而计算曳力并不需要所有的结构参数，因此可以根据曳力系数表达式中所需要的结构参数来建立简化的结构参数模型，此方法称为基于传递系数的结构参数(transfer coefficient-based structure parameters，TC-SP)方法。此外，通过对所有结构参数对曳力影响的敏感性分析研究发现，密相和乳化相中气固间曳力要远远大于稀相和气泡相中气固间曳力，因此可以忽略稀相和气泡相中的气固间曳力，从而使曳力系数模型和曳力模型所需要的结构参数进一步减少，且并不影响模型预测的准确度，为此建立了基于关键结构参数的曳力系数模型和曳力模型，称为简化的曳力模型。

9.2　气固催化反应时传递-反应耦合模型

对有固体催化剂的气固催化反应，催化剂颗粒的粒径 d_p 与密度 ρ_p 可认为保持不变。以流化床中截取的一个微分单元薄层为控制体加以讨论(参见图 9.1)，研究组分 A 的浓度变化及气体表观速度 U_f 的变化。

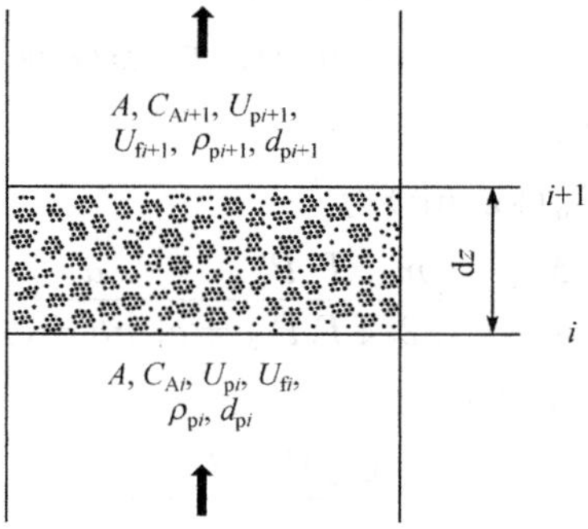

图 9.1　快速流化床传质与反应耦合微分单元床层(气固催化反应)

图 9.1 中，A 为床层截面积，m^2；C_{Ai}为 i 截面处组分 A 的浓度，kg/m^3；U_{pi}为 i 截面颗粒表观速度，m/s；U_{fi}为 i 截面处气体表观速度，m/s；ρ_{pi}为 i 截面处颗粒密度，kg/m^3；d_{pi}为 i 截面处颗粒直径，m；dz 为微分单元床层厚度，m。

设反应为

$$a\mathrm{A}+b\mathrm{B}\longrightarrow c\mathrm{C}+d\mathrm{D}$$

各反应物与产物均为气体，其分子量分别为 m_A、m_B、m_C、m_D。

反应前后分子数的改变：

$$\Delta n_0=(c+d)-(a+b)$$

设惰性气体为 E，体积流率为 V_E，摩尔流率为 e，分子量为 m_E。

1) 在截面 i 处各参数值计算

设截面 i 处进气的各组分的体积流率为 V_{Ei}、V_{Ai}、V_{Bi}、V_{Ci}、V_{Di}(m^3/s)。

设截面 i 处进气的各组分的摩尔流率为 e、a_i、b_i、c_i、d_i(kmol/s)。

若以反应物组分 A 为目标组分，C_A 为其浓度（kg/m^3），则截面 i 处有 $C_A = C_{Ai}$。

A 组分所占体积分数 α_{Ai} 为

$$\alpha_{Ai} = \frac{a_i}{e + a_i + b_i + c_i + d_i} \tag{9.1}$$

进气总体积流率 V_i（m^3/s）为

$$V_i = V_{Ei} + V_{Ai} + V_{Bi} + V_{Ci} + V_{Di} = AU_{fi} \tag{9.2}$$

组分 A 的进气体积流率 V_{Ai}（m^3/s）为

$$V_{Ai} = \alpha_{Ai} V_i = V_i \frac{a_i}{e + a_i + b_i + c_i + d_i} = AU_{fi} \frac{a_i}{e + a_i + b_i + c_i + d_i} \tag{9.3}$$

组分 A 的进气质量流率 M_{Ai}（kg/s）为

$$M_{Ai} = \frac{V_{Ai}}{22.4} \frac{T_0 P_r}{T_r P_0} m_A = \frac{m_A}{22.4} \frac{T_0 P_r}{T_r P_0} AU_{fi} \frac{a_i}{e + a_i + b_i + c_i + d_i} \tag{9.4}$$

式中，P_0 为标准大气压，$P_0 = 1.013 \times 10^5$ Pa；T_0 为标准温度，$T_0 = 273$K；P_r 为反应压力，Pa；T_r 为反应温度，K。

组分 A 的进气浓度 C_{Ai}（kg/m^3）为

$$C_{Ai} = \frac{M_{Ai}}{AU_{fi}} = \frac{m_A}{22.4} \frac{T_0 P_r}{T_r P_0} \frac{a_i}{e + a_i + b_i + c_i + d_i} \tag{9.5}$$

组分 A 的进气转化率 x_{Ai} 为

$$x_{Ai} = \frac{C_{A0} V_0 - C_{Ai} V_i}{C_{A0} V_0} \tag{9.6}$$

式中，C_{A0} 为初始组分 A 的浓度，kg/m^3；V_0 为初始气体总体积流率，m^3/s。

2) 在反应微元薄层 $A\mathrm{d}z$ 中组分 A 转化的质量流率 M_{A0}（kg/s）

(1) 传质与反应协调控制。

若为传质与反应协调控制，则有

$$M_{A0} = A\mathrm{d}z K_f a_{pi} (1 - \varepsilon_f)(C_A - C_{AS}) \tag{9.7}$$

式中，C_A 气相反应物 A 的浓度，kg/m^3；C_{AS} 为催化剂颗粒表面组分 A 的浓度，可由如下传质速率与反应速率的平衡而得：

$$K_f a_{pi} (1 - \varepsilon_f)(C_A - C_{AS}) = k_r (1 - \varepsilon_f) \eta C_{AS} \tag{9.8}$$

式中，$a_{pi} = \dfrac{6}{d_{pi}}$ 为颗粒的比表面积，m^{-1}；K_f 为传质系数，m/s；k_r 为反应速率常数，s^{-1}；ε_f 为床层平均空隙率；η 为催化剂的内扩散因子。对于催化反应，反应速率与单位体积中催化剂的体积（或质量）成正比。

(2) 传质控制。

若为传质控制，则有 $C_{AS} = 0$，则

$$M_{A0}=AdzK_f a_{pi}(1-\varepsilon_f)C_A \tag{9.9}$$

(3) 反应控制。

若为反应控制，则有 $C_{AS}=C_A$，则

$$M_{A0}=Adzk_r\eta(1-\varepsilon_f)C_A \tag{9.10}$$

(4) 转化引起的气体总体积改变。

转化的 A 组分的摩尔数 n_{A0}(kmol/s)为

$$n_{A0}=\frac{M_{A0}}{m_A} \tag{9.11}$$

转化引起的总分子数的改变值 Δn(kmol/s)为

$$\Delta n=\frac{(c+d)-(a+b)}{a}n_{A0} \tag{9.12}$$

(注：Δn 为正是增加，为负是减少。)

转化引起的气体总体积改变值 ΔV(m^3/s)为

$$\Delta V=22.4\Delta n\frac{T_r}{T_0}\frac{P_0}{P_r} \tag{9.13}$$

式中，T_0、P_0 为标准状态的温度(K)和压力(Pa)；T_r、P_r 为反应状态的温度(K)和压力(Pa)。

3) 在截面 $i+1$ 处各参数值计算

出气的体积流率 V_{i+1}(m^3/s)为

$$V_{i+1}=V_i+\Delta V=AU_{fi}+22.4\Delta n\frac{T_r}{T_0}\frac{P_0}{P_r} \tag{9.14}$$

出气中组分 A 的质量流率 M_{Ai+1}(kg/s)为

$$M_{Ai+1}=M_{Ai}-M_{A0} \tag{9.15}$$

出气中组分 A 的浓度 C_{Ai+1}(kg/m^3)为

$$C_{Ai+1}=\frac{M_{Ai+1}}{V_{i+1}}=\frac{M_{Ai}-M_{A0}}{AU_{fi}+22.4\Delta n\dfrac{T_r}{T_0}\dfrac{P_0}{P_r}} \tag{9.16}$$

出气的速度 U_{fi+1}(m/s)为

$$U_{fi+1}=\frac{V_{i+1}}{A}=U_{fi}+\frac{22.4\Delta n}{A}\frac{T_r}{T_0}\frac{P_0}{P_r} \tag{9.17}$$

出气中组分 A 的转化率 x_{Ai+1} 为

$$x_{Ai+1}=\frac{C_{A0}V_0-C_{Ai+1}V_{i+1}}{C_{A0}V_0} \tag{9.18}$$

出气中各组分的体积流率 V_E、V_A、V_B、V_C、V_D(m^3/s)分别按如下公式计算：

$$V_E=e\times 22.4\frac{T_rP_0}{T_0P_r} \tag{9.19}$$

$$V_A=(a_i-n_{A0})\times 22.4\frac{T_rP_0}{T_0P_r} \tag{9.20}$$

$$V_B=\left(b_i-\frac{b}{a}n_{A0}\right)\times 22.4\frac{T_rP_0}{T_0P_r} \tag{9.21}$$

$$V_C=\left(c_i+\frac{c}{a}n_{A0}\right)\times 22.4\frac{T_rP_0}{T_0P_r} \tag{9.22}$$

$$V_D=\left(d_i+\frac{d}{a}n_{A0}\right)\times 22.4\frac{T_rP_0}{T_0P_r} \tag{9.23}$$

9.3 气固非催化反应时传递-反应耦合模型

气固非催化反应往往以固体颗粒为被加工对象，但气相中不含固体物质的成分，则可用气相组分的浓度变化来体现反应的进展，固体转化率往往是一个计量指标。转化率指固体物质经反应后转化掉的比例分数，以质量或者体积计算。参见图 9.2。

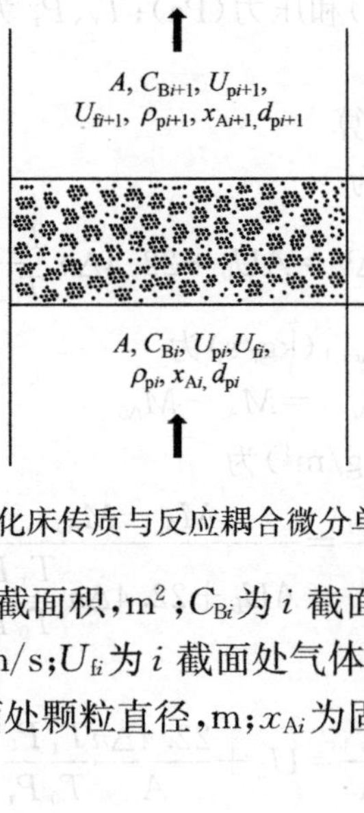

图 9.2 快速流化床传质与反应耦合微分单元床层(非催化气固反应)

图 9.2 中，A 为床层截面积，m^2；C_{Bi} 为 i 截面处的组分 B 的浓度，kg/m^3；U_{pi} 为 i 截面处颗粒表观速度，m/s；U_{fi} 为 i 截面处气体表观速度，m/s；ρ_{pi} 为 i 截面处颗粒密度，kg/m^3；d_{pi} 为 i 截面处颗粒直径，m；x_{Ai} 为固体组分 A 的转化率；dz 为微分单元床层厚度，m。

设反应为

$$aA(s)+bB(g)\longrightarrow cC(g)+dD(g)$$

A 为固体，分子量分别为 m_A、m_B、m_C、m_D。

设惰性气体为 E，分子量为 m_E。

1) 在截面 i 处各参数值计算

设截面 i 处进气组分体积流率为 V_{Ei}、V_{Bi}、V_{Ci}、V_{Di}(m^3/s)(A 为固体，不计)。

设截面 i 处进气组分摩尔流率为 e、b_i、c_i、d_i(kmol/s)。

以反应物 A 的转化率 x_A 以及反应物 B 的浓度 C_B 为研究对象，则 $x_A=x_{Ai}$，$C_B=C_{Bi}(\text{kg/m}^3)$。

B 组分所占体积分数 α_{Bi} 为

$$\alpha_{Bi}=\frac{b_i}{c_i+b_i+e+d_i} \tag{9.24}$$

进气总体积流率 $V_i(\text{m}^3/\text{s})$ 为

$$V_i=V_{Ei}+V_{Bi}+V_{Ci}+V_{Di}=AU_{fi} \tag{9.25}$$

进气速度 $U_{fi}(\text{m/s})$ 为

$$U_{fi}=\frac{V_i}{A} \tag{9.26}$$

进气组分 B 的体积流率 $V_{Bi}(\text{m}^3/\text{s})$ 为

$$V_{Bi}=\alpha_{Bi}V_i=AU_{fi}\frac{b_i}{e+b_i+c_i+d_i} \tag{9.27}$$

进气组分 B 的质量流率 $M_{Bi}(\text{kg/s})$ 为

$$M_{Bi}=\frac{V_{Bi}}{22.4}\frac{T_0P_r}{T_rP_0}m_B=\frac{m_B}{22.4}\frac{T_0P_r}{T_rP_0}AU_{fi}\frac{b_i}{e+b_i+c_i+d_i} \tag{9.28}$$

进气组分 B 的浓度 $C_{Bi}(\text{kg/m}^3)$ 为

$$C_{Bi}=\frac{M_{Bi}}{AU_{fi}}=\frac{m_B}{22.4}\frac{T_0P_r}{T_rP_0}\frac{b_i}{e+b_i+c_i+d_i} \tag{9.29}$$

设 i 截面处固体组分 A 的质量流率为 M_{Ai}，转化率为 x_{Ai}，则有

$$M_{Ai}=M_A(1-x_{Ai})$$

式中，M_A 为反应器入口处固体颗粒的质量流率，kg/s。

2) 在反应微元薄层 $A\text{d}z$ 中脱灰层模式转化掉的 B 的质量 $M_{B0}(\text{kg/s})$

(1) 气膜传质与反应协调控制。

若为气膜传质与反应协调控制，则有

$$M_{B0}=A\text{d}zK_fa_{pi}(1-\varepsilon_f)(C_B-C_{BS}) \tag{9.30}$$

式中，C_B 为气相反应物 B 的浓度；C_{BS} 为颗粒表面组分 B 的浓度，可由如下传质速率与反应速率的平衡方程求得：

$$K_fa_{pi}(1-\varepsilon_f)(C_B-C_{BS})=k_r\eta a_{pi}(1-\varepsilon_f)C_{BS} \tag{9.31}$$

(注：此处为非催化颗粒表面反应，反应速率与颗粒表面积成正比，k_r 的单位为 m/s。)

(2) 气膜传质控制。

若为气膜传质控制，则有 $C_{BS}=0$，则

$$M_{B0}=A\text{d}zK_fa_p(1-\varepsilon_f)C_B \tag{9.32}$$

(3) 反应控制。

若为反应控制，则有 $C_{BS}=C_B$，则

$$M_{B0}=A\mathrm{d}zk_r\eta a_{pi}(1-\varepsilon_f)C_B \tag{9.33}$$

(4) 转化 B 引起的气体总体积改变。

转化掉 B 的摩尔数 n_{B0}(kmol/s)为

$$n_{B0}=\frac{M_{B0}}{m_B}$$

转化 B 引起的总分子数改变量 Δn(kmol/s)为

$$\Delta n=\frac{c+d-b}{b}n_{B0} \tag{9.34}$$

(注：$\Delta n<0$ 为减分子反应，$\Delta n>0$ 为增分子反应。)

引起的气体总体积改变量 ΔV (m^3/s)为

$$\Delta V=22.4\Delta n\frac{T_r P_0}{T_0 P_r} \tag{9.35}$$

(注：$\Delta V<0$ 为减体积反应，$\Delta V>0$ 为增体积反应。)

引起组分 A 的转化质量 M_{A0}(kg/s)为

$$M_{A0}=\frac{a}{b}n_{B0}m_A=\frac{a}{b}\frac{m_A}{m_B}M_{B0} \tag{9.36}$$

3) 在反应微元薄层 $A\mathrm{d}z$ 中灰层缩核模式转化掉的 B 的质量 M_{B0}(kg/s)

设 C_B 为气相反应物 B 的浓度，C_{BS1} 为颗粒灰层外表面 B 的浓度，C_{BS2} 为颗粒灰层内表面 B 的浓度。

(1) 气膜外扩散控制。

若为气膜外扩散控制，则有 $C_{BS1}=0$，则

$$M_{B0}=A\mathrm{d}zK_f a_{pi}(1-\varepsilon_f)C_B \tag{9.37}$$

(2) 灰层内扩散控制。

若为灰层内扩散控制，则有 $C_{BS1}=C_B$，$C_{BS2}=0$，则

$$M_{B0}=A\mathrm{d}zD_f a_{pi}(1-\varepsilon_f)\left(\frac{\mathrm{d}C_B}{\mathrm{d}r}\right)_{r_p} \tag{9.38}$$

式中，D_f 为气体在灰层内的扩散系数，m^2/s；$\left(\frac{\mathrm{d}C_B}{\mathrm{d}r}\right)_{r_p}$ 为灰层外表面处 B 的浓度梯度，kg/m^4，可由如下灰层中扩散通量守恒方程求得：

$$D_f 4\pi r_p^2\left(\frac{\mathrm{d}C_B}{\mathrm{d}r}\right)_{r_p}=D_f 4\pi r^2\left(\frac{\mathrm{d}C_B}{\mathrm{d}r}\right)_r$$

即

$$\left(\frac{\mathrm{d}C_B}{\mathrm{d}r}\right)_r=\frac{r_p^2}{r^2}\left(\frac{\mathrm{d}C_B}{\mathrm{d}r}\right)_{r_p} \tag{9.39}$$

$$\mathrm{d}C_{\mathrm{B}}=\left(\frac{\mathrm{d}C_{\mathrm{B}}}{\mathrm{d}r}\right)_{r}\mathrm{d}r=\left(\frac{\mathrm{d}C_{\mathrm{B}}}{\mathrm{d}r}\right)_{r_{\mathrm{p}}}\frac{r_{\mathrm{p}}^{2}}{r^{2}}\mathrm{d}r \tag{9.40}$$

$$\int_{C_{\mathrm{BS2}}}^{C_{\mathrm{BS1}}}\mathrm{d}C_{\mathrm{B}}=\int_{r_{ci}}^{r_{\mathrm{p}}}\left(\frac{\mathrm{d}C_{\mathrm{B}}}{\mathrm{d}r}\right)_{r_{\mathrm{p}}}r_{\mathrm{p}}^{2}\frac{\mathrm{d}r}{r^{2}} \tag{9.41}$$

$$C_{\mathrm{BS1}}-C_{\mathrm{BS2}}=\left(\frac{\mathrm{d}C_{\mathrm{B}}}{\mathrm{d}r}\right)_{r_{\mathrm{p}}}r_{\mathrm{p}}^{2}\left(\frac{1}{r_{ci}}-\frac{1}{r_{\mathrm{p}}}\right)$$

$$\left(\frac{\mathrm{d}C_{\mathrm{B}}}{\mathrm{d}r}\right)_{r_{\mathrm{p}}}=\frac{r_{\mathrm{p}}r_{ci}(C_{\mathrm{BS1}}-C_{\mathrm{BS2}})}{r_{\mathrm{p}}^{2}(r_{\mathrm{p}}-r_{ci})}=\frac{r_{ci}C_{\mathrm{B}}}{r_{\mathrm{p}}(r_{\mathrm{p}}-r_{ci})} \tag{9.42}$$

式中，r_{p}、r_{ci}、r 分别为灰层半径、核半径、灰层中任一球面半径，m。

(3) 反应控制。

若为反应控制，则有 $C_{\mathrm{SB2}}=C_{\mathrm{B}}$，即

$$M_{\mathrm{B0}}=A\mathrm{d}zk_{\mathrm{r}}\eta a_{ci}(1-\varepsilon_{\mathrm{f}})(1-x_{\mathrm{A}i})C_{\mathrm{B}} \tag{9.43}$$

式中，$a_{ci}=\dfrac{6}{d_{ci}}=\dfrac{3}{r_{ci}}$为核的比表面积，$\mathrm{m}^{-1}$。

(4) 气膜扩散、灰层扩散和反应共同控制。

若为气膜扩散、灰层扩散和反应共同控制，则有

$$M_{\mathrm{B0}}=A\mathrm{d}zK_{\mathrm{f}}a_{\mathrm{p}i}(1-\varepsilon_{\mathrm{f}})(C_{\mathrm{B}}-C_{\mathrm{BS1}}) \tag{9.44}$$

式中，C_{BS1}的数值可由以下速率平衡方程求得。

由灰层扩散速率与反应速率的平衡可知

$$D_{\mathrm{f}}a_{\mathrm{p}i}(1-\varepsilon_{\mathrm{f}})\frac{r_{ci}(C_{\mathrm{BS1}}-C_{\mathrm{BS2}})}{r_{\mathrm{p}}(r_{\mathrm{p}}-r_{ci})}=k_{\mathrm{r}}\eta a_{ci}(1-\varepsilon_{\mathrm{f}})(1-x_{\mathrm{A}i})C_{\mathrm{BS2}} \tag{9.45}$$

又由气膜扩散速率与灰层扩散速率的平衡可知

$$K_{\mathrm{f}}a_{\mathrm{p}i}(1-\varepsilon_{\mathrm{f}})(C_{\mathrm{B}}-C_{\mathrm{BS1}})=D_{\mathrm{f}}a_{\mathrm{p}}(1-\varepsilon_{\mathrm{f}})\frac{r_{ci}(C_{\mathrm{BS1}}-C_{\mathrm{BS2}})}{r_{\mathrm{p}}(r_{\mathrm{p}}-r_{ci})} \tag{9.46}$$

联立方程(9.45)和方程(9.46)可求得 C_{BS1}、C_{BS2}。

(5) 气膜扩散和灰层扩散共同控制。

若为气膜扩散和灰层扩散共同控制，则有 $C_{\mathrm{BS2}}=0$，则

$$M_{\mathrm{B0}}=A\mathrm{d}zK_{\mathrm{f}}a_{\mathrm{p}i}(1-\varepsilon_{\mathrm{f}})(C_{\mathrm{B}}-C_{\mathrm{BS1}}) \tag{9.47}$$

式中，C_{BS1}可由如下气膜扩散速率与灰层扩散速率的平衡方程求得：

$$K_{\mathrm{f}}a_{\mathrm{p}i}(1-\varepsilon_{\mathrm{f}})(C_{\mathrm{B}}-C_{\mathrm{BS1}})=D_{\mathrm{f}}a_{\mathrm{p}i}(1-\varepsilon_{\mathrm{f}})\frac{r_{ci}C_{\mathrm{BS1}}}{r_{\mathrm{p}}(r_{\mathrm{p}}-r_{ci})} \tag{9.48}$$

(6) 灰层扩散和反应共同控制。

若为灰层扩散和反应共同控制，则有 $C_{\mathrm{BS1}}=C_{\mathrm{B}}$，则

$$M_{\mathrm{B0}}=A\mathrm{d}zD_{\mathrm{f}}a_{\mathrm{p}i}(1-\varepsilon_{\mathrm{f}})\frac{r_{ci}(C_{\mathrm{B}}-C_{\mathrm{BS2}})}{r_{\mathrm{p}}(r_{\mathrm{p}}-r_{ci})} \tag{9.49}$$

式中，C_{BS2}可由如下灰层扩散速率与反应速率平衡方程求得：

$$D_f a_{pi}(1-\varepsilon_f)\frac{r_{ci}(C_B-C_{BS2})}{r_p(r_p-r_{ci})}=k_r\eta a_{ci}(1-\varepsilon_f)(1-x_{Ai})C_{BS2} \tag{9.50}$$

(7) 气膜扩散和反应共同控制。

若为气膜扩散和反应共同控制，则有 $C_{BS1}=C_{BS2}$，则

$$M_{B0}=A\mathrm{d}zK_f a_{pi}(1-\varepsilon_f)(C_B-C_{BS1}) \tag{9.51}$$

式中，C_{BS1} 可由如下气膜扩散速率与反应速率平衡方程求得：

$$K_f a_{pi}(1-\varepsilon_f)(C_B-C_{BS1})=k_r\eta a_{ci}(1-\varepsilon_f)(1-x_{Ai})C_{BS1} \tag{9.52}$$

(8) 转化 B 引起的气体总体积改变。

转化掉 B 的摩尔数 n_{B0}(kmol/s)为

$$n_{B0}=\frac{M_{B0}}{m_B}$$

转化 B 引起的总分子数改变量 Δn(kmol/s)为

$$\Delta n=\frac{c+d-b}{b}n_{B0} \tag{9.53}$$

（注：$\Delta n<0$ 为减分子反应，$\Delta n>0$ 为增分子反应。）

引起的气体总体积改变量 ΔV(m^3/s)为

$$\Delta V=22.4\Delta n\frac{T_r}{T_0}\frac{P_0}{P_r} \tag{9.54}$$

（注：$\Delta V<0$ 为减体积反应，$\Delta V>0$ 为增体积反应。）

引起组分 A 的转化质量 M_{A0}(kg/s)为

$$M_{A0}=\frac{a}{b}n_{B0}m_A=\frac{a}{b}\frac{m_A}{m_B}M_{B0} \tag{9.55}$$

4) 在截面 $i+1$ 处各参数值的计算

出气的体积流率 V_{i+1}(m^3/s)为

$$V_{i+1}=V_i+\Delta V=AU_{fi}+22.4\Delta n\frac{T_r P_0}{T_0 P_r} \tag{9.56}$$

出气中 B 组分质量流率 M_{Bi+1}(kg/s)为

$$M_{Bi+1}=M_{Bi}-M_{B0} \tag{9.57}$$

出气中 B 组分浓度 C_{Bi+1}(kg/m^3)为

$$C_{Bi+1}=\frac{M_{Bi+1}}{V_{i+1}}=\frac{M_{Bi}-M_{B0}}{AU_{fi}+22.4\Delta n\frac{T_r}{T_0}\frac{P_0}{P_r}} \tag{9.58}$$

出气的速度 U_{fi+1}(m/s)为

$$U_{fi+1}=\frac{V_{i+1}}{A}=U_{fi}+\frac{22.4\Delta n T_r}{A}\frac{P_0}{T_0 P_r} \tag{9.59}$$

在 $i+1$ 截面处固体组分 A 的质量流率 M_{Ai+1}(kg/s)为

$$M_{Ai+1}=M_{Ai}-M_{A0} \tag{9.60}$$

在 $i+1$ 截面处固体组分 A 的转化率 $x_{A(i+1)}$ 为

$$x_{Ai+1}=\frac{M_A-M_{Ai+1}}{M_A}=1-\frac{M_{A(i+1)}}{M_A} \tag{9.61}$$

出气中各组分的体积流率 V_E、V_B、V_C、V_D(m^3/s)分别由如下公式计算：

$$V_E=e\times 22.4\frac{T_r P_0}{T_0 P_r} \tag{9.62}$$

$$V_B=(b_i-n_{B0})\times 22.4\frac{T_r P_0}{T_0 P_r} \tag{9.63}$$

$$V_C=\left(c_i+\frac{c}{b}n_{B0}\right)\times 22.4\frac{T_r P_0}{T_0 P_r} \tag{9.64}$$

$$V_D=\left(d_i+\frac{d}{b}n_{B0}\right)\times 22.4\frac{T_r P_0}{T_0 P_r} \tag{9.65}$$

若为脱灰层模型，则固体颗粒的密度 ρ_p 不变，粒径 d_p 改变为

$$d_{pi+1}=(1-x_{Ai+1})^{\frac{1}{3}}d_p \tag{9.66}$$

若为灰层缩核模型，则固体颗粒的粒径 d_p 不变，但密度 ρ_p 改变为

$$\rho_{pi+1}=\rho_p(1-x_{Ai+1})+\rho_{pash}x_{Ai+1} \tag{9.67}$$

设内核直径为 d_{ci+1}，半径为 r_{ci+1}，则内核直径和半径改变为

$$d_{ci+1}=(1-x_{Ai+1})^{\frac{1}{3}}d_p=2r_{ci+1} \tag{9.68}$$

(注：固体颗粒为固定床、向下移动床、向上移动床、全混鼓泡床(有进出料、下进上出、上进下出)的情况需进一步研究。)

以上仅限于快速流化床中气固并流向上的情况。

9.4　基于传递系数的结构参数模型

流化床具有复杂的多相流动体系，因此通常需要很多结构参数进行描述，许多研究者[1-7]都在致力于用这些复杂的结构参数或增加更多的结构参数建立结构参数模型，求解曳力系数。然而，一些模型仅用一个参数，如聚团直径[8,9]，在一定条件下也能获得较好的模拟结果，这或许表明目前的结构参数有一些是不必要的，对曳力影响很小甚至可以忽略。如果能够减少不必要的结构参数，利用必要的结构参数建立结构参数模型，对于简化模型和明确曳力影响因素有很重要的意义。但是，流化床具有复杂的非均匀流动结构，这给如何确定必要的结构参数，并利用这些参数求解曳力系数带来了困难。

本节依据多尺度方法，根据传递系数方程直接确定所需求解的必要的结构参数，从而开发了基于传递系数的结构参数(TC-SP)方法，并用该方法分别建立了鼓

泡床、湍动床和快速床(以循环床为例)结构参数模型,最后利用 CFD 模拟文献中实验结果验证模型的准确性。

1. TC-SP 模型

1) 鼓泡床

鼓泡床的非均匀流动结构可以分解为气泡相和乳化相。在本节中,假设气泡相中没有颗粒存在,则气泡相的空隙率 ε_b 为 1。在之前的研究中,鼓泡床的平均曳力系数 $\bar{C}_D$ 方程[1]为

$$\bar{C}_D=\underbrace{C_{De}(1-f_b)\frac{1-\varepsilon_e}{1-\varepsilon_f}\left(\frac{U_{se}}{U_s}\right)^2}_{\text{乳化相}}+\underbrace{C_{Db}f_b\frac{1-\varepsilon_e}{1-\varepsilon_f}\frac{\rho_p d_p}{\rho_f d_b}\left(\frac{U_{sb}}{U_s}\right)^2}_{\text{气泡相}} \tag{9.69}$$

通过式(9.69)可以看出,总的平均曳力系数相当于乳化相和气泡相的曳力系数的叠加。求解曳力系数的关键是求解结构参数,因此需要根据气固流动结构建立相应的结构参数模型。以前的研究者[1,5]都是人为地将非均相结构分解为多个简单的均相结构,并对不同相中的全部参数求解,对于鼓泡床,通常需要求解 7~9 个结构参数[1,5]。对此,我们发现如果能够求得曳力系数方程中的必要结构参数,就没有必要求取所有的结构参数。基于上述公式,除假设条件 $\varepsilon_b=1$,只需再求解出 5 个必要的结构参数(ε_e、U_{se}、f_b、d_b、U_{sb}),就能够求解出平均曳力系数,相应的结构参数模型方程如表 9.1 所示,三种床型相关的中间变量方程见附录 9.1。

表 9.1 鼓泡床 TC-SP 结构参数模型方程[10](假设[5]:$\varepsilon_b=1$)

参数	模型方程
鼓泡相体积分数	$f_b=\dfrac{\varepsilon_f-\varepsilon_e}{1-\varepsilon_e}$
乳化相空隙率[11]	$\varepsilon_e=1-(1-0.14Re^{0.4}Ar^{-0.13})(1-\varepsilon_{mf})$ $Re=\dfrac{\rho_f d_p\lvert U_s-U_{mf}\rvert}{\mu_f}$, $Ar=\dfrac{\rho_f d_p^3(\rho_p-\rho_f)g}{\mu_f^2}$
乳化相表观滑移速度[12]	$U_{se}=\dfrac{(\varepsilon_e-\varepsilon_{min})\varepsilon_e}{(\varepsilon_{mf}-\varepsilon_{min})\varepsilon_{mf}}U_{mf}$
气泡直径[13]	$d_b(h)=d_{bm}-(d_{bm}-d_{b0})e^{-0.3h/D}$ $d_{bm}=1.638[A(U_f-U_{mf})]^{0.4}$ $d_{b0}=0.376(U_f-U_{mf})^2$
气泡相表观滑移速度[14]	$U_{sb}=(U_b-U_e)(1-f_b)$ $U_b=(U_f-U_{mf})+0.71(gd_b)^{0.5}$ $U_e=\dfrac{\rho_f U_{se}}{\rho_p(1-\varepsilon_e)+\rho_f\varepsilon_e}$

2）湍动床

根据鼓泡床 TC-SP 模型可以看出，用 TC-SP 方法建立结构参数模型的关键是依据平均曳力系数直接建立所需的必要结构参数，而不需要求解全部的参数。采用类似的方法可以建立湍动床 TC-SP 结构参数模型。湍动床可以分为聚团相和气穴相，其平均曳力系数 $\overline{C}_D$ 为[2]

$$\overline{C}_D=\underbrace{\frac{\left[f_c(1-\varepsilon_c)\Big/\left(\frac{\pi}{6}d_p^3\right)-f_c(1-\varepsilon_c)\Big/\left(\frac{\pi}{12}d_cd_p^2\right)\right]C_{Dc}U_{sc}^2}{(1-\varepsilon_f)U_s^2\Big/\frac{\pi}{6}d_p^3}}_{\text{聚团相}}+\underbrace{\frac{\left[(1-f_c)(1-\varepsilon_d)\Big/\frac{\pi}{6}d_p^3+(1-f_c)(1-\varepsilon_c)\Big/\frac{\pi}{12}d_dd_p^2\right]C_{Dd}U_{sd}^2}{(1-\varepsilon_f)U_s^2\Big/\frac{\pi}{6}d_p^3}}_{\text{气穴相}} \tag{9.70}$$

根据式(9.70)，湍动床所需的七个必要结构参数为 ε_d、ε_c、d_c、d_d、f_c、U_{sc}、U_{sd}。基于 TC-SP 方法所建立的结构参数模型方程如表 9.2 所示。

表 9.2　湍动床 TC-SP 结构参数模型方程（假设[15]：$\varepsilon_d=0.9997$）

参数	模型方程
聚团相体积分数	$f_c=\dfrac{\varepsilon_f-\varepsilon_d}{\varepsilon_c-\varepsilon_d}$
聚团空隙率[16]	$\varepsilon_c=1-\dfrac{0.58\varepsilon_s^{1.48}}{0.013+\varepsilon_s^{1.48}}$
聚团直径[17]	$d_c=d_p+(0.027-10d_p)\varepsilon_s+32\varepsilon_s^6$
聚团相表观滑移速度[12]	$U_{sc}=\dfrac{(\varepsilon_c-\varepsilon_{min})\varepsilon_c}{(\varepsilon_{mf}-\varepsilon_{min})\varepsilon_{mf}}U_{mf}$
两相界面方程[2]	$\dfrac{f_c}{\frac{\pi}{6}d_c^3}\pi d_c^2\phi_c^2=\dfrac{1-f_c}{\frac{\pi}{6}d_d^3}\pi d_d^2\phi_d^2\qquad(\phi_c=\phi_d)$
气穴相表观滑移速度[18,19]	$U_{sd}=U_t\varepsilon_d^m$ 式中，$m=\dfrac{5.1+0.28Re_t^{0.9}}{1+0.10Re_t^{0.9}}$；$U_t=\dfrac{Re_t\mu_f}{d_p\rho_f}$

3）快速床

循环床的气固非均匀流动结构通常分为三相，包括聚团相、相间相和分散相，

其平均曳力系数方程 $\overline{C}_D$ 为[20]

$$\overline{C}_D=\underbrace{\frac{f_c(1-\varepsilon_c)(1-2d_p/d_c)C_{Dc}U_{sc}^2}{(1-\varepsilon_f)U_s^2}}_{\text{聚团相}}+\underbrace{\frac{f_c(d_p/d_c)C_{Di}U_{si}^2}{(1-\varepsilon_f)U_s^2}}_{\text{相间相}}+\underbrace{\frac{(1-f_c)(1-\varepsilon_d)C_{Dd}U_{sd}^2}{(1-\varepsilon_f)U_s^2}}_{\text{分散相}} \tag{9.71}$$

根据式(9.71)，循环床所需的必要结构参数为 ε_d、ε_c、d_c、f_c、U_{sc}、U_{si}、U_{sd}，基于 TC-SP 方法所建立的曳力模型方程如表 9.3 所示。

表 9.3　循环床 TC-SP 结构参数模型方程(假设[15]：$\varepsilon_d=0.9997$)

参数	模型方程
聚团相体积分数	$f_c=\dfrac{\varepsilon_f-\varepsilon_d}{\varepsilon_c-\varepsilon_d}$
聚团空隙率[21,22]	$\varepsilon_c=\varepsilon_f-n\sigma_\varepsilon$ 式中，$\sigma_\varepsilon=\varepsilon_s\sqrt{\dfrac{(1-\varepsilon_s)^4}{1+4\varepsilon_s+4\varepsilon_s^2-4\varepsilon_s^3+\varepsilon_s^4}}$
聚团直径[23]	$d_c=d_p\left\{\left[\dfrac{1.8543(\varepsilon_f^{-1.5}\varepsilon_s^{0.25})}{(\varepsilon_f-\varepsilon_{mf})^{2.41}}\right]^{-1.3889}+1\right\}$
聚团相表观滑移速度[12]	$U_{sc}=\dfrac{(\varepsilon_c-\varepsilon_{min})\varepsilon_c}{(\varepsilon_{mf}-\varepsilon_{min})\varepsilon_{mf}}U_{mf}$
相间相表观滑移速度[18,19]	$U_{si}=U_{tc}[(1-f)\varepsilon_d]^m$ 式中，$m=\dfrac{5.1+0.28Re_{tc}^{0.9}}{1+0.10Re_{tc}^{0.9}}$；$U_{tc}=\dfrac{Re_{tc}\mu_f}{d_c\rho_f}$
分散相表观滑移速度[18,19]	$U_{sd}=U_t\varepsilon_d^m$ 式中，$m=\dfrac{5.1+0.28Re_t^{0.9}}{1+0.10Re_t^{0.9}}$；$U_t=\dfrac{Re_t\mu_f}{d_p\rho_f}$

2. 模拟设置

所有模拟采用 Fluent 软件进行二维模拟，新的曳力系数通过 UDF 耦合到欧拉两相流模型中。图 9.3 给出了鼓泡床、湍动床和循环床二维几何结构。对于不同的床型，详细的模拟参数设置可见表 9.4。

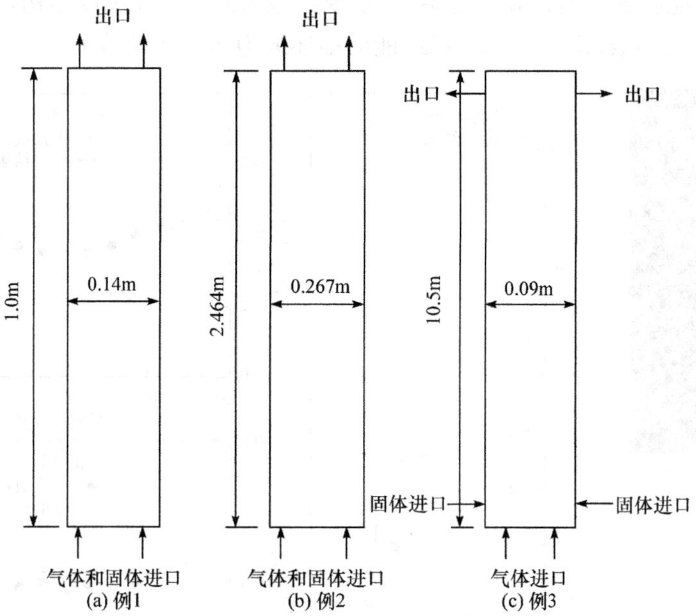

图 9.3　不同床型的二维几何结构[10,2,4]

表 9.4　A 类颗粒流化床模拟参数

参数	例 1[10]	例 2[2]	例 3[4]
床型	鼓泡床	湍动床	循环床
网格尺寸(径向×轴向)	28mm×200mm	80mm×400mm	40mm×300mm
颗粒直径/m	5.3×10^{-5}	6.5×10^{-5}	5.4×10^{-5}
颗粒密度/(kg/m³)	2450	1780	930
气体密度/(kg/m³)	1.225	1.225	1.225
操作气速/(m/s)	0.072	1.4	1.52
初始填料高度/m	0.335	1.2	1.25
步长/s	5×10^{-4}	5×10^{-4}	5×10^{-4}

3. TC-SP 模型验证

1) 鼓泡床

图 9.4 给出了鼓泡床的全部模拟结果与实验数据[10]的对比。从图 9.4(a)的瞬时固相浓度分布可以看出,曳力模型能够捕捉到鼓泡床中乳化相和气泡相的典型特征。从图 9.4(b)和(c)的时均轴向和径向浓度模拟结果可以看出,模拟结果与实验数据吻合良好。上述模拟结果表明,利用必要的结构参数建立的 TC-SP 结

构参数模型能够准确地计算曳力系数，复现鼓泡床的特征介尺度结构，因此这六个必要结构参数(ε_b、ε_e、U_{se}、f_b、d_b、U_{sb})能够描述鼓泡床的流动特征。

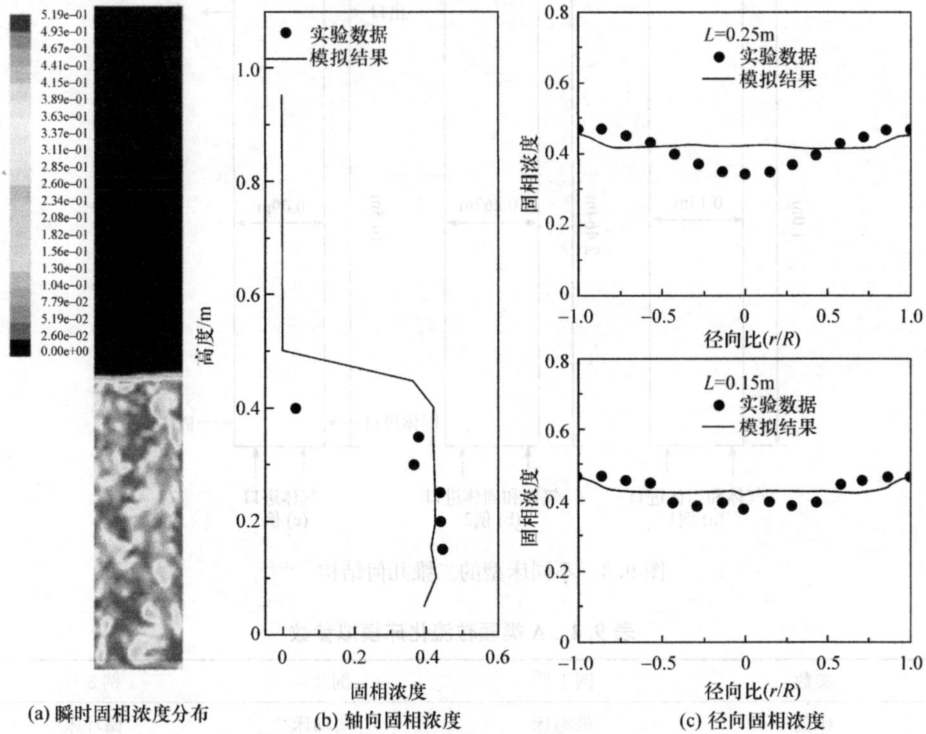

图 9.4　鼓泡床模拟结果与实验数据对比

2) 湍动床

图 9.5 给出了湍动床的全部模拟结果与实验数据[2,24]的对比。从图 9.5(a)的瞬时固相浓度分布可以看出，湍动床中同时存在破碎的气穴和分散的聚团，这是湍动床中典型的特征介尺度结构。同时，从图 9.5(b)和(c)的时均轴向和径向固相浓度模拟结果可以看出，模拟结果与实验数据吻合良好。上述结果表明，采用 TC-SP 方法建立的湍动床结构参数模型能够准确地计算曳力系数，并能够捕捉到湍动床的介尺度结构，说明这七个必要结构参数(ε_d、ε_c、d_c、d_d、f_c、U_{sc}、U_{sd})能够描述湍动床的流动特征。

3) 快速床

图 9.6 给出了循环床的全部模拟结果与实验数据[4,25]的对比。从图 9.6(a)的瞬时固相浓度分布可以清晰地看到聚团的存在，同时也能捕捉到上稀下浓的轴向流动结构和中间稀两边浓的环核结构。图 9.6(b)和(c)分别对比了模拟和实验的时均轴向、径向固相浓度分布，其中径向固相浓度的取值采用 Tung 等关系式[26]得出。从图中可以看出，模拟结果与实验数据能够较好地吻合。上述结果表明，

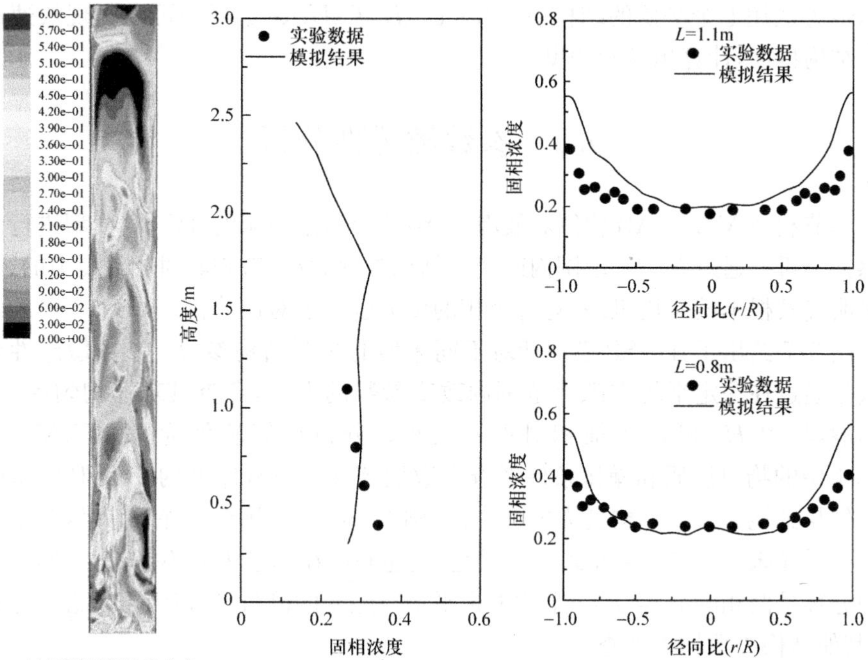

(a) 瞬时固相浓度分布　(b) 轴向固相浓度　(c) 径向固相浓度

图 9.5　湍动床模拟结果与实验数据对比

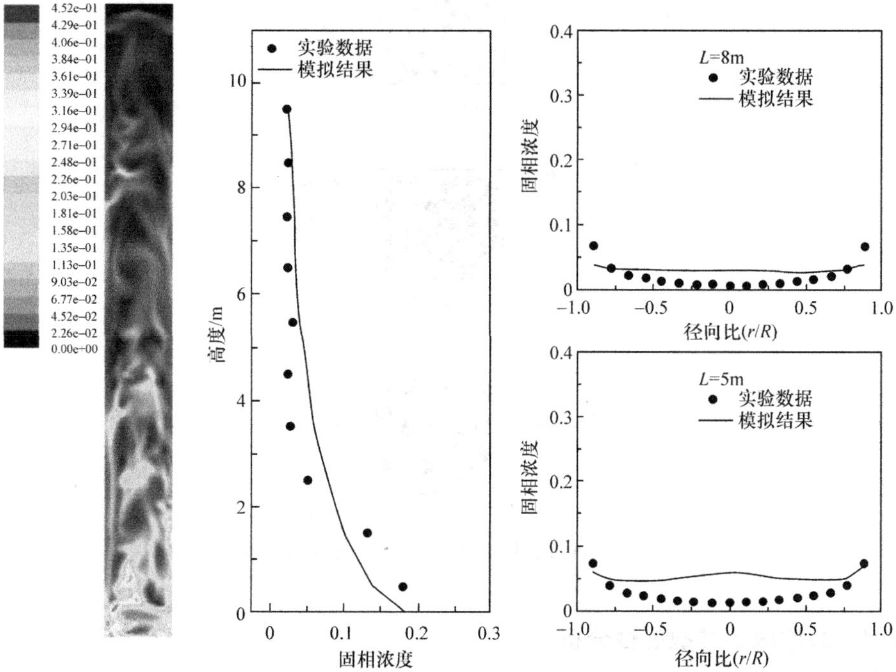

(a) 瞬时固相浓度分布　(b) 轴向固相浓度　(c) 径向固相浓度

图 9.6　循环床模拟结果与实验数据对比

TC-SP 方法用七个必要的结构参数（ε_d、ε_c、d_c、f_c、U_{sc}、U_{si}、U_{sd}）可以复现快速床介尺度结构特征，计算出准确的曳力。

9.5 参数敏感性分析

本节利用 MATLAB 软件对鼓泡床、湍动床和循环床的 TC-SP 模型进行参数敏感性分析。通过在一定范围内改变其结构参数大小，考查其对相对曳力的影响。为了明确其根本的作用机理，对每个相的曳力进行了对比分析。

图 9.7 给出了 TC-SP 模型针对不同床型的必要结构参数。参数敏感性分析方法是通过在一定平均空隙率范围内改变参数的大小，考查其对非均匀因子 H_d 的影响，其中 H_d 可以表征相对曳力大小。分析计算软件为 MATLAB，采用表 9.4 中的物料性质和操作条件考查参数敏感性。三种床型的 TC-SP 模型的假设条件与其他多参数结构曳力模型一样，例如，对于鼓泡床[1,5]有 $\varepsilon_b=1$，对于湍动床[2]和循环床[3,20]有 $\varepsilon_d=0.9997$。因此，上述假设在本节中并不考查。同时，由于体积分数是两相的分界变量，本质上是平均空隙率的函数，所以无需考虑。除此以外，其他结构参数均需考查。

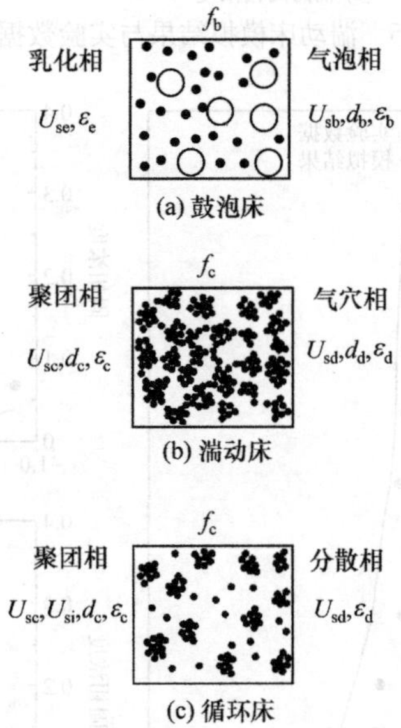

图 9.7 TC-SP 模型不同床型的必要结构参数

9.5.1 鼓泡床参数敏感性分析

对于鼓泡床，一共有四个结构参数需要考查，乳化相有两个（U_{se}、ε_e），气泡相有两个(U_{sb}、d_b)。图 9.8 给出了 H_d 随高度和平均空隙率的变化规律。从图中可以看出，H_d 的大小主要取决于平均空隙率，高度对 H_d 几乎没有影响，这个现象与之前的研究结果相同[1,5]。为了便于比较，使三维 H_d 曲面转化为二维 H_d 曲线，在接下来的计算中假设高度为 0.1m(任意值均可，不影响计算结果)。因此，在鼓泡床参数敏感性分析中，仅通过改变结构参数考查 H_d 随平均空隙率的变化。

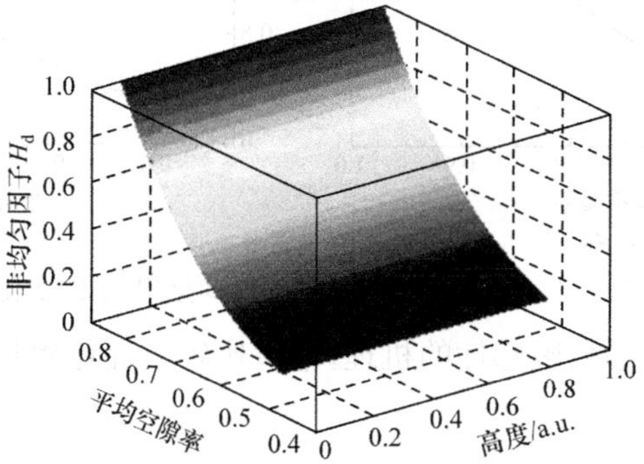

图 9.8　H_d 随高度和平均空隙率的变化规律

图 9.9 和图 9.10 分别给出了 H_d 随乳化相(ε_e、U_{se})和气泡相(d_b、U_{sb})的结构参数和平均空隙率的变化规律。从图 9.9(a)的乳化相平均空隙率 ε_e 可以看出，ε_e 在从临界流化空隙率 0.528 变化到 0.8 时，对 H_d 有明显的影响，其中 $\varepsilon_e=0.5465$ 由表 9.1 直接计算得出。在图 9.9(b)中，当表观滑移速度变化两个数量级(0.1～10)时，H_d 有显著的变化。但是对于气泡相的两个结构参数(图 9.10)，即使变化两个数量级，对 H_d 都没有影响。因此，上述结果表明，相对曳力对乳化相的结构参数(ε_e、U_{se})很敏感，尤其是乳化相表观滑移速度，但对气泡相结构参数(d_b、U_{sb})不敏感，说明相对于气泡相的结构参数，乳化相的结构参数对曳力有更大的影响。

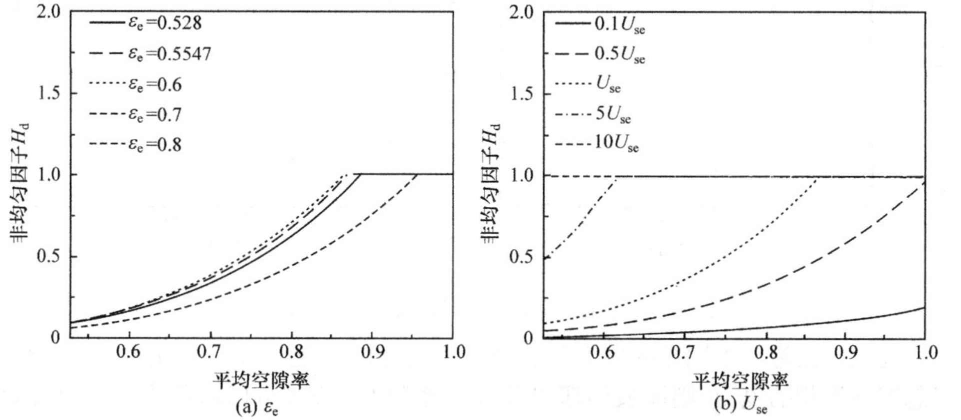

图 9.9　H_d 随乳化相结构参数与平均空隙率的变化规律

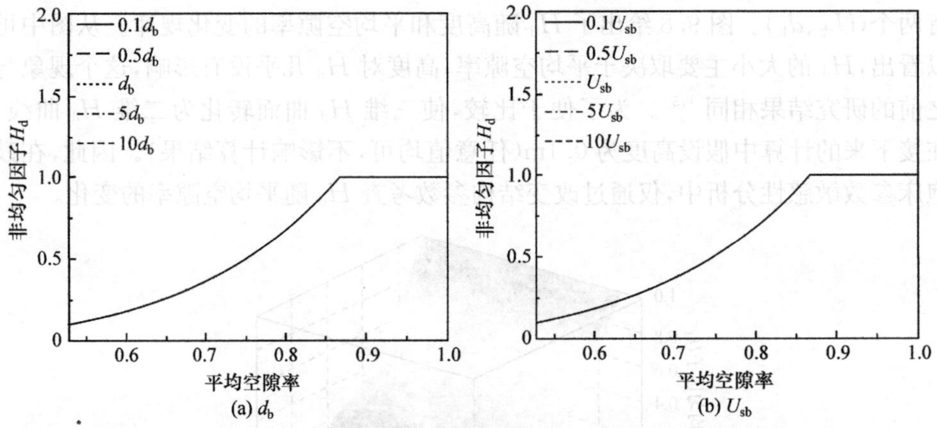

图 9.10　H_d 随气泡相结构参数与平均空隙率的变化规律

为了明确鼓泡床参数敏感性的机理，本节比较了乳化相和气泡相的曳力大小，曳力公式为

$$F_D = \frac{3}{4}(1-\varepsilon_f)\frac{\rho_f}{d_p}U_s^2\overline{C}_D \tag{9.72}$$

式中，平均曳力系数 $\overline{C}_D$ 为每一相单独的平均曳力系数，因此将各相平均曳力系数分别代入曳力公式即可计算出每一相的曳力。

图 9.11 比较了乳化相和气泡相的曳力大小。从图中可以看出，乳化相曳力比气泡相曳力大 5～6 个数量级，说明对于总的气固曳力，乳化相的曳力占主导，气泡相的曳力非常小，因此，会使得曳力对乳化相结构参数更为敏感，而气泡相的结构参数即使变化两个数量级，对曳力都没有影响。

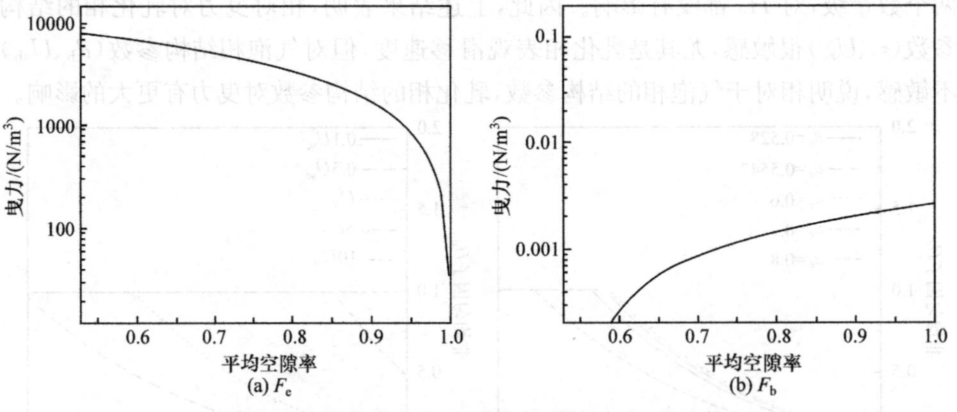

图 9.11　乳化相曳力 F_e 和气泡相曳力 F_b 的比较

通过对鼓泡床不同相的曳力分析，发现气泡相曳力远小于乳化相曳力，因此可以忽略气泡相的曳力，则原鼓泡床平均曳力系数 $\overline{C}_D$ 公式可以简化为仅含有乳化相系数的公式，即

$$\overline{C}_D = \underbrace{C_{De}(1-f_b)\frac{1-\varepsilon_e}{1-\varepsilon_f}\left(\frac{U_{se}}{U_s}\right)^2}_{\text{乳化相}} \tag{9.73}$$

同时，原 TC-SP 模型中六个必要的结构参数也可以简化为四个参数，分别是 ε_b、f_b、ε_e 和 U_{se}，省略了气泡相的两个结构参数。

9.5.2 湍动床参数敏感性分析

对于湍动床，一共有五个结构参数需要考查(见图 9.7)，聚团相有三个(d_c、ε_c、U_{sc})，气穴相有两个(d_d、U_{sd})。图 9.12 给出了 H_d 随聚团相结构参数与平均空隙率的变化规律。从图中可以看出，聚团直径改变两个数量级几乎对 H_d 没有影响。聚团平均空隙率在 0.45～0.8 内变化时，能看出 H_d 有明显的变化。说明聚团直径和空隙率作为聚团属性的整体，对曳力有一定的影响，但是相对循环床中的聚团对曳力影响较弱。其原因可能是由于湍动床处在鼓泡床和循环床的过渡区域，聚团受到快速波动的气穴影响而不稳定，因此对曳力的影响并不显著。从图 9.12(c)可以看出，聚团相的表观滑移速度 U_{sc} 对 H_d 有很大的影响。综上可见，曳力对聚团相结构参数敏感，尤其是表观滑移速度。

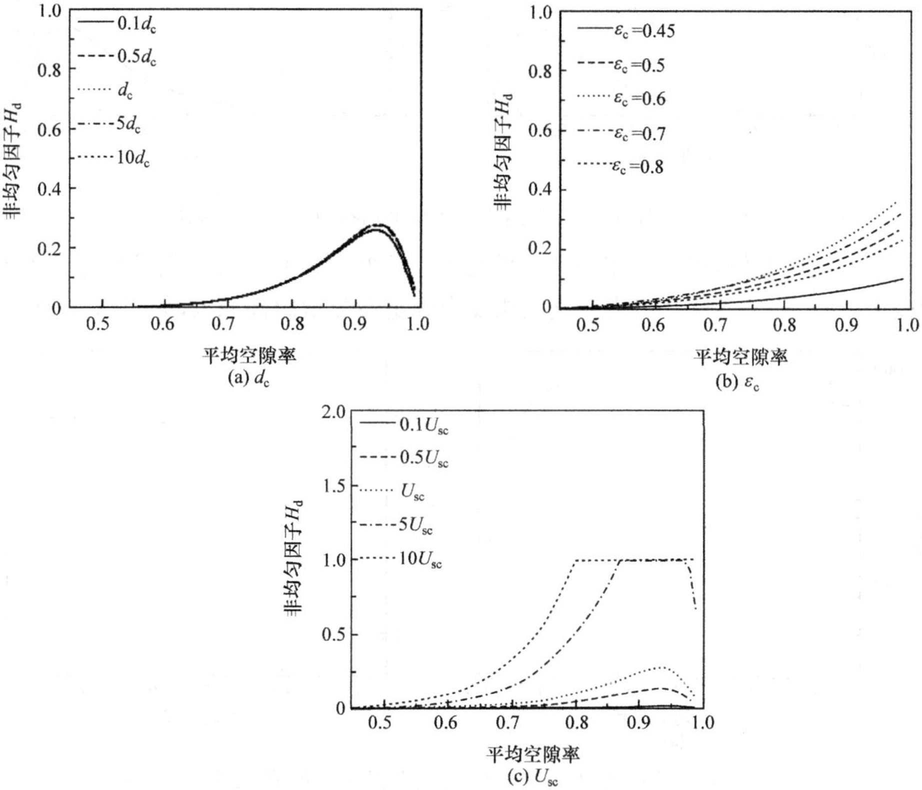

图 9.12　H_d 随聚团相结构参数与平均空隙率的变化规律(湍动床)

图 9.13 给出了 H_d 随气穴相结构参数与平均空隙率的变化规律。从图 9.13(a) 的当量气穴直径 d_d 计算结果可以看出,d_d 变化两个数量级对 H_d 没有影响。同样,图 9.13(b)的气穴相表观滑移速度 U_{sd}变化两个数量级对 H_d 几乎也没有影响。仅有 $10U_{sd}$在平均空隙率 $\varepsilon_f>0.92$ 时,H_d 会有微小的变化。该变化的原因可能是由于气穴相表观滑移速度 U_{sd}扩大 10 倍后,相当于颗粒终端速度也扩大 10 倍(可见表 9.2 中气穴相表观滑移速度公式),使得该方程不适用于计算湍动床平均曳力系数,导致 H_d 曲线的上扬。同时,当平均空隙率 $\varepsilon_f>0.92$ 时,此区域的空隙率非常稀,类似于鼓泡床的气泡相。在气泡相的参数敏感性分析部分曾讨论过,气泡相的曳力非常小,因此类比于气泡相的曳力,在平均空隙率 $\varepsilon_f>0.92$ 时 H_d 的微小变化可以忽略。结合上述讨论可见,H_d 对气穴相的结构参数并不敏感。

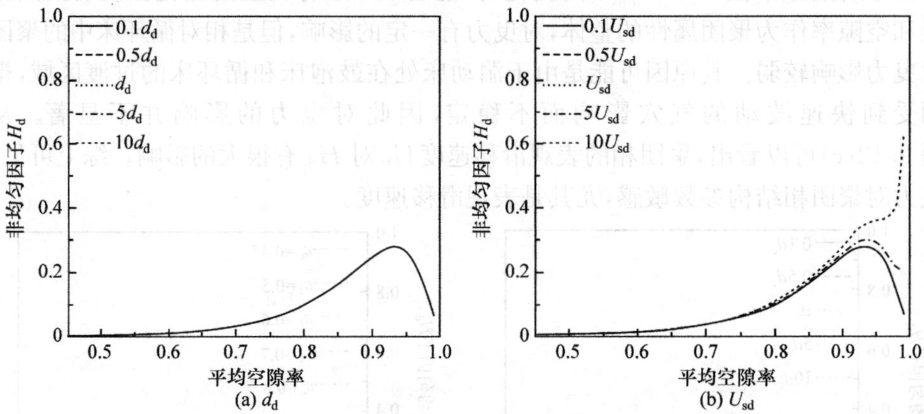

图 9.13 H_d 随气穴相结构参数与平均空隙率的变化规律

与鼓泡床类似,将每一相湍动床平均曳力系数分别代入曳力公式中求得相应的曳力,通过比较聚团相曳力和气穴相曳力确定参数敏感性原因,如图 9.14 所示。

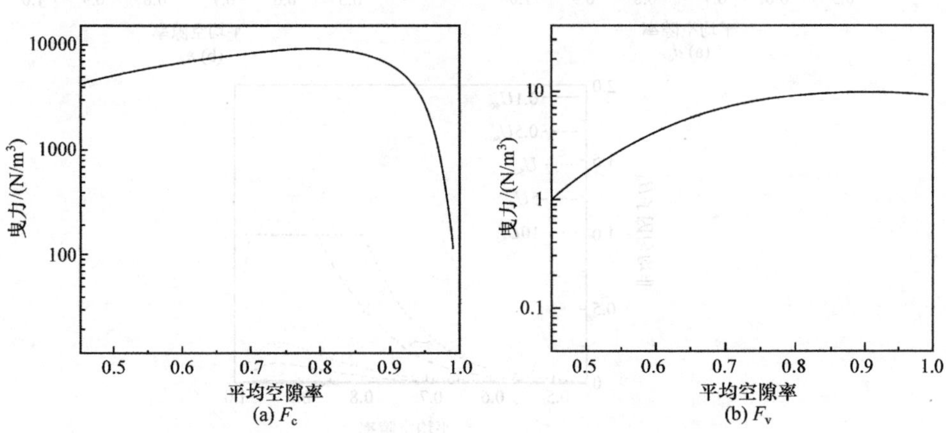

图 9.14 聚团相曳力 F_c 和气穴相曳力 F_v 的比较

从图中可以看出，聚团相曳力比气穴相曳力大 3～4 个数量级，说明聚团相对总曳力的影响远大于气穴相的影响，所以才会使得曳力系数对聚团相的结构参数更为敏感。

同样，基于上述分析，湍动床平均曳力系数可以简化为仅含有聚团相曳力项的系数，如下所示。同时湍动床 TC-SP 模型参数可由七个化简为五个必要的结构参数，分别为 ε_d、ε_c、d_c、f_c、U_{sc}。

$$\bar{C}_D=\underbrace{\frac{\left[f_c(1-\varepsilon_c)\Big/\left(\frac{\pi}{6}d_p^3\right)-f_c(1-\varepsilon_c)\Big/\left(\frac{\pi}{12}d_c d_p^2\right)\right]C_{Dc}U_{sc}^2}{(1-\varepsilon_f)U_s^2\Big/\frac{\pi}{6}d_p^3}}_{\text{聚团相}} \tag{9.74}$$

9.5.3　循环床参数敏感性分析

对于循环床，非均相流动结构可分为三相，即聚团相、相间相和分散相。由循环床平均曳力系数公式的相间相曳力系数可以看出，该项是由聚团相的结构参数计算得到，所以相间相可以包含在聚团相中。循环床需要考查的参数一共有五个（见图 9.7），其中聚团相有四个（d_c、ε_c、U_{sc}、U_{si}），分散相有一个（U_{sd}）。

图 9.15 和图 9.16 分别给出了 H_d 随聚团相和分散相结构参数与平均空隙率的变化规律。从图 9.15 可以看出，H_d 对聚团相的四个结构参数都比较敏感。与湍动床中聚团不同的是，循环床中的聚团直径和空隙率对 H_d 都有显著的影响，说明聚团对循环床中的曳力影响很大，这与其他研究结果一致[8,27]。同时，相间相表观滑移速度 U_{si} 比聚团相表观滑移速度 U_{sc} 对 H_d 的影响更为敏感，这可能是由于 $U_{si}>U_{sc}$，导致其对曳力的影响更为明显[7]。与聚团直径和空隙率相比，H_d 对相间表观滑移速度 U_{si} 的变化更为敏感，说明相间表观滑移速度 U_{si} 是最为敏感的结构参数。结合前面的讨论可以看出，通常表观滑移速度是所有参数中最为敏感的，如鼓泡床中的乳化相表观滑移速度 U_{se} 和湍动床中的聚团相表观滑移速度 U_{sc}，这是因为曳力主要是由于气体和固体之间的相对速度不同所产生的，而表观滑移速度表征的就是相对速度大小，因此曳力对表观滑移速度最为敏感。从图 9.16 可以看出，H_d 对分散相的结构参数并不敏感。

聚团相曳力和分散相曳力的比较如图 9.17 所示。从图中可以看出，聚团相曳力比分散相曳力大 7～10 个数量级，说明在循环床中气固之间的总曳力主要由聚团相曳力决定，这是 H_d 对聚团相结构参数更为敏感的根本原因。

对于循环床，平均曳力系数可以简化为仅包含与聚团相关的聚团相曳力系数项和相间相曳力系数项，如下所示。原 TC-SP 模型参数可化简为含有六个必要的结构参数，分别为 ε_d、ε_c、d_c、f_c、U_{sc}、U_{si}。

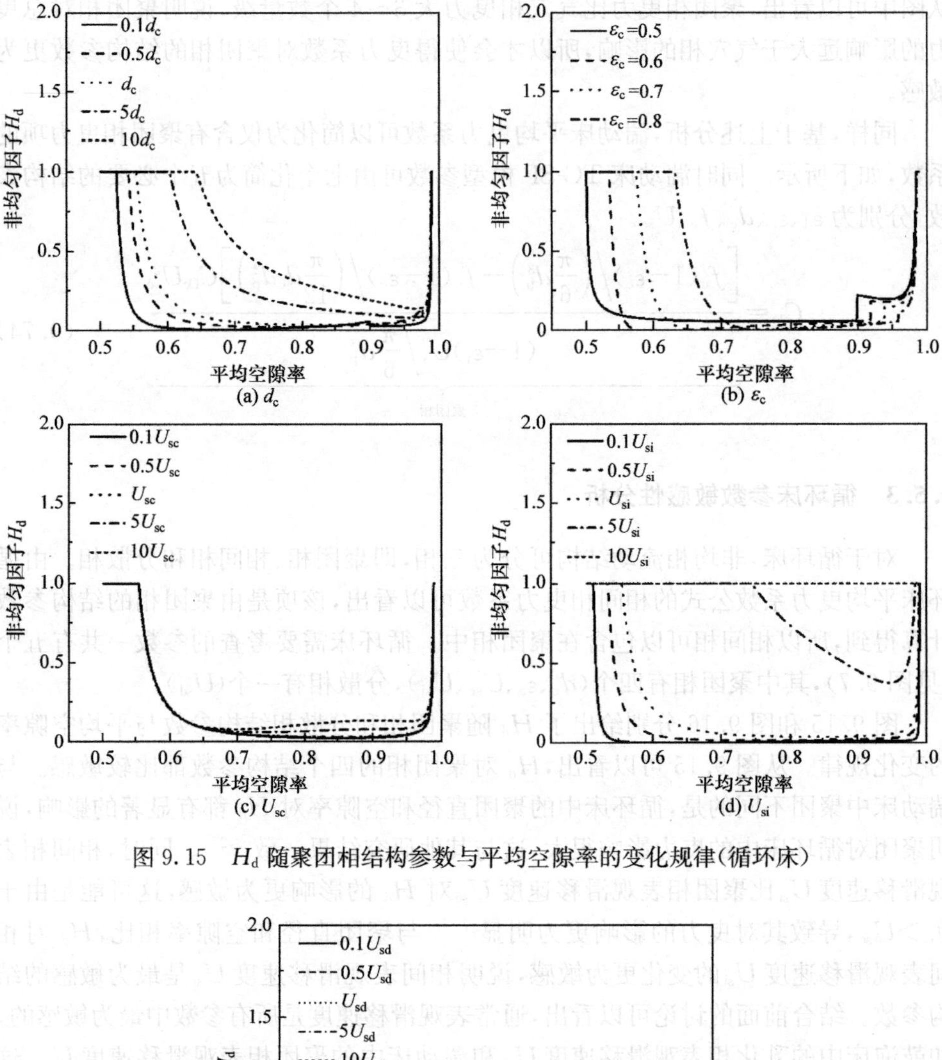

图 9.15　H_d 随聚团相结构参数与平均空隙率的变化规律(循环床)

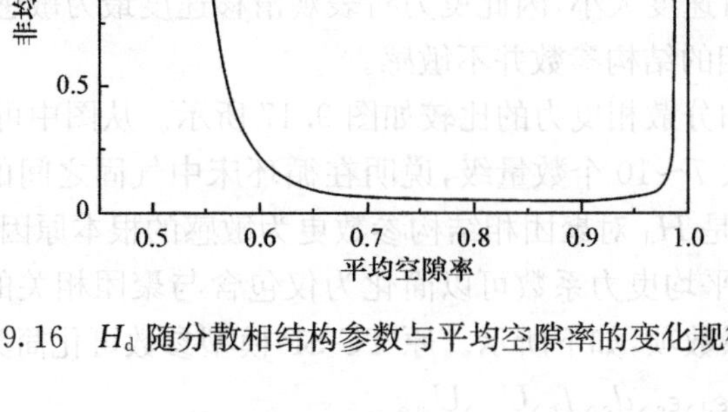

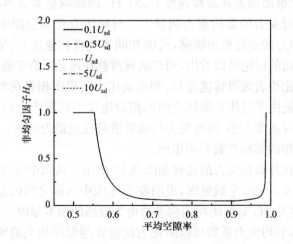

图 9.16　H_d 随分散相结构参数与平均空隙率的变化规律

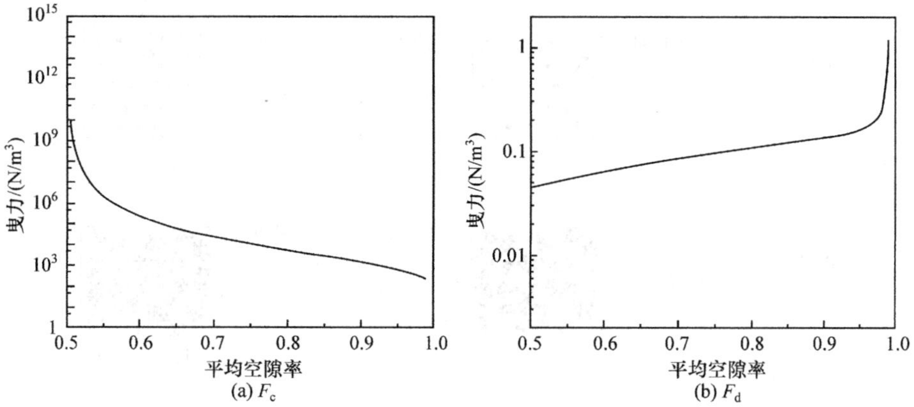

图 9.17　聚团相曳力 F_c 和分散相曳力 F_d 的比较

$$\overline{C}_D=\underbrace{\frac{f_c(1-\varepsilon_c)(1-2d_p/d_c)C_{Dc}U_{sc}^2}{(1-\varepsilon_f)U_s^2}}_{\text{聚团相}}+\underbrace{\frac{f_c(d_p/d_c)C_{Di}U_{si}^2}{(1-\varepsilon_f)U_s^2}}_{\text{相间相}} \tag{9.75}$$

对于上述三种流化床，非均匀流动结构可以分为密相和稀相，对于不同床型中的特征介尺度结构可以定义为相应的介尺度相。通过参数敏感性分析和受力分析发现，对曳力系数影响较大的无论是鼓泡床中的乳化相还是湍动床和循环床中的聚团相，其实质都是密相，说明气固总曳力主要由密相曳力决定。其原因是大部分颗粒是由密相的曳力作用而流化的，所以密相曳力相对于稀相曳力占主导，曳力对密相的结构参数更为敏感，尤其是气固间的表观滑移速度。

9.6　简化的曳力模型验证

从 9.5 节参数敏感性分析可知，对于气固流化床典型的三种床型(鼓泡床、湍动床、循环床)，由于密相曳力对于气固总曳力占主导，曳力对密相的结构参数更为敏感。通过上述分析，得到了基于密相简化的 TC-SP 模型。图 9.18 给出了传统结构曳力模型[1-7]和简化的 TC-SP 模型所需的结构参数的对比，从图中可以看出，简化的 TC-SP 模型只含有传统模型一半的参数，不仅减少了模型求解难度，也明确了调控相间曳力最重要的结构参数。

本节为了验证简化的曳力模型的有效性和普适性，对三种床型的 Geldart A 类和 B 类颗粒同时进行模拟。A 类颗粒采用 9.4 节的例 1～例 3 进行模拟，B 类颗粒模拟的二维床层几何结构和模拟参数分别见图 9.19 和表 9.5。同时，采用其他多参数结构曳力模型与之对比，包括 Lv 等[1]建立的鼓泡床模型、Chen 等[2]建立的湍动床模型、Yang 等[4]和 Wang 等[22]建立的 EMMS 循环床模型。

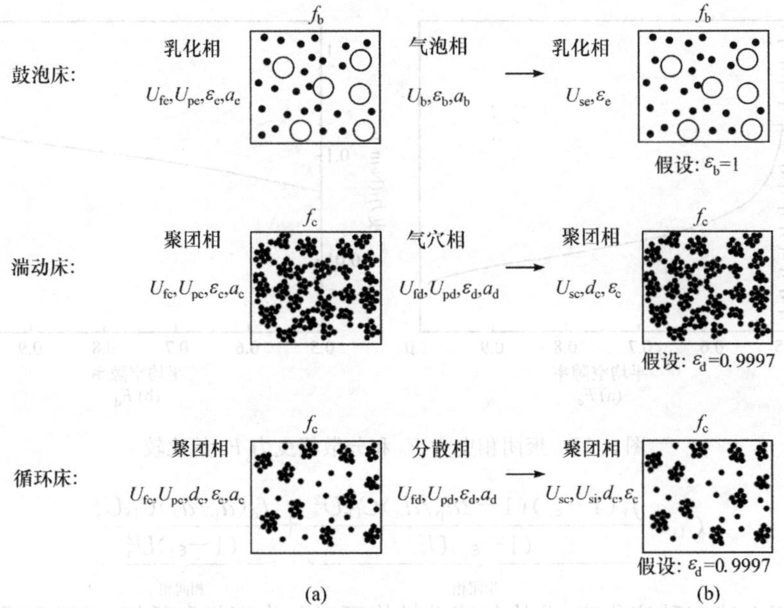

图 9.18　传统结构曳力模型和简化的 TC-SP 模型的结构参数

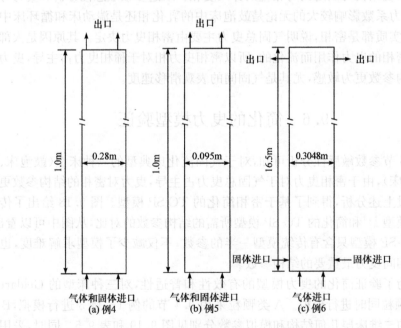

图 9.19　Geldart B 类颗粒流化床几何结构[5,2,22]

表 9.5　B 类颗粒流化床模拟参数

参数	例 4[5]	例 5[2]	例 6[22]
床型	鼓泡床	湍动床	循环床
网格尺寸(径向×轴向)	60mm×240mm	42mm×200mm	60mm×660mm
颗粒直径/m	2.75×10^{-4}	1.39×10^{-4}	1.8×10^{-4}
颗粒密度/(kg/m^3)	2500	2400	1420
气体密度/(kg/m^3)	1.225	1.225	1.225
操作气速/(m/s)	0.38,0.46	0.94	4.78
初始填料高度/m	0.4	0.096	2.64
步长/s	5×10^{-4}	5×10^{-4}	5×10^{-4}

9.6.1　简化的鼓泡床 TC-SP 模型模拟结果

图 9.20 和图 9.21 分别给出了鼓泡床 Geldart A 类和 B 类颗粒模拟结果与实验数据的对比，使用的模型为四参数简化的 TC-SP 模型和九参数的 Lv 等[1]的模型。从图中可以看出，无论是 A 类颗粒还是 B 类颗粒，两种模型均能准确地预测实验结果[10,28]，尽管简化的 TC-SP 模型忽略了气泡相曳力，仅有四个结构参数，但却能达到和九个参数的 Lv 等[1]模型一样的准确度。在前面讨论中曾提到，乳化相曳力远大于气泡相曳力，因此从鼓泡床的模拟结果可以看出忽略气泡相曳力，对模拟结果的准确性几乎没有影响，但是由于对多参数结构曳力模型进行了简化，可以大幅度降低非线性方程组的求解难度。

9.6.2　简化的湍动床 TC-SP 模型模拟结果

图 9.22 和图 9.23 分别给出了湍动床 Geldart A 类和 B 类颗粒模拟结果与实验数据[24,29]的对比，使用的模型为五参数简化的 TC-SP 模型和九参数的 Chen 等[2]的模型。从图 9.23 中的 B 类颗粒模拟结果可以看出，两种模型模拟结果基本一致，都能很好地模拟实验结果。但是，对于图 9.22 的 A 类颗粒，简化的 TC-SP 模型比 Chen 等[2]模型模拟得更为准确。相对于较易模拟的 B 类颗粒，A 类颗粒由于强烈的颗粒之间作用力[30]、模拟的网格大小和时间步长[31]等原因，更难准确地使用欧拉粗网格模拟，而准确地计算气固间曳力是使用欧拉粗网格模拟的关键因素之一。通过 A 类颗粒模拟发现，本节建立的简化的 TC-SP 模型能够更加准确地计算曳力。通过对比可以发现，一些曳力模型尽管用更多的结构参数描述湍动床的非均匀流动结构，但是却并不能保证获得更高的准确性。由此可见，密相曳

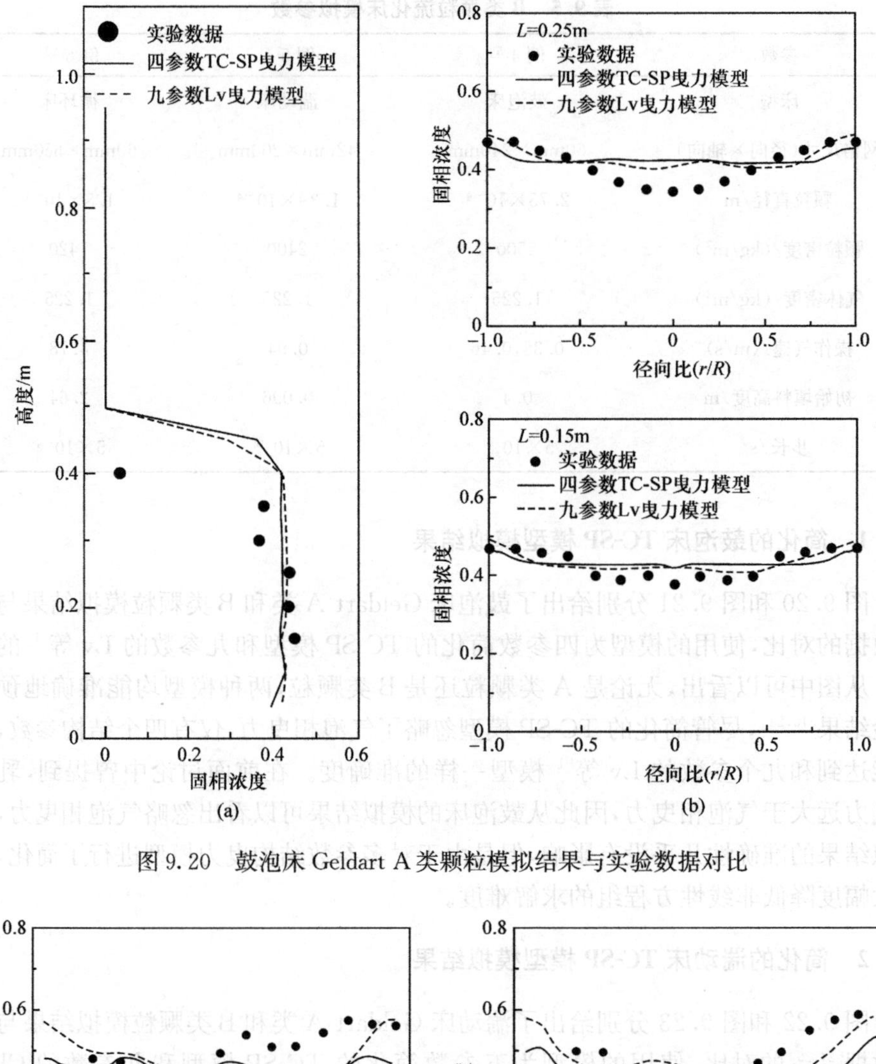

图 9.20　鼓泡床 Geldart A 类颗粒模拟结果与实验数据对比

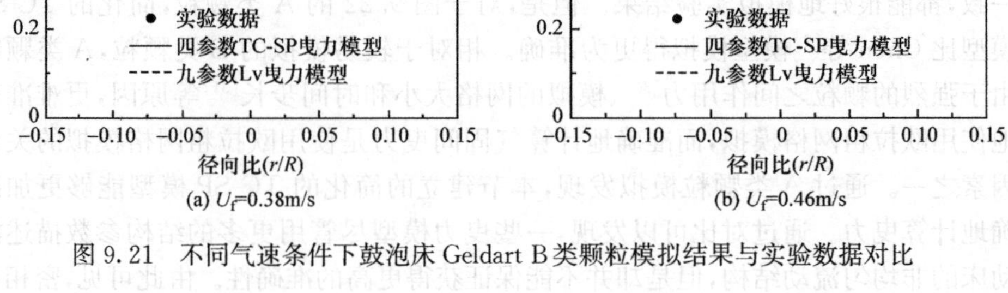

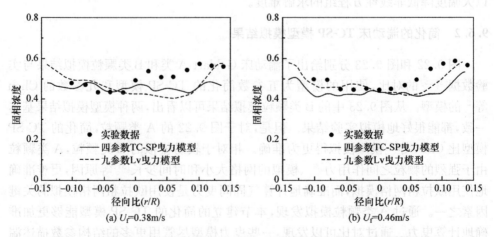

图 9.21　不同气速条件下鼓泡床 Geldart B 类颗粒模拟结果与实验数据对比

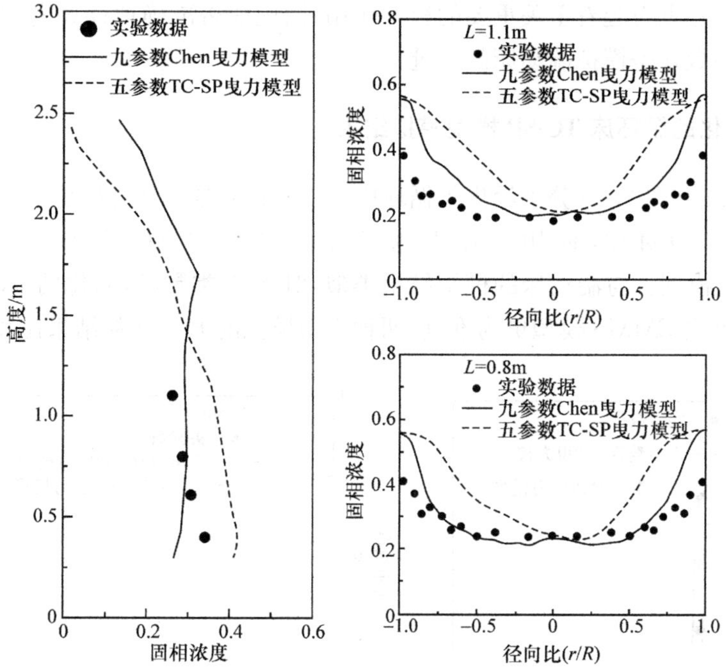

(a)　(b)

图 9.22　湍动床 Geldart A 类颗粒模拟结果与实验数据对比

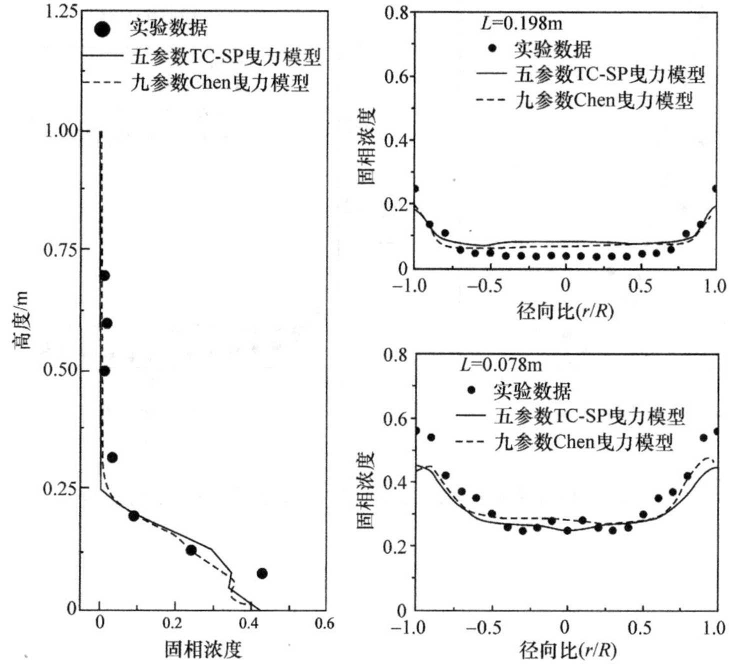

(a)　(b)

图 9.23　湍动床 Geldart B 类颗粒模拟结果与实验数据对比

力对于气固总曳力起着至关重要的影响作用,因此能否准确地计算密相的结构参数和曳力系数才是模拟湍动床的关键。

9.6.3　简化的循环床 TC-SP 模型模拟结果

图 9.24 和图 9.25 分别给出了循环床 Geldart A 类和 B 类颗粒模拟结果与实验数据[26,32]的对比,使用的模型为简化的六参数 TC-SP 模型和十参数 EMMS[4,22]模型。与湍动床的模拟结果类似,对于 A 类颗粒,简化的 TC-SP 模型的预测结果比 EMMS 模型更为准确,两种模型模拟的 B 类颗粒结果比较一致。

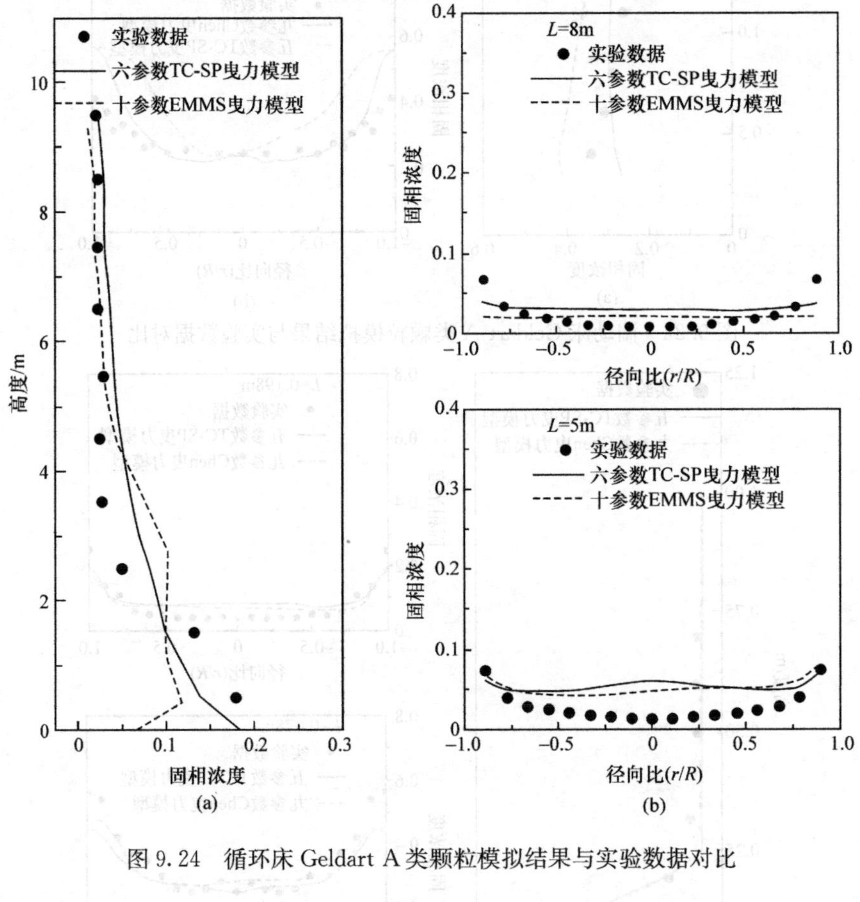

图 9.24　循环床 Geldart A 类颗粒模拟结果与实验数据对比

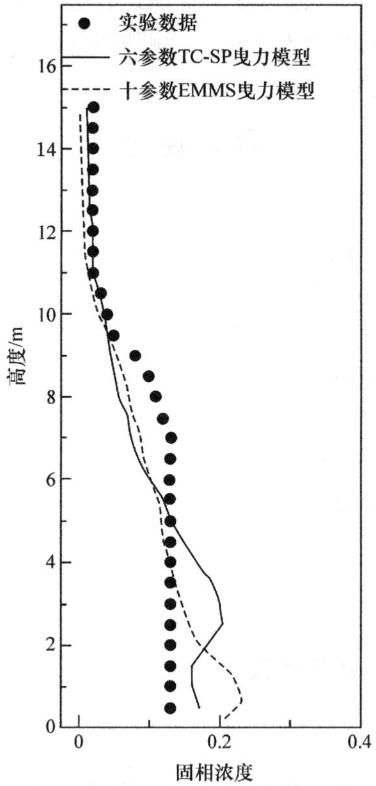

图 9.25 循环床 Geldart B 类颗粒模拟结果与实验数据对比

9.7 简化的曳力模型意义

随着计算流体力学的进步,人们都认识到需要将流化床中的多尺度结构考虑到曳力系数中,才能获得较为精确的流动模拟。对于介尺度结构的描述,文献发展了从一参数模型到多达十参数模型,都能获得较好的模拟结果。描述流化床中的介尺度结构,通常需要多达十个参数,以往的研究正是基于这些参数建立不同的曳力系数模型,然而目前为止却没有文献研究每个参数对总体曳力系数的影响。

本章的研究表明,这些参数对曳力系数的影响不同,密相的影响比稀相的影响要高出几个数量级,因此,密相曳力对总曳力系数有决定性作用,而忽略稀相对曳力系数的影响,对计算精度几乎没有影响,正是基于这样的参数敏感性分析,本章才获得了简化的 TC-SP 曳力系数模型。这些模型尽管只有传统结构曳力模型一半的参数,却可以获得与传统结构曳力模型一样甚至更好的模拟结果。这样的简化在保证精度的同时,不仅使求解过程大为简化,而且大大节省了计算量,可以实现算得既快又准的目标。简化的曳力模型预计将会对通过 CFD 模拟优化设计实际流化床具有促进作用，同时为未来建立能够同时应用不同流化床普遍适用的结构曳力模型奠定了理论基础。

符号说明

a	加速度，m/s^2
a_p	颗粒的比表面积，m^{-1}
A	床层截面积，m^2
Ar	阿基米德数
C	组分浓度，kg/m^3
d_b	气泡直径，m
d_{b0}	初始气泡直径，m
d_{bm}	最大气泡直径，m
d_c	聚团直径，m
d_p	颗粒直径，m
D	床层直径，m
D_f	气体在灰层内扩散系数，m^2/s
f	体积分数
F	曳力，N/m^3
F_b	单位体积床层中气泡对乳化相中颗粒的曳力，N/m^3
F_e	单位体积床层中乳化相气体对乳化相颗粒的总曳力，N/m^3
F_D	单位体积床层中气固之间的总曳力，N/m^3
g	重力加速度，$9.8m/s^2$
H_0	初始填料高度，m
H_d	非均匀因子
K_f	传质系数，m/s
k_r	反应速率常数，s^{-1}
L	床层高度，m
m	空隙率指数
M	组分质量流率，kg/s
P_0	标准大气压，1.013×10^5 Pa
P_r	反应压力，Pa
r	任一球面半径，m
R	床层半径，m
Re_p	单颗粒雷诺数

Re_t	颗粒终端雷诺数
T_0	标准温度，273K
T_r	反应温度，K
U_b	气泡上升速度，m/s
U_c	鼓泡流化向湍动流化转变气速，m/s
U_e	乳化相表观速度，m/s
U_f	气体表观速度，m/s
U_p	颗粒表观速度，m/s
U_s	气固表观滑移速度，m/s
U_{sb}	气泡相表观滑移速度，m/s
U_{sc}	聚团相表观滑移速度，m/s
U_{sd}	气穴相(湍动床)/分散相(快速床)表观滑移速度，m/s
U_{se}	乳化相表观滑移速度，m/s
U_{si}	相间相表观滑移速度，m/s
U_t	颗粒终端速度，m/s
V	体积流率，m^3/s
x	固体组分转化率
z	床层厚度，m
α	组分体积分数
ε	空隙率
ε_{mf}	临界流化空隙率
μ_f	气体黏度，kg/(m·s)
η	催化剂的内扩散因子
ϕ	形状因子
ρ_f	气体密度，kg/m^3
ρ_p	颗粒密度，kg/m^3

上下标

b	气泡相
c	聚团相
d	分散相
e	乳化相
f	气体(流体)
p	颗粒
ash	灰层

参考文献

[1] Lv X L, Li H Z, Zhu Q S. Simulation of gas-solid flow in 2D/3D bubbling fluidized beds by combining the two-fluid model with structure-based drag model. Chemical Engineering Journal, 2014, 236(1): 149-157.

[2] Chen J, Li H Z, Lv X, et al. A structure-based drag model for the simulation of Geldart A and B particles in turbulent fluidized beds. Powder Technology, 2015, 274: 112-122.

[3] Liu W M, Li H Z, Zhu Q S, et al. A new structural parameters model based on drag coefficient for simulation of circulating fluidized beds. Powder Technology, 2015, 286: 516-526.

[4] Yang N, Wang W, Ge W, et al. CFD simulation of concurrent-up gas-solid flow in circulating fluidized beds with structure-dependent drag coefficient. Chemical Engineering Science, 2003, 96(1-3): 71-80.

[5] Shi Z, Wang W, Li J H. A bubble-based EMMS model for gas-solid bubbling fluidization. Chemical Engineering Science, 2011, 66(22): 5541-5555.

[6] Hong K, Shi Z, Wang W, et al. A structure-dependent multi-fluid model (SFM) for heterogeneous gas-solid flow. Chemical Engineering Science, 2013, 99: 191-202.

[7] Wang W, Li J H. Simulation of gas-solid two-phase flow by a multi-scale CFD approach-of the EMMS model to the sub-grid level. Chemical Engineering Science, 2007, 62 (1-2): 208-231.

[8] Gao J S, Chang J, Xu C M, et al. CFD simulation of gas solid flow in FCC strippers. Chemical Engineering Science, 2008, 63(7): 1827-1841.

[9] Gao J S, Lan X Y, Fan Y, et al. CFD modeling and validation of the turbulent fluidized bed of FCC particles. AIChE Journal, 2009, 55(7): 1680-1694.

[10] Liu W M, Yang S, Li H Z, et al. A transfer coefficient-based structure parameters method for CFD simulation of bubbling fluidized beds. Powder Technology, 2016, 295: 122-132.

[11] Werther J, Wein J. Expansion behavior of gas fluidized beds in the turbulent regime. AIChE Symposium Series, 1994, 90: 31-44.

[12] Leung L S, Jones P J. Flow of gas-solid mixtures in standpipes: A review. Powder Technology, 1978, 20(2): 145-160.

[13] Mori S, Wen C Y. Estimation of bubble diameter in gaseous fluidized beds. AIChE Journal, 1975, 21(1): 109-115.

[14] Davidson J F, Harrison D. Fluidized Particles. New York: Cambridge University Press, 1963.

[15] Matsen J M. Mechanisms of choking and entrainment. Powder Technology, 1982, 32(1): 21-33.

[16] Harris A, Davidson J, Thorpe R. The prediction of particle cluster properties in the near wall region of a vertical riser (200157). Powder Technology, 2002, 127: 128-143.

[17] Gu W. Diameters of catalyst clusters in FCC. AIChE Symposium Series, 1999, 95: 42-47.

[18] Richardson J F, Zaki W N. Sedimentation and fluidization. Transactions of the Institution of Chemical Engineers, 1954, 32: 35-53.

[19] Garside J, Al-Dibouni M R. Velocity-voidage relationships for fluidization and sedimentation in solid-liquid systems. Industrial & Engineering Chemistry Process Design and Development, 1977, 16(2): 206-214.

[20] Hou B L, Li H Z. Relationship between flow structure and transfer coefficients in fast fluidized beds. Chemical Engineering Journal, 2010, 157(2-3): 509-519.

[21] Wang J W, Ge W. Collisional particle-phase pressure in particle-fluid flows at high particle inertia. Physics of Fluids, 2005, 17(12): 128103.

[22] Wang J W, Ge W, Li J H. Eulerian simulation of heterogeneous gas-solid flows in CFB risers: EMMS-based sub-grid scale model with a revised cluster description. Chemical Engineering Science, 2008, 63(6): 1553-1571.

[23] Zou B, Li H Z, Xia Y S. Cluster structure in a circulating fluidized bed. Powder Technology, 1994, 78(2): 173-178.

[24] Zhu H Y, Zhu J, Li G Z, et al. Detailed measurements of flow structure inside a dense gas-solids fluidized bed. Powder Technology, 2008, 180(3): 339-349.

[25] Li J H. Particle-fluid Two-phase Flow: The Energy-Minimization Multi-scale Method. Beijing: Metallurgical Industry Press, 1994.

[26] Tung Y, Li J H, Kwauk M. Radial voidage profiles in a fast fluidized bed//Kwauk M, Kunii D. Fluidization'88: Science and Technology. Beijing: Science Press, 1988: 139-145.

[27] Lu H, Sun Q, He Y, et al. Numerical study of particle cluster flow in risers with cluster-based approach. Chemical Engineering Science, 2005, 60: 6757-6767.

[28] Taghupour F, Ellis N, Wong C. Experimental and computational study of gas-solid fluidized bed hydrodynamics. Chemical Engineering Science, 2005, 60(23): 6857-6867.

[29] Gao X, Wu C, Cheng Y, et al. Experimental and numerical investigation of solid behavior in a gas-solid turbulent fluidized bed. Powder Technology, 2012, 228(3): 1-13.

[30] McKeen T, Pugsley T. Simulation and experimental validation of a freely bubbling bed of FCC catalyst. Powder Technology, 2003, 129(1-3): 139-152.

[31] Wang J W, van der Hoef M A, Kuipers J A M. Why the two-fluid model fails to predict the bed expansion characteristics of Geldart A particles in gas-fluidized beds: A tentative answer. Chemical Engineering Science, 2009, 64(3): 622-625.

[32] Monazam E R, Shadle L J, Lawson L O. A transient method for determination of saturation carrying capacity. Powder Technology, 2001, 121(2-3): 205-212.

附录　TC-SP 结构参数模型涉及的中间变量

不同相的颗粒雷诺数：

$$Re_p=\frac{\rho_f d_p U_{sc}}{\mu_f}$$

$$Re_p=\frac{\rho_f d_p U_{si}}{\mu_f}$$

$$Re_p=\frac{\rho_f d_p U_{sd}}{\mu_f}$$

标准曳力系数：

$$C_{D0}=\begin{cases}0.44, & Re_p>1000\\ \dfrac{24}{Re_p}(1+0.15Re_p^{0.687}), & Re_p\leqslant 1000\end{cases}$$

不同相间有效曳力系数：

$$C_{Dc}=\begin{cases}C_{D0}\varepsilon_c^{-4.7}, & \varepsilon_c\geqslant 0.8\\ 200\dfrac{(1-\varepsilon_c)\mu_f}{\varepsilon_c^3\rho_f d_p U_{sc}}+\dfrac{7}{3\varepsilon_c^3}, & \varepsilon_c<0.8\end{cases}$$

$$C_{Di}=\begin{cases}C_{D0}\varepsilon_i^{-4.7}, & \varepsilon_i\geqslant 0.8\\ 200\dfrac{(1-\varepsilon_i)\mu_f}{\varepsilon_i^3\rho_f d_p U_{si}}+\dfrac{7}{3\varepsilon_i^3}, & \varepsilon_i<0.8\end{cases}$$

$$C_{Dd}=\begin{cases}C_{D0}\varepsilon_d^{-4.7}, & \varepsilon_d\geqslant 0.8\\ 200\dfrac{(1-\varepsilon_d)\mu_f}{\varepsilon_d^3\rho_f d_p U_{sd}}+\dfrac{7}{3\varepsilon_d^3}, & \varepsilon_d<0.8\end{cases}$$

颗粒终端雷诺数：

$$Re_t=\begin{cases}Ar/18, & Ar\leqslant 18\\ \left(\dfrac{Ar}{7.5}\right)^{\frac{1}{1.5}}, & 18<Ar<82500\\ 1.74Ar^{0.5}, & Ar\geqslant 82500\end{cases},\quad Ar=\frac{d_p^3 g\rho_p\rho_f}{\mu_f^2}$$

聚团颗粒终端雷诺数：

$$Re_{tc}=\begin{cases}Ar_c/18, & Ar_c\leqslant 18\\ \left(\dfrac{Ar_c}{7.5}\right)^{\frac{1}{1.5}}, & 18\leqslant Ar_c\leqslant 82500\\ 1.74Ar_c^{0.5}, & Ar_c\geqslant 82500\end{cases},\quad Ar_c=\frac{d_c^3 g\rho_c\rho_f}{\mu_f^2},\quad \rho_c=\varepsilon_c\rho_f+(1-\varepsilon_c)\rho_p$$

第 10 章　难选铁矿磁化焙烧

10.1 引　言

随着我国经济持续快速发展，对钢铁的需求大幅增加，我国粗钢产量 2000 年约为 1.3 亿 t，到 2019 年已增至约 10 亿 t，约占世界钢铁总产量的 53.3%以上。国内铁矿石产量已远远不能满足需求，铁矿石进口量从 2000 年的约 6997 万 t 增加至 2019 年的约 10.6 亿 t，我国铁矿石进口量约占国际海运铁矿石总量的 2/3。由于国际铁矿石市场被国际铁矿石巨头垄断，铁矿石价格很容易被操控，且波动很大，如从 2000 年的每吨 24.8 美元涨至 2008 年金融危机前最高每吨 190 美元，2015 年又跌至每吨 30 多美元，2016 年又回升至每吨近 100 美元，2019 年最高涨至每吨 120 美元。对国外铁矿石的过度依赖严重危及我国钢铁工业的健康可持续发展，未来我国对铁矿石的需求还将持续维持在高位，铁矿石资源短缺已越来越成为制约我国钢铁工业乃至国民经济发展的重大瓶颈。保障我国铁矿石供应安全的根本在于提高国内铁矿石的自给率，其核心是通过技术创新有效利用在目前经济技术条件下难以利用的大量难选贫铁矿，扩大铁矿石资源的可工业化利用量。

铁矿在地球上储量极为丰富，铁元素约占地壳质量的 4.75%，仅次于氧、硅和铝，居地壳元素分布的第四位。我国铁矿石资源也十分丰富，探明储量 700 多亿吨，居世界第五位[1]，其中截至 2010 年基础储量 213 亿 t[2]*，同时我国每年还产生含铁尾渣四五千万吨。但我国铁矿石资源禀赋较差，主要表现为：①“贫”，已探明的储量中 97%以上的为贫铁矿，平均品位仅为 32%，约比世界平均品位低 11%；②“杂”，共伴生元素多，难选矿多；③“细”，很多铁矿物与脉石以极细的粒度嵌布，即使磨至－400 目，也难以获得较高的铁品位。由于品位低，我国的铁矿资源基本需要通过选矿富集才能被后续工艺利用。在我国已探明的铁矿石资源中，褐铁矿、菱铁矿、沉积型赤铁矿等常规物理选矿方法(重选、磁选、浮选等)难以有效选别的复杂难选铁矿石约占 40%。国外通常将这些铁矿石资源视为无法利用的“呆矿”，很少有人关注其利用，但资源现状决定了我国必须利用这部分铁矿石资源，只有突破低品位复杂铁矿利用所涉及的科技问题，实现其高效清洁利用，才能有效扩大我国可工业利用的铁矿石资源量，降低对外依存度，保障铁矿石供应的安

---

* 网络资料显示，2016 年我国铁矿石储量 210 亿 t，居全球第四。无其他可靠资料来源。

全。正因为如此,《国家中长期科学和技术发展规划纲要(2006—2020 年)》也强调要重点“发展低品位与复杂难处理资源高效利用技术”。因此,低品位复杂铁矿高效清洁利用是国家的重大战略需求。

选矿是靠物性差别实现目标矿物与脉石矿物分离的物理方法,对于褐铁矿、菱铁矿和沉积型赤铁矿等,由于铁矿物相与脉石性质相近,常规的物理选矿方法难以将铁矿物相与脉石矿物有效分离,这些矿物属于常规物理选矿技术无法有效分选的难选铁矿石。对于这类难选铁矿,可以通过化学反应将其中的弱磁性铁氧化物转化为强磁性的 Fe_3O_4,再通过常规的磁选就可将 Fe_3O_4 与脉石高效分离,而这种转化过程俗称“磁化焙烧”,其实质是通过化学反应人为地增加了铁氧化物与脉石相的磁性差别,相当于“人造了磁铁矿”。由于化学转化过程受矿石性质及结构影响小,可摆脱矿石性质对选别结果的影响,磁化焙烧—磁选工艺因而对铁矿石有极强的适应性,被证明是难选铁矿分选的最有效方法。

磁化焙烧从反应原理到工程技术都不是特别复杂,人们对磁化焙烧技术研发已有近百年的历史,我国早在 1926 年就已采用竖炉对鞍山地区铁矿进行工业规模的磁化焙烧。由于铁矿石附加值不高,经济性是磁化焙烧技术能否大规模应用的关键,而经济性又受铁矿石性质、当地公辅条件、国际铁矿石价格等因素影响,这些因素交织给难选铁矿磁化焙烧技术应用带来诸多不确定性,但无论如何,提高磁化焙烧过程效率、增加铁回收率和降低磁化焙烧成本等重要因素是磁化焙烧技术推广应用的先决条件。根据反应器类型可分为竖炉、回转窑、流化床三类磁化焙烧技术。与竖炉和回转窑磁化焙烧技术相比,流态化磁化焙烧具有气固接触效率高、传热传质快、处理量大等突出优点,同时可解决竖炉、回转窑大颗粒焙烧时出现外层颗粒过还原而内层颗粒还原不足、焙烧质量不佳、选别收率受限等问题,被认为是磁化焙烧技术发展的主要方向。

10.2　资源和技术现状

10.2.1　我国难选铁矿资源利用现状

我国铁矿石成因类型多样,目前世界上已有的铁矿床类型我国都有发现。铁在自然界中以氧化物形态存在,自然界中存在的铁氧化物包括:磁铁矿,主要含铁矿物为 Fe_3O_4;赤铁矿,主要含铁矿物为 Fe_2O_3;褐铁矿,主要含铁矿物为含有结晶水的赤铁矿,可表示为 $n\mathrm{Fe_2O_3} \cdot m\mathrm{H_2O}$,可细分为针铁矿(FeOOH)、水针铁矿($\mathrm{FeOOH} \cdot n\mathrm{H_2O}$)等;菱铁矿,主要含铁矿物为 $FeCO_3$;钛铁矿,主要含铁矿物可表示为 $n\mathrm{FeO} \cdot m\mathrm{TiO_2}$。在这些铁矿物中铁以二价或者三价与氧和其他伴生元素相结合。我国主要的铁矿石类型及探明资源储量如表 10.1 所示[2-8]。

表 10.1　我国主要铁矿石类型及探明资源储量

矿床类型	主要分布	矿石类型	品位/%	储量/亿 t	占比/%	特点
沉积变质型	辽宁、河北	磁铁矿、假象赤铁矿	20～40	约 290	49.1	易选，S、P 含量低
岩浆晚期型	攀枝花、河北	钒钛磁铁矿	20～35	约 90	15.2	易选，有 V、Ti、Co、Ni、Cr 等元素共生
火山侵入型	云南、江苏、新疆	磁铁矿、假象赤铁矿	35～60	约 45	7.6	易选，常含有 Cu、Co、V、S、P
接触交代型（矽卡型）	大冶、邯郸、莱芜	磁铁矿、赤铁矿	30～70	约 50	8.5	易选，含 Cu、Co、Ni、Pb、Zn 等元素
白云鄂博型	内蒙古	磁铁矿、赤铁矿	27～36	约 30	5.1	难选，稀土、F、Nb 等元素伴生
沉积型	湖北、云南、河北、山西	鲕状赤铁矿、褐铁矿、菱铁矿	20～50	约 80	13.5	难选，S、P 含量高
风化林滤型	广东	赤铁矿、褐铁矿	35～60	约 6	1.0	难选，常有 Pb、Zn、Cu、As、Co、Ni、S 等元素伴生

赤铁矿也是我国主要利用的矿石类型，其成因及矿石结构多样，既有沉积变质型的假象磁赤铁矿、赤铁矿和磁铁矿，也有沉积型的鲕状赤铁矿。重选—弱磁—强磁—反浮选是目前我国处理赤铁矿的主要流程。鞍钢东鞍山烧结厂和弓长岭选矿厂 2006 年分别用该流程处理赤铁矿 396 万 t 和 300 万 t，鞍钢齐大山铁矿选矿分厂 2006 年用该流程处理假象赤铁矿、磁铁矿和赤铁矿的混合矿 895 万 t，包钢白云鄂博选矿厂 2006 年用该流程处理铁矿 1190 万 t。这些铁矿石铁矿物嵌布粒度较粗，可选性较好，鞍钢可达 67%以上，包钢精矿也可达到约 64.5%。然而，采用该流程的铁回收率不高，如鞍钢东鞍山烧结厂和弓长岭选矿厂单一赤铁矿铁回收率分别为 66.72%和 70.29%[9]，鞍钢齐大山选矿厂和包钢白云鄂博选矿厂因原矿中含有一定比例的磁铁矿，选矿指标稍好，铁回收率分别为 73.63%和 74.35%。

沉积型赤铁矿在河北宣化、湖北鄂西、云南武定、云南澜沧等处分布广泛，约占我国铁矿总储量的 10%[10]，结构多为鲕状，含磷高，嵌布粒度极细且常与其他矿物共生、胶结或互相包裹，是公认最难选的铁矿石类型。采用强磁—反浮选、磁化焙烧—磁选、絮凝—强磁选、磁化焙烧—磁选—反浮选等工艺，虽可将精矿铁品位提高到 55%～61%，但精矿磷含量通常为 0.4%～0.6%，没有能够降至 0.25%以下[11,12]，即使在磁化焙烧过程中加入脱磷剂，也仅能将精矿磷含量降至 0.225%[12]。这是因为这类矿石中磷矿物相往往以极细的粒度嵌布于铁矿物相中，单体解离粒度往往需要达到10μm以下，有些甚至到了1μm，才能使磷矿物相与铁矿物相解离，因此从矿石嵌布粒度的角度分析，单凭选矿方法往往很难将精矿中的磷含量降至0.2%以下。磷含量高是这类矿物难以得到大规模利用的最主要原因。

菱铁矿理论品位低(48.3%)，但焙烧后因烧损较大而大幅提高精矿品位。由于菱铁矿密度、磁性及表面性质与脉石差异小、易于泥化等原因，仅通过重选、磁选、浮选及其联合流程很难将精矿品位提高到45%以上[13]，同时由于铁品位低、分解耗热大、烧结时分解放出CO_2导致烧结矿强度差等原因，也不能直接用作烧结原料。众多的研究表明，磁化焙烧—磁选是菱铁矿利用的较好途径，通过磁化焙烧不仅提高了铁矿的品位，还增加了铁矿物与脉石矿物的磁性差别，通过磁化焙烧—磁选，有时还可辅以浮选，可得到品位在60%以上的铁精矿[13]。

褐铁矿($m Fe_2O_3 \cdot n H_2O$)的理论铁品位在48%～62.9%，由于密度、比磁化系数等物理性能与主要脉石矿物石英非常接近，易于泥化，疏水性差等原因，常规的物理选矿方法很难获得很好的选矿指标。在已研究的各种流程中，如强磁—浮选、絮凝—浮选、絮凝—强磁选、磁化焙烧—磁选、磁化焙烧—磁选—浮选等工艺，只有通过磁化焙烧才可能获得较好的选别指标，磁化焙烧是褐铁矿利用的有效方法[11,14]。

10.2.2 磁化焙烧技术现状

磁化焙烧的目的是将弱磁性铁氧化物氧化(对$FeCO_3$)或还原(对Fe_2O_3)为强磁性的Fe_3O_4，磁化焙烧反应可以用式(10.1)～式(10.3)表示，可见$FeCO_3$会发生自氧化反应，形成Fe_3O_4的同时产生CO，可在中性或弱氧化性气氛下焙烧得到Fe_3O_4。

$$3Fe_2O_3 + CO = 2Fe_3O_4 + CO_2 \tag{10.1}$$

$$3Fe_2O_3 + H_2 = 2Fe_3O_4 + H_2O \tag{10.2}$$

$$3FeCO_3 = Fe_3O_4 + CO + 2CO_2 \tag{10.3}$$

焙烧反应本身并不复杂，提高磁化焙烧效率的关键包括：①实现较好的气固接触状态，提高反应效率；②控制合适的反应进程，使Fe_2O_3充分还原或$FeCO_3$充分分解及氧化，全部转化为Fe_3O_4。国内外关于铁矿石磁化焙烧的研究，可追溯到20世纪初，相关研究可从反应器及还原用燃料两方面予以总结。燃料方面则包括煤气(CO、H_2)、煤、重油、汽油等，各工艺的主要区别在于使用了不同的焙烧反应器，用于磁化焙烧的反应器可分为竖炉、回转窑、流化床。下面分别就上述反应器的发展历程和技术现状进行简单介绍。

1. 竖炉磁化焙烧

竖炉相当于移动床反应器，铁矿石与还原气体逆向运动，铁矿石从竖炉顶部加入，在下移过程中逐渐被加热和还原，并在出炉之前被部分冷却，炉体内部从上向下分为预热带、加热带、还原带和冷却带等部分。从断面上看，炉膛上部较宽，向下逐渐收缩，到加热带最窄处（炉腰）后又逐渐扩大，到还原带处最宽。矿石在炉内的停留时间为 6～10h[15]。还原性气体从竖炉下部进入，首先与还原好的铁矿换热，上升至还原段时与铁矿石发生还原反应，进一步上升至燃烧段后通过燃烧回收未反应还原气体的化学能，最后与冷的铁矿石换热后排出。竖炉磁化焙烧技术较为成熟，国内早在 1926 年就开始采用竖炉对鞍山地区难选铁矿进行磁化焙烧，俗称“鞍山式竖炉”[15]，在 20 世纪 60～70 年代对鞍山式竖炉进行多次技术改造，先后发展了 $50m^3$、$70m^3$、$100m^3$ 和 $160m^3$ 四种磁化焙烧竖炉。$50m^3$ 竖炉有效容积为 $50m^3$，炉体的长、宽、高分别为 6.6m、5.3m 和 9.7m，加热带最窄处为 0.45m，还原带最宽处为 1.76m。$70m^3$ 竖炉是在外形尺寸不变的情况下，将炉腰由原来的 0.45m 扩大到 1.04m，同时在加热带增设了一排横向的 6 根导火梁。$100m^3$ 竖炉是在 $50m^3$ 竖炉横断面尺寸不变的情况下，将炉体加长一倍，容积扩大到 $100m^3$，相应的矿石处理量也增加一倍。$160m^3$ 竖炉是在 $70m^3$ 竖炉横断面尺寸不变的情况下，将炉体加长一倍，容积扩大到 $160m^3$，其矿石设计处理量为 30～40t/(台·h)。竖炉磁化焙烧是我国唯一投入长期工业运行的磁化焙烧技术，表 10.2 总结了竖炉磁化焙烧主要生产消耗，表 10.3 总结了竖炉磁化焙烧主要技术指标[15,16]。

表 10.2　竖炉磁化焙烧主要生产消耗

项目	参数	项目	参数
入炉粒度/mm	10～75	排矿温度/℃	约 400
燃烧室温度/℃	1100～1200	出炉废气温度/℃	<100
加热带温度/℃	700～800	水封池水温/℃	<70
还原带温度/℃	500～600	热耗/(GJ/t)	1～1.25
煤气热值/(MJ/m^3)	3.5～20	水箱梁冷却水用量/(m^3/t)	1～1.5
煤气压力/kPa	5～6	水封池用水量/(m^3/t)	1～1.5
抽风机负压/kPa	0.8～1.8	排烟管冲洗水/(m^3/t)	>1

表 10.3　竖炉磁化焙烧主要技术指标

项目	鞍钢烧结总厂	鞍钢齐达山选矿厂	酒钢选矿厂	包钢选矿厂
焙烧矿量/(万 t/a)	230	500	400	340
$50m^3$ 竖炉数量/台	2	40	—	18
$70m^3$ 竖炉数量/台	27	10	—	2
$100m^3$ 竖炉数量/台	—	—	20	—

续表

项目	鞍钢烧结总厂	鞍钢齐达山选矿厂	酒钢选矿厂	包钢选矿厂
矿石类型	鞍山式赤铁矿		镜铁山式镜铁矿、菱铁矿	白云鄂博式赤铁矿
原矿品位/%	31.83	30.22	39.98	约31
精矿品位/%	65.82	62.43	56.88	约58
铁回收率/%	78.41	78.60	82.98	约70
热耗量/(GJ/t)	1.050	1.087	1.234	1.338

可见,我国曾有130多台竖炉进行生产,每年约处理1300万t铁矿石,然而现在仅有酒钢还采用竖炉磁化焙烧处理镜铁矿,鞍钢和包钢的磁化焙烧竖炉早在20世纪90年代初就已逐步被拆除。多年的实践表明,竖炉磁化焙烧有两个致命的缺点。第一个是矿石内外还原不均匀,对于15～75mm的铁矿,当表面的Fe_2O_3被还原为Fe_3O_4时,铁矿石内部尚未被还原,还是没有磁性的Fe_2O_3;而当内部还原至Fe_3O_4时,表面可能已过还原至弱磁性的FeO,内外还原不均是竖炉磁化焙烧铁回收率不高的主要原因。已有的生产结果表明,竖炉磁化焙烧对富含石英的铁矿石,或者在升温过程中易产生裂纹的铁矿石,如鞍山地区的赤铁矿等,竖炉焙烧—磁选后的铁回收率可在80%左右,而对于结构较为致密的铁矿石,如白云鄂博铁矿,内外还原不均更为严重,铁回收率只能达到70%[17]。随着浮选技术的进步,对于鞍钢和包钢的赤铁矿,采用强磁—弱磁—反浮选工艺,铁回收率可以与竖炉磁化焙烧—磁选相当,铁精矿品位还要优于竖炉磁化焙烧—磁选,而综合生产成本低于竖炉磁化焙烧。正因为如此,20世纪90年代初,强磁—弱磁—反浮选工艺逐渐替代了鞍钢和包钢的竖炉磁化焙烧工艺。而对于酒钢的镜铁矿,与竖炉磁化焙烧—磁选相比,强磁—弱磁—反浮选工艺选别指标不高,没有优势,这也是酒钢仍采用竖炉磁化焙烧的原因。另外,酒钢对竖炉磁化焙烧技术也进行了持续的优化,使铁回收率逐步提高[18]。例如,20纪70年代竖炉磁化焙烧刚投产时,磁选铁回收率仅63.4%;后对竖炉单层燃烧室进行了改造,添加了横穿梁、加宽了炉腰宽度、增设上下横穿梁,使焙烧炉内矿石受到四周加热,增加矿石透气性,强化还原过程,改造方漏子,使下矿顺行,焙烧矿质量有所提高,磁选金属回收率提高到64.12%。进一步将单层燃烧室改成了双层燃烧室竖炉,延长了加热带长度,加大了矿石加热强度,实现了矿石均匀加热,排矿辊由原来每侧4节改为每侧2节,去掉2个水箱梁站柱,调整了排矿口尺寸,使排矿更加均匀顺行,提高了焙烧矿的产品质量,磁选金属回收率为80.75%。目前酒钢竖炉磁化焙烧—磁选铁回收率可达83%左右[16],与此同时,竖炉磁化焙烧能耗也在持续降低[18,19],从1980年的2.01GJ/t到1990年的1.3GJ/t,再降低至2005年的1.23GJ/t。这些持续的改进大幅提高了酒钢竖炉

磁化焙烧的竞争力。

竖炉磁化焙烧的第二个致命缺点是无法处理“粉矿”。由于床层压降与矿石粒度或者粒度的平方成正比，为了降低操作压降，一般要求处理粒度较大的物料。竖炉不能处理细物料的另一个原因是细物料透气性差，气体难以均布，因而影响气固反应效率。对于形状规则的物料(如球团矿)，竖炉能够处理物料的粒度下限大致在 5mm，如直接还原 Midrex 竖炉就要求小于 5mm 的球团矿不能超过 3%，如果处理的物料不规则，竖炉可以处理物料的粒度下限大致在 10mm，国内磁化焙烧竖炉入炉粒度一般在 10～75mm。鞍钢、包钢和酒钢的磁化焙烧竖炉都要求矿石粒径大于 10mm，而为了保证顺行和焙烧质量，通常要求矿石粒度大于 15mm。酒钢的生产实践表明，矿石破碎过程中小于 15mm“粉矿”的比例约占 40%[20]，采用竖炉磁化焙烧时这部分“粉矿”难以得到有效的利用，目前酒钢每年无法进入竖炉流程的“粉矿”就有 400 多万吨。如何实现这部分矿石的利用一直是酒钢面临的一个难题[21]。1980 年以前，由于缺乏技术，粉矿只能堆存，后来逐渐发展了强磁选技术，目前酒钢采用仿琼斯强磁选机处理粗粒级粉矿(+0.037mm)，用高梯度立环强磁选机处理细粒级(−0.037mm)粉矿，可将铁品位约从 32%提高到 48%，铁回收率在 70%左右[22,23]，约比酒钢磁化焙烧—磁选工艺的铁回收率低 13%，按照酒钢年处理 400 万 t 粉矿计算，相当于每年少回收铁约 17 万 t(相当于 60%铁精矿 28 万 t)。酒钢迫切需要能够处理“粉矿”的磁化焙烧技术[23]，以提高铁资源利用率，提升整体效率。

2. 回转窑磁化焙烧

回转窑也是一种常见的处理固体物料的反应器。回转窑是用钢板制成的圆筒，内壁衬有耐火材料，一般处理粒度在 30mm 以下的矿石，物料从窑头加入，随着窑体旋转而逐渐下移，依次经过预热、反应、部分冷却后从窑尾排出，矿石在窑内一般停留 3～4h。气体可以和矿石顺流而下，也可逆流而上，通过燃烧一部分气体提供反应所需热量，或者不用还原气体而是将煤与矿石混合，利用煤热解产生的热解气还原矿石。

回转窑磁化焙烧早期国外也有不少研究[24,25]，据文献报道，苏联克里沃罗格中部采选公司建有 30 座 ϕ3.6m×50m 的回转窑进行磁化焙烧工业生产，其技术参数如表 10.4 所示[15]。我国酒钢曾经建成一座 ϕ3.6m×50m 的回转窑用于对其镜铁矿进行磁化焙烧，用烟煤作为还原剂，加入焦炉煤气。另外，我国柳钢也用泗顶铅锌矿 ϕ2.3m×32m 回转窑对屯秋铁矿进行了磁化焙烧工业试验，以广西褐煤为还原剂和燃料，酒钢和柳钢回转窑磁化焙烧主要技术指标如表 10.5 所示[15,26]。长沙矿冶研究院分别在新疆建立过 5 条、云南建立过 1 条 ϕ4m×60m 的回转窑磁化焙烧生产线，每条回转窑处理能力为 55t/h，还原带温度为 700～800℃，处理新疆铁矿石时的铁回收率在 90%左右，处理云南铁矿石时的铁回收率为 75%～77%[27]。

表 10.4　苏联回转窑磁化焙烧技术参数

项目	参数	项目	参数
处理量/(t/h)	35～45	出窑矿石温度/℃	约 500
加热带温度/℃	700～900	固体还原剂粒度/mm	≤5
还原带温度/℃	700～900	耗水量/(m^3/t)	1.5～2.5
窑尾废气温度/℃	300～400	耗电量/(kW·h/t)	10～14

表 10.5　酒钢和柳钢回转窑磁化焙烧主要技术指标

项目	酒钢	柳钢
回转窑规格	ϕ3.6m×50m	ϕ2.3m×32m
处理量/(t/h)	32.2	7～9.5
热耗/(GJ/t)	1.738	2.51
加热带温度/℃	700～800	850～900
还原带温度/℃	550～700	700～850
窑尾废气温度/℃	200～300	250～300
原矿粒度/mm	0～10	0～15
原矿铁品位/%	31.5	40.4
精矿铁品位/%	58.2	51.4
尾矿铁品位/%	12.7	21.3
铁回收率/%	84.5	81.3

尽管回转窑磁化焙烧的焙烧质量和分选指标好于竖炉磁化焙烧，但由于采用的粉矿粒径大，当铁矿石结构较为致密时，还会存在内外还原不均匀问题，导致铁回收率低；同时回转窑气固接触差，焙烧能耗高，例如，酒钢回转窑磁化焙烧的热耗为 1.74GJ/t (60kg 标准煤)，比竖炉磁化焙烧(平均热耗 1.2GJ/t 左右)要高出近 45%。另外，回转窑磁化焙烧过程易“结圈”。结圈问题在柳钢屯秋铁矿磁化焙烧时就是影响顺行的主要问题之一[26]。结圈与矿石性质、矿石粒度(尤其是 1mm 以下的细粉)、煤的灰熔点和操作温度等多种因素有关，通过降低焙烧温度和减少细粉比例，可使结圈得到缓解，但完全解决较为困难。长沙矿冶研究院通过采用周期性调节火焰、变换工艺及设备运行参数，以及在易结圈区使用合适的耐火材料及砌筑方式，使形成的结圈周期性地脱落。大型工业磁化焙烧回转窑防结圈周期起初为 7～10 天，虽然经过长期研发，回转窑操作周期最长也仅为 30～75 天[28]。焙烧能耗高及结圈是回转窑磁化焙烧推广应用需要解决的主要问题。

3. 流化床磁化焙烧

流化床也是常用的处理固体的反应器，在化工、能源和冶金领域应用十分广泛，并常称为“沸腾炉”，广泛应用于硫化矿的焙烧、氢氧化铝煅烧、富钛料氯化、铁矿直接/熔融还原(非高炉炼铁)等工业过程，但在难选铁矿磁化焙烧方面鲜有应用。实际上，20 世纪五六十年代国内外也曾兴起过流化床磁化焙烧研发热潮，英国、美国、加拿大、德国、法国、意大利等国都有研究[29-34]，有资料报道意大利福洛尼卡(Follonica)建成了世界第一座流态化磁化焙烧工厂，该工厂日处理 1000t 黄铁矿，黄铁矿先在第一个流化床中进行氧化焙烧产生 SO_2 和 Fe_2O_3，SO_2 用于制硫酸，Fe_2O_3 进入第二个流化床进行磁化焙烧，焙烧矿在第三个流化床中隔绝空气冷却[34]，磁选后获得的精矿铁品位为 65%，铁回收率达到 95%。美国也有 20 万 t 级多层流化床磁化焙烧工厂的设计[35]，但未见实施结果的报道。由于大量富铁矿石资源的发现及开采，国外已没有必要对难选铁矿进行磁化焙烧，20 世纪 60 年代后就鲜见国外有磁化焙烧研发的报道。

我国的难选铁矿流态化磁化焙烧研发始于 1958 年，在当年成立的中国科学院化工冶金研究所内设立了流态化研究室，专门从事我国低品位难选铁矿的流态化磁化焙烧研发工作[36]，先后对鞍山赤铁矿、南京凤凰山赤铁矿、酒泉菱铁矿和镜铁矿、河北宣化鲕状赤铁矿、包头白云鄂博铁矿等进行过系统的实验室小试实验研究，并建立了 5t/d 的实验室扩大实验装置，对各种铁矿石进行实验室扩大实验研究，如在装置上对白云鄂博矿进行了 20 多次扩大试验。典型结果为：原矿品位全铁(TFe) 36.99%、氟(F)7.83%、稀土氧化物(Re_2O_3) 3.29%，在 548.9℃下还原焙烧 34min 后弱磁选，获得精矿品位 TFe 62.21%、F 1.95%、Re_2O_3 0.62%；尾矿 Fe 6.62%、F 17%、Re_2O_3 7.36%；回收率为 94.46%，扣除吹损 4.8%后，铁回收率仍有 89.66%[37]。由于流态化磁化焙烧应用于鞍山赤铁矿、南京凤凰山赤铁矿、酒泉菱铁矿和镜铁矿、包头白云鄂博铁矿等铁矿都取得了很好的效果，流态化磁化焙烧技术因此获得国家科学技术委员会支持，在马鞍山矿山研究院建立了 100t/d 的流态化磁化焙烧半工业实验装置。该实验装置工艺流程示意图如图 10.1 所示，也称为“半载流”磁化焙烧装置。矿石经气力输送至半载流流化床顶部，流化床上部为预热段，其中设有多层挡板，以增加矿石下落过程中与气体的接触时间，延缓下落速度，矿石经上部预热段预热后落入焙烧段，在焙烧段停留一定时间后从流化床下部排出，气体从流化床底部经分布板进入流化床下部的焙烧段，与矿石发生磁化焙烧反应后从焙烧段排出，在焙烧段上部设有烧嘴，通过喷入空气燃烧焙烧段未反应的可燃成分，以释放未反应气体的潜热用于加热矿石，尾气经旋风和布袋除尘后排空。该系统的装置照片如图 10.2 所示，该系统于 1966 年初完成了安装和调试，先后对鞍钢赤铁矿、酒钢镜铁矿、宣化鲕状赤铁矿等进行试验，也都取得了良好的结果。例如,1966 年 5 月至 11 月针对酒泉粉矿进行了五次中试,约用粉矿 1000t,对 TFe 38.78%的原矿,在 552～570℃下流态化焙烧后磁选,获得精矿铁品位 61.89%,尾矿含铁 7.38%,铁回收率为 93.82%,扣除吹损 8.2%,铁实际回收率为 86.1%。1966 年 11 月以后,未能进行进一步的试验研究。该装置在 20 世纪 70 年代因援助阿尔巴利亚红土矿项目被整体搬迁至上海。

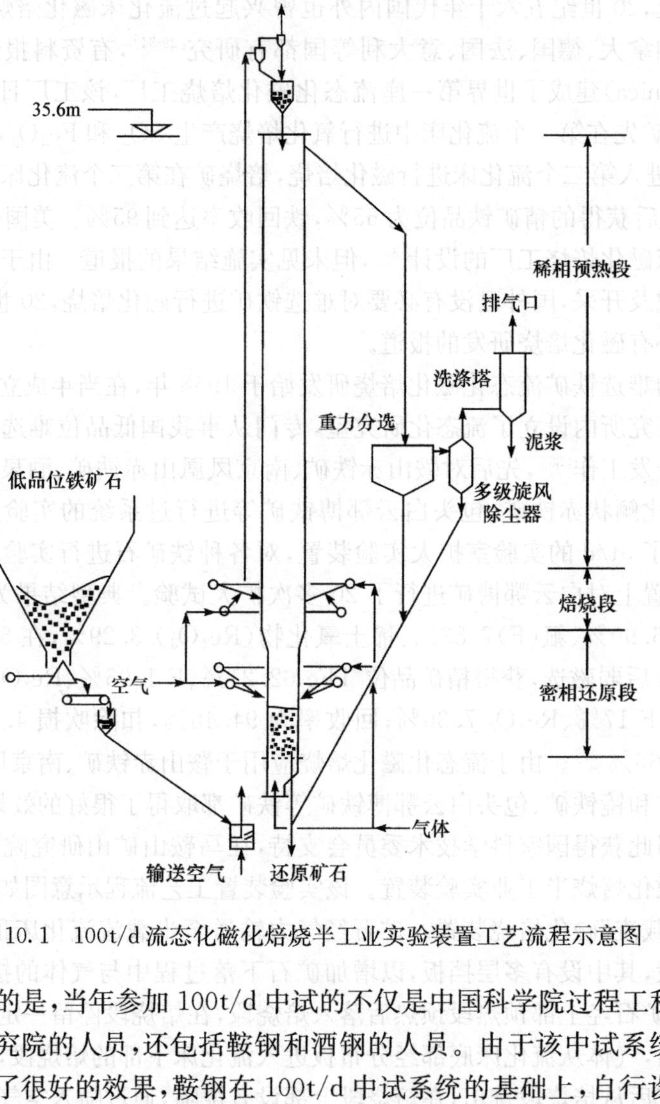

图 10.1　100t/d 流态化磁化焙烧半工业实验装置工艺流程示意图

需要说明的是,当年参加 100t/d 中试的不仅是中国科学院过程工程研究所和马鞍山矿山研究院的人员,还包括鞍钢和酒钢的人员。由于该中试系统处理鞍山赤铁矿时获得了很好的效果,鞍钢在 100t/d 中试系统的基础上,自行设计建造了日处理量 700t 的流化床磁化焙烧系统[15],但不知为何将“流化床”设计为倒 U 型结构,称为“折倒式半载流两相沸腾焙烧炉”。该“流化床”由主炉和副炉组成,主副炉中间设有隔板,主副炉上部联通,形成倒 U 型结构。主炉下部还原带为圆筒形,

图 10.2　1966 年在马鞍山建立的流态化磁化焙烧半工业实验装置照片

底部设有气体分布板，副炉内还设有 10 层挡板，主副炉在不同高度设有三排煤气烧嘴，用于燃烧煤气为反应供热。

在该系统上对鞍钢齐大山赤铁矿进行了磁化焙烧工业实验。矿石磨至 3mm 以下从主炉炉顶进入"流化床"，矿石受到炉内气流作用，进行自然分级，细颗粒随气流进入副炉进行焙烧，粗颗粒下落至主炉后与主炉内上升气流进行磁化焙烧反应。细颗粒从副炉与气体一起向下排出流化床，粗颗粒从设在主炉分布板上的溢流管排入矿浆池。大致的运行参数为：处理量 320t/d，主炉还原带温度 450～500℃，燃烧带温度 830～870℃，副炉稀相段温度 710～850℃，废气出炉温度约 600℃；还原高炉煤气＋焦炉煤气 2000～2500Nm^3/h，加热用 800～1500Nm^3/h，热值 75kJ/Nm^3，煤气压力 23～24kPa；空气用量 3000～5000Nm^3/t。焙烧磁选结果如表 10.6 所示。

表 10.6　鞍钢 700t/d 焙烧系统焙烧—磁选指标

产品	原矿 TFe/%	精矿 TFe/%	尾矿 TFe/%	铁回收率/%
焙烧矿	24.86	64.73	4.50	89.27
副炉尘	30.15	57.65	2.54	96.25
收尘器	27.20	60.45	5.63	87.10

表 10.6 显示,该 700t/d 焙烧系统获得了很好的焙烧-磁选指标,主炉(焙烧矿)、副炉尘和收尘器焙烧矿的磁选铁回收率分别达到了 89.27%、96.25%和 87.10%,不仅远高于同种矿石竖炉磁化焙烧—磁选 78%的铁回收率指标,也高于回转窑磁化焙烧 84.5%的回收率指标,充分显示了流化床磁化焙烧效率高、铁回收率高的优势。然而,除了选矿手册[15]上所记载的上述记录外,未在其他文献中看到该系统的任何信息,可能是该系统运行有问题,最终被拆除的缘故。

2000 年以来,由于国内铁矿石供应持续紧张及国际铁矿石价格大幅攀升,通过磁化焙烧处理难选铁矿石又重新受到人们的重视,因流态化具有传热传质效率高、焙烧能耗低等突出优点,流态化磁化焙烧成为研究热点。中国科学院过程工程研究所、长沙矿冶研究院、武汉理工大学、北京科技大学、浙江大学、陕西科技大学、东北大学等多家单位在从事流态化磁化焙烧研发工作,并有两条磁化焙烧工艺路线进行了中试或产业化示范。一是由我国著名选矿专家余永富院士提出的闪速磁化焙烧工艺[38,39],采用输送床结合多级旋风分离器组合而成的反应装置,在 800℃左右的高温、CO 含量小于 15%的弱还原气氛下,将弱磁性的铁氧化物快速(100s 内)还原为强磁性的 Fe_3O_4,在河南灵宝建立了 5 万 t/a 的闪速磁化焙烧示范工程,用于处理黄金冶炼含铁尾渣,该示范工程 2009 年开始建设[25],未见到后续调试运行结果的报道。二是由中国科学院过程工程研究所在原有流态化磁化焙烧研究积累的基础上提出的低温流态化磁化焙烧工艺[40-42],通过过程强化将磁化焙烧温度降至 450～500℃,完成了 10 万 t/a 的产业化示范,具体进展将在本章后几节中介绍。

10.3　磁化焙烧动力学研究

氧化铁还原动力学的研究一直是气固反应动力学研究的热点,尽管已经进行了几十年的研究,文献中也报道了很多相关内容,但动力学数据相差很大,甚至是几个数量级的差距。通过对文献的分析,发现文献中报道的基本上不是氧化铁还原的本征动力学(化学反应动力学),而是宏观动力学。由于各研究者采用的反应条件(反应温度、操作速度、颗粒大小等)不同,实际内外扩散速率差别很大,导致测得的动力学数据差别很大,无法用于实际反应器设计,因此,需要测定氧化铁还原的本征动力学。

与气固催化反应在稳态下出口气体组成不变不同,氧化铁还原过程出口气体浓度不一定不变,测定过程需要实时检测反应物或产物浓度。为此,研究采用在线质谱快速测量出口气体浓度,由此推知反应气体的实时消耗量,计算氧化铁实时的转化率;采用的微分动力学测定装置,通过控制铁矿的填充量及气体中的 H_2/CO 在较低的浓度来控制气体单次通过时铁矿的转化率,以降低还原过程样品温升对动力学测定的干扰。

图 10.3 和图 10.4 分别是 H_2 和 CO 还原 Fe_2O_3 时，出口 H_2 和 CO 浓度随时间的响应图，可见当转化率达到 11%时(该转化率所代表的是 Fe_2O_3 完全转化为 Fe_3O_4)，气体浓度正好对应一个峰的完成，这说明该反应可以与第二反应彼此完全分开，这与 Pineau 等[43]通过热重分析测量氧化铁还原过程的报道相一致。同样如图 10.3 和图 10.4 所示，当转化率为 33%时，其 H_2、CO 和 CO_2 的浓度梯度发生了明显改变(由于水蒸气在进入质谱前已经被去除)，该转化率意味着 Fe_3O_4 正好被完全还原为 FeO。通过以上讨论，在该实验条件下 Fe_2O_3 还原过程是严格地按照三步进行，并且可以彼此分离，这为后面动力学实验过程创造了有利的条件。此外，在两个反应的转折点处，即转化率为 11%和 33%的地方，不可避免地会有两个反应的较少重叠，其结果是气体浓度梯度变化点与转化率为 11%和 33%的直线有一定的偏离。

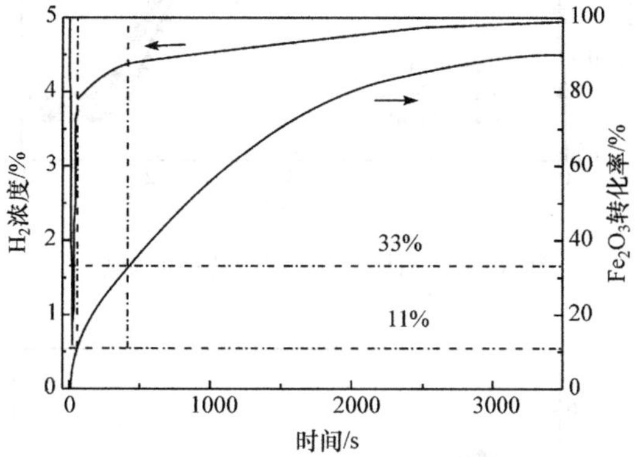

图 10.3　在 610℃下 H_2 还原 Fe_2O_3 的 H_2 浓度和 Fe_2O_3 转化率随时间的变化关系

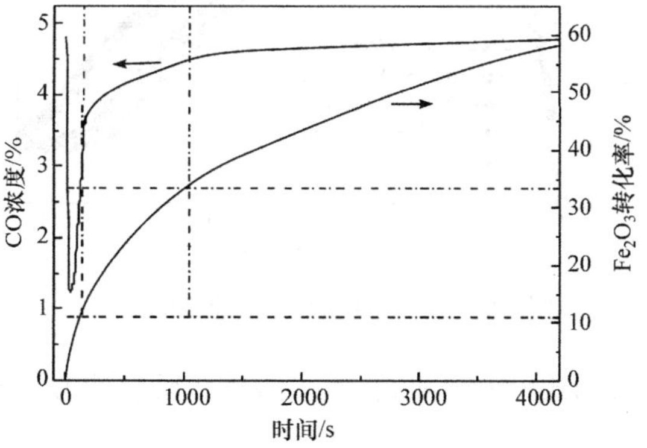

图 10.4　在 670℃下 CO 还原 Fe_2O_3 的 CO 浓度和 Fe_2O_3 转化率随时间的变化关系

为了探明内外扩散对动力学测量的影响,研究了气体流速对反应速率的影响。如图 10.5 所示,在 490℃、颗粒平均粒径为 246nm、相同停留时间下,随着气体流速的增加,反应速率有所增加,但当气体流速达到 0.3m/s 时,气体流速的增加对其反应速率没有明显的影响,意味着该速率下外扩散的影响已经基本消除。进一步研究了颗粒直径对还原速率的影响,如图 10.6 所示,随着颗粒直径的减小,还原速率明显增加,但是当颗粒直径减小到 0.045mm 以下时,粒径对还原速率的影响已不明显,意味着在此粒径下内扩散影响基本消除。

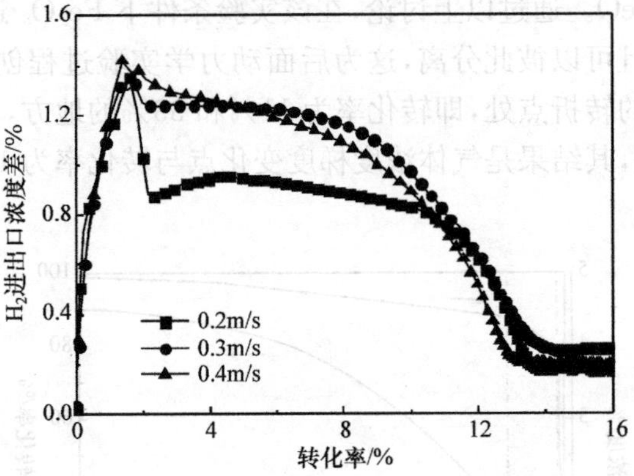

图 10.5 气体流速对反应速率的影响

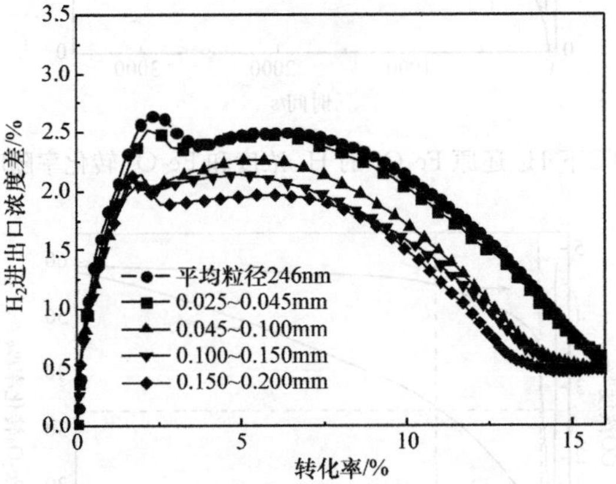

图 10.6 颗粒直径对还原速率的影响

磁化焙烧反应可用式(10.1)和式(10.2)表示,反应动力学方程可用式(10.4)表示:

$$\frac{dn_h}{dt}=-3n_hS_hk_h\exp\left(-\frac{E_h}{RT}\right)\left(C_{H_2/CO}-\frac{C_{H_2O/CO_2}}{k_e^h}\right) \tag{10.4}$$

式中，n_h 为反应物的物质的量；S_h 为单位摩尔固体反应物的表面积；k_e^h 为平衡常数；k_h 为反应速率常数；E_h 为反应活化能。在一定的温度下对方程(10.4)在两个时间点进行定积分可得方程(10.5)，但是在实际计算过程中往往将所得到的数据结果处理成还原度与时间的关系，这时方程(10.5)就转化为式(10.6)，其中 S_h 为 Fe_2O_3 的摩尔比表面积，可由 BET(Brunauer-Emmett-Teller)比表面积测试获得，实验测得数值为 $624m^2/mol$。由于实验过程中所使用的反应器长径比较大，气体的流速相对较高，所以其气相返混可以忽略不计，反应器中气体浓度可以近似地处理为出口气体与入口气体的平均浓度，平衡常数 k_e 可由热力学数据计算获得。

$$\ln\frac{n_{h2}}{n_{h1}}=-3S_hk_h\exp\left(-\frac{E_h}{RT}\right)\left(C_{H_2/CO}-\frac{C_{H_2O/CO_2}}{k_e^h}\right)(t_2-t_1) \tag{10.5}$$

$$\ln\frac{1-9\alpha_2}{1-9\alpha_1}=-3S_hk_h\exp\left(-\frac{E_h}{RT}\right)\left(C_{H_2/CO}-\frac{C_{H_2O/CO_2}}{k_e^h}\right)(t_2-t_1) \tag{10.6}$$

式中，n_{h1} 和 n_{h2}、α_1 和 α_2 分别表示在时间 t_1 和 t_2 时的反应物摩尔浓度和还原度；$C_{H_2/CO}$ 和 C_{H_2O/CO_2} 为 H_2、CO、H_2O 和 CO_2 的摩尔浓度。

改变还原温度，测定还原度与时间的关系，即可求得 H_2 和 CO 气氛下磁化焙烧本征动力学方程[44,45]：

$$r_{H_2}=4.6\times10^4n_hS_h\exp\left(\frac{105.4\times10^3}{RT}\right)\left(C_{H_2}-\frac{C_{H_2O}}{K_{H_2}}\right) \tag{10.7}$$

$$r_{CO}=1.8\times10^2n_hS_h\exp\left(\frac{75.4\times10^3}{RT}\right)\left(C_{CO}-\frac{C_{CO_2}}{K_{CO_2}}\right) \tag{10.8}$$

式中，r_{H_2} 和 r_{CO} 分别为 H_2 和 CO 反应的反应速率；R 为理想气体常数。

反应器尺度(流化床内)氧化铁还原过程模拟对实际反应器的放大设计至关重要，而反应器尺度模拟实际上就是将铁矿还原本征动力学方程、内扩散方程和外扩散方程相结合，计算各种条件下，实际反应器内铁矿的还原历程。在对任何一个气固反应器定量计算时，都是以一个单颗粒的计算为基础。对于催化反应器的计算，人们采用内扩散效率因子来估算内扩散对反应的影响。但是对于非催化气固动力学，大部分的计算过程采用缩核或缩球模型来定量计算一个单颗粒上的反应速率。对于致密的固体，这种高度简化的模型对计算结果的影响不是很大，但是对于 Fe_2O_3 的还原，产物除了 Fe_3O_4，还会进一步还原为 FeO 和金属铁。因此，对于 Fe_2O_3 还原过程模拟，不能仅考虑磁化焙烧，必须三个反应同时考虑。本节介于这种现象，即氧化铁单颗粒还原的固体反应模型，并借鉴了催化反应效率因子的概念，预估内扩散对整个反应过程的影响。其中，气体的扩散和反应模型如下[46-49]：

$$De_{H_2/CO}\left(\frac{d^2C_{H_2/CO}}{dr^2}+\frac{2}{r}\frac{dC_{H_2/CO}}{dr}\right)=-(r_h+r_m+r_w) \tag{10.9}$$

$$De_{H_2O/CO_2}\left(\frac{d^2C_{H_2O/CO_2}}{dr^2}+\frac{2}{r}\frac{dC_{H_2O/CO_2}}{dr}\right)=r_h+r_m+r_w \tag{10.10}$$

$$\lambda_e\left(\frac{d^2T}{dr^2}+\frac{2}{r}\frac{dT}{dr}\right)=r_h\Delta H_h^{H_2/CO}+r_m\Delta H_m^{H_2/CO}+r_w\Delta H_w^{H_2/CO} \tag{10.11}$$

式中，$De_{H_2/CO}$和 De_{H_2O/CO_2} 分别为 H_2、CO、H_2O 和 CO_2 气体在孔道中的扩散系数。

固体反应模型如下：

$$\frac{dC_h}{dt}=-3r_h \tag{10.12}$$

$$\frac{dC_m}{dt}=2r_h-r_m \tag{10.13}$$

$$\frac{dC_w}{dt}=3r_m-r_w \tag{10.14}$$

这里的 r_h、r_m 和 r_w 分别表示 Fe_2O_3、Fe_3O_4 和 FeO 的反应速率，其表达式如下：

$$r_h=k_{0\text{-}h}^{CO/H_2}\exp\left(\frac{E_{a\text{-}h}^{CO/H_2}}{RT}\right)C_hS_h\left[C_{H_2/CO}-\frac{C_{H_2O/CO_2}}{k_{e\text{-}h}^{H_2/CO}}\right] \tag{10.15}$$

$$r_m=k_{0\text{-}m}^{CO/H_2}\exp\left(-\frac{E_{a\text{-}m}^{CO/H_2}}{RT}\right)C_mS_m\left[C_{H_2/CO}-\frac{C_{H_2O/CO_2}}{k_{e\text{-}m}^{H_2/CO}}\right] \tag{10.16}$$

$$r_w=k_{0\text{-}w}^{CO/H_2}\exp\left(-\frac{E_{a\text{-}w}^{CO/H_2}}{RT}\right)C_wS_w\left[C_{H_2/CO}-\frac{C_{H_2O/CO_2}}{k_{e\text{-}w}^{H_2/CO}}\right] \tag{10.17}$$

式中，E_a 为活化能，下标-h、-m、-w 分别表示赤铁矿、磁铁矿和浮氏体。

基于实验过程的物理条件，可以得到如下初始条件和边界条件：

$$\begin{cases} t=0,\quad 0\leqslant r\leqslant R_p, C_h=C_h^0, C_m=C_w=C_{Fe}=0 \\ t>0,\begin{cases} r=R_p,\begin{cases} C_{H_2/CO}=C_0^{H_2/CO} \\ C_{H_2O/CO_2}=C_0^{H_2O/CO_2} \\ T=T_0 \end{cases} \\ r=0,\begin{cases} \dfrac{dC_{H_2/CO}}{dr}=0 \\ \dfrac{dC_{H_2O/CO_2}}{dr}=0 \\ \dfrac{dT}{dr}=0 \end{cases} \end{cases} \end{cases} \tag{10.18}$$

将该模型与上述动力学与单颗粒内扩散相结合，得到单颗粒铁矿还原动力学方程，在一定的实验条件下，对上述的微分方程进行求解，并且将其计算结果与实验数据进行了对比。图 10.7 给出了纳米铁粉在不同的温度下操作气速为 0.2m/s 时还原的模拟结果与实验数据的对比，其模拟结果与实验数据基本一致。这也说明了实验中所测量的动力学数据是较为合理的。

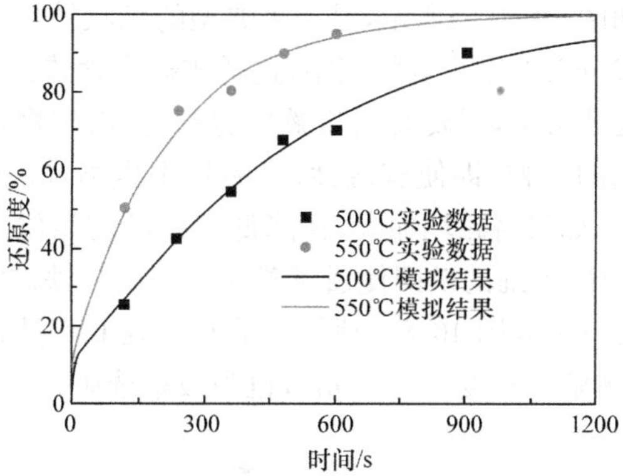

图 10.7 纳米铁粉在 50%氢气中还原的模拟结果与实验数据对比

该模型研究了温度、颗粒粒径等对磁化焙烧速率的影响规律，结果表明，颗粒粒径对磁化焙烧速率影响最大，随着颗粒粒径的减小，磁化焙烧速率大幅增加，1mm 颗粒磁化焙烧时间比 0.1mm 颗粒要高出近 1 个数量级[49]，采用 0.1mm 左右颗粒，即使在 500℃的低温下，也仅需 10 多分钟即可完成焙烧过程。该结论为磁化焙烧过程强化指明了方向，我国铁矿石大都属于复杂难选矿，通常需要磨矿至 −200 目才能实现较好的单体解离，竖炉和回转窑磁化焙烧都难以直接处理 −200 目粒级的铁矿颗粒，不仅导致焙烧速率慢、焙烧时间长，而且有可能出现还原不足或过还原，影响铁回收率。由于流化床适合处理 0.1mm 左右的细颗粒，可大大加快磁化焙烧速率，从而实现在低温下快速磁化焙烧，不仅可降低焙烧能耗，还能够提高产品 Fe_3O_4 的选择性，进而大大提高铁回收率。

10.4 流态化磁化焙烧技术示范

10.4.1 复杂难选铁矿可选性研究

铁矿石能否通过选矿方法使其富集，主要取决于铁矿物相与脉石相在物理上能否分开，即铁矿物相嵌布粒度的大小。为了研究铁矿物的可选性，采用扫描电子显微镜(scanning electron microscope，SEM)对矿石的矿相结构进行了研究，归纳起来铁矿石的微观结构可分为三类，如图 10.8 所示，图中亮度越高表明含铁量越高。第一类如图 10.8(a)所示，铁矿物相(图中亮的部分)为连续相，脉石(图中暗色部分)镶嵌在铁矿物相中，这类铁矿脉石在物理上易与铁矿物分离，但是如果脉石和氧化铁的密度相差小，或者其表面性质的区分对浮选的选择性差，即使铁矿和脉石之间的单体发生很好的解离，也不能采用普通的重选或浮选来实现矿的富集。但是磁选只要铁矿和脉石之间能够单体解离，无论其矿的表面性质和密度差异如何，都可以通过磁力和水曳力之间的差将矿石和脉石区分开，因此磁化焙烧的适应性比较强。第二类如图 10.8(b)所示，是一种典型的鲕状铁矿石，铁矿石物相与脉石以层间交替的方式分布在整个颗粒当中，这类矿通常含磷量较高，且在鲕状中心部分铁矿物嵌布粒度非常细，需要磨到几微米的粒度，铁矿物才能与脉石分开，然而对于粒径仅几微米的颗粒，即使有磁性，在磁场中曳力和磁力之间的差别也很小，也很难将其富集。如果将磁场加大，将降低其精矿的品位，就目前所有的选矿技术而言，该类嵌布粒度极细的矿即使通过磁化焙烧增强铁矿物的磁性，也不容易获得较高的品位。第三类如图 10.8(c)所示，虽然宏观上不具有鲕状结构，但是微观嵌布粒度极细，单体解离粒度小于 10μm，也为极难选矿。

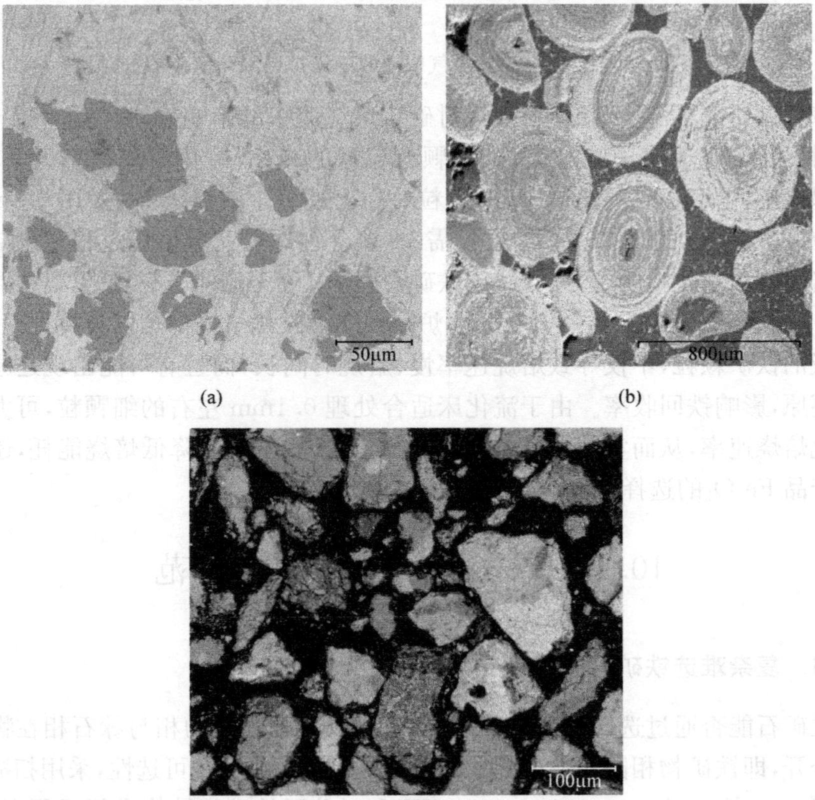

图 10.8　典型的铁矿石微观结构

进一步还可通过对精矿、尾矿矿相结构对比分析，对焙烧—磁选工艺过程进行优化。图 10.9 为磁化焙烧铁矿经磁选得到的铁精矿 SEM 图，图中标记为 A 的颗粒铁含量较高(亮度较高),磁化焙烧后磁性应该较强,所以类似 A 的颗粒进入精矿很正常;标记为 B 的颗粒既含有铁又含有脉石,所以磁化焙烧后也有一定的磁性颗粒被选入精矿中;标记为 C 的颗粒大部分为脉石,但可能由于边缘上有磁性的 Fe_3O_4 也被选入精矿中,这说明该种矿的单体解离程度不是很好,因此要提高精矿品位,尚需进一步降低磨矿细度。同样,通过对尾矿做类似的分析,也可明晰何种矿物在磁选过程进入尾矿及脉石为什么留在精矿,从而为磁化焙烧及磁选工艺过程优化提供理论指导。

图 10.9　磁化焙烧铁矿经磁选得到的铁精矿 SEM 图

10.4.2　焙烧矿磁选工艺研究

对于磁化焙烧所形成的人造磁铁矿,一般可通过磁选管实验确定磁选工艺条件,磁选工艺条件主要包括磨矿细度、磁场强度、磨矿粒度对精矿的品位和铁回收率的影响。从图 10.10 中可以看出,随着颗粒粒度的减小,其精矿的品位逐渐增大,这是由于其脉石和矿石之间的单体发生充分解离,但是随着粒度的减小,其铁的回收率逐渐降低,则因为细矿的磁场作用力小于流体的曳力作用,不能将其回收到精矿中。如图 10.11 所示,随着磁场强度的增加,铁回收率有明显的上升,但是精矿的品位有所降低。当磁场达到一定的数值后其铁回收率增长不是很明显,但是其精矿的品位明显降低,因此磁场强度的大小有一个品位与铁回收率的最佳值。

进一步对示范工程用到的云南东川包子铺褐铁矿和云南昆钢大红山铁矿进行磁化焙烧—磁选小型实验,以确定磁化焙烧—磁选工艺条件。首先研究了焙烧时间对云南东川包子铺富矿矿样焙烧—磁选的影响,焙烧矿样采用全粒级,结果如表 10.7 所示。从表 10.7 的结果可以看出,在温度 550℃下,焙烧 5min 和 10min 的铁回收率差别很小,可以认为焙烧 5min 已经将原矿还原得比较充分,因此延长时间,铁回收率基本不变。在确定了 550℃还原 5min 的焙烧条件后,继续考查磨矿细度对磁选的影响,结果如表 10.8 所示。由表 10.8 的数据可以看出,磨矿

1min 的磁选精矿品位上升不多，但铁回收率下降迅速，怀疑是还原过程中内部扩散阻力大而造成颗粒内部没有充分还原所致。为了验证这一推测，取 150～250 目的矿样在 550℃还原 5min，经磨矿磁选后的结果如表 10.9 所示。

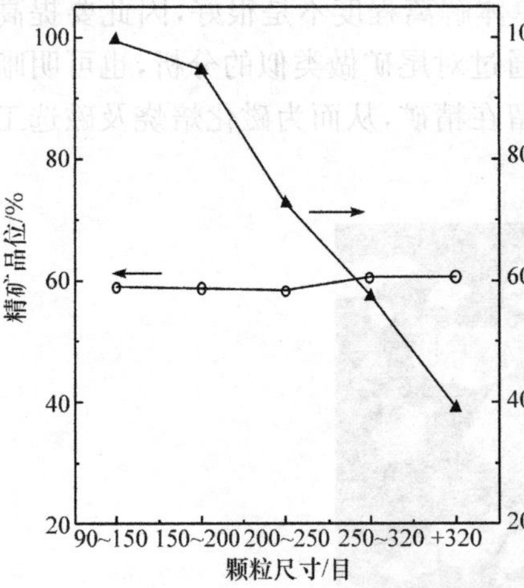

图 10.10　磨矿粒度的影响

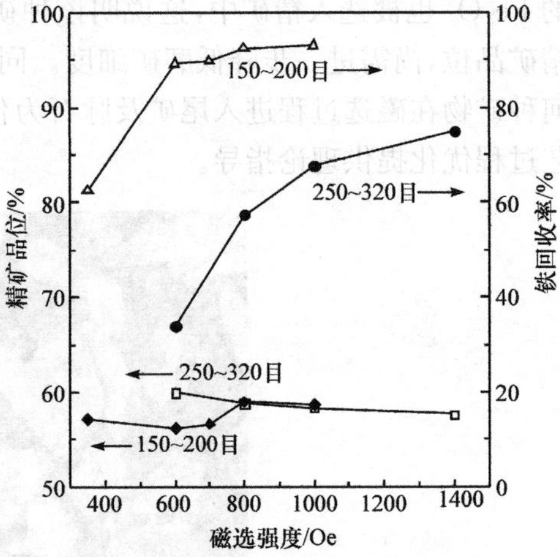

图 10.11　磁场强度的影响

1Oe＝79.6A/m

表 10.7　550℃下焙烧时间试验结果

焙烧时间/min	精矿品位/%	铁回收率/%
5	58.63	89.37
10	59.51	89.84

表 10.8　原矿还原矿样的磨矿细度试验结果

磨矿转速/(r/min)	磨矿时间/min	精矿品位/%	铁回收率/%
180	0	58.63	89.37
180	1	61.82	81.28

表 10.9　150～250 目还原矿样的磨矿细度试验结果

磨矿转速/(r/min)	磨矿时间/min	精矿品位/%	铁回收率/%
180	0	61.71	89.78
180	1	64.88	84.86

表 10.9 的数据验证了上述推测，采用小颗粒矿样可以保证颗粒内部还原充分，不会因为磨矿而造成铁回收率骤降。综合以上的实验结果，对于包子铺富矿建议采用将原矿磨矿至 150 目以下，550℃还原 5min，不磨矿和磨矿 1min 均可，主要根据经济效益来平衡精矿品位和铁回收率的关系，精矿品位均可达到 60%以上，

铁回收率达到 80%以上。

受昆明钢铁公司委托，对其大红山矿弱磁尾矿磁化焙烧—磁选工艺进行了探索研究，为未来对大红山弱磁尾矿进行磁化焙烧回收铁奠定基础。为了探明温度为 550℃时，焙烧时间对焙烧效果的影响，在 H_2 气氛下考察了焙烧时间为 5min、10min、15min、20min 铁矿的焙烧情况。直接采用铁回收率判断焙烧效果，磁选条件为：磁选前不磨矿、磁场强度 1200Oe。表 10.10 是大红山弱磁尾矿 550℃下焙烧时间实验结果，可以看出，焙烧时间对铁精矿品位影响不大，这主要是铁精矿品位由单体解离决定，因筛分得到的原矿细度基本一样，铁矿单体解离差别不大，所以铁精矿品位变化不大。但是焙烧时间对铁回收率影响较大，随着焙烧时间的延长，铁回收率上升，从 5min 时的 79.63%上升至 15min 时的 94.16%，而且从 15min 至 20min，铁矿的回收率变化不大，说明铁矿在 15min 时就已基本完成磁化，从 15min 到 20min，铁矿的还原度变化不大，也与热力学预测的结果相一致。

表 10.10　大红山弱磁尾矿 550℃下焙烧时间实验结果

焙烧时间/min	精矿品位/%	铁回收率/%
5	48.59	79.63
10	49.03	88.93
15	48.25	94.16
20	48.88	94.44

上述条件下虽获得了很好的铁回收率，但所得到的精矿品位较低，只有 48%左右，主要是因为铁矿中脉石与铁矿物相没有单体解离。理论上随着磨矿时间的增加，精矿的品位增加，铁的回收率下降。这主要是由于随着磨矿时间的增加，焙烧矿的单体解离度增加，所以精矿品位提高。然而，随着磨矿细度的增加，细粒的 Fe_3O_4 或者大块脉石与细小 Fe_3O_4 的连生体会因所受磁力小随水流冲走而进入尾矿，导致铁回收率降低。为此，进一步研究了磨矿对精矿品位和铁回收率的影响。采用棒磨机在焙烧矿和水质量比约为 1∶1 的情况下，考查磨矿时间对精矿品位与铁回收率的影响，实验结果如表 10.11 所示。

表 10.11　大红山弱磁尾矿磨矿细度实验结果

磨矿转速/(r/min)	磨矿时间/min	精矿品位/%	铁回收率/%
180	5	64.75	92.02
180	10	66.38	80.79
180	20	66.35	74.24

由表 10.11 可知，在转速 180r/min、磨矿 5min 时，精矿品位比不磨时提高 16.5%，铁回收率下降 2.14%；而磨矿 10min 时，精矿品位比磨矿 5min 时提高

1.63%，铁回收率下降 11.23%；磨矿 20min 时，精矿品位基本不变，说明在磨矿 10min 时单体已经基本解离完全，继续增加磨矿时间，只能减小细度，降低铁回收率，而对提高品位无益。综合考虑，认为焙烧温度在 550℃，磨矿时间在 5min 时选别效果较好。

10.4.3 停留时间调控研究

在焙烧前需要通过磨矿设备将铁矿石磨至−200 目超过 60%～90%，工业生产上一般通过干式或湿式球磨机实现，一般通过球磨得到的粉体粒径分布都比较宽，尤其是对于泥化较为严重的褐铁矿更是如此，表 10.12 是采用昆钢东川包子铺褐铁矿磨矿得到的几组典型粒度组成分布，通过调节磨矿介质钢球的大小、不同大小球的比例和每仓中装球量，可以在一定程度上调节粉体的粒径。但正如表 10.12 所示，改变低粉体粒径时，粉体整体粒径都改变，粒径分布变化不大，当大于 150μm 颗粒比例超过 50%时，小于 25μm 颗粒比例仍然高达 20%以上(1#)，反过来，当大于 150μm 颗粒比例小于 5%时，小于 25μm 颗粒比例却又高达近 50%(9#)。企业的磨矿工程师近半年的现场磨矿调节结果表明，通过调节磨机参数，将铁矿粉磨至一个比较窄的粒径分布很难实现。

表 10.12 昆钢东川包子铺褐铁矿球磨产品粒度分布 (单位：%)

粒度	>150μm	75～150μm	48～75μm	38～48μm	25～38μm	<25μm
1#	51.6	12.4	4.8	3.8	4.0	23.4
2#	42.4	14.8	6.0	6.0	4.4	26.4
3#	34.0	20	10.8	4.8	4.0	26.4
4#	25.2	18.8	8.8	6.4	6.4	34.4
5#	20.0	24.1	8.2	7.7	3.8	36.2
6#	22.0	17.2	9.2	4.0	10.0	37.6
7#	18.4	18	8	8.8	6.8	40.0
8#	10.4	20	9.2	9.2	8	43.2
9#	4.4	20	10	9.2	9.6	46.8

宽粒径在实际过程中可能会导致粗细颗粒转化不同步问题，即细颗粒完全转化时粗颗粒尚有部分未转化，而粗颗粒完全转化时细颗粒已过还原。在实际 10 万 t 示范工程运行初期就碰到类似问题，按照当时的磨矿参数，磨矿得到的粉体>100μm、25～100μm 和<25μm 的颗粒各占约 1/3，采用设计的循环流化床磁化焙烧—磁选后，铁回收率一直在 80%左右徘徊，因此，必须要解决宽粒径引起的还原不均问题。由于难以通过磨矿实现窄粒径分布，在工程上需要通过其他方法来解决宽粒径引起的问题，为此探索了通过反应器设计来调节粗细颗粒在流化床的停留时间分布，使粗细颗粒停留时间比例能尽可能地接近其完全转化时间。

10 万 t 示范工程设计采用了循环流态化模式操作，粗细颗粒被设计成都从上部流出、再经旋风分离器收集后部分排出。分析发现，在这种操作模式下，粗细颗粒停留时间虽有些差别，但与其理论完全转化时间相差较大。为了尽量少地改动原设计，同时考虑粗细颗粒停留时间调控，提出在原循环床中部增开一个物料出口，使粗颗粒从中部出口排出而细颗粒从上部排出，通过气速调节从上部排出物料的粒度，进而调控粗细颗粒停留时间。为了验证上述思路是否可行，在实验室建立了如图 10.12 所示的湍动-快速复合流化床。该复合流化床由直径 70mm 的有机玻璃管组成，高约 5.6m，上部出口与旋风分离器相连，在 1.5m 开一个物料出口，设想细颗粒从上部出口排出经旋风分离器分离后直接排出，粗颗粒从中部出口排出，通过控制表观气速来调节上部排出的颗粒粒径，通过控制出料速率来调节下部粗颗粒的平均停留时间。

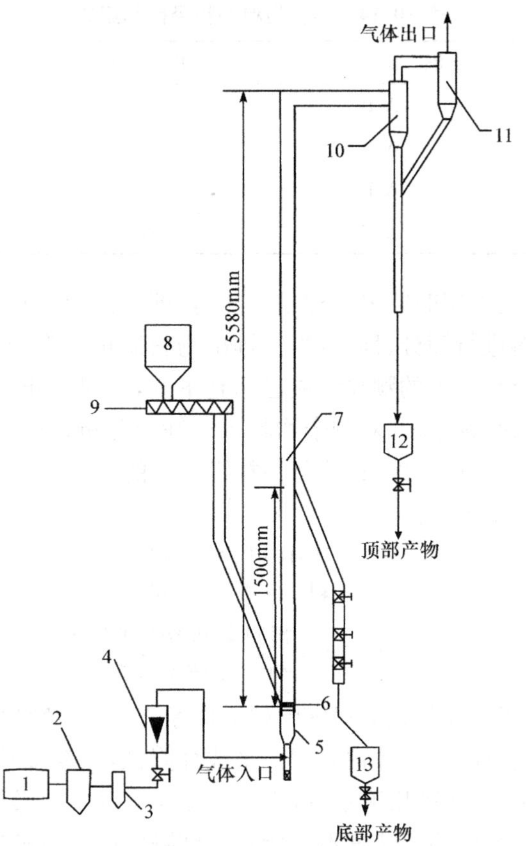

图 10.12　实验室建立的湍动-快速复合流化床示意图

1. 空气风机；2. 油水分离器；3. 减压阀；4. 转子流量计；5. 风室；6. 气体分布板；7. 复合流化床；8. 顶部料仓；9. 螺旋进料器；10. 一级旋风；11. 二级旋风；12. 顶部产物储罐；13. 底部产物储罐

为了测定上述装置对粗细颗粒停留时间的调节能力，采用了表 10.13 所示的同种物料不同粒度的 A、B、C 三种粉体模拟粗细不同的颗粒进行实验，改变粉体 A、B、C 的比例来模拟宽筛分粉体，表 10.14 列出了实验用混合物料的粒径比和组成。

表 10.13 冷态模拟所用物料性质

颗粒性质	粉体 A	粉体 B	粉体 C
粒径分布/μm	74～98	160～200	200～315
平均粒径/μm	89.5	193.5	294.5
颗粒密度/(kg/m³)	2591	2591	2591
U_{mf}/(m/s)	0.0083	0.018	0.1097
U_t/(m/s)	0.35～0.54	1.08～1.22	1.22～2.35

表 10.14 混合物料的粒径比和组成

模拟粉体	混合粉体类型	粗细粒径比	粗颗粒质量分数 X_C/%
Ⅰ	A/B	2.2	25
Ⅱ	A/B	2.2	50
Ⅲ	A/B	2.2	75
Ⅳ	A/C	3.3	50

每种粉体的平均停留时间采用称重法测得，即在流化床稳定进出料运行一段时间后，对排出物料进行筛分、称重，当待排出物料质量分率与加料质量分率接近一致时，即可认为流化床内的颗粒组成已达到平衡，此时停止流化床操作，排出床内的剩余物料，用天平称重，并对剩余物料进行筛分分析，称取每一粒级粉体的重量，通过式(10.19)和式(10.20)计算每一粒级粉体的平均停留时间 t_i 和粗细颗粒平均停留时间之比(MRT 比)。

$$t_i=\frac{\text{床中 } i \text{ 颗粒的量}}{\text{料中 } i \text{ 颗粒的量}} \tag{10.19}$$

$$\text{MRT 比}=\frac{\text{粗颗粒停留时间}}{\text{细颗粒停留时间}} \tag{10.20}$$

图 10.13 给出了操作气速对粗细颗粒平均停留时间的影响，可见，随着操作气速的提高，细颗粒(粉体 A)的停留时间几乎线性降低，而粗颗粒(粉体 B)在 0.5～0.8m/s 内的平均停留时间几乎不变，大于 0.8m/s 后才随操作气速的增加而减小，这主要是粗细颗粒的终端速度不同所致。细颗粒的终端速度在 0.5m/s 以下，所以随着操作气速从 0.5m/s 往上增加，颗粒逐渐被带出且从上部出口排出，且速度越高，细颗粒被带出得越快，所以平均停留时间越低。而对于粗颗粒，其终端速度为 1.0～1.2m/s，所以在操作气速低于 0.8m/s 时，平均停留时间受气速影响较

小，颗粒主要从复合流化床中间出口排出，但当操作气速超过 1.0m/s 时，其排出趋势与细颗粒相同。

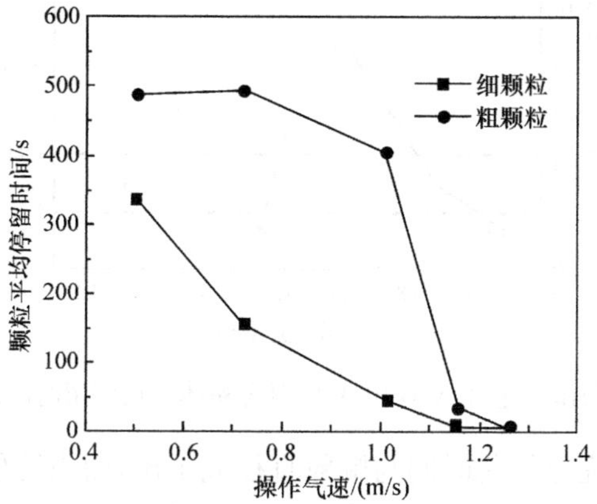

图10.13　操作气速对粗细颗粒平均停留时间的影响

图 10.14 给出了操作气速对不同 A/B 混合粉体平均停留时间之比的影响，该图显示了两个显著的特点：第一，随着操作气速的提高，粗细颗粒的平均停留时间之比都呈现先增加后减小的趋势；第二，在 1.0m/s 的低操作气速下，不同 A/B 组成的混合颗粒，粗细颗粒的平均停留时间之比最大值增加，从粗颗粒占 25%的 7.5 增加到粗颗粒占 75%的超过 10。图 10.14 显示，对于混合颗粒，可以从粗细颗粒比例和操作气速两方面来调控粗细颗粒在流化床中的停留时间。图 10.15 显示了操作气速对 A/B 和 A/C 混合粉体粗细颗粒停留时间分布的影响情况，总的趋势与图 10.14 相同，所不同的是，随着粗细粒径差别变大，平均停留时间之比最大值向高操作气速方向移动。

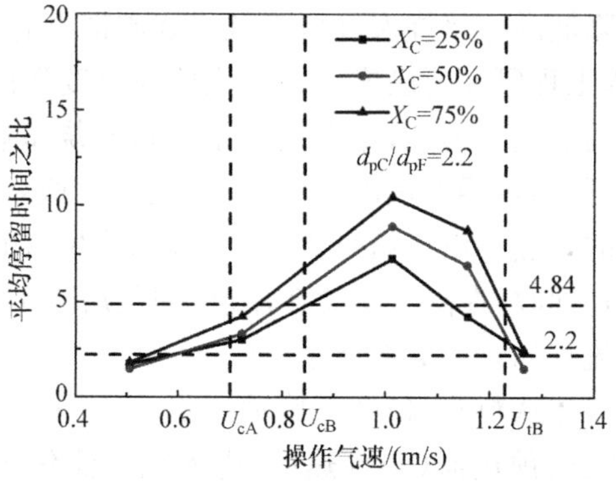

图 10.14　操作气速对 A/B 混合粉体平均停留时间之比的影响

上述研究显示，通过该复合流化床，确实能够在更大的范围内对粗细颗粒停留时间进行调控。颗粒的完全转化时间受颗粒大小影响很大，当转化过程由外扩散

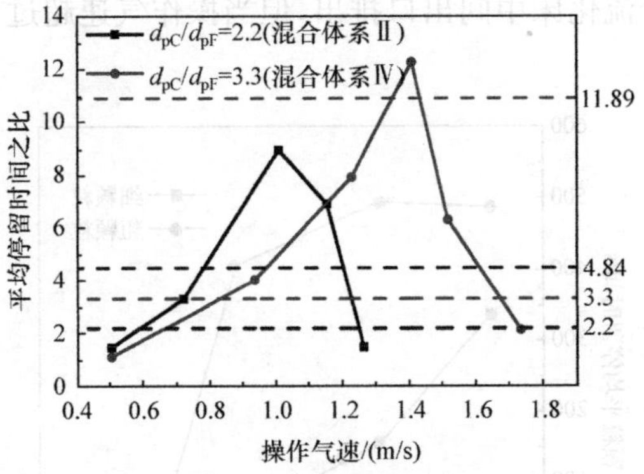

图 10.15　操作气速对 A/B 和 A/C 混合粉体平均停留时间之比的影响

或化学反应控制时，完全转化时间与颗粒直径成正比，而当转化过程由内扩散控制时，完全转化时间与颗粒直径的平方成正比。可见，颗粒的完全转化时间至少与颗粒粒径成正比。设想一批粒径宽分布的铁矿粉进入流化床，只有粗细颗粒都被转化为 Fe_3O_4 才有可能获得高的铁回收率，对于表 10.12 所列的铁矿粉，其粗细颗粒粒径最大相差 10 倍以上，这就要求流化床中能够实现 10 倍以上的停留时间差别，图 10.14 和图 10.15 的结果显示，本章提出的湍动-快速复合流化床，最高能够获得近 12 倍的粗细颗粒停留时间差别，可望满足难选铁矿磁化焙烧对停留时间调控的要求。

10.4.4　难选铁矿磁化焙烧工艺研究

降低磁化焙烧过程成本是其大规模应用的关键问题之一，可以从三个方面来降低成本：一是尽量降低磁化焙烧温度。分析表明，高温焙烧矿带走的显热占总能耗的 70%～80%[29]，降低磁化焙烧温度可降低焙烧矿带出的显热。通过过程强化研究，中国科学院过程工程研究所已成功将磁化焙烧温度降低至 450～500℃。二是充分利用焙烧尾气的潜热。为此，作者提出了通过燃烧室燃烧释放未反应气体的潜热，再通过多级旋风预热器加热冷的铁矿粉，同时回收焙烧尾气显热的工艺。三是回收焙烧矿带出的显热。由于焙烧铁矿粒度较细(约 0.1mm)，作者提出了通过多级旋风器进行热量回收，在降低焙烧矿温度、回收焙烧矿显热的同时加热还原气体。磁化焙烧工艺流程如图 10.16 所示[42]。

经粉碎的铁矿石粉体从料斗(1)经螺旋输送机输入一级旋风预热器(2)、二级旋风预热器(3)、三级旋风预热器(4)预热后，进入循环流化床提升管反应器(7-1)的下部，铁矿石粉体在循环流化床提升管与料腿(7-3)间循环反应，同时部分循环物料从料腿下部排出通过多级旋风换热器(8～11)后，经螺旋输送机送入矿浆池(13)。煤气经煤气压缩机压缩后，经多级旋风器与高温物料进行换热，进入循环流化床反应器提升管与铁矿石粉体发生还原反应，后经循环流化床料腿气固分离后，进入旋风除尘器(7-4)除尘，然后进入燃烧器(5)，与经空气压缩机压缩的空气一起完成绝热燃烧反应，燃烧尾气进入三级旋风预热器与从二级旋风预热器排出的粉矿换热后，从三级预热器顶部出口流出，直接进入二级旋风预热器，与从一级旋风预热器排出的粉矿换热，然后从顶部出口流出，进入一级旋风预热器，与冷粉矿换热，最后经布袋除尘器(16)，由引风机(18)引入烟囱后排入大气。

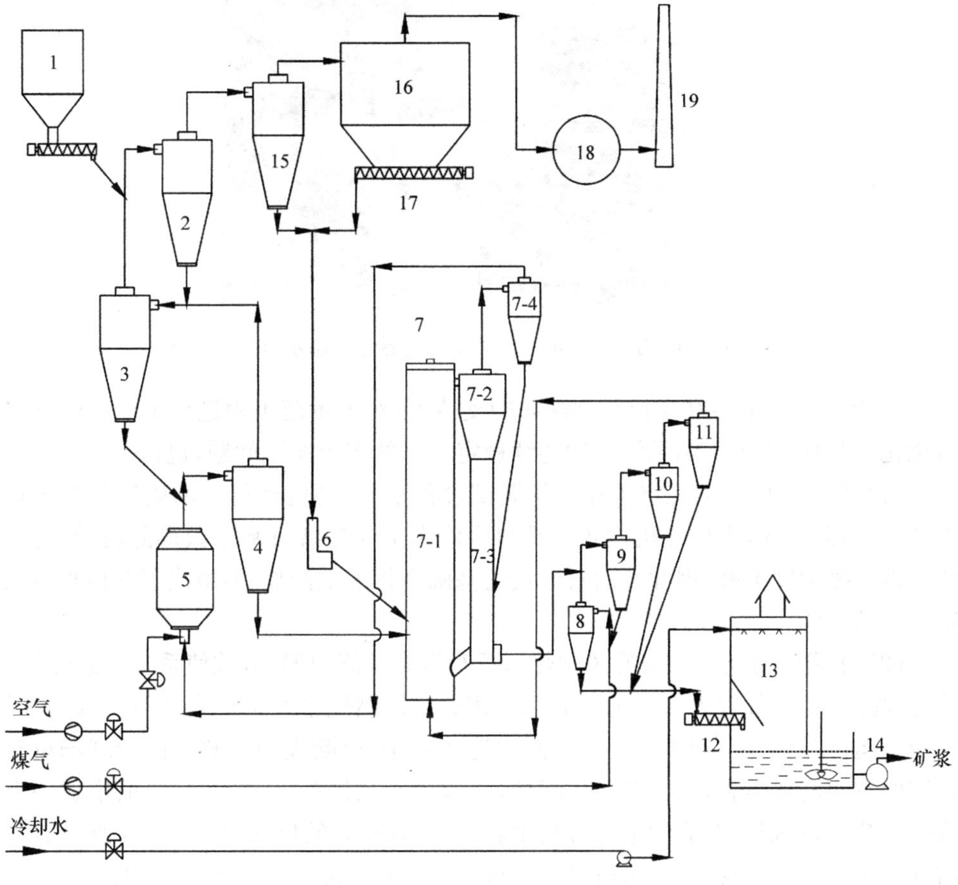

图 10.16　难选铁矿磁化焙烧工艺流程[42]

10.4.5　10 万 t/a 级难选铁矿流化床磁化焙烧技术示范

针对我国大量难选铁矿高效磁化焙烧重大需求，在前述研究的基础上，在“十二五”国家科技支撑计划课题的支持下，开展了低品位复杂铁矿磁化焙烧工程示范研发，自主完成了 10 万 t/a 级难选铁矿循环流化床磁化焙烧示范工程工艺与工程设计，包括各非标设备施工图设计、标准设备选型、控制系统设计、磨矿与烘干系统设备选型、与已有磁选系统及土建设计的衔接，形成了复杂难选铁矿流态化磁化焙烧成套新工艺与技术。在此基础上与云南曲靖越钢控股集团公司合作，于2008年建成了10万t/a级难选铁矿流态化磁化焙烧产业化示范工程(如图10.17所示)，并基本打通了全流程，后因世界金融危机，铁矿石价格大跌，该示范工程于2008年11月起暂停调试运行。

图10.17　10万t/a级难选铁矿流态化磁化焙烧示范工程照片

2012年在国家科技支撑计划课题的支持下，对该示范工程进行了全面的整修与优化，同时解决了影响系统长期连续稳定运行的多个瓶颈问题，包括：

(1) 磨机难以长期稳定工作。从调试过程来看，磨机运行一两周后就会出现不平衡，基础损坏，需要停机检修。研判后认为主要是磨机基础做得薄弱，原有几块钢板支撑刚度不够，因此专门对磨机的基础进行了重修加固，解决了磨机难以长期工作的问题。

(2) 布袋阻力大。一级旋风预热器后布袋处理能力偏小，致使系统在运行2～4h后阻力太大，布袋入口压力达到3.5kPa，致使燃烧室经常熄火，影响系统长时间稳定运行。调查发现主要是布袋面积选择过小，反吹能力不够。由于现场没有足够的空间增加布袋，为了解决此问题，采取了三项措施：①在布袋之前增加一个旋风预热器，将带入布袋的大部分粉尘收集；②将布袋的反吹时间从20s改为10s，增加反吹次数；③更换了引风机，使引风机的抽力从2kPa提高到3.5kPa。

(3) 系统崩料。运行过程时不时会出现大量物料从上部料仓瞬间进入流化床，流化床床压可瞬间升至10kPa以上，进而使流化床焙烧温度降低200～300℃，严重影响系统的长期稳定运行。调查发现，主要是进料螺旋设置不合理造成的，为此在原有螺旋基础上增加一级双管螺旋，防止物料以气动的形式进入系统。

(4) 系统进料不顺畅。运行过程中有时三级料阀会出现物料无法进入流化床的现象，致使不得不停炉检修。在三级料阀下部出料口处增加了高压惰性气体吹扫，通过气体冲击以防止物料堆积影响进料。

(5) 流态化冷却器冷却效果不好。运行开始时流态化冷却器冷却效果较好，但随着时间延长，冷却效果逐渐变差，运行几小时后，冷却能力很差，导致出料温度达到 300℃以上，烫坏后续斗式提升机。研究发现，主要是现场高炉煤气中含有约 8%的水分，水分在流态化冷却器水冷壁上结露导致粉状物料黏结引起的。鉴于没有合适的高炉煤气脱水方法，经与研究决定将流态化冷却方式改为直接水冷方式。

另外，调试期间，根据 10.4.3 节停留时间调控研究的结果，对原设计循环流化床进行了改造，在流化床中部开设了粗物料出口、出料阀和出料螺旋，如图 10.18 所示。通过上述改造，不仅将铁回收率从原来的 80%提高到 90%以上，还同时解决了流化床运行不畅问题(主要是原设计中粗颗粒易在流化床中逐渐积累，导致床压升高，引起进料困难及气流紊乱等现象)，使流化床更容易操作。经过了仅一年的整改和调试，该 10 万 t/a 系统于 2012 年 12 月实现了连续稳定运行，图 10.19 是系统已满的铁精矿浆池照片。运行结果表明，采用云南东川包子铺铁品位 33%左右的褐铁矿，经该生产线磁化焙烧—磁选后，精矿铁品位提高到 57%以上，铁回收率达到 93%～95%，尾矿铁品位降至 8%以下，取得了非常好的焙烧选矿指标。更为重要的是，实验室小试的研究结果在 10 万 t/a 示范工程上得到充分验证，证实磁化焙烧温度可降低至 450℃，连续运行实测高炉煤气消耗约为 $300Nm^3/t$ 原矿，折合标准煤 36kg。通过上述工程示范，初步形成了难选铁矿流态化磁化焙烧成套技术，具备了产业化推广的条件。

图 10.18　循环流化床中部出料装置

图 10.19　已满的铁精矿浆池

参考文献

[1] 李厚民,张作衡. 中国铁矿资源特点和科学研究问题. 岩矿测试,2013,32(2):128-130.
[2] 中华人民共和国国家统计局. 中国统计年鉴 2010. 北京:中国统计出版社,2010.
[3] 李厚民,王瑞江,肖克炎,等. 立足国内保障国家铁矿资源需求的可行性分析. 地质通报,2010,29(1):1-7.
[4] 王淑丽. 我国铁矿资源评估与可共性研究. 北京:中国地质大学(北京)硕士学位论文,2010.
[5] 孙炳泉. 近年我国复杂难选铁矿石选矿技术进展. 金属矿山,2006,(3):11-56.
[6] 马建明,吴初国. 我国未利用铁矿的资源形势分析. 国土资源情报,2009,(4):20-24.
[7] 谢承祥,李厚民,王瑞江,等. 中国查明铁矿资源储量的数量、分布及保障程度分析. 地球学报,2009,30(3):387-394.
[8] 侯宗林. 中国铁矿资源现状与潜力. 地质找矿论丛,2005,20(4):242-247.
[9] 王运敏,田嘉印,王化军,等. 中国合适金属矿选矿实践. 北京:科学出版社,2008.
[10] 孙永升,李淑菲,史广全. 某鲕状赤铁矿深度还原实验研究. 金属矿山,2009,39(5):80-83.
[11] 张泾生. 黑色金属选矿科学发展半年度述评. 中国冶金,2010,20(10):52-53.
[12] 肖军辉,张昱. 某鲕状高磷赤、褐铁矿回转窑磁化焙烧试验研究. 金属矿山,2010,39(3):43-47.
[13] 柏少军,文书明,刘殿文,等. 云南某难选菱铁矿石选矿试验研究. 金属矿山,2010,39(5):73-76.
[14] 谢兴中,王毓华. 褐铁矿选矿研究现状与思考. 金属矿山,2010,39(1):6-10.
[15] 朱俊士. 选矿手册　第三卷　第三分册,第十四篇——磁选. 北京:冶金工业出版社,1991.
[16] 姜华. 不断改进的酒钢选矿厂竖炉焙烧工艺. 金属矿山,2006,361(7):44-47.
[17] 邓育民,张鉴. 包钢选矿厂焙烧磁选工艺流程的技术经济分析与改造前景. 金属矿山,1994,21(7):35-37.

[18] 张晓冬，柴振新. 酒钢选矿厂焙烧磁选金属回收率提高的探索与研究. 甘肃冶金，2001，(4)：3-6.

[19] 张晓东，柴振新. 酒钢 100m³竖炉的发展与生产实践. 金属矿山，2000，(3)：32-33.

[20] 司胜，柴振新. 酒钢选矿厂焙烧磁选金属回收率提高的探索与研究. 酒钢科技，2003，(1)：39-44.

[21] 孙中信，郭效东，杨健平. 酒钢强磁选 20 年发展回顾. 甘肃冶金，1999，(4)：23-25.

[22] 郝绍兰. 酒钢强磁选工艺的演变与完善. 甘肃冶金，2008，30(6)：19-21.

[23] 刘金长. 从选矿技术发展看提高酒钢资源利用率. 甘肃冶金，2010，32(4)：67-70.

[24] Francais O. Improvements in methods of treating non-magnetic iron ores：GB960725. 1961-11-13.

[25] Rausch H，Koch W，Meiler H. Magnetizing-roasting of iron ore：GB965049. 1962-09-26.

[26] 朱俊士. 选矿试验研究与产业化. 北京：冶金工业出版社，2005.

[27] 薛生晖，张志华，郭拥楠，等. 菱褐铁矿回转窑磁化焙烧技术研究现状. 矿冶工程，2012，32(8)：42-45.

[28] 付向辉，毛拥军，薛生晖. 大型工业磁化焙烧回转窑结圈研究及预防控制. 有色金属(选矿部分)，2013，(s1)：236-239.

[29] 朱庆山，李洪钟. 难选铁矿流态化磁化焙烧研究进展与发展前景. 化工学报，2014，65：2437-2442.

[30] Borcraut M. Process for roasting by fluidization，more particularly for magnetizing roasting：GB1008938. 1962-07-05.

[31] Walpole E A. Process for separating ilmenite：US5595347. 1997-07-21.

[32] Georg W，Joseph H，Herbert W. Process for the stagewise fluidized bed roasting of sulfidic ironminerals：US1127925. 1960-10-22.

[33] Bost C，Jouandet C. Improvements in iron ores：France1437586. 1966-03-28.

[34] 柯家骏. 第一座工业规模流态化磁化焙烧铁矿石的工厂. 国外金属矿选矿，1966，(2)：31-32.

[35] Priestley R J. Magnetic conversion of iron ores. Industrial and Engineering Chemistry，1957，49(1)：62-64.

[36] Kwauk M. Fluidized roasting of oxidic Chinese iron ores. Scientia Sinica，1979，22(11)：1265-1291.

[37] 颜昌织. 包头矿两相流态化磁化焙烧矿的磁选. 中国科学院化工冶金研究所内部资料，1964.

[38] 余永富，张汉泉，祁超英，等. 难选氧化铁矿石的旋流悬浮闪速磁化焙烧—磁选方法：ZL200510019917. 7. 2005-11-29.

[39] 余永富，侯拥和，陆晓苏. 一种还原赤铁矿、褐铁矿、菱铁矿的焙烧装置：ZL200610032484. 3. 2006-10-30.

[40] 朱庆山，谢朝晖，李洪钟，等. 对难选铁矿石粉体进行磁化焙烧的工艺系统及焙烧的工艺：ZL200710121616. 4. 2007-09-11.

[41] 朱庆山，李洪钟，李佑楚，等. 一种煤炭气化-贫铁矿磁化焙烧耦合工艺及装置：ZL200610114726. 3. 2006-11-22.
[42] 朱庆山，张涛，谢朝晖，等. 一种难选铁矿石粉体磁化焙烧的系统及焙烧工艺：201010621731. X. 2010-12-24.
[43] Pineau A, Kanari N, Gaballah I. Kinetics of reduction of iron oxides by H_2: Part Ⅰ: Low temperature reduction of hematite. Thermochimica Acta, 2006, 447(1): 89-100.
[44] Hou B L, Tang H L, Zhang H Y, et al. Experimental and theoretical investigation of mass transfer in a circulating fluidized bed. Chemical Engineering Science, 2013, 102(15): 354-364.
[45] Hou B L, Li H Z, Zhu Q S. Relationship between flow structure and mass transfer in fast fluidized bed. Chemical Engineering Journal, 2010, 163: 108-118.
[46] 侯宝林. 循环流化床中结构与"三传一反"的关系研究. 北京：中国科学院过程工程研究所博士学位论文，2011.
[47] Hou B L, Zhang H Y, Li H Z, et al. Determination of the intrinsic kinetics of iron oxide reduced by carbon monoxide in an isothermal differential micro-packed bed. Chinese Journal of Chemical Engineering, 2015, 23(6): 974-980.
[48] Hou B L, Zhang H Y, Li H Z, et al. Study on kinetics of iron oxide reduction by hydrogen. Chinese Journal of Chemical Engineering, 2012, 20(1): 10-17.
[49] 朱庆山. 铁矿气相还原原理及应用//李洪钟. 过程工程：物质·能源·智慧. 北京：科学出版社，2010.

第 11 章　攀西钛铁矿制备人造金红石

11.1 引　　言

钛的自然储量非常丰富，在地壳中的丰度高达 0.56%，在元素丰度排列中居第九位，在结构金属中仅次于铝、铁和镁居第四位[1]。虽然钛储量是铁的 1/5、铜的 100 倍，但它的年使用量仅为铁的 1/2000、铜的 1/200[2]，这主要是因为钛矿石中提取富集钛比较困难。据统计，现在已经发现了 140 多种 TiO_2 含量大于 1%的钛矿物，但是真正具有商业利用价值的钛矿物只有几种，目前具有开采利用价值的钛矿物主要是指钛铁矿和天然金红石[1-4]。天然金红石是最好的钛矿资源，TiO_2 含量可达 95%～96%，但是它的储量非常少，仅占钛铁矿总储量的 2.5%(以 TiO_2 计)，并且经过多年的开发逐渐枯竭，开采量已远远不能满足钛资源需求。钛铁矿资源储量最丰富，按照成矿条件将钛铁矿分为岩矿和砂矿两类，其中岩矿的储量比例为 77%，砂矿仅有 23%。钛铁岩矿是原生矿，属于岩浆风化矿床。它的主要特点为：FeO/Fe_2O_3 比值高，结构致密，成分复杂，杂质含量高而 TiO_2 品位低。它主要集中在北半球，产地有中国、美国、加拿大和俄罗斯等。目前许多钛铁岩矿仍未被开发利用，有些甚至因为品位低未被列入钛资源。虽然它的可选性和回收率较差，但是它的矿床比较集中，储量大，便于大规模开采。钛铁砂矿是次生矿，属于沉积矿床，是由钛铁岩矿经长年侵蚀、风化以及河流、海洋冲积而形成的，主要分布在沿海地区和内河流域，如南非、澳大利亚、印度等地的海滨和内河的沉积层，其特点是 FeO/Fe_2O_3 比值低，结构比较疏松，容易用选矿方法富集 TiO_2。

我国的钛资源储量十分丰富，主要是钛铁矿，而天然金红石的储量几乎可以忽略不计。在钛铁矿资源中，岩矿占 97%，少部分为砂矿[1,5]。我国的钛矿资源主要分布在四川、海南、河北、云南、广西、广东和湖北等地，其中四川攀西钒钛磁铁矿是我国储量最丰富的钛矿资源，其钛资源储量约占全国总储量的 90%。这种钛铁矿是一种典型的复杂多元素岩矿，其 TiO_2 品位低，MgO、CaO 和 SiO_2 等非铁杂质含量高，可选性差，选出的精矿 TiO_2 品位也较低，后续提取钛比较困难[4]，只适合于硫酸法钛白生产工艺，无法用于先进的氯化工艺。为了解决攀西钛铁矿用于氯化工艺的问题，20 世纪 70 年代冶金部组织了全国力量对攀西钛铁矿提质制备人造金红石进行了联合攻关，先后建立了直接盐酸浸出和预氧化-盐酸浸出两条千吨级中试线[6,7]，结果发现，虽然可以将产品品位提高到氯化工艺的要求，但产品粒度难以满足要求,产生了大量的细粉(粉化)。粉化也因此成为攀西钛铁矿提质制备氯化法原料中长期未能突破的难题。

11.2 钛铁矿制备人造金红石技术现状

氯化法生产钛白技术自20世纪50年代以来,先后出现三种氯化技术:竖炉氯化、熔盐氯化和沸腾氯化。竖炉氯化已被淘汰,熔盐氯化和沸腾氯化仍被广泛采用。沸腾氯化又称流态化氯化,是目前最先进的氯化技术,采用细粒级含钛原料在流化床中与氯气反应制取 $TiCl_4$,具有传质传热好、反应效率高等优点。但沸腾氯化对原料要求非常高,基本要求有:①TiO_2 品位在90%左右;②CaO+MgO 含量小于1.5%,其中CaO含量最好低于0.2%;③粒度分布主要在40~140目,粒径大于100μm的颗粒占总量的85%以上。天然金红石和由钛铁矿富集得到的人造富钛料(包括人造金红石和高钛渣)都是沸腾氯化法理想的原料。早期的沸腾氯化主要以天然金红石为原料,但随着氯化法生产规模的扩大及天然金红石矿物资源的逐渐枯竭,人造富钛料已经逐渐替代了天然金红石,从钛铁矿制备富钛料也因此成为现行氯化法生产钛白的重要环节。至2012年,国外的富钛料生产能力已经达到400万 t/a,其中钛渣为240万~260万 t/a,人造金红石为140万~160万 t/a[8]。我国富钛料的生产规模和产品质量与国外先进公司有着非常大的差距,而要推动我国的氯化法生产钛白技术发展,就必须重视和发展富钛料的制备生产技术,所以由低品位攀西钛铁矿制备人造金红石,一直是攀西钛资源利用的重要内容。

已经提出的20多种以钛铁矿为原料制备人造富钛料的方法,大致可以分为火法和湿法两大类。火法为热还原法,包括电炉熔炼法、选择氯化法和等离子熔炼法等,得到的产品为高钛渣。湿法为化学分离法,包括还原锈蚀法和(盐酸或硫酸)酸浸法等,得到的产品为人造金红石。目前在工业上得到广泛应用的方法主要有电炉熔炼法、酸浸法和还原锈蚀法,下面将对还原锈蚀法和酸浸法制备人造金红石的发展历史和技术现状进行介绍。

11.2.1 还原锈蚀法

还原锈蚀法[9-11]是指将钛铁矿中的铁氧化物用煤固相还原成金属铁,然后用酸化水溶液将还原钛铁矿中的金属铁锈蚀分离出来,使 TiO_2 富集成高品位的人造金红石。该法在澳大利亚用得较多,以澳大利亚钛铁砂精矿为原料,采用该法生产得到了 TiO_2 品位在92%~94%的人造金红石。从原理上看,该法只能去除铁,无法去除钙镁等气体氧化物杂质,所以一般只适用于 TiO_2 品位高于54%、主要杂质为氧化铁的钛铁矿。我国也曾在20世纪70年代基于还原锈蚀法建立过千吨级中试,用于处理广西的海砂矿。还原锈蚀法不适合处理钙镁含量高、品位低的攀西钛铁矿。

11.2.2　酸浸法

酸浸法[12-14]是指用无机酸(硫酸或者盐酸)选择性地浸除钛铁矿中的杂质,从而富集得到人造金红石。与还原锈蚀法相比,酸浸法不仅可以除 Fe,还能除去 Ca、Mg 和 Mn 等酸溶性杂质,且除杂效率高,对钛铁矿具有更好的适应性。根据所用的酸不同,酸浸法可分为硫酸法和盐酸法两种。硫酸法工艺应用较少,目前只有日本石原公司的石原法。石原法是利用硫酸法生产钛白所得的废硫酸(浓度为 22%～23%)浸出钛铁矿来生产人造金红石的一种方法。以印度高品位的风化钛铁矿为原料,在浸出前需先用石油焦为还原剂将钛铁矿部分还原,使钛铁矿中的 Fe^{3+} 还原为 Fe^{2+}。在酸浸过程中,可以将一次浸出物中的部分浸出不完全产物返回还原或者重新酸浸。由于稀硫酸浸出能力较差,只能部分除去 Ca、Mg 等酸溶性杂质,所以它只适合处理高品位的钛铁矿。若钛铁矿品位过低,则会导致工艺流程变得更加复杂,产品质量下降,而且“三废”量增多。

与硫酸法相比,盐酸法的浸出反应速率更快,除杂能力更强,并且能处理低品位的钛铁矿。它可以生产质量更高的人造金红石,而且产生的“三废”少,盐酸也可以回收循环利用,从浸出副产物(金属氯化物)中回收金属也相对容易。因此,盐酸法的应用十分广泛,在美国、澳大利亚、印度都有工业应用。

从 20 世纪 70 年代初开始,国外在盐酸法制备人造金红石方面取得了很大的成功,先后有华昌法、BCA 盐酸循环浸出法和 Murso 法技术实现了工业化。华昌法是由美国华昌公司研发,由于采用的浸出剂为浓盐酸,其应用不太广泛,目前仅有印度德兰加德拉化学公司采用。该公司于 1970 年引进华昌法,在萨赫巴拉沙建成一座 2.5 万 t/a 的人造金红石厂,后来扩建到 6 万 t/a 的生产能力。相对于华昌法来说,采用稀盐酸浸出的 BCA 法和 Murso 法的应用更为广泛和成功。

BCA 盐酸循环浸出法是美国比尼莱特(Benilite)公司在 20 世纪 70 年代初提出[15,16],是采用高温弱还原(Fe^{3+} 还原至 Fe^{2+})预处理钛铁矿,再通过稀盐酸加压浸出除杂,通常采用高品位钛铁矿(TiO_2 品位为 54%～65%)为原料,先用重油在 870℃左右在回转窑中将钛铁矿中的 Fe^{3+} 还原成 Fe^{2+},再用 18%～20%的盐酸在回转压煮器内于 130℃下加压浸出,将钛铁矿的 Fe、Ca 和 Mg 等杂质浸除,浸出得到的固相物经过滤、干燥、煅烧成人造金红石,而浸出母液则通过喷雾法回收盐酸和氧化铁。BCA 盐酸循环浸出工艺不仅能够得到优质的人造金红石,同时实现了盐酸的循环利用,产生的“三废”也比较少。在 20 世纪 70 年代中期,它的应用达到了高潮。美国、马来西亚、日本、印度等地陆续建立一批工厂以 BCA 盐酸循环浸出法制备人造金红石,其中美国的科美基(Kerr-McGee)公司和印度的稀土有限公司的生产能力均达到 10 万 t/a。但是 BCA 盐酸循环浸出法也存在一些缺点:所用原料必须为高品位的钛铁砂矿,作为还原剂和燃料的重油价格比较昂贵,还原时间长

(约 6h),加压浸出设备投资大;浸出过程还会产生一部分细粒产品,产品质量不高。

Murso 法由澳大利亚 Murphyores 公司与 CSIRO 公司合作,在 BCA 盐酸循环浸出法的基础上于 1972 年开发成功[17,18]。该法先将钛铁矿在 900～950℃下流态化氧化焙烧,使矿中的 Fe^{2+} 全部氧化为 Fe^{3+},然后再在 800℃左右将 Fe^{3+} 还原成 Fe^{2+},最后用 20%的盐酸进行常压浸出除去其中的酸溶性杂质,最终获得人造金红石。与 BCA 盐酸循环浸出法相比,Murso 法具有很多优势,不仅降低了浸出条件,还放宽了对原料的要求,既可以处理高品位的砂矿,也可以处理低品位的未风化岩矿。21 世纪初,国外公司开发的大部分新型盐酸法均属于 Murso 法的改进方法,其中比较有成效的新工艺有澳大利亚 Austpac 资源公司研究开发的 ERMS 法和加拿大 Tiomin 资源公司的 TSR 法[19]。ERMS 法的工艺流程为钛铁矿精选→强氧化→高温弱还原→常压浸出→液固分离→烘干煅烧→磁选和浸出母液焙烧回收盐酸,其中氧化、还原、浸出和母液焙烧均采用流态化技术。该工艺经过长期的实验,据称已对世界上几十种钛铁矿进行了实验并取得了很好的效果,得到的人造金红石的 TiO_2 含量大于 96%。TSR 法工艺流程的焙烧预处理与 ERMS 法类似,采用五段逆流浸出,也可以处理多种低品位的钛铁岩矿,产品 TiO_2 含量同样可达 96%以上。

11.2.3　国内盐酸法制备人造金红石技术发展现状

我国自 20 世纪 70 年代中期就开始结合我国以攀西地区高钙镁的低品位钛铁岩矿为主的钛资源特点,通过吸收关键技术,对盐酸法进行了大量的研究。

在 1974～1975 年,当时的钛化学科研组对攀西钛铁矿的浓盐酸直接浸出进行了小实验和扩大实验的研究[20]。重庆天原化工厂在 1979 年 10 月实现了浓盐酸直接浸出制备人造金红石的工业化生产,但是产品 TiO_2 品位不高,粒度细(160 目以下的高达 68.4%)[21]。20 世纪 80 年代初,由成都科技大学牵头,联合攀枝花钢铁研究院、贵阳铝镁设计院和自贡东升冶炼厂,历时十年研发并于 1981 年在自贡建成了 2000t/a 的中试系统,结果表明对攀西钛铁矿直接盐酸浸出虽可获得高品位人造金红石,但浸出过程钛铁矿粉化严重,产品中的细粉超过 40%,无法满足沸腾氯化需要粒状人造金红石的需求,只能用于搪瓷、焊条工业[6,7,21]。

1978 年,我国科研工作者发现采用弱氧化预处理攀西钛铁矿,可以有效防止其在直接浸出中出现的粉化问题[6,7,21-23],因此发展了预氧化-常压浸出工艺。该工艺先将钛铁岩矿在回转窑中进行预氧化,然后加入到流态化浸出塔内,用 20%的盐酸三段逆流浸出。已经在重庆建立了 5000t/a 的该工艺中试生产线。它的技术特点是采用预氧化和流态化多段浸出,将浸出产品的粉化率降到 1%以下。但是该工艺得到的浸出产物品位仅为 84%～88%,其中 MgO+CaO 的含量高达 5%,还需要通过磁选分离才能提高品位至 91%,产品质量与国外先进技术所得的高品质人造金红石还有一定的差距[23]。"十五"期间，科技部牵头，组织北京有色金属研究总院、攀枝花钢铁研究院、贵阳铝镁设计院和自贡东升冶炼厂，对预氧化-盐酸浸出技术进行进一步研发，建成了千吨级中试系统，虽然成功地将粉化率降至14%[16]，但仍无法满足沸腾氯化的要求。

此外，由于攀西钛铁矿属于原生矿，矿相十分致密，它的直接酸浸速率非常慢，为了获得品位较高的人造金红石产品，常需要十几个小时的浸出反应时间[24-26]。虽然弱氧化预处理能够有效抑制攀西钛铁矿浸出产品的粉化，但是仅能微弱地提高浸出速率[27]。在预氧化-流态化常压浸出工艺中，三段浸出需要的时间就常达18h[23]。另外，盐酸浸出产品细粉量含量太高，也无法满足后续氯化法的要求。正因为如此，上述工艺在中试后都未能获得应用。

综上所述，国外发展的钛铁矿制备人造金红石技术都只适用于高品位钛铁矿，无法适用于我国攀西低品位、高钙镁含量钛铁矿的提质。国内已有研发实践表明，从攀西钛铁矿制备人造金红石，一方面要解决盐酸浸出过程产生人造金红石细粉问题，另一方面也需发展浸出强化技术，提高浸出速率，缩短浸出时间。

11.3　氧化还原过程钛铁矿矿相结构转变规律研究[28-32]

已有的研发结果表明，在盐酸浸出前对钛铁矿进行氧化、还原预处理，可能是解决攀西低品位钛铁矿浸出过程粉化和浸出速率慢的有效途径，然而预处理过程物相结构演变及其对浸出过程的影响规律尚未见到报道，尤其是不同钛铁矿组成的差异也可能对上述过程有影响，因此，有必要对攀西钛铁矿氧化还原过程进行系统的研究。

实验原料为攀枝花钢铁公司提供的钛铁精矿，粒径范围为 50～150μm。此钛铁矿是典型的未风化钛铁岩矿，其化学组成、X 射线衍射(X-ray diffraction，XRD)图和 SEM 图分别在表 11.1、图 11.1 和图 11.2 中给出。从这些原料分析结果中可知，攀枝花钛铁精矿的主要特性有：风化程度低，Fe^{3+} 少；CaO 和 MgO 等杂质含量较高；矿相组成比较单一，主要为六方 $FeTiO_3$ 相，大部分杂质固溶在 $FeTiO_3$ 相中；矿相结构十分致密。

表 11.1　攀西钛铁矿的成分组成　(单位：%)

FeO	Fe_2O_3	TiO_2	MgO	CaO	Al_2O_3	SiO_2	MnO	H_2O
35.59	5.12	46.76	5.62	1.03	1.37	3.56	0.706	<0.1

氧化还原预处理都在实验室石英材质流化床中进行，流化床内径 15mm，高度500mm，底部有多孔分布板(石英颗粒烧结得到)的石英管。每次实验称取约 16g 钛铁矿颗粒放置于流化床内，升温过程中先在 N_2 下流化，当反应器内温度达到设

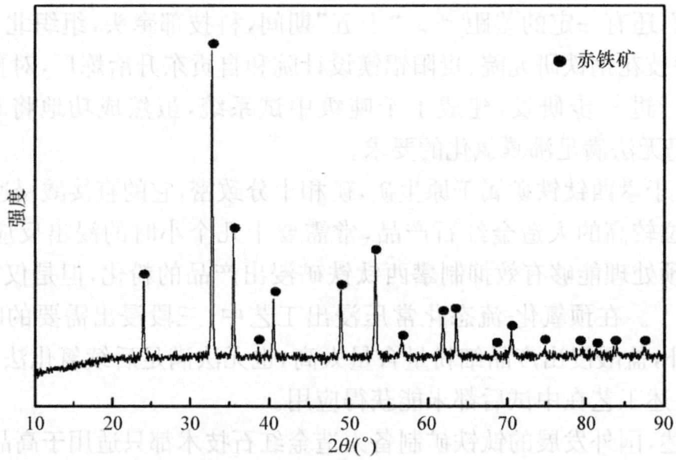

图 11.1　攀西钛铁矿的 XRD 图

(a) 表面　(b) 切面(背散射)

图 11.2　攀西钛铁矿 SEM 图

定温度时，将 N_2 切换为反应气，经过一定时间的预处理反应后，流化气再次切换为保护气体。将流化床反应器从电炉中移出骤冷，冷却至室温后将颗粒样品取出分析。

物相组成用 X 射线衍射法表征，所用仪器为荷兰 PANalytical 公司生产的 X' Pert MPD Pro 型的 X 射线衍射仪，在 XRD 分析前，将钛铁矿研磨至粒径小于 200 目。微观形貌结构用荷兰 FEI 公司生产的 Quanta200 场发射扫描电镜观察，观察表面形貌时，样品不经过处理直接黏结在导电胶上制样；观察切面形貌时，将样品固定在环氧树脂内，待树脂固化后进行磨抛制样，其中最后一道抛光程序采用 1μm 的抛光膏。

浸出实验在带有磁力搅拌子、数显温控和冷凝器的 500mL 三口圆底烧瓶中进行，所用盐酸浓度为 20%，温度为 105℃。除了标明未加搅拌的浸出实验外，其他浸出实验均带有搅拌，搅拌子转速为 600r/min。在钛铁矿浸出实验中，浸出液固比恒定在 4mL/g，盐酸和钛铁矿分别为 120mL 和 30g。纯物质的本征浸出动力学实验，除了将液固比改为 150mL/g（盐酸和固体分别为 300mL 和 2g），其他浸出条件与钛铁矿浸出实验条件相同。

11.3.1　攀西钛铁矿流态化氧化研究

在 600～1000℃范围内，研究攀西低品位钛铁矿氧化过程物相及结构变化情况。在 600℃下氧化速率较慢，因此氧化时间较长，图 11.3 给出了 600℃下分别焙烧 4h、24h 和 120h 钛铁矿的 XRD 图，结果表明，氧化只生成赤铁矿相（Fe_2O_3）和金红石相（TiO_2），只是氧化速率较慢，氧化 24h 样品，还能看到钛铁矿的 XRD 峰，氧化 120h 后，样品已全部氧化为赤铁矿相（Fe_2O_3）和金红石相（TiO_2）。尽管从 XRD 图看，物相已发生了变化，但 SEM 微观（图 11.4）观察显示，钛铁矿微观结构变化不明显。

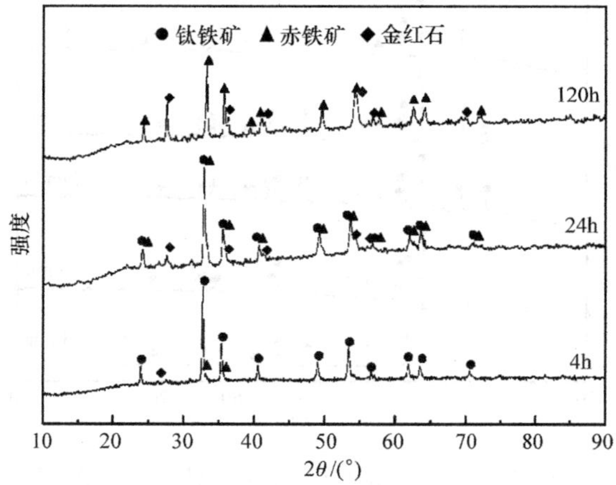

图 11.3　600℃下焙烧不同氧化时间的钛铁矿 XRD 图

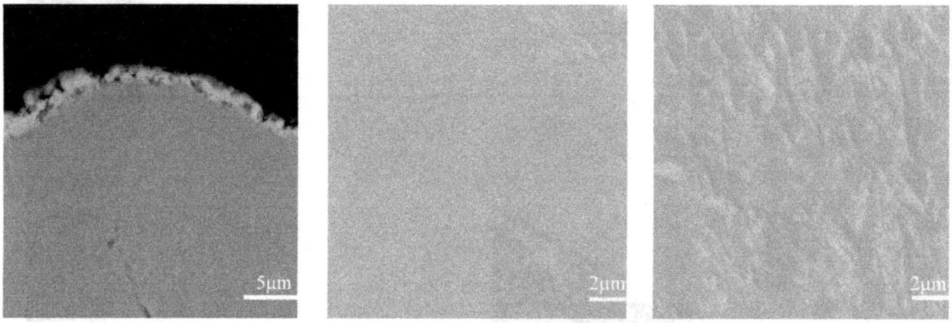

(a) 4h　(b) 24h　(c) 120h

图 11.4　600℃下氧化不同时间后的钛铁矿切面（背散射）SEM 图

图 11.5 为 750℃下焙烧不同时间的钛铁矿 XRD 图。与 600℃相比，750℃下氧化速率明显加快，从图 11.5 可以看出，150min 时氧化基本完成，氧化形成的物相与 600℃下相同，均为赤铁矿相和金红石相，继续延长氧化时间至 1080min，氧化产物未见明显变化。图 11.6 给出了在 750℃下氧化不同时间的样品形貌变化图，可见氧化焙烧初期，形貌变化仅发生在钛铁矿颗粒的表面。如图 11.6(a)和(b)所示，一层颜色明亮的物质在颗粒表面生成，分析显示这层物质为 Fe_2O_3，其厚度在仅氧化 3min 后就可以达到 1～2μm，进一步延长焙烧时间，厚度未见明显变化。氧化 10min 和 20min 钛铁矿的颗粒内部发生了明显的形貌变化，一种丝状、颜色稍暗的新相开始出现，但不很明显，如图 11.6(c)和(d)所示。随着氧化时间的延长，颗粒内部形成的金红石更加明显，如图 11.6(e)和(f)所示，金红石晶粒也越来越粗大，最终这些晶粒相互连接起来形成一个几乎贯穿整个颗粒的、掺杂包裹着 Fe_2O_3 晶体的三维网络。

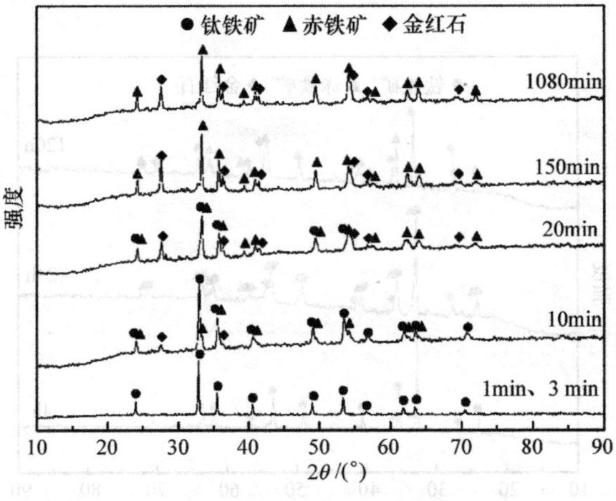

图 11.5　750℃下焙烧不同时间的钛铁矿 XRD 图

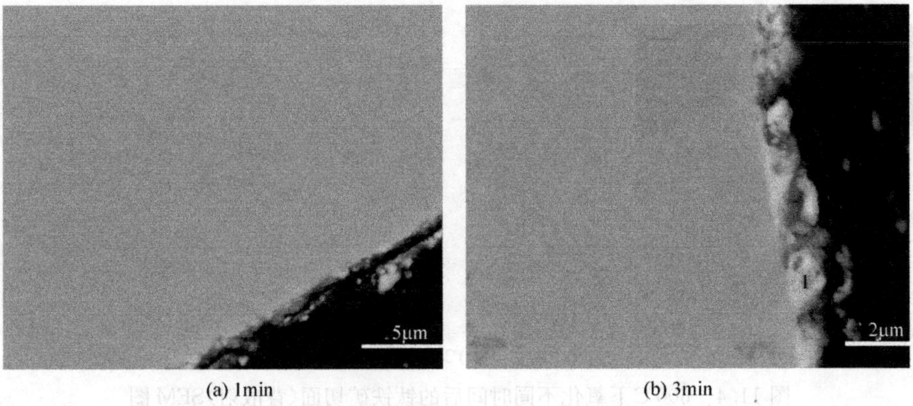

(a) 1min　　(b) 3min

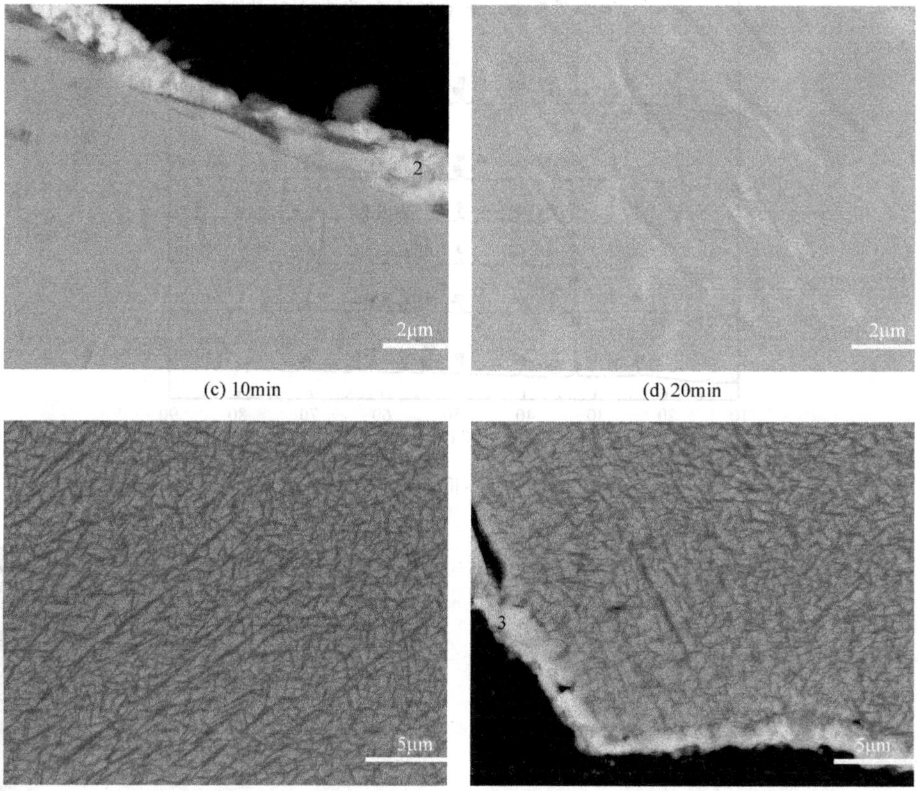

(c) 10min　(d) 20min

(e) 150min　(f) 1080min

图 11.6　750℃下氧化不同时间后的钛铁矿切面(背散射)SEM 图

点 1:Fe-31.99(原子质量分数,%,余同)、Ti-3.53、O-64.47;点 2:Fe-39.04、Ti-2.03、O-58.93;点 3:Fe-39.06、Ti-2.93、O-58.01。颗粒表面层为 Fe_2O_3,颗粒内部的三种晶体分别为 TiO_2 晶体(暗颜色、针状)、Fe_2O_3 晶体(明亮相)和 $FeTiO_3$(灰色相)

高温下钛铁矿氧化速率进一步加快,如图 11.7 所示,900℃下几分钟就可完成钛铁矿、赤铁矿和金红石的反应,不仅如此,更长时间的 XRD 图中还出现了假铁板钛矿相(Fe_2TiO_5),30min 的 XRD 图谱中已可见到假铁板钛矿相的峰,240min 后赤铁矿相的峰已比较微弱,说明赤铁矿已基本全部转化为假铁板钛矿相图。图 11.8 显示了 900℃下氧化过程钛铁矿微观形貌演变情况,可见,900℃下氧化 1min,金红石相就已清晰可见,氧化 8min 的形貌与 750℃下氧化 150min 的相当。需要指出的是,氧化反应生成的 Fe_2O_3 和 TiO_2 并不稳定,会进一步化合形成假铁板钛矿相,8min 样品中已可看到一个小的化合区域,如图 11.8(c)所示。进一步延长氧化时间,化合区域逐渐扩大,并且从颗粒外部边缘向颗粒内部逐渐推进,面积也越来越大,如图 11.8(c)和(d)所示。当氧化时间超过 240min 后,化合区域已经完全

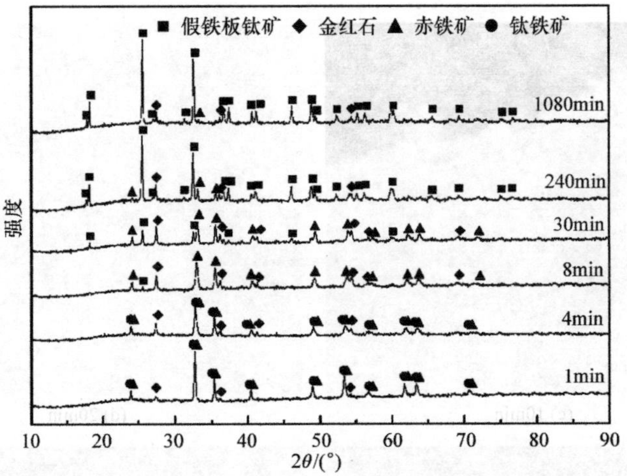

图 11.7　900℃下焙烧不同时间钛铁矿的 XRD 图

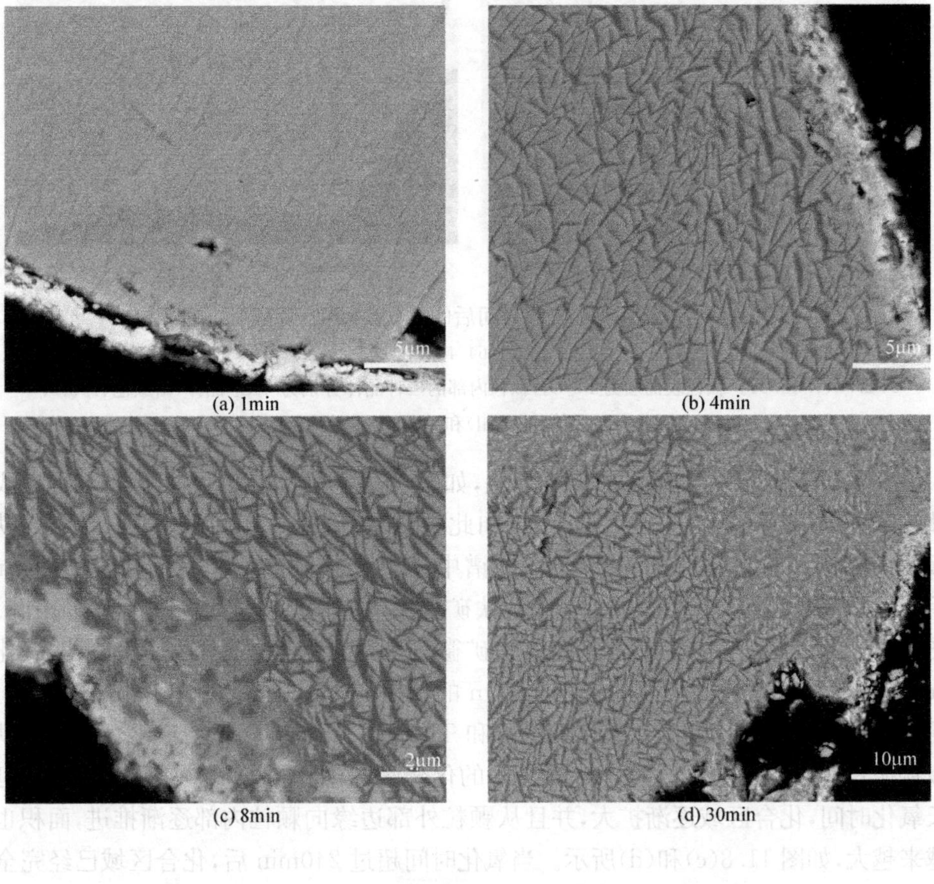

(a) 1min　(b) 4min

(c) 8min　(d) 30min

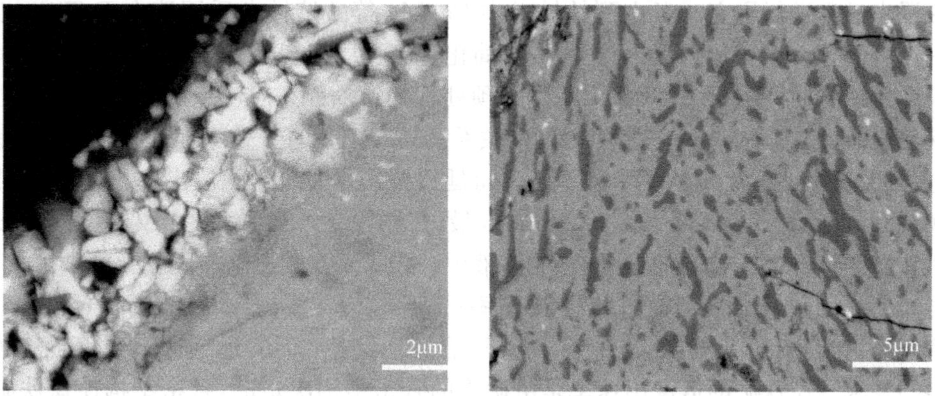

(e) 240min　　(f) 1080min

图 11.8　900℃下氧化不同时间后的钛铁矿切面(背散射)SEM 图

占据整个颗粒内部,残存的 Fe_2O_3 和 TiO_2 晶体变得越来越模糊,最后形成了由形状不规则的假铁板钛矿相与金红石相共存的微观结构,如图 11.8(e)所示。再进一步延长焙烧时间,颗粒的形貌不再发生明显的变化,如图 11.15(f)所示,明亮的点状 Fe_2O_3 在 1080min 后几乎已经完全消失,残留的 TiO_2 晶体则随着晶体的持续生长而尺寸变大,颜色变暗。

上述研究结果表明,钛铁矿在氧化焙烧过程中有两种不同的反应历程,当 $t<800$℃时,钛铁矿仅发生氧化反应,而当 $t\geqslant800$℃时,钛铁矿则先发生氧化反应,然后氧化产物进一步反应生成热力学稳定的 Fe_2TiO_5。低于 800℃发生的是简单的氧化反应:$FeTiO_3 \longrightarrow TiO_2 + Fe_2O_3$;而高于 800℃发生的是氧化-化合串联反应:$FeTiO_3 \longrightarrow TiO_2 + Fe_2O_3 \longrightarrow TiO_2 + Fe_2TiO_5$。在这两个温度区域内,温度仅影响反应速率,而不影响反应的历程。后续研究将显示,这些规律性认识是实际反应过程控制和浸出过程防粉化的基础。

攀西钛铁矿氧化焙烧微观结构演变规律为,低于 800℃时,钛铁矿先在颗粒表面生成一层厚度为 1~2μm 的 Fe_2O_3 层(Fe 离子向外扩散的结果),然后颗粒内部逐渐出现相互混杂的 Fe_2O_3 和 TiO_2 晶体,这些晶体随着焙烧时间延长而生成长大,最终针状的 TiO_2 晶体相互连接,形成一个贯穿整个颗粒内部、包裹 Fe_2O_3 晶体的 TiO_2 网络。高于 800℃时,钛铁矿先经历以上因氧化反应引发的形貌演变,然后网络状 TiO_2 及其包裹的 Fe_2O_3 因发生化合反应逐渐被消耗,最终残存的 Fe_2O_3 和 TiO_2 则分别以点状或者岛状的形态分散在 Fe_2TiO_5 主体相中。

11.3.2　氧化钛铁矿盐酸浸出行为研究

研究预处理矿相结构演化的目的是为浸出过程优化提供基础,因此有必要研究氧化处理钛铁矿的盐酸浸出行为。为了更好地对比,先对攀西钛铁矿的直接盐酸浸出过程进行研究。考虑到钛铁矿中 Ca、Mg 等酸溶性杂质固溶在 $FeTiO_3$ 相中，它们与 Fe 有相似的浸出行为，为了简化，仅通过测定 Fe 和 Ti 元素的浸出率来表征钛铁矿的浸出行为。图 11.9 是未预处理的钛铁原矿在 105℃下与 20%的盐酸反应时，Fe、Ti 浸出率与浸出时间的关系。可以看出，Fe 和 Ti 两元素表现出完全不同的浸出行为，Fe 的浸出率随时间延长持续增加；Ti 的浸出率则是先上升(0～30min)后急剧下降(30～120min)，最终达到一个低水平的稳定值(120min 后)，表明钛铁矿颗粒中的 Fe 转移到溶液中，而 Ti 元素则逐渐在固相颗粒中富集。虽然 Fe 一直被浸出，但是它的浸出速率一直比较慢。浸出 480min 后，Fe 的浸出率也仅达到 80.6%。浸出渣中残留的 Fe 含量还高达 20%，远远达不到优质富钛料的要求。钛铁矿的低浸出速率是由矿物的致密结构决定的，致密结构使钛铁矿与盐酸的反应仅发生在液固接触的颗粒表面，钛铁矿整体的浸出率受钛铁矿表面积也就是颗粒粒径的控制。

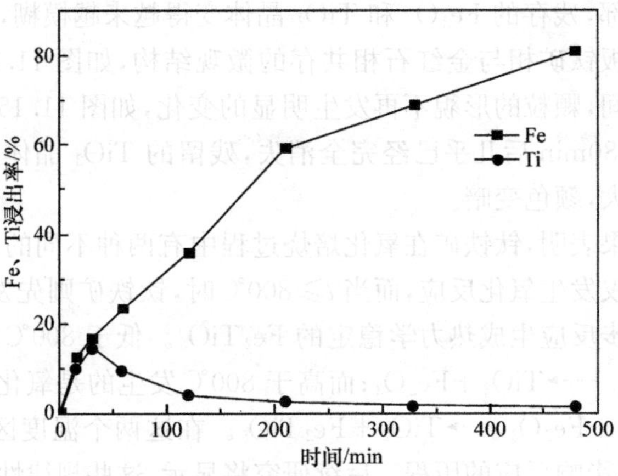

图 11.9　钛铁原矿浸出动力学曲线

浸出条件：105℃，20%的盐酸，液固比 4mL/g

此外，对比观察 Fe 和 Ti 浸出动力学曲线可知，Fe 和 Ti 的浸出速率在浸出前期十分接近，说明钛铁矿与盐酸的反应不具有选择性，$FeTiO_3$ 相中 Fe 和 Ti 都将在浸出过程中被浸出。Ti 元素表现出的不同浸出行为是因为 Ti 元素在浸出过程中除了发生浸出反应外，还有水解沉积反应。在 4mL/g 的低液固比下，浸出溶液中 Ti^{4+} 容易达到饱和浓度，一旦它达到饱和浓度后，溶液中的 Ti 元素就会迅速水解成固相沉积。当 Ti 元素的溶解速率与水解沉积速率相同时，溶液中的 Ti^{4+} 浓度，即 Ti 元素的浸出率就达到了平衡。因此，Ti 元素的浸出率在浸出后期会达到一个稳定值。

为了探究浸出产品发生粉化的原因，对钛铁矿浸出 1h(此时溶液中已经有 Ti^{4+} 的水解反应)后固相的形貌进行了表征。如图 11.10(a)显示，在固相中，除了含有与钛铁矿原始粒径相近的大颗粒外，还有一些粒径小于 10μm 的细小团聚体。放大观察其中的大颗粒，如图 11.10(b)所示，可以发现在大颗粒的表面也生成了许多粒径小于 10μm 的细小团聚体。图 11.10(c)和(d)分别是大颗粒表面以及溶液中单独存在的细小团聚体的放大图片。对比两图可以发现，这些细小团聚体都是由相同的纳米级针状晶体团聚而成，能谱(EDS)分析结果证实这些针状晶体是 TiO_2 晶体，是由 Ti^{4+} 水解产生的，这些 TiO_2 晶体与基体结合较弱，容易被搅拌等外力破坏而脱落到溶液中，这些块状 TiO_2 晶体在外力作用下被进一步破坏粉化成粒径小于 10μm 的细小团聚体。浸出产品的粒度分布能够更直观地显示出钛铁矿在浸出过程中的粉化现象。图 11.11 是由激光粒度仪测得的不同浸出时间得到的固相粒度分布柱状图。从图中可以明显看出，浸出产品的粉化现象随着浸出时间延长而更加严重；粒径小于 10μm 的细颗粒不断生成，且所占的比例持续增加。当浸出时间为 8h 时，粒径小于 10μm 的细颗粒已经成了固相的主体，整个固相的平均粒径也由 137.5μm 变为 10.19μm。由此可见，攀西钛铁矿浸出过程“粉化”部分是由 Ti^{4+} 水解产生细小的 TiO_2 造成的。

图 11.10　浸出 1h 固相的 SEM 图

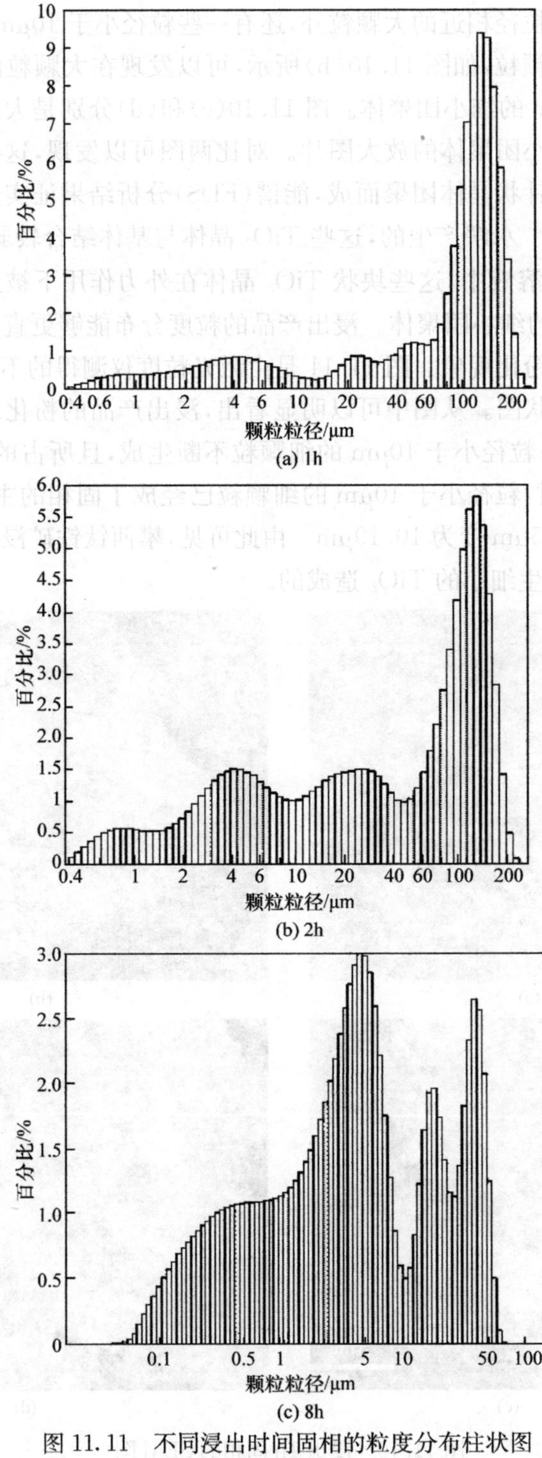

图 11.11　不同浸出时间固相的粒度分布柱状图

下面研究预氧化焙烧对钛铁矿盐酸浸出行为的影响，先将钛铁矿分别在 600～1000℃内预氧化焙烧 4h，然后用 20%的盐酸溶液同样在 105℃下浸出处理预氧化钛铁矿。如图 11.12 所示，预氧化钛铁矿的浸出率随氧化温度的升高而降低。600℃和 700℃预氧化焙烧能够微弱地提高钛铁矿的浸出率，而更高氧化温度的预氧化则会抑制钛铁矿的浸出反应活性，其中 900℃和 1000℃预氧化矿的浸出率大大低于未处理原矿。预氧化矿浸出反应活性的变化应该归结于钛铁矿在氧化过程中发生的物相和形貌结构变化，研究表明，Fe_2O_3 浸出速率都较快，$FeTiO_3$ 浸出速率次之，但是 Fe_2TiO_5 在盐酸中浸出速率非常慢，比 Fe_2O_3 约低一个数量级[30,31]，如图 11.12 所示，900～1000℃氧化焙烧后，10h 内铁的浸出率仅 20%左右，所以预氧化对钛铁矿浸出速率的影响主要源于氧化导致的物相改变。

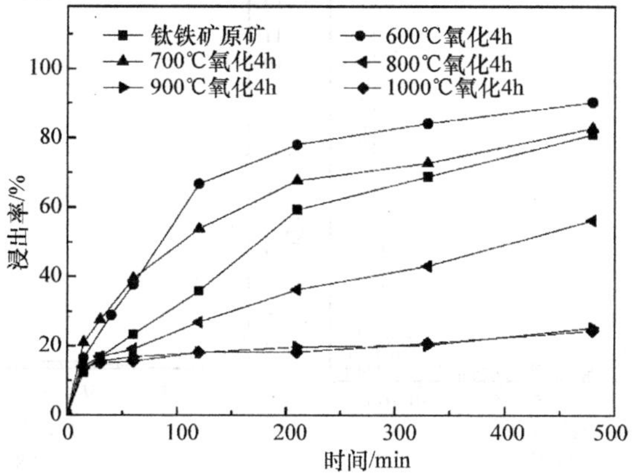

图 11.12　原矿与预氧化矿的 Fe 浸出动力学曲线

浸出条件：105℃，20%盐酸，液固比 4mL/g

进一步测定了氧化温度对产品粒度的影响，如图 11.13 所示，预氧化焙烧大大降低了浸出产品的粉化率，并且预氧化温度越高，产品的粉化率就越低。由图 11.13 可知，600～700℃预氧化矿的浸出产品中粒径小于 10μm 的细颗粒相对较少。而当氧化温度≥800℃时，预氧化矿的浸出产品基本维持了钛铁矿的原始粒径，几乎没有粉化。

为了考查预氧化对产品粉化的影响机制，我们研究了浸出产品的微观形貌结构。图 11.14 是不同温度氧化钛铁矿的浸出产品粗颗粒的切面 SEM 图。

中低温(600～800℃)预氧化矿的浸出产品具有明显的分层结构：灰色多孔的浸出反应外层和明亮致密的未反应内核。这两个区域的相对大小直观反映出浸出反应的反应程度：600℃和 700℃预氧化矿浸出速率大，未反应核所占比例小；而 800℃预氧化矿浸出速率小，未反应核所占比例大。EDS 表征结果显示，反应层的灰色物相正是浸出产物 TiO_2，仔细对比可以发现，反应区与未反应内核的 TiO_2 具

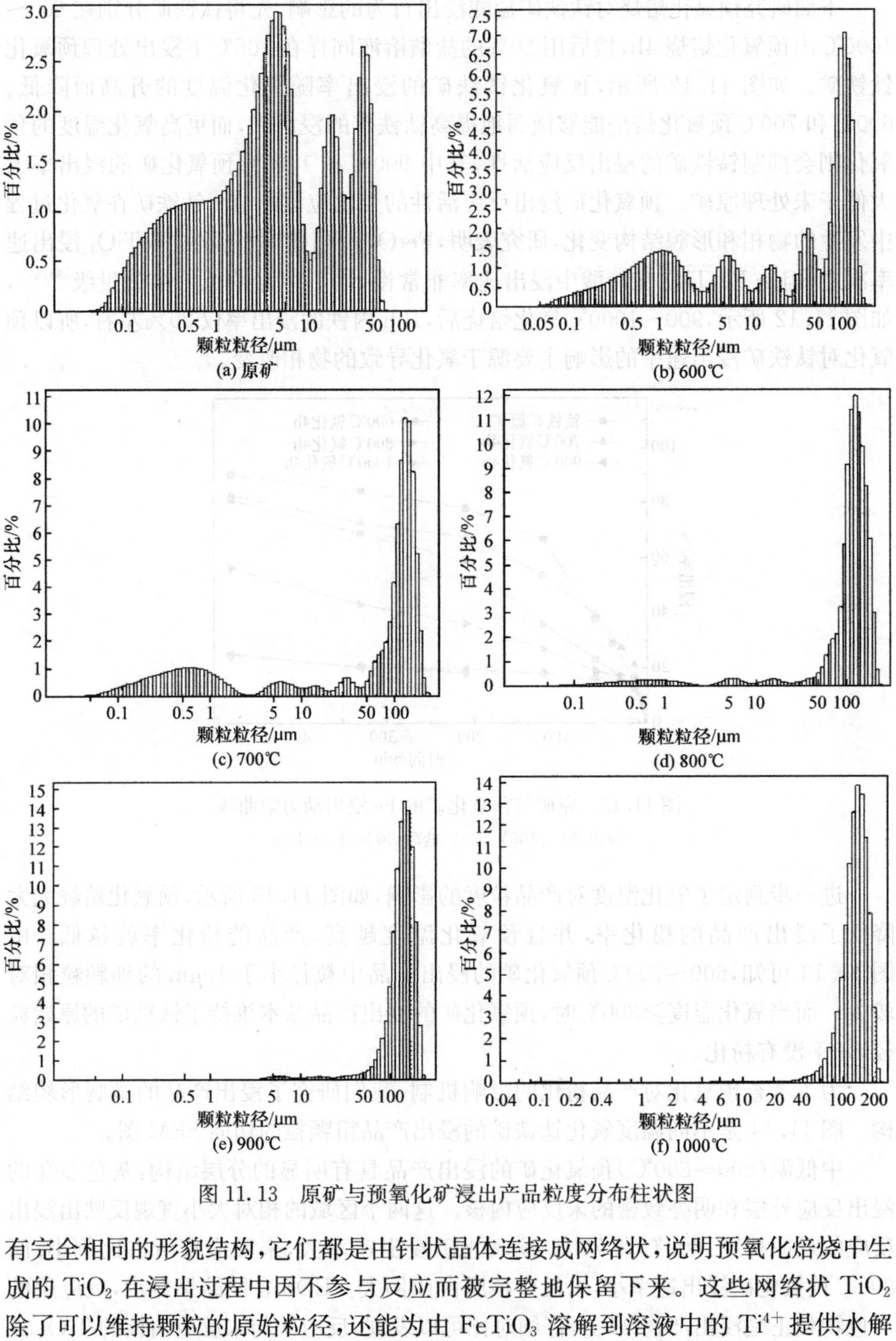

图 11.13　原矿与预氧化矿浸出产品粒度分布柱状图

有完全相同的形貌结构，它们都是由针状晶体连接成网络状，说明预氧化焙烧中生成的 TiO_2 在浸出过程中因不参与反应而被完整地保留下来。这些网络状 TiO_2 除了可以维持颗粒的原始粒径，还能为由 $FeTiO_3$ 溶解到溶液中的 Ti^{4+} 提供水解

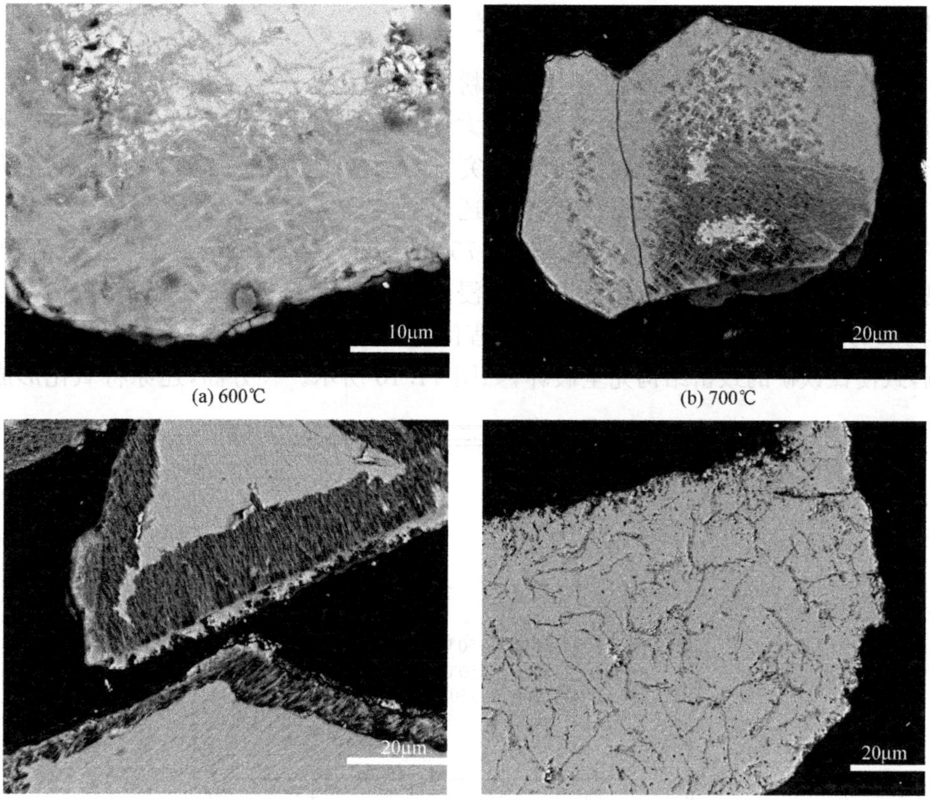

(a) 600℃　(b) 700℃　(c) 800℃　(d) 900℃

图 11.14　氧化钛铁矿浸出产品切面(背散射)SEM 图

结晶核。因此,中低温氧化在颗粒内部生成的网络状 TiO_2 是浸出产品不发生粉化的根本原因。在这个温度区域,氧化温度的升高可以增加 TiO_2 晶体的生成数量,改善 TiO_2 的网络结构,浸出产品抵抗机械外力的能力增强,产品的粉化率也因此随之降低。

900℃预氧化钛铁矿的主要物相为难溶的 Fe_2TiO_5,所以它的浸出产品表现出截然不同的形貌。浸出前后,除了发现 Fe_2O_3 的消失及一些孔洞裂纹的生成,看不到其他的变化;Fe_2TiO_5 和 TiO_2 在浸出过程中由于浸出速率低而被保留下来。因此,对于高温(900～1000℃)预氧化矿,它们在浸出过程中不发生粉化,颗粒粒径得到维持的主要原因是氧化使得颗粒的主要物相变成难溶相 Fe_2TiO_5。

通过上述研究,探明了攀西钛铁矿氧化过程物相及结构演变及其对浸出产品形貌的影响规律,发现微观结构决定是否粉化,而通过调控形成三维金红石网络结构是防止粉化的关键。浸出过程氧化铁溶解后,有三维网络结构时金红石颗粒因该网络结构而紧密连接在一起,可有效防止粉化,得到粒径保持不变的粒状产品。

11.3.3 氧化钛铁矿还原-浸出行为研究

虽然通过预氧化可以防止浸出过程粉化，但氧化处理会大幅降低浸出速率，且防粉化效果好的高温预氧化后浸出速率太慢，基本无实际应用可能，为此，需要探求提高浸出速率的方法。综合已有的研究，还原有可能在颗粒内部产生孔洞，大大加快浸出速率，因此，本节研究预氧化矿还原-浸出行为。

图 11.15 是不同温度氧化钛铁矿经 750℃下 H_2 还原 30min 后的浸出行为，可见，还原大幅提高了钛铁矿的浸出速率，浸出 2h 后三种预处理矿的 Fe 浸出率都达到了 90%以上。这主要是由于还原过程因 O 被 H 夺走而产生了大量的细小孔洞，致使钛铁矿的致密结构完全破坏，如图 11.16 所示。一方面，还原将氧化形成

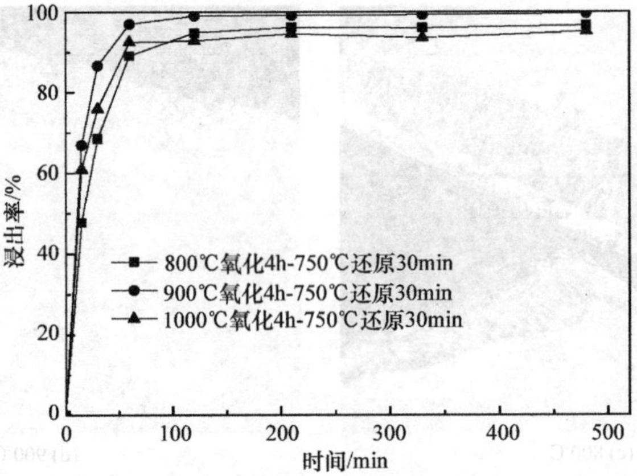

图 11.15 预氧化-(高温)还原钛铁矿的 Fe 浸出动力学曲线

浸出条件：105℃，20%盐酸，液固比 4mL/g

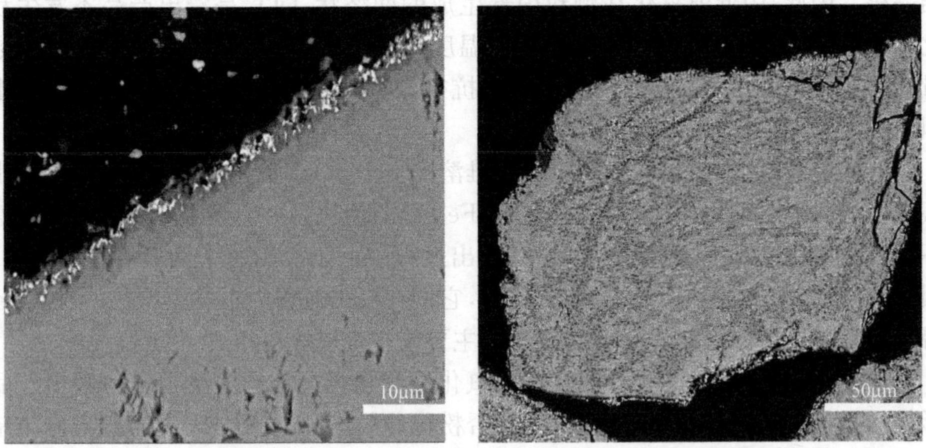

(a) 原矿 (b) 还原后

图 11.16 氧化钛铁原矿及其在 750℃下 H_2 还原 30min 后的形貌

的难浸出 Fe_2TiO_5 相转化为易浸出的 Fe_2O_3 相或 $FeTiO_3$ 相；另一方面，还原产生的孔洞也降低了盐酸内扩散阻力，两者共同作用使浸出速率大大加快。

进一步研究表明，虽然还原能够大幅提高浸出速率，但也同时会增加粉化率，如图 11.17 所示，三种预处理矿浸出产品的粒度分布与原矿相似，粒径小于 10μm 的细颗粒所占比例非常大，平均粒径（分别为 10.81μm、25.39μm 和 24.79μm）比原矿浸出渣的平均粒径（10.19μm）大。

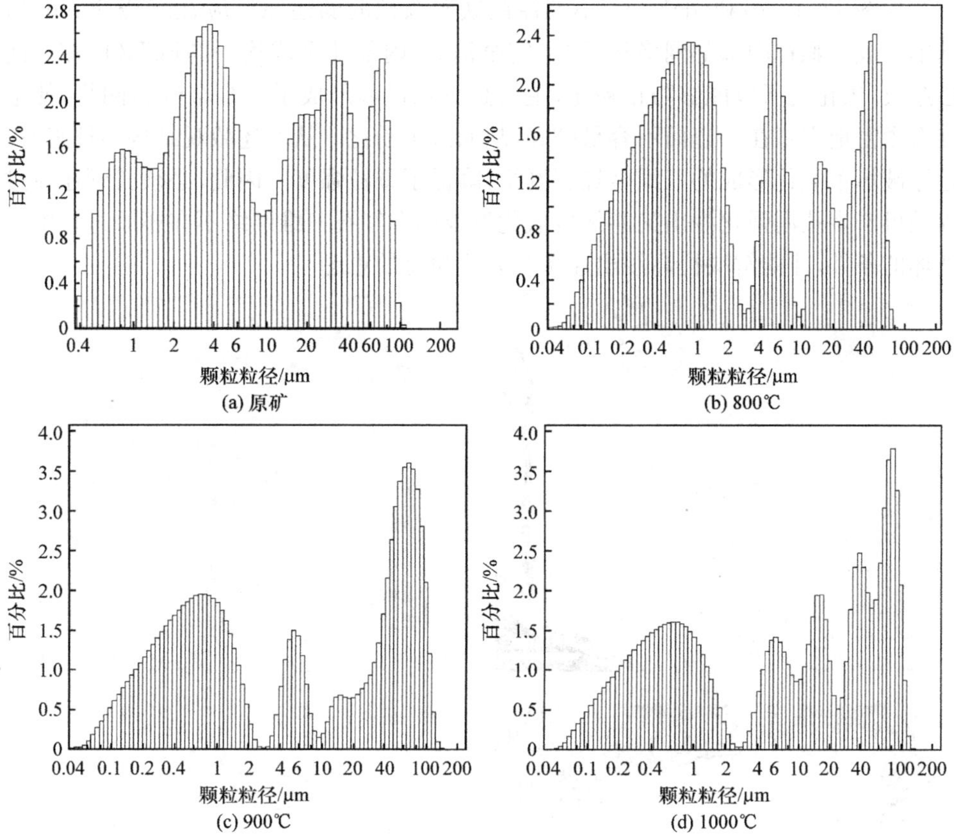

图 11.17　原矿与预氧化-（高温）还原矿浸出渣的粒度分布图

为了探究还原引起粉化率增加的原因，考查了还原矿的微观形貌，如图 11.18 所示，这些钛铁矿颗粒的还原程度随颗粒粒径的变化而变化。大粒径的钛铁矿被部分还原，其切面形貌如图 11.18 (a)所示。它们具有三个组成和形貌截然不同的区域，这三个区域从内到外依次为未反应核、$Fe^{3+}\rightarrow Fe^{2+}$ 反应区和 $Fe^{2+}\rightarrow Fe$ 反应区（金属化反应区）。其中，未反应核保留了钛铁矿初始的致密结构，而发生反应的两个区域由于 O 被 H 带走而产生了较多的微小孔洞。此外，在颗粒的第 2 层，也就是 $Fe^{3+}\rightarrow Fe^{2+}$ 反应区，TiO_2 的三维网络结构由于化合还原反应的发生而已经被完全破坏。如图 11.18(b)所示，在第 2 层反应区域还原产物 $FeTiO_3$（灰色）转变成主相，而少量未反应的残余 TiO_2（相对较暗）和 Fe_2O_3（相对较亮）晶体则分散在 $FeTiO_3$ 主相中。这些残留晶体的晶界十分模糊，正好反映出 TiO_2 和 Fe_2O_3 在还原焙烧过程中逐渐被溶解在 $FeTiO_3$ 相中的过程。值得注意的是，最外的金属化层厚度明显比第 2 层薄，这说明金属化反应速率比 Fe_2O_3 的还原反应快。随着还原反应的深入，钛铁矿颗粒的未反应核完全消失，整个钛铁矿变成一个多孔的颗粒。如图 11.18(c)和(d)所示，小粒径钛铁矿颗粒的弱还原反应在焙烧 30min 后基本完成。颗粒内部的网络状 TiO_2 完全消失，内部几乎成均一的$FeTiO_3$ 相。前已述及，氧化之所以能够防止粉化，主要是氧化过程形成了三维金红石网络，使金红石紧密地交织在一起而不容易破碎，从而避免粉化。从上述微观结构表征来看，还原破坏了氧化形成的三维金红石网络，降低了颗粒强度。因此，必须找到还原过程既可产生孔洞强化浸出又能保持氧化形成的金红石三维网络不在还原过程中被破坏的条件，才能解决提高浸出速率与防止粉化的难题。

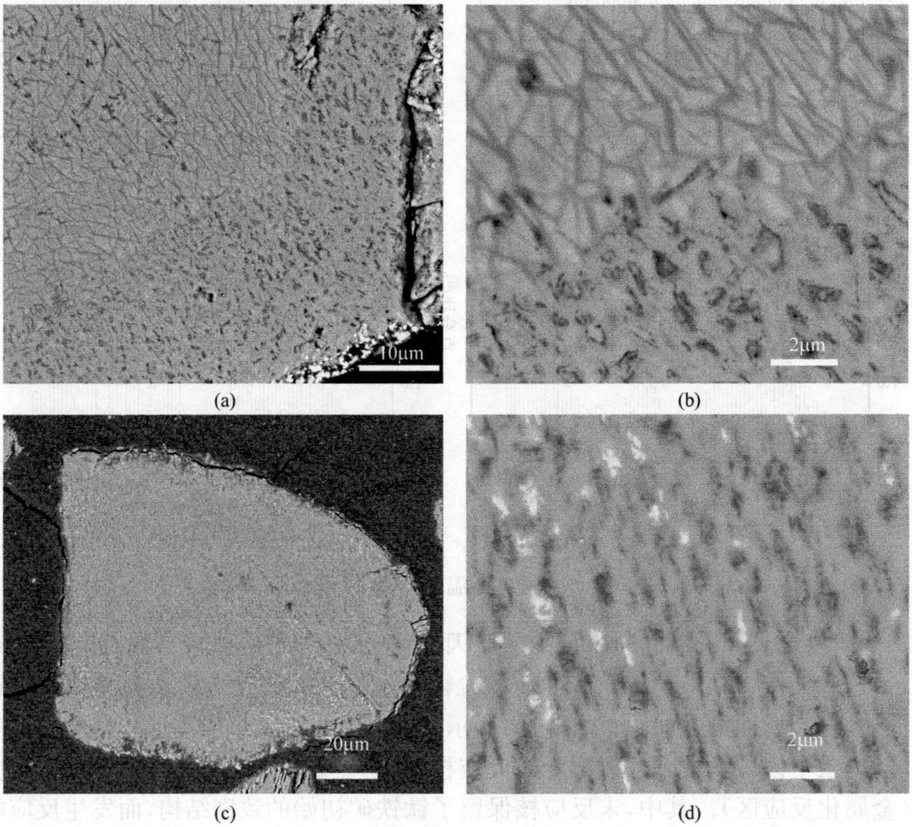

图 11.18　样品在 750℃下还原 30min 后的(背散射)SEM 图

分析表明，氧化形成的金红石网络在还原过程中被破坏的原因是金红石与 FeO 化合形成钛铁矿，因此，要保持金红石三维网络不被破坏，必须抑制此化合反应。研究发现，在 600℃左右的低温下还原，可避免金红石与 FeO 化合形成钛铁矿，图 11.19 是 600℃还原后颗粒剖面微观结构 SEM 图，可见其与 750℃还原后的形貌(图 11.18(c)和(d))相差甚大，第一个明显的差异就是，600℃还原后，钛铁矿颗粒内仅有 2 个不同区域；还原的两个反应($Fe^{3+}\rightarrow Fe^{2+}$和 $Fe^{2+}\rightarrow Fe$)都发生在同一个(反应)区域内(图 11.19(a))，并且在反应区域内没有观察到 $FeTiO_3$。第二个差异就是三维网络结构的 TiO_2 晶体在反应区域内被完全保留下来(图 11.19(b))。

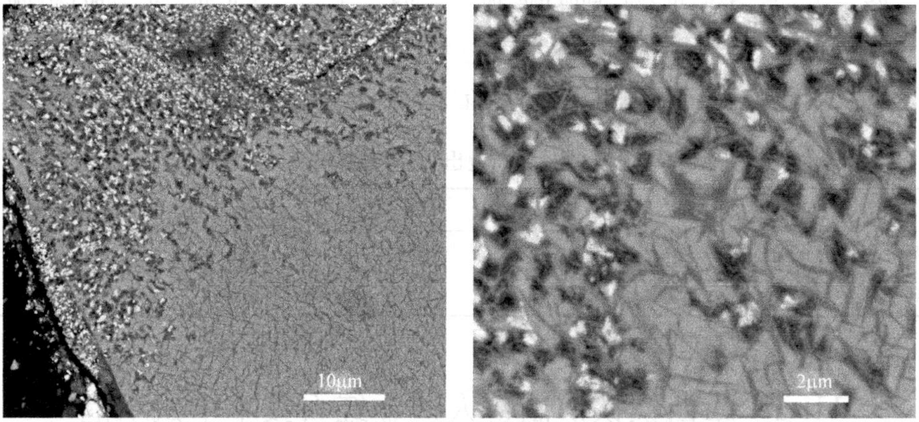

(a)　(b)

图 11.19　样品在 600℃下还原 1h 后的(背散射)SEM 图

至此，就发展出了攀西钛铁矿中低温氧化-低温弱还原-浸出提质新工艺，中低温氧化使钛铁矿形成金红石三维网状结构，增加了颗粒强度；再通过还原，在保持金红石三维网状结构的前提下将 Fe_2O_3 还原为 FeO，同时在颗粒内部产生微孔洞，强化浸出过程。钛铁矿经过 900℃预氧化-750℃还原和 800℃预氧化-600℃还原后浸出得到产品的粒度分布如图 11.20 所示，两者的平均粒径分别为 22.91μm 和 126.70μm。显然，前者的粉化率比后者低得多，它基本维持了钛铁矿颗粒的原始粒径，产生的粒径小于 10μm 的细颗粒非常少，能够满足氯化法对原料的粒度要求，说明低温弱还原确实可有效避免还原过程造成的产品粉化。

表 11.2 是攀西钛铁矿通过上述氧化-还原-浸出处理后得到的产品成分组成，可见，虽然低温还原得到的产品杂质含量比高温还原稍高，但是它的 TiO_2 品位同样在 90%以上，而有害杂质 MgO+CaO 的含量也低于 1.5 %，满足氯化法对原料的品位要求。

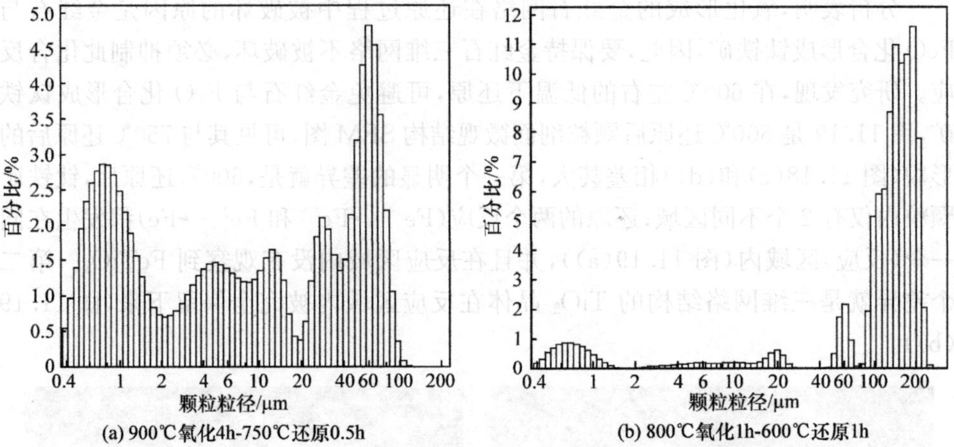

图 11.20　两种预处理的钛铁矿浸出 2h 产品粒度分布柱状图

表 11.2　预处理钛铁矿浸出 2h 得到的产品成分组成　(单位:%)

预处理条件	TiO_2	Fe_2O_3	MgO	CaO	SiO_2	Al_2O_3	MnO_2
800℃氧化 1h-600℃还原 1h	92.21	3.81	0.66	0.30	2.24	0.68	0.10
900℃氧化 4h-750℃还原 0.5h	94.48	0.77	0.32	0.40	2.98	1.04	0.02

11.4　攀西钛铁矿制备人造金红石技术中试示范

11.4.1　攀西钛铁矿粗细颗粒转化调控研究

通过系统的基础研究,发展了中低温氧化-低温还原-盐酸浸出新工艺,用于攀西钛铁矿提质制备人造金红石,并且探明了中低温氧化和低温还原过程控制是避免粉化、强化后浸出的关键。前述研究也表明,中低温氧化和低温还原都是串联反应过程,如氧化时钛铁矿首先氧化为 TiO_2(金红石)相和 Fe_2O_3(赤铁矿)相,TiO_2 和 Fe_2O_3 再通过化合反应生成 Fe_2TiO_5,而氧化过程需要控制在 TiO_2(金红石)相和 Fe_2O_3(赤铁矿)相阶段;同样,还原过程首先是 Fe_2O_3 被还原为 FeO,FeO 会与 TiO_2 化合形成 $FeTiO_3$,而还原过程也需要控制在中间阶段,这给反应(氧化、还原)过程调控提出了很高的要求,转化不足或转化过头都会影响浸出产品细粉比例。更为困难的是,钛铁矿颗粒粒度分布较宽,如表 11.3 所示,颗粒最大粒径达到 0.35mm,而最小粒径仅 0.10mm,两者相差 3 倍。由于颗粒完全转化时间与颗粒粒径直接相关,当转化过程由化学反应或外扩散控制时,颗粒完全转化时间与颗粒粒径成正比,当转化过程由内扩散控制时,颗粒完全转化时间与颗粒粒径的平方成正比。对攀西钛铁矿转化，就意味着粗细颗粒在反应器中的停留时间至少相差 3 倍，才可能实现粗细颗粒的同步转化。当然，实际工业过程中很难做到粗细颗粒的停留时间与其所需的理论转化时间完全匹配，但也需要通过反应条件和反应器设计，使两者尽可能地接近，以期获得最优的效果。为了在实际生产中能更好地控制粗细颗粒同步转化，研究采取了两条针对性的措施予以应对。

表 11.3　攀西钛铁矿粒度分布

颗粒粒径/mm	0.104	0.231	0.351
质量分数/%	59.8	20.7	19.5

首先通过转化动力学研究，寻找氧化或还原（第一步）动力学较快，而化合（第二步）相对较慢的工艺条件。这样在实际生产中，部分颗粒停留时间稍长于理论转化时间，也不至于引起严重的化合反应。

图 11.21 是攀西钛铁矿氧化宏观动力学数据，可以看出，700℃及以下，钛铁矿氧化速率较慢，700℃下氧化 600min 氧化率才可达到 90%以上，750℃下氧化 240min 基本可实现完全氧化，800℃下的完全氧化时间在 120min 左右，900℃下的完全氧化时间在 30min 以内。

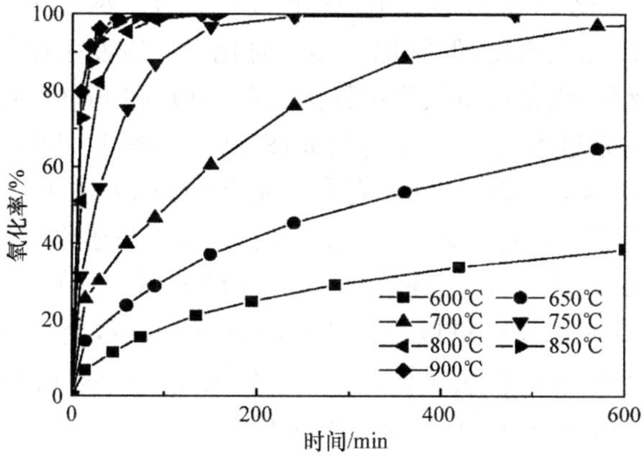

图 11.21　不同温度下钛铁矿的氧化率

而对于 TiO_2 与 Fe_2O_3 的化合反应速率，图 11.4 及图 11.6 显示，600℃下氧化 120h、750℃下氧化 1080min，未观察到化合反应发生，可以认为 750℃以下，不用考虑化合反应，但 750℃以下氧化速率也较慢，工业实际操作意义不大。

800℃下微观结构（图 11.22）研究表明，800℃下氧化 8h 未见明显的化合反应发生，但进一步延长时间至 120h 时，TiO_2 与 Fe_2O_3 完全化合，氧化形成的金红石三维网状结构完全消失。由于 800℃下的完全氧化时间约为 2h，而开始化合时间大于 8h，如果 800℃下进行氧化预处理，既可保证完全氧化，形成防止粉化的金红石三维网状结构，又可避免化合反应发生而破坏金红石三维结构，是实际操作可选的氧化条件。

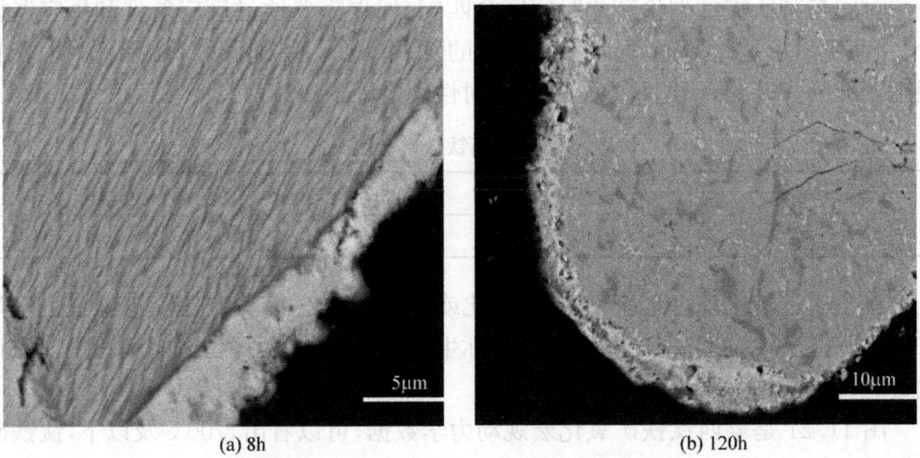

图 11.22　800℃下氧化 8h 和 120h 后的钛铁矿切面(背散射)SEM 图

图 11.8 显示，900℃下氧化 8min 时化合反应已开始发生，氧化 30min 时的化合率在 50%左右，氧化 240min 时整个颗粒已完全化合。尽管 900℃下氧化速率较快，30min 内可实现完全氧化，但氧化 30min 时化合反应发生比例也很高，实际过程若在此温度下操作，则很难将氧化过程控制在 TiO_2 和 Fe_2O_3 阶段。

还原温度及还原过程化合反应情况如图 11.15、图 11.18 和图 11.19 所示，750℃下还原速率较快，大致在 60min 左右可完成 90% Fe^{3+} 的还原，但图 11.18 显示，750℃下 FeO 与 TiO_2 化合反应进行得也很快，几乎与还原反应同步进行，导致氧化形成的网状结构金红石被消耗，而图 11.19 则显示，600℃下虽然还原反应进行得较慢，但化合反应进行得更慢，所以完成还原的区域，金红石结构保持完整。由此可见，与氧化反应既可以快速氧化又能防止化合反应进行相比，还原反应大概只能通过降低温度牺牲还原反应速率来避免化合反应发生。

另外，作者还探索通过反应器设计，对流化床中粗细颗粒停留时间进行调控，使粗细颗粒在流化床中的平均停留时间分别更接近其所需的理论转化时间。通过探索研究发现，气速和内置多孔挡板都可在一定程度上增大粗细颗粒停留时间差别。图 11.23 显示了操作气速对粗细颗粒平均停留时间比(θ)的影响，可以看到，在低流化数($U_g/U_{mf}=6$)时，粗细颗粒在流化床中的平均停留时间基本没有差别，随着表观气速的提高，粗细颗粒停留时间差别增大，但即使到了 $U_g/U_{mf}=23$ 时，粗细颗粒平均停留时间比也仅在 1.5 左右，离化学反应控制的理想停留时间相差甚远，因此仅靠气速难以对粗细颗粒停留时间进行有效的调控。

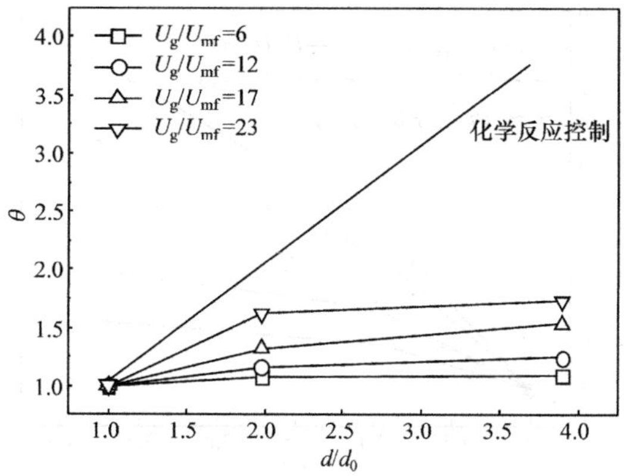

图 11.23　操作气速对粗细颗粒平均停留时间比的影响

进一步研究了水平横向多孔挡板对 θ 的调控行为，如图 11.24 所示，在 $U_g/U_{mf}=17$ 时，θ 随挡板数量的增加而增大，添加 1 块挡板可将粒径差为 3 倍左右颗粒的 θ 增加到 2 左右，添加 2 块挡板则可将 θ 增加到 2.5 左右，添加 4 块挡板则能够将 θ 提高到 4.4 左右。图 11.25 给出了添加 4 块挡板时，操作气速对 θ 的影响行为，可见，在挡板数量一定时，θ 随操作气速的增加而增大。由此可见，如果转化过程为外扩散或化学反应控制，对于粗细颗粒粒径差在 3 倍左右的攀西钛铁矿，添加 3 或 4 块挡板即可实现粗细颗粒平均停留时间与其所需的理论转化时间大致匹配，一定程度上实现了粗细颗粒同步转化。

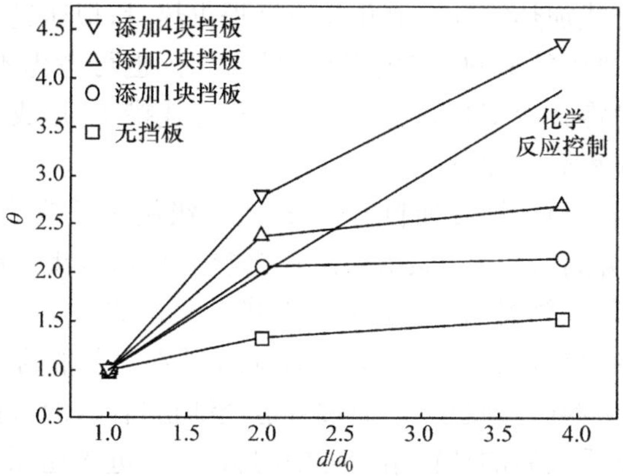

图 11.24　添加挡板后操作气速对粗细颗粒平均停留时间比的影响（$U_g/U_{mf}=17$）

11.4.2　攀西钛铁矿氧化-还原工艺研究[33-35]

通过前述系统的基础研究，发展了既可强化浸出又可有效防止浸出过程粉化的攀西钛铁矿提质制备人造金红石的新工艺。该新工艺的核心是在合适的条件下

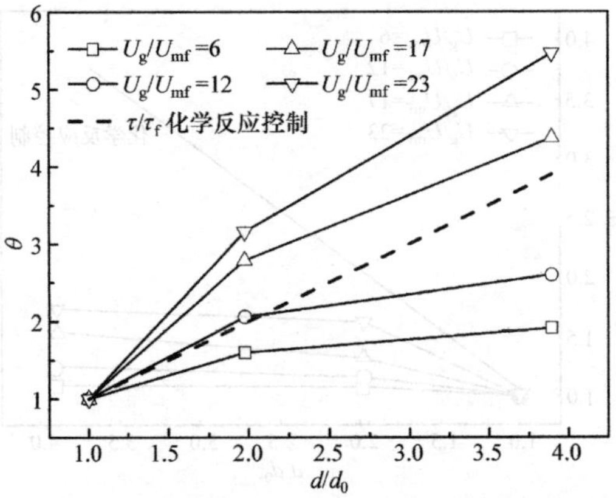

图 11.25　添加 4 块挡板时操作气速对粗细颗粒平均停留时间的影响

对攀西钛铁矿进行氧化处理和还原处理，由于氧化及还原都涉及在 600～1000℃的高温下进行，必须解决实际过程中的供热问题，因为同时涉及氧化及还原过程，物料需要从氧化反应器在热态的情况下转移至还原反应器。为了开发适合实际应用的工艺及技术，提出采用 U 型阀实现热态氧化钛铁矿从氧化反应器到还原反应器的中间转运，此过程的关键是转运过程必须隔绝两边的氧化及还原气氛，因此料阀设计就显得尤为关键；拟采用燃烧室将还原反应器出口未反应气体进一步燃烧，以释放未反应气体的潜热，并用其加热冷的钛铁矿石以回收热量；拟采用多级旋风预热器回收钛铁矿石余热；拟采用管式换热器加热还原煤气为还原反应器提供热量，采用直接补燃方式加热空气为氧化反应器提供热量；拟通过多级旋风与还原气体换热回收高温焙烧矿的显热，在生产规模不大时，也可考虑不回收还原矿的显热，而直接采用水冷螺旋冷却高温还原矿。通过上述措施，形成了如图 11.26 所示的工艺流程，具体流程简述如下。

钛铁精矿由料仓(1)经螺旋加料器(2)送入多级旋风预热器(3～5)中，在与燃烧室(11)和氧化炉分离器(7-2)排出的尾气完成热交换后，钛铁精矿由多级旋风预热器的最后一级旋风预热器(5)经进料阀(6)进入氧化炉(7-1)中进行氧化反应，多级旋风预热器的一级旋风预热器(3)出气口排出气体中夹带的钛铁精矿经旋风除尘器(18)和布袋收尘器(19)收集后，通过管道经细粉料阀(8)直接进入氧化炉进行氧化反应；完成氧化反应后的钛铁精矿经中间料阀(9)进入还原炉(10-1)进行还原反应，还原反应后的钛铁精矿经还原矿出料阀(12)进入一级旋风冷却器(14)、二级旋风冷却器(13)冷却后，再进入水冷螺旋(17-1)冷却后从水冷螺旋的出料口排出进入下游酸浸工段；煤气和空气分别从煤气总管和空气总管进入氧化热风炉(7-5)，通过煤气在氧化热风炉中燃烧将空气加热，热空气从氧化热风炉的出气口排出，与从煤气预热器(10-6)壳程出气口排出的气体一起进入氧化炉，在氧化炉中参与反应后从氧化炉分离器(7-2)排出;煤气从煤气总管先经一级旋风冷却器(14)、二级旋风冷却器(13)换热,再经预热煤气一级旋风除尘器(15)、预热煤气二级旋风除尘器(16)除尘后,进入煤气预热器(10-6)的管程进一步预热后进入还原炉,从还原炉排出的尾气经还原炉分离器(10-2)出气口进入燃烧室(11)燃烧产生热烟气,与从氧化炉分离器(7-2)出气口排出的热尾气混合后进入多级旋风预热器(3~5)与钛铁精矿进行热交换以回收热量。

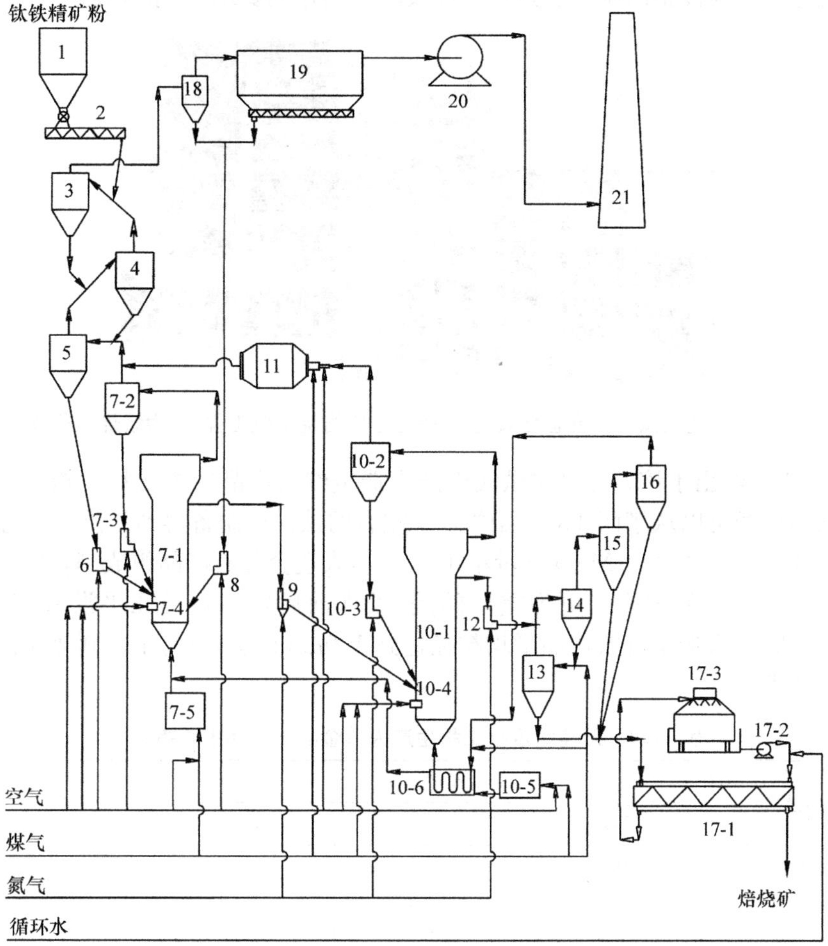

图 11.26　攀西钛铁精矿氧化-还原处理工艺流程

11.4.3　万吨级攀西钛铁矿流态化氧化-流态化还原工艺工程示范

为了解决攀西钛铁矿提质制备人造金红石难题,在前述研发基础上,2008 年 10 月,中国科学院过程工程研究所与攀枝花钢铁集团公司签订合作协议,以“交钥匙工程”的形式承担了万吨级攀西钛铁矿流态化氧化-流态化还原焙烧示范工程的设计、委托加工、安装及调试工作。历时四年多自主设计并建造了万吨级钛铁矿流态化氧化-流态化还原示范工程(图 11.27)。该示范工程从 2011 年 10 月起实现了连续稳定运行。运行结果表明,钛铁矿的氧化率和还原率都超过 90%,焙烧钛铁矿浸出产品粉化率小于 1%。攀枝花钢铁集团公司于 2012 年 1 月组织专家对该示范工程进行了验收,验收结论为:由中国科学院过程工程研究所承包的高品质富钛料工艺开发与设备研制,经考核,设计及功能均达到要求,质量优良。

图 11.27 万吨级钛铁矿流态化氧化-流态化还原焙烧示范工程(右为焙烧工段放大)

表 11.4 给出了该万吨级中试线生产人造金红石产品的主要技术指标,可见,通过该中试线可以从攀西 TiO_2 品位 47%左右的钛铁矿制备得到品位 90%左右的人造金红石产品,CaO+MgO 含量小于 1.5%,人造金红石产品组成制备完全达到氯化法生产钛白的要求。更为重要的是,处理前后颗粒粒径几乎没有变化,如表 11.4 所示,人造金红石产品平均粒径达到 130μm 以上,也完全达到氯化法生产钛白的要求。

表 11.4 万吨级示范工程生产人造金红石产品主要指标

产品批次	组成/%			平均粒径/μm
	TiO_2	MgO	CaO	
1	90.1	0.98	0.36	133.5
2	90.7	1.14	0.30	134.8
3	91.0	0.92	0.37	132.5

国内外已有很多由钛铁矿制备人造金红石的研究和工业实践,但国外发展的电炉熔炼法、还原锈蚀法等工艺技术都是针对高品位钛铁矿而开发的,工艺过程也主要去除杂质铁氧化物,并不能处理攀西低品位钛铁矿。我国在攀西钒钛磁铁矿开发时,曾对攀西钛铁矿制备适合氯化法生产钛白的人造金红石进行联合攻关,先后进行过盐酸直接加压浸出、预氧化-加压浸出等小试和千吨级中试研究,最终都

因为产品细粉含量过高而没有成功。作者通过系统的基础研究，发现氧化形成的金红石三维网络结构防粉化机理，探明了氧化物相对浸出速率影响规律，提出通过利用还原过程产生的孔隙大幅提高浸出速率并强化浸出的方法，建立了既可产生孔隙强化浸出又可保持氧化形成的三维金红石网络结构的还原条件，为解决粉化难题奠定了科学基础。文献调研表明，该示范工程是国内外首套采用低品位钛铁矿制备高品位人造金红石的万吨级系统，是唯一能够采用攀西低品位钛铁矿浸出生产不粉化粒状金红石的技术。

参考文献

[1] 谢刚，俞小花，李永刚. 有色金属矿物及其冶炼方法. 北京：科学出版社，2011.

[2] Zhang W Z, Zhu Z W, Cheng C Y. A literature review of titanium metallurgical processes. Hydrometallurgy, 2011, 108(3-4): 177-188.

[3] 邓国珠. 世界钛资源及其开发利用现状. 钛工业进展，2002，(5)：9-11.

[4] 邓国珠. 钛冶金. 北京：冶金工业出版社，2010.

[5] 吴贤，张健. 中国的钛资源分布及特点. 钛工业进展，2011，23(6)：8-12.

[6] 重庆天原化工厂，西昌钢铁厂，成都工学院，等. 用盐酸直接分解 820 钛精矿制取人造金红石的中间试验技术报告. 成都工学院学报，1975，(1)：28-47.

[7] 稀盐酸制取人造金红石会战组，金作美，段朝玉，等. 稀盐酸直接浸取攀枝花钛精矿制取人造金红石试验. 四川冶金，1979，(1)：50-64.

[8] 汪云华. 人造金红石国内外研究现状及进展. 材料学报，2012，26(20)：338-341.

[9] Becher R G, Canning R G, Goodheart B A, et al. A new process for upgrading ilmenitic mineral sands. Australian IMM Proceedings, 1965, 214: 21-44.

[10] Auger R G, Restelli Jr, Edward F. Process for producing a synthetic rutile from ilmenite: US4097574. 1978-06-27.

[11] Walter H. Process for the production of synthetic rutile: US5601630. 1997-02-11.

[12] 邓国珠，余文化. 利用攀枝花钛铁精矿的两条流程. 钢铁钒钛，2003，24(2)：34-38.

[13] 付自碧，黄北卫，王雪飞. 盐酸法制取人造金红石研究. 钢铁钒钛，2006，27(2)：1-6.

[14] Olanipekun E. A kinetic study of the leaching of a Nigerian ilmenite ore by hydrochloric acid. Hydrometallurgy, 1999, 53(1): 1-10.

[15] Chen J H. Pre-leaching or reduction treatment in the beneficiation of titaniferous iron ores, US3967954. 1976-07-06.

[16] 邓国珠，黄北卫，王雪飞. 制取人造金红石工艺技术的新进展. 钢铁钒钛，2004，25(1)：44-50.

[17] Sinha H N. Murso process for producing rutile substitute. Titanium Science and Technology, 1973, 1: 233-244.

[18] Balderson G F, MacDonald C A. Method for the production of synthetic rutile: US5885324. 1999-03-23.

[19] Walpole E A, Winter J D. The Austpac ERMS and EARS processes for the manufacture of high-grade synthetic rutile by the hydrochloric acid leaching of ilmenite//Chloride Metallurgy 2002: International Conference on the Practice and Theory of Chloride/Metal interaction, Montreal, 2002.
[20] 钛化学科研组. 攀枝花钛精矿盐酸法制电容钛白的研究. 四川师范学报(自然科学版), 1981, (4): 56-61.
[21] 段朝玉. 钛黄研制及应用. 钢铁钒钛, 1985, (1): 78.
[22] 邓有贵. 弱氧化-稀盐酸加压浸取攀枝花钛精矿制取优质人造金红石. 氯碱工业, 1982, (2): 24-27.
[23] 周忠华, 黄焯枢, 王康海, 等. 预氧化—流态化酸浸法从攀枝花钛铁矿制取人造金红石扩大试验. 钢铁钒钛, 1982, (4): 11-19.
[24] 刘子威, 黄焯枢, 王康海. 攀枝花钛铁矿流态化盐酸浸出的动力学研究. 矿冶工程, 1991, 11(2): 48-52.
[25] Zhang L, Hu H P, Liao Z, et al. Hydrochloric acid leaching behavior of different treated Panxi ilmenite concentrations. Hydrometallurgy, 2011, 107(1): 40-47.
[26] 范剑琴, 叶荣森, 黄焯枢, 等. 钛铁矿的流态化浸出. 矿冶工程, 1981, 1(2): 31-33.
[27] 肖雅琴, 刘玉霞, 黄焯枢, 等. 盐酸浸出攀枝花钛铁矿生成金红石机理的研究. 矿冶工程, 1988, 8(1): 51-54.
[28] 张溅波. 攀枝花钛铁矿氧化还原中的物相和形貌变化及其对盐酸浸出的影响机理. 北京: 中国科学院过程工程研究所博士学位论文, 2014.
[29] Zhu Q S, Zhang J B, Li H Z. Influence of phase and microstructure on the rate of hydrochloric acid leaching for pretreated Panzhihua ilmenite. Particuology, 2014, 14(3): 83-90.
[30] Zhang J B, Zhu Q S, Xie Z H, et al. Influence of redox pretreatment on the pulverization of Panzhihua ilmenite during hydrochloric acid leaching. Hydrometallury, 2015, 157: 226-233.
[31] Zhang J B, Zhang G Y, Zhu Q S, et al. Morphological changes and reduction mechanism for the weak reduction of the pre-oxidized Panzhihua ilmenite. Metallurgical and Materials Transactions B, 2014, 45(3): 914-922.
[32] Zhang J B, Zhu Q S, Xie Z H, et al. Morphological changes of Panzhihua ilmenite during oxidation treatment. Metallurgical and Materials Transactions B, 2013, 44(4): 897-905.
[33] 朱庆山, 程晓哲, 谢朝晖, 等. 钛铁精矿流态化氧化-还原焙烧改性的系统及焙烧工艺: ZL201110300998. 3. 2011-9-30.
[34] 朱庆山, 谢朝晖, 李洪钟, 等. 一种钛铁精矿流态化氧化焙烧-流态化还原焙烧系统及焙烧工艺: ZL201110301863. 9. 2011-9-30.
[35] 朱庆山, 谢朝晖, 李洪钟, 等. 钛铁精矿氧化焙烧-还原焙烧系统及焙烧工艺: ZL201110299771. 1. 2011-9-30.

第 12 章　钒钛磁铁矿的流态化直接还原

12.1　引　　言

钒、钛是世界公认的稀有资源和重要战略物资，其产业发展规模与水平对国民经济与国防建设有着重大影响。钛在地壳中的丰度值为 0.56%，位列第九位。按结构金属计，仅次于铝、铁、镁而居第四位，主要工业产品有钛白、金属钛（钛及钛合金材）和钛铁等。因钛金属具备优良的化学稳定性和力学性能，被誉为“太空金属”，其氧化物还是仅次于合成氨和磷酸的第三大无机化学品，钛资源开采量的 80%以上都用于钛白（TiO_2）生产。由于冶炼技术复杂、工业生产年代较晚、产量不大等原因，钛仍被称为稀有金属。钒在地壳中的丰度值为 0.02%，位列第 23 位，高于铜和铅的含量。钒具有众多优异的物理和化学特性，用途十分广泛，有“金属维生素”之称。钒工业产品主要有氧化钒（V_2O_5）和钒铁（FeV），世界钒消费的 85%用于制造高强低合金钢，其他部分用于航天钛铝合金和化学工业中。

自然界中没有游离态的钛和钒存在，全球约 98%的钒储量和 91%的钛储量赋存于以钒钛磁铁矿为主的复合矿物中[1]。我国蕴藏着极为丰富的钒钛磁铁矿岩矿资源，仅攀西钒钛磁铁矿远景储量即超过 100 亿 t，其中钒和钛储量分列世界第 3 位和第 1 位[2]。与之形成对比的是，我国钒钛磁铁矿中除铁之外的有价金属元素的利用率却一直以来处于低值（以铁精矿计，钒回收率约 47%；以原矿计，钛回收率约 15%），按价值计算，资源有效利用率只有 8%，造成了严重浪费和环境污染[3]。因此，在《国家中长期科学和技术发展规划纲要（2006—2020 年）》矿产资源领域提出了“发展低品位与复杂难处理资源高效利用技术、矿产资源综合利用技术”的要求，目标是最终实现提高特色矿产资源综合利用水平和国际竞争力，并促进经济社会的可持续发展。

12.2　国内外钒钛磁铁矿利用现状

鉴于钒钛磁铁矿中有价元素品位低，国内外资源开发一般先经磁选方法分选出以钛磁铁矿为主的类质同相系列钒钛磁铁矿精矿，选铁尾矿则再次回收得到钛铁矿精矿。以攀西钒钛磁铁矿为例，选矿后铁元素的 75%、钒元素的 82%、钛元素的 54%进入铁精矿中（TiO_2 含量约 10%，V_2O_5 含量约 0.5%，Fe 含量约 56%）[4]。

钛铁矿精矿目前直接用于电炉冶炼高钛渣或作为钛白粉原料。而钒钛磁铁精矿按当前工业流程设计主要分为钠化焙烧-水浸提钒工艺、高炉冶炼-铁水提钒工艺、直接还原-电炉熔分两步法短流程工艺三大类利用方式。

12.2.1 钠化焙烧-水浸提钒工艺

钒钛磁铁矿钠化焙烧-水浸提钒工艺,又称先提钒工艺。采用该工艺的钒制品生产厂主要分布在南非和澳大利亚,目前全球仍有五六家公司采用该工艺生产氧化钒[5]。该工艺的产量占全球氧化钒总产量的20%~30%,因物料处理量大,仅适用于高钒含量钒钛磁铁精矿(V_2O_5含量大于1%),且矿石、钠盐添加剂、燃料价格低的情况。1978~1982年,我国组织多家单位共同合作,以攀西钒钛磁铁矿精矿为原料,采用钒钛磁铁精矿钠化焙烧-水浸提钒工艺开展了大量实验室研究,并在3000t/a的中试装置上进行了两次扩大实验[6]。实验结果表明,利用该工艺直接提钒,钒回收率可以达到75%~80%。以承德钒钛磁铁矿精矿为原料,该工艺的实验效果与攀西地区精矿大致相同。但与国外的钒钛磁铁矿相比,国内矿的V_2O_5含量相对较低,SiO_2含量相对较高,采用钠化焙烧-水浸提钒工艺的经济指标并不理想,再加上提钒后的残渣钠含量高,不利于铁、钛资源的二次利用,因此未得到产业化应用。

12.2.2 高炉冶炼-铁水提钒工艺

高炉冶炼-铁水提钒工艺是后提钒方案的代表工艺,以钒钛磁铁精矿为原料将钒作为副产品回收,也是目前从钒钛磁铁矿中回收铁、钒最主要的工艺。采用该工艺的冶炼厂主要有我国攀枝花钢铁公司和承德钢铁公司,以及俄罗斯下塔吉尔钢铁公司[7]。基本流程为:钒钛磁铁精矿经过球团或烧结造块后送入高炉冶炼,在高炉高温焦炭还原条件下,钒钛磁铁精矿中的铁氧化物和钒氧化物被还原为金属铁和单质钒,随后在高炉下部熔化,基于密度差实现分离,钒、铁于底部富集为含钒铁水。而钒钛磁铁精矿中的钛氧化物基本不还原,浮于含钒铁水上部形成高炉含钛熔渣。后续高炉铁水进入转炉铁水提钒流程,在转炉中通过吹氧提钒得到富钒渣,半钢经转炉炼钢进一步脱碳成为钢水。我国高炉冶炼钒钛磁铁矿始于1965年,由原冶金工业部组织全国冶金系统的生产、科研等单位系统攻关,成功突破了高炉冶炼高钛型钒钛磁铁矿、转炉提钒、钒渣制备V_2O_5所涉及的基础理论和一批关键技术,建立了攀枝花钢铁公司,解决了钒钛磁铁矿中铁和钒的规模化利用问题[8]。经该工艺处理,铁回收率约为90%,钒回收率为70%~75%。

高炉冶炼钒钛磁铁矿工艺过程总体可以分为两步。第一步是气固相还原过程,即铁矿在高炉中下行的同时与逆流上行的CO发生气固还原反应,铁的氧化物依次被还原为$Fe_2O_3 \rightarrow Fe_3O_4 \rightarrow FeO$。第二步是液固相还原与渣铁分离过程,即未还原的氧化铁和氧化钒在高炉底部熔池中最终被还原为含钒铁水，其他氧化物形成炉渣浮于铁水上面而实现渣铁分离。主要生产问题在于第二步反应过程中，由于高温高还原势，铁矿中部分 TiO_2 会被还原为高熔点的 Ti(C、N)和 Ti_xO_y，以细小颗粒形式弥散于炉渣中，导致炉渣黏度大幅增加、流动性显著降低，含量过高时会导致渣铁分离困难、高炉无法顺行。攀枝花钢铁公司过去几十年的生产实践表明，只有通过配加普通铁矿和调渣熔剂，将高炉渣中 TiO_2 含量控制在 25%以内，才能保证高炉顺行[9]。这样虽解决了攀西钒钛磁铁矿高炉冶炼问题，但因炉渣中 TiO_2 含量过低，难以再利用，导致钛资源几乎未被回收，只能少量用做水泥混凝土骨料。

12.2.3　直接还原-电炉熔分两步法短流程工艺

为了解决钒钛磁铁矿中钛资源利用难题，研究人员提出了"两步法"非高炉冶炼新工艺，将高炉中进行的"固相还原"和"熔化分离"分别在两个不同的反应器中进行，即先在预还原反应器中将大部分铁氧化物还原为金属铁，随后再在电炉中完成最终还原和熔化分离。由于还原和熔分过程分开进行，可单独控制温度、还原势等参数，因而可调控熔分过程中 TiO_2 还原，有效避免 Ti(C、N)和 Ti_xO_y 等导致渣铁分离困难物相的大量生成。因此，无需像高炉那样配加普通矿和造渣熔剂，最终熔分渣中 TiO_2 含量可达 50%～60%，从而在铁和钒提取的同时实现钛的富集，为后续钛的升级利用创造有利条件[10]。与传统高炉流程相比，"两步法"冶炼过程不需要焦炭，可省去传统高炉冶炼制焦工艺，也称为"短流程"非高炉炼铁工艺，是全球公认的铁矿石冶炼升级替代工艺。当前主流两步法工艺中，第二步熔分反应器基本相同，因此一般以还原反应器类型来区分，还原反应器主要包括回转窑、转底炉、竖炉(移动床)和流化床。过去几十年里两步法非高炉炼铁技术得到了长足发展，美国纽柯 Energiron ZR 竖炉和韩国浦项 Finex 流化床技术处理普通铁矿已能够达到单台 200 万 t/a 的铁生产能力[11]。

20 世纪 60 年代攀西钒钛磁铁矿全国联合攻关时，为满足当时国家建设对钢铁的紧迫需求，将提铁作为攻关的首要目标，重点发展了高炉冶炼工艺。同时也关注钛资源利用问题，安排了东北大学、攀枝花钢铁研究院和中国科学院化工冶金研究所分别对竖炉、回转窑和流化床非高炉冶炼工艺进行了探索研究。同期新西兰 Bluescope 钢铁公司和南非 Evraz Highveld 钢钒公司也对钒钛磁铁矿非高炉冶炼工艺进行了开发。之后，四川地区还进行了转底炉工艺系统的放大运行。相关研发历史及技术现状如下。

1) 回转窑-熔分工艺

回转窑直接还原工艺是当前最为成熟的煤基直接还原铁生产工艺，以固体煤为还原剂与块状矿物物料直接混合送入旋转圆柱形回转窑，在 1100～1200℃进行固-固还原。在国内，攀枝花钢铁研究院于 1977 年以提取利用钛资源为目标开始研究钒钛磁铁矿的回转窑-熔分工艺，并于 1985 年在西昌 410 厂建成了 ϕ2m×30m 的还原回转窑，处理能力为 2t/h，共进行了 7 个多月的中试生产，运行顺畅[12]。中试结果与高炉流程相比，钛突破了 73%的回收率，但铁和钒的回收率却降低了 10%～20%。当时由于总体成本较高，经济竞争力差，未能继续运行。国际上，新西兰 Bluescope 公司和南非 Evraz Highveld 公司则设计了与国内不同的工艺目标，实现了钒钛磁铁矿回转窑预还原-电炉熔分技术的低成本运营，目前已持续进行了 30 多年工业生产。从元素分配的角度，由于采用固体煤作还原剂，煤带入的灰分会使最终钛渣品位降低 6%～10%，Bluescope 和 Evraz Highveld 两家公司索性直接加入调渣剂，降低后续电炉熔化分离温度和冶炼成本，最终钛渣中 TiO_2 含量约 36%，仅以利用铁和钒为目标[13]。该生产实践也表明，回转窑-电炉熔分技术经过优化，以生产铁和钒，虽能够具备与传统高炉流程相比很好的竞争力，但回转窑产能小，仅 15 万 t/a，如 Bluescope 公司为达到年产 60 万 t 铁水，搭建了 4 条回转窑生产线，难以进一步大型化，不能满足钒钛磁铁矿大规模利用的需求。

2）转底炉-熔分工艺

转底炉直接还原工艺是近 40 年来开发的一种煤基内配碳球团高温直接还原工艺，其特点是将固体煤粉与矿粉混合制球后再铺到环形旋转炉的炉底上，在 1300～1400℃的高温条件下进行固-固还原，起初在国外用于钢铁厂含铁粉尘的再加工处理[14]。在国内，龙蟒集团于 2007 年建成了单台 7 万 t/a 铁精矿的转底炉-熔分工艺中试线，攀钢于 2010 年建成了单台 10 万 t/a 铁精矿的转底炉-熔分工艺中试线。中试得到了 TiO_2 含量大于 50%、酸解性良好的富钛渣[15]。相比回转窑直接还原工艺，转底炉具备高温快速还原的优势（约 30min），但是其炉底料层薄，产能较低，并且在高温加速还原的同时也引起了还原物料中低熔点物质与炉底耐材发生黏结影响工艺顺行的情况，后续未再扩大规模发展。

3）竖炉-熔分工艺

直接还原工艺根据所用还原剂可以分为煤基（固体煤）直接还原和气基（还原气）直接还原，气基直接还原工艺占据了全球 80%的直接还原铁产能。竖炉同煤基直接还原相同，采用球团或块状物料，属于气基还原移动床形态。国内北京钢铁研究总院和东北大学从 1973 年开始研究钒钛磁铁矿的气基竖炉直接还原，先将平均粒径约 0.074mm 的钒钛磁铁矿制成 10mm 左右的球团，经烧结提高强度后再进入竖炉还原，于 1978 年建成了 5m^3 竖炉还原实验装置，日产还原球团 25t，以天然气为燃料，转化为 $CO+H_2$ 含量大于 90%的还原气体。还原球团在成都钢铁厂的 1.5t 电炉上进行高温熔分（>1650℃），得到含 V_2O_5 约 0.2%、TiO_2 约 49%、FeO 约 10%的钛渣，表明竖炉气基两步法流程工艺可行。工艺过程问题在于球团还原速率慢，为提高气体还原效率，生产金属化率 90%的还原球团的操作温度必须设定在 1100℃以上，但此时会发生球团间黏结排料困难，1170℃时甚至出现完全黏结，竖炉操作不畅[16]。

4）流化床-熔分工艺

基于流化床设备的流态化工艺是目前直接还原工艺中唯一直接处理粉矿的工艺方案。相比回转窑、转底炉和竖炉工艺设备要求，流化床除不需要制焦工序外，还节省了造球工序，其总体工艺流程最短。中国科学院过程工程研究所从 1973 年开始研究钒钛磁铁矿流态化还原工艺，于 1978 年在枣庄化肥厂建成了吨级两级流化床还原扩大试验装置，批量处理攀枝花太和矿和红格矿，还原矿在 100kg 等离子体炉内进行高温熔分，成功获得了含 V_2O_5 约 1.8%、TiO_2 50%以上的钛渣[17]。由于直接处理钒钛磁铁矿粉矿，还原效率高、时间短。同样粒径为 0.074mm 的钒钛磁铁矿的比表面积是 10mm 直径球团矿的 135 倍，气体反应接触面积呈数量级增加，在 850℃下进行流态化直接还原即可获得金属化率 89%～94%的还原矿。同竖炉钒钛磁铁矿直接还原一样，在流态化吨级试验过程中也发生了局部颗粒间黏结失流现象，但通过添加 3%的 MgO 或 $MgCO_3$ 便可有效防止还原过程的"失流"[18]。

总结钒钛磁铁矿流化床-熔分工艺，其具有如下优势和特点：

(1) 以气代焦，节省高炉流程的炼焦工序，降低成本和环境污染。

(2) 直接利用粉矿，无需造球成块，节省造球和烧结工序，工艺流程短，对钒钛磁铁矿无成球块性能要求。

(3) 还原温度低，反应效率高，能耗低。

(4) 粉矿反应动力学条件好，产物物相更为均匀。

(5) 可以回收钒钛磁铁矿中的钛资源，实现铁钒钛的综合提取利用；采用气基还原，无煤灰分等外来杂质引入，熔分钛渣品位更高。

(6) 还原尾气可集中回收，经处理后再利用；相比高炉少排放 20% CO_2、97% NO_x 和 90% SO_2。

综上所述，目前尚缺乏能实现钒钛磁铁矿铁钒钛综合利用的工业化成熟短流程技术。综合对比，回转窑-熔分工艺实现了产业化应用，但仍未实现钛资源的回收。从大规模生产能力、还原效率等方面考量，流化床和竖炉被国内外评估为最具发展潜力的还原反应器。其中流化床与竖炉相比更具优势，流化床能够直接利用钒钛磁铁矿粉矿，而竖炉需要先将钒钛磁铁矿制成具有一定强度要求的球团才能使用，增加了工序和能耗，对钒钛磁铁矿的成球块性能也相应有所要求。此外，流化床还原因采用粉矿作为还原对象，其反应效率也明显优于竖炉，并且更利于物相的均匀调控。正因如此，在国家大力促进钒钛矿综合利用的背景下，流化床还原-熔分工艺重新受到重视，除了中国科学院过程工程研究所外，北京科技大学、重庆大学、攀枝花钢铁研究院等单位也在从事钒钛磁铁矿流化床还原-熔分两步法短流程研究工作。

12.3 钒钛磁铁矿直接还原过程关键问题

12.3.1 钒钛磁铁矿组成及其氧化物直接还原特点

钒钛磁铁矿是典型的多金属共伴生矿，其化学组成和各组分的赋存状态与普通铁矿石不同且复杂。其中铁、钒、钛三种元素是钒钛磁铁矿中主要的有价元素，有的矿还包括少量铬、锰、钴、镍等有价元素和以钙、镁、铝、硅为主的杂质脉石氧化物。表12.1为攀枝花某地钒钛磁铁矿化学组成。

表 12.1 攀枝花某地钒钛磁铁矿化学组成 (单位:%)

成分	TFe	FeO	Fe_2O_3	TiO_2	V_2O_5	Cr_2O_3	CaO	MgO
含量	31.55	23.85	17.32	10.58	0.31	0.03	6.85	6.38
成分	Al_2O_3	SiO_2	MnO	P_2O_5	S	Co	Ni	
含量	7.85	23.01	0.38	0.07	0.70	0.016	0.015	

注：TFe 为全铁。

钒钛磁铁矿虽然伴生组分多，但主要矿物组成比较稳定，工业矿物主要有钛磁铁矿、钛铁矿、赤铁矿和脉石四种。钛磁铁矿是由钛磁铁矿(titanomagnetite, TTM)和钛铁晶石组成的复合矿物。主晶矿物(Fe_3O_4)含有少量 V、Ni、Cr、Co、Mg、Al 等元素，以类质同象存在其中，客晶矿物钛铁晶石($2FeO \cdot TiO_2$)、钛铁矿($FeO \cdot TiO_2$)、镁铝尖晶石($(Mg,Fe)(Al,Fe)_2O_4$)以微细粒状或板状结构沿钛铁矿晶面分布于主晶矿物中。采用磨矿很难将钛主、客晶分离，即无法在选矿分离时仅得到磁铁矿矿物，只能将磁铁矿整体作为入选矿物，其中也就包含了部分钛铁矿和钛铁晶石。钒钛磁铁矿中所含的赤铁矿(Fe_2O_3)以显微脉状赤铁矿和钛磁铁矿、超显微赤铁矿和固溶体三种形式存在，也有的原矿中不包含赤铁矿。从主要有价元素在原矿中的赋存角度来看，铁主要赋存于钛磁铁矿中，属于钛铁矿和脉石矿物部分的铁居于次要地位。钛主要集中在粒状钛铁矿和钛磁铁矿中。原矿中的钒均赋存于钛磁铁矿中，且其在钛磁铁矿中分布均匀[19]。

直接还原-电炉熔分两步法短流程所处理的钒钛磁铁矿矿物可以为原矿，也可以是分选后的铁精矿。经选矿分离后的攀枝花某地钒钛磁铁精矿化学组成如表 12.2 所示。分选后的铁精矿根据原矿地区和选矿工艺不同，其成分组成会有一定差异，相比原矿主要区别在于铁含量提高。

表 12.2　攀枝花某地钒钛磁铁精矿化学组成　(单位:%)

成分	TFe	FeO	Fe_2O_3	TiO_2	V_2O_5	Cr_2O_3	SiO_2	Al_2O_3
含量	55.52	24.03	52.64	11.71	0.67	0.07	3.15	3.50
成分	MgO	MnO	P_2O_5	S	Co	Ni	CaO	
含量	3.72	0.4	0.014	0.048	0.014	0.033	0.68	

因为钒钛磁铁矿矿物的组成复杂,其铁氧化物还原也是多途径、多组分共同参与的。除赤铁矿、磁铁矿的还原外,还有钛铁晶石、钛铁矿及其他类质同象固溶体的还原,后三者的还原均比普通铁矿中铁氧化物的还原困难得多。

直接还原-熔分两步法流程工艺中第一步直接还原的目的是将矿物中的 Fe^{3+} 和 Fe^{2+} 还原为金属铁(Fe)。一般而言,钒钛磁铁矿中其他氧化物如 Cr_2O_3、V_2O_5 等的稳定性均要高于铁氧化物,按照直接还原顺序在铁氧化物被完全还原前,这些非铁氧化物(P_2O_5除外)基本不被还原,所以在直接还原过程中非铁氧化物的还原基本不予考虑。铁氧化物气相还原会经历一个铁价态逐渐降低的反应过程,即 $Fe_2O_3 \rightarrow Fe_3O_4 \rightarrow FeO \rightarrow Fe$,其中 $FeO \rightarrow Fe$ 过程热力学要求最高。钒钛磁铁矿中除上述一般铁氧化物外,还包括含钛铁氧化物的还原,其还原顺序为 $2FeO \cdot TiO_2 \rightarrow FeO \cdot TiO_2 \rightarrow Fe + TiO_2$。图 12.1 为钒钛磁铁矿中主要铁氧化物气相还原过程 CO 平衡浓度随温度的变化情况(H_2 还原与此趋势相同)。普通铁矿和钒钛磁铁矿中最难还原的 FeO 反应如式(12.1)和式(12.2)所示。在 850℃时,CO 还原 FeO 和 $FeO \cdot TiO_2$ 的 $\Delta G^{\ominus}$分别为 7.33 kJ/mol 和 27.18 kJ/mol,对应的平衡常数仅为 0.46 和 0.05。

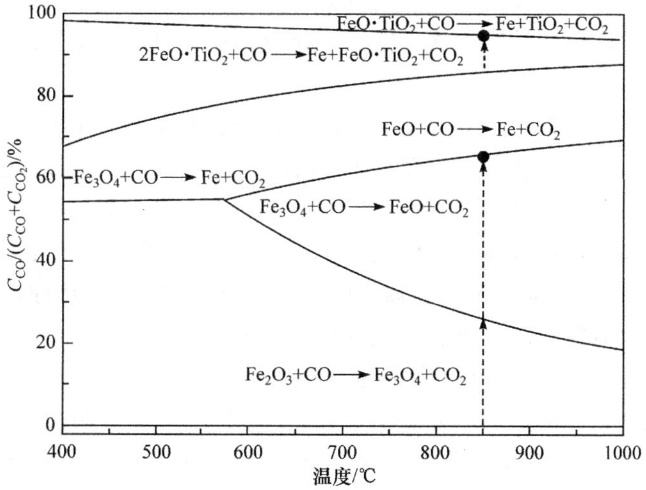

图 12.1　钒钛磁铁矿中铁氧化物还原过程 CO 平衡浓度与温度的关系

$$FeO+CO \Longrightarrow Fe+CO_2, \quad \Delta G^{\ominus}_{850℃}=7.33kJ/mol, \quad K_{p\text{-}850℃}=0.46 \tag{12.1}$$

$$FeO\cdot TiO_2+CO \Longrightarrow Fe+TiO_2+CO_2, \quad \Delta G^{\ominus}_{850℃}=27.18kJ/mol, K_{p\text{-}850℃}=0.05 \tag{12.2}$$

当钒钛磁铁矿中最难还原的含钛铁氧化 $FeO\cdot TiO_2$ 还原为金属铁时，CO 的平衡浓度约为 95%，即 CO 的理论热力学转化率仅在 5%左右，考虑到实际反应过程很难达到热力学平衡，对应过程 CO 气体利用率会更低，这将降低还原过程效率，直接增加还原成本。因此，如何突破含钛铁氧化物在直接还原过程中的热力学限制，提高直接还原过程的反应效率，是钒钛磁铁矿两步法短流程工艺实现钛资源高效利用必须解决的一个关键基础问题。

12.3.2　钒钛磁铁矿直接还原过程黏结失流问题

流化床作为气固反应的理想反应器，其在实际运行中，特别是在铁矿粉流态化直接还原过程中，可能发生的黏结失流现象是阻碍工艺和设备连续稳定运行的重要因素之一。所谓黏结失流，是指铁矿粉在流态化直接还原过程中，直接还原铁颗粒在高温因黏结发生团聚，若团聚体生长得不到控制，进而将引起部分或全床层物料的失流，导致流态化操作被迫终止。针对黏结失流现象，Langston 和 Stephens[20] 提出了“黏结趋势”概念来描述黏结发生可能性的大小，表达式为

$$S_t=f\left(\frac{S_p A_k}{m_p}\right) \tag{12.3}$$

式中，S_t 为黏结趋势；S_p 为颗粒表面黏性；A_k 为碰撞时的颗粒接触面积；m_p 为颗粒动量。可见，黏结趋势主要受颗粒表面黏性、接触面积和颗粒动量的影响。黏结趋势的概念能够定性解释失流发生的难易程度，以此为基本参考，研究人员在大量的实验过程中发现并总结影响铁矿粉流态化直接还原过程黏结失流的主要因素有以下几个：

(1) 金属化率。金属化率代表了铁矿中铁氧化物的还原程度，以还原金属铁占全部铁原子的比例为指标。一般还原过程中生成的金属铁晶粒细小、活性高。金属化率越高，颗粒发生碰撞时越容易相互黏结，但黏结趋势也并非随金属化率的提高而一直升高。根据未反应核模型，还原铁矿颗粒时会首先在表面生成一层金属铁，此后金属化率的提高来源于颗粒内部未反应核的进一步还原，此部分金属化率的提高将不再对颗粒的接触表面黏性产生影响。

(2) 还原温度。直接还原的操作温度既决定了气固反应效率，也会影响固-固扩散速率。纯铁颗粒的实验研究表明，当温度高于 600℃后，颗粒间的黏结趋势显著增加[21]。这个温度接近于塔曼温度(Tammann temperature)，晶格和表面原子开始变得活跃易于迁移。

(3) 还原气速。提高流化气速能够有效延长颗粒的流化时间，并提高出现铁

矿粉发生黏结失流的温度。这主要是因为操作气速越大,流化床内颗粒的动量越大,从而降低了黏结趋势。

(4) 铁矿粉粒度。粒度对黏结趋势的影响主要在于,颗粒在流化状态下其粒径对动量的影响。例如,球形颗粒的质量与直径的三次方成正比,颗粒粒径的减小会大幅减小颗粒动量,从而更容易发生黏结。实验统计,一般当铁矿粉颗粒粒径小于 100μm 时,影响更为明显[22]。

(5) 还原气组成。直接还原气主要以 H_2 和 CO 为主,不同还原气组成可以导致不同的金属铁析出形貌和活性。一般高 H_2 气氛下,颗粒表面还原生成金属铁为多孔结构,形貌较为平整。而高 CO 气氛下,颗粒表面还原生成金属铁易形成晶须形貌,增加了黏结趋势。

(6) 颗粒形状及脉石含量。不同形状矿粉颗粒的接触面积不尽相同,接触面积越大,则黏结趋势也越大,一般多角颗粒>块状颗粒>球形颗粒。脉石含量越高,则越不容易失流。这是由于当矿粉脉石含量较高时,其表面金属铁的含量相对较少。因此,球形度越差、品位越高的矿粉,黏结失流趋势也就越大。

就钒钛磁铁矿而言,作为铁矿的一种,同样面临流态化黏结失流问题。在流化床-熔分工艺两步法短流程设计中,要求直接还原工序能够尽可能地将钒钛磁铁矿还原至一个高的金属化率,以降低后续电炉熔分工序能耗,提高生产效率。因此,在直接还原后期,钒钛磁铁矿颗粒表面必然已被还原铁层完全覆盖。铁矿直接还原温度一般在 600℃以上,每升高 100℃可使还原速率提高 40%~60%,提高还原温度是保证还原效率的重要手段之一[23]。对于颗粒直径 100μm 附近的铁矿粉,Gransden 和 Sheasby[24] 在报道中指出,一般还原温度在 600℃以下时才可避免黏结失流的发生。而考虑钒钛磁铁矿复杂的矿相组成和结构,其还原温度只会比普通铁矿高,所以由温度引起的黏结失流问题在钒钛磁铁矿流态化直接还原中也不可避免。Circored、FINMET、FINEX 等商业化流态化铁矿还原技术都采用 100μm 以上的粗粒径铁矿颗粒,以增加动量防止失流[23]。如 12.3.1 节所述,根据矿石条件来源,钒钛磁铁矿短流程工艺原料有原矿和分选精矿两种。若直接处理岩矿原矿,则可以控制破碎粒径获得较粗的钒钛磁铁矿颗粒。但对于分选精矿,若原矿成分组成条件差,则需要多道选矿工艺处理,分选后的钒钛磁铁精矿颗粒直径也基本小于 100μm,而这部分细粒径颗粒,黏结失流现象会更加突出。同时钒钛磁铁矿的含铁品位波动较大,范围为 30%~60%。虽然相对低于炼铁所用普通铁矿最低 55%的品位,代表钒钛磁铁矿有更多的非铁氧化物,但仍不足以避免正常操作条件下的黏结失流发生。例如,中国科学院过程工程研究所在枣庄进行的钒钛磁铁矿流态化还原扩大试验中就发生局部黏结失流影响工艺顺行的情况[17]。实际生产中,对还原气体成分的要求仅是期望尽可能高的还原势水平,以保证钒钛磁铁矿含钛铁氧化物高还原势的需要。而对还原性气体比例组成一般不做硬性要求，由发生炉或重整条件决定。高的还原气速有利于避免黏结失流发生，但直接提高气速会使细颗粒的操作范围变窄，若产生夹带则会对尾气处理系统带来较大的压力。

综上，虽然钒钛磁铁矿含铁品位较低，脉石含量较高，相比普通铁矿更易于流化，但其实际生产中的目标金属化率、还原温度、颗粒粒度也都处在易发生黏结失流的区域。因此，如何在存在细粒级颗粒、较高还原温度和终点金属化率条件下实现稳定流态化还原是钒钛磁铁矿两步法短流程工艺中流化床直接还原的另一个关键基础问题。

12.4 钒钛磁铁矿流态化直接还原研究进展

12.4.1 合理的钒钛磁铁矿直接还原目标金属化率

目前采用直接还原-电炉熔分两步法短流程处理普通铁矿石的工艺方案已基本成熟，对第一步直接（预）还原产品预还原铁粉金属化率的指标也较为统一。两步法联产工艺中COREX预还原目标金属化率大于90%，FINEX则大于85%，单一生产固态直接还原铁作为短流程炼钢原料也要求金属化率大于90%[23]。高的直接还原产品金属化率有利于降低后续熔分能耗，提高熔分生产效率和熔分炉寿命。因此，以往对钒钛磁铁矿两步法短流程的工艺设计也多参照普通铁矿方案，将直接还原金属化率指标拟定在90%左右。但如上所述，考虑钒钛磁铁矿作为多金属共伴生矿的特殊性，如果依然将还原金属化率指标定在90%，则需要耗费大量的优质还原气，延长相应的还原时间，大幅增加直接还原工序成本，也不利于后续电炉高温快速深还原熔分功能的充分发挥和气基低温预还原节能优势的利用。因此，多金属共伴生矿的直接还原工艺设计应根据不同矿物的化学成分、矿相组成，通过系统的基础实验研究，获取其反应特征参数，特别是需要明晰其过程反应路径，以科学设定合理的直接还原目标金属化率。

1. 钒钛磁铁矿流态化直接还原效率

以颗粒粒径120～140目（平均粒径0.115mm）的钒钛磁铁精矿为直接还原原料，流态化还原实验在实验室小型石英反应器中进行，反应器内径为15mm，实验气体流量为1.4NL/min。通用直接还原产品金属化率指标η为

$$\eta=\frac{\mathrm{MFe}}{\mathrm{TFe}}\times 100\% \tag{12.4}$$

式中，MFe为金属铁含量（%）；TFe为全铁含量（%）。

在体积分数50%的CO-N_2还原气氛下，不同温度还原钒钛磁铁矿随时间变

化的金属化率曲线如图 12.2 所示。在 750～950℃范围内，温度升高几乎线性提高还原过程和终点金属化率。对比相同原料的气基球团直接还原，流态化还原展示出了高的还原效率优势。在 850℃，同样还原气氛和气速条件下，经 15min 和 30min 还原，球团矿金属化率仅能达到 11%和 21%，而流态化还原金属化率分别能够达到 29%和 54%，后者是前者球团矿还原效率的 2.58 倍。流态化的高还原速率主要归因于低的物理传质阻力。Pineau[25]通过模型计算和实验研究证实，当温度高于 430℃时，CO 还原 Fe_3O_4 至金属铁的反应为扩散控速。在对比的钒钛磁铁精矿气基球团实验中，球团的直径和高度均为 8mm，由 15MPa 压制成圆柱形。这意味着气固还原过程中球团除了受颗粒内扩散影响外，也会受到颗粒间传质扩散的影响。但是在流态化气固还原中则受颗粒间扩散的影响小，因此流态化还原的气体表观扩散速率将显著高于球团矿。

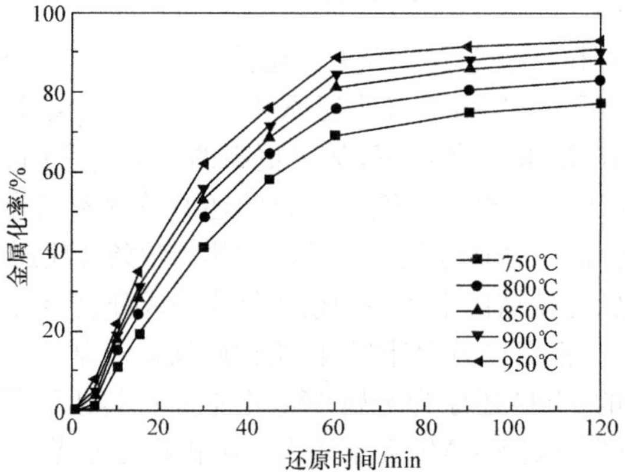

图 12.2　体积分数为 50%的 $CO\text{-}N_2$ 还原气氛下，不同温度还原钒钛磁铁矿随时间变化的金属化率曲线

采用 Jander 和 Arrhenius 方程用来计算表观三维扩散激活能[26]，如式(12.5)和式(12.6)：

$$[1-(1-f)^{1/3}]^2=kt \tag{12.5}$$

$$k=k_0\exp(-E/RT) \tag{12.6}$$

式中，f 为还原度，按式(12.7)计算；k 为速率常数，s^{-1}；t 为还原时间，s；k_0 为指前因子，s^{-1}；R 为理想气体常数（8.314×10^{-3} kJ/(mol · K)）；E 为表观活化能，kJ/mol；T 为温度，K。

$$f=1-O_t/O_0 \tag{12.7}$$

式中，O_0 为钒钛磁铁矿中铁氧化物中的总氧质量；O_t 为还原后留在铁氧化物(FeO)中的氧质量。选取还原时间为 5～60min、温度为 850～950℃，绘制速率常数的自然对数和温度图，如图 12.3 所示。计算得流态化还原的表观三维扩散活化能为 32.58kJ/mol，而对应的气基球团为 78.49kJ/mol，后者是前者的 2.41 倍。说明气基球团比流态化颗粒更难进行还原反应。

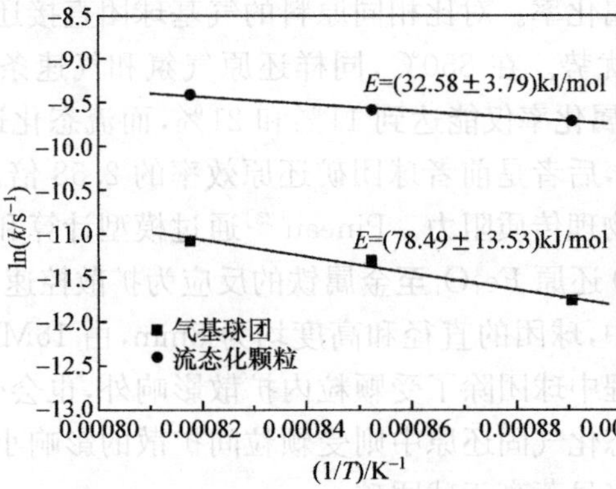

图 12.3 表观三维扩散活化能计算图

对比纯赤铁矿颗粒(含 99.9% Fe_2O_3,粒径 0.074~0.149mm)的流态化还原,800℃同样还原气氛下,24.3cm/s 气速还原 9min 后,其金属化率可以达到 30%。而对于钒钛磁铁矿还原,相同条件下,甚至更高的还原气速(41.45cm/s),其金属化率也只能达到 14.1%,即钒钛磁铁矿颗粒的还原效率不及赤铁矿颗粒的一半。这主要是因为:一方面,气体还原钒钛磁铁矿的热力学条件比还原赤铁矿和磁铁矿要差;另一方面,钒钛磁铁精矿中较高的杂质氧化物成分也会对还原过程起到屏障效应,如 MgO 等[27]。根据热力学计算,在钒钛磁铁矿气基直接还原过程中,既不能将钒钛磁铁矿中的 MgO 还原为金属 Mg,也不能将其迁移固溶至钛氧化物中。随着 Fe^{2+} 逐渐还原为金属 Fe,Mg 元素将大量沉积在还原界面。这样尚未还原的 Fe^{2+} 活度逐渐降低,使得还原越发困难。同理,锰氧化物和铝氧化物有着同样的屏障效应,对还原过程起阻碍效果。然而,某种程度上镁和锰氧化物的屏障效果要大于其他氧化物,这是因为镁和锰氧化物相比其他杂质氧化物在含钛铁氧化物中的固溶效果更为稳定。

2. 钒钛磁铁矿直接还原过程物相转变特征

应用 XRD 和 BSE 测量分析钒钛磁铁矿直接还原的物相转变特性。以体积分数 50%的 $CO\text{-}N_2$ 混合气在 850℃下的还原进程为例(图 12.4),赤铁矿还原非常快,5min 还原后其物相就已消失。浮氏体作为由赤铁矿和磁铁矿还原至金属铁的中间相,在 5min 时峰值达到最大,随后降低。还原 30min 后,中间相浮氏体消失,铁氧化物只剩钛铁矿和继续还原的钛磁铁矿。在钒钛磁铁矿 CO 直接还原过程中,主要有如下 5 个还原反应:

$$3Fe_2O_3+CO\!=\!=\!=2Fe_3O_4+CO_2,\quad \Delta G^\ominus=-52130-41T \tag{12.8}$$

$$Fe_3O_4+CO\!=\!=\!=3FeO+CO_2,\quad \Delta G^\ominus=35380-40.16T \tag{12.9}$$

$$FeO+CO=\!=\!=Fe+CO_2, \quad \Delta G^{\ominus}=-17238+21.876T \tag{12.10}$$

$$Fe_2TiO_4+CO=\!=\!=Fe+CO_2+FeTiO_3, \quad \Delta G^{\ominus}=-16820+28.15T \tag{12.11}$$

$$FeTiO_3+CO=\!=\!=Fe+CO_2+TiO_2, \quad \Delta G^{\ominus}=16234+9.742T \tag{12.12}$$

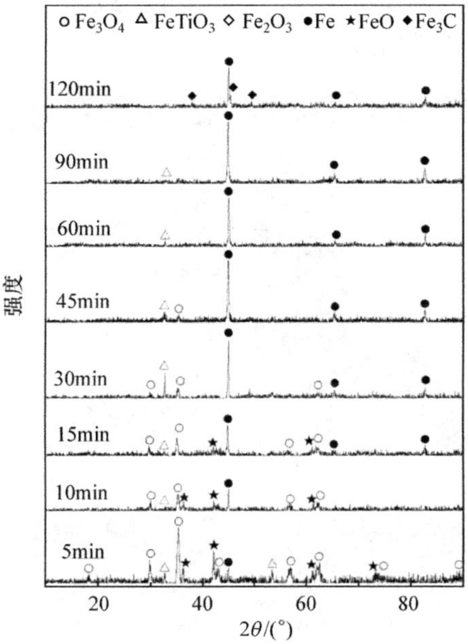

图 12.4　体积分数 50%的 CO-N_2 混合气 850℃钒钛磁铁矿还原过程中 XRD 图谱

值得注意的是，在 0～30min 的还原过程中，钛铁矿的峰强先降低后升高。根据选择性还原原理，钛铁矿作为钒钛磁铁矿中最难还原的铁氧化物不会在还原起始阶段被大量还原，但其实际含量却在还原初期有所下降，这是因为中间相 FeO 可与 FeO · TiO_2 结合生成 2FeO · TiO_2，如

$$FeO+FeO\cdot TiO_2=\!=\!=2FeO\cdot TiO_2, \quad \Delta G^{\ominus}=-418-6.274T \tag{12.13}$$

随着还原的进行，当 FeO 进一步被还原为 Fe 时，2FeO · TiO_2 开始被还原为 $FeTiO_3$，如式(12.11)，同时 $FeTiO_3$ 含量增加。还原 45min 后，钛磁铁矿全部被还原完。

还原进程中钒钛磁铁矿 BSE 物相如图 12.5 所示。钒钛磁铁矿原矿是非均匀颗粒，其中有针状杂质氧化物。针状杂质氧化物成分主要为镁铝尖晶石($MgAl_2O_4$)，背底物相为钛磁铁矿。在初始还原阶段，还原铁首先出现在颗粒表面和内部裂纹的边部。随着还原反应的进行，矿物颗粒内分为四个区域：还原铁相区、未还原的镁铝尖晶石相区、重整富 FeO 优先还原区、高含 Ti 氧化物的渣相形成区。通过电子探针(eletron probe micro-analyzer，EPMA)进行元素分析，尖晶石区域的成分在还原过程中显示出了非常高的稳定性，与原矿中的尖晶石成分相同。对比钒钛磁铁矿原矿的背底区域，还原后 Mg 和 Mn 在该区域的元素分布要高于其他杂质氧化物元素如 Al 和 V，可以认为是稳定的屏障元素。整个钒钛磁铁矿的还原过程表现出了区域未反应核的特征。由于较低的还原温度和高的钛渣熔点（约 1650℃），与需要较高反应温度的煤基直接还原不同，在还原终点，产物金属铁和渣相并未有明显的扩散聚集。

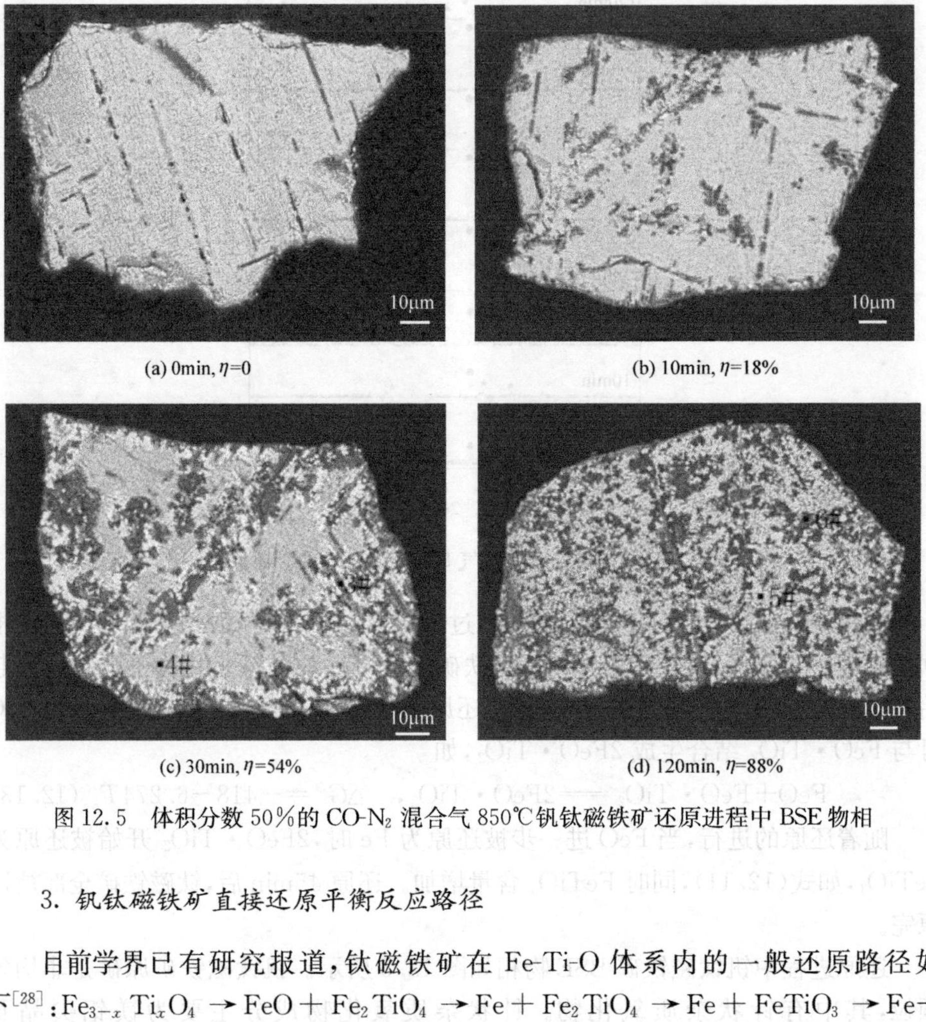

(a) 0min, $\eta=0$ (b) 10min, $\eta=18\%$ (c) 30min, $\eta=54\%$ (d) 120min, $\eta=88\%$

图 12.5 体积分数 50％的 CO-N_2 混合气 850℃钒钛磁铁矿还原进程中 BSE 物相

3. 钒钛磁铁矿直接还原平衡反应路径

目前学界已有研究报道，钛磁铁矿在 Fe-Ti-O 体系内的一般还原路径如下[28]：$Fe_{3-x}Ti_xO_4 \rightarrow FeO + Fe_2TiO_4 \rightarrow Fe + Fe_2TiO_4 \rightarrow Fe + FeTiO_3 \rightarrow Fe + FeTi_2O_5 \rightarrow Fe + TiO_2$。但该路径只适用于起始物相为单一钛磁铁矿相，并没有考虑包含 $Fe_{3-x}Ti_xO_4$、$FeTiO_3$ 和 Fe_xO_y 的复合钒钛磁铁矿实际组成，同样也没有考虑杂质氧化物（xFeO 和 yMO）的实际影响。并且就气基直接还原工艺而言，工业生产所用的原料气（如天然气重整气、发生炉煤气等）都包含不同含量的氧化成分（H_2O、CO_2），也即其还原势（$(CO+H_2)/(CO+CO_2+H_2+H_2O)$）并非 100％。

因此，特别有必要结合实际钒钛磁铁矿复杂共生特性和不同还原势条件，研究考查钒钛磁铁矿不同还原势条件下的矿相转变路径及其与还原金属化率间的关系，为工艺设计和现场生产提供科学指导。

如上所述，钒钛磁铁矿是一种由磁铁矿 Fe_3O_4、钛铁晶石 $2FeO \cdot TiO_2$、钛铁矿 $FeO \cdot TiO_2$、赤铁矿 Fe_2O_3 和镁铝尖晶石 $MgO \cdot Al_2O_3$ 组成的复杂复合矿物。除 $MgO \cdot Al_2O_3$ 自然独立存在外，其他物相紧密共生。对于铁氧化物还原，最为关键和困难的步骤是 FeO 还原至 Fe。根据矿相学分析，部分二价金属离子如 Mg^{2+} 可以以类质同象形式替换 Fe^{2+}。同时依据溶解理论，MgO 和 MnO 也可以满足在 FeO 中形成无限互溶的要求：①晶型相同，FeO、MgO 和 MnO 均为 NaCl 型立方晶体；②晶格常数近似，分别为 4.299Å、4.213Å 和 4.443Å；③离子半径接近，Fe^{2+}、Mg^{2+} 和 Mn^{2+} 的离子半径分别为 0.078nm、0.072nm 和 0.067nm，以 FeO 为溶质、MgO 或 MnO 为溶剂，FeO-MgO 体系的相对离子半径差为 7.69%，FeO-MnO 体系的相对离子半径差为 14.10%，差值满足形成连续互溶体的 Hume-Rothery 原则（<15%）；④价态相同，都为正二价离子态。但是对于 CaO 来说，虽然同为二价金属离子氧化物，但 FeO-CaO 体系的相对离子半径差为 28.21%，意味着 CaO 不能形成无限互溶体，而只能形成有限固溶体。Mg 和 Mn 元素在还原过程的元素迁移分析中也显示了作为固溶体十分稳定的特点，其在重整富 FeO 优先还原区有相对高的元素分配率。

假设 FeO-MgO 和 FeO-MnO 是理想固溶体，MgO 和 MnO 在钒钛磁铁矿中的 FeO 中均匀分布。同时考虑镁铝尖晶石成分十分稳定，在还原过程中没有发生变化，则可以通过以表 12.2 所示的成分为例和能谱分析结果基于质量守恒近似计算出 FeO 的实际成分含量（81.7% FeO、16.8% MgO、1.4% MnO）。在原矿中 FeO 存在于 Fe_3O_4（$FeO \cdot Fe_2O_3$）、$2FeO \cdot TiO_2$ 和 $FeO \cdot TiO_2$ 中。固溶杂质氧化物 MgO 和 MnO 可以降低原始 FeO 活度。因此，反应式（12.10）和式（12.11）在 850℃实际平衡时 $P_{CO}/(P_{CO}+P_{CO_2})$ 应为 72.85%和 85.65%。通过反应式（12.9）生成的 Fe^{2+} 是来自于 Fe^{3+}，所以由还原反应生成的 FeO 没有与二价金属氧化物杂质化合。同时考虑部分生成的 FeO 会与 $FeO \cdot TiO_2$ 化合生成 $2FeO \cdot TiO_2$（反应式（12.13））。因此，反应式（12.10）和式（12.11）在 850℃初始平衡时 $P_{CO}/(P_{CO}+P_{CO_2})$ 应为理论值 68.68%和 82.99%。对于最后的 $FeO \cdot TiO_2$ 还原（式（12.12）），因为结合在 $2FeO \cdot TiO_2$ 中生成的 FeO 更容易还原，所以留在 $FeO \cdot TiO_2$（包括由 $2FeO \cdot TiO_2$ 还原而来和原始 $FeO \cdot TiO_2$）中的 FeO 都应是包含固溶杂质氧化物，实际平衡时 $P_{CO}/(P_{CO}+P_{CO_2})$ 应为 95.29%，对应的 $P_{CO}/(P_{CO}+P_{CO_2})$ 理论值为 94.84%。

还原金属化率与 FeO 至 Fe 的还原进程直接相关，还原反应式(12.8)～式(12.12)可以分为三个步骤。第一步是钒钛磁铁矿中的 Fe_2O_3 和 Fe_3O_4 还原为金属铁，这一步是还原不含 TiO_2 的铁氧化物；第二、三步是含钛铁氧化物 Fe_2TiO_4 和 $FeTiO_3$ 还原为金属铁，这两步是还原含 TiO_2 的铁氧化物。由于反应式(12.13)的发生，生成的部分 FeO 会被 FeO · TiO_2 束缚至 2FeO · TiO_2。结果，第一步还原可以被进一步还原为 Fe 的 FeO 量将减少，所以第一步还原过后的金属化率会降低。同样，第二步还原的起始金属化率也会降低。对于第三步还原，因为还原生成的 FeO 已经被耗净，所以起始金属化率不受中间产物 FeO 量的影响，终点金属化率为 100%。

基于以上分析，将还原金属化率与不同反应步骤间的联系通过理论模型和实际模型进行对比计算。以单一钛磁铁矿相还原路径($Fe_{3-x}Ti_xO_4$ → FeO + Fe_2TiO_4 → Fe + Fe_2TiO_4 → Fe + $FeTiO_3$ → Fe + $FeTi_2O_5$ → Fe + TiO_2)为理论模型，本章建立的复合钒钛磁铁矿分析计算方法为实际模型(如下面平衡反应路径)。取 100g 钒钛磁铁矿为初始质量，其中 TFe 为 0.991mol。设定所有还原反应式(12.8)～式(12.12)都可以达到平衡状态。在实际模型中，FeO 以实际成分组成(81.7% FeO、16.8% MgO、1.4% MnO)考虑，其中 MgO 和 MnO 等量置换 FeO 与 TiO_2 结合，则钒钛磁铁矿原矿中 2FeO · TiO_2 和 FeO · TiO_2 含量分别为 0.060mol 和 0.082mol。需要形成 3(Fe_3O_4) · Fe_2TiO_4 的 Fe_2O_3 实际过量，故自由 Fe_2O_3 量为 0.151mol。在理论模型中，因为没有考虑杂质氧化物固溶体(xFeO、yMO)，所以钒钛磁铁矿原矿中的 2FeO · TiO_2、FeO · TiO_2、Fe_2O_3 含量分别为 0.047mol、0.10mol 和 0.189mol。同样在理论模型中，对于第一步反应，因为由反应式(12.9)生成的 FeO 没有与 FeO · TiO_2 结合而是被还原生成铁，所以第一步金属化率应为 80.52%，也是第二步的起始金属化率。之后的第二步还原，只有原始 2FeO · TiO_2 被还原生成 FeO · TiO_2，故理论金属化率为 85.25%。在实际模型中，第一步还原反应中 0.082mol 由反应式(12.9)生成的 FeO 将会与原矿中的 FeO · TiO_2 形成 2FeO · TiO_2，该步金属化率将低至 72.78%。之后的第二步还原，所有由反应式(12.13)生成的 2FeO · TiO_2 和原矿中 2FeO · TiO_2 都将被还原至 FeO · TiO_2。同时考虑实际 FeO 成分中的部分 Fe^{2+} 少于理论值模型中留在 FeO · TiO_2 中的量，第二步还原金属化率将略高至 88.32%。复合钒钛磁铁矿分析计算所得实际模型如下：

$$\begin{bmatrix} x\text{mol } Fe_2O_3 \\ y\text{mol } 3(Fe_2O_3 \cdot FeO^*)\cdot(2FeO^* \cdot TiO_2) \\ z\text{mol } FeO^* \cdot TiO_2 \end{bmatrix}_{\text{钒钛磁铁矿原矿}}$$

$$\xrightarrow{\text{赤铁矿至浮氏体}} \begin{bmatrix} 2x\text{mol } FeO \\ y\text{mol } 3(2FeO \cdot FeO^*)+2FeO^* \cdot TiO_2 \\ z\text{mol } FeO^* \cdot TiO_2 \end{bmatrix}$$

$$\xrightarrow[\text{生成亚铁板钛矿}]{\text{自由浮氏体与钛铁矿结合}} \begin{bmatrix} (2x-z)\text{mol } FeO \\ y\text{mol } 3(2FeO \cdot FeO^*)+2FeO^* \cdot TiO_2 \\ z\text{mol } (FeO \cdot FeO^*)\cdot TiO_2 \end{bmatrix}$$

$$\xrightarrow{\text{浮氏体至铁}} \begin{bmatrix} (2x-z+9y)\text{mol } Fe \\ y\text{mol } 2FeO^* \cdot TiO_2 \\ z\text{mol } (FeO \cdot FeO^*)\cdot TiO_2 \end{bmatrix}$$

$$\xrightarrow[\text{至钛铁矿和铁}]{\text{亚铁板钛矿}} \begin{bmatrix} (2x+10y)\text{mol } Fe \\ (y+z)\text{mol } FeO^* \cdot TiO_2 \end{bmatrix}$$

$$\xrightarrow[\text{至金红石和铁}]{\text{钛铁矿}} \begin{bmatrix} (2x+11y+z)\text{mol } Fe \\ (y+z)\text{mol } TiO_2 \end{bmatrix}$$

（注：* 表示杂质氧化物固溶浮氏体。）

通过两种模型计算得到 850℃条件下金属化率与 CO-CO_2 的平衡关系如图 12.6 所示。平衡实验样品的 XRD 结果如图 12.7 所示。体积分数 68% CO-CO_2 平衡气还原，样品中仅有钛磁铁矿和浮氏体物相。根据以上计算，该还原势（φ）只能将 Fe_2O_3 和 Fe_3O_4 还原至 FeO，但不能将 FeO 还原为 Fe，对应的金属化率为 0，但 $FeO \cdot TiO_2$ 将与 FeO 结合，所以钛铁矿峰消失。随着还原势增加至 75%，还原

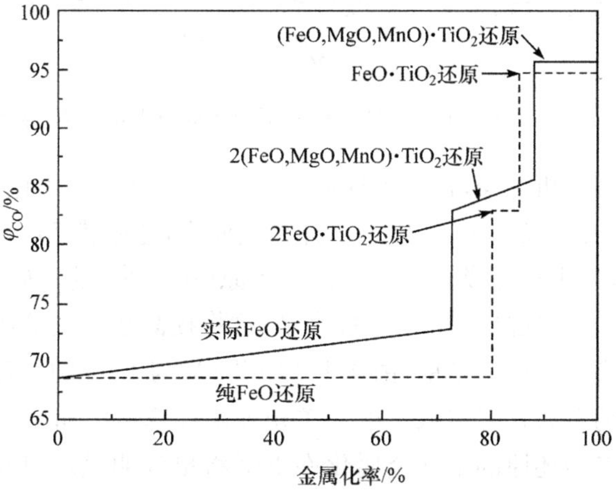

图 12.6　850℃钒钛磁铁矿金属化率与 CO-CO_2 的平衡关系图

铁开始生成，浮氏体相消失，直至 85% CO-CO_2，钛铁晶石作为平衡相与还原产物金属铁一同稳定存在。在 86%～95% CO-CO_2 还原势区间，第二步反应后(式(12.11))，平衡物相为钛铁矿和金属铁。最终当钒钛磁铁矿在高于 96% CO-CO_2 还原势条件下还原时，所有铁氧化物得以还原。

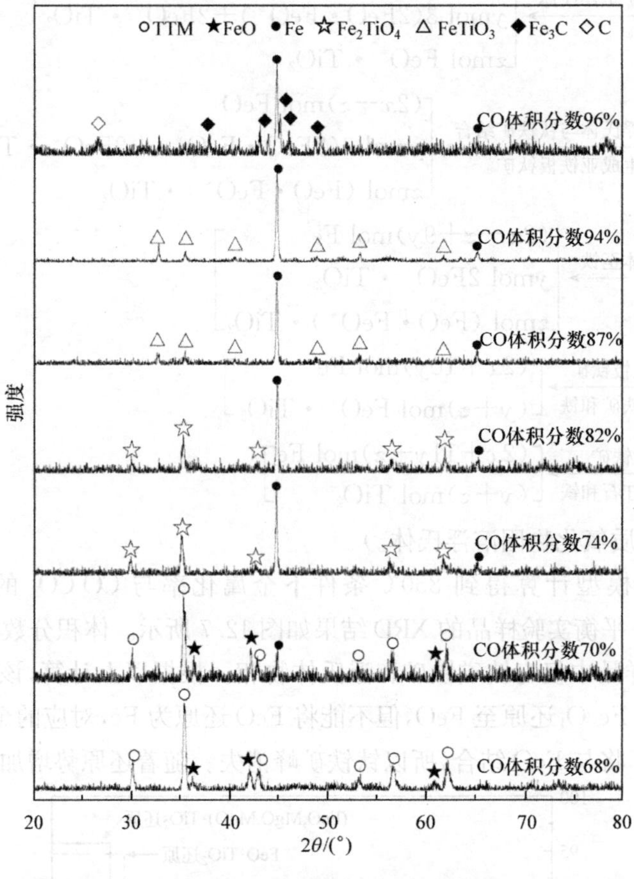

图 12.7　850℃平衡钒钛磁铁矿不同还原势平衡 XRD 结果

通过实际模型分析可知，钒钛磁铁矿的直接还原过程金属化率与还原势呈梯级关联形式，其重要意义在于：①以本节计算例而言，还原势 73%和 86%是两个重要的还原阶梯点，如果在完成一般铁氧化物还原(第一步)的基础上想进一步提高金属化率，则需要大幅提高 13%还原势水平，这将提高还原气的成本；②若将金属化率目标设定在第一步还原结束，由于 FeO · TiO_2 与 FeO 的化合反应，最终实际还原钒钛磁铁矿的金属化率将低于单一矿相理论计算值。如果原矿中的 TiO_2 含量增加，其第一、二步还原的平衡金属化率下降将更为明显。因此，在设计钒钛磁铁矿直接还原-熔分两步法短流程工艺反应参数时，不应一味以高还原产品金属化率为目标，要结合钒钛磁铁矿复杂矿物特性和现场工艺原料条件，充分考量成分和物相组成对梯级还原的影响，选取适宜的中间产品金属化率目标，考虑将最难还原的钛铁氧化物在熔分电炉部分完成，以发挥电炉高温快速深还原和气基低温预还原的节能优势，降低总体能耗，提高生产效率。

12.4.2　钒钛磁铁矿预氧化强化还原

钒钛磁铁矿中由于含钛铁氧化物的存在，其直接还原效率大幅低于普通铁精矿。从冶金原理角度，磁铁矿的还原效率可以通过氧化其至赤铁矿来得到提高。磁铁矿到赤铁矿的氧化会发生从面心立方晶格到密排六方晶格的转变，进而增加24%的晶格体积，最终扩展晶格结构加速还原。同时氧化被认为也能够对钛铁矿的还原起到促进作用，但是具体行为机制仍不明晰。Gupta 等[29]认为，在烧结过程中形成的固溶铁板钛矿要比钛铁矿更易还原。Jones[30]认为，预氧化钛铁矿降低了还原效率，仅增加了终点还原金属化率。Merk 和 Pickles[31]认为，钛铁矿仅在 700～800℃时预氧化才能产生最佳的还原效果，而且人们对氧化改善钛铁矿还原的认识多是从定性角度分析，关于预氧化度与后续还原度之间的内在联系仍未建立起来。对于复杂的复合钒钛磁铁矿，磁铁矿和钛铁矿的氧化均会对其还原行为产生影响。因此，明确钒钛磁铁矿预氧化度与后续还原度之间的内在联系，建立相关定量分析模型，对钒钛磁铁矿改善直接还原工艺设计及选定反应参数是非常必要的。

1. *钒钛磁铁矿流态化氧化行为*

铁氧化物过程氧化行为的一个重要指标是氧化度(R_o)，定义为

$$R_o=\left(1-\frac{MFe^{2+}}{TFe^{2+}}\right)\times 100\% \tag{12.14}$$

式中，MFe^{2+}为氧化后的二价铁含量(%)；TFe^{2+}为原矿中的二价铁含量(%)。计算中应将氧化后样品质量的变化予以考虑。

某地高钛低镁钒钛磁铁矿(TiO_2 约 13.7%，MgO 约 1.16%)在 800～950℃空气气氛鼓泡床条件下随时间变化的氧化度曲线如图 12.8 所示，氧化速率在 850℃以下较低，在 850℃以上快速增加。在 950℃，氧化至氧化度 90%仅需 15min。

由 XRD 分析钒钛磁铁矿氧化过程物相转变，如图 12.9 所示。在 800～950℃范围内，根据有无磁赤铁矿相生成可以分为两种物相转变路径。在 800～900℃，以 825℃氧化为例，在最初 5min，钒钛磁铁矿快速转变为磁赤铁矿。理论上，300℃以上氧化时，纯磁铁矿将首先被氧化为磁赤铁矿，随后进一步转变至赤铁矿。500℃以上氧化时，磁铁矿会被直接氧化成赤铁矿而无中间磁赤铁矿的过程。但在钒钛磁铁矿氧化过程中磁赤铁矿直到 900℃依然存在。这是由于钒钛磁铁矿中高

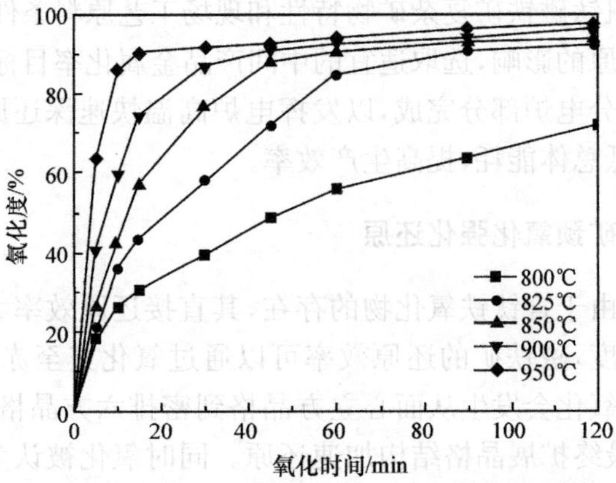

图 12.8 钒钛磁铁矿不同温度下的流态化氧化度曲线

Ti^{4+}含量和其他如Al^{3+}和Mg^{2+}杂质氧化物的存在，磁赤铁矿的形成被推迟。经10min 氧化后，当氧化度为 35.62%时，因为高温不稳定性，磁赤铁矿开始消失。在钒钛磁铁矿氧化过程中，主要有如下三个反应：

$$4Fe_3O_4+O_2 \xlongequal{} 6Fe_2O_3 \tag{12.15}$$

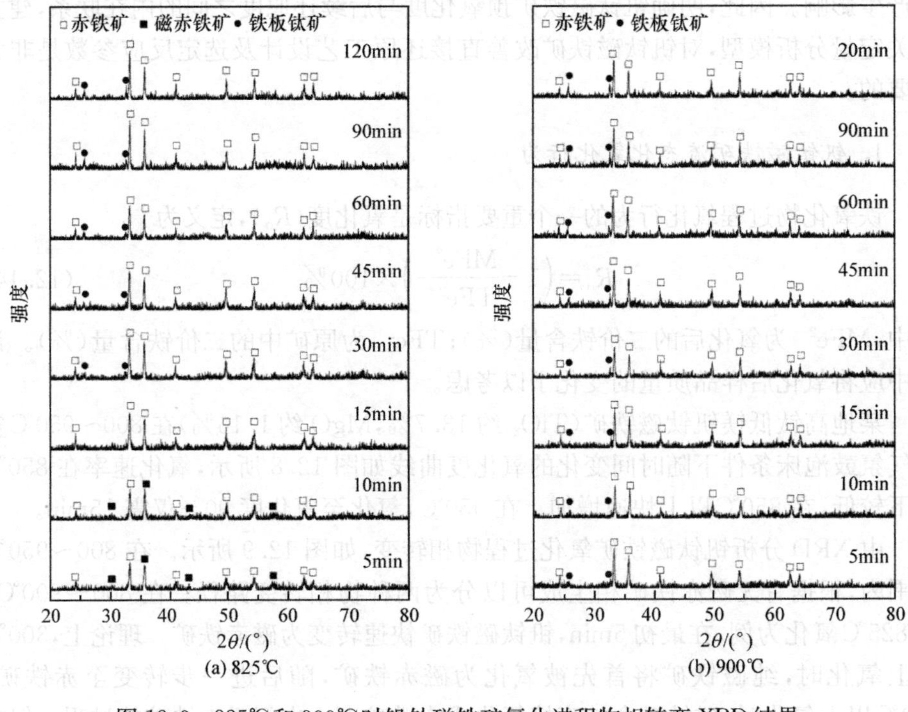

图 12.9 825℃和 900℃时钒钛磁铁矿氧化进程物相转变 XRD 结果

$$2Fe_2TiO_4+O_2 = 2Fe_2O_3+2TiO_2 \tag{12.16}$$

$$4FeTiO_3+O_2 = 2Fe_2O_3+4TiO_2 \tag{12.17}$$

这些反应均朝着解离含钛铁氧化物的方向进行，但是当氧化温度高于 800℃ 时，还存在一个 Fe_2O_3 和 TiO_2 的化合反应，即

$$Fe_2O_3+TiO_2 = Fe_2TiO_5 \tag{12.18}$$

例如，在 825℃ 氧化时，Fe_2TiO_5 的化合反应在 30min 后可以被探测到(图 12.9(a))。在 900℃ 以上氧化时，由于氧化驱动力和氧化效率显著增加，Fe_2TiO_5 仅经 5min 氧化即可生成，并且磁赤铁矿也没有在氧化初期生成，这也是由于高温促进了 Fe^{2+} 扩散，避免了非铁固溶氧化物的屏障阻碍。

氧化过程中的物相可以通过 XRD 进行定量分析，质量分数比按式(12.19)计算：

$$\frac{w_a}{w_b}=\frac{I_a}{I_b}\frac{C_b}{C_a} \tag{12.19}$$

式中，$I_i(i=a,b)$ 为集成峰强；$C_i(i=a,b)$ 为晶格结构常数，按式(12.20)计算：

$$C_i=\frac{1}{V_i^2}|F_{hkl}|^2 PL_p\frac{1}{2\rho} \tag{12.20}$$

式中，V_i 为晶胞体积；F_{hkl} 为结构因子；P 为多重性因子；ρ 为晶体密度；L_p 为洛伦兹偏振因子。

基于图 12.8 的氧化度数据，取 100g 钒钛磁铁矿作为初始质量，对氧化过程中 Fe_2TiO_5 的生成量进行计算，如图 12.10 所示。在 800℃ 以上，当氧化度高于 40% 时，Fe_2TiO_5 开始生成。Fe_2TiO_5 生成量首先快速增加，随后随着氧化时间的延长慢速增加，这个趋势与氧化度变化相一致。但在 950℃，即使氧化度已达到 98%，Fe_2TiO_5 的含量仍然低于原矿中 TiO_2 的含量。这意味着，并非所有 TiO_2 都与

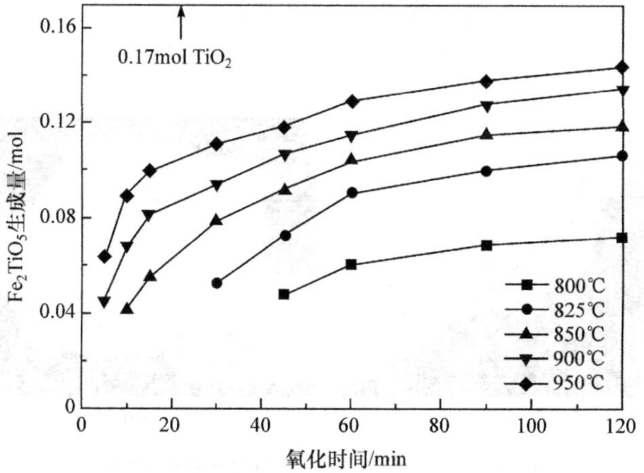

图 12.10　不同温度钒钛磁铁矿氧化过程中 Fe_2TiO_5 的生成量

Fe_2O_3 结合生成 Fe_2TiO_5，这对后续直接还原强化有着重要意义。即原矿中的含钛铁氧化物被解离出了更多的自由赤铁矿，氧化后的钒钛磁铁矿的还原将变得容易。

图 12.11(a)、(b)、(c)分别是 850℃氧化 60min、900℃氧化 30min、950℃氧化 10min 后样品的表面形貌，氧化度均接近 85%。由于铁离子的快速扩散，在矿物颗粒表面生成了一层赤铁矿层。5min 内，表面赤铁矿厚度已达到了 1～2μm(图 12.11(d))。该赤铁矿层相比整个颗粒体积而言十分薄，并且在初始氧化阶段就停止了生长。不同氧化温度表面赤铁矿层的差异在于晶粒大小，如 850℃和 900℃所有的表面赤铁矿晶粒尺寸均为微米级并独立存在。而当氧化温度至 950℃时，仅 10min 氧化表面赤铁矿晶粒就发生了固体烧结。氧化颗粒内部结构则是一个典型的未反应核结构，如图 12.11(e)所示。因为颗粒外部的氧化更为充

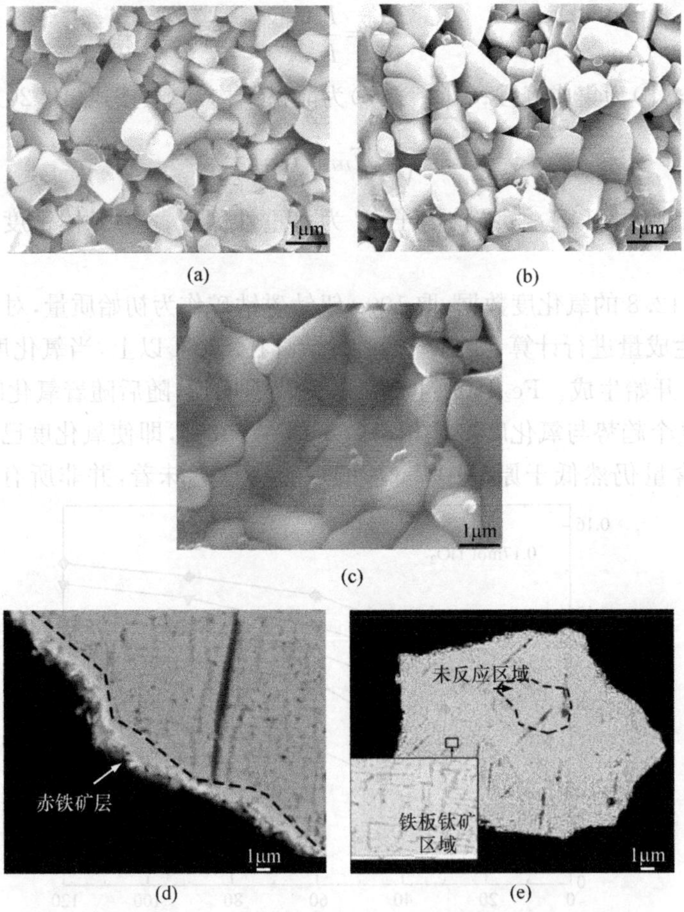

图 12.11　钒钛磁铁矿氧化过程物性形貌

分，氧化产物铁板钛矿在生成层外部的分布密度大于内部。在整个氧化过程中镁铝尖晶石仍十分稳定，没有改变成分。

2. 钒钛磁铁矿预氧化处理对提高还原速率的影响

图 12.12 为经 850～950℃预氧化处理钒钛磁铁矿在 850℃、50% $CO\text{-}N_2$ 条件下的还原金属化率曲线。不同条件预氧化处理的钒钛磁铁矿具有几乎相同的氧化度(85%)和 Fe_2TiO_5 含量。经 850℃和 900℃分别预氧化 45min 和 30min 后，钒钛磁铁矿的还原曲线在中段 45～60min 内还原效率明显提高，其平均金属化率上升 10.95%。但在初始还原阶段 0～30min，还原改善效果并不明显。钒钛磁铁矿还原过程中，自由铁氧化物将首先被还原，随后才是含钛铁氧化物，如钛磁铁矿和钛铁矿。尽管磁铁矿的还原效率可以通过氧化至赤铁矿而大幅改善，但因为所选原矿中赤铁矿含量较高，并且还有一部分 Fe_2O_3 与 TiO_2 化合生成 Fe_2TiO_5，所以，预氧化后的还原前期反应效率差异不大，并没有明显加速。还原后期由含钛铁氧化物还原控速，因此原矿氧化解离含钛铁氧化物的效果同样有所显现。通过预氧化解离改变含钛铁氧化物物相，钒钛磁铁矿的还原动力学和热力学条件都将得到改善，最终提高后续直接还原效率。

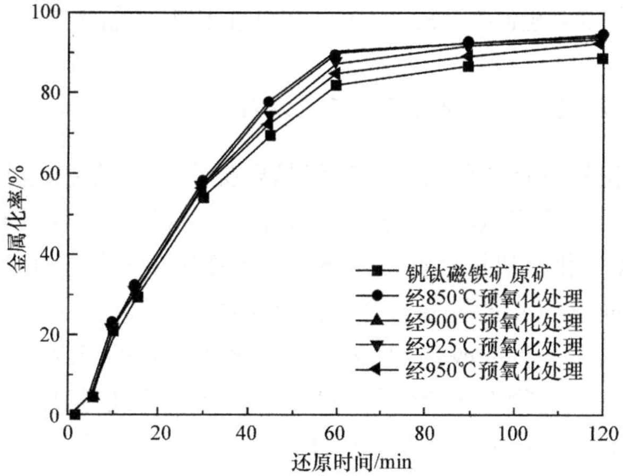

图 12.12　预氧化后钒钛磁铁矿的还原金属化率曲线

然而，当预氧化温度高于 900℃后，预氧化对钒钛磁铁矿的还原效率改善效果有所降低，这可以从产物晶粒尺寸变化角度进行分析。特定物相的平均晶粒尺寸可由特定峰的 XRD 图谱半高宽谢乐公式来计算：

$$\text{平均晶粒尺寸}=\frac{K\lambda}{\beta\cos\theta} \tag{12.21}$$

式中，K 为平均晶粒的形状因数；λ 为 X 射线的波长；β 为样品的半高宽；θ 为峰位。

如图 12.13 所示，Fe_2O_3 和 Fe_2TiO_5 的平均晶粒尺寸在氧化温度 1098～1173K 内十分稳定。当温度高于 1173K 和 1198K 后，Fe_2O_3 和 Fe_2TiO_5 的平均晶粒尺寸分别开始增大。大的晶粒尺寸不利于还原内扩散，并且高温烧结(图 12.11(c))也会阻碍还原。因此，高温氧化退化了后续还原的动力学条件，经高温预氧化处理的钒钛磁铁矿后续还原效率提升效果比低温预氧化处理低。

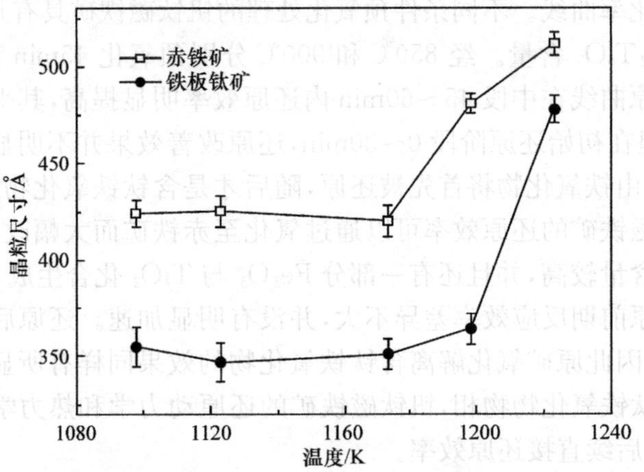

图 12.13　钒钛磁铁矿中 Fe_2O_3 和 Fe_2TiO_5 在不同氧化温度下的晶粒尺寸

3. 钒钛磁铁矿预氧化处理对平衡反应路径的影响

预氧化处理钒钛磁铁矿的目标不仅仅是要提高还原效率，也期望通过调整物相结构改善平衡金属化率，这对实际生产增加产率和降低能耗具有十分重要的意义。如上讨论，预氧化对钒钛磁铁矿还原的改善作用主要集中在两个物相的转变，即低价铁氧化物向 Fe_2O_3 的转变和含钛铁氧化物的分解。低价铁氧化物向 Fe_2O_3 的转变有利于动力学条件的改善，而含钛铁氧化物分解的意义在于释放还原后两步反应中的部分铁氧化物至还原的第一步，从而增加低还原势下的金属化率。但是，当氧化温度高于 800℃时，化合生成的 Fe_2TiO_5 将会降低自由 Fe_2O_3 含量，进而降低第一步的还原金属化率，两者之间存在“竞争关系”[32]。然而，根据图 12.13，化合生成的 Fe_2TiO_5 量在氧化初始阶段较少，此时以含钛铁氧化物的分解占优。因此，预氧化存在一个参数最优值。

钒钛磁铁矿原矿中的氧化对象是钛磁铁矿和钛铁矿中的浮氏体。考虑原矿中的钛铁矿含量高于钛磁铁矿，并且铁氧化物在钛磁铁矿中的活度也高于钛铁矿，所以经过预氧化后的残余浮氏体可以认为存留在钛铁矿中。在后续直接还原过程中，赤铁矿首先还原为浮氏体，同时由于 Fe_2TiO_5 的不稳定性，Fe_2TiO_5 快速被还原至 $2FeO\cdot TiO_2$。随后，如上讨论，第一步由自由浮氏体向铁的还原反应开始进行，并且未氧化的钛铁矿会与浮氏体结合生成 $2FeO \cdot TiO_2$。自由浮氏体来自原矿中的赤铁矿和未与铁板钛矿结合的新生成的氧化赤铁矿。第二步 $2FeO \cdot TiO_2$ 至 $FeTiO_3$ 的还原反应中，反应物 $2FeO \cdot TiO_2$ 包括 Fe_2TiO_5 的还原产物和第一步中发生的化合反应。最后一步是 $FeTiO_3$ 向 Fe 和 TiO_2 的还原，这里 $FeTiO_3$ 量等于总的在预氧化处理后的钒钛磁铁矿中的 Fe_2TiO_5 和 $FeTiO_3$ 量。预氧化处理后的直接还原平衡化学反应路径如下。

$$\begin{bmatrix} x\text{mol } Fe_2O_3 \\ y\text{mol } Fe_2O_3 \cdot TiO_2 \\ z\text{mol } FeO^* \cdot TiO_2 \\ k\text{mol } TiO_2 \end{bmatrix}_{\text{钒钛磁铁矿氧化后}}$$

$$\xrightarrow{\text{赤铁矿至浮氏体}} \begin{bmatrix} 2x\text{mol } FeO \\ y\text{mol } 2FeO^* \cdot TiO_2 \\ z\text{mol } FeO^* \cdot TiO_2 \\ k\text{mol } TiO_2 \end{bmatrix}$$

$$\xrightarrow[\text{生成亚铁板钛矿}]{\text{自由浮氏体与钛铁矿结合}} \begin{bmatrix} (2x-z)\text{mol } FeO \\ y\text{mol } 2FeO^* \cdot TiO_2 \\ z\text{mol } (FeO \cdot FeO^*) \cdot TiO_2 \\ k\text{mol } TiO_2 \end{bmatrix}$$

$$\xrightarrow{\text{浮氏体至铁}} \begin{bmatrix} (2x-z)\text{mol } Fe \\ y\text{mol } 2FeO^* \cdot TiO_2 \\ z\text{mol}(FeO \cdot FeO^*) \cdot TiO_2 \\ k\text{mol } TiO_2 \end{bmatrix}$$

$$\xrightarrow[\text{至钛铁矿和铁}]{\text{亚铁板钛矿}} \begin{bmatrix} (2x+y)\text{mol } Fe \\ (y+z)\text{mol } FeO^* \cdot TiO_2 \\ k\text{mol } TiO_2 \end{bmatrix}$$

$$\xrightarrow[\text{至金红石和铁}]{\text{钛铁矿}} \begin{bmatrix} (2x+2y+z)\text{mol } Fe \\ (y+z+k)\text{mol } TiO_2 \end{bmatrix}$$

（注：* 表示杂质氧化物固溶浮氏体）

根据上述平衡化学反应路径对 900℃不同氧化时间的 $CO-CO_2$ 平衡还原的第一步和第二步金属化率进行计算，如图 12.14 所示。因为不同氧化度对应不同的产物 Fe_2TiO_5 含量，其平衡金属化率也会发生变化。随着氧化时间延长，平衡金属化率呈先增加后降低的趋势。在初始氧化阶段，Fe_2TiO_5 生成速率要低于易还原的 Fe_2O_3。因此，自由 Fe_2O_3 生成量决定了还原金属化率的提升效果。因为 Fe_2TiO_4 的化合反应，改善作用在第二步有所弱化。30min 氧化后，Fe_2TiO_5 生成

速率开始高于自由 Fe_2O_3，直接还原平衡金属化率逐渐降低，即预氧化效果存在最优值，并非还原金属化率随预氧化时间延长单调增加。对于 900℃氧化，最优时间为 30min。其他高于 800℃的预氧化有着同样规律，825℃、850℃和 950℃的最优预氧化时间分别为 60min、45min 和 15min。

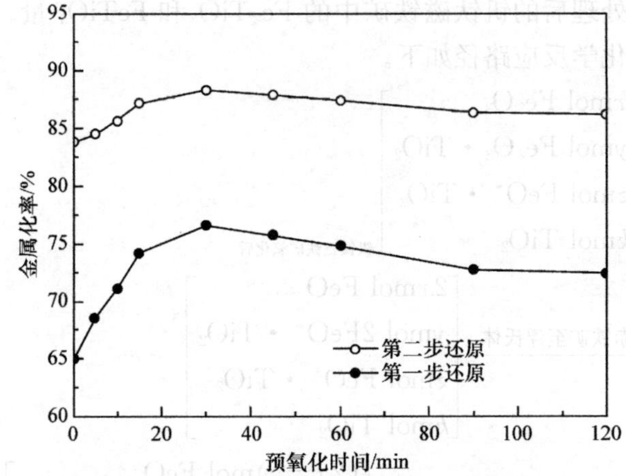

图 12.14 900℃不同氧化度钒钛磁铁矿的 CO-CO_2 平衡还原的金属化率

经 900℃预氧化处理 30min 后在 850℃还原的钒钛磁铁矿金属化率与 CO-CO_2 的平衡关系图如图 12.15 所示。通过预氧化处理，钒钛磁铁矿第一步和第二步的还原金属化率相对提高 13.6%和 4.8%，至 75%和 88%。不同平衡气氛条件的还原产物物相与前面规律一致。

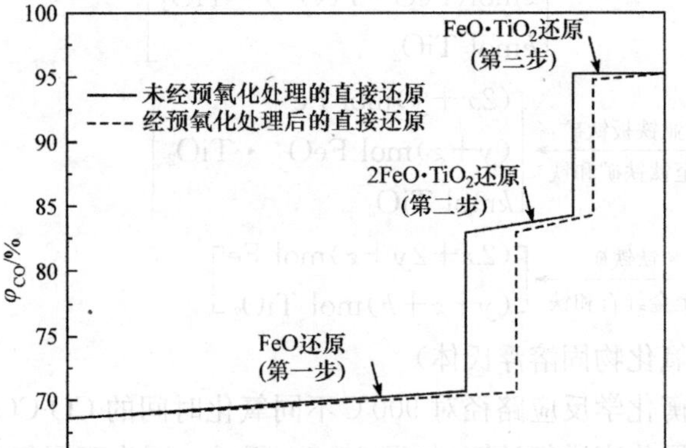

图 12.15 900℃预氧化处理 30min 后 850℃还原的钒钛磁铁矿金属化率
与 CO-CO_2 的平衡关系图

由以上对钒钛磁铁矿氧化行为及其对后续直接还原强化的分析研究可知，通过预氧化处理，钒钛磁铁矿可以从含钛铁氧化物中解离出自由 Fe_2O_3，从而改善钒钛磁铁矿直接还原的动力学和热力学条件，提高反应效率。同时也由于更多的自由 Fe_2O_3 存在，在同样还原势条件下，钒钛磁铁矿第一步和第二步金属化率都得到了明显提升。这一方面能够提高气体利用效率降低能耗，另一方面也能够大幅降低熔分阶段的冶炼时间和电耗，对钒钛磁铁矿两步法短流程工艺的降本提效具有重要的生产实践意义。基于预氧化强化直接还原平衡化学反应路径并结合过程铁板钛矿相的生成特性，优化预氧化参数，更能进一步降低工艺成本，提高预氧化处理效果。

12.5　铁矿流态化直接还原过程防失流研究进展

根据现有对失流机理的认知，黏结与否主要与颗粒在高温流化过程中所受到的黏性作用力和破碎作用力相关，若黏性作用力占主导则会发生黏结，导致团聚；反之，黏结不会发生。解决细粉黏结失流的措施也可以因此分为两类：一类为降低颗粒黏结力，避免颗粒间出现黏结，从而防止失流发生；另一类为增加颗粒间破碎力，在发生黏结的情况下，控制聚团的尺寸，从而防止失流发生。

降低颗粒黏结力，避免黏结失流发生的主要措施有降低还原温度、碳包覆法、调控表面形貌、添加惰性添加剂等。对铁矿还原而言，在黏结温度（一般小于600℃）以下的还原，会大幅降低生产效率，所以一般不选用降低还原温度来防止黏结。碳包覆法是通过 CO 的低温歧化分解反应，即 $2CO = CO_2 + C$，在铁矿表面将覆盖一层 C 粉或 Fe_3C，起到高温阻隔剂作用。为实现 800℃以上稳定流化，需要附碳量在 3.5%～10%，要消耗大量的有效还原气。同时由于直接还原工序后续电炉熔分不具备脱碳功能，所以还需根据全流程还原脱氧平衡附碳量，受到一定限制。调控表面形貌有两种形式：一种是调控原矿颗粒自身形貌，尽可能获得球形颗粒，这取决于选矿工艺；另一种是调整还原气成分，提高 H_2 含量，避免颗粒表面产生晶须，降低黏结失流趋势。而还原气体的组成由供气条件决定，一般也不特别改变。添加惰性添加剂也分为两种形式，一种是包覆法，将铁矿粉在添加剂溶液（如 $Ca(NO_3)_2$、$Mg(NO_3)_2$ 等）中浸渍，再过滤干燥以在铁矿粉表面覆盖一层惰性添加剂，该法抑制黏结失流的效果良好，但其实施过程较为烦琐；另一种是直接在流态化还原过程中进料时将 CaO、MgO 等惰性添加剂与铁矿粉同时加入，从而降低黏结发生概率，抑制失流产生。

在降低颗粒黏结力的方法中，直接添加惰性添加剂的方法可操作性强，具备工艺化应用条件。欧阳藩和郭慕孙[18]通过在攀西钒钛磁铁矿流态化直接还原过程中添加 3%的 MgO 便有效防止了黏结失流现象的发生。对于以生产金属铁为目标的一般铁矿粉直接还原，添加 CaO、MgO 等惰性添加剂相当于增加了非铁氧化物渣量，增加熔分能耗。而对于钒钛磁铁矿短流程工艺，钛资源会以钛渣形式富集利用。在熔分电炉中 CaO、MgO 等惰性氧化物添加剂也会富集于钛渣中，但 MgO 对促进钛渣形成 M_3O_5 结构黑钛石，增加钛渣酸解性十分有利[33]。因此，MgO 为惰性添加剂不但能够起到抑制黏结失流发生的功效，还能起到改善成品钛渣质量、提高钒钛磁铁矿中钛资源利用率的作用。因此，在钒钛磁铁矿流化床-熔分工艺中添加 MgO 可以作为降低颗粒黏结力抑制黏结失流的首选方法之一。

增加颗粒间破碎力避免黏结失流发生的主要措施有加外力场、造粒法、改进床型提高操作气速等，共性点是不引入外部物料。加外力场是指增加搅拌、脉冲、声场、磁场、振动等外力场起到改善气固接触质量、破碎聚团、延长失流时间的作用，但其需要增设辅助设备，大规模工业应用较为困难。造粒法分为两种：一种是预造粒法，在细粉矿颗粒进入流化床前通过造球或烧结方法制备出毫米级的颗粒，再进入流化床还原，该方法也需要增加还原前设备和工序；另一种是自造粒法，利用还原过程中新生成金属铁本身黏性，自然团聚造粒，该方法的技术难点在于控制体系内形成团聚体的尺寸，避免团聚体过度生长以致失流。自造粒法的优势在于合理利用直接还原铁的表面黏性，可在流态化还原过程中实施，是较为理想的防止失流的措施。

提高气速是避免黏结失流最为直接的一种方法，可以增加气固曳力和颗粒间相对运动速率，避免团聚体的生长。另外，根据气固流态化理论[34]，固体颗粒的最小流化气速与粒径的平方成正比。因此，气速的增加可以提高可流化粒径的尺寸，从而使得自造粒聚团流化有更大的操作空间。在普通的柱形流化床中，操作气速往往在最小流化气速和颗粒的终端速度间进行调节。操作气速大于颗粒终端速度后，将会有大量的细粉被吹出反应体系。而颗粒的终端速度与颗粒粒径正相关，采用越细的粉体进行流化，气速的调节范围也越窄。在较窄的气速操作范围内，往往无法达到防止失流的目的。因此，提高气速的措施往往配合其他流化床型和流域来进行[34]，如循环流化床、喷动床、锥形流化床等。其中，循环流化床在返料立管处，由于颗粒的运动速率太小而容易发生黏结堵塞。喷动床流域往往只能针对 D 类粗颗粒而言，不适用于细铁矿粉的直接利用。而在锥形流化床内，可以适用于宽筛分粒径或者较细的粉体进行流化，并且具有较大的气速操作范围。

锥形床作为变截面床型，其截面积由下而上逐渐扩大，Kwauk[34]指出，锥形流化床的结构特征致使其有如下三个主要优点：第一，床层底部的高线速可以保证粗颗粒被流化，而顶部的低线速则可抑制细颗粒的扬析，减少粉尘率；第二，床层底部的流体和粗颗粒的剧烈湍动，可使向上的流体均匀分布，因此，锥形入口处可以代替流体分布板；第三，对于快速和发热量高的反应，床层底部的湍动可以使热量迅速传到床中的其他区域，由于床中高线速所产生的高孔隙度，有助于降低该区域内单位容积的发热量，这就防止了一般流化床分布板区的死区、烧结和堵塞等现象。因此，锥形床特别适宜于在反应过程中产生气体（增分子反应）、气体体积增加（强放热反应）以及在过程进行中颗粒长大的工艺过程。因此，锥形流化床经常被用于各种黏性粉体的流化过程。由此可见，以锥形流化床作为直接还原反应器的结构形式，采用自造粒聚团流化方法，在解决铁矿粉高金属化率时的黏结失流方面具备突出优势。

下面就针对添加 MgO 惰性添加剂和锥形床自造粒聚团两种防失流方法在直接还原过程中的作用机制进行分析讨论。从黏结趋势角度，高品位铁矿颗粒在流态化还原过程中相比低含铁品位的钒钛磁铁矿更容易失流，也更具普适性。因此，以巴西高品位赤铁矿铁精矿粉为原料（TFe 含量大于 65%、FeO 含量小于 0.7%）进行防失流机制研究。

12.5.1　MgO 添加剂抑制黏结失流机制

现有研究中 MgO 多是与原矿在还原前一起作为入炉原料加入，从而进行 MgO 抑制黏结失流的研究，鲜有对 MgO 在铁氧化物梯级还原 $Fe_2O_3 \rightarrow Fe_3O_4 \rightarrow FeO \rightarrow Fe$ 过程中不同阶段加入效果的分析。实际上，在工业操作中完全可以实现在不同阶段加入 MgO，以最大化发挥其抑制黏结失流的作用。

以巴西高品位赤铁矿铁精矿为原料，通过在 CO-CO_2 平衡气条件下反应获得单一 Fe_3O_4 和 FeO 物相矿粉原料。将不同质量比的 MgO 粉末与不同价态铁氧化物的矿粉混合后，首先在流化床内设定还原温度下通过 CO-CO_2 平衡气（制得 Fe_3O_4 和 FeO）和 N_2（保持 Fe_2O_3）预热，随后通入 0.5m/s 的 66.7% H_2＋33.3% N_2 进行流态化还原，观测黏结失流行为，所用流化床为柱形流化床。

图 12.16 给出了不同价态铁氧化物矿粉在 700～900℃下流化还原 80min 不失流的最小 MgO 加入量。矿粉表面新生成金属铁的黏性随还原温度的升高而增大，因此对同一铁氧化物达到相同流化时间所需 MgO 加入量随还原温度的升高而增加。对比同一温度不同价态铁氧化物矿粉所需 MgO 加入量，700℃时不同价态铁氧化物矿粉所需的 MgO 加入量相同，然后随温度升高所需的 MgO 加入量出现差异，且温度越高差异越大，根据所需量排序为 $Fe_2O_3 > Fe_3O_4 > FeO$。因为所加入的铁矿粉和 MgO 粒径均保持相同，这意味着对于不同价态铁氧化物矿粉流态化还原过程，MgO 的物理阻隔效应并不是抑制黏结失流的唯一原因。

根据热力学，铁氧化物会与 MgO 生成 $MgO \cdot Fe_2O_3$ 或者 $MgO \cdot FeO$。该化合物表面黏性低，从而也能够避免铁矿粉在流态化还原过程中的黏结失流现象，起到化学阻隔效应。反应在图 12.16 中 MgO 加入量的差异，即由化学阻隔效应引起。据此为表征 MgO 与不同价态铁氧化物颗粒间的界面反应行为，采用扩散偶进行分析。

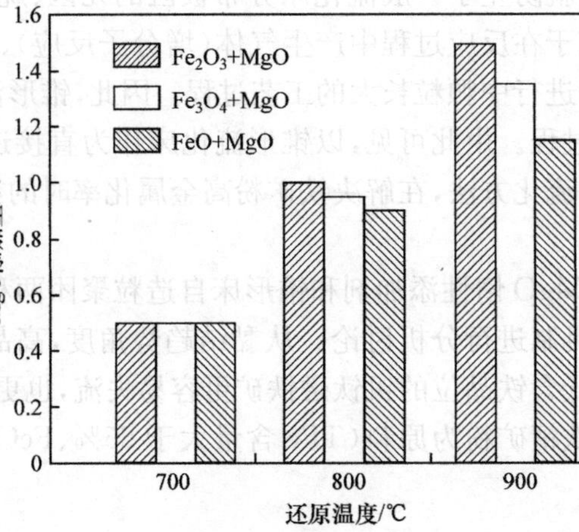

图 12.16　700～900℃不同价态铁氧化物矿粉流化还原 80min 所需最小 MgO 添加量

扩散偶样品通过将经乙醇分散的 MgO 粉末悬浊液滴加覆盖在 Fe_2O_3、Fe_3O_4、FeO 表面干燥后获得。图 12.17 分别为 700～900℃范围内 MgO 与不同价态铁氧化物固-固反应 60min 后扩散偶界面处的 BSE 图像和 EPMA 线扫描结果。扩散偶实验在氮气保护固定床条件下进行。在实验温度范围内没有观察到 MgO 和 Fe_2O_3 发生化学反应而出现过渡层。同样在 700℃，MgO 同 Fe_3O_4 和 FeO 之间相界面清晰，也没有出现过渡层。800℃平衡后，MgO-Fe_3O_4 和 MgO-FeO 扩散偶界面上的 Mg 元素线扫描分布开始呈现梯度变化，表明在该温度 MgO 开始与 Fe_3O_4 和 FeO 发生化合反应。当实验温度达到 900℃时，MgO-Fe_3O_4 和 MgO-FeO 扩散偶界面上能够观察到明显的扩散层，并且 MgO-FeO 扩散偶界面处形成的过渡层厚度要大于 MgO-Fe_3O_4 扩散偶界面处所形成的过渡层。

假设固态反应是一维的，排除形状因素的干扰，可以用抛物线定律来计算产物层厚度对固固反应速率的影响[35]，计算式如下：

$$L^2=\alpha Dt \tag{12.22}$$

式中，L 为扩散偶界面处的产物层厚度；α 为常数；D 为扩散系数；t 为反应时间。

扩散活化能可以由 Arrhenius 公式[23]计算得到：

$$D=D_0\exp\left(-\frac{E_a}{RT}\right) \tag{12.23}$$

式中，D_0 为扩散速率常数；E_a 为扩散活化能；T 为热力学温度。

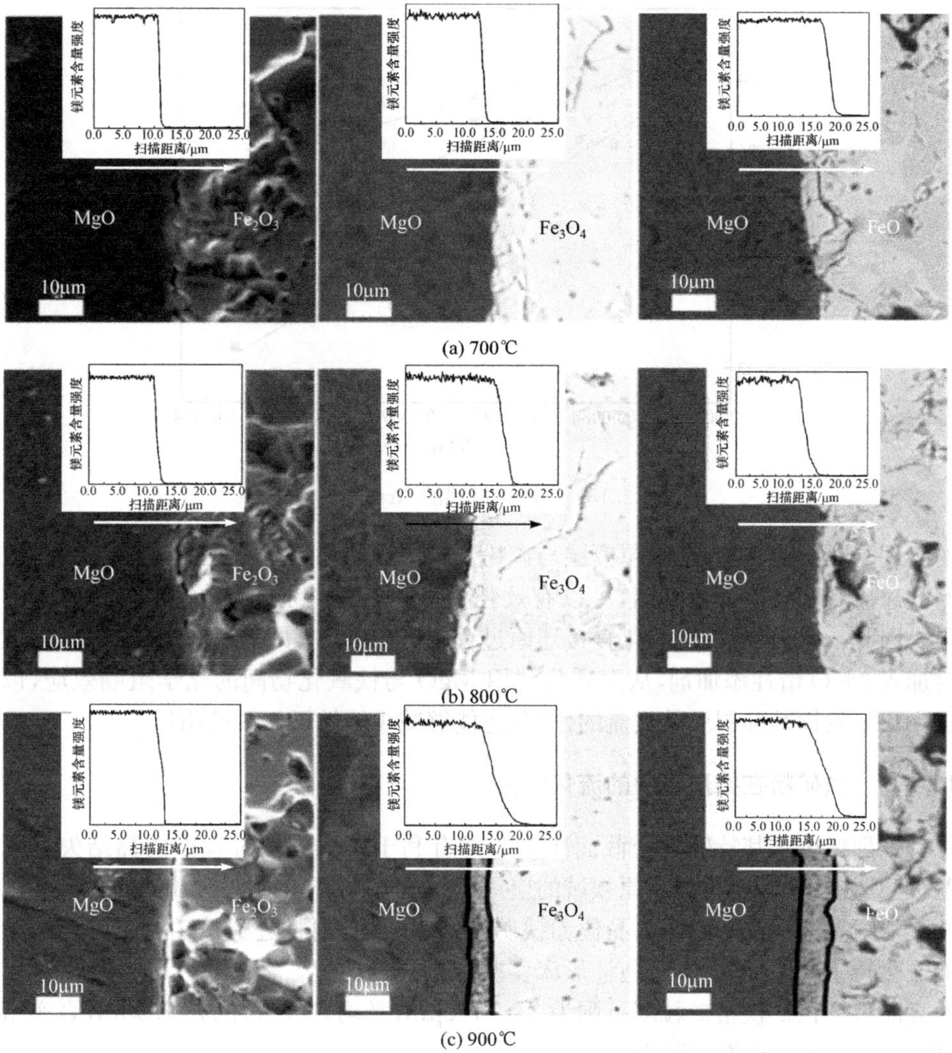

(a) 700℃

(b) 800℃

(c) 900℃

图 12.17　不同扩散偶的微观组织形貌和 EPMA 线扫描结果

根据图 12.18 计算得到实验温度范围内 MgO-Fe_2O_3、MgO-Fe_3O_4、MgO-FeO 的扩散活化能分别为 334kJ/mol、260kJ/mol、174kJ/mol，MgO-Fe_2O_3 间扩散最难发生，而 MgO-FeO 间的扩散相对容易。

扩散偶实验和活化能计算都证实了 MgO 在不同温度对不同价态铁氧化物矿粉黏结失流的抑制作用机理也有所差异。低温时 MgO 以物理阻隔效应为主，高温时化学阻隔效应开始发生作用。三种铁氧化物中 Fe_2O_3 与 MgO 间形成扩散层最难，800℃以上时，在 Fe_3O_4 和 FeO 与 MgO 化学阻隔效应存在的条件下，MgO 加入量随之有所下降，这也间接说明化学阻隔效果要强于物理阻隔效果。与 MgO

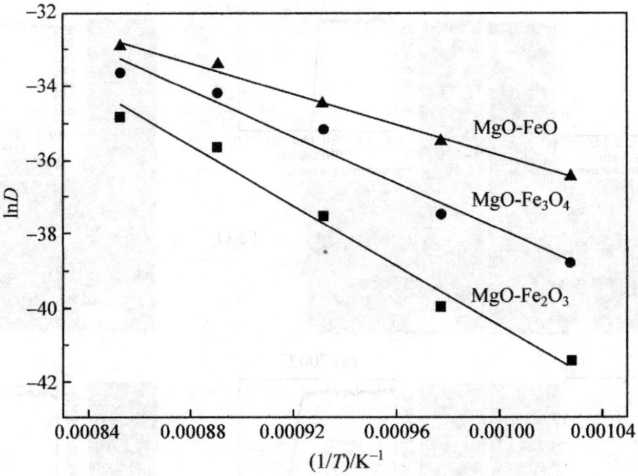

图 12.18　不同扩散偶的 Arrhenius 图

的物理阻隔效应相比，化学包覆层与矿粉颗粒表面的作用力更强，不易因矿粉颗粒间的碰撞和摩擦而发生剥离，可以有效强化 MgO 对矿粉颗粒黏结失流的抑制效果。因此，在实际铁矿流态化直接还原过程中，应在还原进行至 $Fe_3O_4 \rightarrow FeO$ 阶段时加入 MgO 惰性添加剂，从而充分利用 MgO 与铁氧化物间的化学阻隔效应，以最大程度发挥其抑制黏结失流的作用，还能够减少惰性添加剂的用量。

12.5.2　铁矿粉在锥形床中的流化行为

锥形床由于其特殊的变截面床型非常有利于解决化工过程中的黏结失流问题，但其在细铁矿粉直接还原领域的应用仍缺乏研究，具体防止失流的过程机制也并不清晰。这里选取巴西高品位赤铁矿铁精矿粉为原料，进行铁矿粉在锥形床中的流化行为研究，同时以普通柱形床实验数据作为对比。还原性气体采用 H_2，巴西高品位赤铁矿铁精矿粒度范围为 75～100μm，平均颗粒直径为 88.5μm，真实密度为 4.9g/cm^3，松堆密度为 2.2g/cm^3。

实验所用流化床锥形段主要外形参数为初始内径（D_0）16mm，锥形段高度（H）170mm，锥形段上部内径（D_t）76mm，半锥角（$\alpha/2$）10°。锥形段底部采用多孔石英板作为气体分布器，均匀分布，孔径 0.4mm。锥形流化床本体主要外形尺寸和高温实验图如图 12.19 所示。对比所用普通柱形床内径同样为 16mm。

1. 气速对锥形床流态化直接还原的影响

775℃还原气成分 50% H_2+50% N_2 条件下，该铁精矿粉在传统柱形流化床中的最小流化气速（U_{mf}）为 0.03m/s。图 12.20 显示了传统柱形床内直接还原过程中流化时间和金属化率随操作气速的变化规律。随着操作气速的提高，失流时

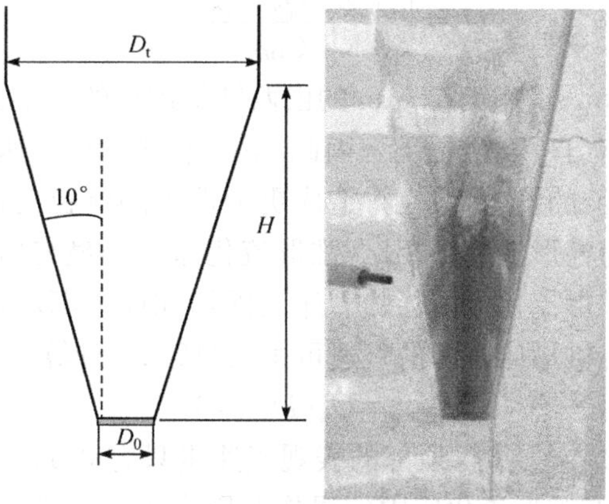

(a) 外形参数　　(b) 实验图

图 12.19　锥形床主要外形参数和实验图

的金属化率逐渐增加。气速越高，流化时间越短，主要是因为低气速范围内气固处于外扩散控制，提高气速增加了气固反应速率，从而降低了反应时间。也即当提高操作气速对还原反应的促进作用强于对流化行为的促进作用时，流化时间将会下降；反之，流化时间将会上升。

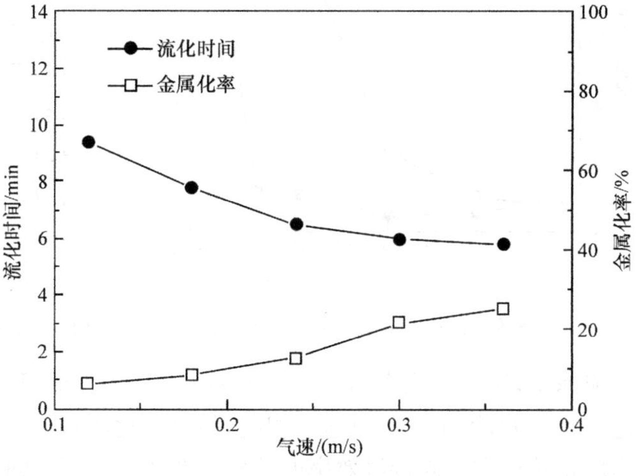

图 12.20　775℃铁矿粉在柱形床内流化时间及金属化率随气速的变化规律

然而，在柱形流化床内，操作气速存在上限值，即颗粒终端速度(U_t)。当操作气速大于颗粒终端速度时，会有大量的细颗粒因为淘析作用被吹出床外，造成夹带损失。对该巴西铁精矿粉实测发现，操作气速达到 0.36m/s 后，出口处有大量的细颗粒被吹出。颗粒终端速度的计算公式如下：

$$U_t=\left[\frac{4}{3}\frac{gd_p(\rho_p-\rho_g)}{C_D\rho_g}\right]^{1/2} \tag{12.24}$$

计算可知，0.36m/s 约等于 77μm 的巴西铁精矿粉的终端速度，而原矿的颗粒实际分布中有 40%位于 77μm 以下。因此，虽然继续提高气速可以产生较好的流化效果，甚至防止失流的发生，但也将造成更为严重的颗粒夹带损失，此为传统柱形流化床的限制。与柱形流化床相比，锥形流化床一个最突出的特点就是气速的可调节范围较大。锥形流化床内径随着床高的增加而逐渐增加，轴向线速度随床高升高而逐渐降低。锥形床顶部的气速可由式(12.25)计算：

$$U_{top}=U_g(D_0/D_t)^2 \tag{12.25}$$

当底部气速为 2.5m/s 时，顶部的表观气速也只有 0.11m/s，相当于 20μm 颗粒的终端速度，因此在锥形流化床中的操作范围有了大幅提升。该巴西铁精矿粉在与柱形床相同的还原条件(775℃，还原气成分 50% H_2 + 50% N_2)下，锥形流化床中的流化时间和金属化率随气速的变化规律如图 12.21 所示。

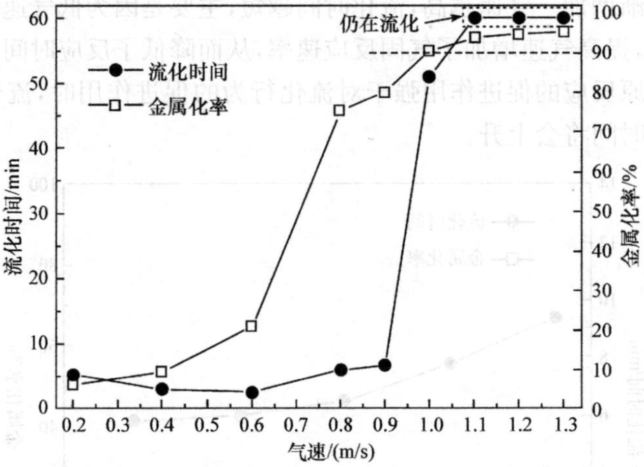

图 12.21　775℃铁矿粉在锥形床内流化时间及金属化率随气速的变化规律

在较低气体流速下，锥形流化床内气固接触效率并不优于柱形流化床。由于还原过程中反应温度相同，即本征反应速率相同，两个流化床内表观反应速率的差别即间接反映为质量传递和气固接触效率的差别。造成这一现象的原因与锥形流化床结构有关，锥形流化床内径随床高增加而增加，气速随床高增加而下降。在底部进气气速相同时，锥形流化床料层顶部气速一定低于柱形流化床。相同物料量，柱形流化床内料层高度更高，具有更长的气固接触时间，因此也有更高的气固接触效率。因此，在采用相同低气速时，锥形流化床的优势不如柱形流化床明显。

当操作气速超过柱形流化床终端气速后，锥形流化床优势开始凸显。此时柱形流化床内发生淘析细颗粒损失，而锥形流化床由于截面积下小上大，顶部气速低，颗粒则处于完全流化或湍动流化状态。在无淘析损失的情况下，气固接触面积显著增大，相同流化时间内反应效率逐步提高。随着锥形床内流化时间在高气速下进一步延长，最终能够实现还原铁矿粉颗粒金属化率超过 90%而不失流。对于该铁矿粉，当气速高于 0.6m/s 后，流化时间开始骤增，当气速为 1m/s 时，流化时间超过 50min 的金属化率超过 90%。气速从 1.1m/s 开始，还原铁矿粉稳定流化 60min 内未发生失流现象。

与柱形流化床相比，锥形流化床由于操作气速范围的提升，能够有效解决直接还原过程中的失流问题。通过在线测量不同气速下的压降曲线还可以推断出流化还原过程中的流化状态信息，如图 12.22 所示。当操作气速小于 0.9m/s 时，锥形

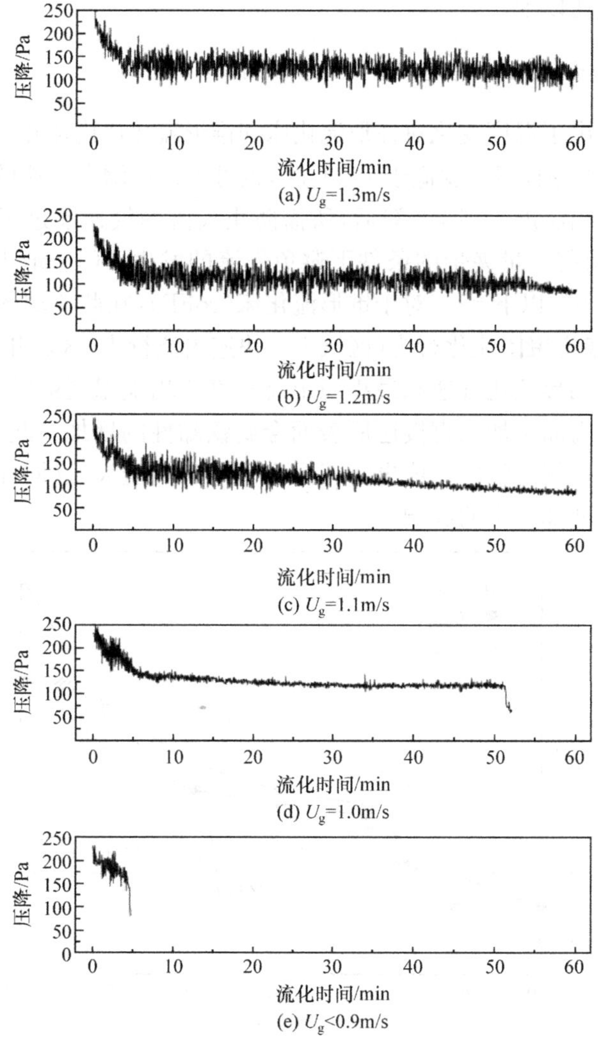

(a) U_g=1.3m/s

(b) U_g=1.2m/s

(c) U_g=1.1m/s

(d) U_g=1.0m/s

(e) U_g<0.9m/s

图 12.22　不同气速下压降曲线图

床不足以克服还原至目标金属化率(90%)过程中黏结失流的发生,最多稳定流化5min。当气速为1.0～1.2m/s时,虽然实现了还原金属化率90%的工艺目标,但在60min内均发现了压降波动幅度随还原时间增加而逐渐变窄的情况。此外,压降波动还是流化床内流化行为发生变化的重要表征参数之一。1.0～1.2m/s气速下60min内锥形床压降波动,可认为是流化床内发生了不稳定流化,有逐渐失流(慢速失流)的可能性。根据工业生产对直接还原铁指标的要求,可以将能够实现金属化率90%的最低操作气速定义为临界流化气速(U_c),同时结合锥形流化床的特点,将能够实现90%以上金属化率且保持稳定流化2h以上的最低操作气速,定义为最小稳定流化气速(U_{mff})。从稳定实际生产顺行的角度,保守操作气速应在最小稳定流化气速以上。

2. 温度对锥形流化床流态化直接还原的影响

图12.23给出了温度变化对柱形流化床和锥形流化床内流化行为的影响。在柱形流化床(cyFB)内,当温度低于700℃时,也可以通过增大气速的方式达到防止失流的目的。而当温度达到700℃后,所需防止失流的气速超过了单颗粒夹带气速,便无法在不引起大量夹带的条件下避免失流的发生。Circored工艺中鼓泡床设计温度即在700℃以下[23]。对于锥形流化床(coFB),在此流域图中共有三种流化行为,分别为稳定聚团流化行为(区域Ⅰ)、快速失流行为(区域Ⅱ)和不稳定流化行为(区域Ⅲ)。临界流化气速和最小稳定流化气速均随温度的升高而有所增加,以克服随温度升高而增加的直接还原表面金属铁黏性的增加。此外,最小稳定流化气速和临界流化气速间的差值也随着温度升高有所变大,这同样是为了克服高温颗粒表面黏性增加带来的影响。

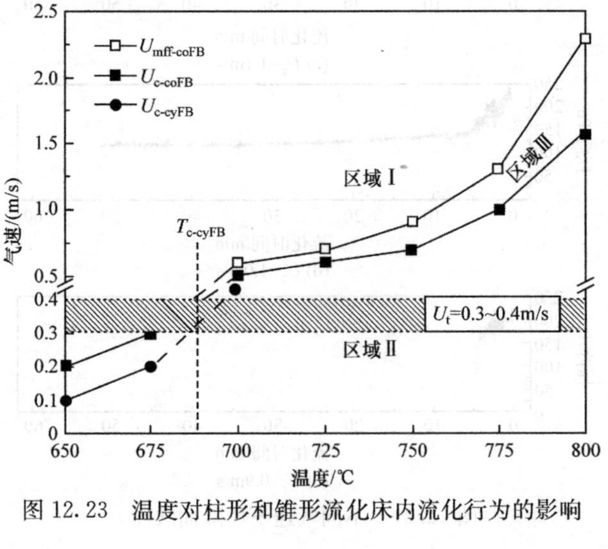

图12.23　温度对柱形和锥形流化床内流化行为的影响

12.5.3　锥形流化床内聚团行为及其机制分析

图 12.24 中显示出了 775℃还原气成分 50% H_2＋50% N_2 条件下，1.0～1.3m/s 气速范围内锥形流化床内粒径随时间的变化规律。不同气速下的平均粒径随时间的变化规律有所相同。具体表现为：1.0m/s 气速下，粒径从开始逐渐增长，直至 51min 发生失流；1.2m/s 气速下，粒径先增长，之后一段时间内相对稳定，然后再继续增长；而 1.3m/s 气速下，粒径先快速增长，之后 2h 剩余的还原时间内一直保持相对稳定。总体而言，不同气速下的粒径变化存在三个阶段：快速生成阶段、稳定生长阶段和二次生长阶段。这三个阶段的聚团特征决定了流化床内的流化状态，对理解锥形流化床防止失流具有非常重要的意义。以 1.2m/s 锥形流化床还原过程颗粒聚团行为为例，分析这三个阶段聚团行为的区别及其形成过程。

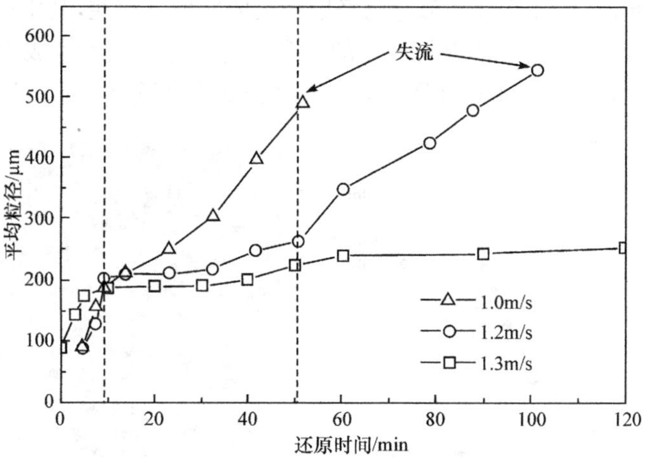

图 12.24　775℃不同气速锥形流化床内平均粒径随时间的变化规律

聚团快速生成阶段发生在还原初期阶段，颗粒直径快速增加，粒径分布的变化如图 12.25(a)所示，还原 5min 的 SEM 图如图 12.25(b)所示。在 5min 内由初始平均粒径 88μm 升至约 200μm，小于 100μm 的颗粒量逐渐减小，团聚体量逐渐增加，并呈现团聚体与原始颗粒共存的状态。该条件下还原 3min 和 5min 后，金属化率分别达到 48.5%和 73.8%，表面已经析出了大量的金属铁。金属铁接触时产生的黏性力已大于颗粒碰撞时的破碎力，原矿初始颗粒小、动量不足，因此团聚快速发生。

聚团稳定生长阶段发生在团聚快速生成之后，持续时间根据气速的不同而有所不同。1.2m/s 气速下，此阶段持续时间长达 45min。在此阶段，体系内平均粒径基本处于稳定状态，从 200μm 生长至 250μm。粒径分布的变化如图 12.26(a)所示，还原 50min 的 SEM 图如图 12.26(b)所示。具有原始粒径的铁矿粉颗粒已

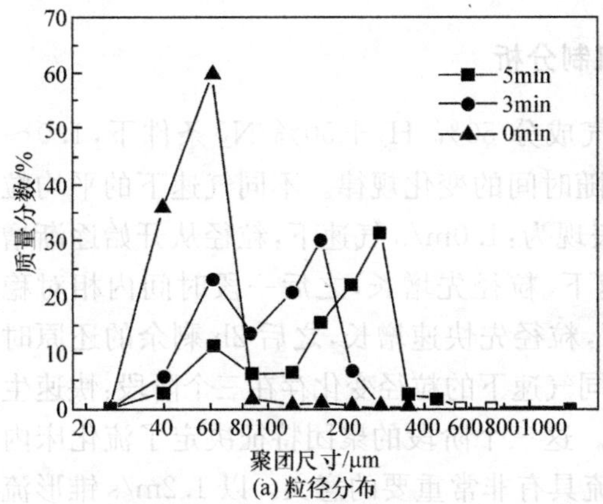

(a) 粒径分布

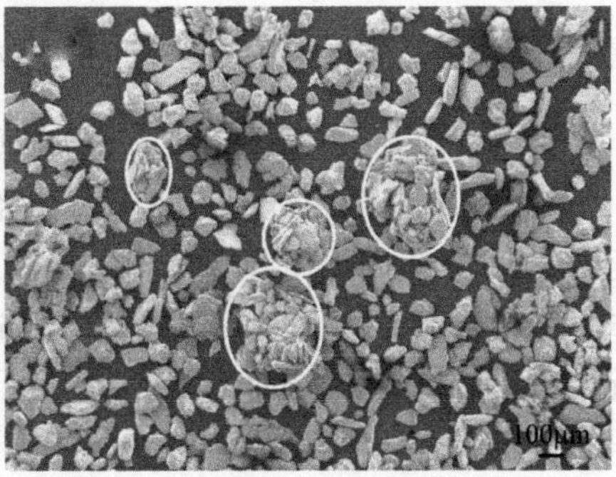

(b) SEM图片

图 12.25 聚团快速生成阶段粒径分布变化和还原 5min 的 SEM 图

经相对较少，降至 15%以下，大部分已经以团聚体的形式存在，其中以 300μm 左右的团聚体比例最大，约占总体颗粒质量的 40%。并且相比快速生成阶段，此阶段粒径分布的变化比较缓和。不过在还原 50min 时，出现了部分 800μm 以上的团聚体。

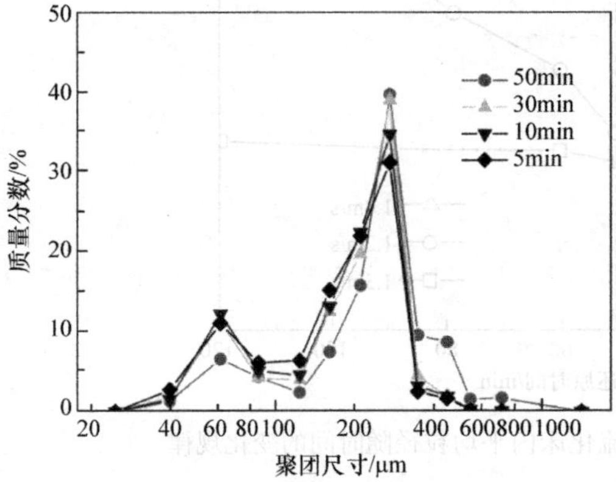

(a) 粒径分布

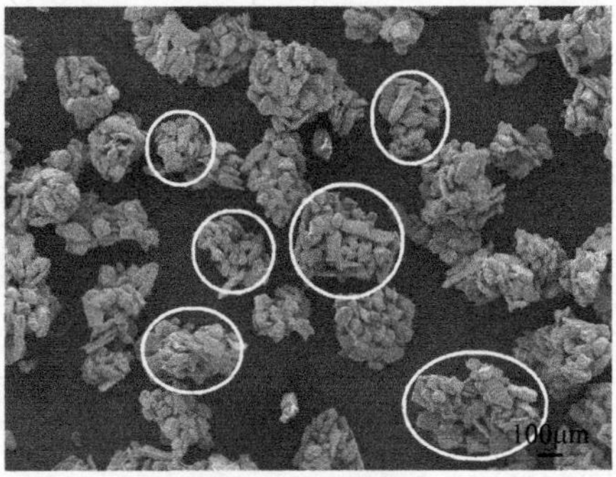

(b) SEM图

图 12.26 聚团稳定生长阶段粒径分布变化和还原 50min 的 SEM 图

在聚团稳定生长阶段，还存在单颗粒和初始团聚体两种形式。颗粒间的接触形式也因此可分为三类：单颗粒与单颗粒碰撞、单颗粒与团聚体碰撞以及团聚体与团聚体碰撞。由此聚团现象及结合粒径分布的变化可以推测，在此阶段前两种碰撞均有可能发生黏结，而团聚体与团聚体之间的碰撞黏结发生的概率较低。因此，虽然平均粒径有所增长，但是流化床整体处于稳定状态。

聚团二次生长阶段出现在稳定生长阶段之后，在此阶段，体系内的平均粒径出现二次增长。从 50min 以后到发生失流(105min)的 55min 内，平均粒径由 250μm 增长至 550μm。粒径分布的变化如图 12.27(a)所示，还原 90min 的 SEM 图如图 12.27(b)所示。图 12.27(b)说明，体系内开始有大量的大型团聚体生成，并且此类团聚体与聚团稳定生长阶段的团聚体不同，并非由单颗粒黏结构成，而是由大量的初始团聚体构成，粒径在 800μm 左右，球形度差。图 12.27(a)证实，300μm 粒径的初始团聚体在此阶段逐渐减少，而粒径在 800μm 左右的聚团比例逐渐增加。由此可以说明，在此阶段内，发生了大规模的二次聚团现象，即初始团聚体之间发生了黏结。这也说明 1.2m/s 气速在该条件下仍为不稳定气速，虽然能够实现还原金属化率大于 90%，但尚不能维持长期不失流，初始团聚体之间仍有继续长大的机会。正如图 12.24 所示，1.3m/s 气速便能基本维持聚团稳定生长阶段，不使聚团发生明显的二次生成长大，保证至少 2h 不失流。

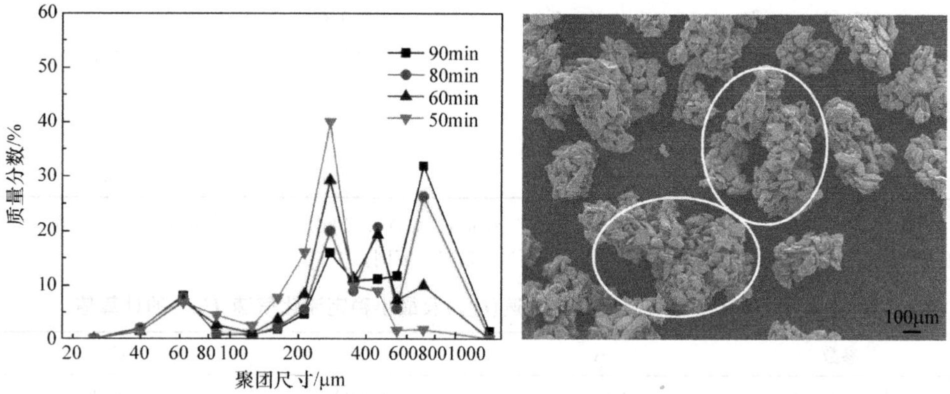

(a) 粒径分布　　(b) SEM图片

图 12.27　聚团二次生长阶段粒径分布变化和还原 90min 的 SEM 图

造成二次聚团、不稳定流化的根本原因很有可能是颗粒间碰撞力的降低，而碰撞力的降低也与锥形流化床内的流域转变有关。在锥形流化床内，气速由低到高的过程中会经历三个主要流域，即固定床流域、部分流化床流域、完全流态化流域；而在固定的气速下，直接还原铁团聚体随着粒径的增长到最后的失流，必须要经历完全流化→部分流化→完全失流的过程。Peng 和 Fan[36] 根据作用在流化床内颗粒上力的平衡关系，提出了如下预测流域转变气速的关系式：

$$C_1U_{\mathrm{mf}}+C_2\frac{D_0}{D_1}U_{\mathrm{mf}}^2-(1-\varepsilon_0)(\rho_{\mathrm{s}}-\rho_{\mathrm{f}})g\frac{D_0^2+D_0D_1+D_1^2}{3D_0^2}=0 \tag{12.26}$$

$$C_1\left(\frac{D_0}{D_1}\right)^2U_{\mathrm{mff}}+C_2\left(\frac{D_0}{D_1}\right)^4U_{\mathrm{mff}}^2-(1-\varepsilon_0)(\rho_{\mathrm{s}}-\rho_{\mathrm{f}})g=0 \tag{12.27}$$

$$C_1=150\frac{(1-\varepsilon_0)^2}{\varepsilon_0^3}\frac{\mu_{\mathrm{f}}}{(\phi_{\mathrm{s}}d_{\mathrm{p}})^2} \tag{12.28}$$

$$C_2=1.75\frac{1-\varepsilon_0}{\varepsilon_0^3}\frac{\rho_{\mathrm{f}}}{\phi_{\mathrm{s}}d_{\mathrm{p}}} \tag{12.29}$$

式中，d_{p} 为颗粒或团聚体直径，m；g 为重力加速度常数，m/s^2；U_{mf} 为最小流化气速，m/s；U_{mff} 为最小稳定流化气速，m/s；ε_0 为床层空隙率；θ 为锥角，(°)；μ_{f} 为流体

黏度，N·s/m²；ρ_f 为流体密度，kg/m³；ρ_s 为颗粒密度，kg/m³；ϕ_s 为颗粒球形度。还原气、铁矿粉以及团聚体的物理性质如表 12.3 所示，计算所得的最小流化气速以及最小稳定流化气速值如表 12.4 所示。

表 12.3　气体及铁矿粉/团聚体物理性质

参数	A	B	C
$d_p/\mu m$	87	250	800
ϕ_s	0.33	0.69	0.69
ε_0	0.65	0.60	0.60
$\mu_f/(10^{-6}N \cdot s/m^2)$	39.4	39.4	39.4
$\rho_s/(kg/m^3)$	4900	2200	2200
$\rho_f/(kg/m^3)$	0.175	0.175	0.175
D_0/mm	16.0	16.0	16.0
D_1/mm	21.8	23.4	23.4

注：A 为初始铁矿粉在 775℃，50% H_2+50%N_2 混合气；B 为初始团聚体在 775℃，50% H_2+50%N_2 混合气；C 为二次团聚体在 775℃，50% H_2+50%N_2 混合气，下同。

表 12.4　各条件下颗粒最小流化气速(U_{mf})及最小稳定流化气速(U_{mff})的计算值

参数	A	B	C
$U_{mf}/(m/s)$	0.0076	0.090	0.882
$U_{mff}/(m/s)$	0.010	0.125	1.232

表 12.3 和表 12.4 中的计算数值说明，初始铁矿粉的最小稳定流化气速仅为 0.01m/s，但实际在 1.2m/s 气速下，流化状态却处在未完全流化流域。在聚团的稳定生长阶段，颗粒的平均粒径只有 250μm，其最小流化气速和最小稳定流化气速分别为 0.09m/s 和 0.125m/s，也远小于此时的操作气速。但由粒径分布可知，此时流化床内也出现了质量分数约为 10%的粒径大于 800μm 的团聚体，表现了聚团的概率波动。根据计算，800μm 团聚体的最小稳定流化气速约为 1.23m/s，已经大于 1.2m/s，此类颗粒在流化床内只能以部分流化的形式存在。根据对锥形流化床流域状态的描述，当流化床处于部分流化状态时，会在料层顶部和锥形的边壁处形成一个固定床区域，处于该区域内的颗粒动量减小，整体流化床的颗粒循环效率下降。在粒径分布较宽的锥形流化床内，当操作气速无法大于较大颗粒的最小完全流化气速时，也将会发生较为明显的颗粒分级，大颗粒将会在床层底部或者边壁聚集，形成非流化的边壁区。因此，考虑可能的宽粒径聚团尺寸波动和床形流域分布，应选取适当大些的操作气速。例如，根据该巴西赤铁矿精矿成分和粒度特点，选取 1.3m/s 气速便可控制稳定生长阶段产生的聚团在二次生长阶段进一步长大，避免黏结失流。

综上，在锥形流化床内铁矿粉直接还原过程中，聚团行为分为快速生成、稳定生长和二次生长三个阶段。二次聚团行为是导致锥形流化床不稳定流化的根本原因，其与锥形流化床还原过程中流域的转变有关。当生成团聚体的最小稳定流化气速大于操作气速时，大颗粒处于部分流化状态，此时大颗粒间的碰撞力减小，造成团聚体间的二次黏结，引发失流。锥形流化床防止铁矿粉直接还原过程失流的机制正是控制聚团生成尺寸，避免其处于部分流化状态及聚团间产生二次黏结，从而最终实现高金属化率铁矿粉的稳定流化还原。

12.6　千吨级直接还原中试实验过程

结合上述实验室基础研究成果，开展了千吨级直接还原中试平台的设计和建设，目标是对基础工艺创新理论进行验证，同时积累不同钒钛磁铁矿直接还原放大特征参数，发现并解决可能出现的规模化问题，为最终的产业化建设奠定基础。项目执行期间共进行了三次热态氧化态走料、五次热态还原态走料，处理原矿近 30t。

如图 12.28 所示，该千吨级直接还原中试装置采用一台氧化炉(9)与两台还原炉(14 和 20)共三台流化床串联的反应结构。系统钒钛磁铁矿石处理能力为 150～250kg/h，为了更充分地对铁矿进行前期氧化及提高后部还原介质煤气的气体利用率，氧化炉设计为鼓泡床，还原炉为循环床，各自炉温分别为 750℃和 850℃，并且可分别实现对氧化炉和还原炉内物料停留时间的调节可控。物料通过斗式提升机(1)提升至顶部料仓(2)。经螺旋喂料机(3)喂入一级旋风预热器(6)进风口。经一级预热器收集的物料经过翻板阀进入二级预热器(5)。经过两级预热后物料温度可达 600～700℃，经过流态化料阀进入流化床氧化炉。氧化炉排出的物料顺序进入两台流态化还原炉，还原后经过水冷排料阀(21)和水冷螺旋(25)冷却，冷却到 80℃以下，排入产品料仓(26)。

来自发生炉的煤气先经过罗茨风机(33)加压，进入蓄热式煤气换热器(37)，与还原炉尾气进行换热，温度达到约 800℃。再经过第二级加热器(36)升温(烧嘴补热，蓄热式)，温度达到约 950℃。经过预热的煤气先进入第二级还原炉(20)，出炉尾气经过两级旋风分离器(22 和 17)分离，再经过一个蓄热式加热器(6)补热，进入第一级还原炉(14)。第一级还原炉尾气，经过两级旋风分离器(15 和 18)分离，成为还原尾气。还原尾气经过与新鲜煤气换热，温度降低之后用于燃烧室及蓄热式煤气预热器的热源，也作为各个流态化料阀的气源。剩余煤气可选择净化后重复利用或直接用于其他用途。氧化炉流化风由燃烧室加热到 950℃左右，出炉尾气经过两级旋风分离器(7 和 8)分离，进入两级旋风预热器。从一级预热器排出的尾气温度为400～700℃，经过小布袋除尘器(27)除尘，经排风机(29)和烟囱(30)排入大气。采用发生炉煤气作为还原气，空气作为氧化气。该平台总体工艺流程图如

图 12.28 所示，现场设备如图 12.29 所示。

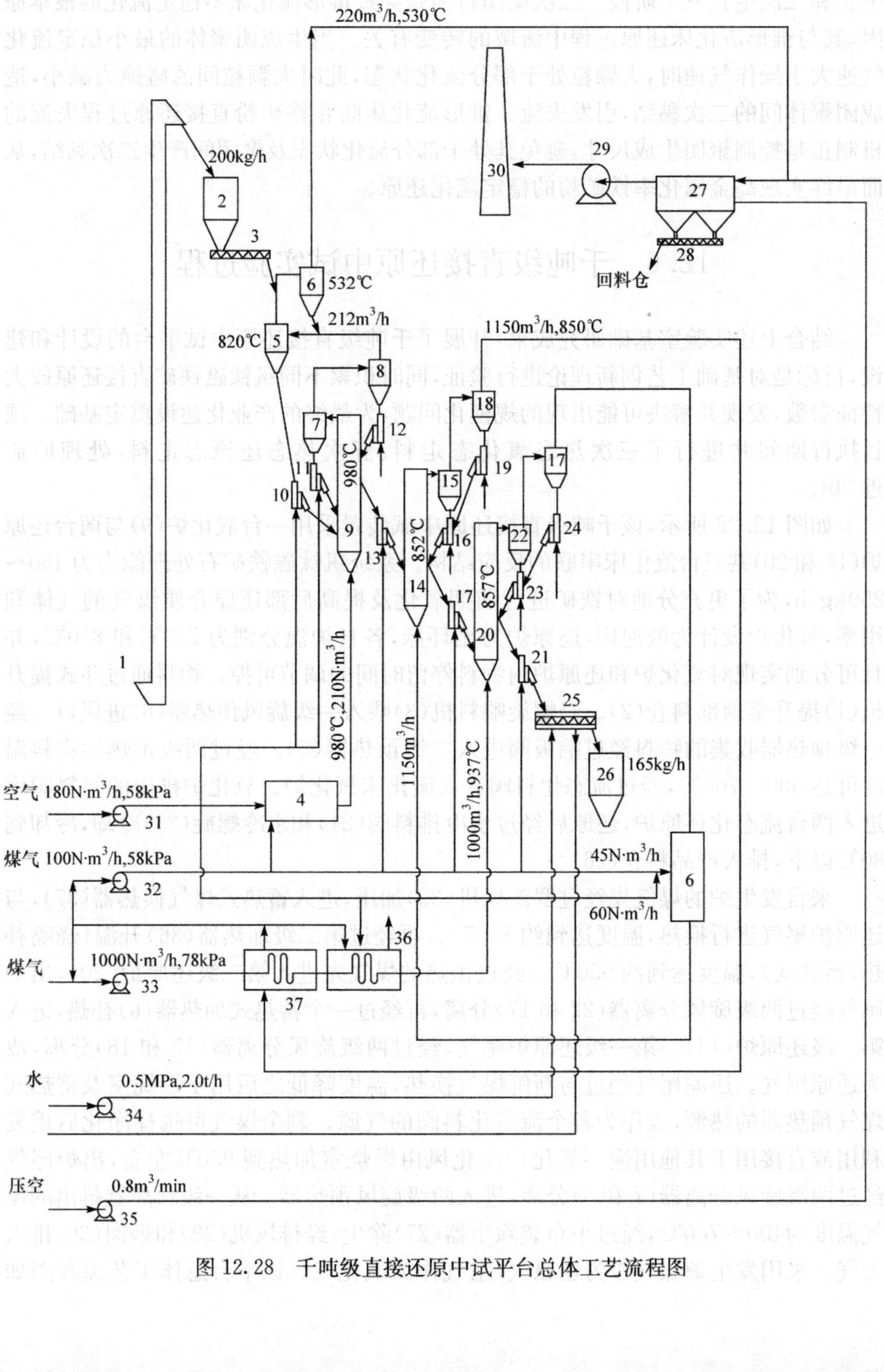

图 12.28　千吨级直接还原中试平台总体工艺流程图

图 12.29　千吨级直接还原中试平台实景图

该系统的特点如下：

（1）高效的多级炉前旋风预热。将炉前尾气除尘与旋风循环预热相结合，总体提升系统尾气热量利用率。

（2）预氧化与还原相结合的分步处理工艺。通过预氧化有针对性地调控钒钛磁铁矿原矿结构，显著提高还原处理的效率和气体利用率。

（3）三级反应炉串联气固逆流流向设计。在充分利用气体化学能的同时，实现物理热量的有效传递，保证了高生产效率和低工艺能耗。

（4）可控 U 型料阀和可靠高温部件设计开发。在保证物料热态流动的同时，实现氧化与还原气氛的安全隔离和高温调控。

经过冷态调试实现了氧化与还原共三台鼓泡-循环复合流化床的串联顺行，证实了工艺设计的可靠性，成功保证了反应炉物料进出 U 型料阀的锁风能力，可有效避免氧化气氛与还原气氛间的串联接触，防止安全事故发生。平台建设达到了预期目标，为产业化放大实施奠定了基础。

参 考 文 献

[1] 杨邵利，盛继符．钛铁矿熔炼钛渣与生铁技术．北京：冶金工业出版社，2006．

[2] 胡克俊,姚娟,席歆.攀枝花钛资源经济价值分析.世界有色金属,2008,(1):36-42.

[3] 刘松利,白晨光,张雪峰,等.钒钛磁铁矿直接还原技术配套设备的选择//2010年全国非高炉炼铁学术年会论文集.攀枝花:中国金属学会炼铁分会,2010:311-316.

[4] 任金菊,崔恩静,马晶,等.低品位钒钛磁铁矿综合回收选矿工艺研究.矿产保护与利用,2005,(1):25-28.

[5] 付自碧.钒钛磁铁矿提钒工艺发展历程及趋势.中国有色冶金,2011,(6):29-33.

[6] 攀枝花资源综合利用办公室.攀枝花资源综合利用科研报告汇编(第六卷).攀枝花:攀枝花资源综合利用办公室,1985:1-6.

[7] 孙朝晖.钒新技术及钒产业发展前景分析.钢铁钒钛,2012,(1):1-7.

[8] 王宏民,盛世雄.攀钢高钛型钒钛磁铁矿高炉冶炼十年.钢铁钒钛,1980,(4):4-16.

[9] 刁日升.攀钢高炉冶炼高钛型钒钛磁铁矿的技术进步.炼铁,2000,19(7):8-13.

[10] Sun H Y, Wang J S, Cao L J, et al. A literature review of titanium slag metallurgical processes. Metalurgia International, 2012, 17(7): 49-55.

[11] Midrex Technologies, Inc. 2015 World Direct Reduction Statistics. Trenton: World Steel Dynamics, 2016.

[12] 刘克敏.攀西钒钛磁铁矿的综合利用及其工艺流程.四川冶金,1990,(1):3-17.

[13] 胡克俊,姚娟,席歆,等.全球钛渣生产技术现状.世界有色金属,2006,(12):26-32.

[14] 王静松,杨慧贤,佘雪峰,等.转底炉处理冶金粉尘工艺的锌钾钠脱除及烟气形成.重庆大学学报,2011,34(3):82-88.

[15] 杨绍利,张树立,马兰,等.钒钛铁精矿煤基直接还原熔分钛渣矿相及酸解性能试验研究//2010年全国非高炉炼铁学术年会论文集.攀枝花:中国金属学会炼铁分会,2010:347-356.

[16] 陆文雄,冯忠岐.竖炉直接还原钒钛磁铁矿.钢铁钒钛,1980,(2-3):32-37.

[17] 郭慕孙.钒钛磁铁矿综合利用:流态化还原法.钢铁,1979,14(6):1-12.

[18] 欧阳藩,郭慕孙.钒钛磁铁矿综合利用:流态化还原法(二).化工冶金,1981,(2):1-15.

[19] 杨绍利.钒钛磁铁矿非高炉冶炼技术.北京:冶金工业出版社,2012.

[20] Langston B G, Stephens F M. Self-agglomerating fluidized-bed reduction. The Journal of the Minerals, Metals & Materials Society, 1960, 12(4): 312-316.

[21] Zhang B, Wang Z, Gong X, et al. A comparative study of influence of fluidized conditions on sticking time during reduction of Fe_2O_3 particles with CO. Powder Technology, 2012, 225(7): 1-6.

[22] He S Y, Sun H Y, Hu C Q, et al. Direct reduction of fine iron ore concentrate in a conical fluidized bed. Powder Technology, 2017, 313: 161-168.

[23] 张建良,刘征建,杨天钧.非高炉炼铁.北京:冶金工业出版社,2015.

[24] Gransden J F, Sheasby J S. The sticking of iron ore during reduction by hydrogen in a fluidized bed. Canadian Metallurgical Quarterly, 1974, 13(4): 649-657.

[25] Pineau A. Kinetics of reduction of iron oxides by H_2. Part Ⅱ: Low temperature reduction of magnetite. Thermochimica Acta, 2007, 456(12): 75-88.

[26] Sun H Y, Adetoro A A, Wang Z, et al. Direct reduction behaviors of titanomagnetite ore by

carbon monoxide in fluidized bed. ISIJ International,2016,56(6):936-943.

[27] Sun H Y,Wang J,Han Y,et al. Reduction mechanism of titanomagnetite concentrate by hydrogen. International Journal of Mineral Processing,2013,125(3):122-128.

[28] Park E,Ostrovski O. Reduction of titania-ferrous ore by hydrogen. ISIJ International,2004,44(6):999-1005.

[29] Gupta S K,Rajkumar V,Grieveson P. The role of preheating in the kinetics of reduction of ilmenite with carbon. Canadian Metallurgical Quarterly,1990,29(1):43-49.

[30] Jones D G. Kinetics of gaseous reduction of ilmenite. Journal of Applied Chemistry and Biotechnology,1975,25(8):561-582.

[31] Merk R,Pickles C A. Reduction of ilmenite by carbon monoxide. Canadian Metallurgical Quarterly,1988,27(3):179-185.

[32] Sun H Y,Adetoro A A,Pan F,et al. Effects of high-temperature preoxidation on the titanomagnetite ore structure and reduction behaviors in fluidized bed. Metallurgical and Materials Transactions B,2017,48(3):1898-1907.

[33] Sun H Y,Wang J S,Cao L J,et al. A literature review of titanium slag metallurgical processes. Metalurgia International,2012,17(7):49-55.

[34] Kwauk M. Fluidization:Idealized and Bubbleless,with Applications. Beijing:Science Press,1992.

[35] Khawam A,Flanagan D R. Solid-state kinetic models:Basics and mathematical fundamentals. The Journal of Physical Chemistry B,2006,110(35):17315-17328.

[36] Peng Y,Fan L T. Hydrodynamic characteristics of fluidization in liquid-solid tapered beds. Chemical Engineering Science,1997,52(14):2277-2290.

第13章 软锰矿低温高效流态化还原

13.1 引言

我国自1956年开始生产电解金属锰以来，一直主要以碳酸锰矿作为生产原料。随着电解锰用途范围的扩大和用量的日益增加，我国电解锰的生产能力直线上升，年产量已从最初的几百吨发展到了现在的200多万吨，稳居世界第一。但经过多年来的大规模开采，我国碳酸锰矿资源无论是数量还是质量都越来越难以满足电解锰工业不断增长的巨大需求，然而，国内储量相对丰富的碳酸锰的优质替代原料——软锰矿(氧化锰矿)资源却由于还原处理技术的难题而一直未得到充分开发利用。

生产锰系产品的过程要求首先将软锰矿中的MnO_2还原为酸溶性的MnO，这一还原过程对锰系产品的生产流程、基建投资、生产成本以及产品品质均有很重要的影响。因此，研究氧化锰矿的还原技术，使无论是低品位还是高品位的氧化锰成为生产电解锰的原料，都将有力地支撑我国电解金属锰产业的可持续发展，同时该还原工艺技术一直以来也是国内外锰矿加工产业的一项重要研究课题。

世界锰矿资源较为丰富，在过渡元素中锰的含量排在第三位(仅次于铁和钛)，在地壳的大量元素中含量排名第12位(丰度为0.096%)。此外，锰的用途十分广泛，主要应用于钢铁、冶金、化工、国防、电子、电池和农业等领域，其中有90%的锰消耗于钢铁工业，在经济发展中具有十分重要的战略意义。

据美国地质勘探局统计，截至2008年底，世界上陆地锰矿石的探明储量和基础储量合计达到57亿t(以锰金属量计)。但是，锰在地理分布上极不平衡，绝大部分的陆地高品位锰矿床(品位大于35%)主要集中在南非、澳大利亚、俄罗斯、加蓬和巴西等国，其主要矿床类型为风化壳型和沉积变质型。中国、加纳和乌克兰等国则是以低品位锰矿(品位小于25%)为主的锰矿资源国，主要矿床类型为沉积型及火山沉积型。

目前，我国大陆地区已查明锰矿区209个，基础储量2.07亿t，资源量5.04亿t[1]。各大区的主要分布如表13.1所示[2]，从其中储量分布可以看出，我国锰矿的主要特点如下[3-5]：①地理分布不均匀；②矿床规模小；③矿石以贫锰矿居多[6-9]；④矿物质组分复杂，杂质含量高；⑤加工工艺性质差。正是由于上述原因，当前相对匮乏的锰矿资源制约着我国锰系产品的正常生产和可持续发展。

表 13.1　我国各大区锰矿保有储量表

大区	矿区数/个	储量/万 t	占总量比例/%	位次	富矿储量/万 t	占总量比例/%	位次
华北区	15	633.3	1.07	6	2.1	0.05	5
东北区	5	4114.8	6.9	3	1.1	0.03	6
西北区	22	2518.8	4.31	4	208.4	5.24	3
华东区	22	760.8	1.28	5	142.1	3.58	4
中南区	102	34342.4	58.01	1	1181.4	29.72	2
西南区	43	16834.0	28.43	2	2439.3	61.38	1
总计	209	59204.1	100		3974.4	100	

自然界中锰矿种类繁多，我国锰矿石有碳酸锰、氧化锰、共生多金属、硫锰和锰结核矿石 5 个基本类型，其中最主要的碳酸锰矿占全国锰矿资源的 55.9%，氧化锰矿则占 25.2%，剩下的 18.9%为其他各类锰矿。此外，我国锰资源分布的另一个特点是低品位的锰资源占很大的比例，相当于全国锰资源分布的 93.6%，相对品位较高的富锰矿资源仅占全国锰资源分布的 6.4%，这使得我国锰资源的平均品位只有 21.4%。随着碳酸锰矿的不断开采利用，即使在一些锰系产品生产集中的地区，所使用的碳酸锰矿品位也已经由含锰 18%～20%降低到只有 13%～15%，使得该类碳酸锰矿石的利用价值大大降低，市场供需矛盾不断突出。而另一方面，我国软锰矿的储量约 0.5 亿 t，其中大部分含锰 20%～25%的矿藏却因为还原过程效率低、加工成本过高或污染环境严重等问题而得不到有效的利用。

由此可见，研究如何高效、经济和清洁地加工利用低品位软锰矿，特别是解决其还原工艺这一瓶颈性的技术问题，对缓解我国当前锰矿资源紧缺，以及确保锰系产品行业的可持续发展都具有十分重要的战略意义。

13.2　低品位软锰矿还原技术现状

软锰矿还原工艺技术的核心问题在于如何对该类低品位复杂矿产资源进行高效的清洁利用。根据工艺原理的不同，当前对氧化锰矿的还原方法主要有焙烧还原法和湿法还原法两类。

通过焙烧（氧化或还原）对矿物进行处理是低品位复杂矿产资源高效利用的共性技术，低品位难选铁矿、钛铁矿、一水硬铝石矿等很多矿产资源都是通过焙烧处理技术来实现高效利用的。传统上主要采用反射炉、竖炉和回转窑等设备对该类低品位复杂矿产资源进行焙烧处理，其主要缺点是生产效率低、过程能耗高。例如，很早就有采用反射炉对软锰矿进行还原焙烧生产，还原温度高达 860～940℃、还原时间要 3h 以上，吨矿石中热耗为 265kg 标准煤，生产过程污染严重，2006 年 8

月，国家发展改革委制定行业准入条件时在其附件二——电解金属锰企业行业准入情况评价表(1)中已明确规定不得采用该类设备。其次，采用回转窑的还原软锰矿温度也要 830～850℃，还原时间为 3～4h，并且由于回转窑中还原剂与锰矿的接触效率低，总体还原能耗依然很高，达到 328～397kg 标准煤。近些年，国内相关企业还发展了电供热回转窑还原软锰矿，该设备采用镍铬丝作为加热组件，外热式加热，但由于加热不均、设备变形严重，同时电耗高(647～730kW · h/t)，并且原料粒度细、回转窑结构和技术问题，使得窑内黏结现象严重，多数设备一直无法长期运行。上述传统的反射炉、回转窑等还原设备效率低、能耗高，导致经济性差，无法大规模推广应用。实际上，软锰矿还原本征动力反应迅速，在 500℃也仅需要几分钟即可完全还原，并且 MnO_2 还原为 MnO 为放热反应，即使算上矿石从室温加热至 800℃的综合理论热耗也不到 50kg 标准煤，可见软锰矿还原过程的节能空间巨大。因此，发展高效的焙烧技术对促进包括软锰矿在内的我国大量低品位复杂矿产资源的高效清洁利用具有十分重要的意义。

21 世纪初以来，随着流态化工业应用技术的快速发展，流化床凭借其自身内部气固接触充分，传质传热效率高，被公认为最高效的气固反应器，流态化焙烧也成为国内外矿物焙烧研究的热点。对于软锰矿的流态化还原，也逐步有相关研究见诸报道。广西新振锰业于 2010 年进行了悬浮闪速炉还原焙烧氧化锰的半工业试验研究[10,11]，由于采用悬浮闪速工艺，炉内气速高达 6m/s 以上，其炉内的合适操作参数为：反应炉温度 950～1050℃，还原炉入口气体 CO 浓度 4.5%～7.5%，炉中物料含率为 0.5～0.8kg/Nm^3，MnO_2 的转化率达到了 90%以上。此外，北京科技大学王纪学等[12]以 CO 和 N_2 分别作为还原和流化介质对云南某低品位软锰矿进行了流态化还原焙烧，考查了焙烧温度和还原气氛等对还原效率的影响，最终优化出在反应物料平均粒径为 400μm、焙烧温度 800℃左右、CO 体积分数 10%的试验条件下，取得接近 97%的浸出率指标。这些研究均有利地验证了流化床还原焙烧软锰矿工艺的可行性，但也不难发现，上述反应条件均在高温 800℃以上且能耗偏高，并且有的反应气速过大以致煤气利用率偏低，以及反应中所采用的还原气氛组分是单一的实验性还原气体，目前还未见基于更具有实际应用价值的工业煤气气氛下的低温高效流态化还原软锰矿的报道，至于工业煤气中存在的氧化性气体组分(CO_2 和 H_2O)对还原反应结果的影响也都没有考虑。而在实际的工业生产中，由于规模效应的存在，更低的反应温度和更高效的反应效率将直接影响到企业的核心竞争力。由此，考查软锰矿流态化低温还原规律及其产品的防氧化条件，可以通过降低反应温度，节约该还原处理过程的能源消耗；考查氧化气氛对软锰矿还原反应的影响，可以通过优化还原煤气成分来提高反应效率。因此，进行软锰矿流态化低温还原焙烧的研究，对实际工业生产具有显著的指导作用，并且对高效节能开发利用我国软锰矿资源有着重要意义。

而对于湿法还原，一般有两矿法、SO_2浸出法和连二硫酸钙法等[13]。其机理是将软锰矿、还原剂和硫酸经配比后在一定的温度下反应，即可使软锰矿中的高价锰还原生成硫酸锰。相对于焙烧法而言，这些方法的优点是省去了高温焙烧工序，其还原、浸出和净化可在同一反应槽内完成，减少了设备投资，操作过程亦简单，且大大改善了操作环境，但在实际应用中也都不同程度地存在诸多缺陷。例如，两矿法的还原率和浸出率较低，渣量大，净化过程较难掌握，在电解金属锰行业尚未得到普遍推广使用[14-16]；SO_2 浸出法中副反应产生的连二硫酸锰（MnS_2O_6）影响了浸出产物硫酸锰的质量，因而限制了其在锰制品生产中的应用[17,18]；连二硫酸钙法还原机理本质上是 SO_2 还原浸出法，渣量大一直是其主要的缺点，且后续处理困难[19]。由此可见，湿法还原法在软锰矿的规模化工业应用上尚需要长期的生产实践改进与优化。

因此，采用转化率高、反应速率快、机械化程度高的流态化技术实现大规模高效还原软锰矿的优势日趋明显，中国科学院过程工程研究所对低品位软锰矿焙烧过程的低温还原规律、还原用煤气成分以及产品防氧化条件等反应过程要素进行了系统的研究，确定了使用发生炉煤气低温还原氧化锰的工艺条件。本研究正是在此基础上，开展关键技术研发和万吨级集成示范，以期科技成果尽快转化为生产力，为低品位软锰矿的低温高效还原利用提供技术支撑。

13.3　软锰矿低温流态化还原技术研究

13.3.1　云南某地区软锰矿理化特性分析

前期工艺实验原料采用的是云南某地区软锰矿，其化学成分分析如表 13.2 所示。

表 13.2　原料的主要化学成分

成分	质量分数/%	成分	质量分数/%
Mn	20.2	CaO	0.62
SiO_2	40.32	MgO	0.95
Fe_2O_3	15.11	P	0.23
Al_2O_3	12.88	S	0.21
K_2O	1.90		

由表 13.2 可知，矿石中 Mn 质量分数为 20.2%，P/Mn 质量分数比为 0.01（>0.005），Mn/Fe 质量分数比为 1.91（<3），属于低品位高磷高铁氧化锰矿石。

原料的粒度分析如表 13.3 所示。由表可知，该原料为工业中常见的宽粒度分布，100目以上颗粒仅占4%，经检测该矿堆密度为1100kg/m^3。

表 13.3 原料的粒度分析结果

粒度/目	占比/%	Mn/%	TMn/%
+100	3.55	21.8	0.8
−100～+200	14.58	26.6	3.9
−200～+325	36.15	20.9	7.5
−325	45.72	17.5	8.0
总计	100	—	20.2

原料的X射线衍射分析结果如图13.1所示。由图可知，该矿物中锰元素主要以MnO_2的形式存在。

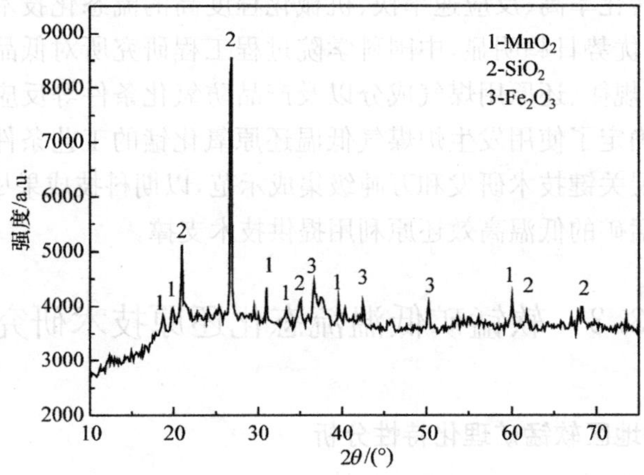

图 13.1 原料的X射线衍射图

13.3.2 软锰矿流态化还原总体工艺思路

为了实现软锰矿的低温流态化焙烧还原，研究采用简单的物理磨矿法来减小原矿颗粒尺寸，增大颗粒的比表面积，促进矿物与还原剂的反应效率，以实现在保证最终产品还原率的情况下，降低焙烧反应温度，同时也有助于提高后续酸浸工序中二价Mn的浸出效率。另外，对于采用工业煤气作为还原介质，虽然煤气中的H_2O和CO_2等氧化气体会阻碍还原气氛向矿粒微细孔隙的扩散，降低还原效率，但并未使反应平衡发生移动，并且从实验结果发现在稳定工业发生炉煤气常规组成的条件下，仍可以保证MnO_2的较高还原率。此外，为了防止还原产品的二次氧化问题，通过对产品进行冷却降低颗粒活性后，进行浆化处理来隔绝其与空气中氧分的接触，可实现抑制产品氧化反应的发生。软锰矿流态化焙烧还原总体工艺简图如图13.2所示。

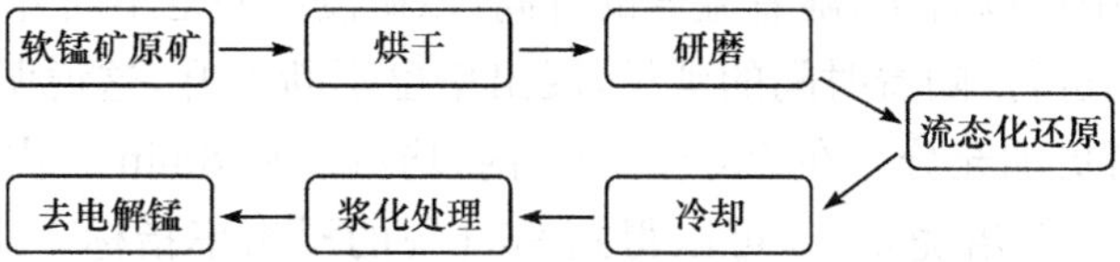

图 13.2　软锰矿流态化焙烧还原工艺流程简图

13.3.3　软锰矿流态化还原机理

软锰矿的还原过程是逐级进行的，即 $MnO_2 \rightarrow Mn_2O_3 \rightarrow Mn_3O_4 \rightarrow MnO$。用发生炉煤气还原时，主要化学反应有

$$2MnO_2 + CO/H_2 = Mn_2O_3 + CO_2/H_2O$$

$$3Mn_2O_3 + CO/H_2 = 2Mn_3O_4 + CO_2/H_2O$$

$$Mn_3O_4 + CO/H_2 = 3MnO + CO_2/H_2O$$

还原后的 MnO 可以溶于硫酸，反应式为

$$MnO + H_2SO_4 = MnSO_4 + H_2O$$

13.3.4　流态化还原实验关键工艺参数

1) 还原温度及时间的影响

实验选取 400℃、500℃、600℃、700℃ 这 4 个温度点，分别在 2min、4min、6min、8min 和 10min 5 个时间条件下进行还原焙烧，气氛模拟发生炉煤气气体组成(H_2 体积分数 15%、CO 体积分数 25%、CH_4 体积分数 3%、N_2 体积分数 47%、CO_2 体积分数 5%、H_2O 体积分数 5%)，其结果如图 13.3 所示。为防止还原后的样品在空气中再被氧化而造成实验误差，实验将所有还原后的样品都在隔绝空气的条件下进行浸出。

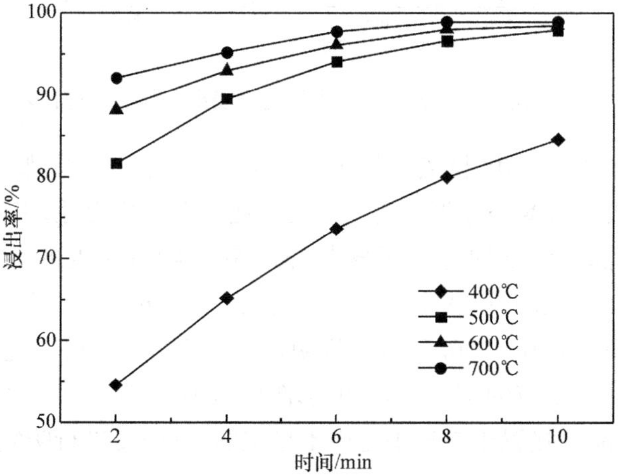

图 13.3　还原焙烧温度及时间对浸出率的影响

从图 13.3 中可以看出，随着温度的升高，该矿浸出率也不断升高，说明提高温度有助于反应的进行；随着时间的延长，浸出率也不断上升，这说明延长反应时间使得矿粉还原得更加充分。在 500～700℃内，均可以在 8min 之内达到 96%以上的浸出率。在 500℃焙烧 8min 可以得到 96.6%的浸出率指标。而在 400℃还原 10min，颗粒浸出率则仅有 84.1%，对该样品进行筛分后浸出，发现 0.074mm(200 目)以上颗粒的浸出率只有 65.2%，这表明该温度下，粗颗粒已经出现还原不充分的情况。因此，该软锰矿选择 500℃为焙烧温度，8min 为焙烧时间。

2) 还原温度对产品还原后再氧化的影响

实验选取不同温度，分别还原焙烧 8min，气氛选取发生炉煤气气体组成同上。还原完成后，将流化床中气体切换为等量的纯 N_2，待反应物料温度降到 80℃时，取出部分还原产品直接置于空气中，流化床内剩余矿粉继续在 N_2 下冷却至室温，进行 BET 比表面积表征。置于空气中那部分矿粉，自然冷却后直接浸出，其结果如图 13.4 所示。实验将冷却目标温度设定为 80℃，是因为通常火法焙烧的冷却设备出矿温度在 80℃左右，这样设计实验，更符合工业条件。

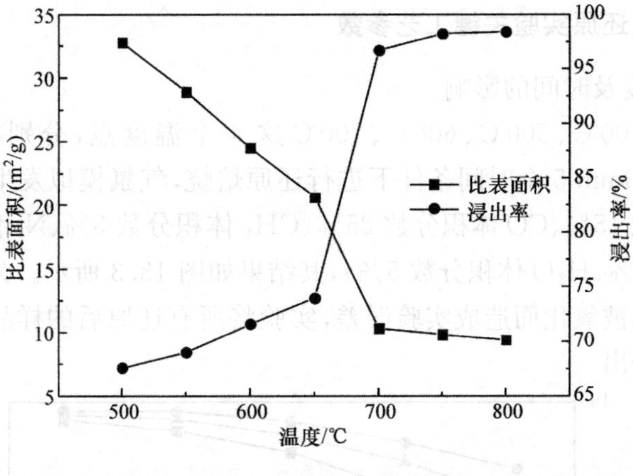

图 13.4　不同温度还原产品置于空气中氧化后浸出率与氧化前比表面积的关系

从图 13.4 中可以看出，随着还原温度的升高，置于空气中那部分矿粉的浸出率也不断升高，说明提高还原温度有利于提高还原矿的稳定性；未被氧化的那部分矿粉的比表面积随着温度的升高而减小，表明颗粒随着温度的升高不断收缩；在 700℃时，还原矿的比表面积从 20.6m^2/g 下降到 10.2m^2/g，而置于空气中矿粉的浸出率也从 74.0%上升到 96.7%，这说明矿粉在 700℃出现了烧结，颗粒结构从多孔变得致密，氧化反应的空气扩散阻力增大，反应速率变慢。可见，将 700℃以下还原得到的产品直接置于空气中是极不稳定的，有必要进行防氧化处理。

3）低温还原防氧化实验

在工业生产中，还原后的 MnO 并不直接作为产品流入市场，主要作为制备 $MnSO_4$ 的中间体。因此，只需在生产过程中进行合理的防氧化处理，甚至可以在隔绝氧气的条件下完成浸出。本实验结合工业条件，设计一组对比实验，实验条件如表 13.4 所示。

表 13.4　防氧化实验条件

序号	条件
1	500℃还原 8min，用 N_2 冷却至室温
2	500℃还原 8min，用 N_2 冷却至室温，置于空气中 24h
3	500℃还原 8min，用 N_2 冷却至 80℃，置于空气中 24h
4	500℃还原 8min，用 N_2 冷却至室温，隔绝氧气放置 1h，再置于空气中 24h
5	500℃还原 8min，用 N_2 冷却至 80℃，投入水中

按表 13.4 中的条件 1～5 进行浸出，结果如图 13.5 所示。

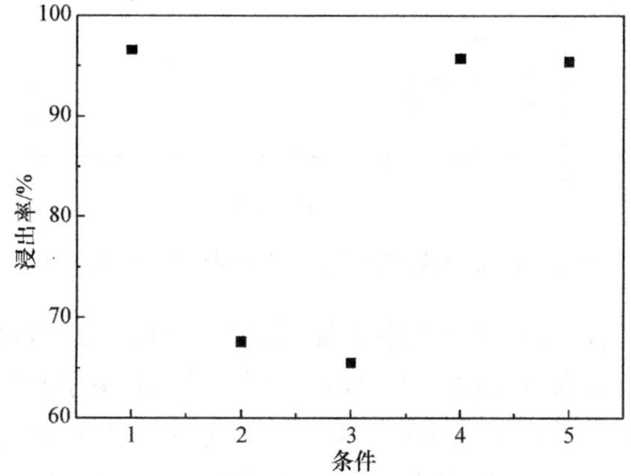

图 13.5　防氧化条件实验结果

实验条件 1 的浸出率达到 96.6%，说明 500℃焙烧 8min 的条件下，还原反应已经进行得很充分；实验条件 2 和 3 的浸出率分别只有 67.6%和 65.5%，说明低温还原的样品，即使经过冷却处理，暴露在空气中也是很不稳定的；实验条件 4 的浸出率为 95.7%，说明将低温还原的样品在室温隔绝氧气的条件下静置 1h，可以有效地降低颗粒活性，抑制氧化反应的发生；实验条件 5 的浸出率为 95.4%，该条件下矿粉不具备氧化反应的氧化剂要素，只与极少的溶氧进行反应。

因此，对 700℃以下还原软锰矿得到的产品，采用隔绝氧气静置 1h 或者直接入水的处理方法，均可获得较好的防氧化效果。这两种防氧化处理方法，在工业流化床的应用中也较容易实现。流化床的出料过程本身就带有弱还原性气氛，可作为还原矿粉冷却、输送、储存的保护气氛;硫酸浸出的过程本身就需要大量的水,也可以将还原产品冷却到80℃后,直接投入水中,进行浆化处理。

4）煤气成分氧化性气体组分的影响

这里对两组还原焙烧实验进行比较。为避免低温还原产品在浸出过程中被空气氧化,造成实验误差,选择还原温度为 700℃。两组实验采用相同的流化气速,其中一组未添加氧化性气体组分,另一组添加氧化性气体组分,即第 1 组实验的气氛组成为 H_2、CO、N_2,体积分数分别为 15%、25%、60%;第 2 组实验的气氛组成为 H_2、CO、CH_4、N_2、CO_2、H_2O,体积分数分别为 15%、25%、3%、37%、10%、10%。其浸出结果如图 13.6 所示。

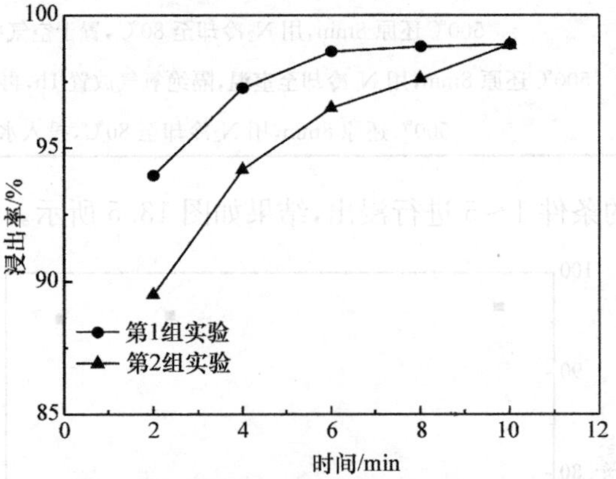

图 13.6　添加氧化性气体组分对浸出率的影响

从图 13.6 可以看出,还原介质中添加氧化性气体组分后,浸出率出现了一定程度的下降,这说明加入氧化性气体后,对还原气体向矿粒孔隙的扩散构成了扩散阻力,一定程度上降低了反应速率;当未添加氧化性气体组分实验达到 6min 时,浸出率达到 98.6%,继续延长时间,浸出率几乎没有变化,表明还原 6min 已经趋于完全;而添加氧化性气体组分实验 6min 时,浸出率为 96.5%,继续延长时间到10min 时,浸出率也达到 98%以上,这说明氧化性气体组分的添加会降低还原的效率,但并未使反应平衡发生移动。

5) 煤气中 CO_2 浓度的影响

在 700℃焙烧 4min 的条件下,总气量不变,还原性气体组分浓度不变,氧化性气体组分中的 H_2O 体积分数保持 5%不变,改变氧化性气体组分中 CO_2 的体积分数(0、5%、10%、15%、20%、25%)进行研究,结果如图 13.7 所示。不调节 H_2O 体积分数是因为工业中发生炉煤气经冷却后,出口温度一般都控制在 25～30℃,饱和水分压变化不大;而 CO_2 体积分数通常会随着发生炉炉况的变化出现较大波动。这样设计实验,更符合实际工业状态。

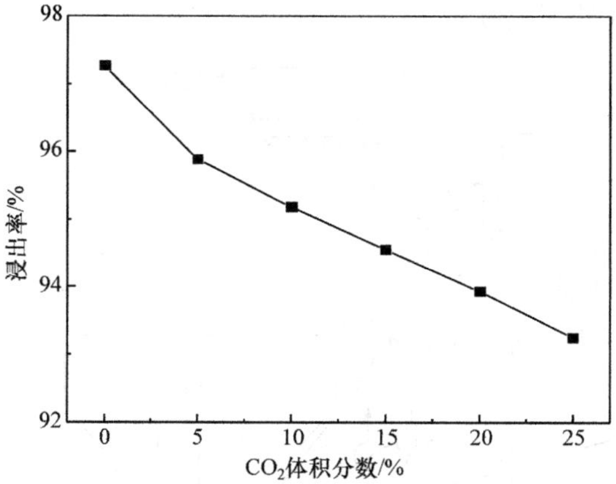

图 13.7　CO_2体积分数对浸出率的影响

从图 13.7 可以看出，提高煤气中 CO_2的体积分数，浸出率呈现下降的趋势，即煤气中 CO_2的体积分数对浸出率有较大影响。这是因为随着 CO_2体积分数的增加，扩散阻力不断增大，反应速率不断降低。因此，在实际生产中，需尽量避免因炉况波动等因素造成 CO_2 体积分数升高。

上述实验研究表明[20-23]：

(1) 首先软锰矿物料在减小矿物粒度尺寸(100 目以上颗粒仅占 4%)的情况下，可有效促进矿物与还原剂反应效率以及提高后续酸浸工序中二价 Mn 的浸出效率。实验确定在发生炉煤气气体组成下，500℃流态化还原焙烧 8min，并对产品进行防氧化处理后，可以获得较好的指标，锰的浸出率可达到 95%以上。

(2) 在还原介质中加入氧化性气体组分后，对还原气氛向矿粒微细孔隙的扩散构成了扩散阻力，降低了还原效率，但并未使反应平衡发生移动；发生炉煤气中的 CO_2体积分数对还原反应速率有较大影响，随着 CO_2体积分数的提高，反应速率不断降低。在实际生产中，工业煤气中氧化性气体组分中 H_2O 的体积分数一般保持 5%不变，并且在保证 CO_2 体积分数不高于 15%的情况下仍可实现 MnO_2 还原率大于 95%。

(3) 700℃还原软锰矿时，由于颗粒出现烧结，置于空气中的氧化反应速率大幅下降。但对于低于 700℃还原软锰矿时，产品在空气中氧化速率较快，所以可以通过将矿粉冷却至 80℃后，降低其颗粒活性后再进行浆化处理来隔绝其与空气中氧的接触，以实现抑制氧化反应的发生。

13.4　20 万 t/a 软锰矿低温高效流态化还原技术示范

13.4.1　示范线工艺流程

软锰矿流态化还原工艺流程如图 13.8 所示，包含喂料工段、预热工段、还原工段、冷却工段和尾气处理工段。

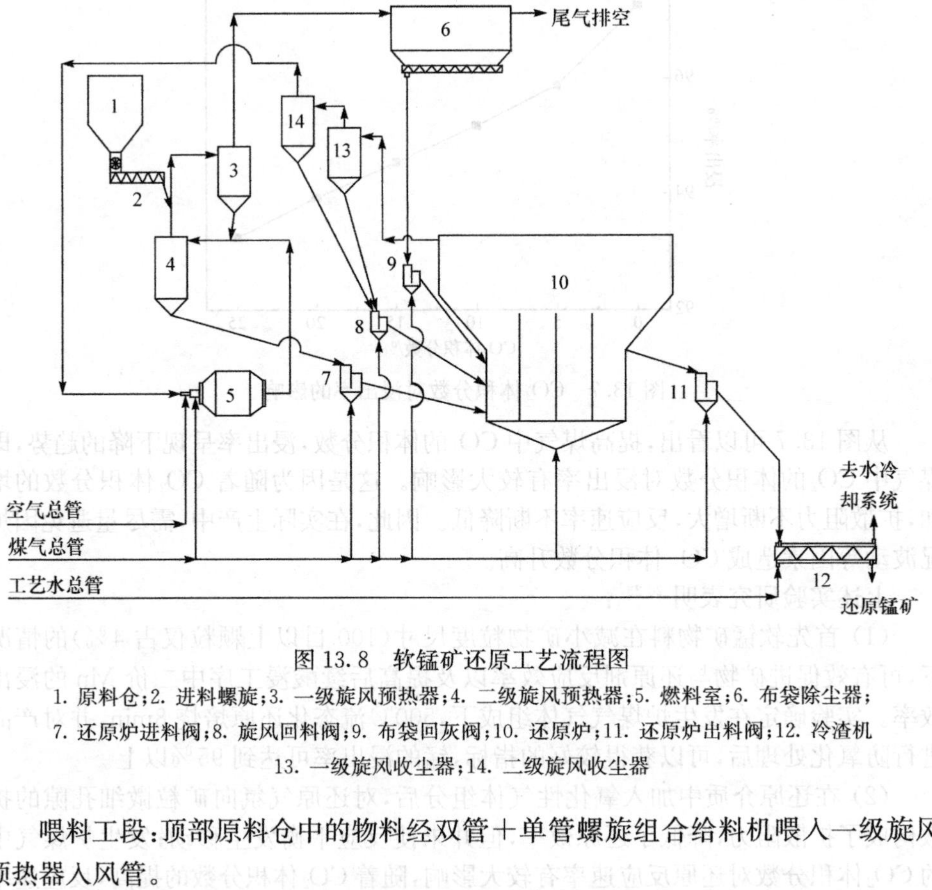

图 13.8 软锰矿还原工艺流程图

1. 原料仓；2. 进料螺旋；3. 一级旋风预热器；4. 二级旋风预热器；5. 燃料室；6. 布袋除尘器；7. 还原炉进料阀；8. 旋风回料阀；9. 布袋回灰阀；10. 还原炉；11. 还原炉出料阀；12. 冷渣机 13. 一级旋风收尘器；14. 二级旋风收尘器

喂料工段：顶部原料仓中的物料经双管＋单管螺旋组合给料机喂入一级旋风预热器入风管。

预热工段：预热部分由两级旋风预热器构成，可将入炉物料预热至 500℃左右，同时尾气温度降低到 250℃以下。从旋风预热器出来的尾气进入收尘系统收尘。

还原工段：预热后的物料经过流态化进料阀（兼具排料和锁风功能）进入还原炉。还原炉为卧式多级鼓泡流化床反应器，尺寸为 5.4m×2.6m×9.1m（长×宽×高），工作温度为 550～650℃，还原炉床压控制在 10～13kPa，物料停留时间为 35～50min。通过监测还原炉床压的变化，借助改变进料速率和还原炉气量来实现对停留时间的调控，并辅助反应温度的波动来判断物料的反应程度。对于流化床反应器，煤气既是还原炉的流化风，同时也是还原介质。还原炉尾气经过旋风收尘后送入燃烧室燃烧。最终实现软锰矿中 MnO_2 的还原率不小于 95%。

冷却工段：还原炉物料经过流态化排料阀进入还原气氛下的滚筒冷渣机，最后送入弱酸性条件的浆化池，在隔绝氧气的条件下储存，以备后段电解金属锰工段使用。

尾气处理工段：流化床焙烧的低热值尾气经两级旋风分离器收尘后，进入燃烧室与空气混合燃烧，产生的热烟气进入两级旋风预热器与常温进料锰矿粉进行逆流换热，换热后的热气再经旋风除尘、布袋除尘，达标后排放。

20 万 t/a 低品位软锰矿低温高效流态化焙烧还原工业示范线采用了流态化反应器、锁气气动料阀、旋风预热系统、低热值尾气燃烧系统等关键技术，软锰矿 MnO_2 还原率不小于 95%，过程热耗不大于 120kg 标准煤/t 原矿。

13.4.2　示范线建设运行

20 万 t/a 软锰矿低温高效流态化还原技术示范线完全由中国科学院过程工程研究所自主承担该项目的工艺设计、主体设备建设和后期调试运行。2014 年该项目正式启动，2015 年年底完成了全系统的热态连续调试，2016 年 4 月该工业示范生产线在云南省砚山县正式投产运行，示范线概貌及主体设备见图 13.9～图 13.12。

图 13.9　软锰矿流态化还原示范线概貌

图 13.10　软锰矿流态化生产线还原车间

(a) 煤气风机车间

(b) 空气风机车间

(c) 滚动筛分料器

(d) 顶部原料仓

(e) 双管+单管螺旋进料器

(f) 翻板锁气过料阀

(g) 一级旋风预热器

(h) 二级旋风预热器

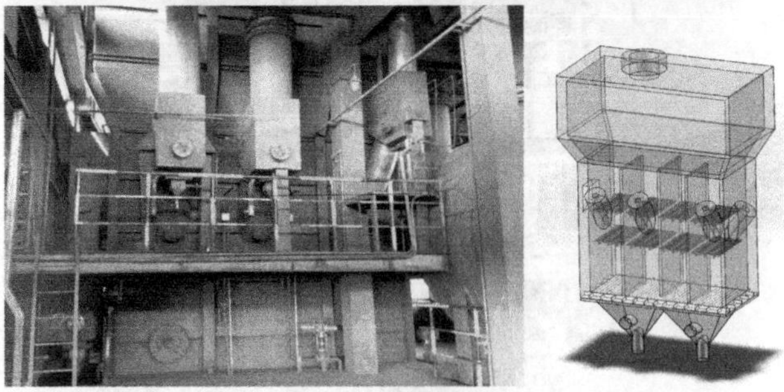

(i) 还原炉实物图与设计构造图

(j) 燃烧室

(k) 布袋除尘器

(l) 流态化料阀

(m) 螺旋+回灰阀

(n) 一级旋风收尘器

(o) 二级旋风收尘器

(p) 引风机

(q) 滚筒冷渣机

(r) 氮气制备车间

(s) 分析化验室

图 13.11　主要设备系列图

图 13.12 软锰矿还原产品

13.4.3 产品及技术指标

原料处理能力：不小于 20t/h。

技术指标：MnO_2还原率不小于 95%。

能耗指标：过程热耗不大于 120kg 标准煤/t 原矿。

13.4.4 示范线关键生产工艺参数

1）软锰矿原矿品位对还原过程的影响

随着现场对生产线调试的进行，在该过程中逐渐提高了对锰矿还原过程关键环节和关键技术条件的认识，其中对于还原产品质量的一个重要影响因素就是原矿品位。

由于前期原料来源的问题，生产线调试期间氧化锰矿原料的品位一直波动，分别对含锰量 16%～22%的不同原矿进行了生产试验，所对应还原炉的稳定运行平均温度在 490～605℃，对应的还原率在 92%～96%。具体现场运行化验结果如表 13.5 所示。

表 13.5 现场不同批次原矿品位及对应产品还原率结果

原矿品位/%	平均炉温/℃	还原率/%	浸出率/%
21～23	600	94.3	88
21～22	590	94.0	84
20～21	550	93.5	86

续表

原矿品位/%	平均炉温/℃	还原率/%	浸出率/%
19～21	585	94.5	84
19～21	605	96.3	88
19～21	590	95.5	88.5
18～19	555	95.0	84
18～19	545	94.5	85
18～19	550	95.0	86
17～18	515	94.2	86
16～17	495	93.1	87
16～17	495	92.0	82

从表 13.5 的结果可以得出：

(1) 对于品位在 16%～17%的氧化锰原料，能够达到 92%～93%的还原率，而对于品位 18%～22%的原料，可以获得比较稳定的 94%～96%的还原率。

(2) 为了保证还原内物料的完全反应，还原用煤气量需随着原矿品位的提高而增加，这将有利于提高床内物料的流化质量，同时促进气固间还原扩散反应的进行，最终促使产品还原率的提高。

(3) MnO_2 还原为 MnO 的过程为放热反应，所以随着单位原矿中锰含量的升高，其反应炉温自然升高。现场每提高锰矿品位 1%，大致能够提升流化床温度 20℃，这也与锰矿还原过程的热量衡算相吻合。

2) 物料磨矿粒度对产品还原率的影响

对于低温流态化还原锰矿的工业过程，物料的磨矿粒度将直接影响到反应效率。调试使用 18%～20%品位的软锰矿，将原有磨矿粒度由+100 目 14%调整为+100 目 5%，考查粒度对氧化锰还原率的影响。具体结果如表 13.6 所示。

表 13.6　现场原矿磨矿粒度条件及产品还原率结果

原矿品位/%	+100 目/%	平均炉温/℃	还原率/%	浸出率/%
18～20	14	555	82	80
18～20	14	540	80	77
18～20	14	530	81	75
18～20	14	540	82	74
18～20	14	545	84	80
18～20	14	540	89	88
18～20	5	550	88	84

续表

原矿品位/%	+100 目/%	平均炉温/℃	还原率/%	浸出率/%
18～20	5	560	91	85
18～20	5	570	91	84.5
18～20	5	580	92	85
18～22	14	535	90	84
18～24	5	600	95	91

从表 13.6 的结果可以得出：

(1) 随着磨矿粒度的减小，还原炉反应温度由 535～555℃升至 550～600℃，同时产品还原率由 80%～89%提高至 91%～95%。

(2) 反应物料颗粒尺寸的减小，有助于促进气固间内扩散反应的进行，同时反应温度升高，将进一步提高产品的还原率。

3) 软锰矿还原产物酸浸条件分析

针对示范线调试过程中出现的软锰矿还原产物浸出率较低(<85%)的问题，首先分别对酸浸过程中氧化锰矿相的结构变化以及酸浸后矿渣中残余锰的存在形式进行研究分析，以确定酸浸的反应过程及浸出率低的原因，然后分别从改变酸浸过程中的酸矿比和原料粒度两方面对酸浸过程进行优化。

锰矿酸浸过程的微观结构变化如图 13.13 所示。可以看出，软锰矿经过浸出后出现了粉化的现象，这是由于硫酸溶解了 MnO 和部分铁，使得原来的颗粒骨架结构被破坏。

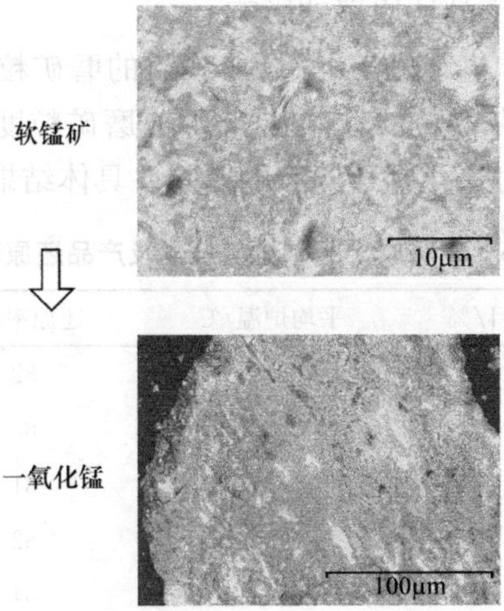

锰渣

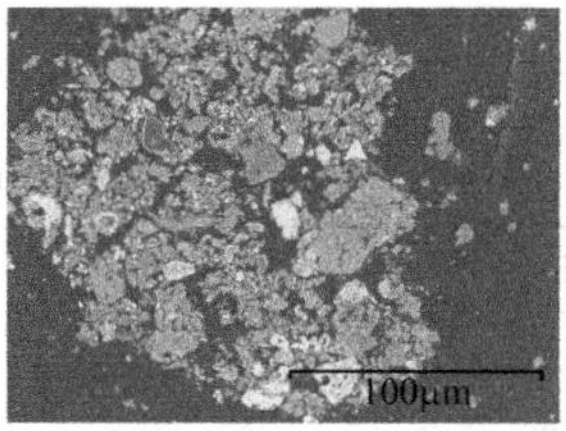

图 13.13　锰矿酸浸过程的微观结构变化图

此外,通过观察图 13.14 中的锰渣 SEM 图以及能谱图,可以认定锰渣中的残余锰主要有三种存在形式:第一种是锰液中的可溶锰,这部分锰是可以硫酸浸出的;第二种是还原过程中未还原好的锰核,受传质阻力影响,部分颗粒内部的 MnO_2 还未被还原成 MnO,MnO_2 不溶于酸,所以残留在锰渣中;第三种是本矿中含有的硅酸锰成分,这部分锰自身比较稳定而不参与还原和浸出反应,在当前工艺条件下这部分锰不可能被有效利用。

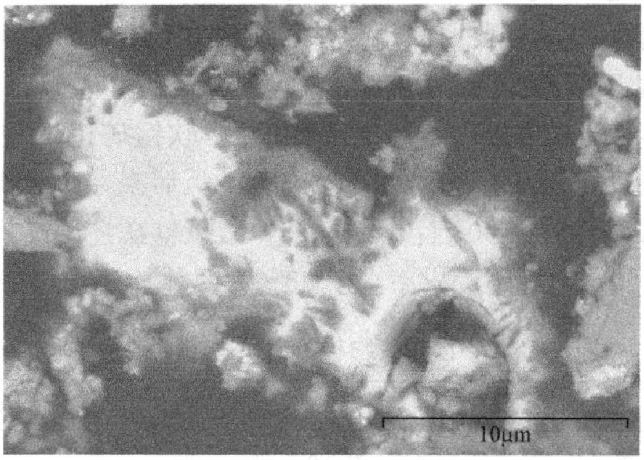

(a) SEM图

(b) Mn能谱图

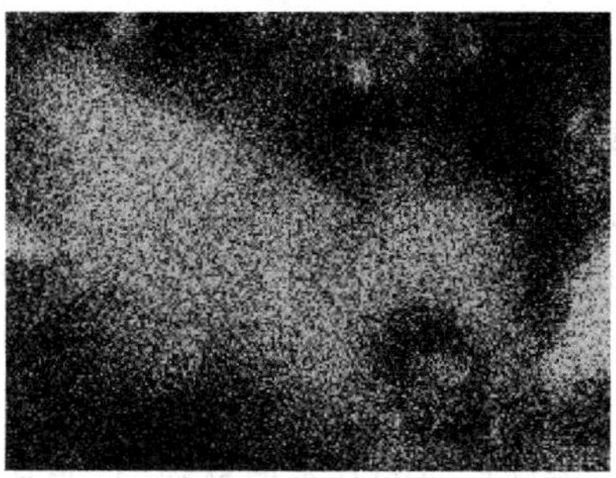

(c) Si 能谱图

图 13.14　锰渣 SEM 图及能谱图

基于上述研究分析，我们首先通过调节酸矿比分别为 0.55、0.64、0.73、1.1（所对应的浓硫酸为 15mL、17.5mL、20mL、30mL）观察其浸出结果，详见表 13.7。

表 13.7　不同酸矿比的浸出结果　（单位：%）

硫酸用量	Mn	Fe	Al	Ca	Mg
15mL 浸出率（工况）	80.12	0.89	17.39	17.53	45.94
17.5mL 浸出率	84.37	1.65	31.44	27.80	49.83
20mL 浸出率	89.43	23.47	43.94	38.16	53.47
30mL 浸出率（理论）	93.92	80.31	65.07	46.52	74.67

由表 13.7 可见，随着酸矿比的增加，锰的浸出率也不断增加，当加入硫酸量达到理论加酸量时，即每 50g 样品加入 30mL 硫酸，锰的浸出率可以达到 93.92%。但由于前期调试过程中采用的是 15mL 的加酸量，仅为理论酸量的 1/2，使得浸出率只有 80.12%，如果将加酸量提高到理论酸量的 2/3（即 20mL），浸出率就可以达到 89.43%。通过以上实验可以得出结论：需针对矿相结构的不同来调控酸矿比。该矿粉浸出率偏低的主要原因是酸矿比与矿相成分不匹配，即所加入的酸量不能满足酸浸化学反应的要求。

另外，由于前期调试过程中物料的磨矿问题，软锰矿进炉的粒度偏大（＋100 目占 14%），使得还原产物的浸出率一直低于 85%，后来在减小物料粒度与实验室工艺参数一致的情况下（＋100 目占 4%），生产线软锰矿还原产物的还原率和浸出率均有显著提升，并且实现了浸出率高于 85%。具体检测结果如表 13.8 所示。

表 13.8　不同粒度物料的还原率与浸出率结果

粒度	还原率/%	浸出率/%
＋100 目占 14%	92.68	84.55
＋100 目占 4%	95.38	86.40

由此可见，通过采用流态化技术还原软锰矿，可实现采用发生炉煤气低温条件下对软锰矿的大规模高效处理，并且保证原矿中 MnO_2 还原率不小于 95%。该工艺具有处理量大、过程能耗低和污染小等诸多优点，符合大工业生产的要求，是目前对低品位软锰矿还原处理非常有效的方法。

该技术从我国低品位软锰矿资源的低能耗、大规模处理作为切入点，研发行业急需、社会和经济效益明显的重大核心关键技术。该技术的市场前景广阔，主要产品是电解锰行业的基本原材料，且非常适合于我国大规模低品位复杂矿产资源的高效处理和深度开发，流态化还原工艺各项经济、技术指标良好，产品需求旺盛，附加值高，将为企业带来丰厚的产品利润和良好的社会效益。

参考文献

[1] 周长波，于秀玲，周爽. 电解金属锰行业推行清洁生产的迫切性及建议. 中国锰业，2006，24(3)：15-18.

[2] 高海亮. 国内外锰矿生产及消费现状. 中国金属通报，2006，(7)：33-36.

[3] 陈仁义，柏琴. 中国锰矿资源现状及锰矿勘查设想. 中国锰业，2004，22(2)：1-4.

[4] 姚敬劬. 我国优质富锰矿资源短缺的应对策略. 中国矿业，2005，14(5)：1-3.

[5] 骆华宝. 我国优质锰矿的勘查方向. 地质与勘探，2002，38(4)：8-11.

[6] Elsherief A E. A study of the electroleaching of manganese ore. Hydrometallurgy，2000，55(3)：311-326.

[7] Berg K L，Olsen S E. Kinetics of manganese ore reduction by carbon monoxide. Metallurgical and Materials Transactions B，2000，31(3)：477-490.

[8] Sutyrin Y E. Carbonate ores—The raw-materials base for manganese in Russia. Metallurgist，2002，46(9)：297-300.

[9] 朱国才，李赋屏，肖明贵. 采用硫酸铵焙烧方法从低品位碳酸锰矿中富集回收锰. 桂林工学院学报，2005，25(4)：534-537.

[10] 张汉泉，丁长桂，赵雷. 二氧化锰流态化还原试验研究. 金属矿山，2009，39(2)：82-86.

[11] 张汉泉，余永富，陆小苏，等. 软锰矿悬浮还原焙烧试验研究. 矿冶工程，2010，30(4)：41-43.

[12] 王纪学，冯雅丽，李浩然. 低品位软锰矿流态化还原焙烧. 北京科技大学学报，2012，34(9)：987-991.

[13] 李同庆. 低品位软锰矿还原工艺技术与研究进展. 中国锰业，2008，26(2)：4-14.

[14] 袁明亮，梅贤功，陈工，等. 两矿法浸出软锰矿的工艺与理论. 中南工业大学学报，1997，28(4)：329-332.

[15] 袁明亮，梅贤功，邱冠周，等. 两矿法浸出软锰矿时元素硫的生成及其对浸出过程的影响. 化工冶金，1998，19(2)：161-164.

[16] 卢宗柳，都安治. 两矿法浸出氧化锰矿的几个工艺问题. 中国锰业，2006，24(1)：39-42.

[17] 欧阳昌伦，谢兰香. 锰矿湿法脱硫过程中影响连二硫酸锰生成的主要因素. 化工技术与开发，1983，(3)：60-66.

[18] 刘启达. 高效实用的软锰矿浆脱硫新技术和流程. 广东化工，1998，(2)：19-20.

[19] 余逊贤. 锰. 长沙：冶金工业部长沙黑色冶金矿山设计院，1980.

[20] 朱庆山，李洪钟，谢朝晖. 一种低品位氧化锰矿流态化还原焙烧的系统及工艺：ZL201510243104. X. 2015-05-13.

[21] 朱庆山，李洪钟，谢朝晖. 一种低品位二氧化锰矿流态化还原的系统及工艺：ZL201510243139. 3. 2015-05-13.

[22] 朱庆山，李洪钟，谢朝晖. 一种高品位二氧化锰矿流态化还原的系统及工艺：ZL201510243112. 4. 2015-05-13.

[23] 张涛，朱庆山，唐海龙，等. 一种粉状氧化锰矿流态化低温还原装置及还原方法：ZL，201110359478. X. 2011-11-14.

附录1　利用CFD软件平台模拟流态化过程的方法与步骤

CFD模拟流化床中的流动、传质、传热和化学反应的基本思想是用有限的离散点的变量值来表达连续的物理量的场，按照一定的方式建立起这些离散点上场变量之间关系的代数方程组，最后通过求解方程组来获得场变量的近似值，并进行可视化的过程。

1. 通用 Fluent 两相流的设置方法和计算步骤

(1) 定义流场的几何参数并进行网格划分。

(2) 启动相关的求解器。对于不同的情况，选择相应的2D、3D及单、双精度解算器。

(3) 输入网格，检查网格质量。

(4) 选择求解器格式。通常此处只需将时间设置为 unsteady 模式即可，其他选项默认。

(5) 选择求解所需用的基本方程。对于流化床流动模拟，通常选择欧拉双流体模型，一旦模型确定，相应的质量守恒方程和动量守恒方程即确定。

(6) 定义物质属性。先分别定义气固两相的密度和黏度，再定义固相的直径、温度等属性，此部分含有 Kinetic Theory of Granular Flow(KTGF)方程，用于求解守恒方程中颗粒相物性参数，最后定义气固两相之间的曳力。

(7) 指定边界条件。定义气固两相在边界的速度或压力等条件，此部分主要包括进出物料边界和壁面边界条件。

(8) 调节解的控制参数，主要用于控制解收敛。

(9) 初始化流场。

(10)开始求解。

使用 Fluent 15.0 软件进行流化床模拟的步骤如下。

第一步：将计算机网格读入，并按照如附图 1.1 所示的方法检测网格质量，定义重力加速度和设备的长度单位。

第二步：定义模型为欧拉两相流模型，并且定义求解固相分数的方法，如附图 1.2所示。

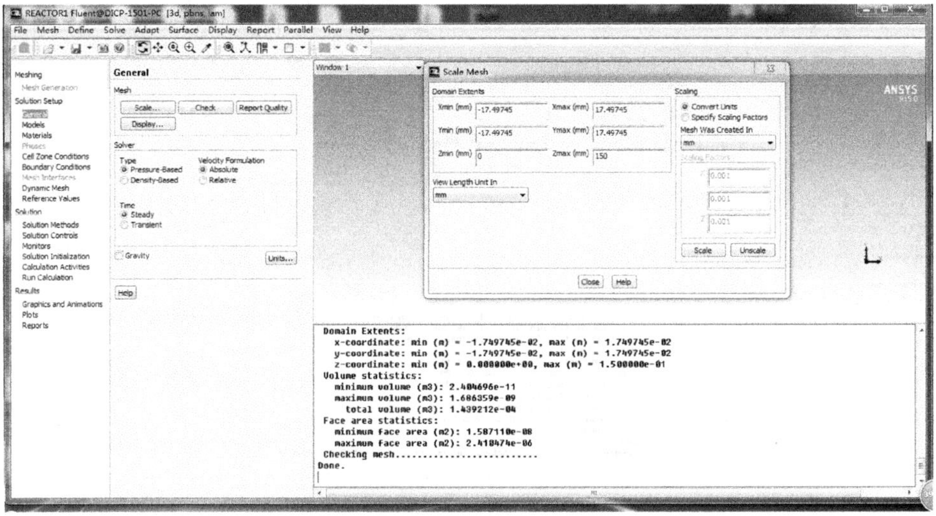

附图 1.1　Fluent 15.0 中网格输入界面

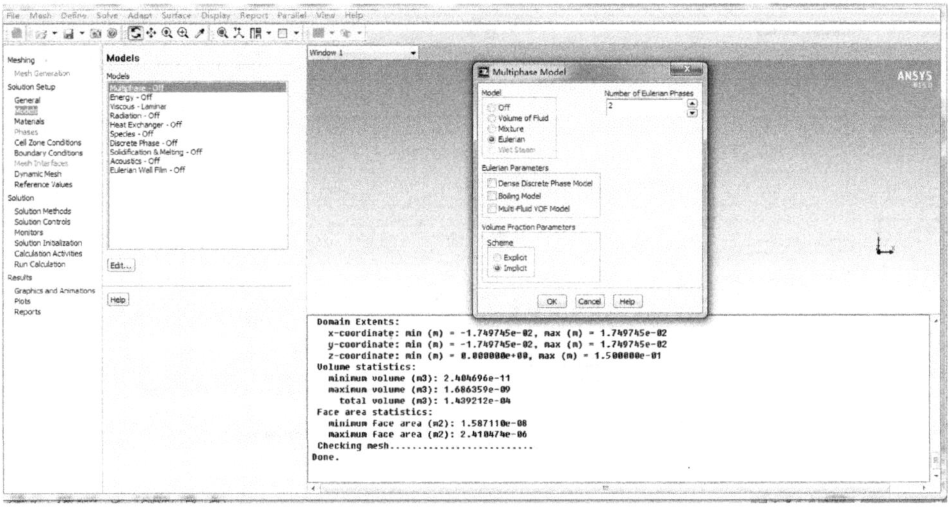

附图 1.2　Fluent 15.0 中定义模型界面

第三步：分别定义基础相，即气相的密度和黏度，固相的颗粒直径、密度、颗粒温度的计算方法和最大可压极限，如附图 1.3 所示。

第四步：设置速度入口与压力出口边界条件，如附图 1.4 所示。

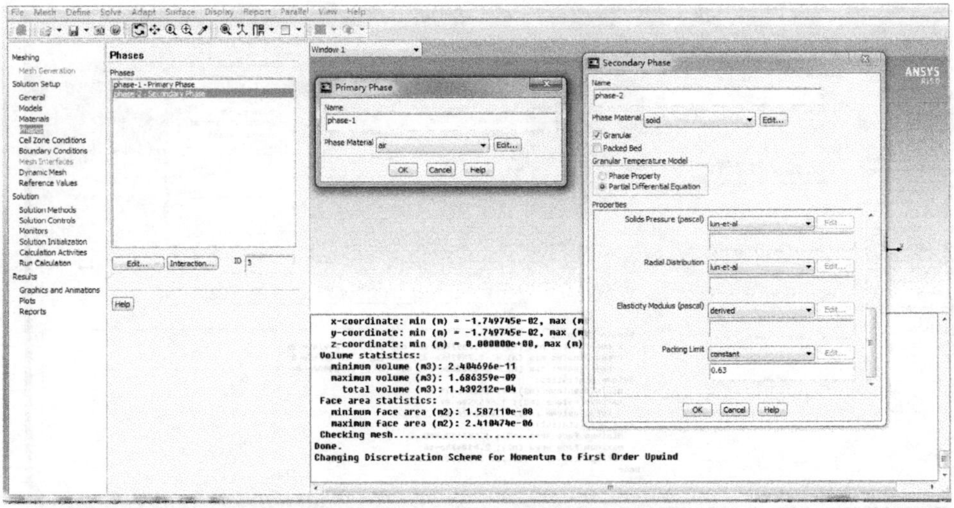

附图 1.3　Fluent 15.0 中定义基础相界面

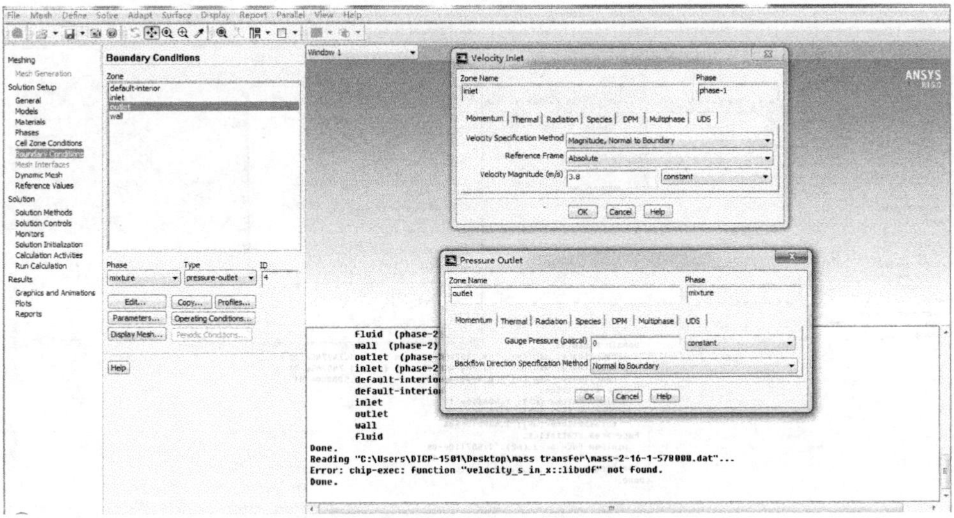

附图 1.4　Fluent 15.0 中定义边界条件界面

第五步：设置离散格式与相应方程的松弛因子，如附图 1.5 和附图 1.6 所示。

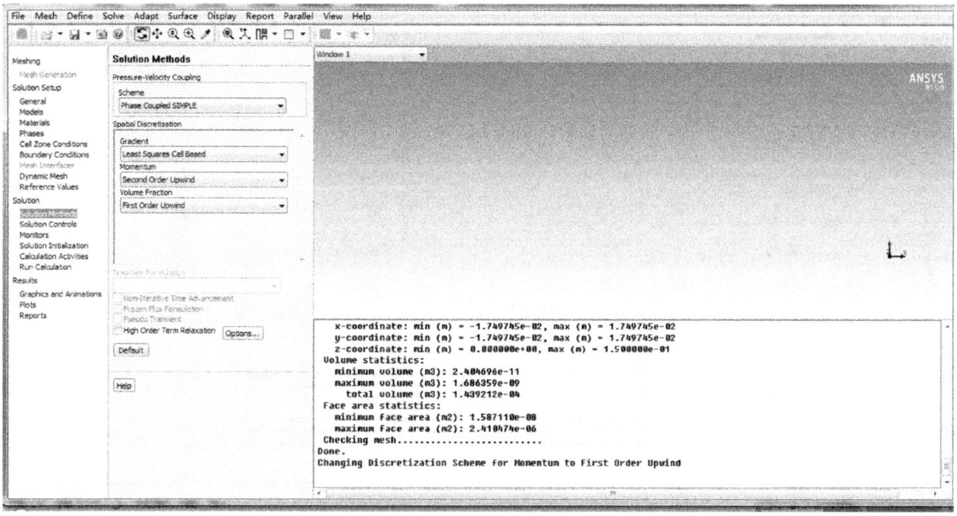

附图 1.5　Fluent 15.0 中定义离散格式界面

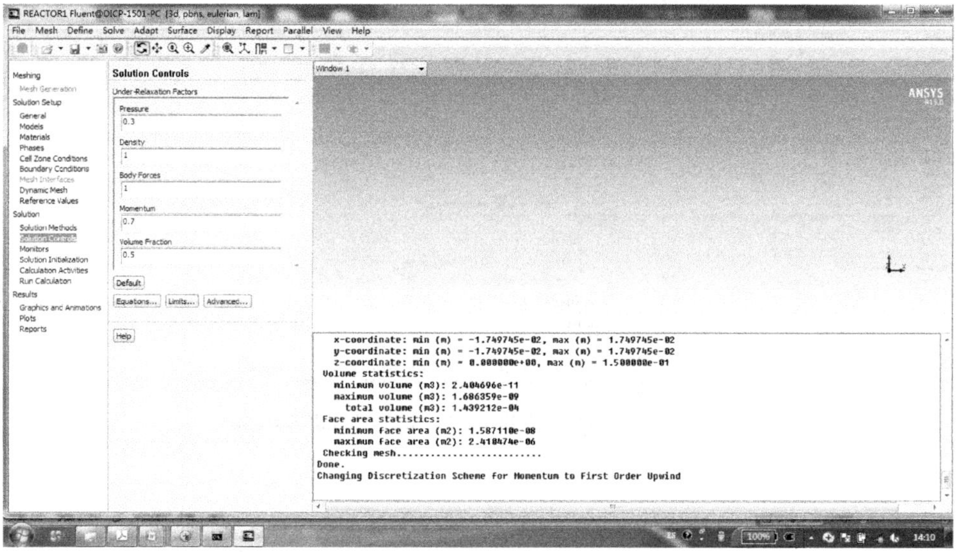

附图 1.6　Fluent 15.0 中定义松弛因子界面

第六步：首先进行初始化计算(附图 1.7)，并且定义一个区域将固体颗粒按一定的空隙率填充(附图 1.8)。

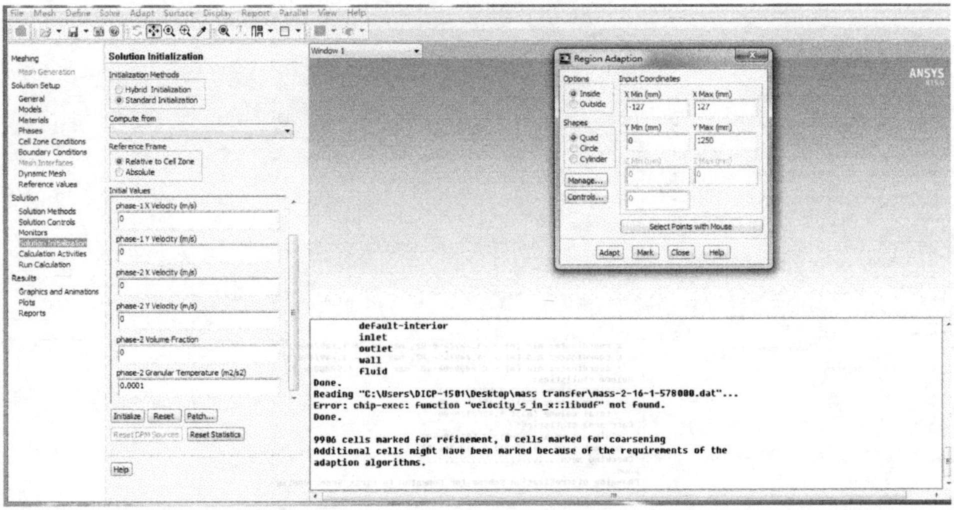

附图 1.7　Fluent 15.0 中初始化设置界面

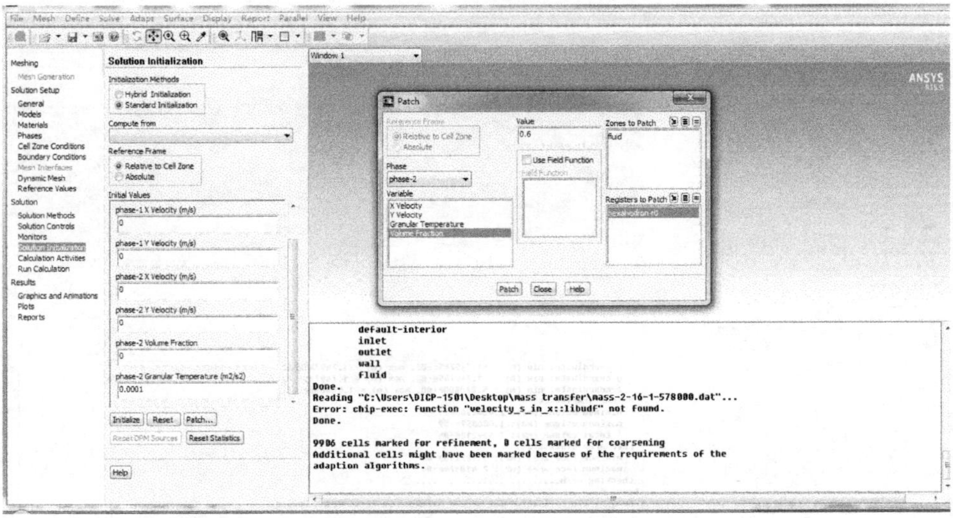

附图 1.8　Fluent 15.0 中按照一定颗粒浓度填充该区域界面

第七步:进行相应计算时间和步长的设置,如果为了得到时间平均的计算结果需勾选 Data Sampling for Time Statistics,如附图 1.9 所示。

2. 影响模拟结果因素

在 CFD 计算过程中,许多参数的设置和模型的选择对计算结果都有影响,但是影响的程度不同,目前人们研究比较多、影响较大的因素主要有以下几个方面。

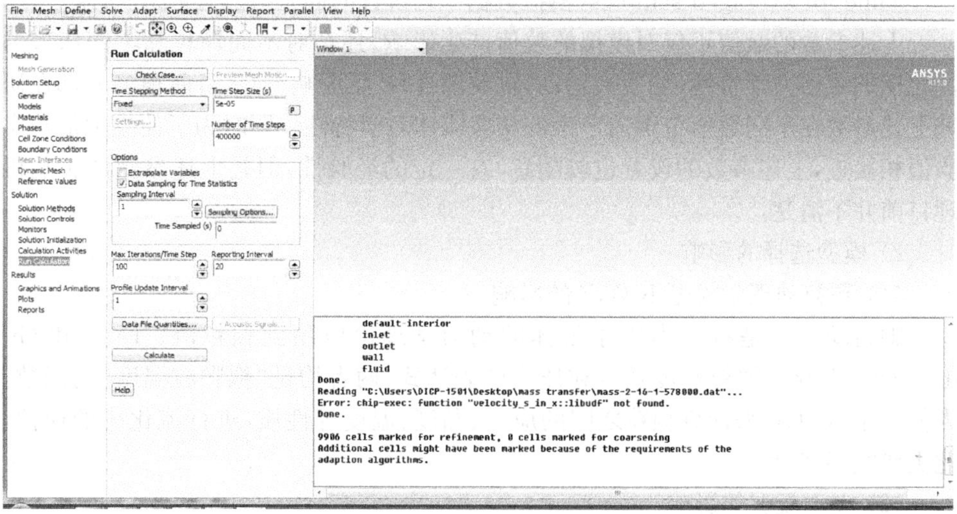

附图 1.9 Fluent 15.0 中计算时间和步长设置界面

1) CFD 模拟参数的影响

(1) 网格的影响。

对于 CFD 模拟，网格对模拟过程影响很大。一般网格尺寸越小，计算结果越准确，但耗时越长。通常网格需要由大到小逐步试探，直到计算结果不再随网格减小而改变，称为网格无关试验。对流化床而言，通常径向网格长度为毫米级，轴向网格长度为毫米～厘米级。

(2) 某些内部参数赋值的影响。

例如，Wall boundary conditions(壁边界条件)：气体设为无滑移边界条件，即气体的边壁速度为 0，颗粒在边壁为有滑移边界条件，通常设 Specularity coefficient (镜面反射系数)$\varphi=0.6$；

Restitution coefficient(颗粒-边壁碰撞恢复系数)$e_w=0.9$；

Particle-particle restitution coefficient (颗粒-颗粒碰撞恢复系数) $e=0.9, 0.93$；

Maximum solid packing volume fraction(最大颗粒堆积体积分数)=0.54，0.56，0.6，0.63；

Time step(时间步长)=0.0001s，0.00025s，0.0005s；

Maximum number of interaction per time step(每时间步长最大相互作用次数)=30，60；

Convergence criteria(收敛准则)=0.01，0.001，0.0001；

Simulation time(模拟实况时间)=30～40s；

Time for averaged samples(模拟数据平均统计时间)=最后的 20～40s。

上述参数的赋值不仅对模拟的数值产生影响，还会对不同颗粒和不同床型的流化床的流体力学特性(如气泡运动、颗粒混合)产生影响[1-5]。目前很多人都在研究上述参数在不同数值范围内产生的相应流体力学特性。同时为了使模拟值与实验值相接近，上述参数的设置也较随意，有一定的经验性，但是上述参数的影响机理目前并不清楚。

2) 模型选择的影响

(1) 颗粒动理学模型 KTGF 的影响。

颗粒动理学是将原本用于气体的动力学理论应用到颗粒流。Ding 和 Gidaspow[6] 推导了颗粒黏度及颗粒压力的表达式，两者均是"拟颗粒温度"的函数。人们基于 KTGF 来计算颗粒之间的应力、黏度、温度等性质，进行流化床的模拟，此类研究很多[7,8]。

(2) 曳力模型的影响。

由于传统的 Gidaspow 曳力模型是基于均匀假设，过高地估计了气固间曳力，造成了预测的极大偏差，因此许多人对其进行了修改。一种思路是用一个可变的系数(称为非均匀因子)去修正 Gidaspow 曳力，编辑到 User Difine Founction (UDF)中去修正 CFD 的曳力。UDF 可以调用 CFD 中每个网格内的气固速度和密度等物性，利用这些物性计算完曳力后又返回到 CFD 中。例如：

x_vel_g=C_U(cell,thread_g) 调用气速；

rho_g=C_R(cell,thread_g)调用气相密度。

KTGF 和曳力两个因素对流化床的模拟都很重要，但是很少有人去比较两种方法究竟哪个占主导。

Vaishali[9] 曾经系统地考查过下行床中颗粒和气体间不同作用的影响，将气固作用细分为四个，如附图 1.10 所示。通过参数敏感性分析，认为曳力是占主导地位的。

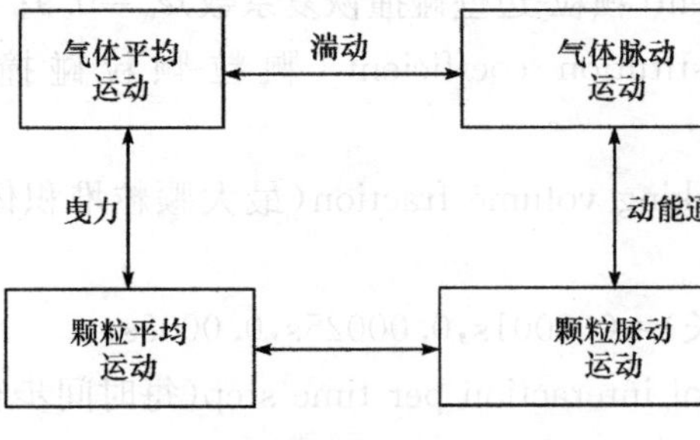

附图 1.10 气固作用种类

综上所述，对于流化床的 CFD 模拟，CFD 的某些内部参数的赋值和力学模型的选择都对模拟结果有影响。在众多影响因素中，气固间作用的曳力占主导地位。

3. 基于非均匀结构参数的动量、质量和热量传递系数的计算方法

1）动量传递

源于流化床中的非均匀介尺度结构，如循环流化床中的颗粒团聚物或鼓泡流化床中的气泡，在欧拉两相流较粗网格计算过程中的一个计算机网格内气固动量传递完全基于均匀假设的 Ergun 方程或 Wen-Yu 方程进行计算，将严重过估两相间的动量传递行为。鉴于此，我们发展了在计算机网格内的非均匀结构参数的计算方法，并且提出了基于该结构参数的气固间动量传递系数。

循环流化床中基于非均匀结构参数的动量传递系数：

$$\beta=\frac{\left[\dfrac{(1-f)(1-\varepsilon_d)}{\dfrac{\pi}{6}d_p^3}C_{Dd}\dfrac{1}{2}\rho_f|U_{sd}|U_{sd}\dfrac{\pi}{4}d_p^2+\left(1-2\dfrac{d_p}{d_c}\right)\dfrac{f(1-\varepsilon_c)}{\dfrac{\pi}{6}d_p^3}C_{Dc}\dfrac{1}{2}\rho_f|U_{sc}|U_{sc}\dfrac{\pi}{4}d_p^2+\dfrac{f}{\dfrac{\pi}{6}d_c^3}C_{Di}\dfrac{1}{2}\rho_f|U_{si}|U_{si}\dfrac{\pi}{4}d_c^2\right]\varepsilon_f^2}{u_g-u_s}$$

（附 1.1）

鼓泡流化床中基于非均匀结构参数的动量传递系数：

$$\beta=\frac{\left[C_{De}(1-f_b)\dfrac{1-\varepsilon_e}{1-\varepsilon_g}\dfrac{|U_{se}|U_{se}}{|U_s|U_s}+C_{Db}f_b\dfrac{1-\varepsilon_e}{1-\varepsilon_g}\dfrac{\rho_p}{\rho_g}\dfrac{d_p}{d_b}\dfrac{|U_{sb}|U_{sb}}{|U_s|U_s}\right]\varepsilon_f^2}{u_g-u_s} \quad （附 1.2）$$

如式（附 1.1）和式（附 1.2）所示，为了计算每一个计算机网格内气固之间的动量传递系数，首先必须基于该网格内的气固滑移速度和固相的浓度来量化其介尺度的结构参数，这样在计算过程中每一个计算机网格内都需要求解如前所述的非均匀结构参数，其计算量相当庞大。为了避免上述计算量较大的过程，在进行欧拉方程求解前，对雷诺数范围为 $\dfrac{u_{mf}d_p\rho}{\mu}\leqslant Re\leqslant 1000$ 和固体浓度范围为 $\varepsilon_{min}\leqslant\varepsilon_f\leqslant 0.9997$ 的一定步长内求解其基于非均匀结构参数的动量传递系数，进一步将该动量传递系数比原动量传递系数，得到的比值称为非均匀因子，将所得的非均匀因子数据按照一定的格式存储为矩阵或者拟合为非线性二元系数等式。这样在进行欧拉两相流方程求解时已知一个网格内平均的 Re 和 ε_f 后，采用数值插值或者代数表达式的方法得到非均匀因子的数值，将其与原动量传递系数相乘来计算相应的修正后的基于非均匀结构的动量传递系数。

上述目标需通过商业软件 Fluent 的 User Define Function（UDF）功能来实现，其函数为 DEFINE_EXCHANGE_PROPERTY（name，c，mixture_thread，second_column_phase_index，first_column_phase_index），如附图 1.11 所示，修改软件中的曳力系数，嵌入 Fluent 软件中。

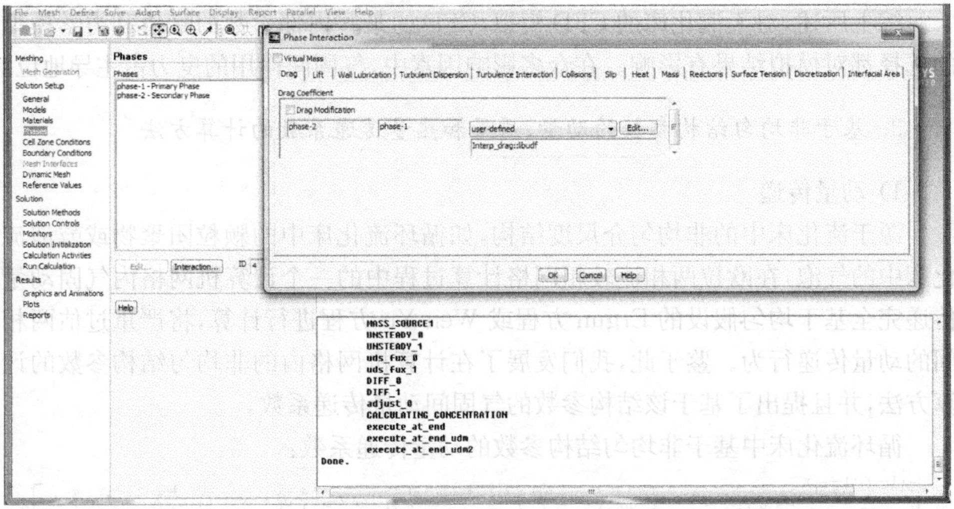

附图 1.11　动量传递系数在 Fluent 15.0 中的修改软件界面截图

2) 质量传递

流化床中气固间的质量传递常常用无量纲参数 Sherwood 数进行表达。与动量传递系数相同，流化床中的气固质量传递系数也由于受其介尺度团颗粒团聚物和气泡非均匀结构的影响，在一个计算机的网格内气固传质行为与均匀假设相比大大降低。此外，流化床中的传质与气固的动量传递行为相同，仅仅是当地流体结构的一个函数，因此可以通过求解相应的方程来获得一个计算机网格内基于非均匀结构的传质系数。

在计算一个网格内基于非均匀结构参数的平均传质系数中，首先假设流化床中发生一个受传质控制的反应，其催化剂颗粒表面的气相浓度为零，该假设意味着经过气固传质进入催化剂表面的反应物完全被转化。

下面分别在稀相和密相中建立气体活性组分的输运方程。

稀相组分输运方程可以写为

$$\frac{\partial((1-f)\varepsilon_{\mathrm{d}}\rho_{\mathrm{g}}X_{\mathrm{di}})}{\partial t}+\nabla((1-f)\rho_{\mathrm{g}}X_{\mathrm{di}}U_{\mathrm{fd}}-(1-f)\varepsilon_{\mathrm{d}}\rho_{\mathrm{g}}D_{\mathrm{i}}\ \nabla X_{\mathrm{di}})-S_{\mathrm{di}}-m_{\mathrm{ai}}=0 \tag{附 1.3}$$

密相组分输运方程可以写为

$$\frac{\partial(f\varepsilon_{\mathrm{c}}\rho_{\mathrm{g}}X_{\mathrm{ci}})}{\partial t}+\nabla(f\rho_{\mathrm{g}}X_{\mathrm{ci}}U_{\mathrm{fc}}-f\varepsilon_{\mathrm{c}}\rho_{\mathrm{g}}D_{\mathrm{i}}\ \nabla X_{\mathrm{ci}})-S_{\mathrm{ci}}+m_{\mathrm{ai}}=0 \tag{附 1.4}$$

入口边界条件为

$$X_{\mathrm{di}}=1.0 \tag{附 1.5}$$

$$X_{\mathrm{ci}}=1.0 \tag{附 1.6}$$

式中，U_{fd}和U_{fc}分别表示稀相中和密相中气体的表观速度。为了计算简单，对于流化床，主要影响其气固之间传质速率的是与重力方向相反的气固滑移速度，因此在计算过程中仅采用与重力方向相反方向上的笛卡儿坐标的速度分量来计算流体流动的非均匀结构参数。方程中的m_{ai}是源于团聚物聚散过程稀、密相间的质量交换。

方程中的源相S_{di}和S_{ci}可以基于下列公式进行计算：

$$S_{di}=K_d a_p(1-\varepsilon_d)(1-f)(X_{sdi}-X_{di})+K_i a_c(1-\varepsilon_c)f(-X_{di})+K_{dc}a_c f\varepsilon_c(X_{ci}-X_{di}) \tag{附1.7}$$

$$S_{ci}=K_c(a_p-a_c)(1-\varepsilon_c)f(-X_{ci})-K_{dc}a_c f\varepsilon_c(X_{ci}-X_{di}) \tag{附1.8}$$

这样计算机网格内的平均传质系数计算公式为

$$\overline{K}_f=\frac{[K_d a_p(1-\varepsilon_d)(1-f)+K_i a_c(1-\varepsilon_c)f]X_{di}+K_c(a_p-a_c)(1-\varepsilon_c)fX_{ci}}{a_p(1-\varepsilon_f)X_i} \tag{附1.9}$$

对于计算某一个具体的反应，我们得到质量传递与反应耦合的平衡方程如下：

$$k_r f(c_i^s)\eta=K_f(1-\varepsilon_f)\frac{6}{d_p}(c_i-c_i^s) \tag{附1.10}$$

为了获得计算机网格内基于非均匀结构参数的平均传质系数，需求解上述偏微分方程(附1.3)～方程(附1.6)，该方程的求解需使用商业化的流体力学软件Fluent中的User Define Scalars(UDS)功能，计算过程中所需的结构参数均通过数据插值的方法从预先计算好所有流动条件下的结构参数中获得，如附图1.12～附图1.14所示。

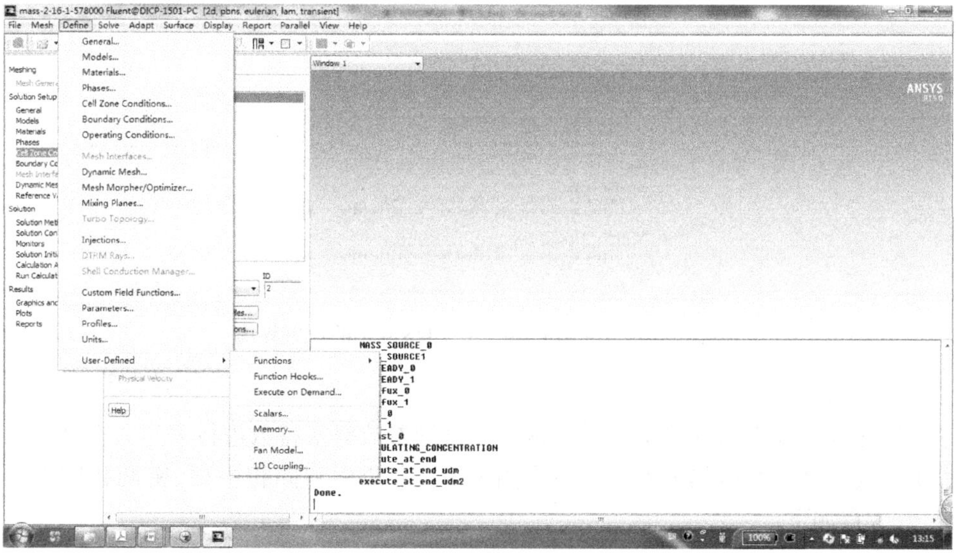

附图1.12　Fluent 15.0中UDS的设置界面

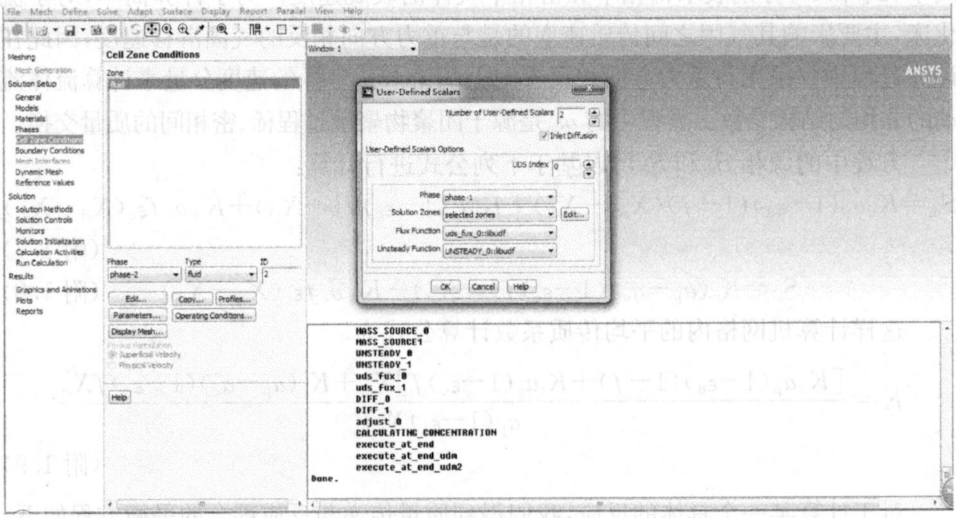

附图 1.13　Fluent 15.0 中气固传质稀、密相浓度 UDS 求解的设置方法

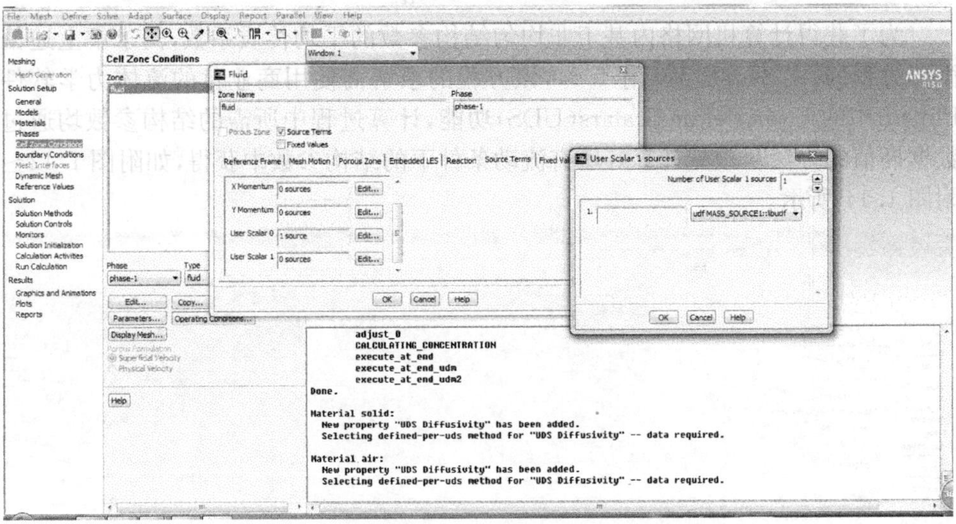

附图 1.14　Fluent 15.0 中 UDS 源相的设置界面

3) 能量传递

流化床中气固间的热量传递常常用无量纲参数努塞特数进行表达。在计算过程中将气固之间的传热方程分解为气相中稀、密两相和固相中稀、密两相四个方程,其方程如下。

稀相中气体的能量输运方程：

$$\frac{\partial((1-f)\varepsilon_{d}\rho_{f}c_{p}t_{fd})}{\partial t}+\nabla((1-f)\varepsilon_{d}\rho_{f}c_{p}t_{fd}U_{fd}-(1-f)\varepsilon_{d}\lambda_{f}\nabla t_{fd})$$
$$=\alpha_{d}a_{p}(1-\varepsilon_{d})(1-f)(t_{pd}-t_{fd})+\alpha_{i}a_{c}(1-\varepsilon_{c})f(t_{pc}-t_{fd})+\alpha_{dc}a_{c}f\varepsilon_{c}(t_{fc}-t_{fd}) \tag{附 1.11}$$

稀相中固体的能量输运方程：

$$\frac{\partial((1-f)(1-\varepsilon_{d})\rho_{p}c_{s}t_{pd})}{\partial t}+\nabla((1-f)(1-\varepsilon_{d})\rho_{p}c_{s}t_{pd}U_{pd}-(1-f)(1-\varepsilon_{d})\lambda_{ds}\nabla t_{pd})$$
$$=-\alpha_{d}a_{p}(1-\varepsilon_{d})(1-f)(t_{pd}-t_{fd}) \tag{附 1.12}$$

密相中气体的能量输运方程：

$$\frac{\partial(f\varepsilon_{c}\rho_{f}c_{p}t_{fc})}{\partial t}+\nabla(f\varepsilon_{c}\rho_{f}c_{p}t_{fc}U_{fc}-f\varepsilon_{c}\lambda_{f}\nabla t_{fc})$$
$$=\alpha_{c}(a_{p}-a_{c})f(1-\varepsilon_{c})(t_{pc}-t_{fc})-\alpha_{dc}a_{c}\varepsilon_{c}f(t_{fd}-t_{fc}) \tag{附 1.13}$$

密相中固体的能量输运方程：

$$\frac{\partial(f(1-\varepsilon_{c})\rho_{p}c_{s}t_{pc})}{\partial t}+\nabla(f(1-\varepsilon_{c})\rho_{p}c_{p}t_{pc}U_{pc}-f(1-\varepsilon_{c})\lambda_{cs}\nabla t_{pc})$$
$$=-\alpha_{c}(a_{p}-a_{c})f(1-\varepsilon_{c})(t_{pc}-t_{fc})-\alpha_{i}a_{c}(1-\varepsilon_{c})f(t_{pc}-t_{fd}) \tag{附 1.14}$$

入口边界条件为

$$t_{fd}=T_{f}^{0} \tag{附 1.15}$$
$$t_{fc}=T_{f}^{0} \tag{附 1.16}$$
$$t_{pd}=T_{p}^{0} \tag{附 1.17}$$
$$t_{pc}=T_{p}^{0} \tag{附 1.18}$$

这样气固间的平均给热系数可按式(附 1.19)进行计算：

$$\bar{\alpha}_{f}=\frac{\alpha_{d}a_{p}(1-\varepsilon_{d})(1-f)(t_{pd}-t_{fd})+\alpha_{c}(a_{p}-a_{c})(1-\varepsilon_{d})f(t_{pc}-t_{fc})+\alpha_{i}a_{c}(1-\varepsilon_{d})f(t_{pc}-t_{fc})+h_{af}}{a_{p}(1-\varepsilon_{f})(t_{p}-t_{f})} \tag{附 1.19}$$

其计算方法与传质的计算方法相同。

4. CFD 中两流体模型的控制方程

CFD 中两流体模型的控制方程如附表 1.1 所示。

附表 1.1　CFD 中两流体模型的控制方程

气体和固体的连续性方程

$$\frac{\partial(\varepsilon_g\rho_g)}{\partial t}+\nabla\cdot(\varepsilon_g\rho_g\boldsymbol{u}_g)=0,\quad \frac{\partial(\varepsilon_s\rho_s)}{\partial t}+\nabla\cdot(\varepsilon_s\rho_s\boldsymbol{u}_s)=0$$

气体和固体的动量守恒方程

$$\frac{\partial(\varepsilon_g\rho_g\boldsymbol{u}_g)}{\partial t}+\nabla\cdot(\varepsilon_g\rho_g\boldsymbol{u}_g\boldsymbol{u}_g)=-\varepsilon_g\nabla p_g+\nabla\cdot(\varepsilon_g\tau_g)+\varepsilon_g\rho_g g-\beta(\boldsymbol{u}_g-\boldsymbol{u}_s)$$

$$\frac{\partial(\varepsilon_s\rho_s\boldsymbol{u}_s)}{\partial t}+\nabla\cdot(\varepsilon_s\rho_s\boldsymbol{u}_s\boldsymbol{u}_s)=-\varepsilon_s\nabla p_g-\nabla p_s+\nabla\cdot(\varepsilon_s\tau_s)+\varepsilon_s\rho_s g-\beta(\boldsymbol{u}_g-\boldsymbol{u}_s)$$

颗粒温度方程

$$\frac{3}{2}\left[\frac{\partial(\varepsilon_s\rho_s\Theta_s)}{\partial t}+\nabla\cdot(\varepsilon_s\rho_s\boldsymbol{u}_s\Theta_s)\right]=(-p\boldsymbol{I}+\tau_s):(\nabla\boldsymbol{u}_s)+\nabla\cdot(k_s\nabla\Theta_s)-\gamma_s-3\beta\Theta_s$$

气相应力

$$\tau_g=\mu_g[\nabla\boldsymbol{u}_g+(\nabla\boldsymbol{u}_g)^{\mathrm{T}}]-\frac{2}{3}\mu_g\nabla\cdot\boldsymbol{u}_g$$

固相应力

$$\tau_s=\mu_s[\nabla\boldsymbol{u}_s+(\nabla\boldsymbol{u}_s)^{\mathrm{T}}]+\left(\lambda_s-\frac{2}{3}\mu_s\right)\nabla\cdot\boldsymbol{u}_s$$

径向分布函数

$$g_0=\left[1-\left(\frac{\varepsilon_s}{\varepsilon_{s,\max}}\right)^{1/3}\right]^{-1}$$

固体压力

$$p_s=\varepsilon_s\rho_s\Theta_s+2(1+e)\varepsilon_s^2g_0\rho_s\Theta_s$$

堆积固体黏度

$$\lambda_s=\frac{4}{3}\varepsilon_s\rho_s d_p g_0(1+e)\left(\frac{\Theta_s}{\pi}\right)^{1/2}$$

固体的剪切黏度

$$\mu_s=\mu_{s,\mathrm{kin}}+\mu_{s,\mathrm{col}}+\mu_{s,\mathrm{fr}}$$

即 $\mu_s=10\rho_s d_p\dfrac{\sqrt{\Theta_s\pi}}{96\varepsilon_s(1+e)\varepsilon_s g_0}[1+0.9(1+e)\varepsilon_s g_0]^2+0.9\varepsilon_s\rho_s d_p(1+e)g_0\left(\dfrac{\Theta_s}{\pi}\right)^{1/2}+\dfrac{p_s\sin\phi}{2\sqrt{I_{2D}}}$

脉动能的颗粒传导率

$$k_s=150\rho_s d_p\frac{\sqrt{\Theta_s\pi}}{384(1+e)g_0}\left[1+\frac{6}{5}(1+e)\varepsilon_s g_0\right]^2+2\varepsilon_s^2\rho_s d_p(1+e)g_0\left(\frac{\Theta_s}{\pi}\right)^{1/2}$$

续表

碰撞能量耗散
$\gamma_s = 3\varepsilon_s^2 \rho_s g_0 \Theta_s (1-e^2)\left[\frac{4}{d_p}\left(\frac{\Theta_s}{\pi}\right)^{\frac{1}{2}}\right]$
相间曳力系数
$\beta = \begin{cases} \frac{3}{4}\frac{(1-\varepsilon_f)\varepsilon_f}{d_p}\rho_f \vert u_f - u_p \vert C_{D0}\varepsilon_f^{-2.7}, & \varepsilon_g \geqslant \varepsilon_d \\ \frac{3}{4}\frac{(1-\varepsilon_f)\varepsilon_f}{d_p}\rho_f \vert u_f - u_p \vert C_{D0}\varepsilon_f^{-2.7} H_d, & \varepsilon_{mf} < \varepsilon_g < \varepsilon_d \\ 150\frac{(1-\varepsilon_f)^2 \mu_f}{\varepsilon_f d_p^2} + 1.75\frac{(1-\varepsilon_f)\rho_f \vert u_f - u_p \vert}{d_p}, & \varepsilon_g \leqslant \varepsilon_{mf} \end{cases}$

参 考 文 献

[1] Wang J W, van der Hoef M A, Kuipers J A M. Why the two-fluid model fails to predict the bed expansion characteristics of Geldart A particles in gas-fluidized beds: A tentative answer. Chemical Engineering Science, 2009, 64(3): 622-625.

[2] Upadhyay M, Park J H. CFD simulation via conventional two-fluid model CFD of a circulating fluidized bed riser: Influence of models and model parameters on hydrodynamic behavior. Powder Technology, 2015, 272: 260-268.

[3] Altantzis C, Bates R B, Ghoniem A F. 3D Eulerian modeling of thin rectangular gas-solid fluidized: Estimation of the specularity coefficient and its effects on bubbling dynamics and circulation times. Powder Technology, 2015, 270: 256-270.

[4] Ku X, Li T, Løvås T. Influence of drag force correlations on periodic fluidization behavior in Eulerian-Lagrangian simulation of a bubbling fluidized bed. Chemical Engineering Science, 2013, 95(3): 94-106.

[5] Shu Z, Peng G, Wang J, et al. Comparative CFD analysis of heterogeneous gas-solid flow in a countercurrent downer reactor. Industrial & Engineering Chemistry Research, 2014, 53(8): 3378-3384.

[6] Ding J, Gidaspow D. A bubbling fluidization model using kinetic theory of granular flow. AIChE Journal, 1990, 36(4): 523-538.

[7] Lu H , Gidaspow D. Hydrodynamics of binary fluidization in a riser: CFD simulation using two granular temperatures. Chemical Engineering Science, 2003, 58(16): 3777-3792.

[8] Reuge N, Cadoret L, Coufort-Saudejaud C, et al. Multifluid Eulerian modeling of dense gas-solids fluidized bed hydrodynamics: Influence of the dissipation parameters. Chemical Engineering Science, 2008, 63(22): 5540-5551.

[9] Vaishali S, Roy S, Mills P L. Hydrodynamic simulation of gas-solids downflow reactors. Chemical Engineering Science, 2008, 63(21): 5107-5119.

附录2　流态化系统工业应用实践经验

1. 设计过程要考虑的问题

1）计算的可靠性与设计余量

对于新开发的工艺，在做热平衡计算时需假定一些前提条件，而且有些物性参数及热力学数据也不一定准确，难免出现计算结果与实际运行结果不一致的现象。这种计算误差会导致某一设备或局部的工艺参数（如温度、压力、成分、流量等）出现偏差，给调试带来麻烦。

为应对这种情况，在计算时应把某个不够确定的假定参数换成上、中、下三个值，看它对计算结果的影响。设计时也不能采用一组平衡计算的结果，而是要把计算偏差考虑在内，要假定一些可能的情况，观察设备是否还可正常运行。根据具体情况，采取一些预见性措施，如调整设备结构或规格、预留改造空间或接口等。

2）系统冷态调试运行的条件

流化床反应器的一个重要工作参数是截面风速，热态下必须满足这个风速，否则就达不到设计的工作状态。而流态化系统调试时先要进行冷态试车，即在不点火的情况下，检验各设备的性能或功能是否满足要求。面临的一个问题是，冷态下流化床以及旋风筒和管道的截面风速如何实现？可以考虑的方法是，流化风主风机按一开一备设计，并且单机最大风量为正常运行时的1.3倍左右，这样冷态调试时临时将两风机并联起来，总风量基本可接近热态下的风量。风机采用一开一备，也为系统连续运行提供了有力保障。

3）安全措施

流化床反应器的运行安全是设计师首要考虑的内容。设计时要有预见性并给予高度重视，有针对性地采取预防措施，提高系统使用安全性。要考虑的问题包括：①焊缝、法兰等处容易发生气体泄漏，因此一定要有气体监测设备；②布风板或内构件因设计不当，受热后与炉体产生较大热应力，严重时发生炉体开裂；③相邻设备之间气氛不同、发生串气导致爆炸；④需要进行气氛置换但置换不充分便转换气体引发爆炸；⑤检修时在打开或进入某一设备之前，应对其上部设备或管道进行清理，防止有堆积粉料突然垮塌下来，特别是热料非常危险，为此，要设置便于清灰的设施，如气体吹扫、捅灰孔等；⑥粉尘爆炸，特别是储料罐设计上要有预防措施；⑦相邻的设备单元之间要有彻底阻断不同气氛的手段；⑧设备积灰需要热态清理时，应预留安全的堆储空间，凡可能的堆储位置，底板要严密，排除漏灰隐患；⑨车间线缆桥架或穿线管的设计要避开高温设备或设置隔热保护,防止受热烧坏电线;⑩防爆片的位置或朝向设置得当,避开走道、检修点及工作区。

4）风帽结构

当物料较细时,流化床风帽若采用单层结构,则漏灰会比较严重,宜尽量采用双层结构的风帽,如钟罩式风帽,但风帽的设计应尽量降低压力损耗。内层管路截面风速尽可能低些,风帽外层达到高速喷射状态即可,但内层管路出口截面要高于外层喷射孔截面,以此高差作为阻止漏灰的障碍。

风帽可采用活动风帽头结构,即风帽的上下两部分通过螺丝口方式连接。当风帽头需要更换时,直接把风帽上段拧下即可,非常方便。对于直径较小的流化床设备,如各种料阀,应在风帽附近的高度设置手孔,需要检查或清理时,可通过手孔将帽头拧下处理,以方便检修。

5）积灰点

流化床工艺系统会存在一些容易积灰的地方,特别是在存在涡流、变径、管道平缓等处。这些地方应设置积灰清理手段,以便打开清理。

6）渣块及粗颗粒积累

即使喂料系统的粉体中没有料块,因为各种原因系统内部也会生成渣块。例如,停炉阶段系统温度降低,烟气中的水汽会发生冷凝,与器壁上粘挂的粉尘结合形成结皮,再次受热后又会烧结硬化,它们最终会落入反应器中。长时间累积后这些渣块会对料床流化构成威胁。又如,对于出料口位置较高的流化床,特别是循环流化床,会有粗颗粒物料沉积的情况。当反应器下段粗颗粒累积到一定程度时,炉内床压大幅升高,严重时甚至会发生“死床”的情况,因此流化床要有足够的排渣能力。排渣管数量及分布根据床面积大小决定。

当需要清炉但不能使用工作介质或空气做流化风时,要有惰性气源可供使用。

7）流化风脱水

当有液体随流化风到达流化床风帽时,极易造成风帽析水及风帽孔堵塞。特别是处理细粉的流化床设备,风帽孔直径较小,对水汽更加敏感。因此,对流化气体一定要考虑脱水措施,特别是使用低温煤气做流化风时更需注意。

8）塌料现象

“塌料”是指大股料流在设备中以失控状态倾泻的情况。流化床或料阀很难抵抗塌料,一般进料有多快,出料就会有多快。这是一种很危险的状态,应竭力避免。按其源头可分为两种情况:①料仓下料失控;②流化床反应器出料系统堵塞,反应器内料位升高,随后因某种原因瞬间出料。第一种情况往往是料仓结构设计不合理,料仓内易出现“架拱”现象,即料仓上部的一段堆满物料而其下一段已经卸空的情况。当架拱结构受到破坏之后,物料在重力作用下突然垮塌、倾泻而下。在设计料仓时应根据具体物料的密度、黏度、粒度等参数,通过有关公式计算确定料仓锥度、出料口口径、高径比等结构参数，不可盲目设计。同时，喂料系统的设计要有锁料和节制能力。针对第二种情况，主要是设计时对反应器出料阀的最大出料能力要加以限制，勿使大股出料对后续设备构成危害或引发事故。

9）喂料细度与颗粒形状

流化床对于喂料粒度有较大的适应性，喂料粗细主要取决于反应的难易程度以及后续工段的需要。一般说来，物料粗些其流化性和流动性都要好些，对流化床系统运行有利。当需要使用细粉时，为提高物料的流化性能和流动性能，矿物原料粉体中500目以下的细颗粒比例不宜超过30％。为了同样的目的，原料粉体的颗粒形状也要有所考虑，这就涉及磨机形式的选择。辊压机是一种节能粉磨设备，应用越来越多。但辊压机粉磨产物颗粒的球形度较差，对粉体流化性能和流动性能有不利影响，特别是对于密度小、细度要求高的粉料，选择这种磨机时要采取谨慎的态度，最好先通过不同形式磨机小试验比较，判断其对流化床的适用性。

10）流化床工作模式的选择

常见的流化床工作模式可分为循环流化床、鼓泡流化床和湍动流化床。流化床截面风速以及气固相接触均匀性顺序为：循环流化床＞湍动流化床＞鼓泡流化床。对于气固两相化学反应，需要尽量增加气体与固体的接触机会，以提高气体利用率。虽然循环流化床的接触状态最好，但是在流化床同等高度下，循环流化床中气体与固体的接触时间最短。为了延长循环流化床中气体与固体的接触时间，可以增加流化床反应器的高度，也可使气体在床内的停留时间达到十几秒的水平。尽管理论上鼓泡床气体与固体接触时间较长，但是床中往往产生大的气泡，并不利于气体利用率的提高。鼓泡床内物料的流化状态也不是很好，容易出现局部失流的情况。因此，流化床工作模式尽量在循环床和湍动床之间选择。

为改善湍动流化床中气固接触状态，可以在床中适当高度处设置某种形式的分布板，使气流在此处重新分布，消除可能产生的大气泡，也可考虑将两台或多台湍动流化床串联起来，提高气体和固体的停留时间并改善气流分布。

11）旋风换热器级数的确定

旋风换热器又称悬浮换热器，可用于粉体物料预热或冷却，一般采用1～5级旋风筒串联，彼此之间用管道连接。粉料自上而下进入旋风换热器系统，气体则自下而上运动，整体属于逆流换热方式。

旋风换热器的换热效率很高，每级换热器一般在粉体物料与气体接触的几秒之内即达到热平衡，并且热交换主要在管道部分完成，旋风筒的作用主要是气固分离。

旋风换热器级数根据工艺要求确定，当已知物料和气体的初始温度、质量流量、热容之后，就可逐级列出热平衡方程并解出方程，看一级、二级或更多级情况下气体温度由多少变为多少、固体温度由多少变为多少。看哪种情况更符合工艺要求，据此决定换热器级数。

旋风换热系统设计在保障换热效果的同时还要关注系统压力损失，以降低能耗。旋风筒的收尘效率对系统压力损失有较大影响，为降低整体压力损失，一般处于中间级的旋风筒的分离效率可以设计得低些，在80%左右即可。顶部最后一级旋风筒的收尘效率尽可能高，应达到95%以上。

12）测温管、测压管与观察孔

气固流化床系统测温多采用热电偶温度计，应保证热电偶在器壁内有足够的长度，一般需露头15cm。测压管在设备内部与器壁内表面平齐即可，无论水平还是倾斜布置，只要测压管至表头之间无泄漏点，测压管内都不必担心积灰堵塞。反之，若有积灰堵塞现象影响压力数据显示，则多与测压管漏气有关。流化床设备上设置的玻璃观察孔往往使用效果不佳，原因包括：设备温度不够高、光线亮度不够；粉尘在玻璃片内侧黏附，视线被遮挡；水平观测孔积灰，阻挡观察孔。

2. 设备制作

流化床系统作为非标设备，制造商的选择非常重要，一定要选择经营规范、制造实力强的厂家，而不能选择靠低价竞标而实力不强的厂家。对于设备重要组成部分的耐火浇注料的制作，更要慎重选择制造方，从结构设计、材质、配料、制模、成型、养护、拆模、烘干等全过程严格把关，避免发生质量事故以及损害使用寿命的情况。

对于耐火浇注料层的制作，设计方应与制作方共同制定结构方案，以满足设备结构特点和使用要求。特别要注意高大墙体和顶部的稳定性如何保证、开孔部位的处理、膨胀缝以及膨胀空间预留方案。浇注料材料性能选择应满足使用要求，并通过对配料、成型、养护、烘干过程的严格监督来保证材料质量能够实现。制模以及成型过程处理不当可能会使材料浇注后尺寸不符合设计要求，因此也要严格把关。拆模后要严格检查，确保模型材料彻底拆除以及拆除后表面光滑、没有凸台及凹陷。施工合同中可约定验收时采用现场随机钻取样芯的方式检测强度，以此督促施工方在施工过程中加强管理，确保材料质量。

3. 调试过程注意事项

调试过程是工程设计工作的延伸，需要设计单位全程参与。本项工作虽然需要技术提供方做主导，但对现场组织工作的要求非常高，需要精心准备、密切配合、强力推进。特别是调试前应做好各种准备工作，可归纳为八项准备，分别是：思想准备、组织准备、人员准备、技术准备、原料准备、资金准备、安全准备、规章制度准备。

思想准备是指新工艺的调试是必需的过程，不能期望一次性点火成功，这种期望是不切实际的，但是经常会遇到有这种期望的人，对调试思想准备不足，遇到一点问题便倍感挫折，从而造成干扰。组织准备是指调试指挥系统要运转有力，尊重技术方的主导地位，贯彻技术方调试方案，遇到困难不能喧宾夺主。人员准备包括调试队伍具备各相关专业人员，操作人员已经过足够的技术培训并具有上岗资质。技术准备包括调试技术方案的制定，检测方法明确和检测手段具备，各种设备已经制定操作规程并已掌握操作方法。原料和资金准备不言自明。安全准备包括明确掌握国家相关安全标准和规范，履行相关要求，有必要的安全设备设施和防护装备，人员已经过安全培训。规章制度准备是指调试之前就要建立好各种管理制度，建立各岗位行为规范，使调试工作有序进行。